HNC 理论全书

第二卷 基本概念和逻辑概念 ——（第四册）

论语言概念空间的基础概念基元

图灵脑理论基础之四

黄曾阳／著

科学出版社
北京

内 容 简 介

本书是《HNC 理论全书》的第二卷、第四册。HNC 理论以自然语言理解为其核心探索目标，试图为语言理解的探索开启一条新的途径，以语言概念空间的符号化、形式化为手段，实现人类语言脑的纯物理模拟。

本书论述基元概念之外的全部 HNC 概念基元，分为三部分，共八编：第一部分论基本概念，分基本本体概念和基本属性概念两编；第二部分论逻辑概念，分基本逻辑概念、语法逻辑概念、语习逻辑概念和综合逻辑概念四编；第三部分论具体概念，分基本物概念和挂靠具体概念两编。

本书适合对语言学、自然语言理解、认知科学等感兴趣的所有读者，特别是语言信息处理方面的研究者及学生参阅。

图书在版编目（CIP）数据

论语言概念空间的基础概念基元 / 黄曾阳著. —北京：科学出版社，2016.3
（HNC 理论全书）
ISBN 978-7-03-047572-5
Ⅰ.①论… Ⅱ.①黄… Ⅲ.①系统科学–研究 Ⅳ.①N94
中国版本图书馆 CIP 数据核字（2016）第 046616 号

责任编辑：付　艳　程　凤 / 责任校对：郭瑞芝
责任印制：肖　兴 / 封面设计：黄华斌

联系电话：010-6403 3934
电子邮箱：fuyan@mail.sciencep.com

科学出版社 出版
北京东黄城根北街 16 号
邮政编码：100717
http://www.sciencep.com

中国科学院印刷厂 印刷
科学出版社发行　各地新华书店经销
*
2016 年 3 月第 一 版　　开本：787×1092 1/16
2016 年 3 月第一次印刷　印张：42 3/4
字数：1 010 000
定价：168.00 元
（如有印装质量问题，我社负责调换）

本书得到下述项目资助

本书承国家高技术研究发展计划（863 计划）"十二五"项目课题"海量文本多层次知识表示及中文文本理解应用系统研制"（2012AA011104）资助

作 者 的 话

本书是《HNC理论全书》的第四册。《全书》共三卷六册，第一卷三册，第二卷一册，第三卷二册。第四册也就是第二卷。

HNC理论以自然语言理解为其核心探索目标，试图为语言理解的探索开启一条新的途径。HNC认为：语言理解的奥秘，是大脑之谜的核心，也是意识之谜的核心。这个谜团的探索不是当前的生命科学可以独立完成的，需要哲学和神学的参与。故《全书》之"全"是一个"三学（科学、哲学与神学）协力"的同义词，非HNC理论自身之"全"也。HNC理论充其量是一名语言理解新探索的侦察兵，从这个意义上说，《全书》之"全"应看作是一种期待，一声呼唤。

《全书》的初稿是半成品，是HNC团队的内部读物。原定以十年（2006~2015年）为期，完成初稿。不意十年未竟，推动者和出版者联袂而至。他们深谋远虑，要把一个半成品升级为成品，把一个内部读物正式出版，其间所展现出来的非凡胆识、灼见与谋划，居功至伟四字，不足以表达笔者心中感受之万一。

《全书》结构庞大，体例繁杂，带大量注释。结构方面，分上层与下层，上层分"卷、编、章"3级，以汉字表示顺序，汉字"零"表示共相概念林或共相概念树。在某些编与章之间，还插入篇。下层分"节、小节、子节"3级，子节之后，可延伸出次节，每级之内，可派生出分节。体例方面，主体文字之外，安置了大量预说和呼应。注释方面，分两类编号：数字与字母。前者是对正文本身的注释，后者是对正文背景的注释。数字和字母都放在方括号内，如[*01]和[*a]。其中的星号"*"可以多个，如同宾馆等级的标记。两星[**]以上的注释比较重要，表示读者应即时阅读。

《全书》常相互引用，为标记之便，采取了$[k_1k_2k_3\text{-}m|]$简化表示，其中的"k_1"表示卷，"k_2"表示编，"k_3"表示篇，无篇取"0"。"$m|$"也是一个数字序列，依次表示章节序号。例如[210-0.2.1]和[210-1.2.1]分别表示第二卷第一编第零章和第一章的第2节第1小节。

《全书》使用了大量概念关联式。概念关联式是语言理解基因的重要组成部分，也是隐记忆的重要组成部分。每一个概念关联式总是联系于特定的概念基元、句类或语境单元。概念关联式分为无编号与有编号两类，无编号的表示尚待探索，《全书》只是给出了若干示范，为上下文引用方便给出的临时数字编号也属于这一类；有编号的统一使用"——（编号）"或"——[编号]"，前者表示内使，后者表示外使。概念关联式编号区分普通与重要两级，后者加"-0"区别，若"-0"插入编号中间，表示特定的文明视野，而后缀于编号，则表示不同文明对此有共识。有编号的概念关联式都有牵头符号，代表着该概念关联式的重要性级别，目前主要用[HNC1]符号牵头。

在撰写初稿期间，池毓焕博士一直是我的学术助手。在本书出版期间，池博士一直是我个人的全权代表。科学出版社以付艳、王昌凤编辑为主的有关同志，为初稿的升级付出了巨大的辛勤与智慧，其审校之精细，无与伦比；池博士的配合，力求尽善。笔者的钦佩与感激之情，难以言表。

老子曰："天地万物生于有，有生于无。"伟哉斯言。

黄曾阳

2014 年 9 月 22 日于北京

引文出处缩略语对照表

《理论》/《HNC 理论》	黄曾阳. HNC（概念层次网络）理论[M]. 北京：清华大学出版社，1998
《定理》	黄曾阳. 语言概念空间的基本定理和数学物理表示式[M]. 北京：海洋出版社，2004
《全书》	即本丛书——HNC 理论全书，共有三卷六册，各册书名如下： 第一卷　第一册　论语言概念空间的主体概念基元及其基本呈现 　　　　第二册　论语言概念空间的主体语境基元 　　　　第三册　论语言概念空间的基础语境基元 第二卷　第四册　论语言概念空间的基础概念基元 第三卷　第五册　论语言概念空间的总体结构 　　　　第六册　论图灵脑技术实现之路
《苗著》	苗传江. HNC（概念层次网络）理论导论[M]. 北京：清华大学出版社，2005
《转换》	张克亮. 面向机器翻译的汉英句类及句式转换[M]. 郑州：河南大学出版社，2007
《变换》	李颖，王侃，池毓焕. 面向汉英机器翻译的语义块构成变换[M]. 北京：科学出版社，2009
《现汉》	中国社会科学院语言研究所词典编辑室. 现代汉语词典（第 3 版）[M]. 北京：商务印书馆，1996
《现范》	李行健. 现代汉语规范词典[M]. 北京：外语教学与研究出版社/语文出版社，2004

第二卷 卷首语

本卷论述基元概念之外的全部 HNC 概念基元，包括基本概念、逻辑概念、基本物概念和挂靠概念，共八编，前两编论述基本概念，随后的四编论述逻辑概念，最后两编论述基本物和挂靠概念。各编的编号、汉语命名和 HNC 符号列示如下：

编号	汉语命名	HNC 符号
第一编	基本本体概念	(jy,y=0-6)
第二编	基本属性概念	(jy,y=7-8)
第三编	基本逻辑概念	(jly,y=0-1)
第四编	语法逻辑概念	(ly,y=0-b)
第五编	语习逻辑概念	(fy,y=1-b)
第六编	综合逻辑概念	(sy,y=1-4)
第七编	基本物概念	(jwy,y=0-6)
第八编	挂靠概念	(rw,gw,pw,o,x)

本卷的论述方式将与第一卷有较大差异，插写很少，文字力求简约，不是每株概念树都安排概念关联式。除第八编之外，各编之概念林和概念树的配置仅略加阐释，不直接论证其透齐性，主要是给出一个带有汉语命名和 HNC 符号的序次表。概念林对应于章，概念树对应于节，同第一卷一样，但章一律不写小结，节的结束语也不强求，随意为之。

关于文明的谈论，主要安排在第六编和第八编，第八编里特意安排了《对话》续 1（P611），实质上是本《全书》序言的重要组成部分，不过，采取了借用他人之口的特殊方式。其他各编仅偶尔涉及文明话题。在第四编和第五编，将略说语言文化的差异，可看作第三卷有关论述的预说。

目 录 | contents

作者的话

引文出处缩略语对照表

第二卷　卷首语

第一部分　基本概念

第一编　基本本体概念　　3

第零章　序及广义空间 j0　　7
　　第 0 节　序之基本内涵 j00 (278)　　9
　　第 1 节　广义空间 j01 (279)　　13
　　第 2 节　广义距离 j02 (280)　　19

第一章　时间 j1　　21
　　第 0 节　时间基本内涵 j10 (281)　　23
　　第 1 节　时间之序 j11 (282)　　27
　　第 2 节　时间间隔 j12 (283)　　28

第二章　空间 j2　　31
　　第 0 节　空间基本内涵 j20 (284)　　33
　　第 1 节　空间之序 j21 (285)　　35
　　第 2 节　空间距离 j22 (286)　　42

第三章　数 j3　　45
　　第 0 节　数之基本类型 j30 (287)　　47
　　第 1 节　数空间 j31 (288)　　51
　　第 2 节　数变换 j32 (289)　　54

第四章　量与范围 j4　　57
　　第 0 节　量与范围的基本内涵 j40 (290)　　59
　　第 1 节　量 j41 (291)　　61

第 2 节　范围 j42 (292)　　　　　　　　　　64

第五章　质与类 j5　　　　　　　　　　69

第 0 节　质与类的基本内涵 j50 (293)　　　71
第 1 节　质 j51 (294)　　　　　　　　　　74
第 2 节　类 j52 (295)　　　　　　　　　　77

第六章　度 j6　　　　　　　　　　　　81

第 0 节　度之基本内涵 j60 (296)　　　　　83
第 1 节　量变之度 j61 (297)　　　　　　　85
第 2 节　质变之度 j62 (298)　　　　　　　88

第二编　基本属性概念　　　　　　　　91

第一章　自然属性 j7　　　　　　　　　93

第 0 节　对比性 j70 (299)　　　　　　　　95
第 1 节　对仗性 j71 (300)　　　　　　　　96
第 2 节　主与从 j72 (301)　　　　　　　　97
第 3 节　特殊与一般 j73 (302)　　　　　　99
第 4 节　本质与表象 j74 (303)　　　　　　101
第 5 节　相对与绝对 j75 (304)　　　　　　103
第 6 节　一与异 j76 (305)　　　　　　　　106
第 7 节　简单与复杂 j77 (306)　　　　　　107
第 8 节　新与旧 j78 (307)　　　　　　　　108

第二章　社会属性（伦理）j8　　　　　111

第 0 节　伦理之基 j80 (308)　　　　　　　113
第 1 节　真与伪 j81 (309)　　　　　　　　113
第 2 节　善与恶 j82 (310)　　　　　　　　114
第 3 节　美与丑 j83 (311)　　　　　　　　115
第 4 节　伦理与理性 j84 (312)　　　　　　116
第 5 节　伦理与理念 j85 (313)　　　　　　117
第 6 节　伦理效应 j86 (314)　　　　　　　117

第二部分　逻辑概念

第三编　基本逻辑概念　　121

第零章　比较 j10　　123

第 0 节　相互比较 j100 (315)　　125
第 1 节　集合比较 j101 (316)　　127
第 2 节　标准比较 j102 (317)　　129

第一章　基本判断 j11　　133

第 1 节　性质判断 j111 (318)　　135
第 2 节　势态判断 j112 (319)　　137
第 3 节　情态判断 j113 (320)　　140

第四编　语法逻辑概念　　143

第零章　主块标记 10　　147

第 0 节　E 标记 100 (321)　　152
第 1 节　A 标记 101 (322)　　155
第 2 节　B 标记 102 (323)　　157
第 3 节　C 标记 103 (324)　　158

第一章　语段标记 11　　161

第 0 节　特定语段标记 110(Ma) (325)　　165
第 1 节　方式标记 111(Ms) (326)　　165
第 2 节　工具标记 112(In) (327)　　166
第 3 节　途径标记 113(Wy) (328)　　166
第 4 节　参照标记 114(Re) (329)　　167
第 5 节　条件标记 115(Cn) (330)　　168
第 6 节　因标记 116(Pr) (331)　　169
第 7 节　果标记 117(Rt) (332)　　170
第 8 节　视野 118(ReC) (333)　　171
第 9 节　景象 119(RtC) (334)　　172

第二章　主块搭配标记 12　　175

第 0 节　E 搭配标记 120 (335)　　177

第 1 节　A 搭配标记 121 (336)　　　　　　　　178
　　第 2 节　B 搭配标记 122 (337)　　　　　　　　179
　　第 3 节　C 搭配标记 123 (338)　　　　　　　　180

第三章　**语块搭配标记 13**　　　　　　　　　　　**181**
　　第 1 节　一辅一主搭配标记 131 (339)　　　　　183
　　第 2 节　辅块搭配标记 132 (340)　　　　　　　184
　　第 3 节　一辅双标记 133 (341)　　　　　　　　185

第四章　**语块组合逻辑 14**　　　　　　　　　　　**189**
　　第 1 节　并联 141 (342)　　　　　　　　　　　193
　　第 2 节　串联 142 (343)　　　　　　　　　　　195
　　第 3 节　单向组合 143 (344)　　　　　　　　　202
　　第 4 节　双向组合 144 (345)　　　　　　　　　204
　　第 5 节　多元逻辑组合 145 (346)　　　　　　　207
　　第 6 节　手段 146 (347)　　　　　　　　　　　216
　　第 7 节　参照 147 (348)　　　　　　　　　　　219
　　第 8 节　条件 148 (349)　　　　　　　　　　　221
　　第 9 节　动机 149 (350)　　　　　　　　　　　222
　　第 10 节　目的 14a (351)　　　　　　　　　　　224
　　第 11 节　因果 14b (352)　　　　　　　　　　　227

第五章　**块内集合逻辑 15**　　　　　　　　　　　**231**
　　第 1 节　集合度量逻辑 151 (353)　　　　　　　233
　　第 2 节　集合内外逻辑 152 (354)　　　　　　　234
　　第 3 节　区间参照逻辑 153 (355)　　　　　　　235
　　第 4 节　位置关系逻辑 154 (356)　　　　　　　236
　　第 5 节　区域关系逻辑 155 (357)　　　　　　　236

第六章　**特征块殊相呈现 16**　　　　　　　　　　**239**
　　第 1 节　特征块时态 161 (358)　　　　　　　　241
　　第 2 节　特征块形态 162 (359)　　　　　　　　241
　　第 3 节　特征块复合构成 163 (360)　　　　　　242

第七章　**语块交织性呈现 17**　　　　　　　　　　**245**
　　第 1 节　附素分离 171 (361)　　　　　　　　　248
　　第 2 节　语块变换 172 (362)　　　　　　　　　249
　　第 3 节　句类转换 173 (363)　　　　　　　　　253
　　第 4 节　GBK 交织 174 (364)　　　　　　　　　265

第八章　小综合逻辑 l8　　271

第 1 节　智力小综合　l81 (365)　　273
第 2 节　客观因素之综合　l82 (366)　　274
第 3 节　主客观因素之综合　l83 (367)　　274

第九章　指代逻辑 l9　　277

第 1 节　特指　l91 (368)　　279
第 2 节　泛指　l92 (369)　　280
第 3 节　全指　l93 (370)　　280
第 4 节　代指　l94 (371)　　281

第十章　句内连接逻辑 la　　283

第 1 节　块间并　la1 (372)　　285
第 2 节　块间串　la2 (373)　　286

第十一章　句间连接逻辑 lb　　289

第 1 节　句间并　lb1 (374)　　291
第 2 节　句间串　lb2 (375)　　292

第五编　语习逻辑概念　　295

第一章　插入语 f1　　299

第 1 节　引导语　f11 (376)　　301
第 2 节　句首语　f12 (377)　　302
第 3 节　同位语　f13 (378)　　304
第 4 节　首尾标记　f14 (379)　　304

第二章　独立语 f2　　307

第 1 节　句略语　f21 (380)　　309
第 2 节　标题语　f22 (381)　　310
第 3 节　标示语　f23 (382)　　312

第三章　名称与称呼 f3　　315

第 1 节　名称　f31 (383)　　317
第 2 节　称呼　f32 (384)　　320

第四章　句式 f4　　325

第 1 节　陈述句式　f41 (385)　　327

	第2节	疑问句式 f42 (386)	333
	第3节	祈使句式 f43 (387)	338
	第4节	否定句式 f44 (388)	339

第五章　语式 f5　　　　　　　　　　　　　　　341

	第1节	模拟语式 f51(389)	343
	第2节	感叹语式 f52 (390)	344
	第3节	强调语式 f53 (391)	346
	第4节	比喻语式 f54 (392)	347

第六章　古语 f6　　　　　　　　　　　　　　　351

	第1节	古语基本特性 f61 (393)	353
	第2节	古语代谢性 f62 (394)	355
	第3节	古语永恒性 f63 (395)	356

第七章　口语及方言 f7　　　　　　　　　　　　359

	第1节	口语 f71 (396)	361
	第2节	方言 f72 (397)	362

第八章　搭配 f 8　　　　　　　　　　　　　　　365

	第1节	自身重复 f81 (398)	367
	第2节	近搭配 f82 (399)	368
	第3节	远搭配 f83 (400)	371
	第4节	指代搭配 f84 (401)	373

第九章　简化与省略 f9　　　　　　　　　　　　375

	第1节	简化 f91 (402)	377
	第2节	省略 f92 (403)	378

第十章　同效与等效 fa　　　　　　　　　　　　379

	第1节	同效语 fa1 (404)	381
	第2节	等效语 fa2 (405)	381

第十一章　修辞 fb　　　　　　　　　　　　　　383

	第1节	引申 fb1 (406)	385
	第2节	强调 fb2 (407)	386
	第3节	委婉 fb3 (408)	387
	第4节	夸张 fb4 (409)	388
	第5节	虚幻 fb5 (410)	389

第 6 节　拟人 fb6 (411)　　　　　　　390
第 7 节　让步 fb7 (412)　　　　　　　390

第六编　综合逻辑概念　　　　　　　393

第一章　智力 s1　　　　　　　397
第 0 节　智力基本内涵 s10（413）　　399
第 1 节　谋略 s11（414）　　　　　　415
第 2 节　策略 s12（415）　　　　　　417

第二章　手段 s2　　　　　　　425
第 0 节　手段基本内涵 s20（416）　　427
第 1 节　方式与方法 s21（417）　　　430
第 2 节　实力 s22（418）　　　　　　436
第 3 节　渠道 s23（419）　　　　　　448

第三章　条件 s3　　　　　　　459
第 1 节　时间条件 s31（420）　　　　461
第 2 节　空间条件 s32（421）　　　　463
第 3 节　社会条件 s33（422）　　　　467
第 4 节　语境条件 s34（423）　　　　470
第 5 节　逻辑条件 s35（424）　　　　472

第四章　广义工具 s4　　　　　　　475
第 1 节　原料 s41（425）　　　　　　477
第 2 节　能源 s42（426）　　　　　　479
第 3 节　材料 s43（427）　　　　　　482
第 4 节　工具 s44（428）　　　　　　486

第三部分　具体概念

第七编　基本物概念　　　　　　　493

第零章　宇宙的基本要素 jw0　　　　　　　497
第 1 节　物质 jw01（429）　　　　　499
第 2 节　能量 jw02（430）　　　　　500
第 3 节　信息 jw03（431）　　　　　501

第一章　光 jw1　　　　　　　　　　　　　　　505

　　第 0 节　光之基本特性 jw10（432）　　　　507
　　第 1 节　自然光 jw11（433）　　　　　　　508
　　第 2 节　生命之光 jw12（434）　　　　　　509
　　第 3 节　人造光 jw13（435）　　　　　　　510

第二章　声 jw0　　　　　　　　　　　　　　　511

　　第 0 节　声之基本特性 jw20（436）　　　　513
　　第 1 节　自然声 jw21（437）　　　　　　　515
　　第 2 节　生命之声 jw22（438）　　　　　　516
　　第 3 节　人类活动之声 jw23（439）　　　　518

第三章　电磁 jw3　　　　　　　　　　　　　　521

　　第 0 节　电磁基本特性 jw30（440）　　　　523
　　第 1 节　电 jw31（441）　　　　　　　　　526
　　第 2 节　磁 jw32（442）　　　　　　　　　530

第四章　微观基本物 jw4　　　　　　　　　　　533

　　第 1 节　元素 jw41（443）　　　　　　　　535
　　第 2 节　物质基元 jw42（444）　　　　　　536
　　第 3 节　粒子 jw43（445）　　　　　　　　537

第五章　宏观基本物 jw5　　　　　　　　　　　541

　　第 1 节　气态物 jw51（446）　　　　　　　543
　　第 2 节　液态物 jw52（447）　　　　　　　544
　　第 3 节　固态物 jw53（448）　　　　　　　545

第六章　生命体 jw6　　　　　　　　　　　　　549

　　第 0 节　生命 jw60（449）　　　　　　　　551
　　第 1 节　植物 jw61（450）　　　　　　　　553
　　第 2 节　动物 jw62（451）　　　　　　　　557
　　第 3 节　人 jw63（452）　　　　　　　　　561

第八编　挂靠概念　　　　　　　　　　　　　　565

第一章　基础挂靠物 fw　　　　　　　　　　　569

　　第 1 节　效应物 rw（453）　　　　　　　　571
　　第 2 节　概念物 gw（454）　　　　　　　　572

第 3 节　人造物 pw（455）　　　　　　　　　　　574

第二章　简明挂靠物 oj（456）　　　　　　　　　**577**

　　节 01　关于"pj01*"类概念（世界）　　　　　　579
　　节 02　关于"pj1*"类概念（时代）　　　　　　　626
　　节 03　关于 pj2*类概念（国家与泛国）　　　　 638
　　节 04　关于 wj 类概念（时域与地域）　　　　　641
　　节 05　关于 pwj2*类概念（城市与乡村）　　　 644
　　节 06　关于 x 类概念（物性与"兽性"）　　　　645

术语索引　　　　　　　　　　　　　　　　　　　**649**
人名索引　　　　　　　　　　　　　　　　　　　**657**
《HNC 理论全书》总目　　　　　　　　　　　　　**663**

第一部分
基本概念

第一编

基本本体概念

编 首 语

本编分 7 章,各章编号、汉语命名和 HNC 符号列示如下:

第零章	序及广义空间	j0
第一章	时间	j1
第二章	空间	j2
第三章	数	j3
第四章	量与范围	j4
第五章	质与类	j5
第六章	度	j6

本编的内容大体对应于经典哲学的本体论,下一编的内容大体对应于经典哲学的认识论。这两项内容统名之基本概念,其 HNC 表示符号是"j"。哲学是文明基因的三学(神学、哲学与科学)之一,这里说的经典哲学乃三学的统称,相当于康德所说的"古希腊哲学"[*01]。那么"大体对应"是什么意思呢?就是"世界知识"的意思。对经典哲学本体论的上列七维度描述方式就是世界知识的描述方式,而不是哲学专家的描述方式。这七维度不是等权的,有"一头、前后翼、两足"之分,"头"是"序及广义空间";前翼是"时间与空间",后翼是"量与范围、质与类";两足分别是"数"与"度"。这是经典哲学本体之世界知识的文字描述,它等效于右页的拓扑图。

此图的自洽性值得读者玩味,有哲学基础的读者可以把这张拓扑图与康德的范畴表进行对比。另外,请读者注意以下三点:一是把"量与范围"捆绑在一起;二是把"质与类"捆绑在一起;三是使用"类"而不使用"类型"。

用 HNC 的术语来说,基本本体概念这一概念子范畴辖属七片概念林,下文即将看到:每片概念林都辖属三株概念树,这是基本本体概念自洽性的又一奇妙呈现,也值得读者玩味。

基本本体概念是哲学与科学共同关注的概念范畴,其中的前足和两后翼与科学的关系更是非同寻常,不妨比喻地说,数 j3 是科学的奶妈,量与范围 j4 是科学之父,质与类 j5 是科学之母。这只是一个比喻,不能较劲,但即使作为比喻,也应该加一句话,它只适用于科学,而不完全适用于神学和哲学。

本编的一些概念林、概念树或一级延伸概念可前挂 w、p 或 pw 而生成相应的挂靠概念,这些挂靠概念放在本卷第八编论述。本编只具体标明其可挂特性,并给出相应的汉语命名。

第零章
序及广义空间 j0

引 言

本章的最初命名就是一个汉字——序，广义空间是后加的，对应的 HNC 符号是 j0。这个符号意味着"序及广义空间"是基本本体概念的共相概念林，其世界知识的汉语表述是：序必然存在于任何空间，任何空间都必然有序，完全无序的空间是 HNC 理论不予考虑或不予描述的。后加的内容就是为了强调这一点。

概念林 j0 的概念树配置如下：

    j00   序之基本内涵
    j01   广义空间
    j02   广义距离

第 0 节
序之基本内涵 j00 (278)

0.0-0 序之基本内涵 j00 的概念延伸结构表示式

```
j00:(m,ckm,dkm,d0m,e5n,e2m,\k=2;
    52ym,ckme2n,dkme2n,e56d01,(e2m)(k,n),
    \1*cam₁,\2*ccm₂,(\k)(m₁,m₂); (52ym)e1m,)
```

j00m	序之过程性呈现（先后）
j00ckm	序之过程-效应呈现（升序）
j00dkm	序之过程-作用呈现（降序）
j00d0m	序之效应性呈现（顺序）
j00e5n	序之转移性呈现
j00e2m	序之关系性呈现
j00\k=2	序之状态性呈现

这 7 项一级延伸概念的设计全面体现了作用效应链的 6 个环节，但由于序主要对应于过程，故将序的过程性呈现（先后）排在第一位，将其"过程-效应"和"过程-作用"的复合呈现分别列于第二位和第三位，前者简称升序，后者简称降序。升序里的"升"仅联系于 HNC 符号"ckm"，降序里"降"仅联系于 HNC 符号"dkm"，升序与降序是高度简化的表述方式，准确的表述是

```
升序 =: 序之过程-效应的升降呈现
降序 =: 序之过程-作用的升降呈现
```

0.0.1 先后 j00m 的世界知识

序的基本特性对应于过程的序，其 HNC 符号表示取 j00m，相应的汉语表述就是先、后、中。这样的处理似乎就万事大吉了，其实不然。因为先后必然关涉到参照的选择，无参照的先后是不可思议的，而参照实际上又可有可无，这就是"先后 j00m"这个概念的复杂所在。所以，在设计序 j00 的概念延伸结构表示式时，曾考虑过使用 j00~0 的表示形式，也考虑过使用

```
j00:(m,~0)
```

的复合表示形式。但最后放弃了，因为这样做不相容于世界知识表示的简约性原则。但也不是彻底放弃，留了一个"尾巴"，那就是对"j00m"的汉语表述搞点特殊化，允许符号 j00~0 独立使用，并特地设计了一个(52j00m)非分别说形态的延伸概念，如下所示：

j00~0	先后
j001	先

```
j002                        后
    52j00m                  先后的动态呈现
        (52j00m)e1m         先后动态呈现的转换
        (52j00m)e10         并驾齐驱
        (52j00m)e11         超前
        (52j00m)e12         落后
```

0.0.2 升序 j00ckm 的世界知识

升序着眼于序的一种阶段性描述，该阶段性侧重过程-效应的联合体现，宇宙、自然界、生命体、人的一生、社会与世界、两类劳动、三类精神生活都存在升序 j00ckm 现象，你能想象出不存在升序现象的事物么？如果你能想象出这样的事物，那笔者的回答就是：HNC 对它不予描述或无能描述。

升序 j00ckm 具有延伸概念 j00ckme2n，其汉语说明如下：

```
        j00ckme2n           升序的辩证表现
        j00ckme25           进化
        j00ckme26           退化
```

这里的辩证表现充分体现了序的效应性。

0.0.3 降序 j00dkm 的世界知识

降序 j00dkm 着眼于序的另一种阶段性描述，该阶段性侧重过程-作用的联合体现。

降序 j00dkm 与升序 j00ckm 的"先后 j00~0"约定是相反的，这个约定包含在语言理解基因氨基酸"ckm"和"dkm"的定义里，这里只是提示一下而已。

降序 j00dkm 同样具有延伸概念 j00dkme2n，汉语说明如下：

```
        j00dkme2n           降序的辩证表现
        j00dkme25           激励
        j00dkme26           抑制
```

这里的辩证性表现充分体现了序的作用性。

降序是否同升序一样普遍？从宇宙到三类精神生活都存在降序么？读者自思。

0.0.4 顺序 j00d0m 的世界知识

顺序仅给出汉语表述示例，不作说明。

```
        j00d01              第一
        j00d02              第二
        j00d03              第三
        ...
```

0.0.5 序之转移性呈现 j00e5n 的世界知识

从此开始的 3 项延伸概念都没有汉语简称，《残缺》版给出的命名仅供参考。

序之转移性呈现 j00e5n 的汉语说明如下：

```
        j00e55              有序
```

```
j00e56                      混乱
    j00e56d01               混沌
j00e57                      失调
```

在社会学里，j00e55 叫治世，j00e56 叫乱世；在第二类劳动（专业活动）里，j00e55 叫秩序；j00e56 叫危机；在生命里，j00e55 叫健康，j00e56 叫生病。j00e57 的对应词语没有那么丰富，但失调这个词语是比较传神的，不仅适用于社会、专业活动和生命，也适用于其他任何领域。

0.0.6 序之关系性呈现 j00e2m 的世界知识

序之关系性呈现 j00e2m 的 HNC 符号"e2m"就没有前面各项延伸的符号那么传神了，它具有延伸概念 j00e2md01，下面先给出相应的汉语表述，再来说明它的关系性呈现。

```
j00e2m                      序之关系性呈现（序之纵横描述）
j00e21                      并序
j00e22                      串序
    j00(e2m)([k],[n])       二维序描述
```

并序与串序的组合大体上相当于一个"矩阵"，并序对应于"矩阵"的行，串序对应于"矩阵"的列。"并"和"串"分别对应于"e21"和"e22"，这一顺序约定与结构[*02]里的纵横顺序约定完全一致，即所谓的"先横后纵"，相当于把汉语的"纵横"改成了"横纵"。所以，"序之关系性呈现 j00e2m"也可另称序之纵横描述。

序之纵横描述 j00e2m 具有延伸概念 j00(e2m)([k],[n])，这里第一次使用符号[k]和[n]，赋予下列特殊约定：

0. 方括号用于数的 10 进制表示；
1. k 对应于纵的序号，n 对应于横的序号；
2. ([k],[n])里的 n(max)是 k 的函数。

至此，读者可以明白引号"矩阵"的意思了，该矩阵不是代数意义下的矩形阵列，而可以是任意形状的左对齐阵列，包括矩形和三角形。

读者可能会质疑，为什么要把"e2m"小括弧起来呢？这就不作答了。

0.0.7 序之状态性呈现 j00\k=2 的世界知识

序之状态性呈现 j00\k=2 实质上服务于序的周期性或循环性描述，这一描述可以直接采用一维描述，像人们熟悉的钟表那样。一维周期性序描述只考虑量的变化，不考虑量变中的质变。如果把周期性序描述从一维变成二维，那情况就可能有所不同，这是古老中华文明的独特思考，从而产生了特殊的天干地支描述方式。故序之状态性呈现 j00\k=2 可另名序之天干地支描述，其汉语表述如下：

```
j00\k=2                     序之天干地支描述
j00\1                       天干
    j00\1*cam_1             天干的 10 分描述
                            （甲乙丙丁戊己庚辛壬癸）
```

```
        j00\2                            地支
          j00\2*ccm₂                     地支的 12 分描述
                                        （子丑寅卯辰巳戊未申酉戌亥）
          j00(\k)(m₁,m₂)                序之甲子循环描述
                                        （甲子、乙丑……壬戌、癸亥）
```

序之状态性呈现 j00\k=2 具有延伸概念 j00(\k)(m$_1$,m$_2$)，这里第一次使用符号(m$_1$,m$_2$)，赋予下列特殊约定：

1. m$_1$ 对应于天干，m$_2$ 对应于地支；
2. (m$_1$,m$_2$)里的 m$_1$ 和 m$_2$ 同步递增。

按这一约定，就获得了以 60 为循环的序列。于是，古老中华文明就创立了与天干对应的 10、与地支对应的 12 和与甲子对应的 60 这 3 个特殊数字，这 3 个数字具有特殊重要性，"10"不必说了，"12"和"60"是计时的国际标准，"12"用于年和日的时段划分，"60"用于标准时间单位（小时和分）和全方向（360°或 2π）的划分。各古老文明也许对"12"和"60"这两个特殊数字都有自己的特定贡献，这是训诂学专家的事。但古老中华文明肯定拥有自己的独创性，这是毫无疑义的。这独创性的文明意义是否未引起足够重视呢？这关系到科学，而所谓的"四大发明"仅关系到技术。

现代中国人对甲子表示十分生疏，说"辛亥"不知道同公元纪年的个位"1"联系起来，说"甲午"或"甲申"不知道同公元纪年的个位"4"联系起来，在风景点看到现代书法家的题字，时间是搞不清楚的，这难道不是中国式文化断裂的一景么？

结 束 语

序之基本内涵 j00 一级延伸概念的设计体现了一种思考方式，那就是与作用效用链全面挂接。这一思考方式可以基本保证思考结果的透齐性，但可能陷于过度烦琐的境地。因此，对于需要突出重点或要害的思考课题，它并不适用。这就是说，j00 的一级延伸概念表示式只是延伸样板的一种，"β"是延伸样板的另一种。延伸样板类型的研究是一个有趣的课题，这将寄希望于来者。

上述思考方式可通过相应的概念关联式样予以表达，但本节连一个相应的表示式都没有写，故意留下一个大漏洞。延伸样板的研究是纯粹的理论课题，空当的填补可有可无，而这个漏洞的填补则密切关系到从理论到技术的转化问题，不填补就不能完成这一转化。

那么，本节为什么要留下这个大漏洞呢？将简称留待。这涉及一种心情，说不清，干脆就不说了。不过，本编此后的各节并不全都采取这种方式，多数情况是部分留待。

注 释

[*01]见[123-2.1-1]分节（理想行为73219的世界知识）。
[*02]见[110-5.4.2]小节（结构54包含性延伸的世界知识）。

第 1 节
广义空间 j01 (279)

0.1-0 广义空间 j01 的概念延伸结构表示式

```
j01:(^ebn,t=a;)
    j01^ebn        广义空间的认识论描述（广义空间的交织性呈现）
    j01^eb5        纠集
    j01^eb6        交集
    j01^eb7        离集
    j01t=a         广义空间的本体论描述（广义位置与广义方向）
    j019           广义位置
    j01a           广义方向
```

广义空间这个词语来于空间，广义者，把时间也纳入进来也，两者对任何事物的描述都缺一不可也，但广义空间并非"空间+时间"，乃指任何事物之时空呈现也。

广义空间 j01 的概念延伸结构表示式仅设置两项一级延伸概念，认识论与本体论描述各一。前者可另称广义空间的交织性呈现，后者可另称广义位置与广义方向。

广义空间 j01 可前挂 p 而生成挂靠概念 pj01*，命名为世界。

0.1.1 广义空间交织性呈现 j01^ebn 的世界知识

两条马路的交叉部分是两马路的"交"，两马路自身是"离"，多层立交桥是"纠"。把"马路"抽象成事物在广义空间的一种呈现，那就是 j01^ebn 所描述的景象了。读者应该记住，语言理解基因符号"ebn"的约定特征是"两头大，中间小"，这里的符号"^ebn"则联系于一种"塔形"特征，因为那"ebn"的"小 eb7"变成了"^ebn"的"大^eb7"，于是就成为"塔"了。"塔"也是一种稳定结构，但"塔尖"本身也往往是麻烦的根源，"纠、交、离"的"纠"就是"塔尖"。"纠、交、离"的概念可充当语言理解基因第二类氨基酸符号"^ebn"典型教材。

多层立交桥是现代化产物，这不利于"纠"的抽象，再说一些例子，颐和园十七孔桥下的水面是昆明湖的"纠"，成都的都江堰是岷江的"纠"，第二次世界大战中美军 101 空降师坚守的那个著名阵地是当年西线战场的"纠"，日本与俄罗斯多年来一直争吵不休的那 4 个岛屿是两国的"纠"。

所以，由 j01^ebn 所描述的纠集、交集和离集不等同于数学集合论所定义的集。这里的"纠"与"交"也可以看作一个概念的特殊两分描述，而"离"就是那被描述的概念自身。

0.1.2 广义位置与广义方向 j01t=a 的世界知识

广义位置 j019 与广义方向 j01a 是空间位置 j219 与方向 j21a 概念的再抽象，不仅可用于描述宇宙、自然界和生命体，也可用于描述人的一生、社会与世界、两类劳动和三类精神生活，其延伸概念的设置主要用于后者。

0.1.2.1 广义位置 j019 的世界知识

广义位置 j019 具有下面的概念延伸结构表示式：

```
j019:(eam,^ebn,e5m,e5n;(^ebn)t=b,e5m:(3,e2m),e5ne2n)
```

j019eam	广义位置的关系上下平描述（关系位置）
j019ea1	关系上位
j019ea2	关系下位
j019ea3	关系平位
j019^ebn	广义位置的状态上中下描述（状态位置）
j019^eb5	状态上位
j019^eb6	状态中位
j019^eb7	状态下位
j019^ebnt=b	状态位置的时代性表现
j019e5m	广义位置的行为描述（行为位置）
j019e51	左位
j019e52	右位
j019e53	中位
j019e5m3	行为位置对立化
j019e513	左派
j019e523	右派
j019e533	投机派
j019e5me2m	行为位置的两分描述
j019e5me21	保守
j019e5me22	变革
j019e5n	广义位置的伦理描述（伦理位置）
j019e55	奉献
j019e56	唯我
j019e57	随流
j019e5ne2n	伦理位置的辩证表现

广义位置 j019 四项延伸概念的汉语命名（关系位置、状态位置、行为位置和伦理位置）和 HNC 符号都比较到位，是难得的 HNC 教材资料。

0.1.2.1–1 关系位置 j019eam 的世界知识

关系位置 j019eam 是对广义位置的关系描述，其中的关系上位 j019ea1 与关系下位 j019ea2 具有很强的时代性和地域性，各种古老文明都有自己的特定表现，这些知识纳入专家知识比较妥当，这里只给出下列两个概念关联式：

```
j019eam::=(j019,147,40a)
```
（关系位置定义为以关系之主从性为参照的广义位置）
```
(j019ea~3,jl00e21,pj1*t+pj01\k)
```
（关系上位与关系下位相关于不同时代和不同世界）

0.1.2.1–2 状态位置 j019^ebn 的世界知识

这里再次选用了语言理解基因符号"^ebn",这需要稍加解释。

符号 j019e5m 曾是广义状态位置的最初选项,它描述"两头小,中间大"的著名橄榄形态。据说,橄榄形社会是最稳定的。但 HNC 最终还是选择了符号 j019^ebn,它表示一种"金字塔"形态,与 j019^ebn 所对应的社会就是一种"金字塔"形社会,pj019^eb5 就是当代语言里的各种顶尖社会精英,pj019^eb6 就是所谓中产阶层的上端,pj019^eb7 就是中产阶层的中下端和贫民了。

社会内容有权势、财富和成就的基本划分,因此,政治、经济、文化领域专家心目中的橄榄形社会是有巨大差别的。某些社会学家把橄榄形社会捧成天堂,把金字塔形社会说成地狱,那未必是他们的真心话。橄榄挂在嘴上,金字塔藏在心里,或许这才是实情。第一卷曾对金字塔形社会的稳定性给出过充分讨论,强调过"橄榄 1"与"橄榄 2"现象。

状态位置 j019^ebn 的基本世界知识用下列概念关联式来描述。

$$j019\hat{}ebn::=(j019,147,56e5n)$$
(状态位置定义为以等级态势为参照的广义位置)
$$j019\hat{}eb5:=56e55$$
(状态上位对应于等级强势)
$$j019\hat{}eb6:=56e57$$
(状态中位对应于等级过渡势)
$$j019\hat{}eb7:=56e56$$
(状态下位对应于等级弱势)
$$(j019\hat{}ebnt:=pj1*t,t=b)$$
(状态位置的时代性表现对应于 3 个历史时代)

0.1.2.1-3 行为位置 j019e5m 的世界知识

广义位置 j019 的四项一级延伸都采用了三分描述,第一项未再延伸,第二项再延伸实际上是有若无,但第三项和第四项就不同了。两者的再延伸不仅不可或缺,而且具有与前一级延伸的可交换性,这意味着下面的等同式成立:

$$j019e5me2m\ =:j019e2me5m$$
$$j019e5ne2n\ =:j019e2ne5n$$

行为位置的 j019e5me2m 描述不带褒贬意义,儒家的"中庸"和佛学的"中道"毕竟是一项非常重要的世界知识,在行为位置 j019e5m 里应有所表示,这就是下列概念关联式的缘由。

$$(j019\tilde{}e53(d01),jlv11e21,jr86e26) \longrightarrow (j\text{-}01)$$
(极"左"或极"右"都具有消极效应)
$$(j019(e5m)e2m(d01),jlv11e21,jr86e26)$$
(过度的保守或过度的变革都具有消极效应) —— (j-02)

对延伸概念 j019e5me2m 的理解,不同文明的差异很大,因此,应给出下面的概念关联式以表述这一极为重要的世界知识。

$$(j019e5me2m,jlv00e21,pj01*\backslash k) \longrightarrow (j\text{-}00)$$
(行为位置的描述相关于不同的世界)

这是基本概念里首次出现的带编号概念关联式,编号"标题"使用"j"而不是"j0"或

"j01",这意味着它们的特殊重要性,(j-00)更为特殊,下面结合中国和第一世界的情况作一点说明。

20世纪的中国流行着"左与右"或"革命与反动"的概念,第一世界流行着"保守与变革"或"保守主义与自由主义"的概念。

第一卷多次论述过中国式断裂,该断裂突出表现对行为位置 j019e5m 的奇特理解,这些奇特理解构成了中国式行为位置的主流认识,描述此项世界知识的概念关联式如下:

(j019e513=:b11d01=:ra10b3,s33,[20]pj12+China)——(j01-01a)
(在20世纪的中国,左派等同于革命,等同于社会主义)
(j019e523=:^(b11d01)=:(ra10a;rd10c01),s33,[20]pj12+China)
——(j01-01b)
(在20世纪的中国,右派等同于反革命,等同于资本主义或自由主义)
(j019e53=:j019(e5m)e21,s33,[20]pj12+China)——(j01-02a)
(在20世纪的中国,中位等同于保守)
((j019e53,jlv111,jlg11e21e22),s33,[20]pj12+China)——(j01-02b)
(在20世纪的中国,中位是一种不应有的存在)

第一世界对行为位置的理解也比较奇特,他们不太关注"左右中"的区分,而比较关注保守主义和自由主义的区分。也许可以说,西方人和中国人的大脑皮层结构会有所不同,这差异可以用下面的概念关联式来表示:

((p,s32,pj01*\1),jlv00e21,jr019(e5m)e2m)——(j-03a)
(第一世界的人关注保守主义和自由主义的区分)
((p,s32,pj01*\2),jlv00e21,j019e5(~3)3)——(j-03b)
(第二世界的人关注左派和右派的区分)

这两个概念关联式可看作(j-00)的具体阐释。耐心的读者可能注意到这里的"保守主义"和"自由主义"与前面概念延伸结构表示式里的汉语说明有所不同,这就不予回答了。但应该指出,传统中华文明并不存在概念关联式

(j01-0m,m=1-2)和(j-03b)

两者是"五四运动"以后在中国新生长出来的语言理解基因。如果将来能够对中国式断裂进行比较冷静的讨论,请别忽略这几个概念关联式所描述的世界知识。

0.1.2.1–4 伦理位置 j019e5n 的世界知识

伦理位置 j019e5n 的相关文字拷贝如下:

j019e5n	广义位置的伦理描述(伦理位置)
j019e55	奉献
j019e56	唯我
j019e57	随流
j019e5ne2n	伦理位置的辩证表现

对 j019e5ne2n 就不作分别说了,这些符号和汉语说明都比较传神。

伦理位置 j019e5n 具有下面的概念关联式:

((p,s32,pj01*\1),jlv00e21,j019e56)——(j-04a)

(第一世界的人关注自我)
((p,s32,pj01*\2),jlv00e21,j019e57)——(j-04b)
(第二世界的人关注随流)

两者也是（j-00）的具体阐释，后者也是中国式断裂的具体呈现。

概念关联式（j-03）和（j-04）都拥有自己的系列，这里只给出了其中的前两个，以符号"-ma"和"-mb"标示，分别对应于第一和第二世界。

本分节最后，说三句烦琐的话：当你歌颂或谴责奉献的时候，请别忘了它的辩证表现；当你赞美或批判唯我或自我的时候，请别忘了它的辩证表现；当你沉醉于随流的时候，也请别忘了它的辩证表现。

0.1.2.2 广义方向 j01a 的世界知识

广义方向 j01a 具有下面的概念延伸结构表示式：

```
j01a:(e1n,n,α=a,\k=m)
    j01ae1n              广义方向的基本描述
    j01ae15              正向
    j01ae16              反向
    j01an                广义方向的综合逻辑描述（综合逻辑方向）
    j01a4                探索性方向
    j01a5                正确方向
    j01a6                错误方向
    j01aα=a              广义方向的基本属性
    j01a8                广义方向延续性
    j01a9                广义方向进展性
    j01aa                广义方向周行性
    j01a\k=3             广义方向的文明特征（文明方向）
```

这是本《全书》的第一个终止于一级延伸的封闭型概念延伸结构表示式，广义位置则对应于一个终止于二级延伸的封闭型概念延伸结构表示式。这类延伸结构比较罕见或罕用，请读者留意。

在广义方向的 4 项一级延伸里，认识论描述和本体论描述各二。但广义位置的 4 项一级延伸全都是认识论描述，为什么？读者自思。

0.1.2.2-1 广义方向的基本描述 j01ae1n 的世界知识

正向与反向是对广义方向的基本描述，是对对偶性的一种简化描述，具体说来，就是关于对偶之对称、对立与对抗的非分别说，这一世界知识的 HNC 符号表式如下：

```
j01ae1n:=j71(~8)
(广义方向的基本描述对应于对偶性本体描述的非分别说)
```

0.1.2.2-2 综合逻辑方向 j01an 的世界知识

本分节仅给出概念关联式，不作任何说明。

(j01an,jlv00e22,j01ae1n)——(j01-03)

(综合逻辑方向无关于广义方向的基本描述)
(j01an,jlv00e21,(s1+s2,s3+s4))——(j01-04)
(综合逻辑方向首先相关于智力与手段,其次相关于条件与工具)
(j01an,jlv00e21,pj01*\k)——(j01-05)
(综合逻辑方向相关于不同的世界)

0.1.2.2-3 广义方向的基本属性 j01aα=a 的世界知识

先给出概念关联式:

(j01aα:=107α,α=a)——(j01-06)
(广义方向的基本属性对应于过程的基本属性)
j01a8:=1078——(j01-06a)
j01a9:=1079——(j01-06b)
j01aa:=107aa//107a——(j01-06c)

广义方向的延续性决定了历史的不可断裂性,但自由主义喜好向(j01-06a)挑战,并对(j01-03)和(j01-05)往往采取无视的态度;广义方向的进展性决定了历史必然前进,但保守主义喜好向(j01-05b)挑战,并往往对(j01-04)采取无视态度;广义方向的周行性注定了历史必然具有"惊人相似性",但人们往往忽略相似中的螺旋式特征,故(j01-06c)把"107aa"写在第一位。

0.1.2.2-4 文明方向 j01a\k=3 的世界知识

先给出概念关联式:

j01a\1:=ra30\11+pj01*\4
(第一文明方向对应于信仰文明和第四世界)
j01a\2:=ra30\12+pj01*\2
(第二文明方向对应于理念文明和第二世界)
j01a\3 := ra30\13+pj01*\1
(第三文明方向对应于理性文明和第一世界)

老者曾对"三种文明标杆"说给出严厉批评,故笔者打算放弃文明标杆的术语,改用文明方向的术语。而文明方向的信仰、理念与理性三分是人类社会的本来面目,既是以往历史与当今现实的呈现,也是后工业时代未来发展的必然势态。

结 束 语

本节的文字比较特别,像一个"小超市"或"杂货店"。既有以概念关联式为基本依托的 HNC 常用撰写方式,也有围绕着特殊语言理解基因符号"^ebn"而第一次尝试使用的比喻说明方式。既关注与作用效应链的挂接,也关注与文明阐释的挂接。在有关文明阐释的文字里,一些尖刀性词语的使用难以避免。再次"冒天下之大不韪",从而诱发出一种不加任何注释的放任心态,下面仅作一项弥补。

在概念关联式(j-03o)和(j-04o)的汉语说明里,关注这个词语的对应 HNC 符号选取了 jlvr00e21,这非同寻常,其中五元组符号"v"与"r"的串接使用很传神。此话可意会而难以言传,说是弥补,实际上可能反而是添乱,对不起了。

第 2 节
广义距离 j02 (280)

0.2-0 广义距离 j02 的概念延伸结构表示式

```
j02:(c2m,m,t=a;)
   j02c2m              广义距离的状态描述（状态距离）
   j02c21              近
   j02c22              远
   j02m                广义距离的势态描述（势态距离）
   j020                若即若离
   j021                靠近
   j022                远离
   j02t=a              广义距离的基本类型
   j029                相对距离（差距）
   j02a                绝对距离（境界）
```

广义距离 j02 是广义空间 j01 的必然伴随概念，正如同下面的空间之序 j21 必然伴随空间距离 j22 一样。

广义距离设置了三项延伸概念，认识论描述两项，本体论描述一项。本体论描述的差距 j029 和境界 j02a 各占用一个小节。

0.2.1 状态距离 j02c2m 的世界知识

状态距离 j02c2m 的概念延伸结构表示式如下：

```
j02:(c2m,;c2mckm,c21c01,c22d01)
       j02c2mckm        状态距离的比较描述
       j02c21c01        无限近
       j02c22d01        无限远
```

状态距离 j02c2m 的 3 项延伸概念都具有丰富的自然语言。表述"无限近"的词语有"一模一样"、"惟妙惟肖"、"一个模子刻出来的"等；表述"无限远"的词语有"天壤之别"、"风马牛不相及"、"一个天上，一个地下"等。至于 j02c2mckm，可视为 j02c2m 的自延伸概念，汉语的"太"大体对应于 j02c2mckm 的 ju02c2mckk。

0.2.2 势态距离 j02m 的世界知识

势态距离 j02m 的概念延伸结构表示式如下：

```
j02:(m,;(m)eam;(m)ea~3e2n,(m)ea3e5n)
       j02(m)eam            势态距离的关系描述（世态炎凉）
       j02(m)ea1            上对下的势态距离
          j02(m)ea1e2n          上对下势态距离辩证描述
```

j02(m)ea1e25	礼；
j02(m)ea1e26	役；
j02(m)ea2	下对上的势态距离描述
j02(m)ea2e2n	下对上势态距离辩证描述
j02(m)ea2e25	忠；
j02(m)ea2e26	谄；
j02(m)ea3	平级之间的势态距离描述
j02(m)ea3e5n	平级之间势态距离的辩证描述
j02(m)ea3e55	君子之交淡如水；
j02(m)ea3e56	拉帮结派；
j02(m)ea3e57	礼尚往来；

"世态炎凉"这个词语是对势态距离 j02m 之关系描述 j02(m)eam 的生动写照，可充当该延伸概念的直系捆绑词语。势态距离必然密切联系于关系的"位"。当然，不曾身居上位者不会直接获得世态炎凉的感受，但每个人都可以间接获得这种感受。

对 j02(m)ea~3 和 j02(m)ea3 分别给予了不同的辩证描述，所使用的描述符号"e2n"和"e5n"已足够传神，不另加解释了。

0.2.3 差距 j029 的世界知识

差距 j029 是指两对象之间的相对广义距离，暂不设置延伸概念，只给出下面定义式：

```
j029::=(j02,144,GB)
（差距定义为广义对象之间的广义距离）
```

当然，它可以拥有一系列的自延伸概念，如 j029:(ckm)、j029(c01)、j029(d01)等。

0.2.4 境界 j02a 的世界知识

境界 j02a 的定义式如下：

```
j02a::=(j02,147,jr509ju86e25lu91)
（境界定义为以某一特定积极标准为参照的广义距离）
```

与差距一样，境界也可以拥有一系列自延伸概念，如：

```
j02a(ckm)、j02a(d01)、j02a(c01)
```

等都可供选择。王国维先生著名的学术三境界说就属于(j02a(c3m),l45,a60t)。

结 束 语

本节的全部延伸概念都拥有十分贴切的汉语捆绑词语，这似乎具有一定的文化启示意义，值得探索。但笔者没有这个能力做这件事，仅提了一句王国维先生的三境界说。领会王先生的三境界说，需要一定的古文功底，后文（第三卷）将把三者简化为"望尽"、"憔悴"与"蓦然"，就便预告。

第一章

时间 j1

引 言

时间列为基本本体概念的第一号殊相概念林 j1 乃 HNC 的必然之选。该概念林辖属三株概念树,其 HNC 符号及汉语说明如下:

      j10   时间基本内涵
      j11   时间之序
      j12   时间间隔

时间 j1 可前挂 p 而生成挂靠概念 pj1*,命名为时代。

第 0 节
时间基本内涵 j10 (281)

1.0-0 时间基本内涵 j10 的概念延伸结构表示式

```
j10:(-0|,ebn,α=b;ebni,)
  j10-0|              时间基本描述
  j10-               年
  j10-0              月
  j10-00             日
  j10ebn             时间序
    j10ebni           "特定"时间序
  j10eb5             前
    j10eb5i           提前
  j10eb6             后
    j10eb6i           推迟
  j10eb7             同时
    j10eb7i           准时
  j10α=b             时间的过程与状态描述
  j108               有限时间
    j108~eb0          有限时间的过程描述
    j108eb1           起点
    j108eb2           终点
    j108eb3           持续
  j109               时间点
    j109α=9           物理时间点的状态描述
    j1098             特定时间点
    j1099             节日
  j10a               物理时间段
    j10aα             物理时间段的状态描述
    j10a8             特定时间段
    j10a9             假期
  j10b               数学时间段
    j10bc3m           数学时间段的层级叙述
    j10bc31           小时
    j10bc32           星期
    j10bc33           世纪
```

时间基本内涵 j10 设置了 3 项一级延伸概念，下面以 6 个小节进行论述，其中的"时间的过程与状态描述 j10α=b"分成 4 个小节。

时间基本内涵 j10 可前挂 p 而生成挂靠概念 pj10*，命名为公元，它具有反概念 ^(pj10*)，命名为公元前；还具有非概念 ~(pj10*)，表示各种文明的特殊纪年方式。

汉语说明里引入了物理时间点、物理时间段和数学时间段的术语。这些术语没有什么高深的含义，读者不难理解，这里就不作解释了。

1.0.1 时间基本描述 j10-0| 的世界知识

时间基本描述采用了"包含性符号表示 j10-0|"，这是 HNC 的必然之选。

地球村的任何古老文明都存在年、月、日的概念，三者呈现出典型的包含性：年包含月，月包含日。与三者对应的 HNC 符号依次是：j10-、j10-0 和 j10-00。这包含性表示已充分描述了年月日的共相，一切殊相描述都安置在相应的挂靠概念里。

j10-0| 可前挂 w 而生成系列挂靠概念 wj10*-0|，并沿用"年、月、日"的命名。

1 年包含多少个月？1 月包含多少日？这在 wj1*-0 里叙述。

1.0.2 时间序 j10ebn 的世界知识

首先需要说明的是：时间序 j10ebn（前后）与序之过程性呈现（先后）j00m 之间存在本质差异，以下列概念关联式表示：

```
j10ebn:=409e22+j75e22 ——（j-05a）
（时间序对应于关系的单向性和基本属性的绝对性）
j00m:=409e21+j75e21 ——（j-05b）
（序之过程性呈现对应于关系的双向性和基本属性的相对性）
(j10ebn,jl111,(51ju731,l45,j00m))
（时间序是先后的特殊形态）
```

概念关联式（j-05a）的汉语表述就是"时间不可倒流"，超光速的科技畅想试图颠覆它，那就不属于世界知识，而是专家知识的事了。

时间序 j10ebn 设置了延伸概念"特定时间序 j10ebni"，其定义式如下：

```
j10ebni::=(j10ebn,l45,GB//73) ——（j-05c）
（特定时间序定义为关于广义对象或行为的时间序）
(j10ebni,jlv12c33,Relu91\4) ——（j-05d）
（特定时间序必定有唯一的参照）
```

1.0.3 有限时间 j108 的世界知识

在世界知识的视野里，时间总是有限的，时间的无限性不属于世界知识，而属于物理学的专门知识。有限性就是时间的本体论属性，其对应的 HNC 符号取 j108，命名为有限时间，是时间之过程与状态描述 j10α=b 的根概念。

时间是一种最特殊的一维空间，有限时间就是指这特殊一维空间的一种本质属性，对它的描述只需要点和线段这两个概念，不需要面和体的概念。其延伸概念 j108~eb0 就是对这一世界知识的描述。有限时间就意味着必有起点和终点，还必有两者之间的连接。汉语的传神说法叫作"两点成一线"。有人喜好绝对真理或终极真理之类的术语，关于有限时间的"两点成一线"说也许是极少数此类真理之一吧。

1.0.4 时间点 j109 的世界知识

时间点 j109 和下面将要讨论的物理时间段 j10a 都采用了"α=9"的延伸结构，两者的根概念都使用了特定这一修饰词语。特定者,时间的物理呈现也,其物理呈现的非分别说也。时间物理呈现的分别说无非是自然呈现和人为呈现两大类,而单纯的自然呈现是世界知识所不关心的,这意味着前者必然包含后者,因此,只要设置一项人为呈现就可以满足物理时间描述的透齐性要求,这就是时间点和物理时间段都采取延伸符号"α=9"的缘由了。

时间点的基本概念关联式如下:

```
j1099=j10a9——(j1-01)
(节日强交式关联于假期)
j1099<=(q833+q831d01+q843\2)——(j1-02)
(节日强流式关联于事业庆、重大生庆和重要人物追念)
```

特定时间点 j1098 可前挂 w 而生成挂靠概念 wj1098*,命名节气,节日 j1099 可前挂 p 而生成挂靠概念 pj1099*,汉语的"节"字可充当它的直系捆绑词语。

1.0.5 物理时间段 j10a 的世界知识

延伸概念 j10a8 可前挂 w 而生成挂靠概念 wj10a8,定名季节;延伸概念 j10a9 可前挂 p 而生成挂靠概念 pj10a9,定名假期。

物理时间段的基本概念关联式如下:

```
j10a8<=508b\k——(j1-03)
(特定时间段强流式关联于年景的状态呈现)
j10a9<=q726——(j1-04)
(假期强流式关联于休闲)
j10a9=(q703+q712+q731c25)——(j1-05)
(假期强交式关联于玩、访问和业余比赛)
```

1.0.6 数学时间段 j10b 的世界知识

数学时间段的 HNC 符号和汉语说明拷贝如下:

```
j10b              数学时间段
  j10bc3m         数学时间段的 3 层级叙述
  j10bc31         小时
  j10bc32         星期
  j10bc33         世纪
```

数学时间段 3 层级叙述 j10bc3m 都具有包含性延伸,其 HNC 符号及汉语说明如下:

```
  j10bc3m:(-0|)   3 层级数学时间段的包含性叙述
    j10bc31-        小时
    j10bc31-0       刻
    j10bc31-00      分
    j10bc32-        星期(周)
    j10bc32-0       天
    j10bc33-        世纪
    j10bc33-0       年代
    j10bc33-00      年
```

j10bc33-00*0　　　　　"月"

数学时间段 j10b 是一个 z 强存在概念，前文曾使用并解释过"r 强存在"的术语，"z 强存在"的术语或许第一次使用。这类术语读者都不易习惯，但这是世界知识表述的需要，请谅解。此处的"z 强存在"还意味着下面概念关联式的成立：

j10b≡j10-0|——（j-06）
（数学时间强关联于时间的包含性叙述）

这是一个以"j-"标记的概念关联，其具体世界知识如下列概念关联式表示，这些表示式以"j1-"标记。

[1]j10bc31-≡[60]j10bc31-00≡[4]j10bc31-0——（j1-06a）
（1 小时等于 60 分，分为 4 刻。）
[1]j10bc32-≡[7]j10bc32-0——（j1-06b）
（1 星期等于 7 天）
[1]j10bc32-0≡[24]j10bc31-——（j1-06c）
（1 天等于 24 小时）
j10bc32-0=：j10-00——（j1-06d）
（天等同于日）
[1]j10bc33-≡[100]j10bc33-00≡[10]j10bc33-0——（j1-06e）
（一个世纪等于 100 年，分为 10 个年代）
j10bc33-00 =：j10-——（j1-06f）
（数学时间段的年等同于时间包含性叙述的年）
j10bc33-00*0 =：wj1*-00
（数学时间段的"月"等同于挂靠概念的月）

结 束 语

本节文字比较杂乱，主要依靠概念关联式来进行说明，同时又夹杂着一些 HNC 式"杂文"话语。这缘起于一项纠结，对于语言脑来说，时间概念的 HNC 符号化有那么重要么？自然语言词语是否也可以直接激活相关概念呢？这个纠结还没有十分明朗的答案，这就隐约形成了一项思维魔障，概念关联式组（j1-06o）写完以后，该魔障略有弱化，但依然存在。

第 1 节
时间之序 j11 (282)

1.1-0 时间之序 j11 的概念延伸结构表示式

```
j11:(^e8m,i,α=b;it=b,b7;b7t=b)
    j11^e8m              时间序的基本描述
    j11^e81              过去
    j11^e82              未来
    j11^e83              现在
    j11i                 时间序的特定描述（特定时间序）
    j11α=b               时间序的物理描述
    j118                 年代
    j119                 地质年代
    j11a                 史前年代
    j11b                 社会年代
       j11b7             特定社会年代
         j11b7t=b        特定社会年代的三分描述
```

时间之序 j11 设置了三项一级延伸概念，具有三级封闭性。下面以三个小节进行论述。

1.1.1 时间序基本描述 j11^e8m 的世界知识

时间序基本描述 j11^e8m 具有下面的基本概念关联式：

$$j11\char`\^e8m \equiv j10ebn \quad （j1\text{-}07）$$
（时间序基本描述强关联于时间序）

在时间序之基本描述里，仅叙述了将来通过现在必然向过去转换的特性，但并未叙述过去与将来的值远大于现在的特性。基于概念关联式（j1-07），这两项特性就都被赋予了。这就是说，时间的"过去、未来与现在"和"前、后与同时"都具有这两方面的特性。这是关于时间叙说最重要的世界知识，这一知识是通过语言理解基因第二类氨基酸"^e8m"和"ebn"，以及概念关联式（j1-07）而获得的。

与过去 j11^e81 和未来 j11^e82 对应的词语极为丰富，这些词语的模糊度比较小，捆绑者应特殊关注。

1.1.2 特定时间序 j11i 的世界知识

特定时间序 j11i 具有下面的基本概念关联式：

$$j11i := j11\char`\^e82 \quad （j1\text{-}08）$$
（特定时间序对应于未来）

特定时间序具有延伸概念 j11it=b

  j11it=b   特定时间序的"三定"描述
  j11i9   预定
  j11ia   指定
  j11ib   约定

"三定"的世界知识以下列概念关联式表示：

  j11i9 =% 831
  （预定属于策划与计划）
  j11ia =% 842
  （指定属于决策）
  j11ib =% 843
  （约定属于"共识"）

1.1.3 时间序物理描述 j11ɑ=b 的世界知识

时间序物理描述的世界知识以下列概念关联式表示：

  j119 := a6499\51
  （地质年代对应于地球考古学）
  j11a := a6499\52
  （史前年代对应于生命考古学）
  j11b := a6499\53
  （社会年代对应于文明考古学）
  (j11b7t≡pj1*t,t=b) —— (j1-09)
  （特定社会年代的三分描述强关联于三个历史时代）

结 束 语

本节文字简明扼要，不存在上节所说的纠结。

第 2 节
时间间隔 j12 (283)

1.2-0 时间间隔 j12 的概念延伸结构表示式：

  j12:(c3m,e2m,t=a,i;e2m:(c01,d01),(t)-0|,i-0|)
   j12c3m   时间间隔的基本描述
   j12c31   瞬间
   j12c32   短时间

```
    j12c33              长时间
    j12e2m              关于过去与未来的间隔描述
    j12e21              关于过去间隔的描述
    j12e22              关于未来间隔的描述
    j12t=a              物理时间间隔
    j129                相互性时间间隔（相对时间间隔）
    j12a                参照性时间间隔（"绝对"时间间隔）
    j12i                数学时间间隔
```

时间间隔j12设置了4项一级延伸概念，形式上也采取了封闭形态。前两项都涉及时间间隔的基本描述，将并为一个小节。

j12可前挂p而构成挂靠概念pj12*，定名世纪。

1.2.1 关于时间间隔j12基本描述的世界知识

时间间隔的基本描述j12c3m可带自延伸概念j12c3m(ckm)；关于过去和未来的基本描述则带有延伸概念j12e2m:(c01,d01)，相应的汉语说明和概念关联式如下：

```
    j12e21c01           刚刚
    j12(e2m)d01         遥远
    j12e22c01           马上
    j12e22d01           永远
  j12e21 := j11^e81 ──（j1-10a）
  （关于过去间隔的描述对应于过去）
  j12e22 := j11^e82 ──（j1-10b）
  （关于未来间隔的描述对应于未来）
```

1.2.2 物理时间间隔j12t=a的世界知识

时间间隔的基本描述可以不讲量化，但物理时间间隔j12t=a必须讲量化。HNC的量化描述符号就是语言理解基因氨基酸的"-0"，量化无关于时间间隔的相对或"绝对"性，因此，物理时间间隔必然采取延伸概念j12(t)-0|的形态，它表示物理时间间隔的单元。

物理时间间隔的量化描述作下列约定：

```
  j12(t)-0 =: pj12* ──（j1-11a）
  （一级物理时间间隔单元（世纪）等同于挂靠概念的世纪）
  j12(t)-00 =: wj1*-0 ──（j1-11b）
  （二级物理时间间隔单元（年）等同于挂靠概念的年）
  j12(t)-000 =: wj1*-00 ──（j1-11c）
  （三级物理时间间隔单元（月）等同于挂靠概念的月）
  j12(t)-0000 =: wj1*-000 ──（j1-11d）
  （四级物理时间间隔单元（天）等同于挂靠概念的日）
```

物理时间间隔单元是相对于"绝对"意义的非分别说，而挂靠概念一律被赋予"绝对"意义，所以两者之间的逻辑连接符号只能使用"=:"（等同于），而不能使用"≡"（强关联于）。时间间隔或空间距离的描述都存在相对和"绝对"的差异，自然语言通常对这类差异采取不拘小节的态度，但语言概念空间一定对这类细节毫不含糊，概念关联式（j1-11）系列就是表述这些细节知识的"工具"。

1.2.3 数学时间间隔 j12i 的世界知识

数学时间间隔 j12i 采取 j12i-0|的延伸表示,其汉语说明和有关的世界知识如下:

    j12i-   小时
    j12i-0   分
    j12i-00   秒

[1]j12(t)-0000≡[24]j12i-
(1 天等于 24 小时)
[1] j12i-≡[60]j12i-0
(1 小时等于 60 分)
[1] j12i-0≡[60]j12i-00
(1 分等于 60 秒)

秒之下的数学时间间隔的叙述就属于世界知识和专家知识的交织区了,需要用到数 j3 的一些概念,这里就不说了。

第二章

空间 j2

引 言

空间列为基本本体概念的第二号殊相概念林 j2 也是 HNC 的必然之选。该概念林之概念树设计仿照时间 j1，如下所示：

    j20   空间基本内涵
    j21   空间之序
    j22   空间距离

空间 j2 可前挂 w、p 和 pw 以构成挂靠概念 wj2*、pj2* 和 pwj2*，三者依次定名为地域、国家和城市。

空间 j2 属于图像脑与语言脑的交织区块，这个情况类似于情感 713 与情感脑的交织。在第一卷，HNC 对情感 713 作了比较系统的描述，该描述对情感脑的相关科学知识基本采取回避态度，本章对图像脑也采取类似态度，但回避度略轻。

第 0 节
空间基本内涵 j20 (284)

2.0-0 空间基本内涵 j20 的概念延伸结构表示式

```
j20:(\k=2,-*0|,t=b;t7;)
    j20\k=2            空间基本描述之一
    j20\1              位置
    j20\2              方向
    j20-*0|            空间基本描述之二
    j20-*              体
    j20-*0             面
    j20-*00            线
    j20-*000           点
    j20t=b             空间物理描述
    j209               空中
      j2097              太空
    j20a               水面
      j20a7              水下
    j20b               地面
      j20b7              地下
```

这里使用了符号"-*",其意义如下:

  y-*::= ((j41,l45,(GB,l01,y-0|),jlv12c32,j61d01)——(j-01)
  (符号 y-*意味着 y 所包含的广义对象数量可以无限)
  概念关联式(j-01)具有伴随关联式(j-01a),其符号表示及汉语说明如下:
  y-::= ((j41,l45,(GB,l01,y-0|),jlv12c33,j61(ckm))——(j-01a)
  (符号 y-意味着 y 所包含的广义对象数量必然有限)

在(j-01o)里的"可"和"必",其对应的 HNC 符号都加了五元组符号"v"。熟悉语法学的读者可能对此很不习惯,那就共同努力,加强五元组(v,g,u,z,r)与词性这两类概念之间的沟通吧。

2.0.1 空间基本描述之一 j20\k=2 的世界知识

位置 j20\1 与方向 j20\2 是关于空间 j2 的两个最基本概念,这里,对这两个概念之世界知识的说明将采取最简洁的方式,那就是只给出下面的两个概念式,且不加任何进一步的说明。

  j20\1 =% j019——(j2-00a)
  (位置属于广义位置)
  j20\2 =% j01a——(j2-00b)
  (方向属于广义方向)

2.0.2 空间基本描述之二 j20-*0|的世界知识

空间基本描述 j20-0|的世界知识以下列概念关联式表示：

```
j20-*0|:= 54-0|
```
（空间基本描述对应于结构基本描述）

结构基本描述以包含方式划分为四级：体—面—线—点，空间基本描述亦然。但必须强调指出，结构体所包含的结构面是有限的，结构面所包含的结构线、结构线所包含的结构点也都是有限的，而空间体所包含的空间面可以是无限的，空间面所包含空间线及空间线所包含的空间点也都可以是无限的。"体—面—线—点"的有限性与无限性是一项非常重要的世界知识，下面第六章里还有进一步的讨论。

空间的体—面—线—点具有下列基本概念关联式：

```
(j20-*,jl11e21,54-i9) —— (j20-01)
（空间的体具有体积）
(j20-*0,jl11e21,54-i9-0) —— (j20-02)
（空间的面具有面积）
(j20-*00,jl11e21,54-i9-00) —— (j20-03)
（空间的线具有线度）
(j20-*000,jl11e22,54-i) —— (j20-04)
（空间的点没有结构体的物理特性）
jz20-*00u54-00e22 =: j22 —— (j20-05)
（直线的值等同于距离）
```

2.0.3 空间物理描述 j20t=b 的世界知识

空间物理描述 j20t=b 及其延伸概念 j20t=b7 所叙述的世界知识，人类古已熟知。当然，现代人对太空和地下的认识深度已远远超过古人，但超过部分主要属于专家知识，而不属于世界知识。所以，本小节只给出下列概念关联式：

```
(j20t := jw5y) —— (j2-01)
（空间物理描述对应于宏观基本物的三态描述）
j209 := wj2*3 —— (j2-02a)
（空中对应于空域）
j20a := wj2*2 —— (j2-02b)
（水面对应于水域）
j20b := wj2*1 —— (j2-02c)
（地面对应于陆地）
```

结 束 语

HNC 高度重视抽象概念与具体概念的基本划分，但从未说过两者截然对立，这是 HNC 的基本态度。本节的许多概念关联式生动表明了这一态度的合适性，因为这两类概念也可以相互转换。就便说一声，HNC 以同样的态度看待唯物与唯心、客观与主观、辩证法与形而上、革命与继承、民主与专制（不是专政）等重要概念。

本节突然冒出来一个[j-01]和[j-01a]，这两个以方括号表示的概念关联式代表不同语言概念空间之间的使节，即联系概念基元空间、句类空间、语境单元空间、记忆空间这四者相互之间的概念关联式。[j-01]和[j-01a]里的 GB 不属于概念基元空间，而属于句类空间，故该概念关联式以方括号表示，详细说明见第三卷。

第 1 节
空间之序 j21 (285)

2.1-0 空间序 j21 的概念延伸结构表示式

```
j21:(t=a,(t),7
    ;(t)γ=b,a:(e9m,e9˜0),7\k=3
    ;(t)γe2m,ae9mm,a(e9m)γ=a,
    ;(t)γe21ebn,(t)˜be22ebn,(t)9e22e9m,(t)ae22e9˜0,(t)be22n,
    ;(t)˜be21ebne2m,(t)9e22(e9m)m,(t)ae22(e9˜0)m,;)
```

j21t=a	空间序物理描述
j219	空间位置
j21a	空间方向
j21(t)	方位
j217	空间序数学描述

空间序 j21 受到了特殊优待，给出了 5 级延伸，且依然处于开放形态。在全部 456 株概念树中，这或许是绝无仅有的。

上面，只给出了一级延伸概念的汉语说明，其他各级延伸的汉语说明放到三个小节里，以免造成读者眼花缭乱。但三小节的安置与一级延伸概念的设置略有不同，其缘由如下：方位和空间方向的概念都特别实用，前者需要非分别说，而后者需要分别说。于是，三小节的命名如下：

2.1.1 方位 j21(t)的世界知识
2.1.2 空间方向 j21a 的世界知识
2.1.3 空间序数学描述 j217 的世界知识

"方位"这个概念只属于空间 j2，故 j21(t)的汉语命名省略了空间二字。但方向这个概念不同，故 j21a 的汉语命名使用了空间方向。

在下面的 3 个小节里，前两个的叙述可能过于烦琐，对于那些一听到"东南西北"就觉得厌烦的读者，瞄一眼甚至跳过去不看也罢。但未来的语言超人必须具备这两小节所叙述的世界知识。

2.1.1 方位 j21(t)的世界知识

先给出方位 j21(t)的两级延伸概念及其汉语说明：

```
j21(t):(γ=b;γe2m;)
    j21(t)γ=b              方位三维叙述
    j21(t)9                方位第一维叙述
    j21(t)a                方位第二维叙述
    j21(t)b                方位第三维叙述
      j21(t)γe2m           方位的两种基本描述方式
      j21(t)γe21           相对方位
      j21(t)γe22           绝对方位
```

方位一定是三维的，这是视觉景观的基本特性，这一特性以符号 j21(t)γ=b 来表示。为什么不以"t=b"或"\k=3"来表示呢？这就不交代了。方位有两种基本描述方式，将名之相对方位和绝对方位，符号化为 j21(t)γe2m。这个符号里为什么要夹带着一个"γ"呢？这也不交代了。

本小节将以两个分节进行叙述，两分节的符号及命名如下：

相对方位 j21(t)γe21 的世界知识
绝对方位 j21(t)γe22 的世界知识

2.1.1–1 相对方位 j21(t)γe21 的世界知识

相对方位 j21(t)γe21 具有如下延伸概念：

```
    j21(t)γe21ebn           方位相对叙述
```

语言理解基因符号"ebn"是 HNC 符号体系的唯一选择，对应的汉语说明如下：

```
    j21(t)9e21ebn           第一维叙述（横叙述）
    j21(t)9e21eb5           左
    j21(t)9e21eb6           右
    j21(t)ae21ebn           第二维叙述（纵叙述）
    j21(t)ae21eb5           前
    j21(t)ae21eb6           后
    j21(t)be21ebn           第三维叙述（层次叙述）
    j21(t)be21eb5           上
    j21(t)be21eb6           下
    j21(t)(γ)e21eb7         中
```

厌烦"东南西北"的读者应该不会厌烦这一组表示式，但仍然可能厌烦下面的定义式，这没有办法，因为未来的语言超人必须拥有它们。

```
    j21(t)γe21::=(j21(t),lv47,(GBlu91\3,s22,jjw-000\23)) ——[j2-01a]
     （相对方位乃是以地球上某一不定特指广义对象为参照的方位）
    j21(t)(γ)e21eb7 =: ReB—— [j2-01b]
     （中等同于参照）
```

这里需要对[j2-01o]里的广义对象符号 GB 说几句话。语言脑的相对方位叙述实际上乃以对象 B 为参照，这是没有疑义的。但考虑到相对方位的话题可能涉及文化或文明（如楚文化、吴文化、巴蜀文化、希腊文明、波斯文明等），因此仍然采用了 GB。

在图像脑里，空间景象 j21(t)γe21 应该是以 j21(t)˜ae21 的形式存放的，这是方位相对叙述的一项重要知识。这一知识不仅关系到语言脑与图像脑的交织，也关系到世界知识与专家知识的交织，所以，在 j21 的概念延伸结构表示式里似乎应该引入 j21(t)˜ae21 这一延伸概念。"空间序 j21"的概念延伸结构表示式之所以采取开放形态，就包含了这一考虑。

但更为重要的是需要引入相对水平方位的概念，其符号如下：

  j21(t)˜be21   相对水平方位
   j21(t)˜be21ebn   相对水平方位叙述
    j21(t)˜be21ebne2m 相对水平方位的相对与绝对叙述

这里引入了"相对水平方位"、"相对水平方位叙述"和"相对水平方位的相对与绝对性叙述"这么三个概念或术语，最后一个概念是一个 5 级延伸概念，具有下面的基本概念关联式：

  j21(t)˜be21ebne2m:=j75e2m ── （j2-03）
  （相对水平方位的相对与绝对性叙述对应于自然属性的相对性与绝对性）

人的手足、动物的眼耳、动物躯体或肢体的左右前后具有绝对性，因此，左手与右手、左眼与右眼、前肢与后肢、前胸与后背等词语都具有绝对意义，它以人或动物的躯体为参照，这类与左右前后捆绑的词语都属于 j21(t)˜be21ebn 的 j21(t)˜be21ebne22，具有绝对性意义。

但是，与左右前后捆绑的另一类词语就不一定具有绝对性意义，而可能仅具有相对性意义，如左边与右边、前面与后面等。为了说清楚这一点，需要给出下面概念关联式：

  j21(t)˜be21ebne21:=[2]Re≡ReA+ReB ── [j2-02a]
  （相对水平方位的相对性叙述对应于两个参照，即观察者和参照对象）
  j21(t)˜be21ebne22:=[1]Re≡ReB ── [j2-02b]
  （相对水平方位的绝对性叙述对应于一个参照，即参照对象）

方位相对叙述 j21(t)γe21ebn 里的第一维叙述和第三维叙述具有镜像效应，但第二维叙述不具有这一效应，镜像效应的 HNC 符号如下：

  ^(j21(t)˜ae21ebn)

2.1.1-2 绝对方位 j21(t)γe22 的世界知识

本分节一定会引起许多读者的厌烦，请耐心。

绝对方位 j21(t)γe22 描述区分水平方位描述和铅直方位描述，两者的定义式如下：

  j21(t)˜be22::=(j21(t)˜b,lv47,jjw-000\1) ── （j2-04）
  （绝对水平方位乃是以太阳为参照的水平方位）
  j21(t)be22::=(j21(t)b,lv47,(rw54-0,lv47,wj2*2)) ── （j2-05）
  （绝对铅直方位乃是以海洋表面为参照的铅直方位）

绝对方位 j21(t)γe22 的全部延伸概念如下：

  j21(t)~be22   绝对水平方位
  j21(t)be22   绝对铅直方位
   j21(t)~be22ebn   东西南北中描述
   j21(t)9e22e9m   经描述
    j21(t)9e22(e9m)m   经度描述
    j21(t)9e22(e9m)1   东经
    j21(t)9e22(e9m)2   西经
    j21(t)9e22(e9m)0   本初子午线
    j21(t)9e22(e9m)~0[k] 经度叙述
   j21(t)ae22e9~0   纬描述
    j21(t)ae22e9~0m   纬度描述
    j21(t)ae22e9~01   北纬
    j21(t)ae22e9~02   南纬
    j21(t)ae22e9~00   赤道
     j21(t)ae22e9~0~0[k] 纬度叙述
     j21(t)ae22e9~0~0d01 北极与南极
   j21(t)be22n   铅直描述
   j21(t)be225   海拔
    j21(t)be225[k]   海拔叙述
    j21(t)be225d01   苍穹
   j21(t)be226   "深度"
    j21(t)be226[k]   "深度"叙述
   j21(t)be224   海面

  这一组延伸概念确实令人厌烦，但应该不会使语言超人厌烦。其中，最让人厌烦的可能是下面的两组符号：

  j21(t)9e22e9m   经描述
  j21(t)ae22e9~0   纬描述

  此描述的诀窍在于语言理解基因符号"e9m"和"e9~0"的运用，当初设计符号"e9m"的时候，并没有联想到"经描述"和"纬描述"，但用在这里如此传神，多少有点喜出望外。

  绝对方位 j21(t)γe22 的各级延伸概念及其汉语说明可区分为三个侧面：一是东西南北中描述；二是经纬描述；三是铅直描述。下面就这三个侧面分别加以说明。

  ——关于东西南北中 j21(t)~be22ebn

  先给出 HNC 符号与汉语说明的对应关系：

   j21(t)9e22eb5   东
   j21(t)9e22eb6   西
   j21(t)ae22eb5   南
   j21(t)ae22eb6   北
   j21(t)(γ)e22eb7   中

  应该强调指出的是：东西南北中的"东西南北"也可用于方位的相对性叙述，这是一项非常重要的世界知识，以下面的概念关联式表示。

```
    j21(t)(γ)e22eb7 =: ReB —— [j2-03]
```
（东西南北中的中等同于参照对象）

——关于经描述 j21(t)9e22e9m 和纬描述 j21(t)ae22e9~0

这里需要对语言理解基因氨基酸符号"e9m"和"e9~0"稍加说明。前者对应于周行性的转移描述，即"360°"或"0～2π"的数学转移描述，适用于经度叙述；后者对应于半周性转移描述，即"180°"或"($-\pi/2$)～($\pi/2$)"的数学转移描述，适用于纬度叙述。全周性转移与半周性转移的汉语形象话语分别是"有去有回"和"有去无回"。

全周性转移描述分四个象限，有四个标记，与"e9m"的对应关系如下：

```
        e91         去          (e90,e91)       第一象限
        e92         来          (e91,e92)       第二象限
        e93         离          (e92,e93)       第三象限
        e90         回          (e93,e90)       第四象限
```

半周性转移描述仅分两个象限，有三个标记，与"e9~0"的对应关系如下：

```
        e91         去
                                (e91,e92)       前象限
        e92         来
                                (e92,e93)       后象限
        e93         离
```

组合符号 j21(t)9e22e9m 和 j21(t)ae22e9~0 分别简称经描述和纬描述，两者都具有天然对称性，于是，又引入了下列符号及相应的汉语命名：

```
        j21(t)9e22(e9m)m              j21(t)9e22(e9m)~0[k]
         （经度描述）                    （经度叙述）
        j21(t)ae22(e9~0)m             j21(t)ae22(e9~0)~0[k]
         （纬度描述）                    （纬度叙述）
        j21(t)ae22(e9~0)0             j21(t)ae22(e9~0)~0d01
         （赤道）                        （北极与南极）
```

这里，HNC 符号(e9m)、(e9~0)、m 和 m[k]的使用都十分到位，描述与叙述的差异也比较明显，是关于 HNC 符号体系的可贵教材资料。

——关于铅直描述 j21(t)be22n

铅直描述 j21(t)be22n 的绝对性来源于对其参照物的指定——海面，这一世界知识以下面的概念关联式表示：

```
    j21(t)be224=:ReB —— [j2-04]
```
（海面等同于参照）

海面上的铅直描述叫海拔，海面下的铅直描述叫"深度"，后者加了引号，为的是表明，此"深度"乃绝对深度，非通常意义下的相对深度。海拔 j21(t)be225 存在延伸概念"苍穹 j21(t)be225d01"，但"深度"不存在对应的延伸概念。

2.1.2 空间方向 j21a 的世界知识

j21a	空间方向
j21ae9m	空间方向的全周性转移
j21ae9mm	空间方向全周性转移的12分描述
j21a(e9m)γ=a	空间方向的东西南北描述
j21a(e9m)9	空间方向的东西描述
j21a(e9m)9e2m	东西方向的对称描述
j21a(e9m)9e21	东向
j21a(e9m)9e21e2m	东向的对称描述
j21a(e9m)9e21e21	东北
j21a(e9m)9e21e22	东南
j21a(e9m)9e22	西向
j21a(e9m)9e22e2m	西向的对称描述
j21a(e9m)9e22e21	西北
j21a(e9m)9e22e22	西南
j21a(e9m)a	空间方向的南北描述
j21a(e9m)ae2m	南北的对称描述
j21a(e9m)ae21	北向
j21a(e9m)ae22	南向
j21a(e9m)(γ)[k]	空间方向全周性转移叙述
j21a(e9~0)	空间方向的半周性转移
j21a(e9~0)[k]	空间方向半周性叙述
j21a(e9~0)m	俯仰描述
j21a(~e90)m[k]	俯仰叙述

相关延伸概念的详细汉语说明如下：

j21ae9m	空间方向的全周性转移
j21ae9mm	空间方向全周性转移的12分描述
j21ae900	正东
j21ae901	东偏南
j21ae902	东偏北
j21ae910	正北
j21ae911	北偏东
j21ae912	北偏西
j21ae920	正西
j21ae921	西偏北
j21ae922	西偏南
j21ae930	正南
j21ae931	南偏西
j21ae932	南偏东
j21ae9m[k]	空间方向全周性叙述
j21ae9~0	空间方向半周性描述
j21ae9~0[k｜]	空间方向半周性叙述
j21ae9~0m	俯仰描述
j21ae9~00	平视
j21ae9~01	仰视
j21ae9~02	俯视
j21ae9~0~0[k]	俯仰叙述

空间方向的全周性转移和半周性转移是空间方向的固有特性，把这两项特性都描述了，就达到了空间方向描述的透齐性要求。该描述分别使用了语言理解基因氨基酸符号"e9m"和"e9~0"，这与前面对绝对方位的描述完全一致，这是该符号的妙用之一，请读者用心领会。

"空间方向全周性转移 j21ae9m"的"12 分描述 j21ae9mm"实质上是为了与所谓的 4 象限描述接轨，也是为了与自然语言习用的"东南、东北、西北、西南"等术语或概念接轨。这些基本世界知识所对应的概念关联式如下：

空间方向 j21a 的基本世界知识如下：

```
j21a ::= (j20\2,lv47,j20-*000lu91\3) ——（j2-06）
（空间方向乃是以某一不定特指空间点为参照的方向）
(j21ae902+j21ae911) =: j21a(e9m)9e21e21 ——（j2-07a）
（"东偏北+北偏东"等同于东北）
(j21ae901+j21ae932) =: j21a(e9m)9e21e22 ——（j2-07b）
（"东偏南+南偏东"等同于东南）
(j21ae912+j21ae921) =: j21a(e9m)9e22e21 ——（j2-07c）
（"北偏西+西偏北"等同于西北）
(j21ae922+j21ae931) =: j21a(e9m)9e22e22 ——（j2-07d）
（"西偏南+南偏西"等同于西南）
```

"空间方向半周性 j21ae9~0"的叙述采用了符号 j21a(e9~0)m，名之俯仰描述。这里有一个重要细节需要交代一下，那就是关于空间方向半周性之两种叙述的符号和取值差异，以表 1-1 说明如下。

表 1-1　空间方向半周性叙述的符号与取值范围

名称	符号	取值范围
空间方向半周性叙述	j21a(~e90)[k]	$(0\sim\pi)$ 或 $(0\sim 180)$
俯仰叙述	j21a(~e90)~0[k]	$0\sim(1/2)\pi$ 或 $(0\sim 90)$

2.1.3 空间序数学描述 j217 的世界知识

```
j217                    空间序的数学描述
  j217\k=3              空间序的三类型数学描述
  j217\1                笛卡儿坐标
    j217\1(x,y,z)       笛卡儿坐标叙述
  j217\2                柱坐标
    j217\2(r,ϕ,z)       柱坐标叙述
  j217\3                球坐标
    j217\3(r,θ,ϕ)       球坐标叙述
```

空间序数学描述 j217 具有三种描述方式，以符号 j217\k=3 表示，对应于笛卡儿坐标、柱坐标和球坐标描述。三种坐标叙述的差异和相互关系属于世界知识，如表 1-2 所示。

表 1-2 空间序的三种叙述方式

名称	符号	可取值范围
笛卡儿坐标	j217\1(x,y,z)	(x;y;z) := (-∞,+∞)
柱坐标	j217\2(r,φ,z)	(r) := (0,+∞),(φ) := (0,2π)
球坐标	j217\3(r,θ,φ)	(θ) := (0-π)

表示式里使用了十进制数字符号[k]和三种变量符号，后者的形式分别是(x,y,z)、(r,φ,z)和(r,θ,φ)这些符号可取值的最大范围如下：

$$(x,y,z) := (-\infty, +\infty)$$
$$r := (0, \infty)$$
$$\phi := (0, 2\pi)$$
$$\theta := (0, \pi)$$

结 束 语

本节着重介绍了方位"方位 j21(t)"和"空间方向 j21a"的概念及其世界知识，强调了相关延伸概念的相对性和绝对性，展示了语言理解基因符号"e9m"和"e9~0"的灵巧运用。文中提到对"东南西北"概念的厌烦现象，这似乎是妇女语言脑的特性之一，姑妄言之。

第 3 小节进入了世界知识与专家知识之间的灰色地带，特此说明。

第 2 节
空间距离 j22 (286)

2.2-0 空间距离 j22 概念延伸结构表示式

```
j22:(-,c2m;(-0)|-,c22d01;c22d01-0)
  j22-                        公里
  j22-0                       米
    j22-0-0                   毫米
      j22-0-0-0               微米
        j22-0-0-0-0           纳米
  j22c2m                      空间距离比较描述
  j22c21                      近
  j22c22                      远
    j22c22d01                 遥远
      j22c22d01-0             光年
```

这里,第一次采用了符号"-0-",表示以$[10^3]$为单元的数字步距,即千倍数字步距,这是西语的数字语习,HNC 采纳了这一语习。汉语拥有"十、百、千、万"的基本数字语习,而西语只有"十、百、千"的基本数字语习。由于这一差异,汉语的"亿"没有相应的西语单词,而西语的 billion 也没有相应的汉语单词。

2.2.1 关于公里 j22- 的世界知识

"公里 j22-"是"空间距离 j22"的基本度量单元之一,其世界知识以下列概念关联式表示:

```
j22-:=(j41-0lu91\1,l45,j22)
```
(公里定义为距离的一种度量单元)

$[1]j22\text{-}\equiv[10^3]j22\text{-}0$

(1 公里等于 1 千米)

$[1]j22\text{-}0\equiv[10^3]j22\text{-}0\text{-}0\equiv[10^6]j22\text{-}0\text{-}0\text{-}0\equiv[10^9]j22\text{-}0\text{-}0\text{-}0\text{-}0$

(1 米等于 1000 毫米,等于 100 万微米,等于 10 亿纳米)

2.2.2 关于空间距离比较描述 j22c2m 的世界知识

"空间距离比较描述 j22c2m"具有天然的自延伸 j22c2mc3m,各种自然语言对 j22c21c3m 或 j22c22c3m 都拥有对应的词语,这就不必细说了。

这里特地引入了延伸概念 j22c22d01,其汉语说明为遥远,遥远的度量单元叫光年,其定义式如下:

```
[1]j22c22d01-0≡(zv22b9,l02,jw11;l53,[1]wj10*) ── (j2-08)
```
(1 光年等于光在一年时间内的空中传输值(距离))

结 束 语

光年是宇宙学早已流行的术语,纳米是近年才流行的术语,本节给出了它们的 HNC 符号,使这类专家知识转化为世界知识。

符号"-0|"也有类似功用,HNC 约定:在符号"-0-"内部还可以插入两个符号,那就是

"-00-"和"-000-"

这样,自然语言的分米和厘米就都有着落了,其符号分别是 j22-00- 和 j22-000-。

本节最后,应拷贝一下概念关联式(j20-05),因为该关联式可替代距离的定义。

```
jz20-*00u54-00e22=:j22 ── (j20-05)
```
(直线的值等同于距离)

第三章

数j3

引 言

本编的编首语说道：对经典哲学本体论有"一头、两前翼、两后翼、两足"的七维度描述方式，这是世界知识的描述方式。"数"是两足之一，并戏称前足，还戏言"数 j3 是科学的奶妈"。这里，还要加一句"戏上加戏"的话：数 j3 是宇宙间最伟大的奶妈。

在这位最伟大奶妈面前，HNC 符号体系必然有自惭形秽之感。这决定了本章的内容设置和文字风格将与以往有所不同。但这片概念林的概念树设置仍以 3 株为准，如下所示：

    j30   数之基本类型
    j31   数空间
    j32   数变换

基本本体概念包含 7 片概念林，每片概念林都设置 3 株概念树，共计 21 株概念树。概念林 j3 的 3 株概念树命名在这 7 片概念林里是独一无二的，体现了对这位伟大奶妈的特殊尊重与敬畏。

在 HNC 的视野里，概念林"数 j3"似乎是一位外人或客人，一位来于科技脑的客人。HNC 约定自己只管语言脑，对这位客人作世界知识的介绍，难免有一种无所适从的忐忑，这必将在本章的文字里有所反映。

第 0 节
数之基本类型 j30 (287)

3.0 数之基本类型 j30 的概念延伸结构表示式

```
j30:(\k=0-3,i;\0*:(e2m,i,3),iy=a;
    \0*e2m\k=z,\0*i\k=z,\0*3\k=z,;)
    j30\0              基本数
       j30\0*i         百分比（占比）
       j30\0*3         "标志"数
    j30\1              无理数
    j30\2              实数与虚数
    j30\3              指数与对数
    j30i               特殊数
```

此概念延伸结构表示式具有令人骇异的特征：拥有 3 级延伸概念的竟然是"独此一家，别无分店"，那独家就是"基本数 j30\0"。此骇异里实际上包含了如下 4 个亮点。

亮点 1：前两级延伸结构都是封闭的；

亮点 2：只有基本数 j30\0 具有后续延伸；

亮点 3：后续延伸里有两项特殊定向延伸——占比 j30\0*i 与"标志"数 j30\0*3；

亮点 4：采取了开放形态。

一个明显的问题是：亮点 1 与亮点 2 符合透齐性要求么？这只好借用一句公关词语——无可奉告——来回答了。这些亮点也是要点，请把它们看作关于基本数之既"亮"又"要"的世界知识吧。

下面，以 3 个小节进行介绍，3 小节命名如下：

小节 1：基本数 j30\0 的世界知识

小节 2：关于非基本数 j30\~0

小节 3：关于特殊数 j30i

3 小节标题所使用的关键词——基本数、非基本数和特殊数——都不是数学界的正式术语，请谅解。关于"数 j3"的世界知识说明，不能不使用这些 HNC 术语。但同时请注意到，后两个小节的标题并未使用世界知识这个短语，这是因为，数 j3 的知识基本属于纯粹的科技脑知识，与语言脑关系甚微，不分场合地使用世界知识这个词语，就不合适了。

3.0.1 基本数 j30\0 的世界知识

首先应该说明的是：基本数 j30\0 是数之基本类型 j30 的根概念，唯有它独具后续延伸。这两个亮点交相辉映，并着眼于与物理描述挂钩。

亮点 2 在基本数 j30\0 里的呈现最为丰富多彩，整数与分数，正数与负数，小数点前后的数、素数与非素数……都可以纳入符号 j30\0e2m 的描述。这一点,可以看作上述交相辉映景象最有代表性的示例。

人类对基本数 j30\0 的认识经历了一个十分漫长的过程,其中的 3 次飞跃值得一说。第一次飞跃是概念"零"的引入和运用;第二次飞跃是分数的引入和运用,并最终导致百分比概念的形成;第三次飞跃是负数的引入和运用。

概念"零"(其符号"0"是后来的事)的引入是 10 进制概念形成的关键一步,是人类对基本数认识发展历程中的第一次"蓦然",形成了下列 10 个基本数:

0、1、2、3、4、5、6、7、8、9。

对应的 HNC 符号是:[0][1][2][3][4][5][6][7][8][9]。这第一次飞跃似乎是所有古老文明的共相,传统中华文明的表现尤为突出。一是算盘的发明,它有资格充当古代信息技术成果最伟大的代表。二是汉字赋予"九"以至尊的含义,体现了非同寻常的哲学思考。那么,后续的两次飞跃是否也是所有古老文明的共相呢?笔者就不了解了。

不同文明对 10 进制概念与数字表述不仅有共相呈现,也有殊相呈现,两者都非常有趣。就英语和汉语这两种代表性语言来说,对(10、10^2、10^3)这 3 个数字,双方都专门配置了对应的词语,但汉语早有与 10^4 对应的词语"万",而英语没有。汉语与 10^8 对应的词语"亿"是后来补充的意义,英语与 10^6 和 10^9 对应的"million"和"billion"可能也是后来补充的词语。基本数 j30\0 的这一词语现象或许与"大帝国"和"小城邦"的文明差异有关。

也许更为有趣的是 12 与 60 这两个数字,英语专门为前者设置了对应的词语(顺带捎上了 11),汉语的地支不是数字,但与 12 对应,汉语的天干地支组合与 60 对应,60 年叫一个甲子。12 和 60 是时间描述的重要数字,90、180 和 360 是空间方向描述的重要数字。古汉语在时间描述方面,在数本身的描述方面(八卦)确实有其独到表现,但在空间描述方面也许就不能这么说了。因此,《周易》和八卦的文化或文明意义不宜过度解说,但这项不宜的事一直有人在做,孔子是始作俑者,这也许是孔子探索生涯中最重大的失误。传统中华文明曾长期陷入"神学哲学化、哲学神学化、科学边缘化"的重大历史悲剧,不能说与这一失误没有一定联系。

下面来两段杂谈,分别涉及第二次和第三次飞跃里的重要派生概念,派生者,联系于特定物理描述也。

与第二次飞跃相联系的派生概念叫百分比(占比)和"标志"数,具有下面的概念关联式:

j30\0*(i,7)=j31\1ju61c01 ── (j3-01)
(占比或"标志"数皆强交式关联于有限集合)
jz30\0*(i,7)\k:= jru00dkm ── (j3-02)
(占比或"标志"数的值对应于降序性)
Σjz30\0*i\k=:[1] ── (j3-03)
(占比值的总和等于 1)

与第三飞跃相联系的派生概念联系于正负概念的广义化,以下面的概念关联式表示:

```
            j30\0e2m\k = j86e2n ── (j3-04)
```
（基本数对偶两分的物理描述强交式关联于伦理属性的积极与消极）

本小节最后，说两段近乎"玩笑"的话。

（1）占比和"标志"数这两个概念固然十分重要，但它毕竟只是基本本体概念的冰山一角。然而，由于某些"标志"数具有对应的标志量，某些标志量又与人类社会赖以生存的物质因素（包括人口）密切相关，于是，现代的未来学即基于这"一角"数据，以构建社会发展的预期数学模型（属于系统动力学），这就难免会陷入纯粹形而下的下乘了。有两本著名的书，《增长的极限》和《2052——未来四十年的全球展望》，就属于此类未来学的代表。

（2）上述两个概念在中国的遭遇非常奇特。极度热衷于中国的某些占比，同时故意"隐瞒"另一些占比是可以理解的；暂时不太理会某些"标志"数也是可以理解的。但是，基于与统一高考有关的"标志"数就弄出无数个状元来；对涉及社会公平的若干"标志"数（如基尼系数）讳莫如深；与超级大国有关的"标志"数本来知之甚少，有人却偏要摆出一幅"无知即力量"的架势。这就值得深思了。

改革有表层与深层之分，如同第二类和第三类精神生活一样，深层并不等同于深水，不能继续仅在改革表层做文章了。当然，这不只是中国或第二世界的问题，第一世界也同样严重存在，更不用说另外的4个世界了。

3.0.2 关于非基本数 j30\~0

本小节标题故意去掉了世界知识的字样，以"关于"替代，本章此后的绝大部分小节都照此办理。这样的小节将以"讲故事"为主，尽管笔者极不善于此道。

从概念树 j30 的一级延伸概念可知，非基本数 j30\~0 包括无理数 j30\1、实数与虚数 j30\2、指数与对数 j30\3。

前文已经提到，概念树 j30 的概念延伸结构表示式非常奇特，除了 j30\0 以外，其他成员都"断子断孙"。这里面是有故事的，下面从指数与对数 j30\3 讲起。

指数与对数互为反函数，用讲故事的语言来说就是：对数是指数的反，指数是对数的反。这个反的意义很重要，在 HNC 符号体系里特意以符号"^"表示，并特意为它取了汉语名字：反。它被纳入语言理解基因的两特定染色体之一，其伙伴符号为"~"，也取了汉语名字：非。那么，HNC 的"反^"与"非~"与传统数学或逻辑学意义下的对应概念是什么关系呢？回答是：无差异为主，有差异为辅。如果你对这个回答很不以为然，那就请回过去翻阅一下关于金字塔形社会的论述吧，那论述里可需要借用符号 j019^ebn 里所蕴含的世界知识（信息）。

面对指数与对数 j30\3，考虑过如下的延伸方式和概念关联式：

```
        j30\3e2m
        j30\3e21
        j30\3e22
    j30\3e22 =: ^(j30\3e21)
    j30\3e21 =: ^(j30\3e22)
```

后来觉得，这是越权，或许反而会给后来者添乱，于是作罢。

故事 1 就说到这里，接下来的两个是：①对"实数与虚数 j30\2"也作过同样的思考；②对无理数 j30\1 进行过不过是基本数 j30\0 之反的思考。两者的下场同故事 1 一样，其情节就略而不说了。

关于非基本数 j30˜0 的故事就是这些，前述 j30 概念延伸结构表示式令人骇异的特征，即缘起于这些故事。

本小节到此本来可以结束了，但意犹未尽，想呼应一下基本数发展历程中出现飞跃的故事。非基本数 j30˜0 的发展历程也存在类似的飞跃，其中以指数与虚数的故事最为精彩。

《现汉》对指数的意义给出了两个义项，两义项的英语词汇是完全不同的。义项 2 等同于本节的"标志"数，但义项 1 不同于本节的指数。词典的解释是：一个数自乘的次数，而本节的解释则是：自乘的结果。指数起源于平方和开方的概念，其发展也经历过 3 次飞跃。第一次是把所谓"自乘的次数"从基本数扩展为实数；第二次是寻求平方等于"-1"的特殊指数，那导致虚数"i"的诞生；第三次是寻求导数等于自身的特殊指数，那导致著名函数"e^x"的诞生。指数这 3 次飞跃的伟大意义绝不小于前述基本数的 3 次飞跃，这种飞跃就是王国维先生所说的探索第三境界。HNC 对后两次飞跃伴生出来的符号"i"和"e"抱有一种特殊的情感，于是，就情不自禁地在语言理解基因符号体系的关键处所加以借用，"e"用于表示非黑氏对偶，"i"用于表示定向延伸。

3.0.3 关于特殊数 j30i

特殊数 j30i 有两大类，用物理学的术语来说，第一类没有量纲，第二类有量纲。这就是二级延伸概念 j30iγ=a 的来由了。

第一类特殊数 j30i9 最著名的代表是圆周率 π，但更伟大的代表是上面说到的"e"。第二类特殊数 j30ia 最著名的代表就是真空里的光速 c，但更伟大的代表是普朗克常数 h。

结 束 语

本节引入了一些数学界并不使用的术语，难免有班门弄斧的忐忑，故以讲故事的方式来加以掩饰。但用心良苦，主要是为了促成图灵脑的诞生。

本节文字似乎存在一些明显的不协调。无理数和对数没有一个示例；凌空讲了一堆关于非基本数的形而上话语；话语里突然冒出探索第三境界、语言超人、图灵脑之类前所未见或罕见的词语；两类特殊数连一个最简明的表格都没有，只介绍了几位代表的名字。这里应该说一声，所有上述不协调，皆有意为之。

第 1 节
数空间 j31 (288)

3.1-0 数空间的概念延伸结构表示式

```
j31:(t=a,-,e2m,7,3;(t)e2m,3γ=a;39e2m,;)
    j31t=a                  数空间基本类型
    j319                    集合
    j31a                    函数
        j31(t)e2m               数之基本属性
        j31(t)e21               有限
        j31(t)e22               无限
    j31-*                   数空间包含性
    j31e2m                  数空间基本属性
    j31e21                  离散
    j31e22                  连续
    j317                    数空间对称性
    j313                    数空间"奇异"性
        j313γ=a                 数空间"奇异"性的两分描述
        j3139                   发散性
        j313a                   随机性
            j3139e2m                发散性的对偶两分描述
            j3139e21                无限小
            j3139e22                无限大
```

大脑里的语言脑存在一个对应的语言概念空间，这在前文已说过多次了。这里要补充说明的是，科技脑也存在一个对应的科技概念空间，图像脑、情感脑和艺术脑也是如此。数空间 j31 在科技概念空间的地位，大体对应于语言概念空间里的概念基元空间。这一凌空式话语是一种比喻，但充分体现了概念树 j31 之概念延伸结构表示式设计的基本思考。

概念树"j31（数空间）"的一级延伸概念有五项，但其中"7,3"都属于定向延伸"i"，故本节只分四小节，且全以"关于"冠名。各小节文字都不长，其名称就不集中展示了。

应该说明的是，各小节的文字必将贻笑大方，这"必将"缘起于一项奢望：方便语言脑和科技脑之间的沟通，即语言概念空间与科技概念空间之间的沟通，或者未来图灵脑与最新科技成果之间的沟通。

3.1.1 关于数空间基本类型 j31t=a

基于"数空间 j31 在科技概念空间的地位，大体对应于语言概念空间里的概念基元空间"的思考，数空间基本类型就应该大体对应于语言概念空间的概念基元了。但是，语言概念基元的范畴划分非常复杂，那么，数空间基本类型的划分怎么可以如此简明，用一个"j31t=a"

就把它对付了呢？这就要从沟通性话语说起了。语言概念基元的范畴划分固然非常复杂，但也可简化成基元概念与非基元概念的两分，数空间基本类型 j31t=a 的符号设计即缘起于此。该符号强调或突出了集合与函数的交织性，两者的非分别说就是"群 j31(t)"。

在语言概念空间的视野里，"空间基本类型 j31t=a"的世界知识集中表现为下面的两个概念关联式：

$$j319 = j30\text{——}(j3\text{-}05)$$
（集合强交式关联于数之基本类型）
$$j31a \text{ \%}= j30\backslash3\text{——}(j3\text{-}06)$$
（函数包括指数与对数）

数空间 j21 的概念延伸结构表示式给出了两项二级延伸概念：j31(t)e2m 和 j313γ=a。这一举措乃基于下面的思考：语言概念空间里的无限与有限，最好是与科技脑里的数空间挂钩，而不要轻易与科技脑里的物理景象挂钩。这个问题在下面的"3.1.4-2"分节还有进一步的说明。

3.1.2 关于数空间包含性 j31-*

包含性是语言理解基因第二类氨基酸里的一项，约定的 HNC 符号是："-,-0|"。这里特意对数空间的包含性引入符号"-*"，目的在于强调，语言概念空间的包含性一定是有限的，而数空间的包含性则可以无限。

前文说了一通为不同大脑概念空间的沟通提供便利的话，符号"-*"的引入就是基于这一考虑。

数空间包含性 j31-*的典型呈现就是数学意义的"体、面、线、点"，其对应 HNC 符号如下：

```
j31-*              数学体
j31-*0             数学面
j31-*0-0           数学线
j31-*0-0-0         数学点
```

一个数学体可包含无限数量的数学面，有限的数学体至少需要四个数学面，有确定的体积；一个数学面可包含无限数量的数学线，有限的数学面至少需要三条数学线，有确定的面积；一条数学线可包含无限数量的数学点，有限的数学线有确定的长度，并存在两个端点。用 HNC 语言来说，有限的数学体、面、线具有"z 存在"特性，但数学点不具有这一特性，即不存在 jz31-*0-0-0。

3.1.3 关于数空间基本属性 j31e2m

如果要推选一对既浅显又深奥的语言概念代表，神学可能倾向于生与死，哲学可能倾向于有与无（存在），而科学则应该倾向于离散与连续。在这个问题上，HNC 与科学站在一起，因此将这两位代表命名为数空间基本属性，并赋予符号 j31e2m。

20 世纪初，这两位代表在理论物理学界引起过轩然大波，造就了一个科学最辉煌的年代。那场无与伦比的科学论争是与"数空间基本属性 j31e2m"这一对语言概念联系在一起的。用 HNC 语言来说，该论争涉及非黑氏对偶概念之分别说与非分别说的纠结。HNC 自以为对非黑氏对偶有足够深入的研究，但那毕竟是自以为而已。所以，上面的话就当作一个关于非黑氏对偶"故事"的插曲之一吧，这类"故事"的细节，前面已经讲过多次了，下面还会继续。

3.1.4 关于数空间定向延伸的两分叙述

本小节涉及两项内容，以两个分节简述。

3.1.4-1 关于数空间对称性 j317

前文曾讲过汉语文字对称性的故事，文字对称性的精彩程度与数空间的对称性相比，能否说是"小巫见大巫"呢？这要慎重。因为，汉语文字对称性仅仅是语言概念空间对称性的表层流露。语言概念空间的对称性主要表现为概念基元空间的对称性，HNC 对该对称性的描述是通过语言理解基因第二类氨基酸里的"o"和"eko"来实现的。符号"o"被命名为黑氏对偶，"eko"被命名为非黑氏对偶。两者的"宏观"对称性呈现已十分精彩，但更为精彩的是：①两者自身可相互组合；②两者与语言理解基因第一类氨基酸可相互组合；③两者还可以通过第三类语言理解基因氨基酸和语言理解基因染色体与 456 株语言概念树组合。因此，语言概念空间的对称性不可藐视而以"小巫"呼之。

这里还要特别指出的是，语言理解基因染色体之一的"^"（反）与"~"（非）还可以进入"o"和"eko"的内部结构，从而形成一种"微观"对称性。这样的"故事"已经讲了不少，本分节借"数空间对称性 j317"这个话题，引入了"宏观"对称和"微观"对称的非正式术语。这两个术语或许有助于语言脑、科技脑、艺术脑和图像脑之间的沟通。

本分节到此，关于"数空间对称性 j317"本身，还一字未提。这是由于符号"j317"本身已经指明了该概念的要点：数空间的状态特性，这就够了。示例不胜枚举，个例纯属多余。不过，一字未提的更深层原因是，数空间对称性与物理空间对称性容易纠结在一起，从而牵涉到最艰深的科学之谜，语言脑最好是敬而远之，不必去幻求什么沟通。

3.1.4-2 关于数空间"奇异"性 j313

本分节首先要请读者注意两个细节：一是符号"j313"的"3"；二是带引号的"奇异"。

在"数空间包含性 j31-*"小节的叙述里，不经意间使用过无限与有限的概念，这有点犯规，因为语言概念空间的这两个概念应属于概念树 j61，对应的 HNC 符号如下：

```
jr61(c3m)           有限
j61c33d01           无限
```

在数空间里，有限与无限这两个概念的表示方式却完全不同，对应的 HNC 符号也不止一种形态，现一同展示如下，随后给出相应的概念关联式。

```
有限        j31(t)e21;^(jr3139)
无限        j31(t)e22;jr3139
无限小      j3139e21
无限大      j3139e22
   j31(t)e21 <= ^(jr3139) —— (j3-07)
```

```
j31(t)e22 <= jr3139 ── (j3-08)
jr3139 := j61c33d01 ── [j3-03]
（数学的无限对应于量变的无限）
^(jr3139):= jr61(c3m) ── [j3-04]
（数学的有限对应于量变的有限）
```

在这四个概念关联式里，有两个以方括号表示的概念关联式，它们是外使，不是内使，虽然在符号上两者完全符合内使的标准。为什么要这么做呢？这里有故事。两位外使的编号有点突兀，下节自有分解。

有限与无限这两个概念，在语言世界的地位非同寻常，在物理世界的最宏与最微两端仍然是巨大的谜团，但在数学世界却是一个最简明不过的概念，数学可以轻松地给出无限大和无限小的无数具体示例。也许可以说，数学魅力第一个具有革命意义的展示平台即缘于"无限小 j3139e21"的探索成果。

在数学世界，讲究发散性与收敛性。在语言世界，就不必那么讲究了，但也完全不能抛开不管，无限的符号"jr3139"里有"r"，而无限小和无限大的符号里又去掉"r"，缘由即在于此。这段话，显得莫名其妙，属于 HNC 探索历程中的思考细节。但有话在先，讲故事嘛！可惜的是，故事既没有讲好，又没有讲全。数空间"奇异"性的另一表现──随机性 j313a，则完全避而未谈，理由是：语言脑不需要起源于热力学的概率统计知识。仿效爱因斯坦的名言，可以这么说，语言脑不掷骰子，这句话，就当作本节的结束语吧。

第 2 节
数变换 j32 (289)

3.2-0 数变换的概念延伸结构表示式

```
j32:(c3n,3,i;ic2n,;)
   j32c3n              数变换之基本类型
   j32c35              基础变换
   j32c36              高级变换
   j32c37              顶级变换
   j323                定向数变换（物理景象的数学描述）
   j32i                数学基本素质
      j32ic2n          猜想与公理
      j32ic25          猜想
      j32ic26          公理
```

如果说数空间 j31 大体对应于语言概念空间的概念基元（见上节），那么，数变换 j32 就大体对应于语言概念空间的句类和语境单元。

本节还可以进一步说，数变换之基本类型大体对应于句类，而定向数变换大体对应于语境单元。这两点特别重要，以下面的概念关联式加以强调：

```
j32c3n:=SC ── [j3-01]
j323:=SGU ── [j3-02]
```

概念树"j32 数变换"只有三个一级延伸概念，但将以四个小节分述。因为对语言脑来说，基础变换 j32c35 太重要了，将独立成一个小节。

3.2.1 基础变换 j32c35 的世界知识

本小节标题使用了世界知识这个词语，表明它在本节里占有独特地位。但概念树 j32 的概念延伸结构表示式目前并没有给"基础变换 j32c35"以任何特殊待遇，这里显然存在漏洞。概念延伸结构表示式的开放性暗示着，这一漏洞的填补将留给后来者去处理，这里只说明相应世界知识的要点。说明方式比较特别，以下列概念关联式为基础。

```
j32c35 := (+,-;×,÷) ── [j3-05]
（基础变换对应于加、减、乘、除）
((+,-),lv00*409e21,(^+j32)) ── [j3-06]
（加与减互为反变换）
((×,÷),lv00*409e21,(^+j32)) ── [j3-07]
（乘与除互为反变换）
j32c35 = j30\0 ── (j3-09)
（基础变换强交式关联于基本数）
j30\0*i = (+,÷) ── [j3-01-0]
（占比强交式关联于加与除）
52(j30\0*3) = (-,÷) ── [j3-02-0]
（动态"标志"数强交式关联于减与除）
```

最后两个概念关联式使用了编号[j3-01-0]和[j3-02-0]，其特殊含义先这么说吧，两者是关于数 j3 的两位超级外使，但其价值不在于关联式的形态与内容，而在于使者的身份。占比与动态"标志"数是考察现代国际形势的两个关键参量，无数的智库与未来学家都在围绕着这两个参量大做文章，而两者所运用的数学知识不过是基础变换 j32c35 而已，这就是本小节试图传达的世界知识。

每一种"标志"数都具有动态性，这是一切抽象概念的共同特征，但 HNC 约定，只对那些需要突出这一特征的概念才前挂"52"。基于这一思考，动态"标志"数 52(j30\0*3)并未正式进入"j30\0"的延伸概念，仅以自延伸方式出现在超级外使[j3-02-0]里。但被赋予"贵宾"地位，因为发源于经济学的增长率、同比、环比等术语，已成为当下社会气候预测不可或缺的关键词，而它们都是 52(j30\0*3)的直系捆绑词语。

3.2.2 关于非基础变换 j32c3~5

本小节实际上只需要这么两句话。①没有非基础变换 j32c3~5，就没有工业时代的来临；②没有顶级变换 j32c37，就没有 20 世纪物理学的辉煌。人类应该永远记住数学(gwj30;a6499\1)的这两项伟大贡献。

20 世纪的物理学辉煌，不仅空前，也许还绝后。这是笔者萌生科技迷信和三个历史时代这两个重要概念的重要缘起之一。

高级变换 j32c36 和顶级变换 j32c37 的具体内容丰富无比，精彩绝伦。这些都属于纯粹的专家知识，示例从免。这样做也是为了表达对这位伟大奶妈的敬畏之心。

3.2.3 关于定向数变换 j323

自然语言不太适合于本小节的说明，将借助下面的三个概念关联式。

```
j323≡(a6499\2ua63e21,a63(e2m)i) ——（j3-01-0）
（定向数变换强关联于理论物理学和计算）
j323=a62t ——（j3-10）
（定向数变换强交式关联于技术与工程）
(j323,sv44,j32c3n) ——（j3-11）
（定向数变换以全部数变换（基础、高级与顶级变换）为工具）
```

这三位内使蕴含着千言万语，其中的（j3-01-0）还是概念林 j3 的第一位特级内使。

3.2.4 关于数学基本素质 j32i

数学基本素质 j32i 描述的是一项超凡脱俗的世界知识，把握住这项世界知识，就会在许多名言面前保持比较清醒的头脑，这包括前文多次提到过的第一名言"存在决定意识"，也包括为中国的改革开放立下了巨大功勋的名言："实践是检验真理的唯一标准。"

素质是有境界差异的，数学基本素质亦然。王国维先生曾把素质的差异划分为三个层级：第一、第二与第三层级，但数学基本素质的描述可简化为两层，这是一项特殊而又十分重要的世界知识。为此，在概念树"j32 数变换"的概念延伸结构表示式里，特意给出了唯一的二级延伸概念 j32ic2n，其对应的话语表述众所周知，那就是：数学的本质是一个公理系统。

王先生的三境界可分别简称望尽境界、憔悴境界和蓦然境界。回到王先生的话语，可以这么说，公理 j32ic26 对应于蓦然境界，猜想 j32ic25 对应于憔悴境界。本书在回顾 HNC 探索历程时，常使用这三个简称词语，但一律加上引号。

最后，请出一位特级内使，它是概念林"j3 数"的第二位也是最后一位特级内使。这样安排可一举两得，因为该内使既可充当本节的结束语，又可充当本章的小结。

```
j32ic2n => d22 ——（j3-02-0）
（数学基本素质强源式关联于先验理性）
```

第四章
量与范围 j4

引 言

概念林"量与范围 j4"是经典哲学本体七维度描述的后翼之一,可戏称左后翼。经典辩证法有"量变引起质变"的说法,这个说法是有一定道理的。但量的先导概念是数,没有数的概念,量的概念就无从建立。数是纯数学概念,是形而上学的老祖宗,量是一个物理概念,是形而下学的老祖宗,量与范围(左后翼)j4 可比拟为科学的亚当,质与类(右后翼)j5 则可比拟为科学的夏娃。这就是说,j4 与 j5 的结合就构成科学的始祖。这里的科学乃广义科学,非狭义科学也,这是需要特别说明的。

概念林 j4 的概念树设计略有别于前面的概念林,如下所示:

j40 　　　　　量与范围的基本内涵
j41 　　　　　量
j42 　　　　　范围

第 0 节
量与范围的基本内涵 j40 (290)

4.0-0 量与范围的基本内涵 j40 的概念延伸结构表示式

```
j40:(-0|,ckm,t=b,o01;(t),52o01)
    j40-0|              量与范围基本描述
    j40-                全体
    j40-0               局部
    j40-00              个体
    j40ckm              量与范围的语言描述
    j40c5m              量与范围的 5 分描述
    j40c51              极少
    j40c52              少数
    j40c53              多数
    j40c54              大多数
    j40c55              绝大多数
    j40c3m              量与范围的 3 分描述（规模）
    j40c31              小型
    j40c32              中型
    j40c33              大型
    j40t=b              量质综合
    j409                量分布
    j40a                质分布
    j40b                比率
    j40(t)              指数
    j40o01              最描述
    j40c01              最小
    j40d01              最大
    52(j40o01)          动态最描述
```

概念树 j40 无挂靠概念，其延伸结构表示式采取封闭形态，设置了五项一级延伸，但二级延伸仅两项，一是 j40(t)，定名指数；二是 52(j40o01)，定名动态最描述。

分布描述与叙述各有约定的符号形式，放在下文说明。

4.0.1 量与范围基本描述 j40-0|的世界知识

量与范围基本内涵的基本描述采取三级包含性表示：整体 j40-、局部 j40-0 和个体 j40-00。前两者的意境比较明确，直系词语比较丰富。个体 j40-00 的意境则存在一定的模糊性，此模糊性是一项重要的世界知识，以下列概念关联式表示：

```
j40-00 := j41-0 —— (j4-01a)
（个体对应于量的单元）
```

4.0.2 量与范围语言描述 j40ckm 的世界知识

这里第一次使用语言描述这个术语，此语言描述分两种：一是 j40c5m，名之量与范围的 5 分描述；二是 j40c3m，名之量与范围的 3 分描述。

量与范围的语言描述 j40ckm 实质上不仅关乎量与范围，也关乎质与类，这一重要世界知识以下面的概念关联式表示：

```
(j40ckm,j1v00e21,(j4,j5)) ——（j4-02）
```
（量与范围的语言描述不仅相关于量与范围，也相关于质与类）

这里用"一小撮"这个词语来展示概念关联式（j4-02）的意义，它曾流行于 20 世纪 50～70 年代的中国，是 j40c51 的直系词语。在 50 年代，它特指"地富反坏右"，后来把"叛徒"、"内奸"、"走资派"和"资产阶级知识分子"也包括进去了。这些具体的特指并不是单纯的范围特指 l91\1，也是类型特指 l91\2。这是延伸概念 j40ckm 最重要的世界知识，概念关联式（j4-02）是这一世界知识的准确表达。

4.0.3 量质综合 j40t=b 的世界知识

量与范围的语言描述 j40ckm 已充分展示了概念林 j4 与 j5 的强交织性，延伸概念"量质综合 j40t=b"以交织延伸的形式对此交织性给予更明确的描述。

描述量质综合的汉语关键词叫分布，对 j40t=b 的分别说命名分别是量分布、质分布和比率，后者也可叫归一化分布。

最简单的量分布 j409 呈现为一元函数的数学形式：$y=f(x)$，y 代表量分布，x 代表自变量。数学形式下的 y 和 x 通常被赋予连续性 u105 特征，但世界知识的叙述通常对自变量采取离散形式 ru106，所以，量分布、质分布和比率的描述都采取 x_m 的符号，下标"m"就是离散表示的标记。这样，就构成下列的离散分布表示：

```
j409([y],x_m)        量分布离散表示
j40a(z,x_m)          质分布离散表示
j40b([k]%,x_m)       比率离散表示
j40(t)(z,x_m)        指数离散表示
```

与离散分布表示对应的是连续分布表示，其相应的表示式如下：

```
j409([y],x)          量分布连续表示
j40a(z,x)            质分布连续表示
j40b([k]%,x)         比率连续表示
j40(t)(z,x)          指数连续表示
```

分布表示的自变量 x 无非是以下三种，第一种自变量选取特定的对象系列 Bm，这时的 $f(x)$ 就是该对象系列之特定内容 C 的共时呈现，分布表示一定取离散形态；第二种自变量选取时间，这时的 $f(x)$ 就是某特定对象之特定内容 BC 的过程呈现，分布表示通常取连续形态；第三种自变量选取空间，这时的 $f(x)$ 是特定对象内容系列(BC)m 的转移呈现，分布表示可离散，也可连续。

最后交代几个细节：①量分布离散表示有一个正规的专业术语，叫"直方图"；②自变量 x 可以不是一个，而是两个、三个甚至多个，这就与形象概念空间发生交织了；③质分

布离散表示的典型示例是地区地图，质分布连续表示的典型示例是地形图；④以时间为自变量的量分布、比率或指数的离散表示通常都可以变成连续表示，股指曲线就是人们最熟悉的代表。⑤某特定对象的比率和指数将分别简记为[j40b]和[j40(t)]。

当今是一个各种指数 j40(t)满天飞的时期，最近一段时间，幸福指数脱颖而出，这个指数诚然优于 GDP，但不能替代老者所建议的豪华度概念。那么，豪华度指数可以作为后工业时代最重要的指数么？笔者没有把握。对指数，需要给出下面的概念关联式：

```
j40(t)=ra30ixpa ── (j4-03a)
（指数强交式关联于专家知识）
j40(t)=:j30\0*3 ── (j4-03b)
（量与范围的指数等同于基本数的"标准"数）
```

4.0.4 最描述 j40o01 的世界知识

最描述这个词语也许不会引起太大的别扭。吉尼斯纪录就是著名的最描述，该纪录不断被更新，可见最描述的动态性非常突出，这就是引入延伸概念 52(j40o01)的缘起了。

最描述 j40o01 不是一个纯粹的量与范围 j40 延伸概念，这是一项非常重要的世界知识，以下面的概念关联式予以表述：

```
(j40o01,jlv00e21jlu12c31,j5) ── (j4-04a)
（最描述可相关于质与类）
```

最描述 j40o01 符号里的"o"可取"d"和"c"，分别代表两种极端形态。例如，最大尺度与最小尺度、最美好与最丑陋等，前者可简称最大与最小。

结 束 语

本节的世界知识集中体现在概念关联式里，绝大多数未给予进一步的文字说明，留给读者自行发挥。

第 1 节
量 j41 (291)

4.1-0 量 j41 的概念延伸结构表示式

```
j41:(c2n,o01,e4m,-,7;-:(c2m,0),7:(o01,\k=2);-0e2m,7\2e2n)
    j41c2n              量之基本描述
    j41c25              单
    j41c26              多
```

j41o01	量之两端描述
j41c01	最少
j41d01	最多
j41e4m	量之度描述
j41e41	正好
j41e42	缺少
j41e43	多余
j41-	量之包含性描述
j41-c2m	全局性二分描述
j41-c21	半
j41-c22	整（全）
j41-0	单元
j41-0e2m	单元二分描述
j41-0e21	单
j41-0e22	双
j417	量之限度（阈现象）
j417o01	阈描述
j417c01	下限
j417d01	上限
j417\k=2	阈现象基本类型
j417\1	自然界阈现象
j417\2	社会阈现象
j417\2e2n	社会阈辩证表现
j417\2e25	积极性社会阈
j417\2e26	消极性社会阈

概念树 j41 也无挂靠概念，也是五项一级延伸，其概念延伸表示式也采取封闭形态。

4.1.1 量之基本描述 j41c2n 的世界知识

量之基本描述 j41c2n 的世界知识集中表现于下列两个概念关联式：

```
j41c25=j40-00──（j41-01a）
（量之基本描述的单强交式关联于量与范围描述的个体）
j41c26=~(j40-00)──（j41-01b）
（量之基本描述的多强交式关联于量与范围描述的非个体）
```

量之基本描述的单是一个 r 强存在概念，jr41c25 是一个十分特殊又极为重要的概念，将为它设置一个专门的概念关联式：

```
jr41c25=l91\4──（j41-02）
（量之基本描述的单强交式关联于语法逻辑概念的唯一特指）
```

4.1.2 量之两端描述 j41o01 的世界知识

量之两端描述 j41o01 的世界知识集中表现于下列两个概念关联式：

```
j41c01=j40c01──（j41-03a）
（量描述的最少强交式关联于最描述的最小）
j41d01=j40d01──（j41-03b）
（量描述的最多强交式关联于最描述的最大）
```

4.1.3 量之度描述 j41e4m 的世界知识

量之度描述 j41e4m 的世界知识集中表现于下面的概念关联式：

  j41e4m≡j60e4m——（j41-04）
  （量的度描述强关联于度的基本描述）

4.1.4 量之包含性描述 j41- 的世界知识

量之包含性描述 j41- 的世界知识集中体现于下列概念关联式：

  (j41-,jlv00e21jlu12c31,j5)——（j41-05）
  （量之包含性描述可相关于质与类）
  j41-c21:=([0.5];[1/2])——（j41-06a）
  （量描述的半对应于十进制数描述的零点五或二分之一）
  j41-c22:=([1];100%)——（j41-05b）
  （量描述的弊（全）对应于十进制数描述的- 或百分之百）
  j41-0e21:=[1]——（j4-01b）
  （量描述的单对应于十进制数描述的一）
  j41-0e22:=[2]——（j4-01c）
  （量描述的双对应于十进制数描述的二）

  量之包含性描述 j41- 的词语捆绑工作需要特别细心，这里选用的半与双是相应延伸概念的直系词语。但由于概念关联式（j4-04）的约束，这些词语就不是在任何情况下都能适用，如双只能用于同质的对象，不能用于异质的对象，而半似乎没有这一区分。例如，鞋子或袜子可以用双，但夫妻或伴侣不能用双，而要用对。这属于语习逻辑问题，（j4-04）之类的概念关联式能否对这类语习逻辑问题的处理提供一些启示性知识呢？HNC 的未来研究应对此予以高度关注。

4.1.5 阈现象 j417 的世界知识

阈现象 j417 最重要的世界知识集中体现于下列概念关联式：

  j417 = 10aa——（j41-06）
  （阈强交式关联于质变）
  (j417\1,jlv11e21ju73e21,rw+jw0y)——（j41-07a）
  （自然阈现象普遍存在于自然界）
  (j417\2,jlv11e21ju73e21,wj01*)——（j41-07b）
  （社会阈现象普遍存在于社会）
  j417\2e25 => 50b9e21e25——（j41-08a）
  （积极性社会阈强源式关联于治世）
  j417\2e26 => 50b9e21e26——（j41-08b）
  （消极性社会阈强源式关联于乱世）
  j417\2+j417d01 = p-53d25——（j41-09a）
  （社会阈上限强交式关联于强势群体）
  j417\2+j417c01 = p-53d26——（j41-09b）
  （社会阈下限强交式关联于弱势群体）

结 束 语

本节概念关联式使用了十进制数字符号的各种表达形式；使用了符号"rw+jw0y"。这些似乎都是第一次使用，但都未加解释，以示对读者的充分尊重与信任。

第 2 节
范围 j42 (292)

4.2-0 范围 j42 的概念延伸结构表示式

```
j42:(ebn,e3m,7;
  eb5e2m,eb6\k=2,eb7:(e1m,3),e31\k=2,e32:(e1n,e97),e33-0,7-0;
  eb6\1c3n,)
j42ebn                      范围的关系描述（关系语境对象）
j42eb5                      内
   j42eb5e2m                内的内外描述
   j42eb5e21                核心
   j42eb5e22                外围
j42eb6                      外
   j42eb6\k=2               外之类型描述
   j42eb6\1                 同质外
      j42eb6\1c3n           同质之外的距离描述
      j42eb6\1c35           邻居
      j42eb6\1c35           近外
      j42eb6\1c36           远外
   j42eb6\2                 异质外
j42eb7                      界
   j42eb7e1m                界的基本描述
   j42eb7e11                界内
   j42eb7e12                界外
   j42eb7e10                界上
   j42eb73                  特殊边界
j42e3m                      范围的结构描述（状态语境对象）
j42e31                      围
j42e32                      "经络"
j42e33                      "主体"
j427                        广义范围（语境内容非分别说）
   j427-0                   狭义范围（语境内容分别说）
```

范围 j42 之一级延伸概念的配置比较特别，这一特殊性所包含的世界知识以下列概念关联式表示：

```
j42ebn+j42e3m := SGB —— [j4-01]
```
（范围的关系与结构描述对应于语境对象）
```
j427+j427-0 := SGC —— [j4-02]
```
（广义范围与狭义范围对应于语境内容）

上面第一次使用了语境对象和语境内容的概念，这需要略加解释。

HNC 理论在构建语境的数学物理表示式时，以符号 SG 表示语境，这个符号来源于英语的 Sentence Group，特意不选用 context 前三个字母的大写 CON。

上面的两个概念关联式也可以看作语境对象和语境内容的定义式，SGB 和 SGC 可以写出下面的表示式：

```
SGB =: (B,147,ABS)
SGC =: (C,147,ABS)
```

这两个表示式里的 ABS 取自英语的 abstract，汉语的对应词语是摘要。语境其实就是语言文本的摘要，并以摘要的规范形式形成记忆。

语境对象和语境内容都需要两分，前者应有关系与状态的两分；后者应有广义（非分别说）与狭义（分别说）的两分。相应的符号表示如表 1-3 所示。

表 1-3　语境对象与语境内容

名称	语境单元描述符号	概念基元描述符号
语境对象	SGB	j42ebn+j42e3m
关系语境对象	RSGB	j42ebn
状态语境对象	SSGB	j42e3m
语境内容	GSGC	j427
语境内容分别说	SSGC	j427-0

在语境空间或语境单元空间，语境对象 SGB 的核心要素一定对应于具体概念，语境内容 SGC 的核心要素一定对应于抽象概念。句类空间不同，只对一些特定的句类，其对象或内容的核心要素才与抽象或具体概念挂接。这些，都是语言概念空间最基本的世界知识。

上面的叙述里，很突兀地引入了一些语境空间的基本术语，如语境 SG、语境对象 SGB、语境内容 SGC，还有与概念基元配对的语境单元。这些术语将在本《全书》第三卷里详说，然而，没有这些术语或概念，概念树"j42 范围"的诠释或理解，几乎是不可能的。因此，这里只好突兀一下了。

4.2.1　关系语境对象 j42ebn 的世界知识

关系语境对象的世界知识将首先以（j4-m）形态的概念关联式进行描述。

```
j42ebn ::= (RSGB,lv83,(4,144,(4075,4076))) —— [j4-03]
```
（范围的关系描述定义为关系语境对象，该对象由自身与其他之间的关系所确定）
```
j42eb5 =: (4075,147,RSGB) —— [j4-04]
```
（内部等同于该对象自身）
```
j42eb6 =: (4076,147,RSGB) —— [j4-05]
```

（外部等同于该对象的其他）

这3个概念关联式与[j4-01]一起构成关系语境对象 RSGB 的定义。这里应该特别提请注意的是，HNC 乃依托于关系语境对象 j42ebn 建立"内、外、界"的概念，从而赋予"内、外、界"以意境的意义，而不是通常的语义。就语义而言，"内、外、界"也适用于状态语境对象和语境内容的描述，自然语言就是这么使用的。虽然语境内容和状态语境对象都拥有自己的"内、外、界"专用词语，但自然语言经常不遵守专用与通用的界限，这是自然语言的美妙所在，也是自然语言词语语义模糊的总根源。维特根斯坦说："意义就是使用"，这句名言对自然语言理解处理的启示意义非同寻常，具体说就是：一定要把词语的语义变成意境，因为词语的语义总是模糊的；而词语的意境总是确定的。因此，HNC 一直建议不要轻易使用"语义分析"这个术语，甚至也不要轻易使用"语义"这个术语，语言分析必须走意境分析（即语境分析）之路。这个问题非常重要和重大，将在第三卷正式论述。

"内、外、界"各有不同的二级延伸概念，其延伸符号都比较传神，值得一说。

"内 j42eb5"使用延伸符号"e2m"描述内部的两分：核心 j42eb5e21 与外围 j42eb5e22。核心与外围的界限就那么截然分明么？当然不是，但这一划分方式抓住了内部描述的要点。若有必要，可继续延伸。

"外 j42eb6"使用延伸符号"k=2"描述外部的类型两分：同质外 j42eb6\1 与异质外 j42eb6\2。对前者，设置延伸概念 j42eb6\1c3n，对后者则不作延伸。

一个关系语境对象可能仅具有同质外，但任何关系语境对象都不可能仅具有异质外。这是一项十分重要的世界知识，以下列[j42-m]形态概念关联式予以表达：

```
(RSGB,jlv12c33,j42eb6\1~c35)——[j4-06]
（任何关系语境对象必然存在非邻居同质外）
(RSGBlu91~\4,jlv12c31lur91\4,j42eb6\1)——[j4-07]
（某些关系语境对象可能仅具有同质外）
```

国家是关系语境对象最重要的样板，也是说明此项世界知识的最佳样板。内陆国家只有同质外（其他国家），岛国虽然可能没有邻居，但也必然具有近外和远外。

"界 j42eb7"使用延伸符号"e1m"描述界的三分：界内 j42eb7e11、界外 j42eb7e12 和触界 j42eb7e10。三者的世界知识以下列概念关联式表示：

```
j42eb7 := 4070i——（j42-01）
（界对应于彼此的共有）
j42eb7 := 54-00——（j42-02）
（界对应于线结构）
(j42eb7,jlv00e21,(54-i9-0,l47,RSGB)——[j4-08]
（界相关于关系语境对象的面积）
j42eb73 <= d11\1e25——（j42-0-01）
（特殊边界强流式关联于政治王道的理念）
j42eb73 := 54-0——（j42-0-02）
（特殊边界对应于面结构）
```

特殊边界 j42eb73 主要是为政治王道理念的恢复或建立而设计的，故配置了两个特殊编号概念关联式。国家之间的领土纠纷依然困扰着当下的世界，人口最多、面积最大的第三世界遭受的困扰尤为严重，笔者奢望着，特殊边界概念的引入或许有助于这一困扰的化解。

4.2.2 状态语境对象 j42e3m 的世界知识

状态语境对象的世界知识将分别以[j4-m]和（j42-m）形态的概念关联式进行描述。

```
j42e3m ::= (SSGB,lv83,(5,145,4075)) —— [j4-09]
（范围的结构描述定义为状态语境对象,该对象由自身的状态所确定）
(j42e31,l47,SSGB) := (j42eb7,l47,RSGB) —— [j4-10]
（状态语境对象的围对应于关系语境对象的界）
((j42e31,jlv111,(j40-0,l47,SSGB)),jlv11e22,(ru4070i,l47,j42eb7))
                                             —— [j4-11]
（围是状态语境对象的一部分,无（不存在）边的共有性）
(j42e31,jlv00e21,((54-i9-0;54-i9),l47,SSGB)) —— [j4-12]
（围相关于状态语境对象的面积或体积）
j42e32 := 20e2m+20e97 —— （j42-03）
（通道对应于转移的接口和路径）
j42e32 := (j40-0ju726,l47,SSGB) —— [j4-13]
（通道对应于状态语境对象的伴生部分）
j42e33 := (j40-0ju725,l47,SSGB) —— [j4-14]
（"主体"对应于状态语境对象的基元部分）
```

这里，读者应特别留意一下概念关联式[j4-12]与[j4-08]的异同，两者描述了"围 j42e31"与"界 j42eb7"的异同，从而也就描述了关系语境对象与状态语境对象的异同。这是一项重要的世界知识，下面分别给出其形而下描述和形而上描述。前者的概括是：语境对象必然占有面积，但关系语境对象不需要体积，而状态语境对象则可能需要体积的叙述；后者的概括是：关系语境对象强关联于"py"，状态语境对象强关联于"pwy"。这些概括实质上是一种叙述，都不难写出相应的概念关联式，但那是未来语超研究者的事，笔者就不代劳了。

上面对状态语境对象 j42e3m 的一系列延伸概念未给予汉语说明，现补说如下：

```
j42e31\k=2            围的基本类型
j42e31\1              线围
j42e31\2              面围
j42e32e1n             接口
j42e32e97             通道
j42e33-0              "房间"
```

这些延伸概念都需要继续延伸，但暂不进行。这里对 j42e33-0 使用了"房间"，前面对 j42e33 和 j42e3 分别使用了"主体"和"经络"，这都表明自然语言**缺乏**相应概念的描述词语。为什么对缺乏使用黑体呢？读者不妨再翻阅一下前文关于彼山与此山景象（见[123-2.2-0]分节）的论述，这里再说一次：彼山者，语言概念空间也；此类**缺乏**的严重后果未引起语言学界和认知学界的足够重视。前文曾多次说过，自然语言符号体系绝不是彼山景象描述的合适工具，非戏言也。

4.2.3 语境内容 j427 的世界知识

将 j427 定义为语境内容可类比于将 a307 定义为广义文化，约定 a307 是一个 r 存在概念，引入广义文化就是为了便于定义文明，文明者，ra307 也。谈语境，必须把对象与内容捆绑在一起，那就是所谓的非分别说（或综合），但又必须把两者分开，那就是所谓的分别说（即分析）。对象与内容不同于经典逻辑学的内涵与外延，这将在下一章讨论。

概念关联式[j4-05]和[j4-06]是对语境对象和语境内容的形而上描述。

语境对象和语境内容都需要两分描述，语境对象的两分描述仅借用了语言理解基因符号第二类氨基酸的两种形态；语境内容的两分描述则同时借用了第一类氨基酸的"7"和第二类氨基酸的"-0"，并分别名之语境内容和狭义语境内容。两者的"定义式"如下：

```
j427 =: a307 ──（j4-0-01）
（语境内容等同于广义文化）
j427-0 := (ay,7y+8;3228,q7+50;q8;q6;by+dy) ──（j4-14）
（狭义语境内容对应于语言脑的五"省区"和两"特区"）
```

本小节就以这两个特殊编号的概念关联式结束。

小 结

本章给出了两组特殊的概念关联式，其一是刚刚见到的两位，以"j4"牵头，其二以"j42"牵头，编号为(j42-0-01)和(j42-0-02)。两者都是概念关联式里的"贵宾"，而"其一"的地位必然高于"其二"。这些话语突然在这里冒出来，有两个意图。引言里不是有"量与范围 j4 可比拟为科学的亚当"的戏言么？这些"贵宾"式概念关联式就是对该戏言的呼应了。另一个意图是，为本《全书》第三卷的撰写搞点铺垫。

第五章

质与类 j5

引 言

第四章的引言说过：j4 与 j5 的结合构成科学的始祖，"质与类 j5"乃是科学的夏娃。因此，概念林 j5 的概念树设计必然与概念林 j4 同构，如下所示：

    j50   质与类的基本内涵
    j51   质
    j52   类

概念林 j5 可前挂 p 而生成挂靠概念 pj5*d01，定名人类；概念树 j52 可前挂 p 而生成挂靠概念 pj52*，定名民族。

第 0 节
质与类的基本内涵 j50 (293)

5.0-0 质与类的基本内涵 j50 的概念延伸结构表示式

```
j50:(e2m,e2n,t=a;
     (e2m)t=a,e21e2m,e22\k=2,e2ne2n,t3,(t):(e2m,e4m))
```

j50e2m	质与类的对偶二分描述（内容与形式）
j50e21	内容
j50e21e2m	内容的对偶二分描述
j50e21e21	内涵
j50e21e22	外延
j50e22	形式
j50e22\k=2	形式的第二本体描述
j50e22\1	艺术形式
j50e22\2	科学形式
j50(e2m)	内容与形式非分别说
j50(e2m)t=a	内容与形式非分别说的第一本体描述
j50(e2m)9	心灵（神学）
j50(e2m)a	存在（哲学）
j50(e2m)(t)	心灵与存在
j50e2n	质与类的对立二分描述
j50e25	丰富
j50e26	贫乏
j50e2ne2n	质与类对立二分描述的辩证表现
j50e25e25	繁荣
j50e25e26	泛滥
j50e26e25	单纯
j50e26e26	"至尊"
j50t=a	质与类的第一本体描述（科学艺术综合）
j509	质与量的综合
j5093	广义科学
j50a	内容与形式的综合
j50a3	广义艺术
j50(t)	科学与艺术的综合（科学艺术综合）
j50(t)e2m	科学艺术综合的对偶二分描述
j50(t)e21	多元
j50(t)e22	一元
j50(t)e4m	科学艺术综合的对偶三分描述
j50(t)e41	透齐
j50(t)e42	欠缺
j50(t)e43	冗余

本节将依据概念树"j5 质与类"一级延伸概念的三分，以三个小节进行论述。

5.0.1 质与类的对偶二分描述 j50e2m 的世界知识

质与类的对偶二分描述 j50e2m 可名之内容与形式。

内容与形式 j50e2m 存在 3 项延伸概念,除了内容与形式分别说的各自延伸之外,还有一项内容与形式非分别说的延伸。更值得指出的是:内容延伸乃认识论延伸,而另外两项则都是本体论延伸。

内容 j50e21 的延伸属于对偶二分描述,符号是 j50e21e2m,在经典逻辑里拥有一对响亮的名字(词语),叫内涵与外延。

形式 j50e22 的延伸属于第二本体描述,符号是 j50e22\k=2,自然语言没有直接赋予它们名字,而是给了两个有点神秘的短语,叫艺术形式和科学形式。

内容与形式非分别说 j50(e2m)的延伸属于第一本体描述。符号是 j50(e2m)t=a,自然语言里直接赋予了它们两个比较神秘的名字,叫心灵和存在。对内容与形式非分别说第一本体描述之非分别说 j50(e2m)(t),自然语言似乎也没有直接赋予词语,这里只好以"心灵与存在"名之。但实际上,西方语言有一个光辉的词语——ethics(伦理),汉语也有一个光辉的词语——仁(ren)。

下面,给出一组"贵宾"级的概念关联式,以符号"j5-0m-0"或[j5-0m-0]标记。

```
j50(e2m)9 => a60ae31 ——(j5-01-0)
(心灵强源式关联于神学)
j50(e2m)a => a60ae32 ——(j5-02-0)
(存在强源式关联于哲学)
j50e22\2 => a60ae33 ——(j5-03-0)
(科学形式强源式关联于科学)
j50(e2m)(t) => a6498\1*i ——(j5-04-0)
(心灵与存在强源式关联于伦理学)
j50e22\1 => (a31+a32+a33) ——(j5-05-0)
(艺术形式强源式关联于"广义艺术"——文学、艺术与技艺)
j50e21e21 := SGC ——[j5-01-0]
(内涵对应于语境内容)
j50e21e22 := SGB ——[j5-02-0]
(外延对应于语境对象)
```

这里,希望读者留意下列三点。①神学、科学与哲学的语言脑渊源有所不同,概念关联式(j4-0m-0,m=1-3)清楚地表明三者的各自渊源。故前文曾有言:神学是关于心灵的探索,哲学是关于存在本质的探索,科学是关于存在形式的探索(见[130-3.0.2]小节)。这里我们看到:形式具有艺术形式与科学形式的根本区分,因此,引文里的"存在形式"是否应该改成"科学形式"呢?②前文曾有言:文明基因具有三项基本要素,它们依次是神学、哲学和科学。但这里的概念关联式(j5-05-0)告诉我们,"广义艺术"不能排除于文明基因之外,那么,文明基因三要素说是否应该加以改正呢?引入文明基因四要素说是否更符合透齐性的要求呢?对于这两个问题,笔者的回答是:两项改动都没有必要。因为文明基因三要素说里的科学是最广义的科学,它包括广义艺术与广义科学。神学与哲学主要涉及语言脑,其次是情感脑和图像脑,最广义的科学则不仅涉及这三者,还要涉及艺术脑与科学脑。③内涵与外延是两个非常重要的概念,是经典逻辑学的杰出贡献之一。但是,这两个概念的经典(词典)

解释大体在"线说"与"面说"（见[123-3.1.2-1]分节）之间，没有达到"体说"的高度。此处的符号表示 j50e21e2m 弥补了这一缺陷。还应该指出的是："内涵与外延"的概念对不能替代"对象 B 与内容 C"的概念对，也不能替代"具体概念与抽象概念"的概念对，后两组概念对更为重要，是"体说"层级的概念对。为什么西方学者始终未能达到这一高度？内涵与外延这一概念对是否起了"一叶蔽目"的障眼法作用呢？请读者思考。在语法逻辑编的指代逻辑章里还会涉及这个问题。

5.0.2 质与类对立二分描述 j50e2n 的世界知识

延伸概念 j50e2n 具有 j50e2ne2n 的后续延伸，这类后续延伸很值得作一项综合考察，以形成语言理解基因氨基酸"e2n"的示范性教材。前文曾就政治制度 a10e2n 给出类似延伸 a10e2ne2n，并就此进行过广泛的探讨，读者不妨稍事回忆。

二级延伸概念 j50e2ne2n 的各项汉语说明实际上都比较到位，j50e26e26 的对应词语"至尊"之所以加了引号，主要是基于对宗教经典的尊重，表明这里的"至尊"不是宗教经文的至尊。

最近流行这样一句话，"没有最好，只有更好"，它不过是"越来越好"的翻版，并没有体现更多的智慧，依然是柏拉图洞穴里的进化崇拜呼唤。本小节就不单独写概念关联式了，将融入下一小节里。

5.0.3 质与类之第一本体描述 j50t=a 的世界知识

延伸概念 j50t=a 的汉语说明"质与类之第一本体描述"不是一个好表达，一是文字冗长，二是容易引起误会，以为还另有第二本体描述，而概念树 j50 并不存在这一延伸。但是，该延伸概念的两项具体命名则非常到位，现拷贝如下，并随后给出两者的定义式，但相应的汉语说明就不另写了。

```
    j509                    质与量的综合
    j50a                    内容与形式的综合
j509::=(8111,lv44,(j4,j5))
j50a::=(8111,lv44,(j50e21,j50e22))
```

延伸概念 j50t=a 设置了定向延伸 j50t3，其中的 j5093 定义为广义科学；j50a3 定义为广义艺术。科学与艺术都有广义与狭义之分，这项世界知识非常重要，狭义者，皆设置了相应的概念树；广义者，则为多株概念树之组合，以下列概念关联式表示：

```
    j5093 ≡ (a61+a62+a63) —— (j5-05-0)
    （广义科学强关联于科学、广义技术及理论与实验这三株概念树）
    j50a3 ≡ (a31+a32+a33) —— (j5-06-0)
    （广义艺术强关联于文学、艺术和技艺这三株概念树）
```

这些概念关联式表明：延伸概念 j50t=a 可以看作科学与艺术的分别说，但两者显然需要非分别说，符号 j50(t) 的引入是 HNC 的必然之选。其汉语命名很长，叫"质与类第一本体非分别说"，可简称"科学艺术综合"或"艺术科学综合"，这里选用了前者。

科学艺术综合 j50(t) 设置了两项再延伸概念：j50(t)e2m 和 j50(t)e4m，两者的汉语命名分别叫作"科学艺术综合的对偶二分描述"和"科学艺术综合的辩证三分描述"。希望读者习惯这两个命名，它们一定有助于形而上思维的培育。此处"对偶二分描述"的具体汉语命名是多元和一元，"辩证三分描述"的具体汉语命名是透齐、欠缺与冗余。这五个词语里，"多元、一元、欠缺、冗余"是现成的，但透齐不是。透齐性是本《全书》的关键词和常用词，是一个非常重要的概念，这里算是有了一个不错的交代。j50(t)e41 就是该概念的 HNC 定义，比较传神吧。

本小节不就 j50(t)另写概念关联式，理由同上。

结 束 语

本节重温了文明基因三要素的概念，说文明三基因里的科学是**最**广义的科学，包含广义科学和广义艺术。这个说法不是定论，希望引起讨论，可惜笔者多半是赶不上了。

本节对广义科学和广义艺术给出了定义式，算是了却了一桩心愿。

本节使用了对偶二分描述（对"e2m"）、对立二分描述(对"e2n")、对偶三分描述（对"e4o"）等短语。这些短语比较适当，将来还会使用基本三分描述（对"e3o"）的短语。这些短语可作为语言理解基因第二类氨基酸"eko"的相应标准用语，未来的行文将向这些标准用语看齐，但以往不符合此标准者，并不改动。

第 1 节
质 j51 (294)

5.1-0 质 j51 的概念延伸结构表示式

```
j51:(c4m,e4n,d3n,t=b,\k=5;e45d01,d35d01,be2n,)
  j51c4m              对比四分质描述
  j51c41              差
  j51c42              中
  j51c43              良
  j51c44              优
  j51e4n              对偶三分质描述
  j51e45              优秀
  j51e46              合格
  j51e47              低下
  j51d3n              层级三分质描述
  j51d35              上
  j51d36              中
  j51d37              下
```

j51t=b	物理质叙述
j519	密度
j51a	纯度
j51b	杂度
j51be2n	杂度对立二分描述
j51be25	质量指数
j51be26	污染指数
j51\k=5	人类质描述
j51\1	第一类精神生活质量
j51\2	第二类劳动质量
j51\3	第一类劳动质量
j51\4	第二类精神生活质量
j51\5	第三类精神生活质量
j51(\k)	社会质量

这里要提请注意的是，在汉语说明里，分别使用了不同词语——描述和叙述。

下文将以四个小节进行论述，不按惯例分五个小节，前两项延伸概念一并安排在第一子节里。这四个小节的标题用语分别使用了描述和叙述，请留意。

5.1.1 对偶三分质描述 j51e4n 和对比四分质描述 j51c4m 的世界知识

对质的对偶三分描述和对比四分描述具有很强的关联性，这不仅是一项关于质描述的基本世界知识，也是一项关于对偶与对比描述的基本世界知识，以下列概念关联式表示。

```
j51c4m = j51e4n ——（j51-01）
（对比四分质描述强交式关联于对偶三分质描述）
j51c41 := j51e47 ——（j51-01a）
（对比四分质描述的差对应于对偶三分质描述的低下）
j51~c41 := j51e46 ——（j51-01b）
（对比四分质描述的不差对应于对偶三分质描述的合格）
j51e45 := j51c44 ——（j51-01c）
（对比四分质描述的优对应于对偶三分质描述的优秀）
```

这组概念关联式展现了对比性概念与对偶性概念的交织性，此交织性非常有趣，在哲学上掀起过历史巨浪，本书第二编第一章将对此略加讨论，并对这组概念关联式稍作回应。这里只交代一个细节，以"e46"描述的概念被赋予"来之不易"的特性，概念 j51e46 符合这一约定，"合格"这一词语恰好也符合这一约定，这非常罕见。

5.1.2 层级三分质描述 j51d3n 的世界知识

本小节的质描述和上一小节的质描述都具有充分的符号自明性，这里要补充说明的是相应的两项二级延伸概念：j51e45d01 和 j51d35d01，两者在汉语里有对应的汉字，前者是"圣"，后者是"极"和"尤"。圣人、圣地、圣经、圣战里的"圣"属于 j51e45d01，极品、极权、极限和物极必反里的"极"，以及尤物和无耻之尤里的"尤"都属于 j51d35d01。

5.1.3 物理质叙述 j51t=b 的世界知识

物理质叙述之 3 项延伸概念的密度是物理概念，纯度是半物理概念，杂度则是一个新词。密度 j519 的物理学定义是：密度 ≡（质量÷体积），在专家知识的意义上，质量是最基础的概念，但在世界知识的意义上，宁可让密度更基础，使用公式"质量 =:（密度×体积）"来计算质量，并使用公式"质量 =: 重量"以构成下面的物理质量表示式：

  [54-ia] =: [j519]×[54-i9]
  （物理质量等同于密度乘体积）

密度的基本概念关联式是：

  j519 ≡ 54-ib ──（j51-01）
  （密度强关联于比重）

纯度 j51a 与杂度 j51b 的定义式如下：

  j51a ::= ([j40b],lv45,wj721) ──（j51-02）
  （纯度定义为主体物的比率）
  j51b ::= ([j40b],lv45,wj722) ──（j51-03）
  （杂度定义为伴随物的比率）

杂度 j51b 配置了延伸概念 j51be2n，分别说的汉语命名是质量指数和污染指数，两者的定义式如下：

  j51be25 ::= ([j40(t)],lv47,wj722xw3218) ──（j51-04a）
  （质量指数定义为以有益伴随物为参照的指数）
  j51be26 ::= ([j40(t)],lv47,wj722xw3228) ──（j51-04b）
  （污染指数定义为以有害伴随物为参照的指数）

质量和污染指数 j51be2n 可配置延伸概念 j51be2n\k=3 和 j51be2n(\k)，其汉语命名如下：

  51be25\k=3
  j51be25\1   大气质量指数
  j51be25\2   水质量指数
  j51be25\3   土壤质量指数
  j51be25(\k)   环境质量指数
  j51be26\k=3
  j51be26\1   大气污染指数
  j51be26\2   水污染指数
  j51be26\3   土壤污染指数
  j51be26(\k)   环境污染指数

上列两项指数属于专家知识，故 j51be2n\k=3 未正式纳入 j51 的概念延伸结构表示式。

5.1.4 人类质描述 j51\k=5 的世界知识

本小节内容似乎是对未来的憧憬，实际上并非如此，因为许多领域的专家都在进行相关的探索，不过，正如老者所说：当前领域专家的探索都缺乏仰望天空的视野，本小节希望提供一种仰望天空的具体方式，那就是按照 j51\k=5 所列举的顺序全面考察人类社会的质量。

在 j51\k=5 的具体排序中，故意将第一类精神生活排在第一位，而把专业活动降为第二位。为什么呢？前文曾反复数说过金帅与官帅的种种不是，这里要说一句公道话，金帅与官帅毕竟对人类文明主体的建设与发展作出过重大贡献。然而，时代变了，说到底，人类文明主体仅主要涉及两类劳动，它不应该继续被盲目推崇，以致三类精神生活，特别是深层第二和第三类，置于被忽悠的状态。

结 束 语

本节提出了社会质量的概念，该概念是对老者提出的"豪华度国际公约"建议的补充，也是对不丹王国前国王旺楚克提出的"幸福指数"概念的补充。幸福指数已引起许多发达国家的重视，并作出了积极响应。两者都是治理后工业时代危机的良方，但"公约"似乎没有彻底摆脱以第二类劳动为中心的惯性思维，"指数"又似乎过度强调了第一类精神生活的价值，社会质量的概念是否可能有所弥补呢？请老者和幸福指数研究者参考。

第 2 节
类 j52 (295)

5.2-0 类 j52 的概念延伸结构表示式

```
j52:(e2m,t=a,(t);(e2m)-0|)
    j52e2m              类的对偶二分描述
    j52e21              多样
    j52e22              同一
    j52t=a              类的第一本体描述
    j529                自然类
    j52a                人为类
    j52(t)              类之非分别说
```

5.2.1 类之对偶二分描述 j52e2m 的世界知识

本体论与认识论的交织是哲学的第一妙趣，禅宗也许是对此妙趣领会最深的哲学流派，而这里的延伸概念 j52e2m 则也许是呈现此妙趣的最佳示例。"空手把锄头，步行骑水牛，人在桥上过，桥流水不流"固然是对该妙趣的深刻揭示，但似乎不如 j52e2m 便于理解。

多样 j52e21 与同一 j52e22 是认识事物类别的基本法则，多样性是认识事物的第一步，没有这第一步，你就无从认识；同一性则是认识事物的第二步，没有这第二步，你依然无从认识。迈出这两步，你就获得一个基本认识："有多必有一，有一必有多"，或者换一种说法："无多无一，无一无多"。可是，从 j52 延伸出来的"多"与"一"都具有本体意义，"一"乃是指同一种本体，"多"乃是指多种本体。因此，如果用 j52e2m 来阐释哲学第一妙趣，那恐怕是最合适不过的教材了。

延伸概念 j52e2m 的基本世界知识以下列概念关联式表示：

```
       j52e21 := (j762,j50(t)e21) —— (j52-01a)
```
（类的多样对应于自然属性的异和科学艺术综合的多元）
```
       j52e22 := (j761,j50(t)e22) —— (j52-01b)
```
（类的同一对应于自然属性的同和科学艺术综合的一元）
```
       j52e21 := 407e22 —— (j52-02a)
```
（类的多样对应于关系基本构成的异）
```
       j52e22 := 407e21 —— (j52-02b)
```
（类的同一对应于关系基本构成的同）

"多—一"与"异-同"是两组强交织的概念或两个强交织的概念对，这就是说，哲学意义的"多—一"与"异-同"是不可分割的，既不能脱离"异-同"谈"多—一"，也不能脱离"多—一"谈"异-同"。这就是概念关联式（j52-0mo,m=1-2,o=a//b）所揭示的世界知识。

在概念关联式（j52-02o）里，我们又一次碰到 HNC 符号的不协调性现象，对此略作具体说明。"多—一"与"异-同"之语言理解基因符号的表示都是"e2m"，那么，"多"与"一"、"异"与"同"到底谁先谁后？这类似于"鸡与蛋的先后问题"。"多"与"异"强关联，"一"与"同"强关联，这是认识论的基本原则。另一方面，HNC 在类的对偶二分描述里选择了"多"先"异"后，这符合认识论的序原则，已如上述；在关系基本构成里，HNC 则选择了"同"先"异"后，这就更符合认识论的序原则了（词语"党同伐异"、"同志"都是该原则的具体体现）。原则是不容违背的，因此，概念关联式（j52-02o）里出现的现象不协调乃是本质协调的生动呈现。

上面说"又一次碰到"，为方便读者的思考，这里就交代一下"前一次"。那在"实用理性行为 7322b"（[123-2.2-4]分节）的论述里，那里指出：HNC 符号不协调性涉及概念树与概念林的关系问题，也涉及平衡原则。"平衡就要考虑：此处协调了，彼处呢？"未来的语超研究者，请充分留意这些话。

延伸概念 j52e2m 不配置分别说的后续延伸，但配置非分别说的后续延伸 j52(e2m) -0|，可别小看它，说它是一切分类学的起点并不过分，现代化学和生物学就靠着这个起飞，现代语言学也是如此。引言里有"科学夏娃"说，这可以充当例证之一吧。

5.2.2 类之第一本体描述 j52t=a 的世界知识

本小节只给出下列概念关联式：
```
       j529 => (a6499,a643) —— (j52-03a)
```
（自然类强源式关联于理科及实用学科）
```
       j52a => (a649˜9,a64i) —— (j52-03b)
```
（人为类强源式关联于人文-社会学科及文化学科）
```
       j52(t) => a64a —— (j52-03c)
```
（类之非分别说强源式关联于技术学科）

结 束 语

"多"与"一"、"异"与"同"是一个争论不休的哲学问题，本节所论，虽只是"一孔之见"，但毕竟有一点新的思考，那就是："多"与"一"、"异"与"同"的先后顺序是一个相对性的问题，具体安排决定于所选用的参照。

小 结

本章的"科学夏娃说"并非戏言，上面一系列概念关联式就是该论断的物理表示式。这就够了，不需要多余的话了。

第六章

度 j6

引 言

度 j6 是经典哲学本体论七维度描述的后足或后腿。成熟的古老文明都深知此腿不可或缺，故希腊文明和中华文明都对度有精彩的表述。希腊文明表述是"过度和不足是恶行的特性，而适中则是美德的特性"；中华文明表述是"过犹不及"。

前文曾戏言，数 j3 是科学的奶妈，量与范围 j4 是科学之父，质与类 j5 是科学之母，这里可以加一个比喻：度 j6 是文明的伟大保姆，是文明基因三要素的伟大保姆。传统中华文明提倡的"中庸之道"体现了对这位伟大保姆的极度尊重。

概念林"度 j6"之 3 株概念树的汉语说明如下：

    j60   度之基本内涵
    j61   量变之度（量变）
    j62   质变之度（质变）

这里将量变之度与质变之度分别设置成两株概念树：j61 和 j62，意即不采纳"量变与质变是对立的统一"的词典命题。这个命题缺乏透彻性比较明显，本卷第二编第一章将提及这一点。

量变之度 j61 将简称量变，质变之度 j62 将简称质变。因为变必有度，无度之变是不可思议的，是 HNC 不予考察的。对量变与质变的考察就是对其变化之度的考察，这就是世界知识的视野，这样，才有可能把世界知识与专家知识区别开来。

"j6 度"的伟大保姆职责将充分展现在"度之基本内涵 j60"这株概念树的概念延伸结构表示式里，该节是本章的重点。

第 0 节
度之基本内涵 j60 (296)

6.0-0 度之基本内涵 j60

```
j60:(e4m,e46,c3n,(o)01)
  j60e4m              度之对偶三分描述
  j60e41              适度
  j60e42              不及
  j60e43              过度
  j60e46              留有余地（中庸）
  j60c3n              度之异态对比三分描述
  j60c35              常
  j60c36              狠
  j60c37              极
  j60(o)01            临界
     j60(o)01e26      崩溃
```

"度 j6"的科学保姆作用就集中体现在两项延伸概念 j60e46 和 j60(o)01 里，两者所使用的 HNC 表示符号也比较特别，若读者有好奇之感，则语超就可能有点希望了。

6.0.1 度之对偶三分描述 j60e4m 的世界知识

引言中说：希腊文明和中华文明对此项世界知识都有精彩的描述，那么，其他古老文明呢？这需要训诂，只能有劳历史学专家了。

把握"适度 j60e41"就意味着要尽可能避免"不及 j60e42"与"过 j60e43"，这主要是"智慧 7210\1"的展现，而不是"智能 7210\2"。"不及 j60e42"的呈现最为复杂，放在下一小节来说明。"过 j60e43"的呈现比较简明，是古今社会病的常态，当今尤为严重。这两项世界知识以下列概念关联式表示：

```
j60e41 = 7210\1 ── (j60-01-0)
（适度强交式关联于智慧）
j60e43 = (71109e72+a0099t+d24d01) ── (j60-02-0)
（过度强交式关联于贪婪、三争与功利理性）
```

请注意：这两个概念关联式都高居一级"贵宾"地位，这两位"贵宾"所传递的世界知识极度重要。在当今这个后工业时代的初级阶段，如果说世界知识中排在第一位的是 3 个历史时代和 6 个世界的时空视野，那么，排在第二位的就应该是上面的两位一级"贵宾"了。如果没有上述时空视野，如果对这两位"贵宾"所展示的世界知识没有深刻的领会，凡论述当下地缘政治、展望 21 世纪发展趋势或文明格局的著作，不论作者多么权威，也不论著作本身如何畅销，都难免落入下乘。

6.0.2 留有余地 j60e46 的世界知识

概念关联式（j6-0m-0,m=1-2）所表述的世界知识也可以用下面的文字来表达：适度很难，过度乃人类的天性之一，汉语对其效应 jr60e43，给出了一个特别传神的直系词语——瘾。瘾有低级与高级的明显区分，低级瘾包括毒瘾、色瘾、赌瘾和烟瘾，其危害极大，控制甚难；高级瘾包括权瘾、利瘾和名瘾，其危害更大，控制更难。因为高级瘾君子可以把自己打扮成十分高贵的模样，不但不会遭到谴责，甚至会反过来受到追崇。两项最高明的打扮是：①把创新与发展的前景捧上天，前文曾戏称之科技迷信；②把市场、竞争与资本的力量捧上天，前文曾戏称之**需求外经**。西方文明缺乏对"jr60e43 瘾"的认识论警觉，这是现代西方文明最根本的固有缺陷。上述两项捧上天现象，就是缺乏这一警觉性的铁证。

农业时代的高级瘾不会毁灭人类自身，但工业时代不同，其高级瘾具有毁灭人类自身的可怕后果。这样，西方文明固有缺陷的可怕性就凸显出来了。而传统中华文明对"jr60e43 瘾"有自己的独特思考，那就是延伸概念"j60e46 留有余地"所传达的世界知识，该概念的古汉语名称叫中庸[*01]。其世界知识以下列概念关联式表示：

```
(j60e46,j1v00e22,(71109e72+d24d01))——（j60-0-03）
（中庸无关于贪婪与功利理性）
j60e46 <= (713y\(k)e53,y=1-2)——（j60-0-04）
（中庸强流式关联于人类的第一和第二平常心）
j60e46 = 7301\33*\3e53——（j60-0-05）
（中庸强交式关联于达观行为）
```

延伸概念"j60e46 留有余地"的重要世界知识以三位二级另类"贵宾"来表示，二级的标记是"j60"，另类的标记是安置在第二位的"-0"。

6.0.3 度之异态对比三分描述 j60c3n 的世界知识

这里，度之对比三分描述采用符号"j60c3n"，而不采用是"j60c3m"，故汉语说明加了"异态"的修饰，这是由于概念树 j60 不区分量变与质变，以"c3m"描述的延伸概念将安置在概念树 j61 里。延伸概念 j60c3n 不是单纯涉及量变或质变的度，它必须兼顾两者，这种兼顾的需要是普遍存在的。下面以色瘾（上文已提到）和发财（这是当今的热门话题）这两个词语为例对此作具体说明，猥亵（性骚扰）属于色瘾的"常 j60c35"，强奸属于"狠 j60c36"，强奸并杀人灭口属于"极 j60c37"。天价高薪和最佳投资属于发财的"常 j60c35"，残酷剥夺或阴谋兼并属于"狠 j60c36"，谋财害命与各种金融衍生品骗局就属于"极 j60c37"。当然，"猥亵、强奸、奸杀"和"'天价'高薪、残酷剥夺、谋财害命"等词语都属于复合概念，但其不可或缺的要素之一是 j60c3n。

度之异态对比三分描述 j60c3n 的基本世界知识以下列概念关联式表示：

```
j60c3n = j70c3n——（j60-01）
（度之对比三分强交式关联于对比性的高级三分）
j60˜e35 = 7221be77
（狠与极强交式关联于凶残）——（j60-02）
```

6.0.4 临界 j60(o)01 的世界知识

临界 j60(o)01 乃是 j60c01 和 j60d01 的非分别说，即 j60c01 与 j60d01 的共生现象。这是临界 j60(o)01 与阈描述 j417o01（见本编 4.1.5 小节）的区别，阈有上限 j417d01 与下限 j417c01 的区分，而临界没有这种区分。

闪电、地震、雪崩、山体滑坡、火山爆发是自然界的临界现象，生与死是生命的临界现象。但生命与社会的临界现象非常复杂，即使是所谓的"兴亡勃忽"，并非都能纳入临界这一概念。

临界属于 r 强存在概念，jvr60o01 和 jvr60o01e26 有对应词语：爆发和崩溃，英语有专用的 overshoot，用于描述 jvr60d01。这些，都是十分重要的世界知识，以下列概念关联式表示：

```
j60(o)01 => 10ae22 ——（j60-03）
（临界强源式关联于突变）
jvr60(o)01e26 =: 3228\0 ——（j60-04）
（崩溃等同于灾祸）
```

结 束 语

本节依托概念树"j60 度之基本内涵"的延伸概念，对地球村当下面临的最大课题，重申了 HNC 的基本思考。特别提到了三个历史时代和六个世界的时空视野是当今最重要世界知识的论断，提到了科技迷信和**需求外经**的概念，并又一次提到了中庸的概念。这三点都很难为现代社会所接纳，但笔者并不因此而气馁。

注 释

[*01] 中庸也叫中和或简称中，系统论述见《中庸》。以下两段代表了孔子论述方式的特色。①子曰："道之不行也，我知之矣：知者过之，愚者不及也。道之不明也，我知之矣：贤者过之，不肖者不及也。人莫不饮食也，鲜能知味也。"②子曰："回之为人也，择乎中庸，得一善，则拳拳服膺而弗失之矣。"前者是"叩其两端"阐释方式的代表；后者是要点阐释方式的代表。呼应后者的另一点睛之笔是："中庸其至矣乎！民鲜能久矣！"

第 1 节
量变之度 j61 (297)

6.1-0 量变 j61 的概念结构表示式

```
j61:(c3m,e5m,t=b;(c3m),c33d01,t:(d01,c01);)
  j61c3m                    量变对比三分
```

j61c31	稍（原级）
j61c32	更（比较级）
j61c33	很（最高级）
jr61(c3m)	有限
j61c33d01	无限
j61e5m	量变橄榄三分
j61e51	少
j61e52	多
j61e53	够
j61t=b	量变第一本体描述（"三量变"）
j619	伴随者在混合体中的量变（第一量变）
j61a	存在者在一定时间内的量变（第二量变）
j61b	存在者在一定空间中的量变（第三量变）
...	

这里第一次使用了橄榄三分的词语，以突出语言理解基因第二类氨基酸"e5m"的"两头小、中间大"特征，但此前的其他表述方式不必改动。

6.1.1 量变对比三分 j61c3m 的世界知识

量变对比三分 j61c3m 大体对应于西方语法学关于形容词的三级划分。

形容词的三级划分仅涉及量变的一个侧面，仅涉及量变的现象，未涉及量变的本质。它只管了"量变对比三分 j61c3m"，没有管"量变的橄榄三分 j61e5m"，也没有管"度之对比三分 j60c3n"，更没有管"量变的第一本体三分 j61t=b"。因此应该说：西语为量变对比三分 j61c3m 配置了那么规范的形态标志符号未必是件好事，因为该形态标志符只适用于形容词，动词与名词就置之不管了，这合适吗？前面，故意引入了"猥亵、强奸、奸杀"和"天价高薪、残酷剥夺、谋财害命"这两组词语，两者不是都符合"原级、比较级和最高级"的标准么？可是这些跟形容词扯不上关系呀！可见，西方语法学对形容词三级划分的形态约定具有一种误导性：光盯住此山的语言现象，而对彼山[*01]的概念景象就难免陷于"有眼不识泰山"的困境了。

量变对比三分 j61c3m 拥有两个十分著名的再延伸概念：有限与无限。请读者留意一下 HNC 对两者的符号表示吧，自然语言很难达到这样的传神程度。未来的 HNC 理论教科书在讲授"五元组"时，请援用这里的 jr61(c3m) 吧。无限这个概念或有限与无限这个概念对在数学里是简明而清晰的，但神学与哲学喜好把两者神秘化，HNC 将不追随领域专家的细致思考。这里预说一声，在自然属性 j7 这一概念林里并不给予"有限与无限"以相应的位置。

6.1.2 量变橄榄三分 j61e5m 的世界知识

量变橄榄三分 j61e5m 的具体汉语表述——少、多、够——完全没有传达出"橄榄"的意思，若按笔者最初的想法，这些词语都应该打上引号。后来考虑到，这不是汉语的特有弊病，而是所有自然语言的通病，于是就放弃了初衷，只对特别不像样的对应词语打上引号。

在 18 世纪的西欧学界，曾流行过所谓的"自然和谐说"[*02]，j61e5m 是该说的符号表达。以人的身高和体重为例，矮子和"姚明"总是少数，正常身高的人总是多数；瘦子和胖子是少数，正常体重的人是多数。人的各种表现也是如此，如君子和小人总是少数，俗人永远是多数；精英和蠢材总是少数，平庸的人总是多数；善人与恶人总是少数，常人总是多数。当年提出"自然和谐说"的莱布尼茨先生大约就是受到这些日常现象的启发吧。

上列举例是否越界了呢？读者可能出此疑问，这就请看下面的概念关联式吧。

  (j61e5m,jlv111,(51lu91\3,145,j409))——(j61-01)
  （量变橄榄三分是量分布的一种形态）
  (j61e5m,jlv11e21e25,jur85e75)——(j61-02)
  （量变橄榄三分天然具有和谐性）

6.1.3 量变第一本体描述 j61t=b 的世界知识

量变第一本体描述 j61t=b 可简称"三量变"，下面首先给出三者的定义式：

  j619 ::= ((j61,145,oj722),lv43,oj72(m))
  （第一量变定义为伴随者在混合体中的量变）
  j61a ::= ((j61,145,ojl11e21),sv32,j20-*lu91\1)
  （第二量变定义为存在者在一定空间体的量变）
  j61b ::= ((j61,145,ojl11e21),sv31,j10alu91\1)
  （第三量变定义为存在者在一定时间内的量变）

在上面的定义式里，引入了三个新符号和相应的新词，如下所示：值得留意的"新"符号与"新"词

  oj722   oj72(m)   ojl11e21
  伴随者   混合体   存在者

表标题里的"新"都加了引号，在此山看，它们确实都很新，但在彼山看，它们就一点也不新了。所以，这个引号很值得玩味。

"三量变"普遍存在于自然界和社会。浓度或含量是第一量变的呈现；许多描述自然和社会的变量（PM2.5、GDP、人口……）是第二量变的呈现，各种变率（GDP、人口……）是第三量变的呈现。"三量变"的具体考察是各领域专家的事，这里要说明的只是"第三量变"的世界知识，即概念 j61b 及其延伸 j61bo01 所传递的世界知识。

人类对第三量变的认识最初联系于两类级数：算术级数和几何级数，前者衍生出线性增长，后者衍生出指数增长，这是第三量变的两种经典模式。马尔萨斯先生把这两种经典量变模式用于人口和粮食的动态描述，搞出了一个著名的马尔萨斯人口论。但有趣的不是马尔萨斯人口论本身，而是从此第三量变的这两种模式获得了广泛认同与应用。但是，这两种量变模式都有增无减，显然还需要增加一种有增有减的量变模式。辛克函数（$\text{sinc}\,x = \sin x/x$）或许是第三量变第三种基本模式的最佳选择，因为该函数既有最大的峰，又有周期性峰与谷（取值有正有负）；既可以描述增长率的极值和涨落现象，也可以描述增长自身的饱和现象，后者对应于辛克函数的积分效应。

延伸概念 j61bo01 分别对应于辛克函数（$\sin x/x$）的峰与谷。

把辛克函数用于人均 GDP 增长率的时代宏观性描述比较合适。前文在讨论人均 GDP 增长率时，曾建议使用高斯函数描述人均 GDP 在 3 个历史时代的宏观变迁，这里正式宣告作废，改用辛克函数。在已进入后工业时代的国家，人均 GDP 已明显出现"饱和"现象，对于你们来说，两种经典模式所描绘的良辰美景，已经一去不复返了。

指数往矣，辛克来兮！冒充的表演可以结束了，这才是 1972～2052 年地球村景象的适当描述，惜乎《2052》的作者并没有抓住这个要点。这是关于人类未来预测的一种另类声音，习惯于第三量变经典模式的人们（他们也必然习惯于把该模式移用于各种经济和社会发展的预测），不妨听一听这样的另类声音。这段话，就作为本节结束语吧。

注 释

[*01]此山指自然语言空间，彼山指语言概念空间，这个比喻说法将在第三卷屡加使用。

[*02]自然和谐说是当年流行三大哲学学派之一，第一派可名之物理派，第二派可名之上帝派，第三派可名之和谐派。

第 2 节
质变之度 j62 (298)

6.2-0 质变 j62 的概念延伸结构表示式

```
j62:(e2m,e2n,7,\k=3;e2ne2n,7:(c01,d01,e4n))
    j62e2m              质变对偶二分
    j62e21              正常质变
    j62e22              异常质变
    j62e2n              质变对立二分
    j62e25              积极质变
    j62e26              消极质变
        j62e2ne2n           质变的辩证表现
        j62e25e25           进化
        j62e25e26           异化
        j62e26e25           涅槃
        j62e26e26           退化
    j627                社会质变
        j627c01             低度社会质变
        j627d01             高度社会质变
        j627e4n             社会质变的对偶三分
        j627e45             适度社会质变
        j627e46             稳健社会质变
        j627e47             过度社会质变
    j62\k=4             质变的第二本体描述（第二本体质变）
    j62\1               能源质变
    j62\2               材料质变
    j62\3               工具质变
    j62\4               工艺质变
```

6.2.1 质变对偶二分 j62e2m 的世界知识

质变对偶二分 j62e2m 的世界知识以下列概念关联式表示，不另作说明。

```
j62e2m = 10ae2m ——（j62-01）
```
（质变对偶二分强交式关联于过程的渐变与突变）
```
j62e21 => j627c01+j62e25e26+j62e26e25 ——（j62-02a）
```
（正常质变强源式关联于低度社会质变、异化或涅槃）
```
j62e22 => j627d01+j62e25e25+j62e26e26 ——（j62-02b）
```
（异常质变强源式关联于高度社会质变、进化或退化）

6.2.2 质变对立二分 j62e2n 的世界知识

质变对立二分 j62e2n 存在辩证表现。请读者将此项延伸概念与此前多处讨论过的延伸概念——政治制度之对立二分 a10e2n——加以对比。那里我们看到，无政府主义和鹰专制都是坏东西，这里的情况似乎有所不同，因为不能一般地说：异化一定是个坏东西。但是，从质变的本性来看，其对立二分的辩证表现就如同政治制度的对立二分，下列概念关联式是成立的。

```
j62e2n = a10e2n ——（j62-03）
```
（质变的对立二分强交式关联于政治制度的对立二分）
```
j62e2ne2n = a10e2ne2n ——（j62-0-01）
```
（质变的辩证表现强交式关联于政治制度的辩证表现）

6.2.3 社会质变 j627 的世界知识

社会质变 j627 的定义式如下：

```
j627 ::= (j62,l45,pj01*-)
```

延伸概念 j627 的汉语命名即来于此定义式。

社会质变 j627 的基本世界知识如下列概念关联式所示：

```
j627c01 := pj1*9+pj1*b~d33 ——（j62-04a）
```
（低度社会质变对应于整个农业时代和未来的后工业时代）
```
j627d01 := pj1*a+pj1*bd33 ——（j62-04b）
```
（高度社会质变对应于整个工业时代和后工业时代的初级阶段）
```
j627d01 = (q6+q7+b,a) ——（j62-05a）
```
（高度社会质变首先强交式关联于第一类劳动和表层精神生活，其次是第二类劳动）
```
j627c01 = (q8+d,7y+8) ——（j62-05b）
```
（低度社会质变首先强交式关联于深层精神生活，其次是第一类精神生活）
```
j627e45 <= (b13+b23) ——（j62-06a）
```
（稳健社会质变强流式关联于继承性改革与改革性继承）
```
j627e46 <= (b12+b22) ——（j62-06b）
```
（局部社会质变强流式关联于局部改革与局部继承）
```
j627e47 <= (b11+b21) ——（j62-0-01）
```
（过度社会质变强流式关联于整体性改革与整体性继承）

6.2.4 第二本体质变 j62\k=4 的世界知识

第二本体质变 j62\k=4 的定义式如下：

```
j62\1 ::= (j62,l45,s42)
```

```
j62\2 ::= (j62,l45,s43)
j62\3 ::= (j62,l45,s44)
j62\4 ::= (j62,l45,gws21)
```

延伸概念 j62\k=4 的四项汉语命名（能源质变、材料质变、工具质变、工艺质变）即来于这四个定义式。

第二本体质变 j62\k=4 的基本世界知识以下列概念关联式表示：

```
j62\k => j627d01 ──（j62-07）
```
（第二本体质变强源式关联于高度社会质变）
```
(j62\k,jlv11e22e25jlur12e22,pj1*bd31) ──（j6-0-01）
```
（第二本体质变将合理不存在于后工业时代的高级阶段）

最后的概念关联式不仅被赋予了特殊编号，而且以"j6"为标志，前面还有一个以"j62"为标志的特殊编号概念关联式。两者都具有唯一性，这需要阐释，但这里宁可挂出"免谈牌"，请可能热心于此的读者见谅。

结 束 语

质变设置了 4 项一级延伸概念，认识论描述和本体论描述各二。两类描述之间的关联性比较强，这反映在相应的概念关联式里。

两项认识论描述的符号可入选 HNC 符号学的教材，社会质变与政治制度的辩证表现可入选 HNC 辩证法的教材。

两项本体论描述都给出了定义式。当今是一个大变化的时代，但其集中体现无非是社会质变与第二本体质变两大类，讨论这些质变的专著与宏文多如繁星，但几乎都是就事论事的形而下模式，不涉及概念关联式（j62-m）所传达的世界知识，因为在专家看来，这些知识都无足轻重。对此能说什么？还是又一次挂出"免谈牌"吧。

小 结

"度 j6"是"基本本体概念(jy,y=0-6)"这个概念子范畴的最后一片概念林，引言里曾把它比喻为文明的伟大保姆，当今，科学自以为正处于"四十而不惑"的鼎盛年华，哪会把保姆放在眼里？其实，人一生的任何阶段都需要保姆，只不过保姆在不同阶段的职责有所变化而已，社会亦然。本章概念关联式的选定主要以文明保姆功能为依归。

第二编

基本属性概念

编首语

本编分两章，章的编号、汉语命名和 HNC 符号如下：

第一章　　　　自然属性　　　　　　　　j7
第二章　　　　社会属性（伦理）　　　　j8

本编内容大体对应于经典哲学的认识论，在第一编的编首语里，已对此给出了一个简要说明。这里需要补充两点：①本编第一章以"自然属性 j7"命名并符号化，用于描述一切属性的属性，即属性的共相表现，包括自然界与社会共同呈现出来的基本表象，大体对应于经典哲学的自然法。②本编第二章以"社会属性（伦理）j8"命名并符号化，用于描述伦理的基本内容。此伦理专指社会伦理，不涉及自然伦理。如果说宪法是国家的保姆，那么伦理就是社会或文明的保姆。一个国家需要宪法，这已成为人类的共识，六个世界都认同这一点，但宪法不能替代伦理，宪法只能主管两类劳动，管不了三类精神生活，因此，当今的宪法可名之劳动宪法。人类不能满足于只追求劳动宪法，还应该追求精神宪法。实际上，人类自古以来就存在这种追求，那就是伦理，伦理就是精神宪法。

本编第一片概念林"j7 自然属性"包含 9 株概念树"j7y,y=0-8"；第二片概念林"j8 伦理"包含 7 株概念树"j8y,y=0-6"。论述方式比较简明，一些与概念树对应的节甚至不分小节，只有一组概念延伸结构表示式和几段（甚至仅仅一段）简略的世界知识说明。

第一章

自然属性 j7

引 言

自然属性 j7 这片概念林的概念树设计最为费事，耗费了笔者最多的精力，其最终结果却又如此简明，笔者也深感意外。

概念林 j7 辖属 9 株概念树，其中殊相概念树 8 株，如下所示：

j70	对比性
j71	对偶性
j72	主与从
j73	特殊与一般
j74	本质与表象
j75	相对与绝对
j76	一与异
j77	简单与复杂
j78	新与旧

概念林 j7 存在共相概念树 j70 么？什么自然属性具备这一资格呢？最终答案是：对比性 j70。所有的殊相概念树(j7y,y=1-8)都具有对比性，甚至可以说，它们都是对比性的不同呈现，这应该有一定说服力了。但更有说服力的是：一切认知都起源于对比，逻辑概念的始祖就是对比。下一编将论述基本逻辑概念 jl，其第一片概念树林就命名为"比较"，对应的 HNC 符号是 jl0。

第 0 节
对比性 j70 (299)

1.0-0 对比性 j70 的概念延伸结构表示式

```
j70:(e2m,e1m;e21dko,e22cko)
    j70e2m              对比性的对偶二分
    j70e21              动态对比（动态）
        j70e21dko           动态层级划分
    j70e22              静态对比（静态）
        j70e22cko           静态层级划分
    j70e1m              对比之对立二分
    j70e10              "太极"
    j70e11              主动
        j70e11dko           主动层级划分
    j70e12              被动
        j70e12cko           被动层级划分
```

1.0 对比性 j70 的世界知识

一切知识都来源于对比，没有对比，就没有任何知识。缺乏对某些对比的感受，就会形成相应知识的欠缺。

因此，对比性最有资格充当概念林"j7 自然属性"的共相概念树 j70。

有趣的是，专用于对比性描述的语言理解基因氨基酸符号"oko"却没有资格充当对比性 j70 的一级延伸概念，只能屈居二级。这是由于，动与静、主动与被动才是对比性的根本属性。本节概念延伸结构表示式所展示的，就是这么一幅语言概念空间的清晰景象，传神无比。添加任何字句，都是多余的话语。

但应该强调指出，对比性作为语言理解基因符号，实际上仅使用上列延伸概念的简化形态"cko"和"dko"，其中的"c"与"d"对应于"静"与"动"，而"m"与"n"则大体对应于"量"与"质"。

第 1 节
对仗性 j71 (300)

1.1-0 对仗性 j71 的概念延伸结构表示式

```
j71:(o,eko,α=b)
   j71o                    对偶性的传统描述（黑氏对偶）
   j71eko                  对偶性的 HNC 描述（非黑氏对偶）
   j71α=b                  对仗性的本体描述
   j718                    对偶
   j719                    对称
   j71a                    对立
   j71b                    对抗
```

这是一个仅存在一级延伸的概念结构，在表示式中直接使用了符号"o"和"eko"。这里的"o"是(m;n)的分别说。

本节将以 3 个小节进行论述。

1.1.1 传统对偶 j71o 的世界知识

传统对偶 j71o 曾用名黑氏对偶，乃黑格尔对偶的简称。黑格尔先生一直被视为辩证法的第一位大师，辩证法由于他的宣扬而跃居认识论的上帝地位。但是，仅以语言概念空间的第一层级空间（概念基元）来说，黑格尔先生关于对偶性或对仗性的认识水平，离康德先生所要求的透齐性标准，还有很大的差距，更不用说语言概念空间的另外 3 层级空间（句类空间、语境空间和记忆空间）了。

本节的概念延伸结构表示式符合语言概念空间对仗性描述的透齐性标准，故断然采用了封闭形态。

不过，应该指出："j71o"型对偶在语言概念基元空间确实占有十分显赫的地位，它在概念基元符号的占比或许略低于"j71eko"，但这个数据并不重要，重要的是：这两类对偶乃是"双剑合璧"的绝配。

1.1.2 HNC 对偶 j71eko 的世界知识

"j71eko"对偶的形态远比"o"丰富多彩，内容更为精妙。对此，李颖和池毓焕的一篇论文有比较系统的论述，该文收录在《面向机器翻译的语义块构成变换》的附录里。

但是，对仗性 j71 的世界知识几乎为"j71o"所垄断，而"j71eko"还处于"养在深宫人未识"的极不协调状态。这一不协调状态的严重后果堪比指数被辛克函数冒充。这冒充是人为的，然而却不是有意的，马尔萨斯先生和《增长的极限》的作者们都没有冒充意图，但他们据此得出的预测极度违背世界知识的本来面目。单凭这一点，李颖、池毓焕两位就有责任把该论文扩展成一本书，一本关于对仗性 j71 世界知识描述的精彩读物。

至于"j71o"和"j71eko"的命名，应取开放态度，本节丝毫没有加以规范的意图。

1.1.3 本体对偶 j71α=b 的世界知识

延伸概念 j71α=b 的知识要点如下：①对偶 j718 是对仗 j71 的根概念；②"(对称 j719，对立 j71a，对抗 j71b)"构成对偶 j718 的一主两翼格局，四者都具有对仗性，且相互交织。但对称不等于对立，对立也不等于对抗（冲突）。

这就是"本体对偶 j71α=b"的世界知识要点，以下列概念关联式表示：

```
(j719,jlv002jlu12c31,j71~9) ── （j71-01）
（对称可异于对立与对抗）
j71a = 407e22 ── （j71-02）
（对立强交式关联于关系基本构成的异）
j71b = 407e32 ── （j71-03）
（对抗强交式关联关系基本构成的敌）
(j71a,jlv002jlu12c31,j71b) ── （j7-01-0）
（对立可异于对抗）
```

前面曾郑重推荐过，排在第一位和第二位的世界知识，这里将不揣冒昧，把本子节的世界知识要点推荐到季军的宝座。这些知识要点以"贵宾（j7-01-0）"为核心。

前文曾多次对《文明的冲突》发出微词，就因为它不仅完全与世界知识冠军唱反调，也在一定程度上与季军唱反调。

第 2 节
主与从 j72 (301)

1.2-0 主与从 j72 的概念延伸结构表示式

```
j72:(m,n,e2m;1:(t=a,dkn),2ckn,(n)o01)
  j72m              主从第一黑氏描述
  j720              主从转换
  j721              主
    j721t=a           主的第一本体描述
    j7219             大场
    j721a             急所
  j722              从
  j72n              主从第二黑氏描述
  j724              主体
  j725              根基
  j726              骨干
    j72(n)o01         主从后续描述
    j72(n)d01         衍生
```

```
            j72(n)c01              伴生
            j72e2m                 主从的对偶二分描述
            j72e21                 基础
            j72e22                 上层建筑
```

本表示式采取封闭形态,这意味着该表示式满足透齐性标准。

本节第一次使用"第一黑氏描述"和"第二黑氏描述"的短语,本编将照此办理,但以前曾使用过多种不同的表述词语,不必强求统一。两者分别与语言理解基因符号"m"和"n"相对应,曾统名之黑氏对偶。

主与从 j72 延伸概念的汉语命名都比较到位,相应的词语可进入相应概念的汉语直系捆绑行列。

概念树"j72 主与从"的一级延伸概念也是三个,但本节并不仿效上节,仅以两个小节进行论述。

1.2.1 主从第一黑氏描述 j72m 的世界知识

黑格尔先生特别钟爱对立事物之间的转换,故概念树"主与从 j72"的首位一级延伸概念 j72m 以"主从第一黑氏描述"命名。这里应该交代一声,曾考虑过以"j72~0"替换"j72m",因为主从转换 j720 的现实呈现属于罕见,而且遭遇过严重误解[*01]。但其语言概念空间的景象却比较简明,那就是下面的概念关联式:

```
            j720 = j60e43 ——（j72-01-0）
            （主从转换强交式关联于过度）
```

例如,经济的过度快速发展就会带来"产能过剩+环境破坏",从而导致经济效应的主从转换。天堂里的黑格尔先生在听到"2013 中国雾霾"话题时,或许会既怡然自得,又黯然神伤。

这里,应该补说一声,延伸概念 j72~0 具有独立存在的价值,表现为下面的概念关联式:

```
            j72~0 => 40a ——（j72-01）
            （自然属性的主从强源式关联于关系的主从性）
```

本节特意为"j721 主"设置了延伸概念"j721t=a",其分别说的汉语命名使用了两个围棋术语:大场和急所。这两个术语应该走出围棋界,汉语媒体如果首先加以接纳,并向全球推广,那将是一件功德无量的事。

附属于主从黑氏描述 j21m 的另外二级延伸概念 j721dkn 和 j722ckn 皆含义自明,就不多话了。

1.2.2 主从第二黑氏描述 j72n 和主从对偶二分描述 j72e2m 的世界知识

本小节的世界知识描述由下列"贵宾"级概念关联式包干。

```
            j72n = j72e2m ——（j72-02-0）
            （主从第二黑氏描述强交式关联于主从对偶二分描述）
            (813au55ea1,145,j72n) = 7210\2+d2 ——（j72-03-0）
            （主从第二黑氏描述的高层次判定强交式关联于智能与理性）
            (813a,145,j72e2m) = 7210\1+d1 ——（j72-04-0）
```

（主从对偶二分描述的判定强交式关联于智慧与理念）
(813au55ea2,l45,j72n) = d3 ——（j72-05-0）
（主从第二黑氏描述的低层次判定强交式关联于观念）
j72e2m = a307 ——（j72-06-0）
（主从对偶二分描述强交式关联于文明）

附属于"j72n 主从第二黑氏描述"的二级延伸概念"j721(n)o01 主从后续描述"含义自明，不多话。

注释

[*01] 一种典型的误解是，把历史上无数的王朝变更看作主从转换 j720。但实际上，农业时代的王朝变更不是对立双方的主从转换，而是主的语境对象发生了新旧替换，不过是"新主诞生，旧主消失"而已，貌似主从转换 j720，实质上不是。在工业时代来临时，英国人搞了一项社会体制发明，叫君主立宪，新主诞生了，但旧主仍在主位，显然不能纳入主从转换。在人类文明史的众多创意中，君主立宪也许最有资格赢得冠军荣誉。在自然界，主从转换就更难以想象了，日月可相互换位么？基于上述思考，曾考虑过以"j72˜0"替代"j72m"的设计方案，虽然最终还是放弃了，但不免仍存遗憾。因为当下这个历史时期，太需要向三争的信奉者泼一瓢冷水了。当然，三争的历史功绩不容否定，没有三争，就没有工业时代的来临。但在后工业时代，绝不能继续盲目信奉三争。三争的盲目信奉者必然特别热衷于主从转换 j720，并同时相信"敌人亡我之心不死"的古老教条。地球村的六个世界都存在这种心理疾患，不过，第二和第四世界的患者占比可能要远大于其他世界。我们不应该忘记，希特勒法西斯主义当年可就是靠着日耳曼民族的主从转移狂热弄出了那么一场史无前例的大灾难。

第 3 节
特殊与一般 j73 (302)

1.3-0 特殊与一般 j73 的概念延伸结构表示式

```
j73:(m,e2m,o01;)
    j73m              特殊与一般的第一黑氏描述
    j730              典型
    j731              特殊
    j732              一般
    j73e2m            特殊与一般的对偶二分描述
    j73e21            共相
    j73e22            殊相
    j73o01            特殊与一般的两端描述
    j73d01            精粹
    j73c01            平常
```

本表示式仅给出 3 项一级延伸概念，但采取了开放形态，其世界知识的论述不分小节。

本表示式的汉语说明里的"两端描述",也许是首次使用。它来于孔子的"叩其两端而竭焉",这句话表现了孔子的一种独特思考方式,值得借鉴。

1.3 特殊与一般 j73 的世界知识

在日常生活中,特殊与一般 j73 是所有基本属性概念中最常用的概念对,但其世界知识未必众所周知。

延伸概念 j73m 的 3 个对应汉语词语是:典型、特殊、一般,三词语众所周知,但"典型"是"特殊"与"一般"的对立统一,则未必众所周知。这是三词语释义的要点,词典似乎并没有这么做。在 HNC 看来,这就是世界知识匮乏的生动呈现,符号 j73m 大体弥补了这一匮乏[**01]。

延伸概念 j73e2m 的两个对应汉语词语是:共相、殊相。这是本《全书》的常用词语,本节总算给出了其语言概念空间的定位,与此同时,一定要下面的贵宾亮相。

$$j73e2m =: jr76e2m —— (j73\text{-}01\text{-}0)$$
(共相与殊相等同于共性与个性的 r 呈现)

延伸概念 j73o01 对应的自然语言词语堪称琳琅满目,历时性也非常强。

延伸概念 j73d01 可前挂 p 或 w 而形成许多重要的具体概念,j73c01 也有同样的前挂特性。两者有褒贬之分,属于引申。这里的语言现象比较有趣,倘一问津,必有收获。

注 释

[**01] 这里特意使用了大体这个修饰词,理由如下。

黑氏对偶包含着"对立统一体存在"和"对立双方相互转换"这样两项含义,这是黑格尔辩证法的两个要点,是黑氏对偶的两项基本特性。但是,HNC定义的许多黑氏对偶概念并非两项特性都存在。例如,第2节的j72m仅强调转换性,本节的j73m仅强调统一体的存在性。符号"m"本身并没有指明这特定的强调,但给出了区别性汉语说明。必要时可通过概念关联式加以表示。

以上,就是"大体"的缘起,包含着留有余地的思考。在现阶段,HNC应尽可能缩小世界知识的范围,切忌贸然跨入专家知识的领域。这是本《全书》的基本撰写原则,一贯遵守原则并不是一件容易的事,本卷拟采取更为严格的态度。

第 4 节
本质与表象 j74 (303)

1.4-0 本质与表象 j74 的概念延伸结构表示式

```
j74:(m,n,e2m)
  j74m            本质与表象的第一黑氏描述
  j740            抽象
  j741            本质
  j742            表象
  j74n            本质与表象的第二黑氏描述
  j744            认识
  j745            客观认识
  j746            主观认识
  j74e2m          本质与表象的对偶二分描述
  j74e21          名
  j74e22          实
```

在所有的自然属性概念树 j7y 中,概念树"j74 本质与表象"的哲学意义最为突出。哲学对上列 3 项一级延伸概念对给予过系统深入的考察,相应的专家知识无比丰富,有些过于深奥,康德先生的"物自体"就是其中之一。本节试图从世界知识的视野加以梳理,上列 3 项一级延伸概念就是一个符合透齐性标准的描述么? 不必再延伸么? 答案是:再延伸就可能触动专家知识的警戒线。这话有点特别,带有比较强的 HNC 专业性,但写在这里不算突兀,也不必多加解释。

这 3 项一级延伸概念都极不寻常,将以 3 小节分别略述。结局可能是"理不清,徒添乱",不过是尝试一把而已。

1.4.1 本质与表象第一黑氏描述 j74m 的世界知识

本质、表象、抽象这 3 个词语的意义如何表述呢? 读者不妨翻阅一下词典的解释,并与符号 j74m 的汉语说明相互比照。体验必然有所不同,但应该出现一个共同的意外,那就是抽象竟然可以与符号 j740 挂接起来。接下来,如果这个意外能不断淡化,那就意味着形而上思维能力在进步,其最终境界应该是:对立统一的哲学意义原来不过如此,"本质、表象、抽象"可以说是其最美形态示例中最有内涵的,也可以说是其最有内涵示例中形态最美的。

往下的论述就以 3 位贵宾级概念关联式替代了。

```
j741 = (r902;d2) —— (j74-01a-0)
(本质强交式关联于理性认识或理性)
j742 = (r6502;d3) —— (j74-01b-0)
(表象强交式关联于感性认识或观念)
j740 = 811+812 —— (j74-01c-0)
```

（抽象强交式关联于综合分析与演绎归纳）

1.4.2 本质与表象第二黑氏描述 j74n 的世界知识

本质与表象第二黑氏描述 j74n 在哲学史上的遭遇与第一黑氏描述有很大差异，所谓唯物论与唯心论的著名论争主要是与第二黑氏描述 j74n 联系在一起的。

下面的论述将完全依靠贵宾级概念关联式，包括内使与外使。

```
j74m := ontology──[j7-01-0]
（本质与表象第一黑氏描述对应于哲学的本体论）
j74n := epitemology──[j7-02-0]
（本质与表象第二黑氏描述对应于哲学的认识论）
j744 ≡ 810──（j7-02-0）
（认识强关联于思维第一片殊相概念林的共相概念树）
j745 = 唯物论──[j7-03-0]
（客观认识强交式关联于唯物论）
j746 = 唯心论──[j7-04-0]
（主观认识强交式关联于唯心论）
```

这里一共是 4 位一级外使和 1 位一级内使。外使的自然语言表述分别采用了英语和汉语，内使的自然语言表述比较特别。这里面当然有点故事性，但略而不述，因为这比说出来更有意味一些。

1.4.3 本质与表象对偶二分描述 j74e2m 的世界知识

传统中华文明对概念树"j74 本质与表象"的探索，比较着重于"本质与表象对偶二分描述 j74e2m"，对另外两项一级延伸概念，远不如希腊文明那么重视。这一探索倾向可能密切联系于中华文明的"三化"（神学哲学化、哲学神学化、科学边缘化）特征。如此重大的论断当然需要专家的训诂，本小节仅基于两项经典论述提供一点素材式说明。

——经典论述 1：

> 道可道，非常道；名可名，非常名。
>
> 无，名天地之始；有，名万物之母。
>
> 故常无，欲以观其妙；常有，欲以观其徼。
>
> 此两者，同出而异名，同谓之玄。玄之又玄，众妙之门。
>
> ——《道德经·一章》

——经典论述 2：

> 子路曰："卫君待子而为政，子将奚先？"
>
> 子曰："必也正名乎！"
>
> 子路曰："有是哉，子之迂也！奚其正？"
>
> 子曰："野哉由也！君子于其所不知，盖阙如也。名不正，则言不顺；言不顺，则事不成；事不成，则礼乐不兴；礼乐不兴，则刑罚不中；刑罚不中，则民无所措手足。故君子名之必可言也，言之必可行也。君子于其言，无所苟而已矣。"
>
> ——《论语·子路》

两经典论述表明，老聃和孔子都具有对"本质与表象对偶二分描述 j74e2m"的思考。

老聃开宗明义地指出，天地之始的"无"和万物之母的"有"都属于"名 j74e21"，天地创始之妙和万物生母之缴，"同出而异名"，那么，天地与万物自身往哪里安置呢？那只能安置在"名 j74e21"的对应项里了，而那个对应项就是"实 j74e22"。显然，这是一个哲学意义上关于本质与表象的对偶二分描述。

孔子以"正名"为根基，强调在此根基之上，才可以顺言、成事、兴礼乐、中刑罚、手足有措（行为适宜）。这个以"正名"为一方，以"言、事、礼乐、刑罚、行为"为另一方的论述，形式上的主题是"为政"，实质上，是一个伦理学意义上关于本质与表象的对偶二分描述。这项论述对后工业时代物质文明与精神文明建设的辩证关系，对"德治"与"法治"的辩证关系是否具有一定启示意义呢？值得深思。

两位先贤的论述都密切联系于下面的贵宾：

j74e2m = j72e2m——[j7-05-0]
（本质与表象的对偶二分描述强交式关联于主从的对偶二分描述）

第 5 节
相对与绝对 j75 (304)

1.5-0 相对与绝对 j75 的概念延伸结构表示式

```
j75:(e2m,n,m)
  j75e2m              相对与绝对的基本二分描述
  j75e21              绝对
  j75e22              相对
  j75n                相对与绝对的第二黑氏描述
  j754                预测
  j755                确定
  j756                概率
  j75m                相对与绝对的第一黑氏描述
  j750                类指
  j751                泛指
  j752                特指
```

此表示式所运用的语言理解基因符号与第 4 节的完全一样，只是次序反了过来，或者说作了一个首尾交换。这一处理方式密切联系下述思考：j74 首先是一个哲学课题，而 j75 则首先是一个科学课题。因为哲学首要面对的是本质与表象的思考，而科学首要面对的则是相对与绝对的思考。

不同古老文明对"j74"与"j75"所采取的探索思路存在比较大的差异，本节应该以 3 个小节作分别说，但这样"踩线"风险可能更大[*01]。因此，本节就不分小节了。

1.5 相对与绝对 j75e2m 的世界知识

本节将采取比较特殊的论述方式，先拷贝《素书》的两个片段，据此略说传统中华文明对概念树"j75 相对与绝对"的独特思考。

——片段 1：

> 夫志心笃行之术，长莫长于博谋，安莫安于忍辱，先莫先于修德，乐莫乐于好善，神莫神于至诚，明莫明于体物，吉莫吉于知足。苦莫苦于多愿，悲莫悲于精散，病莫病于无常，短莫短于苟得，幽莫幽于贪鄙，孤莫孤于自恃，危莫危于任疑，败莫败于多私。

——《素书·本德宗道章》

——片段 2：

> 畏危者安，畏亡者存。夫人之所行，有道则吉，无道则凶。吉者百福所归，凶者百祸所攻。
>
> 务善策者，无恶事；无远虑者，有近忧。同志相得，同仁相忧，同恶相党，同爱相求，同美相妒，同智相谋，同贵相害，同利相忌，……
>
> 释己而教人者逆，正己而化人者顺。逆者难从，顺者易行；难从则乱，易行则理。

——《素书·安礼章》

两片段表述了一系列命题，片段 1 是关于命题的一种"绝对 j75e22"性描述方式；片段 2 是关于命题的一种"相对 j75e21"性描述方式，两者共同构成古汉语命题的标准论述模式。引文两片段不仅是这种论述模式的样板，还同时展现了传统中华文明关于"相对与绝对 j75e2m"的独特思考。那就是：它不缺乏"相对与绝对第一黑氏描述 j75m"的细致思考，但缺乏"相对与绝对第二黑氏描述 j75n"的基础性思考[**02]。

在农业时代，"j75n"课题整体上处于"玄之又玄"状态，或者简称"玄态"，进入工业时代以后，其部分课题才得以免除"玄态"，获得"确定性 j755"或"概率性 j756"答案。面对"玄态"的巨大困扰，一切古老文明都求助于神，但有两大文明例外，一是希腊文明，二是中华文明。希腊文明同时求助于哲学和科学，中华文明则仅求助于道[*03]。这个道，是神学、哲学与科学的非分别说，基于道而演绎出来的东西，将呈现出绝对性压倒相对性、确定性压倒概率性的基本特征，似乎是一种宿命。

上面引述的两片段《素书》，充分展示了上述基本特征。这里应该强调指出的是，这不是《素书》文字风格造成的殊相，而是中华古代典籍的共相。

关于传统中华文明对概念树"j75 相对与绝对"的独特思考，就略说这些。下面，给出一组概念关联式，并随后给出一个注释性说明。

```
j75e2m := j74~0 —— (j7-0-01)
（相对与绝对的基本两分描述对应于本质与表象的修正第一黑氏描述）
(j75e2m,jlv127,(j60e41;j60e40)) —— (j7-0-02)
（相对与绝对需要适度或中庸）
j75m => 407 —— (j75-01)
（相对与绝对第一黑氏描述强源式关联于关系基本构成）
j75n => 10m —— (j75-02)
（相对与绝对第二黑氏描述强源式关联于确定过程与随机过程）
```

j754 =: (821,145,j11^e82) —— (j75-02a)
（预测等同于关于未来的探索）

前两个概念关联式都采取了特别形态的编号，以强调两者是"自然属性j7"里最重要，但同时又是最被忽视的世界知识。

本节本来可以到此结束，考虑到（j7-0-01）汉语分别说的极度特殊性，下面多说几句。

将"绝对j75e21"对应于"本质j741"，似乎把"绝对j75e21"捧得太高了，那为什么不把概念树j75的汉语命名叫作"绝对与相对"呢？这牵涉到世界知识与专家知识表述习惯的差异，也牵涉到神学、哲学、科学各自终极探索目标的差异。这两大差异导演了本《全书》的一系列故事，故事里最重要的4位主角是

主角01：科技迷信7102a及其延伸概念三迷信与两无视7102a:(t=b,\k=2)
（财富迷信、生产力迷信、消费迷信；无视自然、无视人文）
主角02：绝对权力政党a11ie22
主角03："新型"民主制度a10e25e25（鹰民主）
主角04："新型"专制制度a10e26e25（鸽专制）

在专家的视野里，这4位主角所对应的知识都显得荒唐可笑，但在世界知识的视野里，情况则完全不同。前两位主角是关于绝对与本质的世界知识呈现；后两位主角是关于相对与表象的世界知识呈现。第一世界深陷对主角01顶礼膜拜，这膜拜不可笑么？第一世界习惯于把主角02当作洪水猛兽，这习惯不可笑么？主角03和主角04都是襁褓中的婴儿，对婴儿的未来随意说三道四，不可笑么？

那么，专家视野里的可笑是否在许多情况下，属于"五十步之笑百步"呢？这个问句，就当作本节的结束语吧。

注释

[*01] 此"踩线"的"线"指的就是世界知识与专家知识的交织区。

[**02] 这里的基础性思考是指确定性与概率性的区分。本节引文都没有涉及概率性描述，《素书》更是完全阙如，因为该书是为做一个完美的社稷人而撰写的。这里第一次使用了社稷人这个术语，下一章还会使用。该术语的正式引入安排在深层第三类精神生活的概念树"d10理念基本内涵"里。

[*03] 孔子说："朝闻道，夕死可矣。"（《论语·里仁》）；老子说："道生一，一生二，二生三，三生万物。"（《道德经·四十二章》）。由此可见，道在中华文明里是至高无上的，对应于西方文明里的上帝。

第 6 节
一与异 j76 (305)

1.6-0 一与异 j76 的概念延伸结构表示式

```
j76:(m,e2m,e7o)
```

j76m	一与异的第一黑氏描述
j760	一
j761	同
j762	异
j76e2m	一与异的对偶二分描述
j76e21	共性
j76e22	个性
j76e7m	一与异的 A 类势态三分
j76e71	正常
j76e72	异常
j76e73	失常
j76e7n	一与异的 B 类势态三分
j76e75	稳定
j76e76	动荡
j76e77	混乱

1.6 一与异 j76 的世界知识

这里首先要说明的是，概念树"j76 一与异"是概念林 j7 的一个分水岭。在它之前的 6 株概念树，主要受到哲学与科学的高度关注。从 j76 开始的 3 株概念树，可以说遭遇迥异，仅受到三学的一般关注。但关注点各不相同，描述方式可能存在巨大差异，下面以 j76 的两项延伸概念为依托，作表格说明（表 2-1，表 2-2）。

表 2-1 j76m 关注度

神学	哲学	科学
偏爱 j760	比较全面	偏爱 j76⁻0

表 2-2 j76e7o 汉语说明分别说的适用度

神学	哲学	科学
低度	高度	另起炉灶

概念树"j76 一与异"最广为人知的延伸概念是 j76e2m（共性与个性），同时它又往往遭遇到严重的误解与误导，浪漫理性是制造此项误解的推手。最奇妙的延伸概念是 j76e7o，它也往往遭受到严重误解，其中的 j76e7m 更是如此，功利理性是制造此项误解的推手。

本节不写概念关联式，但给出一个重要申说，它关系到延伸概念的汉语非分别说。本节各项延伸概念非分别说的汉语说明符合 HNC 的最终约定，相当于 HNC 标准用语。但该标准的制定比较晚，也没有经过集思广益的讨论，依然是一个待定标准。以往已经使用过的大量非标准文字不必强行与这个标准接轨，特此申说。

延伸概念非分别说自然语言表述的复杂性主要表现在认识论描述方面，无论是黑氏描述，还是非黑氏描述，在她们所呈现的语言概念空间景象面前，自然语言未免显得无能为力。因此，上面所说的"最终约定"并不可靠，上面的"特此申说"，盖缘起于此。

第 7 节
简单与复杂 j77 (306)

1.7-0 简单与复杂 j77 的概念延伸结构表示式

```
j77:(m,e0n,n)
    j77m              简单与复杂的第一黑氏描述
    j770              概述
    j771              简单
    j772              复杂
    j77e0n            简单与复杂的另类第二黑氏描述
    j77e05            简明
    j77e06            琐碎
    j77e07            系统
    j77n              简单与复杂的第二黑氏描述
    j774              复合
    j775              纯
    j776              杂
```

1.7 简单与复杂 j77 的世界知识

概念树"j77 简单与复杂"辖属 3 项一级延伸概念，各项分别说的汉语说明看似合格，实际上都不合格，不过，仍具备旁系捆绑词语的资格。这是一项关于概念树"j77 简单与复杂"的核心论断，它强烈暗示：汉语词语层级的表述并不到位，英语也差不多。在语言概念空间，该论断与王国维先生的"三境界"说强交式关联，也与胡适先生的"薄—厚—薄"说强交式关联。面对这一直系捆绑词语缺失的特殊困扰，本节将采取一种以概念关联式替代回答的间接应对方式。下列概念关联式或许最有启示意义。

```
((pj01*\1,sv104+ju732,j77e06),s34,j77) ── (j77-0-1a)
(面对简单与复杂的语境，第一世界通常选择琐碎)
((pj01*\2,sv104+ju732,j771),s34,j77) ── (j77-0-1b)
(面对简单与复杂的语境，第二世界通常选择简单)
```

((pj01*\4,sv104+ju732,j775),s34,j77) —— (j77-0-1c)
(面对简单与复杂的语境，第四世界通常选择纯)

戛然而止吧，宜乎哉？唯天知。

第 8 节
新与旧 j78 (307)

1.8-0 新与旧 j78 的概念延伸结构表示式

```
j78:(e8m,n)
    j78e8m              新与旧的 A 类过程对仗
    j78e81              新
    j78e82              旧
    j78e83              新旧过渡
    j78n                新与旧的第二黑氏描述
    j784                永葆
    j785                新鲜
    j786                过时
```

1.8 新与旧 j78 的世界知识

与第 7 节相反，在"j78 新与旧"6 项一级延伸概念中，除了 j78e83 外，都是汉语的合格直系捆绑词语，其中以 j784 的永葆最为传神，英语所欠缺的，就这么一个。

喜新厌旧似乎是人类的一种"天性"，从每一个正常的小孩子身上，都可以观察到这一"天性"的生动展现。但"天性"不一定就是好东西，下面的 3 位不同类型"贵宾"级概念关联式充分表明了这一点。

```
(j78~4,jlv00e22jl12c31,j86e2n) —— (j7-0-03)
(新鲜与过时可无关于积极与消极)
((gwj784,jlv001jlure21,rw382+中国),s44,China+[20]pj12*-)
                          —— [j7-0-01]
(在 20 世纪的中国，珍贵"文物"曾等同于"封资修")
j78e8m = 13ae5n —— (j78-01-0)
(新与旧的 A 类过程对仗强交式关联于过程转化的有利弊对偶三分)
```

自然属性 j7 是哲学与科学共同关注的课题，先贤的丰富探索成果是人类最宝贵的精神财富。可是，在这个后工业时代的初级阶段，人们在急剧丧失对这一宝贵性的感受，这是整个地球村的共同悲剧。这一悲剧的表现形态在六个世界有所不同，但在概念树"j78 新与旧"的理解偏差方面，却各有突出表现。上面的 3 位"贵宾"分别强交式关联于第一、第二和第四世界，贵宾 1 是对"需求外经"说的回应；贵宾 2 是对"20 世纪传统中华文化大断裂"说的回应；贵宾 3 是对广义进化论的支持。

　　概念基元的自然语言描述是一个永恒性课题，以往的描述存在过度简化（在社会学领域）或极度烦琐（在哲学领域）的双重积弊，这在概念基元非分别说的认识论描述方面尤为突出，对人类智慧的弘扬和世界知识的传播都产生了不利影响。本章试图对此作一点弥补，第一、第二黑氏描述之类的短语就是基于这一思考而引入的，不是终极形态，仅供参考。

　　这项弥补工作任重而道远，本章最后，给出一个关于概念基元认识论非分别说汉语描述的建议（联系于语言理解基因的第二类氨基酸），权作后续探索的素材吧。

m	对立统一性呈现；第一黑氏描述
n	对立转换性呈现；第二黑氏描述
e0m	另类第一黑氏描述（20131216）
e0n	另类第二黑氏描述（20131216）
e1m	参照二分
e1n	依存二分
e2m	对偶二分（20131224）
e2n	对立二分（20131224）
e3m	对仗三分
e3n	对立三分
e4o	A//B 类对偶三分
e5o	A//B 类形态三分
e6o	A//B 类关系三分
e7o	A//B 类势态三分
e8o	A//B 类过程对仗
e9o	A//B 类转移对仗
eao	A//B 类关系对偶
ebm	对偶四分
eb~0	过程三分
ebn	C 类形态三分
o01	两端描述，最描述；阈描述；

第二章

社会属性（伦理）j8

引 言

与自然属性 j7 不同,伦理 j8 这片概念林的概念树设计没有耗费太多的心思,因为前贤已提供了十分清晰的线索。在语言概念空间,伦理是一个非常重要的概念子范畴,但本章对伦理的阐释将采取最简约的提纲挈领方式,这句话的含义在最后一节里会有所交代。

毫无疑义,人所熟知的"真善美"应占伦理殊相概念树的前三位。但三者不能概括伦理的全部,伦理不可能脱离理性与理念,也不可能脱离对其社会效应的评估,这样 6 株殊相概念树的轮廓就形成了。但留下一个问题:伦理需要配置共相概念树么?答案是 Yes。于是就形成了下列概念树配置。

j80	伦理之基
j81	真与伪
j82	善与恶
j83	美与丑
j84	伦理与理性
j85	伦理与理念
j86	伦理效应(积极与消极)

本章共 7 节,每节皆不分小节。各节内容,先贤都有精彩的论述。但不同文明的论述基点(立足点)有所不同,其中的最大差异在于伦理之基 j80 方面。本章所说,不过是对前文已有论述的呼应。呼应的立足点放在未来,而不是当下;呼应方式主要是概念关联式,话语仅是陪衬。

第 0 节
伦理之基 j80 (308)

2.0-0 伦理之基 j80 的概念延伸结构表示式

```
j80:(e2n,e2m)
   j80e2n           伦理之基的对立二分
   j80e25           正义
   j80e26           邪恶
   j80e2m           伦理之基的对偶二分
   j80e21           仁义
   j80e22           孝友
```

2.0 伦理之基 j80 的世界知识

j80e2n := (pj01*\1,pj01*\4) —— (j80-01-0)
（伦理之基的对立二分对应于第一和第四世界）
j80e2m := pj01*\2+中国 —— [j80-0-01]
（伦理之基的对偶二分对应于第二世界的中国）

概念关联式[j80-0-01]在当下中国必遭到不屑与耻笑，但将来或有转机。
两位"贵宾"也可以简化成下面的形式：

j80e2n := ra307+pj01*e22 —— (j80-01-0)
（伦理之基的对立二分对应于西方文明）
j80e2m := ra307+pj01*e21 —— (j80-02-0)
（伦理之基的对偶二分对应于东方文明）

第 1 节
真与伪 j81 (309)

2.1-0 真与伪 j81 的概念延伸结构表示式

```
j81:(e2n,m,e7m,e2m)
   j81e2n           真与伪的对立二分
   j81e25           真
   j81e26           伪
   j81m             真与伪的第一黑氏描述
   j810             庙算（统筹文武）
```

j811	务实
j812	务虚
j81e7m	真与伪的 A 类势态三分
j81e71	真理
j81e72	谬误
j81e73	偏差
j81e2m	真与伪的对偶二分
j81e21	实
j81e22	空

2.1 真与伪 j81 的世界知识

在伦理这片概念林的全部概念树中，以概念树"j81 真与伪"的内涵最为复杂，一级延伸概念的数量最多，因为它是文明基因三学共同关注的课题。其基本概念关联式如下：

(rga30ib,sv104(c22)+7203,j81e2n) ——（j81-01）
（科学优先关注真与伪的对立二分）
(rga30it,sv104+7203,j81m) ——（j81-02）
（三学都关注真与伪的第一黑氏描述）
(rga30ia,sv104(c22)+7203,j81e7m) ——（j81-03）
（哲学优先关注真与伪的 A 类势态三分）
(rga30i9,sv104(c22)+7203,j81e2m) ——（j81-04）
（神学优先关注真与伪的对偶二分）

第 2 节
善与恶 j82 (310)

2.2-0 善与恶 j82 的概念延伸结构表示式

j82:(e7o)
j82e7o	善与恶的综合非分别说
j82e7m	善与恶的 A 类势态三分
j82e71	善
j82e72	恶
j82e73	俗
j82e7n	善与恶的 B 类势态三分
j82e75	高尚
j82e76	鄙薄
j82e77	虚伪

2.2 善与恶 j82 的世界知识

在伦理 j8 的 6 株殊相概念树中，两株呈现出 j8ye7o 的特殊延伸形态，那就是 j82 和 j83。

两位好像是一对孪生姐妹，而 j81 则如同她们的老大姐。这位老大姐拥有 "e7m"，不拥有 "e7n"，但此外还拥有 "(e2n,m,e2m)"。(j8y,y=1-3)将简称伦理三姐妹，也就是人们熟知的 "真善美"。

在语言概念空间，伦理三姐妹所呈现出来的不同面貌非常清晰而简明，下列 3 位 "贵宾" 是对这一面貌的简要描述：

```
(j81,jlv00e21,rga30it) ——（j8-01-0）
（真与伪关联于文明基因的三学）
(j82,jlv00e21,rga30i˜b) ——（j8-02-0）
（善与恶关联于神学与哲学）
(j83,jlv00e21,rga30i˜a) ——（j8-03-0）
（美与丑关联于神学与科学）
```

伦理三姐妹之 "孪生姐妹" 的姐姐 j82 自身还拥有下列 "贵宾" 级概念关联式：

```
j82e7m => 72228e7m ——（j82-01-0）
（善、恶、俗强源式关联于君子、小人与俗人）
j82e75 => 7222b ——（j82-02-0）
（高尚强源式关联于节操）
j82e7˜5 => ^(7222b) ——（j82-03-0）
（鄙薄与虚伪强源式关联于节操之反）
```

第 3 节
美与丑 j83 (311)

2.3-0 美与丑 j83 的概念延伸结构表示式

```
j83:(e7o)
    j83e7o           美与丑的综合非分别说
    j83e7m           美与丑的 A 类势态三分
    j83e71           美
    j83e72           丑
    j83e73           陋
    j83e7n           美与丑的 B 类势态三分
    j83e75           雅
    j83e76           土
    j83e77           堕落
```

2.3 美与丑 j83 的世界知识

如上所述，j82 和 j83 是伦理三姐妹的 "孪生姐妹"，此 "孪生" 性充分表现在下面的贵宾级概念关联式里。

```
j83e7n = j82e7n ——（j8-0-01）
```

（雅、土与堕落强交式关联于高尚、鄙薄与虚伪）

"孪生姐妹"的妹妹 j83 自身还拥有下列"贵宾"级概念关联式：

```
j83e7m => 7311\1 ──（j83-01-0）
```
（美、丑、陋强源式关联于以喜好与厌恶为标志的第一基本情感）
```
j83e71+j83e75 => 7132\1e51 ──（j83-02-0）
```
（美与雅强源式关联于第一外因情感的爱）
```
j83e73+j83e76 => 7132\2e51 ──（j83-03-0）
```
（陋与土强源式关联于第二外因情感的兴奋）
```
j83e72+j83e77 => 7132\2e51d01 ──（j83-0-01）
```
（丑与堕落强源式关联于第二外因情感的狂热）

第 4 节
伦理与理性 j84 (312)

2.4-0 伦理与理性 j84 的概念延伸结构表示式

```
j84:(e7m)
  j84e7m            伦理与理性的 A 类势态三分
  j84e71            正确
  j84e72            错误
  j84e73            差错
```

2.4 伦理与理性 j84 的世界知识

在伦理 j8 的 6 株殊相概念树中，后 3 株分别呈现出最简延伸形态，那就是

```
j84e7m
j85e7n
j86e2n
```

三者可名之伦理三兄弟，与前述伦理三姐妹相呼应。三姐妹有一对"孪生姐妹"j82 和 j83；三兄弟里也有一对"孪生兄弟"，那就是 j84 和 j85。但是，这对兄弟的"孪生"性不同于相应的姐妹，这似乎有点类似于双胞胎的真假。这一对"双胞胎兄弟"的特征以下列"贵宾"级概念关联式表示：

```
j84 => d2 ──（j8-04-0）
```
（伦理与理性强源式关联于理性）
```
j85 => d1 ──（j8-05-0）
```
（伦理与理念强源式关联于理念）

"双胞胎兄弟"的哥哥拥有下列"贵宾"级概念关联式：

```
j84e7m = s10\2 ——（j8-06-0）
```
（伦理与理性的 A 类势态三分强交式关联于智能）
```
j84e7m => 30ae7m ——（j84-01-0）
```
（正确、错误与差错强源式关联于成功、失败与挫折）

第 5 节
伦理与理念 j85 (313)

2.5-0 伦理与理念 j85 的概念延伸结构表示式

```
j85:(e7n)
  j85e7n              伦理与理念的 B 类势态三分
  j85e75              王道
  j85e76              霸道
  j85e77              倒行逆施
```

2.5 伦理与理念 j85 的世界知识

伦理"双胞胎兄弟"的弟弟拥有下列"贵宾"级概念关联式：

```
j85e7n = s10\1 ——（j8-07-0）
```
（伦理与理念的 B 类势态三分强交式关联于智慧）
```
j85e75 => d11\ke25 ——（j8-08-0）
```
（王道强源式关联于积极广义政治理念）
```
((j85e75ju81e21,jl11e22),sv31,pj1*˜b+pj1*bc31)——（j8-09-0）
```
（在后工业时代的初级阶段和整个农业与工业时代，无实存的王道）
```
j85e75 => 7220βe55 ——（j85-0-01）
```
（王道强源式关联于禀赋基本内涵的仁学义）
```
j85e76 => 7220βe56 ——（j85-0-02）
```
（霸道强源式关联于禀赋基本内涵的霸道、故步自封和唯利是图）

第 6 节
伦理效应 j86 (314)

2.6-0 伦理效应 j86 的概念延伸结构表示式

```
j86:(e2n)
  j86e2n              伦理效应的对立二分
```

```
j86e25                          积极
j86e26                          消极
```

2.6 伦理效应 j86 的世界知识

本节是本章的最后一节，先以最简明的形式，即概念关联式的形式，说明一下伦理三兄弟的基本概念特征，随后说明一下伦理概念林 j8 的总体概念特征，也就是对引言所说的"最简约的提纲挈领方式"给出一个交代。

伦理三兄弟的基本概念特征如下：

```
(j84;j85) := jru75e21 —— (j8-10-0)
（伦理"双胞胎兄弟"对应于绝对性）
j86 := jru75e22 —— (j8-11-0)
（伦理三兄弟的小弟弟对应于相对性）
```

伦理概念林各株概念树都只设置一级延伸概念，且全都采取封闭形态。在 HNC 的全部概念林里，这是独一无二的举措。所谓"伦理概念林 j8 的总体概念特征"，首先是指这"独一无二"的举措，其次是指其全部一级延伸概念的分布特征。

伦理概念林的一级延伸概念总计（2+4+2+2+1+1+1）=13 项，这 13 项延伸概念呈现出两幕值得深思的景象。①黑氏对偶仅占 1 项，非黑氏对偶却占有 12 项。②在 12 项非黑氏对偶里，"e7o"与"e2o"两者大体平分秋色，各占 7 项和 5 项。这两幕景象为什么值得深思呢？因为西方文明基本上是带着黑氏对偶的眼镜去看这景象，能不出现重大偏差么？

"伦理概念林 j8 的总体概念特征"启示我们：要观察语言概念空间的伦理景象，要选择合适的观察工具，老式的黑氏对偶工具"o"确实不够用，这已经没有任何疑义。至于"e7o"与"e2o"这两套工具是否那么神奇，则可以继续讨论。重要的是，我们必须有一种追求或觉醒，那就是要引入新工具或新概念。

不同文明对伦理都有自己的独特思考，但这种差异不会表现伦理延伸概念的非分别说方面，而只会表现分别说方面。在上列 13 项里，j80e2m 分别说的"j80e21 仁义"和"j80e22 孝友"、j85e7n 分别说的"j85e75 王道"展现了传统中华文明的独特思考。这里不存在强加于人的问题，传统是一种存在，对任何存在可以存在针锋相对的不同观点，但不能否定该存在本身。本章着眼于存在本身的描述。

最后还要说明一点，HNC 把伦理 j8 看作一切精神生活的总源泉，对总源泉的世界知识描述应采取"要言不烦"的原则或谋略。伦理概念树的概念延伸结构表示式之所以全部采用一级封闭形态，这就是依据，而且是唯一的依据。这样做，岂不切断了伦理世界知识与伦理专家知识的接轨么？但这个担忧是多余的，因为，伦理之流必然广及三类精神生活和两类劳动，接轨可以在那个广阔天地里进行。

第二部分
逻辑概念

第三编

基本逻辑概念

编 首 语

本编论述基本逻辑概念。

HNC 将逻辑概念分为 4 大类或 4 个子范畴,其汉语命名分别是基本逻辑、语法逻辑、语习逻辑和综合逻辑,相应的 HNC 符号分别是 jl、l、f 和 s。这个分类方式体现了 HNC 对逻辑学的一些思考,说这些思考没有什么新东西或许大致不差,但说它有点新东西也无大错。"新"主要表现为一些概念林、概念树及其延伸概念的设置,因此,对"新"的具体阐释将放在下面的不同章节里。这里要说明一点的是:从本编到第六编,将经常使用创新与玩新[*01]这两个词语,并严格加以区分。创新很少,但玩新较多,将赋予统一编号。基本逻辑概念 jl 只有几项玩新,创新是绝对谈不上的。

基本逻辑概念 jl 的概念林是最少的,仅两片:jl0 和 jl1,分别命名为比较判断和基本判断,这多少有一点新思考。前文(见[220-1]引言)曾说过:一切认知都起源于对比,逻辑概念的始祖就是对比。这就是说,一切判断都起源于比较,比较判断是最基本的判断。这项最基本的判断有低级与高级之分,这低级与高级不是一般意义下的高低,而具有"基础设施"与"上层建筑"的含义。这项世界知识将体现在比较判断的概念树设计里,逻辑概念的各项玩新不是要统一编号吗!这就是逻辑概念的第一号玩新。

遵循本《全书》的撰写规范,基本逻辑概念 jl 的编号、汉语命名和相关 HNC 符号如下:

| 第零章 | 比较判断 | jl0 |
| 第一章 | 基本判断 | jl1 |

注 释

[*01] "玩新"将成为本《全书》的专用术语,创新显然有档次的差异,玩新是指低档次的创新。

第零章

比较 j10

引 言

比较判断 jl0 将简称比较。比较存在 3 种基本类型：一是在两个广义对象之间进行比较，简称相互比较；二是在一个集合内进行比较；三是与一个标准进行比较。三者分别简称相互比较、集比较和标准比较。三种比较体现了比较的两次质变，从相互比较到集比较是比较判断的第一次质变，从集比较到标准比较是比较判断的第二次质变。在动物的进化过程中，第一次质变的完成是高级动物出现的标志，第二次质变的完成是人类出现的标志，因为只有人类才具有标准的概念。

比较判断的上述三种类型或两次质变就是"比较 jl0"这片概念林之概念树设计的依据，其配置如下：

    jl00   相互比较
    jl01   集合内比较（集比较）
    jl02   与一个标准比较（标准比较）

第 0 节
相互比较 jl00 (315)

0.0-0 相互比较 j100 的概念延伸结构表示式

```
j100:(m,e5m,n,e2m)
  j100m              异同比较
  j1001              同
  j1002              异
  j1000              似
  j100e5m            量相互比较
  j100e51            少
  j100e52            多
  j100e53            中
  j100n              质相互比较
  j1005              好
  j1006              差
  j1004              中
  j100e2m            相互比较的基本二分
  j100e21            相关
  j100e22            无关
```

概念树"相互比较 j100"仅设置一级延伸概念,不设置二级延伸;4 项延伸都属于认识论描述,无本体论描述;4 项延伸的排序遵循比较认知由低到高的进化过程。汉语命名中,两次使用了"中",这个"中"的意境非常接近于河南口语里的 zhong。

0.0.1 异同比较 j100m 的世界知识

如果说异同比较是最低级的相互比较,大约不会引起太大的争议;但如果说,它是讲解黑格尔辩证法的最佳教材,甚至就是黑格尔辩证法的灵魂,那一定会招致谴责。对此,这里只撂下两句话:①"似"就是"同"与"异"之黑格尔式辩证统一[*01]的第一号模板;②下面的概念关联式就是"灵魂说"的辩护词。

异同比较 j100m 的世界知识以下列概念关联式表示:

```
(j100m,j100e22,407o) ——（j100-01）
（异同比较无关于关系基本构成的传统对偶表现）
j1001 = (407e21;407-e21) ——（j100-02）
（异同比较的同强交式关联于关系基本构成的同）
j1002 = (407e22;407-e22) ——（j100-03）
（异同比较的异强交式关联于关系基本构成的异）
```

0.0.2 量相互比较 j100e5m 的世界知识

熟悉符号"e5m"含义的读者一定会感到奇怪:量相互比较的"少、多、中"怎么可能具有"两头小，中间大"的橄榄形特性呢？这涉及世界知识的视野，量的巨大差异（悬殊）不属于该延伸概念的管辖范围，"差不多"才属于它们，"差不多"就是中，中就意味着橄榄特性，这是一项重要思考，前文已在多处阐释过。HNC 特别注意避免著名 CYC 系统的基本失误，不会去关注"青蛙与太平洋谁大？"之类的常识性问题。

量相互比较 jl00e5m 的世界知识集中表现于下面的概念关联式：

```
jl00e5m := j61e5m ——（j100-04）
（量相互比较对应于量变的橄榄三分）
```

0.0.3 质相互比较 jl00n 的世界知识

质相互比较 jl00n 的世界知识集中体现于下面的概念关联式：

```
(jl00n,jl00e22,j51c4m+j51e4n+j51d3n)——（j100-05）
（质相互比较无关于质描述的对比四分、对偶三分和层级三分）
```

0.0.4 相互比较之基本二分 jl00e2m 的世界知识

延伸概念 jl00e2m 是一个最有趣又最难把握的概念，是一个无所不在的课题，是一个最为深奥而又最为浅显的哲学与神学课题，也是一个最为复杂而又最为简明的人生与社会课题。佛家所说的觉悟或般若，其实主要就是指：要悟透该概念的无所不在、深奥与浅显并存、复杂与简明并存这三项特性。佛学认为，那是万事万物的根本属性。这虽然是一项十分重要的世界知识，但语超不必拥有，这里就不写出相应的概念关联式了，但需要指出一个事实：在构建概念关联式时，jl00e2m 是最常用的逻辑符号之一。

概念树"相互比较 j100"的 4 项延伸概念具有下列概念关联式所描述的基本差异：

```
(jl00m;jl00e5m) = (23989;j745)——（j100-06a）
（异同比较或量相互比较强交式关联于叙述或客观性）
(jl00n;jl00e2m) = (2398~9;j746)——（j100-06b）
（质相互比较或相互比较之基本二分强交式关联于描述或主观性）
```

结　束　语

比较判断 j100 这株概念树在语言概念空间的全部 456 株概念树中占有十分独特的地位，因为它既是 HNC 逻辑系统的开端，又是广义作用效应链的终结。这论断有点深奥，请读者包涵，不过，本章的小结里会略有交代，并将在第三卷的第二编（论句类）作正式论述。

在(HNC-2)所囊括的 57 组句类表示式中，本株概念树竟然派生出两组句类，这在全部概念树里是绝无仅有的。这一特殊安排与概念关联式（jl00-06o）所描述的世界知识密切相关。

注　释

[*01]黑格尔的辩证法不同于马克思的辩证法，后者又不同于列斯毛的辩证法。这两步演变不仅属于专家知

识，更属于十分重要的世界知识，前文在讨论马克思答案和列斯毛革命时已有所论述。

第 1 节
集合比较 jl01 (316)

0.1-0 集比较 jl01 的概念延伸结构表示式

```
jl01:(e2m,o01,c3m;o01\k=2)
  jl01e2m                        集比较的基本二分
  jl01e21                        共相
  jl01e22                        殊相
  jl01o01                        集比较的两端描述（最）
  jl01d01                        最高
  jl01c01                        最低
    jl01o01\k=2                  最的第二本体描述
    jl01o01\1                    量之最
    jl01o01\2                    质之最
  jl01c3m                        集比较的对比三分
  jl01c31                        原级
  jl01c32                        比较级
  jl01c33                        最高级
```

0.1.1 集比较基本二分 jl01e2m 的世界知识

本小节的集不是数学意义的集合，而是物理意义的集合，而且赋予它以有限性。共相与殊相乃是任何物理意义集合的基本属性。共相与殊相是本《全书》的常用术语，读者可能很不习惯，到此应该比较习惯一些了吧，这一对术语的源头就在这里——jl01e2m。

延伸概念 jl01e2m 是一个 u 强存在概念，大家熟悉的共性与个性或普遍性与特殊性这些重要概念的"最初源头"也都在此，其符号表示如下：

```
    jlgu01e21          （共性；一般；普遍性，普适性，普世性）
    jlgu01e22          （个性；特殊；特殊性）
```

请注意这里的"最初源头"被加上了引号，意味着其最初性可以被遗忘或已被遗忘。概念的源头性通常是一个十分复杂的问题，HNC 采取平衡原则实行简化处理，即同一概念可在多株概念树的延伸概念结构里进行设置，并通过五元组符号进行标记。约定：不带五元组符号的为主源头，带五元组符号的为次源头。依据这一约定可知：共相和殊相这两个概念的主源头就定位于此，而共性与个性、一般与特殊的主源头则定位于彼。至于这主次性的定位是否与该概念的实际演变进程相吻合，HNC 并不追根究底，对词语语义的演变进程也采取完全相同的态度，总之，一切以有利于意境的认定为依归。HNC 不追求词语语义的精确表示,也不追求语义的精密分析,甚至主张要大力抑制这种追求,因为它可能成为意境分析的绊脚石。语义分析甚至语义这个词语,笔者已十多年不使用了,原因就在这里。这个问题十分重大,第三卷将有专题论述。

这样,概念源头主次地位的设置就变成了一个"契约"问题,契约就需要文字"凭据",那"凭据"就是概念关联式,它表述世界知识里最重要的知识。

集比较基本二分 jl01e2m 的基本世界知识以下列概念关联式表示:

$$jl01e21 := (j732, j73e21) ── (jl01-01a)$$
（共相对应于基本属性概念的一般与普遍之并）
$$jl01e22 := (j731, j73e22) ── (jl01-01b)$$
（殊相对应于基本属性概念的个别与特殊之并）

0.1.2 集比较两端描述 jl01o01 的世界知识

"最 jl01o01"这个概念必然关涉到"有限与无限"这个古老的哲学命题。《庄子》里有"一尺之棰,日取其半,万世不竭"的著名无限性论断,但这个论断仅适用于数学世界,并不适用于物理世界,更不适用于社会。这一无限性论断曾被运用于粒子物理学和社会学,于是就出现了"粒子无限可分"的奇特说法和"阶级斗争在无产阶级专政条件下依然一抓就灵"的奇特革命理论。这件事很值得回味,是促成设置延伸概念 jl01o01 的缘由之一。

缘由之二是当今的一些广告语言,这里仅列举三个例句:①"没有最好,只有更好";②"没有第二,只有第一";③"科技无限,超乎想象"。这些语句都具有令人震撼的语用力量,但都违背了一项最基本的世界知识,即"最 jl01o01"所传达的世界知识。其基本内容以下列概念关联式表示:

$$jl01o01 \%= j40o01 ── (jl01-02)$$
（集比较两端描述包括量与范围基本内涵的最描述）
$$jl01o01 = j417 ── (jl01-03)$$
（集比较的最强交式关联于量的阈描述）
$$(jl01o01, jl00e21, r30; jl00e22, j3+q81)$$
（集比较两端描述相关于现实,无关于数学与想象）

二级延伸概念"最之第二本体描述 jl01o01\k=2"的设置在理论上似乎是多余的,因为概念关联式(jl01-02)已经包含了这项内容。但实际上并不多余,这属于平衡原则的运用,目的在于便利句类代码的辨认。

0.1.3 集比较之对比三分 jl01c3m 的世界知识

这又是一个似乎属于多余设置的延伸概念,但下列概念关联式表明,其设置也属于平衡原则的运用。

$$jl01c3m \%= j61c3m ── (jl01-04)$$
（集比较之对比三分包含量变的对比三分）
$$jl01c3m = f14e2mc3m ── (jl01-05)$$
（集比较之对比三分强关联于语习逻辑概念的首尾标记三分）

结 束 语

本小节对共相与殊相、有限与无限这两组概念第一次进行了世界知识视野的理论阐释，第一次对平衡原则进行了比较具体的示例说明，第一次给出了联系于语习逻辑的概念关联式。最后，给出一个思考题：概念关联式（jl01-05）使用的逻辑符号是"="，而不是"≡"，为什么？

第 2 节
标准比较 jl02 (317)

0.2-0 标准比较 jl02 的概念延伸结构表示式

```
jl02:(e2n,e4m)
  jl02e2n              标准比较对立二分
  jl02e25              合格
  jl02e26              不合格
  jl02e4m              标准比较对偶三分
  jl02e41              达标
  jl02e42              未达标
  jl02e43              超标
```

这里，首先需要交代一下标准这个概念的源头，否则本概念树就成了无本之木，写不出定义式了。该概念的源头在"质与量的综合 j509"，那是一个 r 强存在概念，jr509 的汉语直系捆绑词语就是标准。

所有延伸概念的汉语命名似乎都还合适，但实情并非如此，下面即将论及这一点。

此概念延伸结构表示式的每一项延伸概念都具有对比自延伸特性，但这不影响该表示式采取封闭形态的有效性。

0.2.1 标准比较对立两分 jl02e2n 的世界知识

在"比较判断 jl0"三株概念树的所有延伸概念里，此项延伸概念最为特殊，因为关于它的自然语言表述一般不能默认为叙述，而其他延伸概念都是可以的。因此，本延伸概念可以作为关于"语义与意境"研讨的最佳教材之一。

合格这个词语在此山（自然语言空间）是一个褒义词，在彼山（语言概念空间）也被赋予了积极属性。但这个积极性究竟是否为真，那可要取决于参照了。这里的参照是标准，而标准是人为的，因此，叙述性就不能被保证了，本延伸概念的一切自然语言表述必须优先按描述来处理。

叙述与描述的判断是一个尚待探讨的重大课题，将在第三卷作系统论述，不过，读者不妨先浏览一下围绕着"表：立场判定基本准则"的已有说明（见状态情谊 7301\13*\3 综述 [0.1.1.3.3-3]分节），那里已描述了如何达到此课题彼岸的基本思路。

这些话为什么放在这小节来写呢？看下面的建议就明白了。在对 jl02e25 进行词语捆绑处理时，千万不可以漏掉"紧跟、死不改悔、铁杆"之类的 20 世纪中叶汉语流行语。

0.2.2 标准比较对偶三分 jl02e4m 的世界知识

与标准比较对立二分不同，标准比较对偶三分将按叙述来处理。

两者都可能出现真伪混淆问题，但问题的性质完全不同。标准比较对立二分的真伪混淆只是一个伦理问题，不涉及法律；但标准比较对偶三分的真伪混淆则不同，它不仅是一个伦理问题，更是法律问题。这就是两者的根本差异，是一项十分重要的世界知识，但这里不写相应的概念关联式，那是启动"图灵之战"以后的事。但下面的概念关联式还是应该给出的：

```
jl02e2n = j746── （jl02-01a-0）
（标准比较对立二分强交式关联于主观性）
jl02e4m = j745── （jl02-01b-0）
（标准比较对偶三分强交式关联于客观性）
```

概念关联式（jl02-01o-0）可充当逻辑概念的第二号玩新。

结 束 语

与标准比较 jl02 相关的课题无比繁杂，在语言概念空间的 456 株概念树里，它仅次于"心理"行为 7301，但本《全书》却采取了截然不同的撰写方式，各自选择了简繁之最。为什么？因为两者与三个历史时代和当今六个世界的关联度差异甚大，标准比较在不同时代和不同世界的现实呈现有天壤之别，而"心理"行为的现实呈现则大同而小异。

那么，对标准比较能给出一个形而上描述么？HNC 曾思索良久，其最终答案就是上述的两项延伸概念和两个特殊编号概念关联式。

对概念关联式（jl02-01o-0）的理解关涉到人生的另一种境界，如果一个社会竟然没有一些达到这个境界的人，那这个社会必然是悲惨的和可怕的，就如同没有君子一样。

小 结

比较判断 jl0 这片概念林的 3 株概念树都拥有各自的基本句类，这是一项特权，在语言概念空间的全部 101 片概念林中，只有 3 片概念林享有这一特权，另外两片是作用 0 和转移 2，两者都属于广义作用。这特权现象曾困扰笔者多年，为什么广义作用有两片特权概念林，而广义效应却只有一片特权概念林呢？这一困惑曾使笔者对 57 组基本句类的诞生或发现满怀疑虑，直至透了了彼山的两个基本景象之后。这两个基本景象关涉到广义作用与广义效应的结构对称性和功能的不对称性，后者是"概念林 jl1"的基本属性之一（见下文的基本景象 2）。这里涉及的问题已跨入了语句的层级，即(HNC-2)的层级。因为话题是从概念林的特权现象引申出来的，于是，就放在这个小结里来加以说明了。

——基本景象 1：广义作用效应链的结构对称性

表 3-1 指明：判断也存在作用与效应的两极呈现：一类判断形成作用句；另一类判断形成效应句。前者构成一个概念子范畴，定名（语言）思维，符号化为 8（这意味着它紧跟在"心理活动 7y"之后），辖属 6 片概念林——(8y,y=0-5)；后者也构成一个概念子范畴，定名基本逻辑，符号化为 j1，辖属 2 片概念林——(j1y,y=0-1)。

表 3-1 广义作用效应链的符号表示

名称	(HNC-2)符号	(HNC-1)内容
广义作用	GX	(0,2,4,8)
广义效应	GY	(1,3,5,j1)

——基本景象 2：广义作用效应链的功能不对称性——任何句类都可以转换成基本判断句

句类转换是语句空间的一种十分常见的现象（但在此山长期被忽视了），但转换通常是有条件的。唯有"基本判断 j11"这片概念林十分特殊，任何语句都可以无条件地向基本判断句转换，这是该概念林的一项特权。这样，广义作用与广义效应就扯平了，都享有两项特权了，对称原则不再遭到破坏了。

第一章

基本判断 j11

引 言

基本判断 jl1 实质上是比较判断 jl0 的扩展和提升，撮要而言，它就是标准比较 jl02 向（语言）思维迈出的第一大步，儿童最先习得的语句就是"是//不是"和"有//没有"句。儿童最先习得的这两组概念非同寻常，西方哲学把它凝练为存在 being，2000 多年来做了无数的大文章，存在也就是佛陀的空与色和老聃的有与无。

从关于存在的种种哲学论述中如何凝练出最重要的世界知识呢？这是 HNC 的使命。其结果就是下列概念树的设置。

jl11　　　　性质判断
jl12　　　　势态判断
jl13　　　　情态判断

西方哲学不区分势态 jl12 与情态 jl13，统称情态。但中华哲学更重视势态，前文曾多次指出过这一点[*01]。所以，这里不仅把势态独立出来构成一株概念树，而且位于情态之前，这是逻辑概念的第三号玩新。

情态判断有时省略判断二字，简称情态，这依行文而定。但势态判断的判断二字则不可省略，否则，将与状态概念林的势态概念树发生混淆。

第 1 节
性质判断 jl11 (318)

1.1-0 性质判断 jl11 的概念延伸结构表示式

```
jl11(m,e2m;~0t=a,e2m:(e2m,e2n,3))
   jl11m                    是否判断
   jl111                    肯定
   jl112                    否定
   jl110                    有所肯定也有所否定（基本辩证判断）
   jl11~0                   简约判断
      jl11~0t=a             对简约判断的再判断（再判断）
   jl11e2m                  有无判断
   jl11e21                  有
   jl11e22                  无
      jl11e2me2m            有无判断的对偶二分
      jl11e2me2n            有无判断的对立二分
      jl11e2m3              有无判断的作用描述
```

上面第一次使用了"作用描述"的短语，以后还会使用"效应描述"和"第三本体描述"的短语，分别对应于语言理解基因第一类氨基酸的符号表示"3"、"7"和"i"。所有的二级延伸都未具体进行分别说，因而缺相应的汉语说明，这将在相应的小节里补上。性质判断属于认识论的范畴，但也不可能完全脱离本体论，二级延伸概念的设计体现了这一思考。

1.1.1 是否判断 jl11m 的世界知识

是否判断 jl11m 形成是否判断句，但儿童最初习得的完整语句乃是由 jl11~0 形成的是否判断句，不包括 jl110 所对应的语句。概念 jl110 的表述往往采取隐喻方式，属于高人的"专利"，常人不太使用。这意味着是否判断 jl11m 实质上有初级与高级之分，初级者，对应于 jl11~0 者也，将名之简约判断；高级者，对应于 jl110 者也，将名之基本辩证判断。当前 57 组基本句类之一的是否判断句 jDJ（编号 51）并未作这一区分，这是基本句类当前符号表示体系的限制，因为该符号体系仅大体与概念树对应，而这一对应性需要扩展到延伸概念，并约定相应的符号标记，但那是图灵之战正式启动以后的事，这里就按下不表了。

表述 jl11m 的语句有一个下里巴人的名称，叫"是"字句，这名称当然包含"不是"句，理论上也可以包含"大体是"和"大体不"句（即基本辩证判断句），但以往 HNC 关于"是"字句的论述是不包含基本辩证判断句的，仅包含简约判断句。这一做法乃基于语超应优先关注世界知识的思考，二级延伸概念 jl11~0t=a 的设置是这一思考的体现，其具体约定如下：

```
   jl1119       对肯定的肯定
   jl111a       对否定的肯定
   jl1129       对肯定的否定
```

```
            jl112a         对否定的否定
```

不同语种之简约判断的表述方式大体相同，但再判断的表述方式则可能出现重大差异，这属于语习逻辑的差异，汉英两种语言就存在这个情况。

1.1.2 有无判断 jl11e2m 的世界知识

如果说是否判断 jl11m 是无数豪杰竞逞雄的智学课题，那么，有无判断 jl11e2m 就是无数大师竞争锋的哲学课题。

有无判断 jl11e2m 设置了 3 项延伸概念，其内容详述如下：

```
            jl11e2me2m          有无判断的对偶二分
            jl11e21e21          应有之有（常态有）
            jl11e21e22          不应有之有（暂态有）
            jl11e22e21          应无之无（常态无）
            jl11e22e22          不应无之无（暂态无）
            jl11e2me2n          有无判断的对立二分
            jl11e21e25          积极有
            jl11e21e26          消极有
            jl11e22e25          积极无
            jl11e22e26          消极无
            jl11e2m3            有无判断的作用描述
            jl11e213            从无到有的转换（"有生于无"）
            jl11e223            从有到无的转换（"涅槃寂静"）
```

在上面的汉语说明里，没有使用存在这个词语，因为存在是延伸概念 jl11e2m 的非分别说，有与无是 jl11e2m 的分别说。哲学意义的存在包含有与无，如果仅仅把存在与有对应起来，那就是大笑话。但在逻辑符号系统中，延伸概念 jl11e21 和 jl11e22 可分别表述为存在与不存在，以往概念关联式的汉语说明已经大量这么使用了。

二级延伸概念 jl11e2me2m 和 jl11e2me2n 也已大量应用于概念关联式，但带有这些逻辑符号的概念关联式往往具有强参照性，它们所传递的世界知识并未形成人类的共识。这共识很可能永远不会形成，也不是必须形成。因此，对这类概念关联式一般都赋予特殊编号。

尽管西方世界涌现出众多的存在学大师，18 世纪、19 世纪之交的黑格尔和 19 世纪、20 世纪之交的海德格尔更是其中的佼佼者。但西方哲学对存在转换性的认识深度则不及东方哲学，近来有人谈论"东方智慧"的话题，是当今文明忽悠大浪潮中难得一见的理念之光，在 jl11e2m3 的汉语说明分别引用了道学和佛学的两名言[*02]，聊作呼应之声吧。

表述延伸概念 jl11e2m 的语句也有一个下里巴人的名称，叫"有"字句，与"是"字类似，它也是小孩最先学会的语句之一，同样也不能包含有无判断后续延伸概念所描述的内涵。

结 束 语

性质判断 jl11 的两项延伸概念强交式关联，这一世界知识应另行写出概念关联式：

```
            jl11m = jl11e2m──（jl1-00）
```

(是否判断强交式关联于有无判断)

英语的"be"为什么可同时用于jl11m和jl11e2m呢？答案就在这个概念关联式里。

请注意：这里的数字编号采用的是"-00"，而不是"-01"，下面打算用比喻语言说明其含义。是否判断是一切判断之父，有无判断是一切判断之母。"是"字句和"有"字句是小孩最先学会的语句，同时也是语用力量或语言面具性十分强烈的语句，当然，这样的语句一定出于智力最高者。前文曾列举过不少这种语句，如果要评选一个最精妙语句的话，笔者将投"原子弹是纸老虎"一票。

性质判断jl11的二级延伸概念在自然语言空间的呈现并不活跃，但在语言概念空间却非常活跃，没有这些逻辑概念，许多概念关联式就难以写出相应的概念关联式，这属于隐记忆的重大奥秘之一，HNC对这一奥秘没有追究的意愿。

注释

[*01]关于势态见"强势行为7331\2d01的世界知识"（[123-3.1.2-4]）。

[*02]有生于无的全文是：天下万物生于有，有生于无。见《老子》第四十章。涅槃寂静是佛学"诸行无常，诸法无我，涅槃寂静"三法印的第三命题，可参阅《坛经》机缘品第七。

第 2 节
势态判断 jl12 (319)

1.2-0 势态判断 jl12 的概念延伸结构表示式

```
jl12:(e2m,c3n,o01,7;(e2m)i)
  jl12e2m                势态判断对偶两分
  jl12e21                已
    jl12(e2m)i           方
  jl12e22                未
  jl12c3n                势态判断对比三分
  jl12c35                可
  jl12c36                能
  jl12c37                必
  jl12o01                势态判断之两端描述
  jl12c01                偶
  jl12d01                必
  jl127                  势态判断之效应描述（需要）
```

请注意三点：①采用了封闭形态；②以字为主体说明；③"方"（对应于现代汉语的"正"或"正在"）作为势态判断对偶两分描述非分别说的效应型定向延伸。

1.2.1 势态判断对偶两分的世界知识

在概念树"势态判断 jl12"的 4 项一级延伸概念中，唯有 jl12e2m 配置了二级延伸概念 (e2m)i,对应的汉语说明用"方"，此"方"乃"正在"之意也。中山先生之"革命尚未成功，同志仍须努力"著名遗言里的"未"与"仍"不都同时隐含着"已"与"方"的意境么！

在势态判断的视野里，只有"已 jl12e21"与"未 jl12e22"的两分景象，"正在"不过是该景象非分别说的一种效应。这是彼山之势态判断视野与此山之时态视野的根本差异。两山不同景象之间的联系将在语言逻辑概念里给出。

由于中华文明对势态判断有独到的认识，所以其延伸概念拥有可捆绑的直系汉字是理所当然或符合预期的语言现象。

1.2.2 势态判断对比三分 jl12c3m 的世界知识

与势态判断对比三分 jl12c3m 对应的三个汉字非常传神，下面以三段古文为佐证。

> 道可道，非常道；名可名，非常名。　　　　　　　　　　——《道德经·一章》
> ……能使敌人自至者，利之也；能使敌人不得至者，害之也。故敌佚能劳之，饱能饥之，安能动之。
> 　　　　　　　　　　　　　　　　　　　　　　　　　——《孙子兵法·虚实篇》
> 将百万之军，战必胜，攻必克，吾不如韩信。　　　　　　——《史记·高祖本纪》

三段引文里的"可"、"能"和"必"分别是 jl12c3m 的精确表达或映射，这不是古汉语的个案，而是共相。诸葛亮《出师表》有"……先帝称之曰能"语句，那个"能"就是 jl12c36 的精确映射。

1.2.3 势态判断两端描述 jl12o01 的世界知识

其汉语说明使用了偶与必，它们是现代汉语偶然与必然的省略。两端性对比 o01 实质上是一种对偶，偶然与必然是该对偶的典型表现。势态判断之两端描述要与其对比三分描述紧密配合，这一配合通过下列概念关联式予以体现。

```
jl12d01 = jl12c37——（jl1-04）
（必然强交式关联于必定）
(jl12c01,jl00e21,jl12c35)——（jl1-05）
（偶然关联于可能）
```

请注意：这里的概念关联式编号直接跳到了"-04"，答案在结束语里。

1.2.4 需要 jl127 的世界知识

延伸概念 jl127 用于表述势态判断 jl12 的效应，为什么不直接使用符号 jlr12，而要另行设置一项延伸概念呢？这是由于这个 jlr12 太特别、太重要了，这如同在作用效应链里必须另行设置概念树 30，虽然其意义等同于 r00。此延伸概念的设置也是平衡原则的运用，下列概念关联式将表述相关的世界知识。

```
jl127 ≡ jlr12——（jl1-01-0）
（需要强关联于势态判断的效应）
jl127 = 3a19——（jl1-02-0）
```

（需要强交式关联于需求）

这两个概念关联式被赋予了特殊编号，应无争议，符号"-0"标示了这一点。作用与效应的区分是 HNC 理论的要点之一，HNC 理论课程在讲述这一要点时，可以把概念关联式（jl1-0m-0）当作代表性或典型性教材之一。

结 束 语

势态判断 jl12 也许是向五元组概念提出挑战的第一株概念树，印欧语系可以为这一挑战提供强有力的支持，因为该语系根本没有为情态配置任何动词，势态判断不过是情态的一部分，是 HNC 强行从情态里撕裂的，因此，势态判断应该没有动词，或者说五元组概念不适用于势态判断，这是显而易见的。再说，人家完全无视势态判断这一概念树的存在，不是活得比汉语更潇洒么？

这个问题提得好，但这里只能给出一个初步答复，五元组的论述安排在第三卷第一编，这需要等待。这里必须答复的是：有必要把势态判断从情态撕裂出来独立形成一株概念树么？引言里曾把这项撕裂叫作逻辑概念的第三号玩新，其根据就是下列概念关联式：

```
jl12 = j745 ── （jl1-01a）
（势态判断强交式关联于客观）
jl13 = j746 ── （jl1-01b）
（情态判断强交式关联于主观）
jl12 <= 53 ── （jl1-02a）
（势态判断强流式关联于势态）
jl13 <= 7y ── （jl1-02b）
（情态判断强流式关联于心理活动）
```

概念关联式（jl1-01o）和（jl1-02o）为第三号玩新提供的根据非常充足，任何自然语言的具体阐释都显得多余，多余的话就不必说了。

势态判断和情态判断（下文将暂称两态判断）是否具有五元组的 v 表现？印欧语系是否真的没有为两态判断配置动词呢？这是两个关系到彼山与此山基本景象的有趣课题，这里仅简明回答如下。

（1）在语言概念空间，两态判断都具有 v 表现，在以往的概念关联式中已大量使用过了。不过，对使用意义加了一条限制，如下式所示：

```
jlv1y =: v311jlu1y
（两态判断的 v 表现等同于两态判断的现实呈现）
```

符号"31"是效应概念林的第一株殊相概念树，其地位可比拟于《老子》的道和西方文明的上帝，因此，此项限制实际上体现了一种选择，是 HNC 的必然之选。

（2）印欧语系也为情态配置了少量动词，need 就是其中之一。这里就便指出两点。①动词只是 EK 复合构成的一部分，在 E+EH、EQ+E+EH 或 EQ+EH+E 的复合结构[*1]中，决定句类的 EK 核心要素并不是动词 E 或 EQ，而是名词 EH。②这时，EK 意境的全面确定当然需要 EQ 或 E 词语提供的信息，但同时也需要 QE 或 HE 词语提供的信息，而 QE 主要来于两态判断及 jl11e2m，这是汉语与英语的共相，也应该是所有自然语言的共相。这两点非常重要，"动词中心论"者是否过于忽视了上述语言景象呢？

注释

[*1] EK复合构成的系统论述见第三卷第二编，以往，比较强调E+EH和EQ+E+EH这两种形态，而EQ+EH+E形态似乎被忽视了，果如此，则是很大的失误，因为它是EQ+E+EH的必然伴随品。

第 3 节
情态判断 jl13 (320)

1.3-0 情态 jl13 的概念延伸结构表示式

```
jl13:(c2m,\k=m;)
  jl13c2m              情态对比两分描述
  jl13c21              应该
  jl13c22              必须
  jl13\k=m             情态第二本体描述
  jl13\1               意愿情态
  jl13\2               意志情态
```

请注意两点：①采用了开放形态；②采用了变量延伸符号"\k=m"。

1.3.1 情态对比两分 jl13c2m 的世界知识

延伸概念 jl13c2m 的世界知识在上一节的结束语里已经陈述过了，这里要补充的只是：本延伸概念的词语捆绑工作应该十分有趣，各种自然语言都遵循情态对比两分的规则么？带着这个问题去进行捆绑工作吧，这并不需要精通多种语言，却可以获得一个清晰的自然语言共相景象，岂非乐事！

1.3.2 情态第二本体描述 jl13\k=m 的世界知识

这里的"\k=m"实际取"\k=2"，根据就是概念关联式（jl1-03）的分别说：

```
    jl13\1 <= 71 ──（jl1-03a）
    （意愿情态强流式关联于"心理"）
    jl13\2 <= 72 ──（jl1-03b）
    （意志情态强流式关联于意志）
```

上述自然语言共相景象在 jl13\k=2 里也有鲜明呈现,其捆绑词语的动词充当 EQ 的主力，这一语言现象特别值得关注。HNC 约定的 EQ+EH 结构，不同语种各有自己的殊相，但来于意愿情态和意志情态的 EQ 则呈现出一种共相，HNC 给它起了一个"双动（词）"的俗名。

"双动"的"前动"不一定属于"jl13\k=2",但来于"jl13\k=2"的动词一定可以充当"双动"的"前动"。这一演绎不需要验证,然而是又一捆绑乐事。请注意:这里使用了"一定可以"的表述,这"可以"暗示:源于"jl13\k=2"的动词也可以单独使用,汉语的"要"字就是一个典型,"要"是情态第二本体的非分别说,对应符号是

        jl13(\k)   要

   英语似乎没有直接对应的词语。那么,源于 jl13\k=2 的英语动词可以单用么?这需要英语专家来回答了。

   "双动"的语种个性表现非常有趣,汉语一般采取直截了当的连接方式,但也可以采取分离方式,这时一定使用规范语句格式。英语由于没有规范语句格式,其"前动"与"后动"一定直接相连,但一定要在两者之间插入一个介词,"to"是首选。唯一么?这也需要英语专家来回答。

   最后交代两点:① "\k=m"的"m"为谁备用?心态 714;②开放形态又为谁备用?仍是第二本体情态 jl13\k=m。

小 结

   在此山与彼山之间的所有连接桥梁中,"基本判断 jl1"应该是上帝建造的第一座桥,这第一桥不仅是语言脑的第一批进化效应物,也可能是图像脑和情感脑第一批进化效应物。在这一进化过程中,从比较判断到性质判断的提升是人类最终成为上帝之子的一次标志性质变,而这一质变的过渡形态就是标准比较。

   比较判断和性质判断都存在三步的演变,前者的三步演变比较清晰,故以(00,01,02)符号化,后者的三步则十分微妙,故以(11,12,13)符号化。前者的"步"一定是串接的;后者的"步"则可串可并,这是 HNC 的符号约定。西方语言文化似乎倾向于后者仅存在两步演变,因此,请把后者的三步演变说看作东西方语言文化的一项圆融吧。这圆融需要细致的训诂,上文名之乐事,这要靠未来的 HNC 专家了。

第四编

语法逻辑概念

编 首 语

本编的内容大体对应于传统语言学里的语法学，故名之语法逻辑概念，符号化为字母 l。这"l"是英语 language 和 logic 的第一个字母，故用之。概念范畴或子范畴的符号化将在本卷第六编的编首语里给出一个系统性的说明。

语法逻辑 l 辖属 12 片概念林，如表 4-1 所示。

表 4-1 语法逻辑概念林

HNC 符号	汉语命名	概念树	Σ
l0	主块标记	4(l00-l03)	04
l1	语段标记	10(l10-l19)	14
l2	主块搭配标记	4(l20-l23)	18
l3	语块搭配标记	3(l31-l32)	21
l4	语块组合逻辑	11(l41-l4b)	32
l5	块内集合逻辑	5(l51-l55)	37
l6	特征块殊相表现	3(l61-l63)	40
l7	语块交织性表现	4(l71-l74)	44
l8	小综合逻辑	3(l81-l83)	47
l9	指代逻辑	4(l91-l94)	51
la	句内连接逻辑	2(la1-la2)	53
lb	句间连接逻辑	2(lb1-lb2)	55

表 4-1 中的汉语说明使用 3 种词语：标记、逻辑和表现，三者代表着 3 种不同类型的逻辑或不同性质的概念林。三类概念林的数目分别是：标记 4，逻辑 6，表现 2。这 12 片概念林是语法逻辑的透齐性说明么？说标记是语法逻辑的一种呈现似乎不难理解，但表现能够与语法逻辑直接挂钩么？这两大问题都应该在这里有所交代，但笔者仍将沿用"且听下回分解"的老办法。第一个问题将在各章的引言或小结里有所涉及（分别说），最后在跋里作一个总结性说明（非分别说）；第二个问题将分别在第六章和第七章说明。但有一点是需要在这里交代

的，那就是：凡以标记命名的概念林（10-13）都不设置延伸概念，这里一共有21株概念树，它们都不需要"概念延伸结构表示式"，相应各节的说明文字也就用不上"世界知识"的标签，结束语可能从免。

语法逻辑概念各片概念林的命名今后以表4-1为准，其中要特别提醒的是：以**语块**替代以往的语义块，主块和辅块类推。语义块这个术语的始作俑者似乎是笔者，这里以十分沉痛的心情郑重宣告：废除它！因为语义或语义学基本属于自然语言空间（此山）的专家知识，而HNC主要关注语言概念空间（彼山）的意境知识或语言脑的世界知识。在彼山的视野里，语义不是一个"well-defined"好东西，而是一个惹麻烦的"ill-defined"坏东西。这个重大问题将在本《全书》第三卷第三编（论语境单元）详述。

本编共12章，为各编之冠，即概念林的片数为各概念子范畴之冠。为什么要设置这么多概念林呢？这将在各章的引言和小结里论述。

这里，必须写下如下的八个字——"智者有失，愚者可得"，这是笔者经常在心中念叨的八个字，是"智者千虑，必有一失；愚者千虑，必有一得"成语的缩略。在语法逻辑和语习逻辑这两个概念子范畴的概念林、概念树设计过程中，是这个成语使笔者得以免除班门弄斧的忐忑与惶恐。本编及下编所论，皆属于传统语法学的范畴，但仅关注得失之辨，无意智愚之分。笔者预定以十年时间写完《全书》，而书中所写之得皆出于十年起点之前。在现代视角里，这简直是愚不可及。故本编文字的愚鲁之弊，难以避免，不妥言辞，就请当作一位不倦探索者的逆耳之言吧。

第零章

主块标记 10

引 言

这里首先需要回答一个问题：主块标记 10 有资格充当语法逻辑概念的共相概念林么？

在回答这个问题之前，我们最好先思考一下下列语言现象。

为什么英语要区分"I"与"me"、"we"与"us"、"he"与"him"、"they"与"them"，而汉语却用不着？

为什么"者"字对古汉语不可或缺呢？

为什么现代汉语的"把"字句已有 700 篇以上的论文而似乎依然未得要领呢？

为什么 SVO 类和非 SVO 类自然语言竟然各占半壁江山呢？

这一切问题都联系于语句构成的两个要点：一是主块标记；二是从 3 主块句向 4 主块句的过渡或跃进。这两个要点是相互交织的，交织性的主要表现是：如果一种自然语言的主块标记比较齐备，那它从 3 主块句向 4 主块句的过渡就比较自然，不存在过渡性表述障碍，或者名之语法障碍；反之，如果一种自然语言的主块标记比较匮乏，那这一障碍就必然存在，因而必须另辟蹊径。"me"等所体现的"格"就是这一另辟的产物。汉语是主块标记比较齐备的代表语言之一，因此不需要"格"，而英语则是主块标记最为缺乏的代表语言之一，因此必须有"格"。

上面谈到了两项最基本的语言现象或此山景象：一是主块标记；二是从 3 主块句向 4 主块句的过渡。为什么说这现象或景象是最基本的呢？因为语言的语句必然有一个从一主块到两主块，再到三主块，最后到四主块的演变过程，这也是小孩习得语言的自然过程。这里特别值得指出的是：四主块是单句的极限主块数，这似乎有点令人不可思议，且依然不为人知，但这是从彼山（语言概念空间）俯瞰此山（自然语言空间）时可以观察到的清晰景象，将在第三卷第二编作详细阐释。乔姆斯基先生未登彼山，当然看不到这一景象，所以他说：自然语言不是一个"well-defined"而是一个"ill-defined"的东西，这乔氏感叹虽然引起众多共鸣，然而毕竟只是一个误导性的感叹而已。

这就是说，自然语言也可以这样分成两大类：一种是主块标记比较齐备的语言；另一种是主块标记比较欠缺的语言。如果按照这个标准来划分，那就会产生表 4-2 所示的语言分类表。

表 4-2　自然语言基本分类

分类标准	名称	形态表现	代表	别名
（主块标记 I0 是否齐备）	I0 齐备语言	容纳非 SVO	汉语	"东方"[*1]语言
	I0 欠缺语言	优先 SVO	英语	西方语言

主块标记是否齐备关系到一种自然语言的基本特征，上面 4 个"为什么"的答案全在这里。到此，对概念林 I0 资格的质疑应该不再是一个问题了吧。

概念林 I0 辖属 4 株概念树，其符号及汉语说明如下：

　　I00　　　　　特征块标记（E 标记）
　　I01　　　　　作用者块标记（A 标记）
　　I02　　　　　对象块标记（B 标记）
　　I03　　　　　内容块标记（C 标记）

这 4 株概念树的设置不是**玩新**，而是**创新**，其要点说明如下：
语句的主块只有 4 种类型，其 HNC 符号和汉语名称如下：

　　E　　　　　特征块
　　A　　　　　作用者块
　　B　　　　　对象块
　　C　　　　　内容块

形式上，(E,A,B,C) 似乎不过是"主谓宾"的简单扩展，"谓"对应于 E；"主"对应于 A；"宾"对应于(B,C)，(B,C)不就是双宾语么！但这样的简单对应是完全错误的，实际的对应关系呈现出如图 4-1 所示的复杂形态。

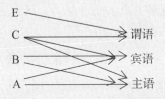

图 4-1　(E,A,B,C) 与"主谓宾"的对应

语句的进化历程或小孩的话语习得过程必然存在如下所示的三步形态演变：

　　B => (B,C) => (B,C,E) => (B,A,C,E)

这就是说，语句的主块个数存在着从 1 到 4 的三步演变。最初是 B 形态的 1 主块语句，第一步演变是形成(B,C)形态或(B,E)形态的 2 主块语句；第二步演变是形成(B,C,E)形态的 3 主块语句；第三步演变是形成(B,A,C,E)形态的 4 主块语句。语句进化历程的详细论述在[320-1]章，这里要指出的是，自(B,C)形态 2 主块语句出现之日起，就产生了主块排序问题，至于(B,C,E)形态的 3 主块句和(B,A,C,E)形态的 4

主块句，那排序问题就更为复杂了，前者可以有 6 种排序，后者可以有 24 种排序。自然语言都没有规定只能从多种可能的排序中选择一种，但不同语种都对排序的选择有所限制，这就是 SVO 语言和非 SVO 语言两分说的起源，"SVO 语言"的提法或说法潜藏着一项根本缺陷，那就是：没有认识到"SVO"里的"O"存在着对象与内容(B,C)的本质差异，只知道语言存在双宾语现象，不知道语言还存在双主语和双谓语现象，也就是不曾意识到语块存在着句蜕与块扩的语言景象。如此重大的失误是因为：语言学一直用短语的表象掩盖着语块的本质；用句式、句型的表象掩盖着句类的本质；用上下文的表象掩盖着语境及其单元的本质。其必然的消极效应就是：只关注语言空间的语言现象，不曾思考或关注过语言概念空间的语言景象。

不同自然语言（语种）对主块排序的限制差异很大，汉语是限制最少的语言，而英语则是限制最多的语言之一。但无论限制的多少，只要没有给出唯一性限定，那就必然产生主块排序的标记问题，这就是"主块标记 l0"这一概念林的起源，也是"语法逻辑概念 1"这一概念范畴的起源。这起源的发现当然不属于玩新的事，因为它身后站立着主块演变和主块排序的第一维思考；站立着主块与辅块、广义作用与广义效应、语句无限而句类有限的第二维思考；站立着语句格式（对应于广义作用句的主块排序）和语句样式（对应于广义效应句的主块排序）的第三维思考。你可以质疑"起源发现"说，但是，如果你连起源本身（即上列三维思考）都加以质疑甚至否定，那只能说是一种常见人性的奇特呈现，与学术问题没有太大关系了。

这里要特别指出，概念林"主块标记 l0"的设置完全是为广义作用句或语句格式服务的，与广义效应句或语句样式无关。为什么？这里先作形而上说，随后作形而下说。

广义作用句的主块数量最多 4 个；广义效应句的主块数量最多只有 3 个。这 3 到 4 的特定数量变化足以产生"量变引发质变"的效应，因为 4 主块可以多达 24 种排序，而 3 主块只有 6 种排序。于是，就出现了下述奇妙的语句现象：当广义作用句变更主块排序时，它给出相应的标记，而广义效应句在出现类似情况时不给出任何标记。这似乎成了所有自然语言语句的共相现象，不觉得有点奇妙么！这里的"似乎"能以"确实"替代么？"有点"能以"太"替代么？形而上说无意对此追根究底，就请专家去训诂吧！下面转入形而下说。

英语的被动式语句不能缺少"be"，其完整形态还不能缺少"by"。这"be"就是英语"E 标记 l00"的直系捆绑词语，"by"就是英语"A 标记 l01"的直系捆绑词语。但是，英语没有"B 标记 l02"和"C 标记 l03"的直系捆绑词语。汉语不同，4 种标记非常齐全，都拥有直系捆绑词语，现代汉语的"把"字是其中最突出的代表，它是非转移句（指广义作用句的作用句、关系句和判断句这三大句类）的"B 标记 l02"，又是转移句的"C 标记 l03"，这个描述可以说就把所有的"把"字句说透了，这就是形而上说的威力，HNC 给这种描述威力起了专门的名字，叫透齐性，大体对应于俗语的"邪门"，不信此"邪"者请证伪。

由于英语缺乏"B 标记 l02"和"C 标记 l03"的直系捆绑词语，所以英语不存在规范格式（广义作用句存在 3 种基本句式，分别名之基本格式、规范格式和违例格式，其系统说明见第三卷第二编）的广义作用句，只存在基本格式和违例格式的广义作用句，而且后者仅用于要素句蜕，这是英语句式的基本特色。汉语 4 种"主块标记 l0"都非常齐全，都拥有大量直系捆绑词语，汉语的规范格式语句大约占广义作用句的 40%。广义作用句和广义效应句的数量大体相当，这似乎是所有自然语言的又一共相，这意味着汉语的规范格式语句将占全部语句的 20%。这是汉语句式的基本特色，是汉语与英语句式差异的第一要点，在机器翻译中大有可为，可惜"身在此山中"的人们迄今未能看到这一语言景象，这属于第三卷第五编的话题，此处就按下不表了。

关于"概念林 l0"之 4 株概念树的设置"**不是玩新，而是创新**"的命题就写这些吧。4 株概念树的顺序安排也属于引言的内容，这里的思考虽然十分有趣，但其重要性毕竟不能与上面的命题相提并论，就放到以下各节作分别说了。

本引言的文字较长，贸然写下了一些读者还很不熟悉的论断，如"只关注语言空间的语言现象，不曾思考或关注过语言概念空间的语言景象"之类，贸然使用了一些首次出现的术语，如"句类、句蜕、块扩、格式、样式、语境及其单元"等，这些都请当作第三卷的预说吧，那里将给出详尽说明。

注释

[*1]这里的东方打了引号，因为它不是通常意义的东方，而是语言意义下的东方。西方语言以屈折语为代表，东方语言以黏着语和汉语为代表。这样，印度语言就被排除在"东方"语言之外。

第 0 节
E 标记 l00 (321)

  本节以"第 0 节"编号，似乎显得过于郑重其事，但这是本《全书》的必然选择。
  引言里说到语句的三步演变，那三步的重要性或价值并不等同，最关键的一步是(B,C,E)形态 3 主块句的出现。从词语的视角来说，那意味着动词的破天荒出现；从语块的视角来说，那意味着特征块的破天荒出现；从语句的视角来说，那意味着语句样式与格式的破天荒出现。这是语言进化历程的大事件，不是三个事件，而是同步发生的同一事件。那么为什么上面却三次使用破天荒呢？那是出于下列三项感慨：一是训诂学曾出现过"名词源于动词"的惊人之语，《尔雅》全篇之首的三"释"（释诂、释言、释训）实质上就是对动词的"释"，这两件事里面所暗藏的理性光辉似乎尚未得到充分阐释；二是语法学始终未能摆脱"NP+VP"的乔氏陷阱，而乔氏陷阱不过是古老"主谓宾"陷阱的现代形态而已；三是语言学依然为动词之及物性与不及物性的语法现象所蒙蔽，不知道这语法现象乃是不折不扣的此山景象或假象，隐藏在该假象后面的真相是：彼山存在着广义作用句与广义效应句这两大句类的清晰景象，两者导致性质迥异的两种句式，对该迥异的描述绝对用得上"天壤之别"的成语，所以，HNC 特意为它们制造了两个术语：格式与样式。前者专门用于称呼广义作用句所包纳的全部句式，后者专门用于称呼广义效应句所包纳的全部句式。这里说一句可"欣然回首"的话，所谓"语句无限而句类有限"的假设其实是在发现了上述彼山景象以后才正式提出来的。因此，所谓"语言进化历程的大事件"实质上就是指广义作用句的出现或诞生，它的诞生必远远滞后于广义效应句。最早的广义效应句是什么呢？就是前面提到的比较判断句和基本判断句。也许文字考古学将来可以为此提供直接的科学证据，不妨抱有这种奢望。
  抱着一种对"语言进化历程大事件"的纪念心情，同时也抱着一种"汉语的格式如此多娇，英语的格式却比较单调"的感慨心情，笔者就决定把符号 l00 赋予 E 标记了。那么，能否由此而声称：E 标记之 E，乃广义作用之 E，非广义效应之 E 也。不能！因为 E 标记本身并不作这样的区分。还应该特别指出的是：样式也不是唯一的，原则上，3 主块的效应句也可以有 6 种样式。英语的格式虽然单调，但样式却似乎比汉语多娇，下面的爱因斯坦名言似乎就是一个生动的示例。

    Subtle is the God, but malicious he is not.
    （上帝是微妙的，但他没有恶意）

  这是一个十分简单的是否判断句 jDJ = DB+jD+DC，它提供了英语样式多娇的示例，该大句分别采用了 DC+jD+DB 和 DC+DB+jD 的变化样式，汉语却不能这么多娇，对于 jDJ，它通常是比较老实的。那么，该例句所提供的信息仅止于此么？当然不是，这需要继续追问，但现在不是时候。

以上所述，属于典型的纯理论思考。但概念树的设计首先是服务于语言超人的需要，地位如此显要之"E 标记 l0"的重要性究竟何在？一句话，就是为了**便于概念关联式的形式化**。前面已经大量使用了"l00*y"形态的逻辑符号，这就是说，HNC 是把"l00"当作一种万能逻辑法宝来使用的，通过它，可以把任何范畴里的概念变换成概念关联式里的逻辑组合符号。这似乎是一种很特别的符号变换技巧，其实不是，自然语言早已熟练使用，后缀就是最典型的符号变换工具，前面提到的"者"字就是汉语的后缀，靠接在它前面的动词一定被异化而形成一个名词性组合体。HNC 把后缀与前缀所展现的部分变换功能统名之挂靠，目的是引入挂靠品和挂靠体的术语，这将在本卷第七编详述。所有以标记命名的逻辑概念树都是挂靠品，"l00"是其中最特殊、最常用、最重要的一种，符号"*"是作为挂靠品与挂靠体两者之间的切分标记来使用的。该符号还有另一种意义或用法，将在本卷第八编介绍。

引言里说道：汉语 4 种"主块标记 l0"都非常齐全，都拥有大量直系捆绑词语。这里应该补充的是：这一类词语最好有一个专用术语。因为它们主要是单个的字，而字还没有正式取得词 word 的资格，只是一个 character，这其实是一种尴尬。大约是为了顾全权威们的面子吧，此类尴尬还得继续忍受。现代汉语一方面开创了"逗号滥用"的世界之最，另一方面又把那宝贵的"空格"弃如敝屣，这是现代汉语尴尬中的最大尴尬。

上面说到：作为挂靠品的主块标记 l0 包括自然语言里的前缀和后缀，这意味着 l0 必然具有鲜明的语种个性，可以**前后**黏结于挂靠体，另外，主块标记自身也可以是词语。这三点不仅是主块标记的属性，也是所有块标记的属性。这是十分重要的世界知识，以下列概念关联式表示：

((ly,y=0-3),jlv11e21,xf) —— （1-01）
（块标记具有语习性）
((ly,y=0-3),l00*371bju00~0jlu12c31,gwa3*8c72) —— （1-02）
（块标记可**前后**挂接于词语）
((ly,y=0-3),jl111jlu12c31,gwa3*8c72) —— （1-03）
（块标记可以是词语）

所有"块标记(ly,y=0-3)"的"词语"捆绑需要采取 lq 或 lh 的形态，以区分挂接的前后，"主块标记 l0"也不例外。"块标记(ly,y=0-3)"的词语捆绑工作如果仅针对一种自然语言，那一定索然无味，但是，如果能有多种甚至数十种语言一起参与，则不仅可能兴致盎然，而且可能出现意外的收获。

汉语的"E 标记 l00"以后挂方式为主，熟知的汉字如下：

```
lh00          了，过，着；于；成，得，住，……；化，……
lq00          被，遭，受，挨；搞，给，……
lhq00         而，着，……
```

这里，对符号"lh00"的汉字说明使用了分号"；"，表示现代汉语至少存在 4 种类型的 lh00 和 2 种类型的 lq00，这 4 种类型和 2 种类型都十分重要。2010 年以来，由"被"和"给"制造出来的新词非常红火，这是"E 标记 l00"汉字活力的又一次生动展现。这一语言现象非常值得重视，因此，概念树 l00 是否应该设置延伸概念曾长期悬而未决。现在，不设置的决定依然是暂定，这主要是一个实践性而不是理论性的课题，属于图灵之战的典型项目之一，最终是否设置应该以实验结果为依归。

符号"lq00"的汉字说明分两组，第一组的意义可统一表示如下：

(lq00 =: l00*j71e12;s33,China)

符号"lhq00"里"hq"表示插入，并约定它插入在复合 EK 的 EQ 与 E 之间。古汉语常借助"而"实施这一语法手段[*1]，现代汉语有所继承，还把这一语法手段推广到"语块搭配标记l3"里（见本编第三章）。

最后应该指出：挂靠体一般不加五元组符号。一旦加入，就意味着另有约定意义，如"化"就可取"lh00*ur00"，以"化"为后缀的词语一定兼具"动、名、形"三性。对约定意义的这种表示方式只是建议，仅供后来者参考。

结 束 语

上文为概念树"E 标记 l00"的特殊地位——居于语法逻辑"4 类主块标记"之首——作了关键性的辩护或说明。这个辩护是沿着引言中所述语言进化历程之"四阶段、三演变"思路而展开的，特别指出(B,C,E)形态 3 主块句的出现是语言进化历程中最关键的一步，这一点似乎为"E 标记 l00"的特殊地位找到了充足的依据，其实没有，这个依据必要但不充分。充分性涉及"广义作用句-格式"和"广义效应句-样式"的根本区别，而前者才是"4 类主块标记"产生的真正缘由。看清这个缘由并非易事，首先必须具备（E,A,B,C）的全局视野或彼山视野。彼山视野（HNC）与此山视野（传统语言学）的本质差异已有多次预说，上文搞了一次点说，那就是关于（E,A,B,C）与"主谓宾"的差异。这里要补充另一项点说，那就是关于"广义作用-格式、广义效应-样式"与"及物动词、不及物动词"的差异，及物动词诚然一定对应于广义作用句，不可能形成广义效应句；但是，不及物动词也可以形成广义作用句，只是英语的此类广义作用句不能采用被动式形态而已。但此类动词对应的汉语广义作用句依然可以采用英语所不具有的规范格式。被动式语句是广义作用句基本格式的一种形态，不过是格式的一个小花样而已，规范格式和违例格式才是格式的大花样。英语专心经营一个小花样，而放弃规范格式这个大花样的经营，实为不智。这些话，就当作上述三感慨之一（"汉语的格式如此多娇，英语的格式却比较单调"）的补充话语吧。

此山与彼山视野之本质差异的话题今后会不断进行点说，下一节就会有所呼应。这些点说都是本《全书》第三卷第二编的预说。

注 释

[*1]古汉语存在大量以"而"构成的四字词，其中的大部分"而"可纳入"lhq00"，如敬而远之、秘而不宣、取而代之、视而不见、不劳而获、不谋而合、乘虚而入、拂袖而去、三思而行、一哄而起、知难而进等。

第 1 节
A 标记 l01 (322)

前文提到了语言进化过程的三步演变，并说"最关键的一步是(B,C,E)形态 3 主块句的出现"，这里则应该补充说：最重要的一步是(B,C,E,A)形态 4 主块句的出现，这一步才是自然语言走向完全成熟的标志，因此可以断言：成熟的自然语言必然拥有"A 标记 l01"。如果一种自然语言竟然没有与这个标记对应的符号，那就可以给它带上一顶"不够成熟"的帽子。

英语"A 标记 l01"的对应词语似乎只有一个"by"，这应该是其格式单调性的伴随现象。汉语不同，"A 标记 l01"的对应词语十分丰富，这应该是其格式多娇性的伴随效应。如何看待或分析这丰富与单调的利弊是专家的事，这里只讨论表 4-3 所示的语言现象。

表 4-3 "A 标记 l01"基本类型及其标记汉字

类型	对应词语
作用型	给，为；被，由，……
转移、关系型	由，被，……
判断型	随，由，……

对表 4-3 先作四点说明。①对广义作用给出了一个作用型、转移关系型、判断型的 3 分描述方式，作用型以"给"字打头，转移关系型以"由"字打头，判断型以"随"字打头。②表里一共只列举 5 个汉字，"给"、"为"、"随"单用，"被"两用，"由"则三用。③两用的"被"和三用的"由"在三种模式里交换了前后顺序。④"给"字和"被"字都已在上一节出现过，"给"字在下面还会再次出现。近年两字非同寻常的表现则仅关联于"E 标记 lq00"，而与这里的"A 标记 l01"和后面的其他标记无关。

前面我们看到，汉语的"E 标记 l00"有前后（q;h）之分，但现代汉语的另外 3 类语法逻辑标记却似乎表现出"顾前不顾后"的特性，这就是说，现代汉语的"非 E 标记 l0~0"只有"lq0~0"的形态。当然，现代汉语是否果真如此需要"训诂"，但古汉语不是这样，却可断言。但无论实际情况如何，采取下列对策总是明智的，这就是约定：汉语"l0~0"一律默认为"lq0~0"，标记在后的形态则以符号"lh0~0"表示。不同的语种可采取不同的默认方案。

语法逻辑标记(ly,y=0-3)的对应自然语言符号呈现出极为复杂的交织性，自然语言理解处理的根本法则之一叫(l,v)准则[*1]，该交织性的复杂呈现为该准则的运用造成了巨大困难。下面将以"给"字（表 4-4）为例，对"标记(l0y,y=0-3)"的交织性呈现给出第一个素描。

表 4-4 "给"字句基本框架

编号	基本框架
①	给我 A 跪下 E，给我 A 滚出去 E，给我 A 往死里打，张三 B 给李四 A 整惨了
②	给…B 以[打击, 鼓舞]X; 给…B 以（可乘之机, 口实）C
③	给…B[礼物]C, 给…B[任务]C, 给…B[压力]C, 给…B[建议]C, 给…B[支持]C
④	给…TB[介绍]T30[朋友; 情况]T3C; 给…TB[透漏]T30[情况]T3C, 给…TB[输送]T0[人才, 物资]TC
⑤	给我 A//B 赶紧办！

表 4-4 试图穷尽"给"字句的全貌，包括它作为动词的使用情况。这个目的能达到么？请读者检验。此全貌框架区分 5 种情况，将分别记为情况 m。

①和⑤罕见，分别处于"给"字句的两个极端，"我"的意境在情况 1 是完全确定的，一定是 A，情况 5 则相反，可 A 可 B，那个惊叹号也起不了任何作用，只能求助于语境的认定。②~④带有 3 种符号："…"、"[ ]"和（），前两者都表示"可填充"，第三种表示不可填充。"…"表示可前后填充；[ ]表示只允许前填充。②~④差异很大，②与①类似，比较简单，④不过是貌似复杂而已，放到最后去说明。下面就来分析③，它最为复杂，也最有代表性。

复杂性表现为以下 4 个要点。

（1）在对象块 B 和内容块 C 之间可能没有任何标记。

（2）"给"可能是对象块 B 的标记，也可能本身就是特征块 E，还可能是 EQ 的分离。

（3）对象块 B（"…B"）和内容块 C（"[ ]C"）分别呈现为省略型语句形态。

（4）"给"之后的整个语段（"…B[ ]C"）呈现为复杂的语句形态。

这 4 个要点立足于一个前提或预设之上，那就是③的"给"字之后一定存在两个语块：对象块 B 和内容块 C，且对象块 B 的位置一定在内容块 C 的前面，这是"给"字为③提供的最重要信息，抓住了这一点，就抓住了③的牛鼻子。而这个牛鼻子却是一个预设，也是 HNC 思考方式的要点。笔者与读者的重大分歧或差异或许在于：笔者确信该预设就是③的公理，不需要验证，而读者则认为必须加以验证。

笔者的确信来于以下观察："给"是 4 主块广义作用句的主块标志符，而且是一个非常特殊的标记符，具有下面的特殊标记功能：

给 =：(lh01+lq02;lq01)

这就是说，"给"具有两项语法逻辑意义，前者常用，②~⑤都使用它；后者罕见，只见于①。

抱歉，③的分析就到此为止了，因为已经圆满了。4 个要点的具体分析属于形而下的事，落实到具体例句就更是形而下的事了，留给后来者去承担吧。

现在，可以转到④的讨论了。以上关于③的论述是句类分析的典型非分别说，而④则是句类分析的分别说了。两者分别属于句类分析的前两步，第三步叫语境分析。多年来，句类分析成了句类分析分别说的代名词，这造成了后果极为严重的误导，以至于人们不知道：前有句类分析的非分别说，后有语境分析。笔者对这一误导的形成并广为流播负有不可推卸的责任，在此向 HNC 团队致以深深的歉意。

在表 4-3 里,"给"和"由"是必须予以特殊关注的两个汉字,本节只说了一个"给"字,"由"字就留给后来者吧。在"主块标记 I00"的视野里,"由"字有一个小兄弟——"从",但它主要用于辅块标记,故未进入本节的名单。

注释

[*1](⌐,∨)准则的详尽阐释见第三卷第二编。

第 2 节
B 标记 I02 (323)

上节我们看到,可捆绑于"A 标记 I01"的汉字非常丰富,但是,与"B 标记 I02"比较起来,那就有点显得小巫见大巫了。下面,先给出"B 标记 I02"的常用汉字表(表 4-5)。

表 4-5 "B 标记 I02"基本类型及其标记汉字

类型	对应词语
作用型	把,对,将*;给;跟*,和*;使*,令*,让*,叫*;为*,替*,……
转移型	向,往,朝;给,……
关系型	与,同,和,跟;给,……
判断型	为*,替*,……
古汉语	者,兮,……

表 4-5 充分展示了"B 标记 I02"的"大巫性"。表面上,这是汉语的个案,但其实不是,而是所有自然语言的共相。这"大巫性"乃是语句从(B,C,E)形态跨越到(B,C,E,A)形态这一语言进化过程的必然伴生现象,不相信这一论断的读者一定不少,欢迎你们证伪。这里说一句笑话,如果要从这些"大巫"中推选一位"巫王"的话,笔者一定投屈折语的"格"一票。但大家都知道,巫术不能解决根本问题,正是由于这位"巫王"的作梗,屈折语的代表语言——英语——就只好落得个**仅能采用基本格式,而不能采用规范格式的滑稽下场**了。这里以黑体写下的文字确实有点情绪化,反正是说笑话嘛。不过,这确实是有意为之,因为对如此清晰的彼山景象及类似的诸多景象继续采取鸵鸟态度,显然不是正常现象。究其原因,则是应了一句这样的话:不是由于我们的对手太顽强,而是由于我们自己太懦弱。

表 4-5 里的三个细节比较重要,下面略加交代。一是三种基本类型还有子类,以分号";"为标志。二是分号";"同时表示层级性,前高后低。三是有些带星号"*",表示该词语的

表中角色只是它的"兼职",而不是"正式成员"。

第3节
C 标记 I03 (324)

上一节列举了充当"B 标记 I02"的大量汉字,但本节将出现强烈的反差,充当"C 标记 I03"的汉字可谓寥寥无几,似乎用不着搞什么"表:'C 标记 I03'基本类型及其标记汉字"了,先举一个代表性汉字吧——"就"。这个字能提供一个令人鼓舞的信息,那就是:如果它在语句中充当主块标记,那一定是用于标记内容块 C,而不会用于标记对象块 B。

说到这里,需要对符号(E,A,B,C)给出一个历史回顾性的叙述了,否则下面的论述可能陷于语言歧义的困扰。在《理论》里,HNC 特别强调了两点。第一,(E,A,B,C)只是主块(那时叫主语义块)构成的 4 个要素,主块通常是这些要素的组合形态,单一要素构成的主块比较少见。第二,要素 C 最为特殊,它不仅可以独立形成主块——内容块 C,而且,它在一定条件下还可以扩展为语句,这就是块扩或块扩句类这一重要概念的起源。块扩句类的概念敲响了传统语言学双宾语概念的丧钟,原来自然语言的一个单句不仅可以存在双宾语,还可以存在双主语和双谓语。传统语言学对双主语和双谓语现象迟迟未能发现或未能正式正名乃是语言学的重大悲剧,而该悲剧的制造者就是笔者戏称的千年老叟或语法老叟,此戏称见于笔者的两首词作,记录如下。

临江仙(2002 年新年贺词)

计算语言谁主事,千年老叟当家。统计神功众口夸。
廿年热望后,智者叹无涯。

虽是一层窗户纸,尽遮真理光霞。
撕开一角激惊讶,莫听悲观论,胜券在中华。

水龙吟(2003 年新年贺词)

自牛氏开创先河,百科竞逞英豪。
数理奠基,科技腾飞,上帝蒙尘。
共和再现,民主飙升,君权消散。
爱斯*凌绝顶,一览宏微**,惊叹众山不小。

宇宙已不洪荒，思维语言却玄黄。
逻辑仙翁，语法老叟，宝座岿然。
方程渺渺，统计绵绵，双雄无策。
端赖异军突起，敢期三载试锋芒。

＊"爱斯"指爱因斯坦和凯恩斯；＊＊"宏微"指宏观世界和微观世界。

词里的"廿年热望"、"窗户纸"、"激惊讶"、"悲观论"、"胜券"、"异军"和"三载"，以及"逻辑仙翁"和"语法老叟"都需要注释，对不起，就留下一批谜语吧。

小 结

本章属于语法逻辑编的第零章，共 4 节，编号是第 0 节到第 3 节，请读者不要忽视这些编号之数字表示的细节。

本章的撰写方式比较特别：一是写了比较长的引言；二是对第 0 节给予了特殊待遇，写了结束语，后面的 3 节就免了。

引言提出了主块标记齐备语言和主块标记欠缺语言的说法；提出了语言进化历程或儿童语言习得过程三步形态演变的说法；提出了广义作用句最多 4 主块、广义效应句最多 3 主块的说法；提出了广义作用句存在格式差异和广义效应句存在样式差异的说法。这 4 个说法是相互支持的，是语句描述的 4 个基本侧面。这 4 个侧面概括了 HNC 第二公理——语句无限而句类有限——的基本内容，即概述了句类空间的基本景象或称语句彼山景象。该景象的依据是什么？将在"块间基本语法逻辑小结"里给出一个呼应性说明。

传统语言学对语句此山景象的描述（研究）已有 2000 年以上的悠久历史，20 世纪更出现了众多的流派。语句此山景象与彼山景象的比照与沟通是一个非常重大的话题，已具备进行全面系统论述的客观条件，但主观条件还不具备。第 0 节的结束语对此仅略有涉及，不过是一次点说而已。该点说对此山景象里的"及物与不及物动词"说和"主、被动句式"说进行了反思，用词十分平淡，但未讳言两者的语法魔障性。

第一章
语段标记 11

引 言

本章曾长期使用辅块标记的名称，这是一项明显的误用，是笔者不拘小节的又一典型过失。这里正式定名为语段标记，实际上是"主块以外各种语段的标记"的略称，今后将在这一约定意义下使用语段这个术语。这就是说，HNC 将使用语块与语段、主块与辅块这 4 个术语，语块只有主块与辅块之分。依靠语块这个概念或术语，我们才能够写出语句的数学物理表示式，使语句变成一个"well-defined"的东西。但是，语块主辅两分的思路是一种"非此即彼"的绝对性思维，我们还必须为语块及其主辅表现之外的东西保留一个描述空间，这就是本章引入语段这一术语并将辅块标记更名为语段标记的基本依据了。

语段可以是一个词语，包括"vo 型"词语，但通常是指一个具有特定功能的短语，该短语的语法功能可以小于一个语块（语块的一部分），也可以大于一个语块（一个语块附加了另一个语块的内容），总之，它是所有这些东西的统称。

上一章我们说道：自然语言可以分为两大类，一类是主块标记 l0 齐全的语言，另一类是主块标记 l0 不齐全的语言，汉语是前者的代表，英语是后者的代表。前者的广义作用句可以采用规范格式，而后者不能。那么，不同自然语言的语段标记 l1 是否也存在齐全性问题呢？答案似乎是否定的，但答案本身并不重要，重要的是语段标记 l1 自身的透齐性描述。

主块标记或语段标记（将简称标记）的齐全性问题固然十分重要，但不同自然语言之间标记的差异性问题也同样重要。上一章就后一问题进行了点说，下面将进行体说。

自然语言标记的差异性可概括为两方面的内容，一是标记方式，二是标记位置。标记方式有"词语"和"缀"两种形态，标记位置有前位、后位、插入和"两头"四种形态。"词语"又有介词和"格"的形态两分，"缀"有前缀与后缀的状态两分。四种标记位置的前三种，前文已给出了说明，"两头"这个标记比较特别，也许是汉语的"特产"，将予以特殊照顾，专门为它配置一株概念树(l33)。这些就是对标记进行考察所必须使用的工具，而且具有工具视野的透齐性。

但是，这组工具本身的自然语言呈现却非常复杂，最主要的呈现是：介词和"缀"并非全用于块标记，"格"也并非局限于块标记的含义。这就是说，自然语言符号体系的此山并没有为标记提供一个"well-defined"的东西，但是，在语言概念空间的彼山却必须拥有一个"well-defined"的东西。这就是此山景象"ill-defined"而彼山景象"well-defined"的根本缘由了。

介词是传统语言学八大词类（动、名、形、副、代、介、连、数）之一，这里可以预说一声：HNC把其中"动"和"副"的一种特殊类型纳入基本逻辑概念，把"代、介、连"纳入语法逻辑概念，把"数、量"纳入基本概念，这三项纳入都属于玩新，其中的第一项纳入已搞了三次玩新，这第二项纳入就编号为逻辑概念的第四号玩新了。第三项纳入不属于逻辑概念，因而就不参加编号了。

第四号玩新的第一缘由是：有感于介词的管辖范围过于宽泛。在彼山的视野里，介词就如同一名天才小孩的万能玩具，既可以当作足球、篮球和排球来玩，又可以当作羽毛球、网球和乒乓球来玩。这名小孩尽管很有天赋，但毕竟不懂得语块与短语的区别，因而也就不明白主块与辅块的区别，更不懂得广义作用句与广义效应句这两种基本句类的区别，以及格式与样式这两种基本句式的区别。因此，HNC从彼山的视野，将介词的管辖范围划分出不同的概念林，随后再划分出不同的概念树，以便对上列区别给出一个清晰的描述。这项HNC划分实质上不过是对介词意义的再阐释或再揭示，因此只是玩新而非创新。语法学对介词进行过系统深入的研究，但语法学所使用的工具与HNC有本质区别，因此两种阐释的接轨并非易事，笔者无意于此，留给后来者吧。但这里需要指出一个要点，那就是HNC把介词的语法功能划分为三大类：第一类是充当主块和语段的标记（即10-13），第二类是充当语块内部各类组合的逻辑符号（14-17），第三类是充当语段的综合逻辑符号（18）。

第四号玩新的第二缘由是：有感于英语代词令人惊羡的丰富和汉语代词的极度匮乏。在彼山的视野里，两种自然语言的这一巨大差异就必然导致如下景象的呈现：英语语句可以呈现出高楼大厦的雄伟，汉语语句则主要呈现为四合院的精巧。这是概念林"指代逻辑19"独立设置的直接缘由。以上所说，就属于编首语之"下回分解"的第一次解说了。

语段标记I1设置10株概念树，HNC符号及汉语说明如下：

(HNC-1)	(HNC-2)	汉语
I10	Ma	特定语段
I11	Ms	方式
I12	In	工具
I13	Wy	途径
I14	Re	参照
I15	Cn	条件
I16	Pr	因
I17	Rt	果
I18	ReC	视野
I19	RtC	景象

语段标记概念树如同主块标记概念树一样，分别在(HNC-1)和(HNC-2)空间各拥有自己的符号，后者以"前大后小"两英语字母的形式表示，两字母取自英语的相应词语，放在各节里说明。汉语名称原则上都应在后面加上"标记"二字，但一律省略。这是一种深层省略，第8节会谈到这一点。

这10株概念树的设置符合透齐性要求么？也许笑而不答就是最好的回答吧。但这里必须写下一段往事，借以表达笔者对林杏光先生[*1]的无限怀念之情。

林先生在1997年告诉笔者：在研究语义角色（格）时遇到了不可穷尽的困扰，从施事、受事、当事……开始，我们曾搞到60多个"事"或"格"，但还是有新的"格"不断冒出来，最后我不得不采取强行"叫停"的措施，以顺应研究项目的进度要求。我当时告诉林先生：这个困扰**已不复存在**[*2]，因为必选"格"是句类的函数，随着作用效应链的发现，句类已可穷尽，必选"格"也就随之而穷尽了。至于可选"格"，不过寥寥10大类而已。完全出乎笔者意料的是：林先生对HNC的基本论断[*3]竟然似有神悟，并据此而华丽转身，全身心投入HNC事业[***4]，并作出了卓越贡献[*5]。

注释

[*1]林杏光先生简介请传江代写。

[*2]"已不复存在"的说法直接促成了笔者写下《论辅块》、《论语句表示式》和《再论"格"》这三篇短文，三文都收入了林先生主编的《理论》一书。

[*3]当年告知林先生的基本论断是下列三点：一是关于概念无限而概念基元有限、语句无限而句类有限、语境无限而语境单元有限的"三无限−有限"说；二是语言乃语言脑之呈现、句类乃作用效应链之呈现的"两呈现"说；三是主块是句类之函数的"主块因变量"说。在当年，这三说本身并没有完全摆脱幽玄的色彩，因为，那时(HNC3)(HNC4)尚未出现，(HNC-1)还处于初创阶段，而广义作用效应链的概念甚至处于功亏一篑的可悲状态。

[***4]"HNC事业"这个短语是对HNC"理论—技术—产品—工程"四棒科技接力的简称，本《全书》原定仅涉及第一棒，最终可能超出这一预定计划。

[*5]林先生的卓越贡献有：主编并出版了HNC的第一部专著——《理论》；倡议并参与了HNC联合攻关组的建设；开创了"HNC与语言学研讨会"的学术交流平台；为HNC事业推介了语言学界的众多优秀年轻学子；向领导、学界和媒体传递了HNC的关键信息，撰写了大量有影响的论文；为架设HNC与业界之间的桥梁作出了不懈努力，并取得了值得永远怀念的成效。

第 0 节
特定语段标记 l10(Ma) (325)

特定语段标记 l10 有两层含义：一是不区分主块和辅块；二是不区分对象块与内容块，故名之特定语段标记。它在(HNC-2)空间所对应的符号 Ma 分别取自英语"main"和"auxiliary"的首字母。

一篇文章的标题或一本书的书名一定是一个特定语段，对这样的语段进行主辅分析显然是多此一举，进行对象内容分析虽然未必多余，但也难免陷于书呆式的求精。把这样的语段当作语句的一种特殊形态来处理显然是明智之举，故名之特定语段。特定语段通常都力求画龙点睛之妙，许多作者曾为此而呕心沥血，因此，把特定语段标记符号化为 l10 乃 HNC 的必然选择。

"特定语段标记 l10"的直接捆绑词语如下：

```
lq10      关于，论，记，忆……
lh10      公报，声明，纪要，记事，花絮，论，谈……
          序，表，记，本纪，列传，墓志铭……（古汉语）
```

第 1 节
方式标记 l11(Ms) (326)

在概念树设计过程的众多艰难选择中，将方式标记 l11 列为"语段标记 l1"这片概念林的殊相概念树之首曾是 HNC 最为困难的选择之一。圆满的答案是伴随着综合概念各株概念树设计的最终完成而来到的，而那些概念树的最终确定曾历尽艰辛。最终的圆满性充分体现在下列概念关联式里：

```
(l11+l12+l13) <= s2 ——（l1-00）
（方式、工具和途径标记强流式关联于综合逻辑概念的手段）
l11 <= sv21 ——（l11-01）
（方式标记强流式关联于综合逻辑概念的方式）
l12 <= sv22 ——（l12-01）
（工具标记强流式关联于综合逻辑概念的实力）
l13 <= sv23 ——（l13-01）
（途径标记强流式关联于综合逻辑概念的渠道）
```

上列概念关联式的后3个，都在其右侧的 HNC 符号里加了五元组符号"v"，这意味着有关综合逻辑概念的动词可转变为相应语段标记的符号。这是汉语特有的景象么？应该不是，请后来者去验证吧。

"方式 l11"的直系词语捆绑工作也许最为简便，又比较有趣，但最好是汉语、英语以及其他语言同时进行，这只能寄希望于来者。这一说法同样适用于"工具标记 l12"，也基本适用于"途径标记 l13"。

第 2 节
工具标记 l12(In) (327)

在"语段标记 l1"这片概念林之殊相概念树的老大选定之后，"工具标记 l12"列为老二就是水到渠成的事了，回想一下培根先生名著《工具论》的历史作用就不难明白了。

工具标记 l12 需要补充下列概念关联式：

```
l12 <= sv44──（l12-02）
（工具标记强流式关联于综合逻辑概念的工具）
(l12,lv91,GB) = pwa219\2──[l12-01]
（工具标记指称的广义对象强交式关联于制造物）
(l12,lv91,GB) = (a20\k,d30e2m)──[l12-0-01]
（工具标记指称的广义对象强交式关联于经济活动全部基本要素，甚至包括公仆与人民）
```

此前，曾推荐过多种形态概念关联式的教材示例，本节及其前后邻居的概念关联式都有资格入选。

第 3 节
途径标记 l13(Wy) (328)

途径标记 l13 需要补充下列概念关联式：

```
l13 <= s109──（l13-02）
（途径标记强流式关联于智力基本内涵的途径论）
l13 <= v20a──（l13-03）
```

（途径标记强流式关联于转移的传输）
(l13,lv91,GB) = TB3 —— [l13-01]
（途径标记指称的广义对象强交式关联于转移的路径）

这里又一次在概念关联式右侧的概念基元符号里使用了符号"v",联想一下"通过"、"经过"和"经"吧，它们不都是"途径标记l13"的直系捆绑词语么？

第 4 节
参照标记 l14(Re) (329)

参照标记 l14 是全部 10 个语段标记中最重要的一个，但似乎历来最被忽视。说它"最重要"并不是 HNC 的观点，而是来于语言哲学或哲学之语用学转向的启发。语用学关于主体性或主体间性的阐释实质上就是关于语言参照性的论述，前文所说的语言面具性[*01]就是语言参照性的极致形态。现代汉语当前常用的"出发点"、"立足点"和"视角"，以及曾经常用的"立场"都包含一个共同的概念基元——参照，"换位思考"里的那个"位"就是参照。应该指出，这些词语都可以充当参照标记l14。

"参照标记最重要"这个话题在第 8 节里还有回应。这里不妨强调一下：参照由于长期被忽视而成为最值得关注的语法逻辑概念，放在以逻辑命名的第一片概念林里，该概念林命名"块内组合逻辑l4"，参照则定位于概念树l47。

敏感的读者一定已经注意到：概念林"块内组合逻辑l4"之概念树命名与概念林"语段标记l1"名称的重复竟然高达 2/3 以上（准确数字是 8/11），表明这两片概念林之间存在着十分紧密的概念关联性，从本节开始，将写下有关的概念关联式：

l10 = l45 —— （l1-01）
（特定语块标记强交式关联于多元逻辑组合）
(l11+l12+l13) = l46 —— （l1-02）
（方式、工具和途径标记强交式关联于手段逻辑）
l14 = l47 —— （l1-03）
（参照标记强交式关联于参照逻辑）

这里没有为参照标记l14写出"<="形态的概念关联式，原因是安置在其他概念树里更为恰当。

由于参照这个概念一直被忽视，所以参照标记l14的**直系**捆绑词语必然比较匮乏，汉语就是这个情况，这是所有自然语言的共相么？值得"训诂"。

第 5 节
条件标记 l15(Cn) (330)

条件标记 l15 的直系捆绑词语最为丰富，这与参照标记 l14 形成鲜明对比。这应该又是所有自然语言的共相，是对上一节最后提到的共相说的必要补充。

条件标记 l15 存在着最为丰富的概念关联式，因此，下列概念关联式将采用"l15-m"的编号形式。

```
l15 <= s3──（l15-00-0）
（条件标记强流式关联于综合逻辑的条件）
l15*j1 <= s31──（l15-01）
（时间标记强流式关联于时间条件）
l15*j2 <= s32──（l15-02）
（空间标记强流式关联于空间条件）
l15*j4 <= s33+s34──（l15-03）
（量与范围标记强流式关联于社会与物理条件）
l15*j5 <= (s34,s33)──（l15-04）
（质与类标记首先强流式关联于语境条件，其次是社会条件）
l15*j6 <= s35──（l15-05）
（度标记强流式关联于前提条件）
(l15*j1,lv91,GC) = j1──[l15-01]
（时间标记指称的广义内容强交式关联于基本概念的时间）
(l15*j2,lv91,GC) = j2──[l15-02]
（空间标记指称的广义内容强交式关联于基本概念的空间）
(l15*j4,lv91,GC) = pj01*-──[l15-03]
（量与范围标记指称的广义内容强交式关联于社会）
(l15*j5,lv91,GC) = jru746──[l15-04]
（质与类标记指称的广义内容强交式关联于主观性）
(l15*j6,lv91,GC) = jru745──[l15-05]
（度标记指称的广义内容强交式关联于客观性）
```

此组概念关联式里的三个细节比较重要，说明如下。

（1）概念关联式（l15-00-0）采用了特殊形态编号"-00-0"，它试图表达如下的约定：该源流关系具有唯一性。这一约定必然派生出下述推论：概念关联式（l15-0m,m=1-5）都不具有源流关系的唯一性。

（2）概念关联式（l15-03）和（l15-04）表明：5 种条件标记与综合逻辑条件的 5 株概念树之间的对应关系不完全是"一对一"的关系，量与范围标记 l15*j4 和质与类标记 l15*j5 就不是"一对一"，而是与社会条件 s33 和语境条件 s34 两者都存在源流关系。这两个概念关联式正是主观与客观相互交织的生动呈现之一，这一交织性涉及一个永无休止的争论话题，那就是前面多次提到的第一名言和第二名言。

（3）条件标记 l15 仅与基本本体概念挂靠。HNC 把"全部"基本本体概念构成的短语命名为基本概念短语，但将"数 j3"与"量与范围 j4"绑在一起名之数量短语。这又一次表明：数 j3 的特殊性是一个非常有趣味的话题，这里的"跳过"就是"趣味"之一。

第 6 节
因标记 l16(Pr) (331)

前面论述的语段标记可以概括为三大类：第一类主要与综合逻辑有关（如方式、工具和途径）；第二类主要与语法逻辑有关（如特定语段和参照）；第三类主要与基本概念有关（如条件）。那么，语段标记可以完全与主体基元概念脱离关系么？应该提出这个问题，而答案必然是否定的，这就是 HNC 常用的透齐性思考方式。这里是该方式的又一次使用，于是就引入了"因标记 l16"和"果标记 l17"这两株概念树。因此，本节应首先给出下面的两个概念关联式：

```
l16 <= l2e21 ——（l16-01）
（因标记强流式关联于过程的因）
l17 <= l2e22 ——（l17-01）
（果标记强流式关联于过程的果）
```

紧随其后，必须补充下面的两个概念关联式：

```
l16 <= GX —— [l16-01]
（因标记强流式关联于广义作用）
l17 <= GY —— [l17-01]
（果标记强流式关联于广义效应）
```

再随后，还必须补充下面的概念关联式：

```
l16 = lb2\2e21 ——（l16-02）
（因标记强交式关联于句间连接逻辑之因）
l17 = lb2\2e22 ——（l17-02）
（果标记强交式关联于句间连接逻辑之果）
l16 = la2\2e21 ——（l16-03）
（因标记强交式关联于块间连接逻辑之因）
l17 = la2\2e22+la2\3+lb2\3 ——（l17-03）
（果标记强交式关联于块间连接逻辑之果与转折，以及句间连接逻辑的转折）
l17 = lhq00 ——（l17-04）
（果标记强交式关联于插入型 E 标记）
```

最后两个概念关联式会对果标记 l17 的辨认会产生相当大的"麻烦"，本编第十章将给出一个总结性回应。

词语捆绑问题在下一节讨论。

第 7 节
果标记 I17(Rt) (332)

果标记 I17 的基本概念关联式已在上一节与因标记 I16 一起给出了，这意味着所谓因果性的非同寻常，也意味着所谓因果句的非同寻常。前者即将在本章的第 9 节论述，而后者的论述则远在本《全书》第三卷第二编第四章。

因果标记的词语捆绑工作十分有趣，也比较麻烦。这一特性即缘起于上节所列举的概念关联式，特别是其中的（117-03）。为了把这一现象展现得清楚一点，不妨先看一眼汉语以"因"打头的四字词：

  因材施教、因地制宜、因陋就简……
  因势利导、因人而异、因小失大、因噎废食……

再看一眼"而"字插入的四字词：

  公而忘私、敬而远之、取而代之……lhq00+la2\2e22
  不欢而散、乘虚而入、待价而沽、闻风而动、月晕而风……lhq00+la2\2e22
  视而不见、不劳而获、不翼而飞、不约而同、似是而非……lhq00+la2\3
  泛泛而谈、合二而一、满载而归、脱口而出……lhq00

本节的示例和前一节的概念关联式是为"景象 RtC"的设置准备素材的，这两节可名之素材型论述，表现了本章的第三种论述风格。这里顺便说一句："而"字是一个特别有灵性的汉字，概念关联式（117-03）和（117-04）把这一灵性描述得比较充分，而自然语言很难做到这一点。对此有兴趣的读者不妨对照一下词典的解释，如果你对词典的所谓语义描述有一种隔靴搔痒的感受，那就标志着你对 HNC 符号体系有了相当程度的"悟"。

上面的示例表明："因"和"而"两汉字有资格充当因标记与果标记直系捆绑词语，但是任何概念都会有大量的直系或旁系词语，就"因"与"果"来说，第一有"因为、由于；所以、故"；第二有"如果、假如、假设；则、就、可"；第三有"动机、起因；目的、旨在"；第四有"因而、因此、这样、那样"。这四组示例表明："因"与"果"本身存在不同的类型，两者的界限并非总是那么分明。HNC 的对策是：不同类型的区分问题可能比较复杂，采用不同挂靠体的方式能解决多少？肯定不会像条件 Cn 那样轻而易举，但可以断言不会陷于灭顶之灾。"两者的界限并非总是那么分明"实际上构成了一条万能的安全通道，该通道的名称就叫作"因与果的非分别说"，这就是为本片"概念林 l1"设置最后一株概念树"景象 I19(RtC)"的起因之一了。

（3）条件标记 l15 仅与基本本体概念挂靠。HNC 把"全部"基本本体概念构成的短语命名为基本概念短语，但将"数 j3"与"量与范围 j4"绑在一起名之数量短语。这又一次表明：数 j3 的特殊性是一个非常有趣味的话题，这里的"跳过"就是"趣味"之一。

第 6 节
因标记 l16(Pr) (331)

前面论述的语段标记可以概括为三大类：第一类主要与综合逻辑有关（如方式、工具和途径）；第二类主要与语法逻辑有关（如特定语段和参照）；第三类主要与基本概念有关（如条件）。那么，语段标记可以完全与主体基元概念脱离关系么？应该提出这个问题，而答案必然是否定的，这就是 HNC 常用的透齐性思考方式。这里是该方式的又一次使用，于是就引入了"因标记 l16"和"果标记 l17"这两株概念树。因此，本节应首先给出下面的两个概念关联式：

```
l16 <= l2e21 ——（l16-01）
（因标记强流式关联于过程的因）
l17 <= l2e22 ——（l17-01）
（果标记强流式关联于过程的果）
```

紧随其后，必须补充下面的两个概念关联式：

```
l16 <= GX —— [l16-01]
（因标记强流式关联于广义作用）
l17 <= GY —— [l17-01]
（果标记强流式关联于广义效应）
```

再随后，还必须补充下面的概念关联式：

```
l16 = lb2\2e21 ——（l16-02）
（因标记强交式关联于句间连接逻辑之因）
l17 = lb2\2e22 ——（l17-02）
（果标记强交式关联于句间连接逻辑之果）
l16 = la2\2e21 ——（l16-03）
（因标记强交式关联于块间连接逻辑之因）
l17 = la2\2e22+la2\3+lb2\3 ——（l17-03）
（果标记强交式关联于块间连接逻辑之果与转折，以及句连接逻辑的转折）
l17 = lhq00 ——（l17-04）
（果标记强交式关联于插入型 E 标记）
```

最后两个概念关联式会对果标记 l17 的辨认会产生相当大的"麻烦"，本编第十章将给出一个总结性回应。

词语捆绑问题在下一节讨论。

第 7 节
果标记 I17(Rt) (332)

果标记 I17 的基本概念关联式已在上一节与因标记 I16 一起给出了，这意味着所谓因果性的非同寻常，也意味着所谓因果句的非同寻常。前者即将在本章的第 9 节论述，而后者的论述则远在本《全书》第三卷第二编第四章。

因果标记的词语捆绑工作十分有趣，也比较麻烦。这一特性即缘起于上节所列举的概念关联式，特别是其中的（117-03）。为了把这一现象展现得清楚一点，不妨先看一眼汉语以"因"打头的四字词：

因材施教、因地制宜、因陋就简……
因势利导、因人而异、因小失大、因噎废食……

再看一眼"而"字插入的四字词：

公而忘私、敬而远之、取而代之……lhq00+la2\2e22
不欢而散、乘虚而入、待价而沽、闻风而动、月晕而风……lhq00+la2\2e22
视而不见、不劳而获、不翼而飞、不约而同、似是而非……lhq00+la2\3
泛泛而谈、合二而一、满载而归、脱口而出……lhq00

本节的示例和前一节的概念关联式是为"景象 RtC"的设置准备素材的，这两节可名之素材型论述，表现了本章的第三种论述风格。这里顺便说一句："而"字是一个特别有灵性的汉字，概念关联式（117-03）和（117-04）把这一灵性描述得比较充分，而自然语言很难做到这一点。对此有兴趣的读者不妨对照一下词典的解释，如果你对词典的所谓语义描述有一种隔靴搔痒的感受，那就标志着你对 HNC 符号体系有了相当程度的"悟"。

上面的示例表明："因"和"而"两汉字有资格充当因标记与果标记直系捆绑词语，但是任何概念都会有大量的直系或旁系词语，就"因"与"果"来说，第一有"因为、由于；所以、故"；第二有"如果、假如、假设；则、就、可"；第三有"动机、起因；目的、旨在"；第四有"因而、因此、这样、那么"。这四组示例表明："因"与"果"本身存在不同的类型，两者的界限并非总是那么分明。HNC 的对策是：不同类型的区分问题可能比较复杂，采用不同挂靠体的方式能解决多少？肯定不会像条件 Cn 那样轻而易举，但可以断言不会陷于灭顶之灾。"两者的界限并非总是那么分明"实际上构成了一条万能的安全通道，该通道的名称就叫作"因与果的非分别说"，这就是为本片"概念林 11"设置最后一株概念树"景象 I19(RtC)"的起因之一了。

第 8 节
视野 l18(ReC) (333)

"视野 l18(ReC)"似乎是"参照 114(Re)"的扩展,故此前曾长期以扩展参照名之。但这个名字潜藏着严重的误导,非改不可,"视野"比较合适。参照这个概念不区分主观(主体)与客观(客体),也不区分唯心与唯物。因此,我们可以说:参照是主体与客体的非分别说,也是唯物与唯心的非分别说。但无论是语言概念空间(彼山)或自然语言空间(此山)的描述都需要参照的分别说,特别是需要立足于主体的参照分别说,可简称主体参照,HNC 进一步简称为"视野 l18(ReC)"。考虑唯心论这个词语 100 年来在中华大地上臭名远扬,这里应该特别补充一句:"视野"更接近于唯心参照说而不是唯物参照说。由此可见,与其说视野是参照的扩展,不如说是参照的"压缩"。

本章第 4 节说:"这些词语都可以充当参照标记 114",那里一共列举了 5 个词语,它们原则上也都可以充当"视野 l18(ReC)"的激活词语,但视野仅关注其中的立场,把另外 4 个词语(出发点、立足点、视角、"换位思考"里的位)的意义都"压缩"或"提升"到立场的高度,以形成这里定义的视野。这样,就可以获得以下列概念关联式描述的世界知识。

```
l18 <= d31──(l18-01)
(视野强流式关联于立场)
l18 => l19──(l18-02)
(视野强源式关联于景象)
```

本节最后,应该回应一下本章引言中所说"各概念树汉语名称一律省略标记二字"的缘由了,这要从形式和内容两方面来说明。从形式方面说,此前各节都谈到直系捆绑词语的问题,但本节和下一节将不涉及这一问题,因为两者似乎都没有可直系捆绑的词语。从内容方面说,特定语段、视野和景象这三株概念树的表述通常都不是一个语块所能容纳的,但其他 7 株概念树(l11-l17)通常都能纳入一个语块之内,这 7 种语块就是 7 种典型的辅块。

综合这两方面的情况去考察"概念林 l1"各株概念树的符号汉语命名,那么就可以说,所有的辅块(对应于 l11-l17)都可以加上标记二字,特定语段 l10 也可以,但视野 l18 和景象 l19 不能。那么,为什么全都省略了呢?因为我们同时给出了这些概念树在语句空间的命名与符号,而在语句空间使用标记这个词语是不适当的。

第 9 节
景象 I19(RtC) (334)

景象(RtC)曾用名扩展因果,这是 HNC 探索历程中用词不当的又一典型,因为概念树"119"的初始设置意图就不是因与果的扩展,而是因与果的非分别说,也就是动机与目的的非分别说。这一特定非分别说就是指万事万物的景象,故最终决定以景象名之,并在语言脑的基础结构层次(即(HNC-1)层次)以符号"119"予以表述,在语言脑的上层建筑层次(即(HNC-m,m=2-3))以符号"RtC"予以表述。

"119"或"RtC"意义下的景象是通常意义下的景象,又不是通常意义下的景象。这个说法其实就是概念关联式(l18-0m,m=1-2)试图传递的世界知识:景象决定于视野,视野决定于立场。反序而言之则是:不同的立场会形成不同的视野,不同的视野会产生不同的景象。景象描述通常采用三主块简明判断句 D2J、基本判断句 jDJ 及因果句 P21J,前文多次提到的第一名言"存在决定意识"[*02]属于简明判断句 D2J,多次提到的语言面具性名言"原子弹是纸老虎"[*03]属于基本判断句 jDJ,两者都是人类历史文献中最精彩的景象描述。经文的画龙点睛之笔都着力于景象描述,并优先基本判断句的否定形态,《心经》堪称范本。

应该指出:景象描述只是景象陈述的一种形态,此外还有景象叙述和景象论述两种形态,大体说来,叙述是科学的任务,描述是神学的任务,而论述则是哲学的任务。HNC 约定:概念树 l19(RtC)所对应的景象不涉及叙述,只涉及描述与论述,并准备对两者再加以区分,那就是深层第二类精神生活和深层第三类精神生活的划分。然而,似乎需要再次申明一下:这只是 HNC 景象的一个方面的约定,另一方面则是:HNC 景象仅限于语言脑景象,不涉及语言脑之外的 5 种大脑景象——特别是其中的图像脑景象和艺术脑景象。

有人问:一般人都闹不清楚景象描述与景象论述的区别,对语言超人提出这样的高标准要求是否过于异想天开呢?问得好!但全面回答这个问题不仅不是本节的事,甚至也不是本卷的事,只能请读者到第三卷第三编和第四编里去寻求"下回分解"了。不过,这里可以预告一声,语境单元 SGU 和显记忆 ABS 里的背景 BAC 有 BACE 与 BACA 之分,显记忆 ABS 里的对象内容 BC 有 BCN 与 BCD 之分,作用效应 XY 有 XYN 与 XYD 之分。这些区分的实现都需要视野 ReC 和景象 RtC 所提供的信息。

视野 ReC 与景象 RtC 常常不是以辅块的形式,而是以语句的形式呈现,因此,两者的激活信息形式必然与其他辅块有所不同。视野的激活通常不能单单依靠个别词语,而是依靠特定的短语。这些短语通常安置在语句的最前面(这似乎也是所有自然语言的共相),属于语习逻辑 f 里的句首语 f12。句首语之后的语句,就往往是景象的描述或论述了。这项世界知识对于语境分析十分重要,以下面的概念关联式表示:

```
ReC = f12
    (视野强交式关联于句首语)
ReC => RtC
```

（视野强源式关联于景象）

小 结

本章论述了以标记命名的 8 株概念树（标记概念树）和不以标记命名的两株概念树（非标记概念树）。那么，能不能说这是两类性质完全不同的概念树呢？正确的回答是"既能又不能"。"能"的意思联系于意境类型的划分，标记概念树都拥有直系捆绑词语，其意境类型容易直接获知；非标记概念树没有这样的捆绑词语，其意境难以直接获知。"不能"的意思则联系于意境内容的明晰，7 株标记概念树（111-117）的意境内容是易于明晰的，不存在隐身性；但特定语段（110）、视野（118）和景象（119）这 3 株概念树的意境内容都就完全不同了，通常都具有比较强的隐身性。

7 株意境内容易于明晰的概念树可名之辅块，与"非主即辅"的思考相对应，是"非此即彼"思维的简单拷贝，但这样的思维模式绝不能用于彼山景象的描述。那么，怎么办？本章引言和最后两节的论述试图对这个令人困扰的问题给出一个清晰的答案，至于是否达到了预定目标，笔者就没有把握了。

注 释

[*01] 语言面具性是一项十分重要的世界知识，曾多次预说，在《论语境单元》（第三卷第三编）里有进一步说明。

[*02] 与第一名言配套的第二名言是"意识决定存在"，前文曾指出：坚持两名言的分别说不过是学者的书呆子气，政治家则一定交替运用两名言，绝不坚守一端。

[*03] 该精妙语句传达了毛泽东第二宏图的核心思考，所以他在世界共产党领袖的1957年莫斯科会议上郑重宣告于全球共产党人。

第二章

主块搭配标记 12

引 言

在语法逻辑概念 1 中,以标记命名的 4 片概念林有**单**标记与**双**标记的区别,各拥有两片概念林,前者是主块标记 l0 和语段标记 l1;后者是主块搭配标记 l2 和语块搭配标记 l3。这里对单与双用黑体实际上是多余的,目的仅在于唤起对"单元二分描述 j41-0e2m"的单双回忆。基于这一回忆,我们是否可以感受到:形而上思考的透齐性要求原来不过如此,就语法逻辑这一概念子范畴而言,单标记概念林和双标记概念林分别针对语块和语段各设置两个不就透齐了么?这样,标记语法逻辑的概念林总数就是 4 片了。

这里存在一个明显的问题,如果单标记是齐全的,双标记不就成了多余的东西么?为什么还要加上双标记概念林呢?这个问题提得好。答案是简明的,那就是:语言这个东西有两项特殊嗜好:一是多余(包括重复),二是省略。对语言的两项特殊嗜好不能不予以特殊关注,不能仅发出一声乔氏感叹就完事。

HNC 采取的特殊关注措施可概括成两大类:一是设置双标记语法逻辑;二是在语习逻辑里设置相应的概念林或概念树。

这里似乎应该再次强调一下,双标记也是仅针对广义作用句而设置的,仅联系于语句格式的转换;跟广义效应句没有任何关系,无关于语句样式的转换。

至于主块搭配标记 l2 这片概念林的概念树设置,似乎是易如探囊取物,因为主块类型不过寥寥 4 种而已,其实不然,我们不能傻乎乎地为了追求齐备性而设置 24 种搭配方式。自然语言虽有省略嗜好,但省略的另一端是不可省略,如果以不可省略为立足点,那就可以使思考途径大为简化。这就是本概念林之概念树设置的基本依据,并从而形成了与概念林 l0 完全对应的概念树配置。

l20 　　　E 搭配标记
l21 　　　A 搭配标记
l22 　　　B 搭配标记
l23 　　　C 搭配标记

这里的汉语说明含有省略,省略了什么?下面第 0 节将给出答案。

第 0 节
E 搭配标记 l20 (335)

最典型的 E 搭配标记就是英语被动式语句所使用的标记，其标记搭配形态是

```
(be*,by)
```

"be*" 是 E 块前标记，"by" 是 A 块前标记。此搭配标记的 HNC 映射符号建议如下：

```
be*         lq20
by          lq20*l01
```

这里，"be*" 里 "*" 表示 "be" 之各种形态的意思；"lq20" 里的 "q" 表示搭配位置居前，标明其主角身份。配角是 "lq20*l01"，其中的 "q" 表示两标记采取 "前缀" 方式，其中的 "*l01" 表示跟随的语块是 "A 块"，这两项约定是基本的，将简称搭配基本约定。此外，还有两点补充约定：第一，"lq20" 必须存在；第二，"lq20*l01" 可以不存在。

以上所说，不过是关于 "E 搭配标记 l20" 此山景象的表述，如果换位到彼山的视野，那应该给出怎样的景象表述呢？答复如下：第一，"E 搭配标记 l20" 是广义作用句实施基本格式转换的一种符号工具，并不适用于规范格式的转换，因而似乎仅适用于 SVO 语言（屈折语），而不适用于非 SVO 语言（非屈折语）。这就是说，"E 搭配标记 l20" 这株概念树乃专为屈折语而设计，尽管笔者并不认同第一世界已经建立的第一文明标杆雏形具有普世价值，但承认屈折语对人类文明的进化和发展作出了最大贡献，这件事成了本专用性概念树设计的最初诱因。第二，在 68 种基本句类中，介乎广义作用句与广义效应句之间的两可句类可以使用无 "by" 的被动格式，但无 "by" 的意义对不同语言（例如汉语和英语）有所不同。这两点论述属于笔者的 "姑妄言之"，当然需要烦请专家来训诂，专家有此意乎？

现在可以回答引言中所说的省略了，原来 "E 搭配标记" 的全文应该是 "以 E 块为核心的搭配标记"，其他类推。

177

第 1 节
A 搭配标记 I21 (336)

上一节实际上是提出这样一个命题：主块搭配标记 I2 和语块搭配标记 I3 这两片概念林的设置是专门为广义作用句的格式转换服务的，它包含两个子命题：① "E 搭配标记 I20" 专为基本格式转换而设计；② "非 E 块搭配标记 I2m,m=1-3）" 则专为规范格式转换而设计。这个命题或这个话题应该写在本编的编首语里，但是，如果没有上一节的铺垫而贸然提出，那显然会让读者感到突兀，所以仅在那里写下 "且听下回分解" 的话。

有人问：有必要这么大动干戈，为 "非 E 块搭配标记" 设置 3 片概念林么？问得好！这就要请读者回忆一下关于自然语言理解处理五大劲敌或三大劲敌[**01]之说了。汉语的剿灭劲敌之战 "似乎远难于英语，其实不是"。对这个论断已有多次预说，这里要再来一次，那就是："非 E 块搭配标记" 是剿灭劲敌 B 的法宝，如果一个语句出现了可使用这一法宝的征兆，则其中的劲敌 B 就不难被歼灭了。

"非 E 块搭配标记" 理论上应该有 3 种，对应的概念树就是 3 株，这一理论思考完全等同于转移句基本句类的轮流坐庄设计。但这绝不等于说：每一种非屈折型语言都拥有这 3 株概念树所描述的搭配标记。还可以这样发问：这些搭配标记是否根本就不存在于地球村的自然语言？笔者没有能力对这个问题给出透齐性回答，本节和随后的两节只能就汉语的具体情况进行一定程度的点说。

汉语的 "为……所……" 可以纳入 "A 搭配标记 I21"，该搭配的 HNC 映射符号如下：

```
为            lq21
所            lq21*100
```

此搭配标记采用的搭配基本约定与 "E 搭配标记 I20" 相同，这就是说，该约定适用于所有的搭配标记，下两节就不另加说明了。

"为……所……" 搭配主要用于古汉语，现代汉语另有 "A 搭配标记 I21" 么？这里只提出问题，下一节会有所回应。

注 释

[**01] 语言理解处理的5大劲敌如下。

劲敌01：特征块EK多句类代码的选定；

劲敌02：全局语句EgJ与句蜕语句ElJ的判定；

劲敌03：动词异化（曾名之动词体词化，也可名之异化动词）的判定；

劲敌04：以指代、省略或句间接应词语为标志的浅层隐知识揭示；

劲敌05：以复杂省略或想象描述为标志的深层隐知识揭示。

5大劲敌的汉语陈述可简称"一选定、两判定和两揭示"，一选定曾另名劲敌A；两判定曾另名劲敌B；两揭示曾另名劲敌C。于是又有3大劲敌之说。

不同语言的劲敌表现可能差异很大。例如，英语的劲敌A比较嚣张，但劲敌B比较老实。汉语恰恰相反，劲敌A老实而劲敌B嚣张。

语言理解处理还有15支流寇，清单见本编第四章第1节的注释"[**02]"。

第 2 节
B 搭配标记 I22 (337)

本节先直接写出"B 搭配标记 I22"的符号及对应的汉语搭配示例，

```
lq22              给；以；
lq22*l00          以；为；
```

示例（给……以……）搭配十分简明，仅见于现代汉语，构成广义作用句的!11 格式。

示例（以……为……）搭配比较复杂，该搭配里的"为^2"本身充当动词，其对应的映射符号应写成 lq22*lv00。

古汉语的（以……为……）搭配见于著名成语"以攻为守"和"以邻为壑"，两者都属于 4 主块的混合句类，句类代码分别是 D0Y0J 和 D0Y1J，可写成变量形态 D00J[***1]；格式为!31!11。现代汉语对该搭配的运用是否出现了很大变化呢？答案是：依然故我。依然是 D00J 形态的混合句类，依然是!11 格式。这两个"依然是"将被称为句类空间的语言景象，以区别于自然语言现象。针对语言现象制定的规则，其充分必要条件在一般情况下都比较严苛，故有人曾发出过"凡语言规则都必有例外"的浩叹。语言景象则截然不同，那浩叹之声可以停歇。上面的论断过于突兀，是后话，见本《全书》的第三卷，这里只是就便预说一声。下面先给出两个例句作为见证。

法西斯国家曾以自由主义为死敌；曾以自由主义为死敌的法西斯国家。

北约以美国为首；以美国为首的北约。

在所有的上列例句里，（以……为……）搭配里的"为^2"都充当混合句类 D00J 里的特征块 D00。当然，不同语句的"O_2J"（即这里的 OJ）选定需要一定的句类知识功底，但这毕竟是第二位的东西，重要的或第一位的东西是："O1J =: D0J"，这就是语言概念空间（具体说，是第二层级句类空间）里的景象了，请记住这一点。

注释

[***1] 这项注释特别重要，所以加了 3 个星号。混合句类的表示方式曾长期悬而未决，这里是第一次

采用最终约定的表示方式，详见《论句类》(第三卷第二编)。最终约定的基本原则是：混合句类 O_1O_2J 的主块数量完全由 O_1J 决定，句类的基本二分(广义作用与广义效应)原则也完全由 O_1J 来体现，但句类细分由 O_1J 和 O_2J 共同担当，其特征块符号就是 O_1O_2。就搭配(以……为……)来说，O_1J 是不变的，一定是 D0J，变化的只是 O_2J。

第 3 节
C 搭配标记 I23 (338)

本节仿照上节的方式，先给出相应的汉语搭配示例，随后作简略说明。

```
lq23            为；
lq23*100        而；
```

（为，而）搭配是现代汉语比较常用的搭配，它是一个纯粹的"C 搭配标记 I23"么？它联系于什么样的句类呢？上节为"(以……为[2]……)"搭配找到(或指定)了混合句类代码 D0OJ，这里则出现了更简明的"剧情"，与"(为[3],而)"搭配相对应的句类代码可以是基本句类 X11J，也可以是混合型的 X11RkmJ，但格式一定是"!11"。这样，上列两项疑问就一起迎刃而解了。"林黛玉决心为贾宝玉而死"这样的语句就不会造成第一项怀疑了。

在汉语文本里，一旦"为"字以"孤魂"形态出现，那就是劲敌。但如果同时出现了上列 3 项搭配之一，那么，这位劲敌就必然束手就擒。句类知识运用的威力或句类分析的威力，即在于此。这并不是说，"为"字造成了困扰就会因此而烟消云散，因为这种束手就擒的情况只占少数，"为"字还可能以流寇 14（分词歧义）和 15（伪词鉴别）的形态出现。顺便说一声，该束手就擒而擒不住，那就太不应该了。

这段话，是《论句类》的预说，也可以充当本章的小结。

第三章

语块搭配标记 13

引 言

本概念林仅设置 3 株概念树,符号及汉语命名如下:

  I31   一辅一主搭配标记
  I32   辅块搭配标记
  I33   一辅两搭配标记

基于主块和辅块的概念,这里的透齐性表现可谓一目了然,无须多话。

第 1 节
一辅一主搭配标记 l31 (339)

本节先交代两个细节，一是把"一辅"放在名称的前面；二是名称并没有像概念林"语段标记 l1"那样进行改动。前者是为了突出现代汉语的基本特色之一，那就是辅块的位置一定在特征语块的前面；后者是由于考虑到搭配标记 l31 实际上只涉及少数几个辅块，不必考虑特定语段 l10、视野 l18 和景象 l19 等。

一辅一主搭配标记 l31 的汉语基本形态是

   (lq31…lq31*100)   （因……而……）

除了(lq31…lq31*100…)之外，一辅一主搭配标记还存在下列 4 种形态：

   (lq31*11…lq31*100…)   （通过……{的}……而……）
   (lq31*115…lq31*100…)   （由于……{的}……而……）
   (lq31*117…lq31*100…)   （出于……{的}……而……）
   (lq31*18…lq31*100…)   （基于……{的}……而……）

这 5 种"一辅一主搭配"形态必须存在于一个语段之内（即无标点符号把搭配标记分开），否则的话，要么那"而"字不出现，要么就是另外的意义了，这是运用"一辅一主搭配标记 l31"的要点。

对于后 4 种形态，需要说明两个细节：一是"的"字不是必然出现，故加了符号"{ }"。若"的"字一旦出现，并且后面跟随着综合逻辑概念的直系词语，则语段的意境信息就非常清晰了；二是居前"lq31"的挂靠体有概念林和概念树两种方式。概念林挂靠方式的对应词语不限于上面指定的"通过"或"基于"，但概念树的对应词语则限于上面指定的"由于"和"出于"。不过要补充说一句，这限定只是充分条件，而不是必要条件。

到此为止，我们看到所有搭配的跟随标记都指向 EK，这等于说，所有的搭配都是与 EK 搭配，那么，为什么不把这一点突出出来以简化搭配的整体描述呢？那个指示挂靠体的符号"*100"是不是一个多余的东西呢？

回答是很简单的，我们不能认定自然语言的语块搭配标记只存在于 GBK 与 EK 或 fK 与 EK 之间，在 GBK 之间或 GBK 与 fK 之间就不能存在搭配标记。在语言概念空间的视野里，提出这样的命题是荒诞的。尽管笔者仅略知汉语和英语，但依然坚信：上面关于搭配标记概念树的设计完全符合形而上思考的透齐性要求。说一句玩笑话，即使地球村的自然语言确实不存在 GBK 之间或 GBK 与 fK 之间的搭配标记，也不能保证外星人的自然语言也不存在呀！

第 2 节
辅块搭配标记 l32 (340)

  本节首先需要说明的是：上一节说到的"一辅一主搭配标记 l31"必须限制在无标点符号隔开的一个语段里，下一节要说明的"一辅双标记 l33"也要受到这一限制，但"两辅搭配标记 l32"似乎恰恰相反，两辅之间多半会给出逗号。英语是这样，现代汉语也学了这个样子。不过，汉语和英语的标记方式有重大差异，单一辅块的标记位置一定在前，这是两种自然语言的共性。但辅块搭配的标记则不同，英语依然在前，而古汉语则优先于在后。明显的例证就是那著名诗句"周公恐惧流言日，王莽谦恭未篡时"里的"……日……时"搭配。这种辅块搭配可写成如下的形式：

    (l32*l15…lh32*l15) —— （l33-01）

  这种辅块搭配形式现代汉语依然采用，但更多采用的是下面的形式：

    (l32*l1y…{(l32*l1y)|},y=5-7|— （l33-02）

  概念关联式（l33-02）采用了重复符号"|"和可省略符号"{ }"，前者意味着以重复的形式构成辅块搭配标记；后者意味着作为搭配标记的后续"l32*l1y"可以省略。下面作 3 项细节的简要说明。①重复符号"|"的使用意味着辅块搭配并不限于两个，可以是多个。概念树 l32 的汉语命名原来是"两个辅块搭配"，现改成"辅块搭配标记"，其缘由就在于此。②它不带"q//h"符号，这意味着该搭配标记可使用任意位置形态的标记符号，包括下一节介绍的"一辅双标记 l33"形态。③其变量符号 y 的取值范围恰好是"y=5-7"，这并非偶然，体现了"语段标记 l1"这片概念林所属各株概念树之顺序安排的"良苦用心"。④重复搭配标记省略属于自然语言的语习问题，英语是否比汉语更语习于省略呢？答案似乎是肯定的，但这毕竟是语言专家的事了。

  概念关联式（l33-02）分别说的对应汉语词语示例如下：

    (l32*l15)   （在……下,）
    (l32*l16)   （由于[*01] ……,）
    (l32*l17)   （为了……,）

  概念关联式（l33-01）的双搭配形式主要用于诗词，现代汉语也是这样。所用的搭配词语主要对应于基本本体概念的时间与空间。

第 3 节
一辅双标记 l33 (341)

"一辅双标记 l33"是 4 片标记类语法逻辑概念林之 21 株概念树的最后一株,本节首先想说的话是:第一片概念林和最后一株概念树具有最强烈的语种个性,前者已在本编第零章里作了充分的论述,本节将论述后者。这是从彼山观察此山所看到的众多语言景象之一,也许可以说是最为有趣的语言景象。

本株概念树汉语命名里的"辅"字不是很恰当,容易造成"辅者,辅块也"的误会,其实它是"(辅块;辅语段)"的简称。"一辅双标记 l33"的典型样板是汉语的"从…到……"和英语"from…to…"短语,它可以是一个辅块,也可以只是语块里的一个辅助语段。如果该语段事实上构成了主块,那一定意味着存在深层省略。

上面给出的样板短语属于"一辅双标记 l33"的(lq33…lh33…)形态(将名之起止形态),英语仅采用这种形态,汉语不同,它主要采用括号形态(lq33…lh33),即在短语的头尾都加上标记,前后两标记分别记为"lq33"和"lh33"。

一辅双标记 l33 具有下列基本概念关联式:

```
l33 = l5y —— (l33-01)
(一辅双标记强交式关联于块内集合逻辑)
(lq33…lh33…) = l54\5 —— (l33-02)
(起止形态标记强交式关联于位置起止逻辑)
(lq33…lh33) <= gwa3*8[2][*02] —— (l33-03)
(括号形态标记强流式关联于汉语)
((lq33…lh33),lv91,GC) = j(~3)0+s3y —— (l33-04)
(括号形态标记指称的广义内容强交式关联于数以外的基本本体概念之基本内涵和综合逻辑的条件)
```

块间基本语法逻辑小结

块间组合逻辑的全部概念树都不具有自延伸特性,只是一个挂靠品,是全部抽象概念中的唯一异类,全部以标记命名。这四章对这一异类作了透齐性分析,这主要表现在对以下两个基本问题的思考和回答中:①一个语句的主体构成单元(主块)可以给出透齐性描述么?②与语句主体构成配套的构成单元(包括辅块)可以给出透齐性描述么?本编的前两章分别对这两个基本问题给出了肯定性答案。

然而,应该立即指出:这个答案不是源而是流,源是广义作用效应链、广义作用句及其格式、广义效应句及其样式的发现。第零章给出了如下关键论述。

语句的进化历程或小孩的话语习得过程必然存在如下所示的三步形态演变:

B => (B,C) => (B,C,E) => (B,A,C,E)

这个论述形式上似乎揭示了主块4要素的根源，但实质上，它只是广义作用效应链这一根本发现的流，是该发现的必然推论。这个推论曾名之主块4要素说，也可另名之(B,C,E,A)说。

(B,C,E,A)说是对"短语构成语句说"和"主、谓、宾"说的重大改承[*03]，也是对乔姆斯基 S = NP+VP 表示式的重大改承。改承不是颠覆，颠覆是浪漫理性嗜好的词语和行为。如果前文曾使用过颠覆这个词语来描述 HNC 的创新或玩新思考，那这里郑重表示歉意。

"短语构成语句"说和"主、谓、宾"说是语句语法学的基本思路，这个思路看起来无懈可击，乔氏表示式是对该思路的拷贝式继承。乔氏的贡献在于赋予"VP"以可爱的递归特性，这一特性既意味着生机，又包藏着祸根，乔氏本人对此有深切的感受。他曾费了九牛二虎之力试图杜绝其祸根侧面，但由于深感回天乏力而迷途知返，从纯粹形而下的规则探求转向多少有点形而上思考的原则探索。乔氏的悲剧在于他始终没有搞明白：问题的要害恰恰在于短语这个立足点本身，语法学叫作短语的这个东西相当于物质结构之分子、原子和元素的统称，也相当于有机体结构之组织、细胞、蛋白质、脂肪和葡萄糖的统称，这么一个统称当然有它的历史意义或价值，但问题在于这个概念是建立在八大词类基础之上的，因此，其理论意义充其量相当于古希腊文明的四元素说或中华文明的阴阳五行说而已。

句子可以比作物质或有机体的基本结构单元，当人们对物质或有机体的微观结构一无所知时，使用原始意义下的各种统称是别无选择的无奈，但是，当人们对物质或有机体的微观结构有所了解以后，统称就不应该继续成为描述的唯一选择了。在现代，分子和细胞已分别成为物质和有机体基本单元的合适描述单元，已取代了"金木水火土"之类的统称，那么，短语这样的统称就无可替代而不需要加以反思么？这是一个非常重大的课题，是语言学的第一要害。然而，传统语言学一直在回避这个要害，乔氏的所谓语言学革命根本没有触及这个要害，语言哲学及其语用学转向也没有触及这个要害。"主块标记 10"这一章是针对这个要害问题的回应，这个回应是全面的，因为它是立足于广义作用效应链的回应。在已有(B,C,E,A)说之后，短语就不再是一个描述语句基本单元的合适东西了，就考察语句这座巨大迷宫而言，短语实质上起着障眼法的作用。

为揭示该巨大迷宫之谜，块间基本语法逻辑的4片概念林提供了4串钥匙，其中"主块标记 10"这株概念树是最关键的串，提供了打开该迷宫"东西南北"4面大门的4把钥匙。

但是，仅利用"主块标记 10"这片概念林提供的信息来考察语句迷宫，只能看到该迷宫在南北与东西这两条轴线上的主体建筑，不能看到它的全貌。那么，主体建筑之外，语句迷宫还有哪些类型的建筑？"语段标记 11"这片概念林对这个复杂问题给出了一个全面而清晰的回答：语句迷宫除了 4 种类型的主体建筑（主块）之外，还有 10 种类型其他建筑。这 10 种建筑中，有 7 种可名之附属建筑（辅块），另 3 种可名之特殊建筑（特殊块）。那么，能否说"语段标记 11"为这 10 种类型建筑的辨认提供了标记或为打开这 10 类宫殿的大门提供了钥匙呢？答案是："语段标记 11"仅为 7 种辅块和 1 种特殊块的考察提供了充分的便利（标记或钥匙），但对另外两种特殊块并没有做到这一点，那就是视野（ReC）和景象（RtC）。这意味着语言理解处理的终极难关（硬骨头或拦路虎）并不是什么五大劲敌和 15 支流寇[*04]，而是视野和景象的认定。

　　语句迷宫的建筑群不是孤立的，除了单个建筑的独立标记之外，还应该存在各建筑之间的联想式标记，这就是"主块搭配标记"和"语块搭配标记"这两片概念林所承担的使命，两者为语句迷宫建筑群的辨认提供标记信息。

　　以上所说，仅涉及语句迷宫的各类宏观建筑（语块），未涉及每一宏观建筑的内部结构。下面的 4 片概念林将用于语块内部结构的揭示或描述，属于语块迷宫而不是语句迷宫的探索。这里需要再次提醒一声：要当心"非此即彼"思维的陷阱，宏观建筑（语句迷宫）与其内部结构（语块迷宫）之间不可能是截然分离的，概念树"一辅双标记l33"就是一个双料性的东西，已经兼顾到语块内部结构的描述了，它不单是语句迷宫的一把钥匙，也是语块迷宫的钥匙之一。

注释

[*01] 三项分别说依次使用了三个代表词语："在……下"、"由于"和"为了"，其中"由于"的代表性最差，它可以是"基于、因为、考虑到……"等。

[*02] 符号"gwa3*8[2]"表示汉语，欧语和阿拉伯语将分别以gwa3*8[1]和gwa3*8[3]表示，这只是笔者的建议。欧、汉、阿这三语言的排序乃基于三种文明标杆的思考，其他大语种如何编号或是否都参加编号？那是图灵战役启动以后的事。

[*03] 改承是本《全书》引入的新词语，在这里第一次出现是本《全书》具体撰写过程的情况，但未来的出版文本不会这样。与改承对应的还有承改，两者分别是概念树b13和b23的汉语命名。在西方文明的众多主义中，似乎唯独没有改承主义和承改主义，但实际情况并非如此。这两者是有原则区别的，不过西方文明不加区别，统称之为改良主义或修正主义。

[*04] HNC理论将自然语言理解处理的难点概括为劲敌与流寇两大类，总计20项。前5项名之劲敌，后15项名之流寇。第二号和第三号劲敌可合称动词的语用功能判断（即全局动词v_0//局部动词v_1/动词异化(~v)的判断，即通常所说的汉语动词困扰），将简记为劲敌B;第四号和第五号劲敌可合称省略与指代的认定,将简记为劲敌C，至于语句句类代码的认定（第一号劲敌）则可相应简记为劲敌A。这样，5劲敌说也可另名3劲敌说。劲敌与流寇的说明清单见后文"并联l41"节（[240-41]）的注释"[*2]"。

第四章

语块组合逻辑 14

引 言

标记小结里说：本编前 4 章所论述的语法逻辑将统称块间基本语法逻辑，这里可以说：本章和随后 3 章所论述的内容可统称语块基本语法逻辑。这两个说法能否简称"块间语法"和"块内语法"呢？回答是：不能！因为省掉"逻辑"二字问题不大，但"基本"二字绝不可省。为什么？因为"块间"与"块内"的概括形式上显得非常全面，似乎符合描述的透齐性要求，但实际上并非如此，因为它依然掉进了"非此即彼"的陷阱，没有考虑到块间与块内之间的交织性。因此，"基本"二字是断然不可省略的，否则，那小综合逻辑 l8 和指代逻辑 l9 这两片概念林就没有立足之地了，前者密切联系于"块间"，后者则同时密切联系于"块间"与"块内"，实际上，本片概念林也具有这一特性，特别其中的概念树"l43 单向组合"和"l45 多元逻辑组合"。

同块间基本语法逻辑概念林的数目一样，语块基本语法逻辑的概念林数也是 4，这两个 4 的巧合当年曾使笔者神往良久[**01]。这些概念林的汉语命名都历经周折，当前的命名笔者也并不全都满意，特别是概念林"l4"的命名——语块组合逻辑，曾经使用过的另一命名——语段组合逻辑——也许更合适一些。

"语块组合逻辑 l4"这片概念林辖属 11 株概念树，在无共相概念树的情况下，这是"概念树容量"的上限。其 HNC 符号及汉语说明如下：

l41	并联
l42	串联
l43	单向组合
l44	双向组合
l45	多元逻辑组合
l46	手段
l47	参照
l48	条件
l49	动机
l4a	目的
l4b	因果非分别说（因果）

这 11 株概念树分别描述语块组合逻辑的 11 种类型，它们都拥有自身的概念延伸结构表示式，恢复了概念树的本来面目。

现代汉语语法学参照西语短语结构的思路论述过汉语词语结构的基本类型，那就是著名的联合、偏正、主谓、述宾、述补 5 类型说，后面的 3 类型（结构）在某种程度上是现代汉语语法学的玩新，因为，西语的词语很少采用这 3 种类型，而构成现代汉语主体词语的双字词（古汉语以单字词为主体）则大量采用，典型的例子有"地震、办事、提高"。5 类型说存在三项根本弱点或三项根本失误：一是盲目宣扬所谓词语（短语）和句子之间的同构性，在词语层面大做"主谓、述宾、述补"的文章，这就必然导致一个巨大的悲剧，那就是继续对短语与句子之间存在着一个巨大台阶的语言现象视而不见，而这个台阶现象在汉语里本来是比西语更为明显的；二是将偏正的含义无限扩张，无视"皮靴、枪毙、点焊、毛纺……"诸词语的内在结构存在着巨大差异，都放进那只叫作"偏正"的"万宝箱"里；三是只注意到 5 类型的单向性，忽视了它们所**固有**的双向性。这三项根本弱点并不是现代汉语语法学的过失，因为现代汉语语法毕竟是西语语法学的学生，问题出在老师身上，即语法老叟身上。上列三项失误实质上是语法老叟的失误。

为了弥补语法老叟的第一项失误，HNC 引入了语块的概念；为了弥补语法老叟的第二项失误，本片概念林引入了上列 11 株概念树的后 9 株。这里需要指出两点。①第一项失误是战略性的，故相应的弥补措施名之创新；第二项失误是战术性的，故本片概念林的弥补只是一项玩新，列为语法逻辑的第五号玩新。②本片概念林的设置起源于对第二项失误的弥补，但其着眼点放在词组 5 类型说的巨大先天不足上，后续 3 片概念林的设置都是此项弥补工作的继续。第五号玩新的内容都不过是"秃子头上的虱子"，本章各节不直接作针对性说明了。这话有点不那么礼貌，但还是应该写下的。

所谓"块内语法逻辑"之 4 片概念林的汉语命名分别使用了"逻辑"和"表现"的包装品，请读者注意。

下面将恢复本《全书》的惯例，每节的开头，先写出概念树的概念延伸结构表示式，但也有个别例外情况，遇到就知道了。

注 释

[**01] 数字 4 的特殊性是一个非常有趣的数字哲学课题。古希腊毕达哥拉斯虽然提出过"万物皆数"著名命题，但毕竟不如老子提出的"一生二，二生三，三生万物"的命题精彩。但是，如果当年老子把他的命题添一个字，并采取下面的表述：一生二，二生三四，遂生万物。那似乎就更为精彩了。作用效应链通过"一生二"而生成广义作用与广义效应的"二"，两者又分别生成"表：广义作用效应链的符号表示"(参见"比较判断 j10"章)所表示的"三四"；宇宙通过"一生二"而生成时

间与空间的"二",这个"二"最终生成爱因斯坦的"4维空间";一个由最少数量平面构成的体必须是4面体或4角体,而不可能是三面体或三角体;语言理解基因第二类氨基酸固然存在众多"o"或"eko"形态的"二生三",但依然存在不少"eko"形态的"二生四"。"二生三"的命题诚然伟大,但不能包纳"二生四"。同时还要强调指出:不能简单地把"二生四"看作"一生二"的"double",上面给出的4项例示都清晰地表明了这一点。故如果提出以"二生三四"替代"二生三"的建议,应该不会遭到老子先生的强烈反对。

第 1 节
并联 l41 (342)

4.1-0 并联 l41 的概念延伸结构表示式

```
l41:(o01,c2m,\k=m;c22e2m)
    l41o01              并联基本描述
    l41c01              低端并联
    l41d01              高端并联
    l41c2m              并联对比二分
    l41c21              连带性并联
    l41c22              同级并联
    l41\k=m             并联标记
    l41\1               英语并联标记:","
    l41\2               汉语并联标记:"、"
```

本概念延伸结构表示式采取封闭形态,"并联标记 l41\k"采用了变量形态"\k=m"。

4.1.1 并联基本描述 l41o01 的世界知识

并联基本描述 l41o01 是一种"叩其两端"（低端与高端）的描述方式，读者应该比较熟悉了。

这里的"叩其两端"是什么意思呢？用自然语言来说，低端并联就是不给出并联逻辑符号；高端并联反之，但其意义已经超出了单纯的并联。这些陈述都需要适当的前提，因此，上述世界知识将以下列概念关联式进行描述：

```
l41 =: j00e21 ── (l41-01a)
（语言逻辑的并联等同于基本本体概念的并序）
(l41c01,~(jlv127),(gwa3*\1,l10,l41)) ── (l41-01a)
（低端并联不需要并联符号）
(l41d01,jlv127,(gwa3*\1,l10,l41)) ── (l41-01b)
（高端并联需要并联符号）
l41d01 <= j61t ── (l41-02)
（高端并联强流式关联于"三量变"）
```

汉语存在低端并联的大量词语，如"东西南北"、"前后左右"、"兄弟姐妹"等，但英语罕见甚至不存在。

但是，这两种自然语言都存在高端并联逻辑的大量词语。

高端并联 l41d01 的汉语直系捆绑字有："和、与、又、而、并、且……"及"既……又……"搭配，"又"还可以叠用。

4.1.2 并联对比二分 l41c2m 的世界知识

本小节先给出两个概念关联式：

```
l41c2m <= j70c2m——（l41-03-0）
（并联对比二分强流式关联于自然属性的对比二分）
l41c22 = l41d01
（同级并联强交式关联于高端并联）
```

同级并联 l41c22 貌似简单，但其景象非同寻常，需要设置二级延伸概念 l41c22e2m，其汉语说明如下：

```
l41c22e2m          同级并联对偶二分
l41c22e21          与
l41c22e22          或
```

同级并联 l41c2m 的捆绑知识库[*01]建设也非同寻常，不仅需要捆绑词语，还需要捆绑符号。从这个意义上说，它应该列入捆绑知识库建设的"急所"。

"与 l41c22e21"的英语捆绑符号有","；汉语的捆绑符号有"、"。

"或 l41c22e22"的英语捆绑符号有"/"；汉语有"//"。

"与 l41c22e21"的英语捆绑词语只有一个"and"，汉语却有"和、与、同、跟……"等。这些"字"还有其他意义，构成流寇[**02]09 的强大"汉语支队"。

汉语和英语都有"lh41"的捆绑词语，汉语有"等"，英语有"etc"，请注意。

"或 l41c22e22"的汉英捆绑词语都比较单一，不必多话。

英语还搞了"l41c22(e2m)"的捆绑词语，汉语也跟上了。

汉语比较重视连带性并联 l41c21 的表示，英语不同。这个此山景象比较特别，就留给读者去处理吧。

4.1.3 并联标记 l41\k=m 的世界知识

前面只给出了英语和汉语的并联标记，l41\3 是为阿拉伯语预定的。顿号的引入并专用是现代汉语的一项玩新，是现代汉语语法研究最值得称道的举措之一。

> 注 释

[*01]"捆绑知识库"这个短语也许以前还没有用过，果如此，那是笔者的重大失误。当然，这个名字太老土，正式使用什么名字HNC团队可见仁见智，但笔者并不喜欢近年流行的"本体"一词，因为该词原有的哲学或形而上意味已被糟蹋殆尽。

[**02]《语句理解处理的20项难点》是笔者在12年前（1999）为HNC团队写的一篇长文，各项难点名称见《定理》p46。后来调整了难点排列顺序，将前5项难点命名劲敌，后15项难点命名流寇，现在是正式公布流寇名单的时候了，列表4-6于下。其中，将"逗号功能判定"提升为流寇02，流寇11更名为"格式违例与样式转换的判定"。样式转换是广义效应句的大课题，HNC早已意识到这一彼山景象，但并未立即形成样式转换的明确概念，而这个概念（术语）才有资格充当彼山与此山之间的一座桥梁。

表 4-6 语句理解处理的 15 支流寇

编号	汉语名称
流寇 01	广义对象语块 GBK 多元逻辑组合的分析
流寇 02	逗号功能的判定
流寇 03	无 EK 语句的句类辨认（英语少见）
流寇 04	GBK 分离现象的分析
流寇 05	语块主辅变换的判定
流寇 06	句类转换的分析
流寇 07	特殊块扩的辨认
流寇 08	复杂因果句的识别
流寇 09	体词多义的判定
流寇 10	特征语块 EK 或 Ek 复合构成与分离的分析
流寇 11	格式违例与样式转换的判定（英语远多于汉语）
流寇 12	句蜕语句与复句的判定
流寇 13	动态组合词的识别（汉语常见）
流寇 14	分词歧义判定（汉语多见）
流寇 15	伪词鉴别（汉语特有）

第 2 节
串联 l42 (343)

4.2-0 串联 l42 的概念延伸结构表示式

```
l42:(e2m,t=b,\k=3;e2mo01,^(t=b),bt=a,\3*t=a,)
  l42e2m              串联基本形态
  l42e21              正串
  l42e22              反串
     l42e2mo01           串联基本形态语言规则的老实度
     l42e2mc01           极度老实
     l42e2md01           很不老实
  l42t=b              串联的第一本体呈现（内容逻辑基元）
  l429                vo 结构
  l42a                ov 结构
  l42b                ou 结构
  l42\k=3             串联的第二本体呈现（句蜕）
  l42\1               要素句蜕（要蜕）
  l42\2               原型句蜕（原蜕）
```

```
    l42\3                    包装句蜕（包蜕）
      l42\3*t=a              包蜕的第一本体呈现
      l42\3*9                包装品
      l42\3*a                包装体
```

汉语说明里使用了英语字母符号"vo、ov、ou"，这大约是第一次，但不得不如此。二者的意义下文说明。

串联 l42 的基本概念关联式是

```
    l42 =: j00e22——（l4-01b）
    （语言逻辑的串联等同于基本本体概念的串序）
```

在串联 l42 的 3 项延伸概念里，串联第二本体呈现 l42\k=3 属于逻辑概念的第六号玩新，请多加留意。

4.2.1 串联基本形态 l42e2m 的世界知识

串联基本形态 l42e2m 是最常见、最基本的语言现象，其分别说命名为正串和逆串。语法学的正式名称为定中结构。该词语本身虽然并没有给出"定前中后"的死规定，但容易造成这样的误会。把"定前中后"和"定后中前"这两种"定中结构"区分开来在多数情况下是有必要的，所以这里引入了正串和逆串的术语。这里用了"多数情况"的修饰语，为什么？因为对"俏江南"[*01]和"South Beauty"谈正串和逆串是没有意义的。

串联基本形态 l42e2m 密切联系于传统语言学八大词类之"形-名"和"副-动"之间的串联，从词性来考察串联基本形态，看到的只能是此山景象。"形"对"名"的修饰或"副"对"动"的修饰不是无条件的，用综合逻辑的话语来说，那只是必要条件，而不是充分条件。乔姆斯基先生发明的"Colourless green ideas sleep furiously"充分揭示了此山景象的虚幻性。那么，串联基本形态 l42e2m 存在彼山景象么？答案是肯定的，《理论》里曾给出一个很粗糙的说法，叫"同行优先"。这个说法是 HNC 探索历程中众多冒险行动之一，违背了 HNC 理论探索的初衷，将在第三卷第一编（论概念基元）里进行必要的反思，概念树——并联 l41 和串联 l42——及其认识论延伸概念将构成该反思的基点。

延伸概念 l42e2m 所表达的世界知识是串联存在两种基本形态：一是"修饰在前，核心在后"，这叫正串 l42e21；二是"核心在前，修饰在后"，这叫逆串 l42e22。

理论上，正串与逆串是两种性质不同的联结方式，所以 HNC 设置了一项一级延伸概念加以表示。自然语言很注意这一区别，不过注意的侧重点有所不同。英语的"of"是 l42e22 的直系捆绑词语，若用于指示串联，那一定是指逆串，同时也使用词语的词性形态表示正串或逆串。汉语不同，古汉语的"之"和现代汉语的"的"是 l42e21 的直系捆绑词语，若用于指示串联，那一定是指正串。"美丽的西施"和"西施的美丽"都用"的"，都是正串，前者的核心是"西施"，后者的核心是"美丽"。中国新文化运动的先驱们看到西语有正串与逆串的形态区分，认定"美丽的西施"和"西施的美丽"都用"的"十分不妥，于是引进"底"以便对两者加以区别。这显然是"画蛇添足"，虽然当年获得文学界的广泛支持，但终究为语言的"内在合理性潮流"所淘汰。为什么？因为先驱们感觉到的"不妥"是语法魔障[*02]造成的一种瞎操心。这"不妥"里恰恰蕴藏着汉语与西语的根本区别，该区别可名之语言生成的第一基本原则，体现于词组、语块、句子和句群这 4 个层级里，一以贯之。这是一条什么原则，要使用这么艰涩的说辞加以铺垫呢？说出来有人可能觉得好笑，甚至会说出"早已有人指出过"的话。但笔者要说：迷途知返[*03]后的乔姆斯基先生曾从语言生成规则转向语言生成原则的探索，历时十余年，但并未发现这条基本原则。因为乔大师虽然是毛泽东先生的忠实粉丝，但毕竟不懂汉语。下面给出语言生成第一基本原则的汉语表述：

英语**先主后次**，汉语**先次后主**。

此语言生成第一基本原则将简称主次原则。后文将在语言单位（语段）的不同层次对此进行讨论，在第三卷第五编（论机器翻译）将为该原则的运用起一个特殊名字——"换头术"。

主次原则里的主次对应于基本属性概念的 j72m，这"主"有内容与形式（j50e2m）之分，内容的"主"可名之核心或中心，形式的"主"则起了一个特殊的名字，叫"包装品"。这个特殊名字已经在本节概念延伸结构表示式的汉语说明里出现了，下文会作交代。

主次原则属于彼山原则，无关于此山的"形-名"规则和"副-动"规则，"形-名"规则适用于汉语和英语，两者都比较老实，但是否适用于所有自然语言，笔者没有发言权。"副-动"规则不同，汉语比较老实，英语比较调皮。新文化运动先驱们为"副-动"规则引进了语法逻辑词——"地"，这是一项功绩，因为它大大增强了现代汉语"副-动"规则的老实度。"换头术"无关于"形-名"规则，那"头"很可能是"形-名"结构，那结构是必须整体移动的。

"形-名"规则和"副-动"规则对语言生成具有特殊重要性，这里的二级延伸概念 l42e2mo01 是专为它们而设置的。将约定："副-动"规则加五元组符号"u"，不带者对应于"形-名"规则。这一符号约定只是建议。

上面说到中国新文化运动先驱们的功绩和失误，但那些都属于细节而非要害，要害在于：**"第二号流寇"**（参看上一节的注释[*02]）**本来可以不存在于现代汉语**。该流寇大大为害于英语，现在也大大为害于现代汉语。但现代汉语本来是可以把这一大害轻易制服的，那制服手段就是把"一个字母尺度"的空格用上，而将**宝贵的逗号**专用于小句标记。发达的小句是汉语区别于英语的另一重大特色，其作用相当于英语的从句或非限定形态的 VP。把逗号给小句专用就等于把汉语的"第二号流寇"拿住了，这是"手到擒来"或"探囊取物"的一桩小事，英语逗号的其他功能在汉语里都交给空格就是了。所以说，"一个字母尺度的空格"是汉语的美妙宝藏，为什么闲置之而不利用呢？这番话是第二次唠叨了[*04]，请原谅，不过，这是最后一次，事不过三嘛。

4.2.2 串联第一本体呈现 l42t=b 的世界知识

延伸概念 l42t=b 的汉语整体命名——串联第一本体呈现，读者应该已经比较习惯了，但其分别说的 3 个命名，读者一定很不习惯，笔者也很不满意，特别是对其中的"ou 结构"。由于始终未能找到合适的汉语表述，不得不迁就这不伦不类的三个命名了。下面，先以表的形式（表 4-7）给出一个十分粗糙的说明。

表 4-7　串联第一本体呈现与传统语言学术语的对应关系

HNC 符号	HNC 命名	传统语言学命名
l429	vo 结构	动宾或动补结构
l42a	ov 结构	主谓结构
l42b	ou 结构	主谓或偏正结构

符号里的"o"是对"对象 B"和"内容 C"的非分别说符号。这就是说，vo 有 vB 和 vC 两种形态，另两种结构类推。传统语言学没有对象 B 和内容 C 的明确概念，当然也就不可能重视这一区分，但这一区分是句类分析的生命线，用传统语言学的术语来说，是语义分析的生命线。抛开这个生命线会产生什么后果呢？那会不会陷于瞎子摸象的困境呢？这里只提出问题，答案请到第三卷第二编（论句类）和第三编（论语境单元）去寻找吧。

前两种结构（"vo"和"ov"）表面上平淡无奇，实质上大有文章。汉语意合的形态首先表现在这两种结构里，虽然大家熟知这两种形态的存在，但两者的反表现，特别是两者的语用功能或语境意义大家并不熟悉，更不懂得运用。当有人惊呼汉语动词满天飞的时候，人们就很自然地接受了"汉语语句处理远远难于英语"的结论。但这个结论是错误而荒唐的[*05]，因为所谓的"动词满天飞"是一种假象，"vo"和"ov"结构里的"v"通常已经被异化了，已经不是动词了。这就是说，"vo"和"ov"结构是看穿这一假象的"火眼金睛"，一级延伸概念 l42t=b 的设置就是为了帮助未来的语言超人练就这"火眼金睛"。

一级延伸概念 l42t=b 所描述的"火眼金睛"是三只而不是两只，第三只眼睛叫"ou 结构"结构，其中的"u"实际上是"u,z,r"的统称，曾口头说明而未见之文字，这是笔者在命名方面"不拘小节"的典型表现之一，应该向 HNC 团队再次致歉。汉语的"旱灾、水灾；经济危机、世界大战；白菜 3 斤、二两白干；千里冰封……"都属于"ou 结构"。其中"旱灾、水灾"属于 Cu 之反，"经济危机"属于 Cr，"世界大战"属于 Br，"白菜 3 斤"属于 Bz，"二两白干"属于 Bz 之反，"千里冰封"是"千里大地冰封"的省略和换位，原文是"冰封千里大地"，"冰封"本身属于 Bv，故原结构是"Bv+^(Bz)"。经过省略与换位之后，就变成一种特殊形态的 Bu 了，这就是说，Bu 结构的"u"不仅是"u,z,r"的统称，还包含局部的"ov"结构。总之，第三只"火眼金睛"——l42b——要远比前两只复杂。

对这只最复杂的眼睛不能不优待一下，这就是设置再延伸概念 l42bt=a 的缘由了，其汉语说明如下：

```
l42b9              主谓
l42ba              偏正
```

下面列举一些典型词语以表明两者的区别。

```
l42b9    花香，嘴紧，西湖美，山清水秀，人杰地灵
l42ba    屋顶，山峰，熊胆，鸭脖子，茅台酒，云南白药
```

延伸概念 l42b9 所对应的主谓显然有别于 l42a 的主谓，延伸概念 l42ba 所对应的偏正显然也有别于 l42e21 的偏正。这些差异传统语言学都注意到了，但如何描述和利用这些差异呢？如何把这些差异信息告知计算机呢？HNC 是否已经找到了清晰的答案呢？请允许笔者

暂且打一个埋伏吧。

本小节最后，要强调指出三点。①延伸概念 l42t=b 存在反"结构"，这是非常重要的世界知识，已经直接呈现在概念延伸结构表示里了，不需要另行写出概念关联式。在形态上，vo 之反就是 ov，但实质上，vo 之反并不是 ov。句类分析或语境分析就要求达到这一分析高度，而这绝不是句法-语义分析可以达到的。②延伸概念 l42t=b 的词语捆绑工作具有非同寻常的实用价值，这一类型的词语或短语带有浓重的汉语"专利性"，所谓的"汉语意合"，其实就集中表现在这 3 种结构里。③流寇 l3 的汉语表现主要是延伸概念 l42t=b 及其反的呈现，而这一呈现必须进入篇章处理过程的动态记忆里。

串联第一本体呈现 l42t=b 既是对传统短语（词组）概念的承改，又是对所谓 NP、VP 概念的改承，NP 和 VP 过于宽泛，"ov" 和 "ou" 是 NP 的特定形态，"vo" 是 VP 的特定形态。从过于宽泛的东西里抓出一些特定形态的东西是化繁为简的重要窍门，延伸概念"l42t=b"的设置不过是这一窍门的运用而已。

现代汉语呈现出五彩缤纷的串联第一本体呈现，上面列举的例子不过是九牛一毛。那么，英语或其他语言就没有相应的呈现么？回答这个问题不是笔者的义务，也超出了笔者的能力。但这里必须指出一个现象，那就是汉语没有为串联第一本体呈现提供任何语法逻辑符号，其他语言（如英语）大约也好不到哪里去，在为 456 株概念树粗略思考一级延伸概念设置的过程中，这是让笔者最为震撼的事件。这震撼之余的感言是下面的两句话：①汉语没有为"串联第一本体呈现 l42t=b"提供语法逻辑符号；②英语的"ing"或"ed"也没有资格充当该延伸概念的语法逻辑符号。这两句话的形而上表述就是：串联第一本体呈现 l42t=b 乃是一种彼山景象，是语法逻辑的一种特殊呈现，若仅身在此山中，那就很难体察到这种景象的玄机，很难领略"花香……人杰地灵"、"山峰……茅台酒"和"经济危机……千里冰封"的不同意境。

最后略说一下延伸概念 l42a7，汉语的"点焊、火攻、枪毙、水磨……"将统统纳入此二级延伸概念，《理论》里最初提出的逻辑组合就是从这里发源的。此延伸概念所统摄的词语是汉语词语大家庭的一族特殊成员，英语通常要用一个短语来表示。这族特殊成员在现代汉语中尤其具有强大的生命力，是生成动态词的常用手段，因而受到各专业领域的宠幸。

本小节的形而下描述可以搞得异彩缤纷。它密切联系于所谓"汉语乃意合语言"的流行说法，也密切联系于所谓"英语在向汉语看齐"这一不那么流行的说法，其实这两个说法都是有前提的，那前提就是"串联第一本体呈现 l42t=b"这个非常特殊的一级延伸概念。离开了这个前提，它就完全不适用了。这个问题的具体论述就留给后来者吧，若个别读者感到遗憾，那只能说一声对不起了。

4.2.3 串联第二本体呈现 l42\k=3（句蜕）的世界知识

前已指出：串联第二本体呈现 l42\k=3（句蜕）属于语法逻辑的第六号玩新，这里要加一句话，句蜕是所有玩新中最重要的一项，这句话的分量也许显得有点重。笔者一直期盼着此项玩新能得到语言学界的认同，此刻仍然抱着这份期盼。

句蜕的 HNC 符号 l42\k=3 意味着句蜕存在 3 种基本类型：要素句蜕 l42\1、原型句蜕 l42\2 和包装句蜕 l42\3，将分别简称要蜕、原蜕和包蜕。句蜕这个术语体现了"串联第二本体呈现 l42\k=3"的核心思考，笔者对句蜕这个名字并不满意，很想找到一个更好的名字，但20年过去了，始终未能如愿，先就这么凑合着用吧。

前已多次说过：HNC 的语言学目标是在彼山和此山之间建立桥梁，英语的此山存在大量的所谓从句和非限定性 VP，这一此山景象似乎不存在于汉语，所以，该桥梁的初期建设阶段确实有过一阵虚无缥缈的困惑，从传统语言学的术语武器库里找不到合用的武器，"主谓宾"与"定状补"的全套武器对英语还大体管用，对汉语就差多了。关键是这些武器跟语义搭不上关系，跟意境就更搭不上关系了。

为了搭上这项至关重要的关系，HNC 不得不从打造新武器入手，这批新武器的名称，读者应该已经比较熟悉了，跟"串联第二本体呈现 l42\k=3"密切相关的武器就是 4 语块要素之一的"内容 C"，它不仅具有与"A、B、E"的融合功能，还具有块扩与句蜕的伸缩功能。块扩性局限于几个特定的句类，句蜕性则属于任一广义对象语块 GBK 的基本属性。这些话是对《理论》里"自然语言的深层结构及句类分析"一文的简明概括，该文关于句蜕的原表述拷贝如下。

  语义块：语句的下一级构成单位。它可以是一个词、一个短语，甚至可包含另一个句子，或由另一个句子蜕化而来。

其中"由另一个句子蜕化而来"的说法比较含混，准确的说法应该是：语块的整体或部分可由一个句子蜕化而来。有了句蜕这个概念或术语，语块构成的复杂景象就可以建立起沟通此山与彼山的桥梁了，这桥共四座，一叫"串联第二本体呈现 l42\k=3"（句蜕），二叫多元逻辑组合，三叫小句，四叫块扩。这 4 座桥，是彼山与此山之间语块层级的主要通道，因而也是任何两座此山之间语块层级的主要通道，机器翻译 6 项过渡处理的思路就是这样产生的。6 项过渡处理简称"两转换、两变换和两调整"[**06]。这 4 座桥关涉到两转换里的大句结构转换和两变换里的语块构成变换。

为什么从句和非限定性 VP 这两个重要概念或术语不具备充当桥梁的资格呢？因为：第一，两者既可以是块扩，也可以是句蜕；第二，当两者充当句蜕时，可以扮演不同类型的角色；第三，两者并不能包办最常见的 GBK 要素句蜕，违例格式也是英语构造此类型句蜕的常用手段之一。

有人问：上列三点理由就那么重要么？或者说，块扩和句蜕的概念就那么重要么？三种句蜕类型的区分就那么重要么？

问得好！但不是非常好！

为什么？因为问者的立足点还没有完全从短语转移到语块，问者的视野还没有从此山上升到彼山。

本小节将不直接对所问（重要性何在？）进行阐释，而只提出三个问题供问者思考。第一，汉语根本不存在从句和非限定性 VP 这两种英语语法所描述的东西，那么，汉语与英语之间如何沟通呢？要不要寻求一种所谓的"共同语言"或"通用描述术语"呢？第二，某些类型语句的某语块一定要扩展成一个语句，许多类型语句的某语块必须含有内容 C，这是多么重要的先验知识，可是，传统语言学的武器库里拥有反映这些知识的武器么？第三，立足于短语的句法树分析一碰到比较复杂的语句就会走进死胡同，而立足于语块的句类分析却可以从根本上免除这一困扰，为什么？

英语语法学虽然没有句蜕这个概念，但有趣的是："串联第二本体呈现 l42\k=3"的直系捆绑词语，英语竟然非常丰富[*07]，而汉语却极度匮乏，现代汉语只使用一个"的"字。这里要强调指出的是："的"字不仅是汉语语法逻辑的超级"明星"，也是汉语语习逻辑的重要"明星"，其映射符号可分别写成下面的两种形式：

```
l42e21;   l42\1;l42\3;   f14\1;f14\2
l42e21;   l42~\2;        f14\k
```

最不习惯 HNC 符号的读者，也请对上面的映射符号硬着头皮去领会一下，因为，它们对明星汉字"的"的意境给出了一个透齐性描述。同时建议你回头去重读一下朱德熙先生著名的"说'的'"系列论文，判断一下朱先生的"说'的'"是否说到了点子上。

这里多说一点，考虑到 3 种句蜕的英语表现形态至少不比汉语逊色，英语还有堂而皇之的花园幽径句，因此，从一个"咬死了猎人的狗"演绎出来的惊人结论——短语与句子同构乃现代汉语基本特色——是否是一个太"雷人"的结论呢？

"包蜕 l42\3"还引入了再延伸概念 l42\3*t=a，这个再延伸概念同"串联第一本体呈现 l42t=b"一样，纯属彼山景象，没有直系捆绑词语。它纯粹是为"包装品"和"包装体"这两个重要概念而设置的。

本小节应该给出一系列的概念关联式，但笔者决定留给后来者，算是又一次"打埋伏"游戏吧。

注 释

[*01] "俏江南"是一个著名餐厅的名字，近10余年来笔者步行上班时，都会看到它的大招牌，其英译South Beauty比较传神。

[*02] 这是维特根斯坦先生的用语，在其《哲学研究》里多次使用。

[**03] 笔者对乔姆斯基先生曾有三次评价。一是：成也rule，败也rule。二是：始破天惊，迷途知返，彼岸憧懂。三是：天才乔姆无策辨东西。前两者是笔者在北京师范大学语言文化学院讲座里的说辞，一位在日本获得语言学硕士学位的听者告诉我她的日本导师持有类似的看法和评价。后者则是笔者《相见欢（千禧年再述怀）》中的一句，该词的全文如下：

理解如何存在，百年谜。天才乔姆，无策辨东西。

雄文出，众心齐，势无敌。号令三军并力誓征西。

诗中的雄文指许嘉璐先生的《现状和设想——试论中文信息处理与现代汉语研究》一文，三军指许文中提出的三个语言学流派。

[*04] 第一次唠叨见本卷本编的第零章第0节。

[*05] 这是一个巨大的论题，这里只是就便一说，将在本《全书》第三卷的第二和第三编里作系统论述。

[**06] 两转换是指句类转换和句式转换，两变换是指语块构成变换和主辅变换，两调整是指块序调整和句序调整。句式转换分格式转换、样式转换和大句结构转换；语块构成变换分句蜕变换和多元逻辑组合变换。HNC 将英语的从句和非限定性VP统称句蜕。两转换、两变换、两调整曾名之机器翻译的6项过渡处理，但这个说法是有内在弊病的，因为它容易造成一种误解，以为"两转换、两变换、两调整"仅存在于不同语言的翻译过程，但实质上，它们不仅是翻译过程的常态呈现，也是任何自然语言自身生成过程的常态呈现。这个问题将在本《全

书》第三卷第五编（论机器翻译）给出进一步的说明。这里，应该告知读者的是，两转换和两变换都已出版了专著，那就是张克亮教授的《面向机器翻译的汉英句类及句式转换》和以李颖教授为第一作者的《面向汉英机器翻译的语义块构成变换》。两者皆属于语言学的先河之作，但都存在着透齐性的不足。希望作者再接再厉，更上一层楼，撰写出两专著的2.0版本。在新版里，请把那个"面向"的短语去掉，换成"及其在机器翻译的应用"。

[*07]"句蜕l42\k=3"的词语捆绑问题将安排在本编第九章里说明。

第3节
单向组合 l43 (344)

4.3-0 单向组合l43的概念延伸结构表示式

```
l43:(e2m,eao)
   l43e2m              单向对偶二分组合
   l43eam              单向层级性组合
   l43ean              单向权势性组合
```

总计3项一级延伸，无再延伸，采取封闭形态。
单向组合l43的基本概念关联式如下：

```
l43 <= 409e22 ——（l4-02a）
（单向组合强流式关联于关系的单向性）
l43 <= l42 ——（l4-03a）
（单向组合强流式关联于串联）
```

4.3.1 单向对偶二分组合 l43e2m 的世界知识

```
l43e2m              单向对偶二分组合
l43e21              对
l43e22              被
```

单向对偶二分组合 l43e2m 应该是最常用的语法逻辑之一，可自然语言的直系捆绑词语却似乎比较匮乏，这曾让笔者深感困惑。近年"被"字在汉语的大众语言或网络语言里广为流行，困惑顿解。上列汉语说明里的两个汉字可以说是延伸概念 l43e2m 的两位"明星"。

单向对偶二分组合 l43e2m 具有下列基本概念关联式：

```
l43e21 = j70e11 ——（l43-01）
（语块基本语法逻辑的"对"强交式关联于自然属性的主动）
l43e22 = j70e12 ——（l43-02）
（语块基本语法逻辑的"被"强交式关联于自然属性的被动）
```

在本章的引言里，强调指出过"块内"与"块间"组合逻辑的交织性，延伸概念 l43e2m

的两位"明星"汉字——"对"与"被",是这种交织性的生动呈现,两者既可用于块内的逻辑组合,也可用于块间的逻辑组合,两位"明星"的双重语法角色将给汉语的初级语言理解处理(句类分析)带来巨大的挑战与机遇,这是后话。不过,与最耀眼的"明星"汉字——"的"——相比,"对"与"被"的表演只是"小巫"而已,因为"的"的语法角色数量不是 2,而是 5,这是闲话,但此闲话是与前面的"弥补+钥匙"说遥相呼应的。HNC 的"钥匙"其实就是:为词语的"巫性"在语言概念基元空间找到合适的定位;为语句的"巫性"在句类空间找到合适的定位;为语境的"巫性"在语境单元空间找到合适的定位,从而最终得以实现语言记忆,完成从语言数据到语言记忆的伟大转折。

这段话是下列两小节的必要铺垫,因为延伸概念 l43eao 乃是为有关词语在语言概念空间的定位而设立,这些词语的"巫性"(多义性)非同寻常,如果对相关词语的"巫性"没有深刻的理解,相应语句的理解实质上是没有指望的。为什么 HNC 希望用"巫性"替代多义性呢?为什么在 HNC 探索后期,坚持要把"语义块"里"义"字去掉呢?因为西方语言学的所谓语法、语义和语用三分,实质上是在语言概念空间的概念基元空间、句类空间和语境单元空间三者之间分别筑起了两道隔离墙,多义性这个词语意味着对隔离墙的维护,而"巫性"这个词语则意味着对隔离墙的打通。词语的"巫性"实质上也可以看作实词与虚词的交织性呈现,这一点,l43ean 的表现尤为明显。

4.3.2 单向层级性组合 l43eam 的世界知识

单向层级性组合 l43eam 在汉语里拥有两个强"巫性"汉字,那就是"下"与"上","下"大体上对应于 l43ea1,"上"大体上对应于 l43ea2。这里的"大体上"与"巫性"相对应,下列三行词语是其"巫性"的充分展现。

下令、下放、下台、下野;下属,上司,上级;南下;陛下、殿下、膝下;
上呈、上访、上台;属下,部下,下级;北上;跪下;
能上能下;(阁下、足下)

对这些词语的解释或理解,显然不仅需要兼顾到块内与块间,还需要扩展到句类与语境单元,"下令"一定联系于以 GXA 为核心要素的另一语块;"下放"一定联系于以 X1B 为核心要素的另一语块,"陛下、殿下、膝下"则一定联系于以 RB1(R0mJ)为核心要素的同一语块;"(阁下、足下)"的"巫性"与"陛下、殿下、膝下"类似,但它们不属于 l43ea1,而属于 l43ea3。如果对以上论述一时感到难以理解,可以暂时放下不管。这里要说的只是,要打通上述两堵隔离墙,l43eam 之类延伸概念的引入,或许不可或缺。该延伸概念揭示了所列词语的两项基本特性:单向性与层级性,由此可唯一指定各特定层级的对象。

4.3.3 单向权势性组合 l43ean 的世界知识

延伸概念 l43ean 与 l43eam 一样,也有两个直系捆绑汉字:"逼"与"抗"。这两个汉字的"明星"度当然远不如"下"与"上",但其"巫性"要弱得多,即其理解处理的难度要小得多。这里先这么说一句话吧,可直系捆绑于延伸概念 l43eao 的四个汉字——"下"、"上"、"逼"、"抗"——值得写一篇专文,对其进行 HNC 阐释。HNC 阐释完全不同于传统的语义学解释，这里的原则性区别就在于对待上述两堵隔离墙的基本态度：维护或打通。

如果在汉语文字文本里出现了孤立的"逼"字，那就意味着句类 X03J 的出现。X03J 是第一号块扩句类，是句类知识最为明晰、语句世界知识最为珍贵的句类。其相应世界知识一旦与领域相结合，那两堵隔离墙就会倒塌，"逼"字所体现的单向性与权势性[*1]世界知识就可以一览无余。

在"语块组合逻辑 l4"这片概念林的 11 株概念树中，"单向组合 l43"这株概念树最为特殊，其延伸概念 l43eao 似乎根本与语法逻辑扯不上关系。是这样吗？如果你心中存在这个疑问，那可能是由于你把语法逻辑与虚词过分地绑在一起了，那烦请你做两件事吧：一是再看一遍本章的引言，二是再看一遍"4.3.1"小节里对引言的补充论述。

注 释

[*1] 这里的权势是"权力+势态"的意思，与词典意义有较大差别。"势"和"势态"是一个特别的重要的概念，所以，在主体基元概念里，特意为它设置了一株概念树"53势态"，该概念树还具有前挂功能；在基本逻辑概念里，也特意为它设置了一株概念树"jl12势态判断"，且位列"情态判断jl13"之前。传统中华文明对"势"有独到的认识，西方文明似乎远远不如。这个论点前文说过多次了，当然始终没有达到专家论述的水平。

第 4 节
双向组合 l44 (345)

4.4 双向组合l44的延伸概念及其世界知识

双向组合 l44 这株概念树是全部 456 株概念树中最特殊的，它不仅只辖属一项延伸概念，而且该延伸概念乃是一种非分别说形态——l44(e1n)。因此，本节就将"概念延伸结构表示式"的字样省略了。概念树 l44 的基本概念关联式如下：

```
l44 <= 409e21──（l4-02b）
（双向组合强流式关联于关系的双向性）
l44 <= l41──（l4-03b）
（双向组合强流式关联于并联）
```

双向组合 l44 的唯一延伸概念 l44(e1n)就不给它命名了，在汉语和英语里它都有"明星"级的直系捆绑词语，这似乎是意料之中的事，应该是所有成熟自然语言的共相。该"明星"表现不凡，竟然也呈现出抽象概念的五元组属性，这一语言事实曾使笔者倍感欣慰。下面就给出该"明星"阵容的示例。

```
l44(e1n)              between|,|
```

```
lu44(e1n)              each other|（相，互，互相，相互，）
lh44(e1n)              |（之间，间）
lv44(e1n)              …|（夹在，）
{lq44(e1n)}            |在
```

上面临时性地使用了一些"新"符号，说明一下吧。第一行的符号"|,|"表示汉语不存在相应的捆绑词语；位于首位的"|"表示英语不存在相应的捆绑词语；居于首位的"……|"表示英语可能存在相应的捆绑词语。符号"|"本身就是不同自然语言的间隔符。请读者回忆一下关于符号"gwa3*8[m|]"的建议，上述符号约定就不言自明了。

语块基本语法逻辑的预备性小结

本章引言里说过：为了弥补语法老叟的第二项失误，本片概念林引入了上列 11 株概念树的后 9 株。这里必须补充一句：本片概念林的前 4 株概念树是对语法老叟"词语"组合结构 5 类型说的重新梳理。这里特意把"词语"打了引号，因为基于"词语-短语-句子"同构说，这带引号的"词语"就可以充当三者的代表。仅就形式结构而言，组合结构 5 类型说具有形式意义的透齐性，这是应该加以肯定的。上面已论述的 4 株概念树就是这一肯定的体现，这 4 株概念树存在下列关系：概念树"单向组合 l43"是概念树"串联 l42"的延伸；概念树"双向组合 l44"是概念树"并联 l41"的延伸，这一点，已通过概念关联式

（l4-03o,o=a//b）

予以表述。

重新梳理只是弥补失误的预备性动作，要害在于给出关键的补充。这补充分为两步，下面的 7 株概念树是补充的第一步；随后的 7 片概念林是补充的第二步。这一总体性布局说明放在这里是比较合适的，这既是对本编编首语的回应，也是对本章引言的回应。

这里需要说一下语境型省略的话题。本章（本片概念林）的标题是"语块组合逻辑"，这就是说，本章各节（本片概念林的各株概念树）是对"语块组合逻辑"各具体环节的描述，其命名自然带有"语块组合逻辑"的标签，于是，各株概念树的命名就把这标签给省略掉了，不仅如此，还把各级延伸概念的相应标签也全部省略掉了。这省略有可能引起误会，把概念树或其延伸概念所呈现的语法逻辑与它们自身混为一谈。例如，"双向组合 l44"并不是指"双向组合"本身，而是指该组合里所呈现的语法逻辑。这一点，读者一定要谨记在心。

语法逻辑要通过相应的词语、标记或结构予以呈现，相应的词语在古汉语叫"虚词"，在英语叫介词、连词等，现代汉语也跟着引进了这些概念。但是介词与连词这两个概念"口袋"太大了，超大型"集装箱"也装不下。传统语言学早就意识到了这一点，许多语言学家和语言哲学家都进行过专家式的努力。但这里不能不遗憾地说：专家式研究似乎都没有达到形而上思维的透齐性要求或高度。本编的宗旨或目标就是试图弥补这一缺陷。

语法逻辑的结构呈现出两种基本形态：缀和序次，这是由语言的线性结构所决定的。英语对这两种形态的运用既规范又纯熟，汉语则既不规范，又不纯熟。这似乎是一目了然的语言事实，但笔者不敢苟同。如果拿词语词性与主谓宾的对应性来说话，那不过是小孩玩积木

游戏的水平，实在不宜登大雅之堂。就缀来说，汉语当然不可能像拼音语言那么方便，但也并非毫无作为，古汉语的"之乎也者矣焉哉兮"就是用了2000多年的缀嘛，不存在"既不规范，又不纯熟"问题吧。至于序次问题，那就更不能这么说了。广义作用句的语块序次，汉语比英语潇洒多了，当然，英语广义效应句的语块序次可以比汉语更潇洒，这在前面已经论述过了。这里要补充的是关于词组的序次问题，为了说明的便利，先拷贝一张表（表4-7）。

表4-7 串联第一本体呈现与传统语言学术语的对应关系

HNC 符号	HNC 命名	传统语言学命名
l429	vo 结构	动宾或动补结构
l42a	ov 结构	主谓结构
l42b	ou 结构	主谓或偏正结构

就形态而言，汉语的这三种结构确实是一团混沌，三者之间彼此混沌，每种结构的正与逆也混沌，这让现代汉语的语法学家伤透了脑筋。专家们似乎只关注"vo 结构"与"ov 结构"之间的混沌，并没有让"ou 结构"参与进来，更没有考虑正与逆的混沌，否则就要更伤脑筋了。这伤脑筋的事是一种什么现象呢？请允许笔者先说这么一句话，那是语言学领域柏拉图洞穴里的典型景象之一。

各领域都存在柏拉图洞穴，这个话题，笔者已经说过N次了，语言柏拉图洞穴的话题实际上也已多次论及，不过，不是每次都只是使用这个术语而已，并未深谈。就这里涉及的语言柏拉图洞穴而言，首先应该发问：为什么要区分"动宾、动补、主谓、偏正"呢？就算区分出来了，对语言理解又能起什么作用呢？其次应该提醒：所谓"词语、短语、语句三层级的同构性"固然是语言现象的一种描述方式，但毕竟过于简化或原始了。

如果走出语言柏拉图洞穴，从彼山来观察一下由 l42t=b 所描述的此山景象，你会获得一种蓦然回首的感觉，原来那不过是**一种"两口之家"现象**。这种小家庭在城市或农村都存在。这类家庭无非是3种类型：①没有子女的两口子家庭；②单亲单子女家庭；③父母不存在的两同胞家庭。但是，如果仅见到该住宅是两个人，甚至见到的是一男一女，你并不能作出"两人小家庭"的判断，更不能作出该家庭的类型判断，你还得去打听其他信息。可是，上面说到的"伤脑筋事"正是等于提出这样的要求——仅凭见到的信息而立即作出判断。于是，洞外人对洞内人说：不要伤脑筋了，从整个语段的意境去寻求答案吧。洞内人回应说，用得着你来说这个话么！我们早就提出上下文的概念了。但问题在于，如何运用上下文所提供的语言知识呢？洞内人能解决这个问题么？

这段话，算是"论语境单元"（第三卷第三编）的预说，为什么要在这里来这么一段预说呢？因为由"l42t=b"所描述的语言景象非常特别，它是**一种不带任何逻辑符号的逻辑组合单元**，各种自然语言都是如此，只不过汉语的表现可能最为显眼。所谓"英语在向汉语看齐"的现象，正是集中表现在这个最显眼的环节。这不属于姑妄言之，具体证据这里就不提供了，但必须说明一个重要背景：最早告知笔者这一"看齐"现象的是张克亮教授。

回到"两口之家"这个话题，这里应该补充说一句，由"l42t=b"所描述的"两口之家"只是其中的一种，但这一种特别重要，所以上文对该一种用了黑体字，这里想给它起一个名字——内容逻辑基元。这里还要提醒一声，这类"两口之家"可能是假象，类似于两个不相干的人合租了一套两居室，HNC 把这类"两口之家"叫作伪词，流寇 15——伪词辨识——的课题，就是这么提出来的。对流寇 15 的扫荡，再高明的统计思路或技巧都是无能为力的，唯一的出路是施行句类检验。

概念树"l43"和"l44"所描述的语言单元通常也是一种"两口之家"，但由"l42\k=3"所描述的语言单元通常就不是"两口之家"而是"多口之家"了。总之，概念树"l4y,y=1-3"所描述的语言单元可双可多，而下一株概念树 l45 所描述的语言单元，则一定属于"多口之家"了。

第 5 节
多元逻辑组合 l45 (346)

4.5-0 多元逻辑组合 l45 的概念延伸结构表示式

```
l45:(o01,(o01)|;c01:(c2n,\k=3),d01:(e2m,c01,(ckm)))
    l45o01            多元逻辑组合的两种基本形态
    l45c01            逻辑组合基本形态
    l45d01            无逻辑符号组合形态
    l45(o01)|         混合形态组合
```

以往，关于多元逻辑组合这个话题或命题的说法比较混乱，现在是加以澄清的时候了。一切语言符号的组合都是逻辑的，组合就意味着多，这个"多"乃是量之基本描述里所说的"多 j41c26"，它包括"二"。"二"是"多"的基础形态，前文说道："三"和"四"也是"多"的基础形态（见本章引言的注释[**01]）。那么，概念树 l45 一级延伸概念的设置似乎取"\k=4"是最自然不过的事了。但从上面的概念延伸结构表示式可以看到：HNC 没有这么做，为什么？因为多元逻辑组合最重要的特征不在于其组合单元的数量，而在于其组合单元之间是否携带语法逻辑符号。这样，就演绎出多元逻辑组合的上列 3 种基本形态。

"是否携带语法逻辑符号"这个语段（命题）里的"语法逻辑符号"当然不是指全部语法逻辑符号，而是指其中的一部分符号，这一部分由本株概念树（本节）承包。下面给出一个清单（表 4-8）。

表 4-8 多元逻辑组合 l45 所涉及的逻辑符号清单（多元逻辑组合符号清单）

	并联	串联
HNC 符号	l41+l44	l42+l43+l94
英语	(部分连词,逗号, -)	(介词+关系代词, -); 从句+动词非限定形态 VP+违例句式
汉语	(和,顿号)+相	(的+对+(的,其)); 小句（曾建议汉语逗号专用并动用空格）

此清单凸显了汉语和英语在"多元逻辑组合符号"方面的巨大差异。

在该清单里,英语和汉语的多元逻辑组合符号都归结为 3 大项,但每一项所对应的内容存在巨大差异。这差异本身各有特色,但语言学界对这一巨大差异似乎尚未进行比较系统的研究,有人仅依据其中的一星半点,就来谈论汉语与英语的优劣,那是十分不慎重的。

3 大项第一大项服务于并联,后两项都服务于串联。这一点,HNC 映射符号十分清晰,并联涉及两株概念树:l41 和 l44;串联涉及 3 株概念树:l42、l43 和 l94。但无论是英语还是汉语,都不是那么清晰,串联方面的表达欠缺更为明显。

英语的串联表达表面上雍容华贵,既有介词与关系代词的两大词类,又有从句和非限定性 VP 两大句法手段,实际上,英语的违例句式(广义作用句一定表现为要蜕)也是表达串联的句法手段之一,故表中列举了 3 类。这个问题比较有趣,下面有进一步的说明。

英语试图用介词把"l42+l43"两类串联进行通吃,并不明智,汉语用一个"的"字把两者通吃虽然也不明智,但其实际效果却十分惊人。这个问题十分重大,下面有进一步的论述。英语介词的通吃性比较复杂,上述"l42+l43"通吃只是其"小巫"表现而已,其"大巫"表现是闹出了一个所谓及物动词和不及物动词的区分,从而掩盖了广义作用与广义效应这一语言概念空间的本质区别。这个问题笔者曾同张克亮教授讨论过多次,惜未能取得共识。语境景象与语言现象的描述应该允许不同视野的存在,这里的"惜"字未必合适。

有人问:此概念树命名里的多元二字是否多余呢?笔者的回答是:给尔自由。但你应该明白:这多元的"元"不仅是单元之"元",亦是"多元化"之"元"也。

对表里汉语第三大项的小句和括号里的建议,就不作说明了。英语第三大项的违例句式是违例基本句式[*01]的简称。

二级延伸概念的汉语说明放在随后的各节里。

4.5.1 逻辑组合基本形态 l45c01 的世界知识

二级延伸概念的符号表示及汉语说明:

```
l45c01:(c2n,\k=3)
    l45c01c2n           逻辑组合的强对比二分
    l45c01c25           "形"组合
    l45c01c26           "副"组合
    l45c01\k=3          逻辑组合基本形态(句蜕)
    l45c01\1            要素句蜕(要蜕)
    l45c01\2            原型句蜕(原蜕)
    l45c01\3            包装句蜕(包蜕)
```

"形"组合与"副"组合是传统语言学津津乐道的两种组合,读者都很熟悉,这里就不必多话了,仅着重说明逻辑组合基本形态 l45c01\k=3。该延伸概念的基本世界知识集中表现在下面基本概念关联式:

```
(l42\k=3,lv91,GB) <= (l45c01\k=3,lv91,GB) —— [l4-01-0]
    (串联第二本体呈现指称的广义对象强流式关联于句蜕所指称的广义对象)
    (串联第二本体呈现实质上是句蜕的简化形态)
```

第二类特殊编号概念关联式[l4-01-0]是"第六号玩新"的集中体现。英语里的从句、花园幽径句和非限定性 VP，汉语里的各种常规和非常规小句[*02]，都统一纳入"逻辑组合基本形态 l45c01\k=3"这一描述模式里。笔者对这一描述模式所采用的核心术语——句蜕——并不满意，似乎需要另起一个比较传神的名字，请语言高手支援吧。

逻辑组合基本形态 l45c01\k=3 可分成两组：一是 l45c01~\2（要蜕与包蜕，将合称非原蜕）；二是 l45c01\2（原蜕）。两者必然都要使用语法逻辑符号，但各自选用的具体逻辑符号有所不同[*03]，这很可能是所有自然语言的共相，权作笔者的又一次姑妄言之吧。

这里需要特别指出的是：英语的非原蜕语法逻辑符号有三种：一是关系代词；二是非限定性 VP；三是违例基本句式。前两种大家比较熟悉，后者需要解释一下。这里把违例基本句式也当作一种语法逻辑手段，英语惯于使用它，"the food we eat"和"the problems we face in the future"是常见的语言现象，对这一现象可使用省略的说法，说那是在"food"和"we"之间或"problems"与"we"之间省略了一个关系代词，其实没有必要这么绕弯子说，不如直接看作一种无逻辑标记的逻辑运用，名之违例基本句式。

与英语比较起来，现代汉语的非原蜕语法逻辑符号却非常简明，它就是那个使用频度最高的汉字——"的"字。要蜕用它，包蜕也用它。在"的"的 5 义项描述中（见本章[4.2.3]小节）义项 l42~\2 就是专用于此的，其使用频度之高或为 5 义项之冠。此义项对现代汉语信息处理的巨大作用一直被严重忽视，所以这里特意说两句"雷人"的话语，第一句是："的"字是现代汉语信息处理的法宝，借助它，可以"消除"汉语劲敌 B 的一半，第二句是：汉语劲敌 B 的另一半也可以指靠"串联第一本体呈现 l42t=b"的直接运用而加以"消除"。请注意，这里的"消除"都特意加了引号，因为如同汉语的词语会出现伪词一样，这"消除"也可能是伪消除。第一，"串联第一本体呈现 l42t=b 里的"v"可能是 El 甚至是 Eg 的核心要素；第二，3 类句蜕都可能被误判，尤其要当心非原蜕的误判。但是，汉语理解处理的第一步必须实行"消除"处理，这同如同汉语数据处理必须先实行分词一样。我们不能因为伪词的存在而放弃分词，我们也不能由于伪消除的存在而放弃消除处理。这样，就提出了如何应对伪消除的课题，不正视这一课题，那自知之明是没有指望的。这一课题将在第三卷的第六编里作正式讨论。

以上所说，似乎全是离题的话。如果你有这种感觉，那就请思考一下两个问题。①为什么第二类特殊编号概念关联式[l4-01-0]采用流式关联而不采用源式关联呢？②本延伸概念自身拥有自己的捆绑词语么？这两个问题将在本节的结束语里给出答案。

4.5.2 无逻辑符号组合形态 l45d01 的世界知识

二级延伸概念的符号表示及汉语说明如下：

```
l45d01:(e2m,c01,ckm)
    l45d01e2m        无逻辑符号组合的对偶二分形态（正逆二分组合）
    l45d01e21        正向二分组合
    l45d01e22        逆向二分组合
    l45d01c01        无逻辑符号组合的单元形态（单元形态）
    l45d01(ckm)      无逻辑符号组合的多层形态（多层组合）
```

这三项延伸概念并无新意，不过是关于串联 l42 已有描述的再描述。为什么要这么做呢？

这里就不从理论上去阐释了,那无非又是平衡原则、彼山景象之类令人讨厌的话。那么说什么呢?依然是一些让人讨厌的话,不过,讨厌的性质有所不同,每一位读者都具有充分的参与资格。

依据笔者对未来世界(后工业时代的世界)必然出现三种文明标杆的设想和论证,英语、汉语和阿拉伯语将依次被符号化为

英语	gwa30*8[01]
汉语	gwa30*8[02]
阿拉伯语	gwa30*8[03]

这个排序本身没有什么老大、老二和老三之分。就语言文本书写的第一顺序(词语之间的顺序)来说,英语是自左而右,阿拉伯语是自右而左,而古汉语是自上而下。就书写的第二顺序(语句之间的顺序),英语和阿拉伯语都是自上而下的,大约所有的语言都是如此,应该不会存在采取自下而上书写顺序的语言吧。但古汉语的第二顺序却是自右而左。从保护文化形态的多样性来说,似乎保持古汉语的顺序是一个不错的选择。现代汉语的文本格式向英语看齐了,它究竟带来了什么好处?笔者始终没有搞明白。汉字的书法艺术是中华文化的瑰宝之一,而书法艺术密切联系于对联,对联又密切于汉赋、唐诗、宋词与元曲,古汉语的文本格式与这些瑰宝的艺术形式十分匹配,向英语看齐以后就不那么匹配了不是吗?这里丝毫没有呼吁回归古汉语文本格式的意思,只不过想借这个机会说一声:新文化运动的先驱们是否对汉字和汉语所蕴藏的文化内涵重视不够?这是否影响了现代汉语语法学家对汉语蕴藏的内在语法逻辑也存在类似的倾向呢?

无逻辑符号组合形态 l45d01 这项延伸概念就是为了描述内在语法逻辑而设计的,汉语在这方面的表现最为突出,但不能说该延伸概念就是为汉语而设计的。各种自然语言都拥有各自的内在语法逻辑,不过表现形态可能存在巨大差异,延伸概念 l45d01 是为了便于描述这些差异而设计的。

延伸概念 l45d01 设置了 3 项再(二级)延伸概念:这 3 项再延伸概念体现的设计思路是:突显中间并叩其两端,依次名之"中"、"小"、"大",英语和汉语的"中"、"小"、"大"表现差异很大,三者的映射符号及其英汉差异如表 4-9 所示。

表 4-9　英语与汉语的"中、小、大"表现

HNC 符号	汉语命名	英语	汉语
l45d01e2m	"中"	笨拙	潇洒
l45d01c01	"小"	一拙一巧	亦拙亦巧
l45d01(ckm)	"大"	罕见	常见

表 4-9 中的"中"对应于"串联第一本体呈现 l42t=b",汉语的潇洒性是指它容许 l45d01e2m 双存在,英语的笨拙性是指它只容许 l45d01e21 存在。这项世界知识非常重要,在"串联 142"章里虽有所阐释,但意犹未尽,甚至写下了"对不起"的话语,现在可以收回这话语了,该项世界知识可通过下列概念关联式给出清晰的表述。

((l42t=b,l47,gwa30*8[02]),jl11e21,l45d01e2m) —— (l4-02a-0)
（汉语的内容逻辑基元具有正逆二分组合）

((l42t=b,l47,gwa30*8[01]),jl11e21lur91\4,l45d01e21)
—— (l4-02b-0)
（英语的内容逻辑基元仅具有正向二分组合）

表 4-9 中的"小"对应于传统语言学所描述的两种词类搭配：一是形-名搭配；二是非形-名搭配，包括副-动、副-形和副-副搭配。英语拙于形-名搭配，但巧于非形-名搭配，故以"一拙一巧"描述之。汉语的"亦拙亦巧"有两层意思，一是指汉语的形-名搭配可以反过来，直接转换成名-形搭配，其实这就是"中"之部分潇洒性表现——"ou 结构"的潇洒性；二是指非形-名搭配也可以反过来，不过要加点东西，那东西就是 lhq45d01c01 的直系捆绑词语了——如"很好"和"好得很"里的"得"，这个东西可能是汉语的"专利"吧。

表 4-9 中的"大"则指"基于'小''中'的再搭配"，含义不言自明，下面会给出一个示例，并通过它给出关于英语罕见而汉语常见的说明。

传统语法学对"小"的研究很卖力气，透齐性也不差。但是，对"中"和"大"的研究就不能这么说了。这个话题非常敏感，这里只想说这么一句话，无论你是否认同 HNC 理论，但你不能不思考这个敏感话题，其深层含义非常重要或重大，虽然它只不过是整个语法逻辑的一角。

——关于"'大' l45d01(ckm)"的示例与说明：

汉语：湖南农民运动考察报告
英语：report on an investigation of the peasent movement in Hunan

这个语段英语使用了 3 个介词，汉语却一个都没有，汉语之意合性和英语之形合性如此醒目，请读者把这个例子当作一片十分可爱的知秋之叶吧。这片可爱叶子里的"考察报告"属于传统语法学 5 大结构的哪一种？"Peasent Movement"是不是英语的舶来品呢？"换头术"原则[*04]在这个例子里是否获得了充分展现呢？所谓一片秋叶的知秋性就蕴含在这些思考里，这些思考的过程就是一个练习一叶知秋功力的过程。任何探索都需要这种一叶知秋的功力或功夫，语言学的探索尤为需要，千万不要被那些关于"大规模真实语料"的广告式文字忽悠。在这"统计神功众口夸"的特殊时期，需要特别强调的是：没有什么比"一叶知秋功"更重要的基本功了。当然，"一叶知秋功"的练习不是一件容易的事，需要一些新的思维武器，光抱着语法老叟的那几件冷兵器是容易走火入魔的，那"咬死了猎人的狗"就是一个惨痛的教训。20 世纪的语言哲学和最新的各种认知语言学流派并没有打造出符合认知学"工业时代"要求的热兵器，不要以为西方世界在任何学术领域都走在时代的前列，语言学和认知学就不是。语言学受害于语法老叟，认知学则受害于逻辑仙翁。HNC 理论在从词语到篇章的各级台阶都引入了一系列新术语，在某种意义上可以说，那就是为了服务于"一叶知秋功"的练习。应该承认：有些新武器的名称过于哲学化，像"串联第一本体呈现"（内容逻辑基元）和"串联第二本体呈现"（句蜕）就是典型的例子。这类术语诚然不具有形态美，但毕竟具有内在美，请少一点讨厌，多一点理解吧。

4.5.3 混合形态组合"l45(o01)|"的世界知识

延伸概念 l45(o01)|的符号表示准确反映了"多元逻辑组合 l45"这株概念树的文字意义，但却采取了一级延伸概念的特殊形式，可以说它是全部一级延伸概念中的唯一怪物。按照概念树之概念延伸结构表示式的符号约定，它应该属于二级甚至三级延伸概念，"多元逻辑组合 l45"是一株十分特殊的概念树，该怪物在这里出现就不值得大惊小怪了。理论总是倾向于追求纯净，这是理论的需要；而实践却总是不那么纯净，对不纯净的适应是一种需求。这种需要与需求之间的矛盾是永恒的，是不可能完全消除的。处理好这个矛盾一定要智慧与智能并举，不能片面地只讲一面。本延伸概念的设置不过是该并举措施的一例而已。自然语言多元逻辑组合语段的常态应该是混合形态，而不是"湖南农民运动考察报告"那样纯净的形态。因此，"汉语乃是意合语言"的说法不宜轻易使用，这个问题在下面的结束语会有所回应。

结 束 语

概念树"多元逻辑组合 l45"是"语块组合逻辑 l4"这片概念林所属 11 株概念树中最特殊的一株，其 HNC 符号 l45 不足以反映它的特殊地位，多次考虑过换成 l40，不过最后还是放弃了。这类思考在概念树的视野（即单片概念林的视野）里是想不明白的，必须上升到概念林的视野（即概念林间视野，也就是概念范畴视野）才比较清楚。这里的概念范畴是语法逻辑，在编首语里，对语法逻辑 12 片概念林的设置有一个关于命名方式的 3 大类说明，这里应该补充一个关于内容意义的 4 大类说明了。语法逻辑内容意义下的 4 大类是：①块间基本语法逻辑，4 片概念林：l0-l3；②语块基本语法逻辑，3 片概念林：l4-l6；③块间一般语法逻辑，4 片概念林：l7-la；④句间语法逻辑，1 片概念林：lb。在这 4 大类概念林里，只对第一类概念林设置"不管部"概念树，这是一项约定。为什么？答案不过是两个字：创新。具备创新资格的概念林才设置"不管部"概念树。此资格说仅适用于主体基元概念和逻辑概念[*05]，这是需要郑重申明的。

在语块基本语法逻辑的 3 片概念林里，概念林 l4 排名第一，其梳理作用（参看"语块基本语法逻辑的预备性小结"）最大，故拥有数量最多的概念树配置，在其 11 株概念树中，概念树 l45 的梳理作用又为各兄弟概念树之冠，这就是给它一个结束语特权的基本原因了。

概念树 l45 的强梳理作用充分体现在其一级延伸概念的特殊符号表示里，那符号就是：

  l45:(o01,(o01)|;

笔者很想以比较通俗的语言说明此符号所蕴含的形而上意义（哲理），但深感力不从心，就说几句话吧。符号 l45o01 是外在语法逻辑和内在语法逻辑的分别说，符号 l45c01 对应于外在语法逻辑（形式逻辑）；符号 l45d01 对应于内在语法逻辑（内容逻辑）；符号 l45(o01)|则对应于外在与内在语法逻辑的非分别说。概念树 l45 一级延伸概念的设计体现了内在高于外在的思考。不同语种多元逻辑组合的具体表现千差万别，需要找到一种术语对这种差别加

以描述，内在与外在这两个词语是比较适当的。也许可以说，英语（或西语）是极度重视外在语法逻辑的语言，而汉语是更加重视内在语法逻辑的语言。这就是笔者对"汉语意合"说的回应了。现代汉语的近期研究出现了关注内在语法逻辑的可喜景象，但关注点比较狭隘，主要围绕着语义指向做文章，这高于点说，跨入了线说，但毕竟没有上升到面说和体说的高度，没有脱离语形-语义-语用三维度说[*06]的牢笼。

本概念树曾长期未正式赋予汉语命名，仅用一个直系捆绑词语"关于"充当代表，这是需要向 HNC 团队致歉的。现在的正式命名——多元逻辑组合——实际上有广义与狭义之分，作为概念树 l45 的命名，取广义而非狭义，这是需要首先说明的。狭义多元逻辑组合乃指句蜕（逻辑组合基本形态）之外的组合，第一号流寇（流寇 01）所指的多元逻辑组合即属此类。那么能否说"流寇 01+句蜕"就是本概念树所指称的内容？这就要烦劳读者自己了。

在语句理解处理的 20 项难点未区分劲敌与流寇时，流寇 01 的座次是现在劲敌 4 的位置，与句蜕（劲敌 2，其座次未变）只有一个座次的距离，现在两者之间相隔了 4 个座次。这些话看起来是一些无聊的呆话，那么为什么还要说呢？那是由于劲敌属于语言处理的"大场"与"急所"（曾合称"大急"），而流寇只是语言处理的"官子"。当然，流寇 01 是第一号大官子，其价值之大不言而喻，但其价值再大也比不过劲敌 2。这就是所谓的世界知识，是关于语言信息处理的一项世界知识。但是，如果仅仅认识到这一点，那是远远不够的，还必须进一步认识到：劲敌 2 和流寇 01 乃是同母所生的两兄弟。既然是兄弟俩，它们之间的关联性就很值得研究。这意味着你不能对所谓的劲敌 2 和流寇 01 的区分过于执着，而必须运用"色不异空，空不异色；色即是空，空即是色"的灵巧思维。在彼山景象里，这种灵巧思维的具体呈现就是下面的概念关联式：

(l45c01\k = l45(o01)|,k=3) ———（l4-0-01）
（句蜕强交式关联于多元逻辑组合）
（劲敌 2 强交式关联于流寇 01）

这个概念关联式一定要与[l4-01-0]联合起来进行考察，后者拷贝如下：

(l42\k=3,lv91,GB) <= (l45c01\k=3,lv91,GB) ———[l4-01-0]
（串联第二本体呈现指称的广义对象强流式关联于句蜕所指称的广义对象）

这两个概念关联式都采用了特殊编号，试图对语块迷宫的若干"谜中之谜"给出一些假设性的回答。

前文说过：语法逻辑的前 4 片概念林(l0～l3)为语句迷宫提供路标和钥匙，下文将简称标匙，也就是语法逻辑符号的戏称。接下来的 4 片概念林(l4～l7)为语块迷宫提供标匙。前文还说过：英语语句迷宫的标匙并不齐全，但其语句擅长并喜好高楼大厦的结构，汉语语句迷宫的标匙非常齐全，但其语句却擅长并喜好四合院的结构。这里应该补充的一点是：英语语块迷宫的标匙比较齐全，汉语反之，相应的标匙比较匮乏。这项补充可以为英汉两种语言的不同擅长与喜好提供某种诠释么？答案似乎是肯定的。

语法逻辑和语习逻辑 HNC 符号设计的一项基本原则可以这样来表述：以标匙的齐全性为基本参照。概念林(l0～l3)的设计以主块标匙的齐全性为参照；概念关联式[l4-01-0]的写定则以短语或语段（多元逻辑组合）标匙的齐全性为参照。那么，概念关联式（l4-0-01）的意义何在？在于明确宣告：句蜕和多元逻辑组合之间绝不是那种"非此即彼"的关系，而是可以相互转化的。这种相互转化是灵巧思维或思维灵巧性的一个重要侧面。所以，灵巧思维并不是什么特别神秘的东西，不过就是在一些特定延伸概念（即广义语言理解基因[*07]的载体）之间建立起某种逻辑联系而已。这话过于轻率么？也许是，也许不是，而只是说得太轻松一些了。思维灵巧性是思维创造性的基础，HNC 设想的语言超人不具备创造性思维，但具备思维的灵巧性。没有这种灵巧性，就过不了自然语言理解这一关，不仅走不出语句迷宫，也走不出语块迷宫，更形成不了语言记忆，这是可以断言的。至于这种灵巧性对于语言生成的意义，反而不是 HNC 所关注的。

上面形而上的话语写得太多了，下面来一点形而下，从"湖南农民运动考察报告"这个语段说起。该语段可以有下面的不同形态："湖南农民运动考察"、"关于湖南农民运动的考察报告"、"考察湖南农民运动的报告"等，这四种语段形态各适用于不同的上下文，但内容具有等价性。语段中的 3 个词语"运动、考察、报告"都带有动词属性，在"湖南农民运动考察报告"里，三动词连见[*08]，在"湖南农民运动考察"里两动词连见，另外两种语段形态由于"的"的出现使动词连见问题不复存在，但劲敌 2 的困扰并未消失。我们似乎可以说：该语段的汉语困扰是汉语的"自作孽"，人家英语的对应语段就不存在这种困扰嘛！问题在于"自作孽"的说法成立么？如果善于运用汉语内容逻辑基元的世界知识（包括概念关联式 l4-02a-0）所描述的世界知识），该语段的劲敌 2 困扰就可以完全消失。下面将不厌其烦，把这个论断说清楚。

汉语的内容逻辑基元特别发达，具有"v"属性的词或字都优先形成"vo"或"ov"结构，具有"~v"属性的词或字优先形成"ou"结构。这样的词或字一旦进入这种结构里，通常就被异化了。但"通常"同"优先"一样，是一个既可爱又可怕的东西，"vo"与"ov"正是如此，这两种结构的非分别说将简记为(v,o)结构，下面就先来说一下(v,o)结构的可怕性和可爱性。

现代汉语的 word 以双字词为主，在双字词里，(v,o)结构占比多少？这个数据并不重要，重要的是，在现代汉语的短语或语段里，(v,o)结构举足轻重，甚至可以说，现代汉语信息处理的基本难题（包括劲敌与流寇）皆发源于(v,o)结构。

该结构一旦被异化，就一定不充当全局动词 v_g，充其量充当句蜕动词 v_l。这是汉语内容逻辑基元的基本属性。运用这一属性，"湖南农民运动考察报告"里的"农民运动"是最典型的"Bv"结构，"考察报告"是次典型[*09]的"vC"结构。最典型的"Bv"结构在该语段的 4 种不同形态里都存在，次典型的"vC"结构则仅存在于 2 种形态。最后的两句话仅具有统计意义，对下面的分析实际上是废话。

下面要进入 3 种内容逻辑基元如何扩展或如何组合（统称如何连接）的话题，该话题是本《全书》第三卷第二编的重点话题，这里不过是一次预说。扩展或组合是连接的分别说，将约定扩展用于最典型结构，组合用于次典型结构。

连接有前后之分，在不计换行的前提下，现代汉语的前连接是向左，后连接是向右，古汉语的相应连接分别是向上与向下。上述语段里的"农民运动"面临前扩展和后组合的双向连接问题，"考察报告"则只面临前组合的连接问题。

"农民运动"前面的一个特定具体概念——"湖南"，它是最典型的 B。于是，一个"B+Bv"序列（结构）出现了，将约定：

```
(B+Bv =: Cs,Bv =: r)
```

这个约定将构成一条铁打的规则，其中的 Cs[*10]命名为综合内容，是处理汉语连接问题的重要术语之一，其中的"Bv =: r"相当于该约定前提条件。因此也可以说：Cs 不过就是 Cu 的一种特殊形态。

该语段的最终连接处理结果如表 4-10 所示。

表 4-10 "湖南农民运动考察报告"语段不同形态的最终结构

语段原文	Cs 前语境	Cs 后语境	最终结构
原态	无	vC	^(vCs)C（多元逻辑组合）
湖南农民运动考察	无	v	^(vCs)（多元逻辑组合或原蜕）
关于湖南农民运动的考察报告	l45	的+vC	Cs(vC)（多元逻辑组合）
考察湖南农民运动的报告	v	的+v	(vCs)C（包蜕）
（^(vCs)C =: ^(vCs) =: Cs(vC) =: (vCs)C）			

表 4-10 包含下列 4 个要点：①"湖南农民运动"这一特定 Cs 的认知；②Cs 之前后语境的确认；③语段最终结构的判定；④不同最终结构等价性的认定。

这 4 个要点是通过一个特定语段总结出来的，接着应该提出下列问题。①这些要点是仅适用于某些类型的语段还是适用于任意类型的语段呢？②这 4 个要点似乎对应于语段理解处理的 4 个步调，该步调具有普遍意义？③此 4 步调的起点是一个 Cs，还有其他类型的起点么？要考虑不止一个起点的情况么？④从起点经过前后语境到达最终结构的途径具有唯一性么？是否必须考虑该途径的非唯一性或多样性？指示途径的路标（规则）如何获得呢？⑤认定不同最终结构等价性的依据或知识从哪里来？⑥途径的可能多样性和多种最终结果的等价性与前述思维灵巧性之间是什么关系？⑦表中最终结构的符号是否不仅与理解处理过程的动态记忆有关，而且也与最后的显记忆有关呢？

这里并不回答这些问题，那是第三卷的任务。为什么要提前写下这些内容呢？因为语言脑奥秘的探索需要一系列思维的新式"武器"，本《全书》第一和第二卷的任务就是为这些新式"武器"的研发提供理论依据或理论"武器"，熟悉这些理论"武器"并不容易，多元逻辑组合 l45 这株概念树是一个难得的 HNC 综合"武器"试验场，"湖南农民运动考察报告"是一片难得的知秋之叶。所以，就借用这个结束语的空间写下了大段的随笔，主要目的在于促进读者对语言脑探索和 HNC 理论的兴趣。

本节的写法比较特殊，以下各节将回到语法逻辑的通常撰写方式，更为简略。结束语多数省略，但第 6 节的"手段 l46"例外，它具有过渡性。手段以下各株概念树的内容与此前各株概念树有本质区别，这将在"手段"节的结束语里略加说明。

注释

[*01] 这里第一次使用基本句式这个术语，句式是格式和样式的合称。基本句式的定义是：三主块或四主块

语句的EK一定位居第二。广义作用句至少3个语块，对于SVO语言来说，基本句式的使用乃是一种必然景象；广义效应句不同，它可以出现无EK的两语块语句，这时就不存在基本句式的景象了。所谓违例基本句式就是指：两个GBK连接在一起，而其间无任何逻辑标记。违例基本句式这个短语里的基本二字在意境上不可或缺，但实际上非常累赘，今后将简称违例句式。前面,在表4-8里已经这么做了。

[*02] 小句这个概念邢福义先生最早使用，并提出了著名的"汉语小句本位"说。邢先生的小句包括这里所说的常规形态小句，但不包括非常规形态"小句"，前者指原蜕，而原蜕可包括复句，后者则指要蜕和包蜕。以后在描述句群特性时，HNC也引入小句和大句的概念，但不同于这里所说小句，这里的小句纯粹是邢氏小句概念的借用。

[*03] 这里的不同仅是指原蜕和非原蜕之间的不同。

[*04] "换头术"原则即"英语**先主后次**，汉语**先次后主**"的语言生成第一原则，本章的[4.2.1]小节有粗浅说明。

[*05] 此说似乎与基本逻辑概念编（本卷第三编）里的有关论述有矛盾，但细心的读者会明白：那不过是一种"有若无"的矛盾。

[*06] 牢笼说将在第三卷第三编（论语境单元）里论述。

[*07] 这里是第一次使用"广义语言理解基因"的说法，原来对语言理解基因的定义是："语境概念树及其各级延伸概念+相应的概念关联式"，广义的意思是取消语境的限制，推广到概念基元的全部概念树。这就是说，语言理解基因有狭义与广义之分，狭义者，原定义也。

[*08] 动词连见现象是汉语的家常便饭，似乎是汉语动词满天飞现象中最棘手的困扰，是劲敌B的硬骨头，其实不是这个情况。第三卷会专门讨论这个问题。

[*09] 这里是第一次使用最典型和次典型的说法，两者都具有特定含义，前者表示唯一性选择，后者表示非唯一性但概率比较大的选择。汉语的"vv"结构具有以下6（3*2）种选择：

vC；Cv；EQ+E；Eq+Eh；vg+vl；vl+vg，

这里把"考察报告"选为"vC"的次典型，是由于它位于该语段的尾部。

[*10] Cs的下标s取自synthesize的首字母。

第6节
手段 l46 (347)

4.6-0 手段l46的概念延伸结构表示式

```
l46:(m,n,e2m,e2n,;(e2m),e2ne2n,)
   l46m              手段的方式呈现（手段的第一黑氏描述）
   l460              常规手段
   l461              明
   l462              暗
   l464n             手段的智力呈现（手段的第二黑氏描述）
```

```
l464                    巧手段
l465                    实
l466                    虚
l46e2m                  手段的对偶二分
l46e21                  文
l46e22                  武
l46e2n                  手段的对立二分
l46e25                  积极
l46e26                  消极
```

手段 l46 的一级延伸概念都采取了开放形态，其实没有必要，有备无患而已。

手段 l46 的世界知识集中体现于下列两个第二类特殊编号概念关联式：

```
l46 <= s2 ——（146-01-0）
```
（语法逻辑概念树的手段强流式关联于综合逻辑概念林的手段）

```
l46 = (l11+l12,l13) ——（146-02-0）
```
（语块组合逻辑的手段强交式关联于辅块标记的方式和工具，也包括途径）

手段的 4 项一级延伸概念的第一项来源于作用效应链的效应，后续的 3 项实际上都来源于基本属性概念，不过第二项也同时来源于智力。

4.6.1 手段方式呈现 l46m 的世界知识

手段方式呈现分别说的汉语命名采用了"明与暗"，这"明与暗"很容易与当今的热门话题——透明度——搅和在一起，但这是两组具有根本性质差异的概念。本小节就从这一差异谈起，而这一差异的揭示，使用 HNC 符号比较方便。

```
透明度            zra00a3 =% c249\2
                （透明度属于社会性信息交换）
手段方式呈现       l46m <= 33m
                （手段方式呈现强流式关联于效应的显与隐）
```

这些符号表明：手段方式呈现的明暗性绝不可以与透明度的概念混为一谈，但现实话语似乎特别爱好这种混淆，尤其是新国际者。这是一项非常重要的世界知识，以下面的第二类特殊编号概念关联式加以表示：

```
((l46m,l44,zra00a3),jlv11e21,jlr00e21u00c21) ——（146-03-0）
（手段方式呈现与透明度之间存在弱关联性）
```

概念关联式（146-01-0）表明：手段方式呈现 l46m 必须与手段 s2 的相应概念树建立某种关联，本小节只给出最重要或最有代表性的，下列各小节照此办理。

```
l46m = s20\3*m ——（146-01）
（手段方式呈现强交式关联于手段基本内涵的太极、阳谋与阴谋）
```

4.6.2 手段的智力呈现 l46n 的世界知识

这是"手段 l46"全部一级延伸概念中最重要的一项。

其分别说的汉语命名都比较贴切，基本世界知识以下列概念关联式表示：

```
l46n <= 7210\k=2 ——（l46-02）
```
（手段智力呈现强流式关联于智力）
```
l46n = 7310e5n ——（l46-03）
```
（手段智力呈现强交式关联于言行第一匹配性）
```
l46~4 = j74e2m ——（l46-04）
```
（手段的实与虚强交式关联于自然属性的实与名）
```
l464 <= s22\2*3 ——（l46-05）
```
（巧手段强流式关联于信息运用力）

4.6.3 手段对偶二分 l46e2m 的世界知识

手段对偶二分 l46e2m 设置了二级延伸概念 l46(e2m)，其汉语直系捆绑词语有不少著名的成语，这包括"软硬兼施""威胁利诱""绵里藏针""远交近攻"等，还拥有不少"起止形态标记(lq33…lh33…)"类型的捆绑词，这包括"又……又……""既……又……""边……边……""一个……一个……"等。

手段对偶二分 l46e2m 的世界知识暂仅以下列概念关联式表示：

```
(l46e2m <= s22\k,k=2)
```
（手段对偶二分强流式关联于实力之第二本体呈现）
```
l46e21 <= s22\2 ——（l46-06a）
```
（手段对偶二分之文强流式关联于软实力）
```
l46e22 <= s22\1 ——（l46-06b）
```
（手段对偶二分之武强流式关联于硬实力）

概念关联式（l46-06o）里的符号交叉性反映了两种文明之间的理念差异，中华文明是"先文后武"、"先软后硬"，西方文明反之。理念差异就是指伦理学之立足点或出发点的不同，两种立足点或出发点都有其合理性，就如同第一名言和第二名言一样。但两者毕竟不能完全等同，所以，两名言分别采用了"第一"与"第二"修饰词，文武手段和硬软实力分别挂接于不同的概念树。说句不算多余的话吧：HNC 延伸概念的设计多次体现这种比较隐蔽的中庸之道。

4.6.4 手段对立二分 l46e2n 的世界知识

手段对立二分 l46e2n 设置了二级延伸概念 l46e2ne2n，符号"e2ne2n"是辩证法的代表或灵魂，已经遇到过多次，这里就不必阐释了。

手段对立二分 l46e2n 的直系捆绑词语非常丰富多彩，但自然语言似乎存在一种共相，那就是捆绑于 l46e26 的词语数量要远多于捆绑于 l46e25 的词语。

语言面具性在不同概念树下有不同的展现，但手段概念林 s2 之各株概念树 s2y 的展现度最为丰富多彩，这一特性必然会遗传给概念树 l46。特别有趣的是，反而是那些把辩证法挂在嘴边的人往往最不了解手段的辩证性，最容易沦落为政治高人面具性语言的可怜受害者，而自己浑然不觉。

以上两点，算作是本小节的两次"姑妄言之"吧。

结 束 语

　　此前的语法逻辑侧重于逻辑自身符号的描述，故前 4 片概念林干脆以标记命名。块内组合逻辑 l4 这片概念林的 11 株概念树则区分两种情况，l41～l45 是一类，l47-l4b 是另一类，l46 则是两者之间的过渡。前者可以说是纯粹的继承者，仅专注于标记，不涉及内容；后者不同，它不再是纯粹的继承者，而变成了典型的承改者，即其内涵不限于所指的标记，也包括所指的内容。这是一项重要约定，不难写出相应的概念关联式，但那是微超工程正式启动以后的事，这里从略。作为继承者和承改者的过渡角色，本节直系捆绑词语的介绍实际上暗示了这一重要约定。

　　手段 l46 所对应的标记就是本编第零章第 1 节所描述的部分语段标记，首先是方式标记 l11 和工具标记 l12，其次是途径标记 l13，这项知识已通过概念关联式（l46-02-0）给以描述了。

第 7 节
参照 l47 (348)

4.7-0 参照 l47 的概念延伸结构表示式

```
l47:(t=a,e3m,e2m,d01;(t)\k=3)
    l47t=a                      参照的第一本体呈现
    l479                        利益参照
    l47a                        伦理参照
    l47(t)                      文明参照
        l47(t)\k=3              文明参照的第二本体呈现
        l47(t)\1                第一文明参照
        l47(t)\2                第二文明参照
        l47(t)\3                第三文明参照
    l47e3m                      参照的对仗三分
    l47e31                      参照者
    l47e32                      被参照者
    l47e33                      第三方
    l47e2m                      参照的对偶二分
    l47e21                      相对性参照
    l47e22                      绝对性参照
    l47d01                      参照的最描述
```

　　请注意两点：①延伸结构表示式采用了封闭形态；②对文明参照非分别说 l47(t) 的后续延伸采取了 $k_{max}=3$ 的确定形态。

4.7.1 参照第一本体呈现 l47t=a 的世界知识

参照第一本体呈现分别说的汉语命名比较到位。迄今为止，利益参照 l479 一直居于主宰地位，伦理参照 l47a 从来都是配角，这个状态在 21 世纪会发生变化么？前文曾探讨过这个极为复杂的问题，给出过考察该问题的必要前提条件，那就是三个历史时代、六个世界和三种文明标杆这三组概念的建立。延伸概念"文明参照 l47(t)"及其再延伸"l47(t)\k=3"就是依据该前提条件而引入的，表述这一重要世界知识的相应概念关联式就省略了，但下列特殊编号概念关联式不可省略，它们是

```
(l479 <= a0099t,t=b) —— (l47-01-0)
（利益参照强流式关联于三争）
l47a <= (q82;d1) —— (l47-02-0)
（伦理参照强流式关联于信念或理念）
```

4.7.2 参照对仗三分 l47e3m 的世界知识

本小节仅给出下列概念式：

```
l47e3m ≡ 407e3m —— (l47-01)
（参照对仗三分强关联于关系基本构成的我、你、他三分）
(C,lv47,lr47e3m) <= (d2+d3,lv47,B) —— [l47-01-0]
（参照对仗三分的内容强流式关联于参照对象的理性与观念）
l47e3m => ReC+RtC —— [l47-02-0]
（参照对仗三分强源式关联于视野与景象）
```

4.7.3 参照对偶二分 l47e2m 的世界知识

语言必有参照，没有参照，就没有语言，无论是叙述、描述或论述的语言，都是如此。参照有相对与绝对的基本区分，人类的习惯性思维对这一区分不甚在意。这不在意的后果十分严重，因为，如果没有这一区分意识，就一定会生成消极记忆。当下地球村的六个世界，都在遭受这种消极记忆的灾难性影响，其中，以第二世界、北片与东片第三世界的消极记忆最为严重。HNC 希望，未来的图灵脑可以免除这一影响，免除的基本举措将在第三卷的《论记忆》（第四编）阐释，这里只给出下面的概念关联式：

```
l47e2m <= j75e2m —— (l47-03-0)
（参照的对偶二分强流式关联于自然属性相对与绝对的对偶二分）
l47e21 := j100 —— (l47-04a-0)
（相对参照对应于两相比较）
l47e22 := j102 —— (l47-04b-0)
（绝对参照对应于标准比较）
```

4.7.4 参照最描述 l47d01 的世界知识

参照最描述 l47d01 的捆绑词语最为丰富，把各种自然语言的这一词语系列汇编成册，应该说是一项很有趣味的语言工程，魔鬼这个词应该有资格充当该词语汇编的第一词语吧。20 世纪为该词语汇编贡献了最多资源，国际驰名的有"法西斯蒂"、"圣战"、"苏维埃"、

"无产阶级专政"、"红色革命"等，中国驰名的有"吃人礼教"、"反动"、"反革命"、"五类分子"、"人民民主专政"、"苏修"和"走资派"等。不过，上列词语已基本成为历史，依然有影响力的似乎只剩下两个——"圣战"与"美帝"。前者在第四世界，后者在第二世界和北片第三世界，都依然是一个顽强的存在，这一存在的被忽视和被利用是 21 世纪最大的政治吊诡。

上列词语属于 l47d01 的前挂"r"或"rp"类概念，现代汉语的"充当"可旁系捆绑于 lvr47d01。

本小节暂写特殊编号一个概念关联式：

  l47d01 <= d10c01d01——（l47-0-01）
  （参照最描述强流式关联于霸道）

第 8 节
条件 l48 (349)

4.8-0 条件 l48 的概念延伸结构表示式

```
l48:(e4n,\k=5;e4nt=b,\5d01)
    l48e4n              条件的 B 类对偶三分（语法逻辑条件）
    l48e45              适度条件
    l48e46              低度条件
    l48e47              过度条件
      l48e4nt=b         语法逻辑条件的时代性呈现
      l48e4n9           农业时代的语法逻辑条件
      l48e4na           工业时代的语法逻辑条件
      l48e4nb           后工业时代的语法逻辑条件
    l48\k=5             条件的第二本体呈现
    l48\1               时间条件
    l48\2               空间条件
    l48\3               物理条件
    l48\4               语境条件
    l48\5               前提条件
      l48\5d01          无条件
```

这是又一个封闭形态的概念延伸结构表示式，对其封闭性的把握度也许是最大的。

4.8.1 条件 B 类对偶三分 l48e4n 的世界知识

其基本概念关联式如下：

  l48e45 <= j60e41——（l48-01-0）
  （语法逻辑的适度条件强流式关联于自然属性的适度）

```
l48e46 <= j60e46 ──（l48-0-01）
```
（语法逻辑的低度条件强流式关联于自然属性的中庸）
```
l48e47 <= j60e43 ──（l48-02-0）
```
（语法逻辑的过度条件强流式关联于自然属性的过度）
```
(l48e4nt := pj1*t,t=b) ──（l48-0-02）
```
（语法逻辑条件的时代性呈现对应于人类社会的三个历史时代）
```
l48(e4n)d01 <= (rp53d25;rpb30e11) ──（l48-03-0）
```
（无条件强流式关联于强势者或胜利者）

这 5 个特殊编号概念关联式分别属于两种基本类型，这里不作解释，但需要指出一个要点，那就是：这 5 个关联式所展现的世界知识都处于极度匮乏状态。有趣的是，精英的匮乏度甚至超过常人，精英们所津津乐道的，不过是其中 l48e4n9 与 l48e4na 之间的巨大差异而已。但是，对于 l48e4nb 已经展现出来的景象，丝毫没有察觉。精英们仅热衷于发展、生理、智能和物质（宇宙）奥秘的探索，并不关心智慧奥秘的探索。所谓的智库，皆智能之库，而非智慧之库。但 l48e4nb 景象的探索，绝对离不开智慧。这段话弥漫着谜语色彩，不拟多作解释，就当作是一个谜语吧。

4.8.2 条件的第二本体呈现 l48\k=5 的世界知识

其基本概念关联式是

```
(l48\k <= s3y,k=5,y=1-5) ──（l48-03-0）
```
（语法逻辑的条件第二本体呈现强流式关联于综合逻辑的条件）

前提条件 l48\5 拥有一项特别值得关注的二级延伸概念 l48\5d01，对应的汉语表述是"无条件"。这个词语在第二次世界大战后期很出名，大战结束以后，表面上不那么时髦了，但实际上仍存在于所有非务实者（即"浪漫+功利"理性主义者）的心灵深处。该延伸概念的汉语"r"型直系捆绑词语有"在原则问题上绝不让步"、在"在国家核心利益方面绝不让步"等。可是，到底什么是"原则问题"和"核心利益"，说者自己也未必明白。

第 9 节
动机 l49 (350)

4.9-0 动机 l49 的概念延伸结构表示式

```
l49:(c3n,e2n;)
  l49c3n                动机层级三分
  l49c35                个人动机
  l49c36                团体动机
  l49c37                国家动机
```

```
l49e2n                      动机对立二分
l49e25                      积极动机
l49e26                      消极动机
```

这里采用了一个开放型的概念延伸结构表示式，为什么？简单的回答是有备无患，但实际上潜藏着重大隐情。

动机、目的、因果是一组永恒的话题，这里对三者用了 3 株概念树来分别加以描述。这一描述应该安排在综合逻辑里，为什么 HNC 却把它们安排在语法逻辑里呢？理由是：三者的语言面具性都很强，动机更是抢眼，在全部 456 株概念树中，动机完全有资格带上"语言面具冠军"的桂冠。

动机与目的这一组概念在综合逻辑里仅仅呈现为一项二级延伸概念 s108e2m，汉语命名为"追求的对偶二分描述"，该命名的分别说就是动机和目的。但在综合逻辑里，对动机和目的并不作进一步延伸，两者的内涵性说明交由语法逻辑的两株概念树来承担。如此重要的概念联想脉络当然要告知未来语言超人，这项任务很艰巨么？否！交给下面的两个第一类特殊编号概念关联式去完成就是了。

```
149 ≡ s108e21──（14-0-02）
（语法逻辑的动机强关联于综合逻辑的动机）
14a ≡ s108e22──（14-0-03）
（语法逻辑的目的强关联于综合逻辑的目的）
```

此外，还需要添加下列两个第二类特殊编号概念关联式：

```
149 = 14a──（14-02-0）
（动机强交式关联于目的）
(149+14a) = 14b──（14-03-0）
（动机与目的强交式关联于因果）
```

这两个第二类特殊编号概念关联式概括了如下的重要世界知识：三者的延伸概念可以相互共享。

本章到此，一共给出了 6 个以"l4"牵头的特殊编号（不区分内使与外使）概念关联式，第一类和第二类各 3 个。见到 HNC 符号就"头疼"的读者，请从这些概念关联式的编号开始亲近 HNC 吧，也许它们不失为一剂医治"HNC 头疼病"的偏方。

动机与目的显然与人类的三类精神生活和两类劳动有密切关联，这方面的世界知识就安排在综合逻辑里了。

4.9.1 动机层级三分 l49c3n 的世界知识

本小节仅给出符号"l49c3n"的定义式，不过将采取如下的间接表示方式：

```
(149c35,jlv111,(149,145,p*))──（149-01）
（个人动机是关于个别人或一类人的动机）
(149c36,jlv111,(149,145,(pe*;p-*)))──（149-02）
（团体动机是关于组织或群体的动机）
(149c37,jlv111,(149,145,(pj2*;pj01*)))──（149-03）
（国家动机是关于国家或世界的动机）
```

个人动机主要属于心理学和犯罪学的领域，团体动机主要属于社会学的领域，国家动机主要属于政治学的领域。这些世界知识的概念关联式就从略了。

4.9.2 动机对立二分 l49e2n 的世界知识

对立二分"e2n"延伸在概念树"因果 l4b"里也有，基于上述共享性，这属于重复设置，为什么要这么做？因为拟赋予两者以不同的意境。

```
l49e2n <= j82˜e73 ——（l49-04）
（动机的对立二分强流式关联于伦理属性的善恶）
```

第 10 节
目的 l4a (351)

4.10-0 目的 l4a 的概念延伸结构表示式

```
l4a:(t=b,(t);(t)\k=3;(t)\k*t=b)
  l4at=b              目的之第一本体呈现（目的基本类型）
  l4a9                政治目的
  l4aa                经济目的
  l4ab                社会目的
  l4a(t)              文明目的
    l4a(t)t=b         文明目的之第一本体呈现（文明目的之时代性呈现）
    l4a(t)9           农业时代文明目的
    l4a(t)a           工业时代文明目的
    l4a(t)b           后工业时代文明目的
      l4a(t)b\k=3     后工业时代文明目的之第二本体三分
      l4a(t)b\1       第一文明目的
      l4a(t)b\2       第二文明目的
      l4a(t)b\3       第三文明目的
```

这里的延伸概念达到了三级，够了，故采取封闭形态。

4.10.1 目的基本类型 l4at=b 的世界知识

"目的基本类型"这个短语实际上是"目的之文明主体呈现"这个短语的简称，考虑到文明主体（政治、经济和文化）这个短语或术语目前并不流行，于是退而求其次，采取"目的基本类型"这个短语。

下面是目的基本类型的定义式，也是 4.9.1 小节的仿照。

```
(l4a9,jlv111,(l4a,l45,(a1,a4,a5))) ——（l4a-01）
（政治目的是关于政治、军事和法律的目的）
(l4aa,jlv111,(l4a,l45,(a2,a6))) ——（l4a-02）
```

（经济目的是关于经济与科技的目的）
(l4ab,jlv111,(l4a,l45,(a3+a7,rwa0+a8)))——（l4a-03）
（社会目的是关于文化、教育、社会和卫保的目的）

这里的 3 个概念关联式囊括了第二类劳动（专业活动）的全部概念林，其共相概念林 a0 被纳入社会目的 l4ab 的广义对象，在概念关联式里（l4a-03）排在第三号位置，第一次名之社会。社会的 HNC 符号有两个：一是 pj01*-；二是 rwa0。这里提前交代一声以释疑。

概念关联式（l4a-0m,m=1-3）里对","和"+"的运用表达了一种意境，非常简便而清晰，这是自然语言望尘莫及的。

4.10.2 文明目的 l4a(t)的世界知识

文明目的 l4a(t)这个延伸概念竟然享受着"贵宾"待遇，被配置了两类后续延伸，为什么？很简单，提供素材而已，看相应的汉语说明和下面概念关联式就不难明白了。

延伸概念 l4a(t)t=b 的第一类特殊编号概念关联式如下：

(l4a(t)t := pj1*t,t=b)——（l4-0-04）
（文明目的之时代性呈现对应于三个历史时代）

再延伸概念 l4a(t)b\k=3 具有下列两类特殊编号概念关联式：

l4a(t)b\1 <= pj01*\1——（l4-04-0）
（第一文明目的强流式关联于第一世界）
l4a(t)b\2 <= pj01*\2——（l4-0-05）
（第二文明目的强流式关联于第二世界）
l4a(t)b\3 <= pj01*\4+pj01*\31——（l4-0-06）
（第三文明目的强流式关联于第三世界的北片[*1]和第四世界）

文明目的的时代性呈现是一个赫然存在的现实么？这既是一个非常简明的问题，又是一个极度混乱的问题；既是一个芸芸众生容易理解的问题，又是一个社会精英难以取得共识的问题，这确实显得很玄妙。按照本小节提出的标准，康熙皇帝和彼得大帝就分别代表着农业时代和工业时代的文明目的，成吉思汗和希特勒也是如此，这样的论断一定会有人反对。如果进一步说，小布什发动的伊拉克战争和阿富汗战争代表着后工业时代的文明目的，那简直就是荒谬绝伦的言论了。可是，美国主导的两次伊拉克战争和此前萨达姆发动的灭亡科威特之战没有本质区别么？最近北约对利比亚战争的参与可以等同于 20 世纪苏联对阿富汗战争的参与么？这些问题的答案就包含在概念关联式（l4-0-04）所揭示世界知识里。

在编号上非常巧合的是：在（l4-0-04）和（l4-0-05）之间却出现了一个（l4-04-0），该概念关联式所表示的世界知识几乎没有争议，即使是前文曾多次提到的新老国际者，他们在这个问题上倒是具有高度共识。不过，新国际者肯定对（l4-0-05）嗤之以鼻，而老国际者目前则实际上陷入了不知所措的尴尬景况。至于（l4-0-06）所表示的世界知识，今年（2011）已经呈现出十分活跃的状态。21 世纪马上就要度过 11 年了，其间发生了下列 10 项重大事件：

（01）"9·11"恐怖袭击；
（02）伊拉克战争和阿富汗战争；
（03）所有发达国家（日本最有代表性）经济的持续走低[*02]；

（04）中国经济的持续高速增长和中国未来改革与继承之间的交织性困扰[*3]；

（05）俄罗斯的普京现象[*4]；

（06）印度和巴西经济进入了快车道[*5]；

（07）美国的金融与财政危机[*6]；

（08）欧盟和欧元区的债务与财政危机；

（09）阿拉伯世界的巨大动荡[*7]；

（10）网络世界的猛然诞生[*8]，其商机似乎不可思议。

这 10 项事件都带有后工业时代的明显特征，是上列特殊编号概念关联式的见证材料。可是，在国家领导人、企业巨头和顶级专家的宏论里却见不到这一时代特征的影子，人们听到的依然是工业时代柏拉图洞穴里的声音。这一说法在当下必然被视为胡说，但已撰写的文字对此已有足够的论述或回应（具体出处见各事件的注释）。

注释

[*1] 第三世界分北片、东片和南片，北片以俄罗斯为主体，东片以日本为主体，南片以印度为主体，见"综合实力s22(\k)的世界知识"小节（[260-2.2.3]）。

[*2] 事件（03）是经济公理的必然呈现，已有多次论述，主要内容见两处：一在"三迷信行为7301\02*ad01t=b的世界知识"分节（[123-01021-2]），二在"第一基本情感行为7301\31*\1的世界知识"分节（[123-0.1.3.1-1]）。

[*3] 事件（04）包括两大课题，前者见关于中国速度的"天时、地利、人和"论述，后者见第八编第二章后所附："《对话》续1"。

[*4] 事件（05）是鹰民主的雏形，见关于俄罗斯的有关论述。

[*5] 印度是南片第三世界的主体，又是环印度洋地区最重要的国家，巴西是第六世界和南大西洋地区最重要的国家。蕲乡老者曾有"印环与太环齐飞，南跨共北跨一色"（见"对话续1"[280-2213-4]）的憧憬，这两个国家在21世纪的崛起可看作是该憧憬的曙光。

[*6] 事件（07）和（08）既是经济公理的呈现，又是"民主潜能已耗尽，自由积弊更惊心"的佐证，后者见"选举行为7332i的世界知识"[123-3.2.4]小节注释"[*a]"里的感怀诗。

[*7] 事件（09）不过是凸显了第四世界是对其内部变相君主制的不再继续容忍，绝不能看作第四世界在向第一世界看齐的标志或前奏。变相君主制在20世纪曾流行于全球，第二次世界大战后，仅绝迹于第一世界，在第四和第五世界曾大量涌现。21世纪肯定容不下这种荒唐的政治体制，一年前撰写关于六个世界的论题时曾经指出过这一点。原文有"……未定者：存在国家领导人终身制或存在父子相传的政治模式也，可简称变相君主制。……最不确定者为未定"的话语。

[*8] 事件（10）本来想排在第一号，但作为压轴戏更合适。前文曾多次提及，最重要的一次在"三迷信行为7301\02*ad01t=b的世界知识"的论述里，那里提到：20世纪的五大历史事件不可能在21世纪重演，其中的第一大事件是：爆发了"爱因斯坦-普朗克-图灵"式的科学革命，并迅即引发了让历史叹为观止的一系列技术与工程奇迹；但随即指出，"爱因斯坦-普朗克-图灵"式的科学辉煌不太可能再次出现，让历史叹为观止的技术奇迹还会继续，但对人类社会的影响力会逐步减弱，互联网很可能是技术与工程奇迹的"珠峰"……目前，关于网络世界和创新产业无限商机的讨论铺天盖地，这常使笔者联想起毛泽东先生在1958年的宏伟畅想，两者之间是否存在一定的共相呢？这很值得思考。

第 11 节
因果 l4b (352)

4.11-0 因果 l4b 的概念延伸结构表示式

```
l4b:(α=b,e2n;e2ne2n)
  l4bα=b              因果的第一本体全呈现（因果观的基本类型）
  l4b8                经验理性因果观
  l4b9                先验理性因果观
  l4ba                浪漫理性因果观
  l4bb                实用理性因果观
  l4be2n              因果的对立二分
  l4be25              积极因果（善有善报或善报）
  l4be26              消极因果（恶有恶报或报应）
      l4be2ne2n       因果对偶性的辩证呈现（因果辩证性）
      l4be25e25       善报传承
      l4be25e26       善报变异
      l4be26e25       报应转化
      l4be26e26       报应沉沦
```

因果问题是神学、哲学和科学共同关心的永恒课题，本节竟然采取封闭形态的简明概念延伸结构表示式，似乎十分不妥。这里就不作文字说明或辩护了，下面两小节里的概念关联式代表 HNC 的回应。

4.11.1 因果观基本类型 lr4bα=b 的世界知识

本小节先给出下列概念关联式，实际上就是相应定义式的替代品。

```
lr4b8 <= d21 ——（l4b-01）
（经验理性因果观强流式关联于经验理性）
lr4b9 <= d22 ——（l4b-02）
（先验理性因果观强流式关联于先验理性）
lr4ba <= d23 ——（l4b-03）
（浪漫理性因果观强流式关联于浪漫理性）
lr4bb <= d24 ——（l4b-04）
（实用理性因果观强流式关联于实用理性）
```

因果第一本体全呈现 l4bα=b 是一个"r"强存在概念，这里只表述 lr4bα=b，名之因果观基本类型，将经验理性因果观 lr4b8 置于根概念的位置。"种瓜得瓜，种豆得豆"就是汉语对经验理性因果观的生动描述。

不同文明或不同主义、不同群体或不同个人都有不同的因果观，但必然有其共相与殊相表现，共相表现的描述可挂接 lr4bα=b 某一特定类型，而殊相表现则多数是四类型的加权集合。即使如此，我们依然可以使用优先这个词语来描述因果观的特征，如可以说：英国人优先经验理性因果观；德国人优先先验理性因果观；法国人优先浪漫理性因果观；美国人优先实用理性因果观。我们还可以用沉迷这个词语来进行描述，如可以说：伊斯兰文明沉迷于先验理性因果观，传统中华文明沉迷于经验理性因果观，"五四"时期的中国沉迷于浪漫理性因果观，而现代中国则沉迷于功利理性因果观。

4.11.2 因果对立二分 l4be2n 及因果辩证性 l4be2ne2n 的世界知识

```
l4be2n <= jr82e7o——（l4b-05）
```
（因果对立二分强流式关联于伦理属性的善恶观）
```
l4be2ne2n <= jr76e7o——（l4b-06）
```
（因果辩证性强流式关联于自然属性的变异观）

这两个概念关联式可以升级为特殊编号，但这件事比较复杂，暂时搁置为宜。下面只提一下两个要点：两项彼山景象及其对应的此山描述。

（1）当属性三分符号"e7o"转化成"r"形态时，那就代表一种彼山景象，其对应此山景象的汉语描述就是"某某观"。"某某"者，与"y|e7o"所对应之词语也，此原则可移用于任何自然语言。

（2）概念关联式（l4b-0m.m=5-6）形式上不对称，实质上是对称的，因为"e7o"形态的三分实质上不过是"二生三"的一种特定表现，具有"三返二"的基本特性。此论断也适用于"二生四"和"四返二"的情况。但是，此项彼山景象的此山描述都比较麻烦，即使是一流的哲学家和神学家也很难避免用词不当的失误，并导致语言柏拉图洞穴的形成。翻译过程的失误常常会加剧柏拉图洞穴的这一诡异性，这是任何自然语言的固有弱点，上面使用的"变异观"一词就存在这个问题，也许叫"一异观"更合适一些。

小 结

两片概念林 l4 和 l1，其概念树的设计大量重复，具体说就是：l46-l4b 都是重复的。在 l4y 里，这 6 株概念树的汉语依次命名是手段、参照、条件、动机、目的、因果，六者可合并为三："参照"与"条件"、"动机"与"目的"、"手段"与"因果"。"参照"与"条件"属于第一名言（存在决定意识）驰骋的地盘；"动机"与"目的"属于第二名言（意识决定存在）驰骋的地盘；"手段"与"因果"则属于两名言共同驰骋的地盘。先贤对于这 6 块地盘都有系统的论述，如著名的《君王论》就是关于"手段"的专著，各种地缘政治论是关于"条件"的专著，佛学关于"因果"的诸多专著则属于该地盘最高境界的鸿篇。不过，"参照"这块地盘，在一定程度上似乎一直为有关学界所忽视。考虑到"参照"与"因果"这两块地盘的特殊景况及其特殊语境价值，特意在"l1y"里设置了"l18"（ReC）和"l19"（RtC）这两株概念树，并在本章里，写下了"语言必有参照，没有参照，就没有语言"的话语，还写了"参照有相对与绝对的基本区分，人类的习惯思维对这一区分不甚在意，这不在意的后果十分严重。因为，如果没有这一区分意识，就一定会生成消极记忆。当下地球村的六个世界，都在遭受这种消极记忆的灾难性影响"的话语，为了印证这些话语，还在"参照最描述 l47d01 的世界知识"的小节里，给出了一些呼应性的词语示例，惜笔者仅熟悉汉语，未能给出其他语言（如英语、阿拉伯语、俄语和日语）的相应示例。

　　本小结的后半段很可能使读者感到突兀，为什么要那么突出"参照147"？那是为了给语境单元的三要素说（见第三卷"论语境单元"编）作一次关键性的铺垫，而此铺垫的要点就在于对"参照147"有一个比较深切的理解。

　　本章主要是对传统语法的再加工，新意（玩新）仅体现于"多元逻辑组合145"和"参照147"两节。惜文字甚差，读者谅之。

第五章

块内集合逻辑 15

引 言

本片概念林是"语块基本语法逻辑"4 片概念林的老二,汉语命名"块内集合逻辑"。上一个引言里曾提到命名的不尽如人意,但"l5"例外,它所辖属的 5 株概念树也是如此。

块内集合逻辑(l5y,y=1-5)的汉语说明如下:

l51	集合的度量逻辑
l52	集合的内外逻辑
l53	区间参照逻辑
l54	位置关系逻辑
l55	区域关系逻辑

本概念林的概念树设计采取了"先共相,后殊相"的基本原则,前两株概念树以集合命名,应该说明,集合虽然是数学术语,但这里的简单借用非常合适。不过,语言概念基元空间特别关注区间、位置和区域的描述,这三者都是集合的特殊形态。

本章内容是传统语法学的再加工,曾拟仅给出各株概念树的概念延伸结构表示式及其汉语命名。这个打算没有完全放弃,故本章撰写方式将极为简略,以概念关联式为主,文字说明只是点缀而已,但概念树"l55(区域关系逻辑)"例外。

第 1 节
集合度量逻辑 l51 (353)

5.1-0 集合度量逻辑 l51 的概念延伸结构表示式

```
l51:(e2m,o0m;e22o01;)
   l51e2m              集合度量对偶二分
   l51e21              有限
   l51e22              无限
      l51e22c01           无限小
      l51e22d01           无限大
   l51o0m              集合度量最描述
   l51d0m              顺向描述
   l51c0m              逆向描述
```

本概念树只设置一项二级延伸概念,采取了开放形态,但形开而实闭也。

5.1.1 集合度量对偶二分 l51e2m 的世界知识

语法逻辑的有限与无限有别于数学意义下的相应词语,这一世界知识仅以下面的两个概念关联式表示:

```
l51e21 := j40-0| —— (l5-01)
(语法逻辑的有限对应于量与范围的基本描述)
l51e22 := j40o01 —— (l5-02)
(语法逻辑的无限对应于量与范围的最描述)
```

5.1.2 集合度量最描述 l51o0m 的世界知识

这里的汉语命名差强人意,其世界知识以下列概念关联式表示:

```
l51d0m = j00dkm —— (l5-03a)
(顺向描述强交式关联于序的降序描述)
l51d0m := gwa3*8[1] —— (l5-04a)
(顺向描述对应于欧语)
l51c0m = j00ckm —— (l5-03b)
(逆向描述强交式关联于序的升序描述)
l51c0m := gwa3*8[2] —— (l5-04b)
(逆向描述对应于汉语)
l51c0m =: ^ —— (l5-05)
(逆向描述等同于逻辑符号的反)
```

前文曾有"英语先主后次,汉语先次后主。此语言生成第一基本原则将简称主次原则"的论述(见[240-4.2.1]小节),上列概念关联式是对该论述的呼应。

第 2 节
集合内外逻辑 l52 (354)

5.2-0 集合内外逻辑 l52 的概念延伸结构表示式

```
l52:(e2m,i;ie2m)
  l52e2m              集合内外二分描述
  l52e21              集合内
  l52e22              集合外
  l52i                例外型集合
    l52ie2m           例外型集合的二分描述
    l52ie21           集合内减
    l52ie22           集合外加
```

本概念树也仅设置一项二级延伸概念，但采取了封闭形态。

5.2.1 集合内外二分描述 l52e2m 的世界知识

其世界知识以下列概念关联式表示：

```
l52e21 =: (=%;%=) ——（l5-06）
（集合内等同于逻辑符号的属于或包含）
l52e22 =: ~ ——（l5-07）
（集合外等同于逻辑符号的非）
```

5.2.2 例外型集合 l52i 的世界知识

本延伸概念的汉语命名比较到位，其世界知识以下列概念关联式表示：

```
(l52i,jlv111,(l52,lv45,407e2m)) ——（l5-08）
（例外型集合是关于同与异的集合内外逻辑）
l52ie21 =: (l52e21,lv00*342,407e22) ——（l5-09）
（集合内减等同于减去"异类"以后的集合内）
l52ie22 =: (l52e21,lv00*341,407-e22) ——（l5-10）
（集合外加等同于加上"另类"以后的集合内）
```

不同自然语言对例外型集合 l52i 的捆绑词语可能存在有趣的差异，汉语的"除了"或"除……之外"就很特别，既可用于集合内减，也可用于集合外加。这是一项很有趣的汉语语法知识，萧国政教授有专文论述。

第 1 节
集合度量逻辑 l51 (353)

5.1-0 集合度量逻辑 l51 的概念延伸结构表示式

```
l51:(e2m,o0m;e22o01;)
   l51e2m              集合度量对偶二分
   l51e21              有限
   l51e22              无限
      l51e22c01            无限小
      l51e22d01            无限大
   l51o0m              集合度量最描述
   l51d0m              顺向描述
   l51c0m              逆向描述
```

本概念树只设置一项二级延伸概念，采取了开放形态，但形开而实闭也。

5.1.1 集合度量对偶二分 l51e2m 的世界知识

语法逻辑的有限与无限有别于数学意义下的相应词语，这一世界知识仅以下面的两个概念关联式表示：

```
l51e21 := j40-0| ── （l5-01）
  （语法逻辑的有限对应于量与范围的基本描述）
l51e22 := j40o01 ── （l5-02）
  （语法逻辑的无限对应于量与范围的最描述）
```

5.1.2 集合度量最描述 l51o0m 的世界知识

这里的汉语命名差强人意，其世界知识以下列概念关联式表示：

```
l51d0m = j00dkm ── （l5-03a）
  （顺向描述强交式关联于序的降序描述）
l51d0m := gwa3*8[1] ── （l5-04a）
  （顺向描述对应于欧语）
l51c0m = j00ckm ── （l5-03b）
  （逆向描述强交式关联于序的升序描述）
l51c0m := gwa3*8[2] ── （l5-04b）
  （逆向描述对应于汉语）
l51c0m =: ^ ── （l5-05）
  （逆向描述等同于逻辑符号的反）
```

前文曾有"英语先主后次，汉语先次后主。此语言生成第一基本原则将简称主次原则"的论述（见[240-4.2.1]小节），上列概念关联式是对该论述的呼应。

第 2 节
集合内外逻辑 l52 (354)

5.2-0 集合内外逻辑 l52 的概念延伸结构表示式

```
l52:(e2m,i;ie2m)
  l52e2m                   集合内外二分描述
  l52e21                   集合内
  l52e22                   集合外
  l52i                     例外型集合
    l52ie2m                例外型集合的二分描述
    l52ie21                集合内减
    l52ie22                集合外加
```

本概念树也仅设置一项二级延伸概念，但采取了封闭形态。

5.2.1 集合内外二分描述 l52e2m 的世界知识

其世界知识以下列概念关联式表示：

```
l52e21 =: (=%;%=) —— (15-06)
（集合内等同于逻辑符号的属于或包含）
l52e22 =: ~ —— (15-07)
（集合外等同于逻辑符号的非）
```

5.2.2 例外型集合 l52i 的世界知识

本延伸概念的汉语命名比较到位，其世界知识以下列概念关联式表示：

```
(l52i,jlv111,(l52,lv45,407e2m)) —— (15-08)
（例外型集合是关于同与异的集合内外逻辑）
l52ie21 =: (l52e21,lv00*342,407e22) —— (15-09)
（集合内减等同于减去"异类"以后的集合内）
l52ie22 =: (l52e21,lv00*341,407-e22) —— (15-10)
（集合外加等同于加上"另类"以后的集合内）
```

不同自然语言对例外型集合 l52i 的捆绑词语可能存在有趣的差异，汉语的"除了"或"除……之外"就很特别，既可用于集合内减，也可用于集合外加。这是一项很有趣的汉语语法知识，萧国政教授有专文论述。

第 3 节
区间参照逻辑 l53 (355)

5.3-0 区间参照逻辑 l53 的概念延伸结构表示式

```
l53:(e2m;e2m\k=2)
    l53e2m              区间参照性描述的对偶二分
    l53e21              相对区间
    l53e22              绝对区间
        l53e2m\k=2      相对与绝对区间的第二本体描述
        l53e2m\1        相对与绝对时间
        l53e2m\2        相对与绝对空间
```

本概念树的一级与二级延伸概念各一，且采取封闭形态。

5.3 区间参照逻辑 l53 的世界知识

这里的区间就是基本概念之广义空间的简称，包括时间和空间。

参照是一个特别重要的概念，前文已安排了两株概念树进行了专门论述。

区间的参照性是一项特别重要的世界知识，需要特殊照顾，这就是本株概念树设置的全部依据了。

区间参照逻辑具有对偶二分特性，其世界知识以下列概念关联式表示：

```
l53e2m <= j75e2m ——（l5-01-0）
（区间参照性的二分描述强流式关联于自然属性概念的相对绝对性）
l53e21 := (j01,l47,jr76e22) ——（l5-11）
（相对区间对应于以殊相为参照的广义空间）
l53e22 := (j01,l47,jr76e21) ——（l5-12）
（绝对区间对应于以共相为参照的广义空间）
```

传统中华文明的干支纪年属于相对时间，公元纪年属于绝对时间；远东、西欧之类属于相对空间，经纬度属于绝对空间，如此而已。

第 4 节
位置关系逻辑 l54 (356)

5.4-0 位置关系逻辑 154 的概念延伸结构表示式

```
154:(\k=5)
  154\k              位置关系逻辑的第二本体呈现
  154\1              位置的内外逻辑
  154\2              位置的上下逻辑
  154\3              位置的远近逻辑
  154\4              位置的靠近逻辑
  154\5              位置的起止逻辑
```

5.4 位置关系逻辑 154 的世界知识

位置关系逻辑所对应的汉语和英语表达存在着有趣的差异，英语精细而汉语粗犷。其世界知识的阐释，由英汉双语专家来承担比较合适，本节就从略了。

第 5 节
区域关系逻辑 l55 (357)

5.5-0 区域关系逻辑 155 的概念延伸结构表示式

```
155:(\k=2,7;\1ebn,\2c3m,7\k=2)
  155\k=2            区域关系逻辑之第二本体呈现
  155\1              区域边缘逻辑
    155\1ebn         区域边缘逻辑之 C 类形态三分
    155\1eb5         区域内
    155\1eb6         区域外
    155\1eb7         区域边界
  155\2              区域距离逻辑
    155\2c3m         区域距离逻辑之对比三分
    155\2c31         近距区域
    155\2c32         中距区域
    155\2c33         远距区域
  1557               区域关系逻辑之特殊形态
```

l557\k=2　　　　　　区域关系逻辑的特殊形态之第二本体呈现
l557\1　　　　　　　飞地
l557\2　　　　　　　突出部

5.5.1 区域关系逻辑之第二本体呈现 l55\k=2 的世界知识

本小节别具一格，主要用于对语言理解基因符号"ebn"的阐释，这需要从语言脑和图像脑的交织性说起。

《全书》曾一再申明，HNC 理论只管语言脑，不涉及生理脑、图像脑、情感脑、艺术脑和科技脑。以生理、图像、情感、艺术、语言和科技命名的六种脑，并不是正式的科学术语，它们只是大脑六大功能模块的简称。不言而喻，大脑六大功能模块的载体不是一般性的犬牙交错，而是一座不可思议的复杂迷宫。不仅传统的大脑解剖学对此无能为力，最新的多项大脑图谱研究也必然无助于这一复杂迷宫奥秘的揭示，因为此类计划的立足点实质上是生理脑功能模块方面。大脑六大功能模块是其进化过程的必然产物，而各功能模块的交织性是不可回避的重大科学课题。基于这一思考，HNC 所申明的"只管"和"不涉及"，当然仅具有相对性，实际上在力求"伺机而动"。不过，"伺机"的手段或"武器"则毫无神奇可言，可以归纳为三大类：一是语言理解基因之氨基酸符号；二是语言理解基因之染色体符号，两者将合称语言理解基因符号；三是概念关联式，包括内使和外使。当然，这三类新式"武器"都必须依附于语言概念空间的宏观符号体系之上，新式"武器"相当于上层建筑，而宏观符号体系则相当于基础设施。这是关于语言概念空间 HNC 符号体系的一种陈述方式，与第三卷的正式陈述略有不同。这种不同起源于参照的变换，不存在内在矛盾。这些话语，就当作一个招呼吧。

语言理解基因符号"ebn"和"^ebn"是描述语言脑与图像脑交织性的两件新式"武器"，用自然语言来说，前者表示一种两头大、中间小的形象或形态，"eb7"的体量最小，"eb5"的体量一定小于"eb6"；后者反之，表示一种"两头小、中间大"的形象或形态。"^eb7"的体量最大，"^eb5"的体量依然一定小于"^eb6"，可名之"塔形"或"峰形"结构。但"^ebn"的"塔"可以是著名的金字塔，但不是必须如此。前文对"纠、交、离"概念组的阐释（见 [210-0.1.1]小节）曾充分揭示"^ebn"这件新式"武器"的妙用，读者不妨重温一遍，以利于下文的阅读。

延伸概念 l55\1ebn 里的语言基因符号"ebn"特别传神，它对区域"内外边"描述的传神度，就如同"^ebn"之于"纠、交、离"。说到这里，本小节可以结束了，因为延伸概念 l55\2 及其延再伸概念 l55\2c3m 的汉语命名都十分简明，无须赘言。至于延伸概念 l55\k 的基本概念关联式，可不费吹灰之力，这里就省略了。

不过，考虑到延伸概念 l55\1 和 l55\1ebn 的汉语命名显得相当笨拙，这里拟借机说几句闲话。该闲话涉及笔者的两项"一厢情愿"，其一是动用小空格，逗号仅用作小句的标记；其二是以"之"替代"l42e21"（正向串联）意义下的"的"，让"的"仅承担"~(l42e21)"所辖属的 4 个义项。如果这两项"一厢"得以实现，汉语文本的理解处理难度应能得到大幅度缓解。当然，这毕竟是"一厢"而已，心有不甘，遂在本小节的汉语命名里演示了一番，"区域边缘逻辑之 C 类形态三分"之类的短语就是这么产生的。该短语里的"区域边缘逻辑"

和"C类形态三分"绝不是语法逻辑里的"跑龙套"角色，果真笨拙乎？未必。

上述两项"一厢"皆已付诸东流，不过，在多级"l42e21"相互串接时，为什么不赋予"之"与"的"以先后之别呢？这不属于现代汉语语法逻辑的职责范围么？未必。《全书》已经这么做了，约定先"之"后"的"，并力争在一个语段内，只使用一个"的"的，特此就便说明。

5.5.2 区域关系逻辑特殊形态 l557 的世界知识

本小节的唯一二级延伸概念 l557\k 强存在"ru"，用自然语言来分别说，可名之飞地性（lru557\1）和突出部特性（lru557\2）。飞地和突出部看似两个平常的语法逻辑概念，实际上很不寻常。因为两者所蕴含的世界知识极为重要，然历来为地缘政治学所忽视。在当下考察全球形势时，这项世界知识具有根本性，因为凡具有"lru557\k"特性的国际争端都非常棘手，其化解难度远大于不具有这一特性的国际争端。在历史上，还不曾出现过不以战争或暴力方式解决具有"lru557\k"特性争端的先例。但是，人类毕竟已经进入了后工业时代，为什么不能开创一种解决此类争端的创新思维呢？当然，在几十年内，我们多半看不到此项创新[***1]的成熟样板，但几十年之后呢？对此，不应该盲目乐观，但也不要过于悲观。以上，就是区域关系逻辑特殊形态 l557 世界知识的要点，相应的概念关联式都不难写就，但由于那毕竟是未来几十年以后的事，这里就暂免了。

注释

[***1] 传统中华文明为此项创新思维提供了深厚的精神营养，因此，笔者特别寄希望于第二世界，而不是第一世界。"仁义孝友"和"善于放弃"是这一精神营养的核心概念，佛陀在菩提树下的顿悟可归结为最高境界的放弃。争取与放弃是人文理念的核心概念，西方文明特别重视争取，而忽视放弃；传统中华文明兼顾两者。在后工业时代，放弃尤为重要，它强关联于儒家的仁义，佛学的"空"，道家的"无"；也强关联于耶稣的教导：博爱及敌。后者见《马太福音》，其英语文字如下：You have heard that it was said "You shall love your neighbor and hate your enemy". But I say to you,Love your enemies and pray for those who persecute you,so that you may be children of your Father in heaven.

第六章

特征块殊相呈现 16

引 言

本章的重要性，在语法逻辑里仅次于第零章（主块标记 l0）。该章被赋予创新的地位，本章当然不具有这一资格，但它却拥有逻辑概念第七号玩新，那是指本片概念林的第三株概念树——特征块复合构成 l63。

本章最后选定的汉语命名——特征块殊相表现——差强人意么？笔者并无把握，这里存在两个明显的疑问：①为什么要使用特征块这个术语替代谓语？②为什么单单强调特征块的殊相？难道可以不理会其共相么？也许还应该加上这么一句：何必使用共相和殊相这类不受欢迎的术语啊！

能提出这些问题者就能回答。

本片概念林配置下列 3 株概念树：

    l61   特征块过程描述（特征块时态）
    l62   特征块状态描述（特征块形态）
    l63   特征块复合构成

语法学对时态 l61 和状态 l62 进行过非常详尽的研究，但特征块复合构成 l63 则是另外一番景象，在英语，主要被纳入介词短语的范畴，在汉语，则主要被纳入动宾或动补的范畴。在此山可以如此处理，但彼山则不可。所以，本章将重点论述第 3 节，前两节将采取"一笔带过"的轻松方式，因为严谨的论述需要引用语法学的专家知识。

第 1 节
特征块时态 l61 (358)

6.1-0 时态 l61 概念延伸结构表示式

```
l61:(^e8m)
  l61^e8m              特征块时态的 A 类过程对仗
  l61^e81              过去时
  l61^e82              将来时
  l61^e83              现在时
```

本概念树仅设置一项一级延伸概念，足矣，故采取封闭形态。

6.1 时态之 A 类过程对仗 l61^e8m 的世界知识

时态是特征块的第一表现，A 类过程对仗符号 "^e8m" 是该表现的传神表示。

英语和汉语对时态的表述方式形态大异，但两者之间存在高低优劣之分么？这个问题似乎有趣，但并不重要。

重要的是，汉语将来时的标记词语往往出现分离现象，而英语似乎不存在。果如此，则这一语言现象就应纳入汉语教学的必备内容。该现象是语块分离的表现之一，将在下一章讲述。

第 2 节
特征块形态 l62 (359)

6.2-0 特征块形态 l62 的概念延伸结构表示式

```
l62:(t=b;t\k=m)
  l62t=b               特征块形态的第一本体呈现
  l629                 原态
  l62a                 进行态
  l62b                 完成态
    l62t\k=m           特征块形态第一本体呈现的第二本体呈现
```

本概念树的概念延伸结构表示式乃两类本体呈现的串接，含"t\k=m"的变量形态，比较特别。二级延伸概念仅服务于自然语言不同基本类型的描述，其捆绑词语可直接嵌套在一级延伸概念里。

6.2 特征块形态第一本体呈现 l62t=b 的世界知识

本株概念树的词语捆绑工作可限于一级延伸概念，它可以直接传递二级延伸概念所表述的语法知识。

现代汉语为 l62~9 的表述引入了著名的"着、了、过"，这是白话文运动的一项重大贡献。就写这几句吧，够了。

第 3 节
特征块复合构成 l63 (360)

6.3-0 特征块复合构成 l63 的概念延伸结构表示式

```
l63:(\k=4,7)
    l63\k=4          特征块复合构成的第二本体呈现
                     （特征块第二本体呈现）
    l63\1            第一类特征块  (EQ,E)
    l63\2            第二类特征块  (E,EH)
    l63\3            第三类特征块  (EQ,E,EH)
    l63\4            第四类特征块  (E,EH,Ef)
    l637             特征块并列复合构成 (ΣEm)
```

本株概念树采取两项一级延伸概念的封闭形态，比较特别。

6.3.1 特征块第二本体呈现 l63\k=4 的世界知识

特征块第二本体呈现存在 4 种基本形态，其汉语命名毫无实质性意义，关键在于要引入特征块复合构成这个极为重要的概念或术语。这里应该回顾一下：语法逻辑概念的论述实质上是以语句之复合构成这一概念为基点而起步的，复合构成就意味着存在构成基元，也可叫构成要素。构成基元或构成要素的思考是一个非常古老的科学课题，物理和化学首先取得了辉煌进展，从而把人类科技脑的视野从农业时代带入工业时代，理、工、农、医各学科相继跟进，人文社会学也不甘落后。但这里不能不再说一次，唯独语言学例外。什么是语句的构成要素？第一是语块而不是短语；是以(B,C,E,A)为要素的 4 类主块，且主块是句类的函数，不是主语、谓语和宾语的形式三分，因为后者无助于语言的理解；第二是以(Ma,…RtC)为要素的 10 类辅块，而不是定语、状语、补语之类的形式划分，后者同样也无助于语言的理解。

这两者是本编前四章（第零章到第三章）的要点，只有把握住这些要点，才有可能部分扭转人类语言脑的视野，即语言学的视野转换。

从第四章开始，本编转入语块内部构成的分析，多次使用过广义对象 GB 的概念或术语，但不曾使用广义对象语块 GBK 的概念或术语。为什么？因为语块构成的基本原则并不区分 GBK 及其他。但是，主块的二分描述毕竟也是一项重要的视野，HNC 把这一二分描述分别叫作广义对象语块 GBK 和特征块 EK。传统语言学对这一二分也有十分清晰的思考，那就是所谓 NP 与 VP 的划分，并十分重视 VP 的描述。但传统语言学缺乏 VP 包装品[*1]和 VP 包装体的清晰概念，不知道对两者加以区分，全心围着包装品打转，反而把包装体自身给忽略了，这个现象十分有趣。特征块第二本体呈现 l63\k=4 的设置就是对一项传统疏忽的必须弥补，这个说法当然不容易得到认同。前文有言："立足于短语的句法树分析一碰到比较复杂的语句就会走进死胡同，而立足于语块的句类分析却可以从根本上免除这一困扰。"[*2]这里应再次郑重申明：所谓"立足于语块的句类分析"只是语境分析的必要前提，但语言理解处理的核心是语境分析，而不是句类分析。十分惭愧的是：语境分析技术还是未来的事，不过并非可望而不可即的未来。语境分析的理论支柱之一是特征块第二本体呈现 l63\k=4，它直接关系到劲敌 A 的征服，也间接关系劲敌 B 的征服。这是十分重要的论断，不必介意它的难以理解，第三卷会对此给出充分的解答。

汉语和英语的特征块第二本体呈现 l63\k=4 都琳琅满目，但这里仅对相关的符号作基本理论说明，严谨的论述拟烦请苗传江博士代劳。

4 类型特征块 l63\k 包含 4 种以不同符号表示的要素，这 4 种要素可以分为两组：(EH,˜EH)。用传统语言学的术语来说：˜EH 对应于动词，EH 对应于名词和形容词。所谓第七号玩新包括两项内容：①把˜EH 类要素分为 3 类：EQ、E 和 Ef；②把 EH 类要素引入特征块的复合构成里。前者是对传统语法观念的翻新，后者是对传统语法观念（动词中心论）的颠覆，统名之逻辑概念的第七号玩新。

请注意：特征块复合构成里的要素排序采用","，而不是"+"，这意味着其顺序不可倒换。这是一个具有冒险性的约定，笔者只知道汉语和英语遵循这一约定，但自然语言都遵循这一约定么？这是一个疑问。《全书》的撰写计划于 2015 年年底结束，不论届时是否依然有所残缺。笔者打算从 2016 年开始，再进一次语言幼儿园，这件事不能再耽搁了。上面的疑问是从语言概念空间俯瞰语言空间的众多疑问之一，对这些疑问的探求，将成为笔者在 2016 年后生活乐趣的基本源泉。

特征块要素的标记符号有一个共同的大写字母 E，取自英语的"eigen"，以前已经说明过了。标记符号 EQ 和 Ef 里有两个细节需要交代一声，大写"Q"来于汉语的"前"，小写的"f"来于英语的"follow"。

本小节最后，给出下列概念关联式：

```
(l63\k <= l42,k=4)——（l6-02）
（特征块第二本体呈现强流式关联于块内组合逻辑的串联）
l63\1 <= l42e21——（l6-03）
（第一类特征块强流式关联于块内组合逻辑的正串）
l63˜\1 <= l42 9——（l6-04）
（第二、第三和第四类特征块强流式关联于串联第一本体呈现的 vo 结构）
```

6.3.2 特征块并列复合构成 l637(ΣEm)的世界知识

本小节也仅给出一个概念关联式：

```
l637 <= l41c22e21 —— (l6-05)
```
（特征块并列复合构成强流式关联于块内组合逻辑的与）

注 释

[*1]包装品和包装体这两个术语是在概念树"串联l42"这一节（[240-42]）首先引入的，用于包装句蜕的结构描述。这是一个概念对，是对单一性偏正概念的扩展，其发源地有两个，一是EK复合构成，二是包装句蜕。

[*2]见"串联第二本体呈现l42\k=3（句蜕）的世界知识"（[240-423]小节）。

小 结

本章的撰写方式故意尽量从略，缺漏甚多，甚至连概念林命名所用的"殊相"二字都没有给出必要的解释，这主要是考虑到，后来者完全可以胜任补充的使命。

第 3 小节涉及逻辑概念的第七号玩新，对玩新点作了必要的论述，第一次使用了科技脑视野和语言脑视野的术语，以及视野转换的术语。

语言脑的视野转换关系到人类文明的未来，关系到两类劳动和三类精神生活的发展，这个说法应该不会引起太大争议。但如果说：这"未来"与"发展"将依赖于语言学视野的转换，一定被视为疯话。所以，第 3 节的论述多少有点故弄玄虚，先漏一点风声而已。

第七章
语块交织性呈现 17

引 言

语块交织性既是一种易于被观察到的彼山景象,又是一种易于被忽视的此山景象。该景象早就被赋予概念林的地位,但一直缺乏比较明晰的论述。

在抽象概念的全部 94 片概念林中,本片概念林是最特殊的,因为它没有直系捆绑词语。这也就是说,它属于典型的"空形式"内容逻辑,是否自然语言都没有为它准备形式(语法)逻辑符号?答案似乎是肯定的。

为了说明语块交织性,本章将引入一个新术语——附素,大体对应于传统语言学所说的修饰语,但有所不同。修饰语的修饰对象是专一的,并同修饰对象挨在一起,附素的修饰对象可以不专一,并可与修饰对象分离。这就是附素这一新术语被 HNC 引入的基本缘由了。

修饰语与修饰对象(定中结构的定与中或偏正结构的偏与正),附素与要素,这是两组不同的概念,或者说,后者是前者的特定情况或补充。为了对两者加以区别,HNC 分别以小写字母 u 标示修饰语;以大写字母 Q 或 H 标示附素。在特征块的符号表示里,QE 和 HE 是 HNC 团队早已熟悉的符号,虽然未直接使用过 (QB,QC,QA) 或 (HB,HC,HA) 之类的符号,但在语料标注中,实际使用过它们的替代品。

所谓语块交织性,是指这样一种语言现象:一个语块的附素或要素脱离了本块的主体空间,脱离后的附素经常呈现为"孤魂",而脱离后的要素则经常与别的语块结合在一起。HNC 曾把这种"孤魂"现象叫作语块分离,现在正式定名为附素分离,充当概念林 17 的第一株概念树。要素分离现象(将简称脱离)则更为复杂而有趣,脱离可以演变成整体迁移与另一语块合并,那就是判断句之外的广义效应句从三主块句变成两主块句的句类转换现象,这一语言现象汉语比较突出,但并非汉语的专利。

汉语最常见的附素分离是 QE 分离,分离到一个甚至多个辅块 fK 的前面,这时,该附素就不仅修饰特征语块,也同时修饰那些辅块。这就回应了上文"附素的修饰对象可以不专一"的论断,只有这样理解,才能真正揭示该 QE 分离的意境,这说法有点味道是吗?那么,给一个例句吧。对不起,请"自力更生"。

概念林"语块交织性表现 l7"设置 4 株概念树,HNC 符号及汉语命名如下:

  l71   附素分离
  l72   语块变换
  l73   句类转换
  l74   GBK 交织

这 4 株概念树的排序遵循由浅入深的原则。

第 1 节
附素分离 l71 (361)

7.1-0 附素分离 l71 的概念延伸结构表示式

```
l71:(e2m;e2m7,)
   l71e2m              附素分离的对偶二分
   l71e21              附素前分离
   l71e22              附素后分离
      l71e2m7          EK 附素分离
      l71e217          QE 分离
      l71e227          HE 分离
```

7.1 附素分离对偶二分 l71e2m 的世界知识

附素分离 l71 的概念延伸结构表示式只描述了 EK 附素分离。本株概念树曾考虑过使用 EK 附素分离的名称，那么，只使用一级延伸就足够了。但目前仍采取半封闭形态，那是为可能存在的"l71e2m\k=3"语言现象保留一个位置，该项延伸概念的具体内容读者应该是心知肚明的。

汉语习惯于 QE 分离，该语言现象一旦出现，那就是一个天赐良机，使得汉语劲敌 B 的消解变得容易得多。但是，这个天赐良机容易辨认么？下列概念关联式是对这个问题的回答。

```
QE <= jl12+jl13 —— (l7-01-0)
（特征块前附素强流式关联于势态判断和情态判断）
(l71e217,jlv11e21,gwa3*8[2]) —— (l7-02a)
（QE 分离存在于汉语）
(l71e227,jlv11e21,gwa3*8[1]) —— (l7-02b)
（HE 分离存在于英语）
l71e2m7 => fK —— [l7-01-0]
（QE 和 HE 分离强流式关联于辅块）
(HE,jlv00e21u00c22,(j30+j40;j7)) —— (l7-03)
（特征块后附素强关联于数量概念或自然属性概念）
```

结 束 语

附素与要素是一对相互依存的概念，要素有(B,C,E,A)之分，附素似乎也应该如此。但是，要素是句类的函数，附素并不具有这一特性，这是 HNC 迟迟未正式引入该概念的基本原因。那么，为什么又在本小节正式引入呢？因为附素具有不同于修饰语(Bu,Cu,Eu,Au)的基本特性，那就是可分离特性，这在 E 要素身上表现得特别明显。所以，本节集中说明了附素 QE

和 HE 的特性。至于(B,C,A)的附素问题则留待于未来。

不过，本概念树的命名仍采用了"l71 附素分离"的表述方式，并把它列为"语块交织性表现 l7"的第一株殊相概念树，引言中说了"由浅入深"的原则，这里加一句话，其重要性对于汉语也是第一位的。因为汉语句类分析面临着劲敌 2 的巨大困扰，而 QE 分离的出现可使该困扰大为缓解。读者多半会觉得这话过于言重了，这里不作辩护。

第 2 节
语块变换 l72 (362)

7.2-0 语块变换 l72 的概念延伸结构表示式

```
l72:(t=b;9e2m,a\k=3,b\k=5;)
 l72t=b              语块变换的第一本体呈现
 l729                主辅变换
 l72a                主块内涵变换
 l72b                语块形态变换
```

本概念延伸结构表示式很有特色，一、二级延伸封闭，三级延伸开放，二级延伸符号里的"\k=3"和"\k=5"有点神秘色彩，而破解这神秘性的钥匙就是语块这一概念，所以，它是语块学习的好教材。

下面以三个小节进行论述，二级延伸概念的汉语说明在小节里给出。每小节的开始，都给出例句。这样的撰写方式《全书》很少采用，但对本节比较合适，就特殊一下吧。

7.2.1 主辅变换 l729 的世界知识

先给出二级延伸概念的汉语说明：

```
 l729e2m             主辅变换的对偶二分
 l729e21             主变辅
 l729e22             辅变主
```

——例句 7.2.1[**1]

\当{飞机|从阳光明媚的高空-|飞出}，+{穿过|阴雨密布的乌云}时/-||，
奥克兰，这座新西兰的"航船之城"||便\在<我们|乘坐>的新西兰巨型航空客机>机翼下/-||展现开来，我们在新西兰的旅程||由此开始了。
Auckland, New Zealand, the "City Sails" ||, spread out ||beneath the wings of our New Zealand Air Jumbo Jet ||-\as {we|flew out of|high sunny skies|-through dark rain-filled clouds}/ + to begin||days of adventure in New Zealand.

这是一个从英语译成汉语的大句，汉语译文也可改成下面的形式：

飞机||从阳光明媚的高空-||开始下落,穿过了||阴雨密布的乌云,这时,奥克兰,……

显然,这一改动没有改变该大句的内涵或意义,但原译与改译的大句形式结构有了不小变化,原来的辅块现在变成了两个小句,大句里的辅块消失了。这就是说,在原译与改译之间存在着主辅变换,从原译到改译,出现了"辅变主 l729e22"景象,从改译到原译,出现了"主变辅 l729e21"景象。对这一语言景象的考察,是否一直处于被严重忽视的状态呢?

这里不妨引用一下前文的一个论断:英语语句可以呈现出高楼大厦的雄伟,汉语语句则主要呈现为四合院的精巧。这里的英语原文有点"高楼大厦"的意味,改译则加强了"四合院"的意味。汉英两种自然语言存在着大句句式的重大差异,两者之间的翻译一定要高度注意这一差异,即"高楼大厦"与"四合院"的形态差异。因此,机器翻译必须引入大句句式转换的概念或术语,在许多情况下,该转换密切联系于主辅变换。这是后话,将在第三卷第五编(《论机器翻译》)里论述,这里不过是预说一下而已[*2]。

7.2.2 主块内涵变换 l72a 的世界知识

先给出二级延伸概念的汉语说明:

```
l72a\k=3          主块内涵变换的基本类型
l72a\1            主块共享内容安顿
l72a\2            对象的主辅安顿
l72a\3            内容的主辅安顿
```

——例句 7.2.2-1(主块共享内容的安顿)

将百万之军,战比胜,攻必克,吾不如韩信。
运筹帷幄之中,决胜千里之外,吾不如张良。   ——(《史记·高祖本纪》)

这段文字是本《全书》的再次引用,它是说明"主块共享内容的安顿 l72a\1"的绝妙典范,不熟悉或不喜欢文言文的读者或许觉得厌烦,那就请宽容一点吧。

"例句 7.2.2-1"是两个相互比较判断句 jD00J=(DBC1+jD00+DB2)//(DB1+jD00+ DBC2),相互比较的基本世界知识是:必有两个相互比较的对象(DB1 和 DB2),它们按照某一或某些特定内容进行比较,那特定内容必须为两对象所共享,否则相互比较的前提就被破坏了。在形式上,该特定内容可以依附于任一对象,但不必分别依附于两对象,这是语言生成的铁律之一么?似乎可以这么说,这是第一点。但第二点更重要,那就是:该特定内容可以脱离依附形态而独立出来,这是古汉语经常采用的语法形式,这种语法形式密切联系于汉语"四合院"的精巧之美,例句"7.2.2-1"充分体现了这种美感。

两广义对象语块存在共享性内容是一项非常重要的高层句类知识,除比较判断句之外,还有4组基本句类具有这一特性,它们是:①关系句;②交换句;③替代句;④双对象效应句。前3组句类属于广义作用句,最后一种属于两可句类。古汉语对共享性内容往往采取优先描述的语法手段,现代汉语依然在一定程度上继承了这一语言习惯,不过更多采取主辅变换的手段,将共享性内容转变为参照之类的辅块,而较少采取古汉语的小句形态。这是现代汉语与古汉语的一项重要区别。

在彼山的视野里,具有共享性内容的句类是基本句类中的一个特殊子类,该子类对其共享性内容的安顿是一项课题,不同自然语言很可能具有不同的安顿方式,这是一项有趣的课题。然而,这项课题不可能存在于传统语法学的视野里,二级延伸概念 l72a\1 的设置就是为该课题的未来研究提供一个平台。

——例句 7.2.2-2(对象主辅安顿 l72a\2)

八十年前中国共产党诞生之时−||,党员||只有||五十几人,
面对的||是||一个灾难深重的旧中国。

——江泽民在庆祝中国共产党成立八十周年大会上的讲话

The Communist Party of China || had only ||some 50 members ||-at its birth 80 years ago, and <what |it |faced>|| was ||a calamity-ridden old China.

"对象主辅安顿"也是一项彼山视野里的课题,该大句也采用了汉英对照的方式,这有利于该课题要点的说明。

该汉语大句由一个条件辅块和两个基本判断句的小句组成,第一小句的对象 DB 仅使用了"党员"这么一个词语,这"党员"属于哪个"党"?在小句里没有明说,省略了;第二小句的对象 DB 使用了"面对的"这么一个短语(词组),面对的载体(对象)是谁?又省略了。看对应的英语,人家把这两处省略都补齐,前者是"The Communist Party of China",后者是"it =: the Communist Party of China"。

这个例句是一片知秋之叶,它充分展现了汉语和英语对语块要素 B(对象)的不同处理风格,这也是一项课题,命名"对象的主辅安顿",延伸概念 172a\2 的设置就是为该课题的未来研究提供一个平台。

本小节最后,给出如下的概念关联式:

```
172a\2 = 1729 ── (17-05)
```
(对象的主辅安顿强交式关联于主辅变换)

——例句 7.2.2-3(内容主辅安顿 l72a\3)

澳大利亚的岛州塔斯马尼亚与澳洲大陆||长久以来即被巴斯海峡||所分隔,
该岛自然风光||优美,+无与伦比;++其生活方式||悠闲自在,+独具一格。

——《英语世界》11/95

<Tasmania Australia's Island State, long isolated from mainland by Bass Strait>||, has dedeloped||a unique relaxed lifestyle||-amidst unsurpassed natural grandeur.

这也是一个从英语译成汉语的大句,英语的大厦特征还谈不上壮观,但汉语的四合院特征相当鲜明,译文漂亮,译者可谓深谙此道。

这个例句也是一片知秋之叶,它充分展现了汉语和英语对于语块要素 C(内容)的不同处理风格,这也是一项课题,命名"内容的主辅安顿",延伸概念 172a\3 的设置是为该课题的未来研究提供一个平台。

本小节最后,给出如下的概念关联式:

```
        l72a\3 = l729 ──（17-06）
    （内容的主辅安顿强交式关联于主辅变换）
```

7.2.3 语块形态变换 l72b 的世界知识

先给出二级延伸概念的汉语说明：

```
        l72b:(\k=5;)
          l72b\k=5          语块形态变换的第二本体呈现
          l72b\1            多元逻辑组合形态
          l72b\2            基本句蜕形态
          l72b\3            从句形态
          l72b\4            违例格式形态
          l72b\5            扩展逻辑组合形态
```

延伸概念 l72b 汉语命名叫"语块形态变换"，这"变换"二字不可省略，其再延伸概念的命名也应该如此，但这里全都省略了，这是需要首先交代一声的。这里的变换有两层含义：一是指相对于自然语言原始形态的变换；二是指这 5 种形态之间可有条件地相互变换。但是，这里的省略还有另一层意思，暗示"l72b\k=5"都是 r 强存在概念，上列命名实际上就是 lr72b\k=5 的汉语捆绑词语，这样的汉语命名方式过去曾经采用过。

下面给出两个比较特别的（但不加特殊编号）概念关联式：

```
    (l72b\1+l72b\2,jlv11e21,gwa3*8[2]) ──（17-07）
    （多元逻辑组合形态和基本句蜕形态存在于汉语）
    ((l72b\k,jlv11e21,gwa3*8[1]),k=5) ──（17-08）
    （语块形态变换的第二本体呈现全部存在于英语）
```

这两个概念关联式全面揭示了汉英两种语言在语块形态方面的本质差异，汉语仅拥有语块形态变换的两种——多元逻辑组合和基本句蜕。英语则全部拥有，包括汉语不拥有的 3 种，即从句、违例句式和扩展逻辑组合。这一重大区别揭示了英语之"高楼大厦"特征和汉语之"四合院"特征的根本缘由。

这里需要对"基本句蜕"这个词语的含义加以说明，就英语而言，它专指所谓的非限定性动词短语，包括"to,ing,ed"三种形态；现代汉语则专指由"的"字构成的句蜕，包括要素句蜕和包装句蜕。

从句和违例格式这两种语块形态前文已有足够的交代，这里不必再说明了。扩展逻辑组合形态则是一个新术语，这里用一个例句先给读者一个初步印象，详论在第三卷第五编的《论机器翻译》里。

──例句 7.2.3-5

Scientists often portray coral reefs as "rainforests of the oceans" for the reason that rainforests and coral reefs a re habitats of most species on land and in seas respectively.

科学家往往把珊瑚礁描绘为"海洋中的雨林"，原因是：雨林是陆地上大多数物种的产地，而珊瑚礁则是海洋中大多数物种的栖息地。

英语里的"for the reason that"是实现扩展逻辑组合的方便语法工具，汉语缺乏这类工具。如果按照"汉语**先次后主**"原则，此大句的译文应该是：雨林是陆地上大多数物种的产地，而珊瑚礁则是海洋中大多数物种的栖息地，因此，科学家往往把珊瑚礁描绘为"海洋中的雨林"。

结 束 语

本节采取的撰写方式在本《全书》里堪称独特，主要依托于例句进行说明。

语块变换这个术语的使用频度在HNC团队内部也一直不高，它被主辅变换这个术语抢了风头。现在我们知道：主辅变换只是语块变换的3项内容之一，另外两项过去一直没有给出一个合适的名称（正名），现在的正名也未必合适。但两者再延伸概念的汉语命名是比较到位的，烦请读者不妨静下心来想一想。

二级延伸概念"主块内涵变换基本类型l72a\k=3"里的"\k=3"很值得读者玩味。三者的汉语说明非常到位，所使用的关键词："主块、对象、内容、主辅"甚至"共享"和"安顿"都应该看作彼山视野里的概念，强调一下这一点吧。

对二级延伸概念"语块形态变换第二本体呈现l72b\k=5"可作如上的类似描述，从略吧！这里仅补充这么一点：那是一片有待继续开垦的"处女地"，而且幅员广袤。

上面使用了"有待继续开垦"的词语，这是因为已有多位HNC拓荒者做过先行的探索。本《全书》有一系列特定的撰写规则，其中最重要的一项是：对先贤及其巨著都不仿照"参考文献"的方式集中列举，但会在正文或注释里列举他们的名字并说明其具体贡献，对有关先行者也大体采取类似方式，但对HNC拓荒者则可能等而下之，不作具体说明。

注 释

[**1] 本节的个别例句将给出HNC标注，本例句就是。这里有一个细节需要说明，那就是未曾使用过的仿宋体，它包含两种约定。①辅块仿宋体标示其两可性；②英语"+…"仿宋体标示迭句形态。对例句所标注的英语迭句必然存在重大争议，这涉及一个有待探讨的语法逻辑课题。

[*2] 雒自清的博士论文《语块类型、构成及变换的分析与处理》曾对此课题有所讨论。

第3节
句类转换 l73 (363)

7.3-0 句类转换 l73 的概念延伸结构结构表示式

```
l73:(e2m,i;e2m\k=2,i\k=3;)
    l73e2m              句类转换的对偶二分（句类内外转换）
    l73e21              句类内转换
    l73e22              句类外转换
```

```
        l73e2m\k=2              句类内外转换的第二本体呈现
        l73e2m\1                广义作用句的内外转换
        l73e2m\2                广义效应句的内外转换
    l73i                        特定句类转换
        l73i\k=3                特定句类转换的第二本体呈现
        l73i\1                  简明状态句转换
        l73i\2                  是否判断句转换
        l73i\3                  有无判断句转换
```

本节将以 6 个小节进行论述，在全部概念树的撰写中，这是最特殊的安排。为什么？将在本节的结束语里作呼应性说明。6 小节的安置如下：

7.3.1 句类内外转换 l73e2m 的世界知识

7.3.2 广义作用句内外转换 l73e2m\1 的世界知识

7.3.3 广义效应句内外转换 l73e2m\2 的世界知识

7.3.4 特定句类转换 l73i 的世界知识

7.3.5 简明状态句转换 l73i\1 的世界知识

7.3.6 基本判断句转换 l73i⌒\1 的世界知识

本节的撰写方式也与众不同，以文字说明为主，不写概念关联式。个别小节的文字简明度可能达于极致。

有些小节将安排分节，分节里给出再延伸概念结构表示式。

前文曾多次提及：不同自然语言各有自己的句类偏好，对汉英两种语言给出过一些示例性说明，这是非常重要的语言世界知识，本节将有所呼应。显然，这是一大片有待开垦的"处女地"，本节不过是一个起步而已，因此，再延伸概念的延伸结构表示式采取开放形态。

最后要指出两点：①本株概念树的 HNC 拓荒者已经作出了许多重要贡献；②本节讨论的句类只涉及基本句类，但其基本原则也适用于混合句类。

7.3.1 句类内外转换 l73e2m 的世界知识

句类内外转换里的"内外"是以句类之二分描述——广义作用句与广义效应句——为参照来划分的，在两者各自内部进行的转换叫句类内转换，在两者之间进行的转换叫句类外转换。这是彼山视野里的必然景象。

在上面的说明使用了"句类二分描述"的短语或术语，实际上，基本句类是三分而不是两分，在广义作用句与广义效应句之间还存在一个被命名为"两可"的句类。但这丝毫不影响"句类内外转换 l73e2m"的思考与定义。

7.3.2 广义作用句内外转换 l73e2m\1 的世界知识

本小节显然需要以两个分节来进行论述。

7.3.2-1 广义作用句内转换 l73e21\1 的世界知识

先给出广义作用句内转换 l73e21\1 的概念延伸结构表示式

```
        l73e21\1:*(t=b,i;)
            l73e21\1*t=b            广义作用句内转换的第一本体呈现
```

```
l73e21\1*9          作用句内转换
l73e21\1*a          转移句内转换
l73e21\1*b          关系句内转换
l73e21\1*i          判断句内转换
```

这里只描述了广义作用概念 4 环节各自的内部句类转换，难道在这 4 环节之间就不存在相互转换么？当然不是，被安排在外转换的辖域了。

广义作用概念的 4 环节分别用符号"t=b"和"i"来表示，不使用符号"\k=4"把四者统起来。为什么？这也是一个问题。不过，这已属于彼山景象里的 ABC，就不必回答了。

上列再延伸概念汉语说明里都使用了"句内转换"的字组，它是"句类之内部转换"的简化，此简化形态可能与上文之间产生组合歧义。交代了这个细节，就可以进入广义作用句 4 种内部转换的分别说了。

——关于作用句内转换 l73e21\1*9

在全部 57 组基本句类中，作用句占有 15 组，这个 15 组分类很见功力，一竿子插到了底，但不便于本课题的思考。其实，这个 15 组是上一层级 5 类的派生，这就是说，在 15 组划分之上还有一个 5 类划分，那是一个依托于"作用 0"（那是全部 94 片抽象概念林的第一号）5 株概念树[*01]的划分。"一竿子插到底"是一种思考模式，是一种"只看结果，不理过程"的思考模式。本课题的思考不能这么做，一定要首先**立足于**"5"，而后再**兼顾**"15"。如果光想着"15"，甚至死抱着"15"一个个想下来，那就叫死脑筋，死脑筋的对立面叫灵巧思维。上述**"先立足，再兼顾"**就是一种灵巧思维，而"死抱着"就是死脑筋的典型表现。灵巧思维是句类分析、语境分析和语言记忆的灵魂，是歼灭语言流寇、决胜语言劲敌的法宝。不过，当下死脑筋思维方式很受宠，也许还要继续受宠 50～100 年。语言流寇和语言劲敌本身并不可怕，可怕的是佩戴在它们身上的护身符，那护身符的正式名称前文曾多次暗示过，这里起一个绰号吧——死脑筋。

这是第二次提到灵巧思维[*02]了，后文（撰写过程意义下的后文）将继续这么做，一直这么"零敲碎打"么？很可能这样。"零敲碎打"在形式上属于点说，但一系列触及要害的点说就可以形成开放式的体说。积点成线，积线成面，积面成体，这"三积三成"是王国维先生"三境界"说的 HNC 表述：积点成线对应于"望尽天涯路"的第一境界，将简称"望尽"境界；积线成面对应于"消得人憔悴"的第二境界，将简称"憔悴"境界；积面成体对应于"蓦然回首"的第三境界，将简称"蓦然"境界。但是，现代著作的某些系统性论述形式上是面说甚至是体说，但始终未触及要害，那样的系统性是假货，不是真货。就语言信息处理来说，如果不知道区分语言劲敌和语言流寇，对劲敌和流寇的基本状态和基本特性若明若暗，甚至连劲敌和流寇的"番号"都没有搞明白，那样的"系统性"怎么可能是面说或体说的真货？而没有关于语言劲敌和语言流寇的实质性体说，能赢得语言信息处理战役的实质性胜利么？

这段话写在这里是由于下面各小节都需要与本小节类似的灵巧思维，同时也是由于本编快接近尾声了，需要为第三卷的撰写多搞一点预说。这种预说方式的效果笔者并没有把握，也算是一种探索吧。

回到"作用句内转换"的话题，但还是需要先写一点形而上式的话语进行过渡。

立足于"5"是什么意思？①要熟知"5=(1,4)"景象[*03]，简记为"景象 1-1"；②要熟知"4=(2,2)"景象[*04]，简记为"景象 1-2"；③要熟知"',2'=(1+1)"景象[*05]，简记为"景象 1-3"。

兼顾"15"是什么意思呢？①要熟知"1,"的三分景象[*06]，简记为"景象 2-1"；②要熟知"2,"和"1+"的三分景象[*07]，简记为"景象 2-2"；③要熟知"+1"的二分景象[*08]，简记为"景象 3-3"，这 6 个景象的具体叙述见相应的注释。

这里说的景象是彼山景象的省略，因为站在自然语言的任何一座此山上，都很难仰视到如此全面的景象。

上面的描述方式如同"天书"，但笔者希望：这种描述方式能够逐步改进，最后形成一种特殊形态的 HNC 语言。这种 HNC 语言便于体现或展示灵巧思维，没有它，HNC 理论就很难与未来的语言超人设计者进行沟通，大家一起想办法吧，这里算是第一次试验。

现在正式回到"作用句内转换"的话题。

"景象 1-1"表明：作用句可以分为两大类：共相作用句和殊相作用句，两者之间可相互转换。这一句类转换景象实质上是所有共相句类和殊相句类之间的共性，是一切句类转换现象的总根源。

"景象 1-2"表明：承受-反应句和免除-约束句之间**不可**相互转换。这一不可转换性类似于重力作用下之铅垂与水平方向之间的不可转换。

"景象 1-3"表明：免除句和约束句之间**可**相互转换。这一可转换性是关于三种文明标杆立论的基本依据，为西方文明与中华文明之间的可融合性提供了一种佐证。本《全书》针对民主（自由）和专制（约束）写下了许多奇特的话语，其基本依据也在于此。

"景象 2-1"是对"景象 1-1"的呼应，如果说"景象 1-1"为句类转换提供了途径或指向，那么，"景象 2-1"则为句类转换提供了工具，那工具就是块扩作用句 X03J，它是共相作用句的最高形态。这就是说，所有殊相作用句描述的东西也可以通过 X03J 加以描述。这个 X03J 是"景象 2-1"的焦点，其语言学意义表现在以下两个方面。

（1）它第一次揭示了"主谓宾"的双存在现象，而传统语法学只说到双宾语现象，回避了双主语和双谓语的问题。"主谓宾"双存在是语句的一项根本特性，可以呈现为多种形态，这是后话。HNC 据此引入了块扩和块扩句类这一对极为重要的概念或术语，进而引入了(EpK,ErK)和(EpJ,ErJ)的概念和术语。块扩作用句是 HNC 引入的第一号块扩句类。块扩句类是降伏劲敌 A 和劲敌 B 的法宝之一。虽然块扩语句出现的频度不大（仅占语句的 3%左右），但它一旦出现，就一定呈现为复杂语句。一切传统语言信息处理方案在复杂语句面前总是显得束手无策，并败下阵来。但在块扩语句这一特定情况下，句类分析则可以轻松地一展"探囊取物"的身手。可惜，以往的 HNC 论述未能及早指出这一要点。

（2）前文论述过自然语言进化历程 4 阶段的三次质变[*09]，第三次质变的对应形态 (B,C,E,A) 实际上还有一个从低级形态到高级形态的演进过程，高级形态的标志就是块扩作用句的出现。此说请当作姑妄言之，因为这需要专家的训诂。

"景象 2-2"首先是一道"防波堤"，用于防止句类辨认的"非此即彼"思维。这里的"非此即彼"既是指作用句内外转换之间，又是指作用句与广义效应句之间。"景象 2-2"明确昭示：承受句是作用句与广义效应句的混合体，主动承受句属于作用句，另两种承受句

（被动和一般）则属于广义效应句。这一区分十分重要，三者句类表示式的语块符号带有清晰的区分标记。

"景象 2-2"又是一块指路牌，其 3 项指示的第一项是：作用句可以用被动或一般承受句来表述，这是句类转换的第一景象。该景象在不同语种有不同的形态展现。例如，英语于被动句式优先，而汉语则于被动承受句或一般承受句优先。这就提出了"不同语种句类偏好"的课题，该课题的基础性研究一定要从"景象 2-2"入手。

"景象 2-3"是最纯粹的作用句内转换，同时它又是"不同语种句类偏好"和文明特征的指示牌，这个课题尚未进行任何探索。

"关于作用句内转换"就写这些吧，话语的形而上味道太浓，只好说一声对不起了。

——关于转移句内转换 l73e21\1*a

转移句在全部 57 级基本句类中占有 17 组，上面关于"一竿子插到了底"的论述、关于共相和殊相句类的论述、关于"在 15（这里是 17）组划分之上还有一个 5 类划分"的论述、关于景象的层级性分类描述等，在这里都可以"如法炮制"，这些描述将统称"4 项描述"。转移句内转换的"4 项描述"要烦琐一些，但并不存在特殊困难，这就留给后来者了。下面仅作几点关键性说明。

（1）转移句是语块 4 要素(B,C,E,A)天然齐备的唯一句类，是 4 主块语句的典型代表。它是语法学发现双宾语现象的源头，也是 HNC 发现块扩现象的重要源头之一。特定类型信息转移句的内容块(T3C)一定要块扩，而物转移句的内容块(T2C)则必然不具有这一特性，这是一项先验理性的推断，而不是经验理性的推断。"主块是句类的函数"这一关键性论断在这里得到了最鲜活的印证，对该论断感到困惑的朋友请从这里入手思考吧。

（2）上文说道："(B,C,E,A)实际上还有一个从低级形态到高级形态的演进过程，高级形态的标志就是块扩作用句的出现。"这里补充一句，低级形态就是指块扩信息转移句。

（3）转移句句类表示式中 GBK1 里的要素不仅有要素 A 的形态，还有 B1 的形态，B1 等同于 A，这一主块表示方式是为了关系句接轨。

（4）凡句类表示式之 GBK1 不含要素 A//B1 的语句都属于广义效应句，这是一项统一规定。

（5）转移句内转换在不同语种之间的差异性可能远大于作用句内转换，汉英两种语言对传输句的处理方式就截然不同，汉语似乎默认《理论》里的"轮流坐庄"说，而英语似乎并不买这个账。这个课题比较有趣，有待研究。

——关于关系句内转换 l73e21\1*a

关系句在全部 57 组基本句类中仅占有 4 组。"4 项描述"一下子完全失去了效用，为什么会出现这种突如其来的变化呢？这需要回顾一下 HNC 关于作用效应链的基本论述："……作用效应链反映一切事物的最大共性，作用存在于一切事物的内部和相互之间，作用必然产生某种效应。在达到最终效应之前，必然伴随着某种过程或转移；在达到最终效应之后，必然出现新的关系或状态。过程、转移、关系和状态也是效应的一种表现形式……"（《定理》p139）。请注意：这里把"过程或转移"和"关系或状态"都当作作用效应链运作的一种伴随现象，而且也是一种效应。不过"过程或转移"属于前伴随，而"关系或状态"属于后伴随。正是这"前"与"后"的变动导致了"4 项描述"完全失去效用的突变。"前"与"后"

的变动有时就是一种质变,这里的伴随前后正是如此。因此,在灵巧思维的视野里,这里的突变不过是作用效应链内在本质的一种呈现而已。

关系描述的本质特征之一在于双向性和单向性,这一特征构成了关系句句类描述的基础,其 HNC 符号是 409e2m。从这个符号可以清楚地看到:双向性和单向性是关系"共相概念树 40"的一项二级延伸概念,为什么此项延伸概念所表达的概念居于如此显赫的地位呢?因为关系句具有表 4-11 所示的两项非寻常特性。

表 4-11 关系句的基本特性

关系向	主块数量	RC 特性
双向关系句	(最少2,最多3)	块扩
单向关系句	(最少3,最多4)	块扩

表 4-11 清楚地回答了为什么"关系句在全部 57 组基本句类中仅占有 4 组"这个似乎有些不可思议的问题。

那么,关系句是否就不存在内转换呢?非也。"关系 4"这片概念林拥有 7 株殊相概念树,其内转换仅限于在各殊相概念树之间进行,这是关系句内转换的独特性。关系句之句类代码的数字下标搞得比较特别,与关系句的这一独特性是有关联的,这里就这么提一下吧。

最后说几句闲话,在本《全书》现稿(不拟改动)里,延伸概念 409e2m 放在"关系 40 第二类基本特性 40α=b"里来描述,那里的"关系 40 第二类基本特性"对应于现在的"关系 40 第一本体全呈现"。笔者最初并不想使用本体之类的哲学术语,近年发现西方语言学界在滥用一气,所以也就放弃最初的想法了。就这里的个案来说,"第一本体全呈现"虽然显得比"第二类基本特性"要严肃得多,但"不拟改动"的决定依然不变,因为探索过程的轨迹有时比探索结果更有启示意义。

——关于判断句内转换 l73e21\1*i

读者不妨回忆一下,HNC 是把判断与基本判断严加区别的,为什么要这么做呢?这里不妨作一次重复性陈述。

判断乃是指联系于概念子范畴——思维 8——的"判断",基本判断则是联系概念子范畴——基本逻辑 jl——的"判断"。人们习用的术语——判断——实际上是广义判断,它包括判断和基本判断。但是,思维 8 属于广义作用,基本逻辑 jl 属于广义效应,判断句与基本判断句分别属于广义作用句和广义效应句。这两大句类群具有截然不同的语句特征[*10],这是一种彼山景象,是彼山景象里最蔚为壮观的景象之一。

这个开场白试图代替一项解释,为什么广义作用句内转换不采用符号"l73e21\1k=4",而采用"l73e21\1:(*t=b,i,;)"的特殊形态。

判断句在全部 57 组基本句类中仅占有 3 个:一般判断句 D0J、块扩判断句 DJ 和简明判断句 D1J&D2J。前两者属于广义作用句,后者属于广义效应句。判断句内转换的"内"实际上是违规的,因为它特指广义作用判断句(D0J&DJ)向简明判断句(D1J&D2J)的转换。

"思维 8"这个子范畴包括 5 片概念林(共相 1 片、殊相 4 片)和 20 株概念树(共相 5 株、殊相 15 株)。如此色彩斑斓的思维景象在判断句的句类代码中却一视同仁,未加区别。

这与作用效应链各概念林-概念树的处理方式截然不同，为什么？从语言学的视野来说，这关涉到客体(对象、内容、作用者 B&C&A)和主体(描述者 DA 而非作用者 A)的问题，作用效应链是对客体的描述，思维是对主体的描述；从哲学的视野来说，这关涉到"一与异"的问题，思维属于"一"，而作用效应链属于"异"。因此，HNC 对作用效应链和思维分别采取了不同的句类表示方式，对作用效应链采取了"异"方式，对思维采取了"一"方式。关于"一与异"的经典论述，也许佛家的"三法印"[*11]说是最好的神学与哲学阐释。

（D0J&DJ）向(D1J&D2J)的转换是语言世界里最有开发价值的沃土，亟待展开。因为(D1J&D2J)是语言面具性最强的句类，它往往显得比面具性次强的基本判断句(jDJ&jD1J)更富有哲理。

7.3.2-2 广义作用句外转换 l73e22\1 的世界知识

先给出广义作用句外转换 l73e22\1 的概念延伸结构表示式：

```
l73e22\1:(*t=a,i,;)
   l73e22\1*t=a        广义作用句外转换的第一本体呈现
   l73e22\1*9          主体基元概念不同作用环节之间的交织性呈现
   l73e22\1*a          主体基元概念作用与效应环节之间的交织性作用呈现
   l73e22\1*i          作用句的效应型表达
```

广义作用句外转换 l73e22\1 的概念延伸结构表示式采取了一级延伸的开放形态，从给出的汉语说明可见：思维或判断句未纳入考虑之内。在 HNC 理论的探索历程中，对于主体基元概念、语境基元概念、思维概念、基本概念和逻辑概念之间交织性呈现的梳理，并非一帆风顺，而是经历过多次重整或反复。最突出的案例就是关于混合句类的提法，《理论》与《定理》是不一致的。所谓混合句类，就是广义作用效应链不同环节之间的交织性呈现，而句类转换不过是该交织性呈现的最简约形态。《理论》和《定理》都没有把这个要点说清楚，两者都仅在形式上追求混合句类齐备性方面的描述，而忽视了其透彻性方面的思考。这一根本缺陷的弥补是在语言理解基因[*12]的概念彻底明确以后才打开了一条阳光大道，那就是各种类型概念关联式的全方位展示。概念之间的交织性呈现必须以概念关联式为基本依托来进行描述，但这不等于说，概念关联式可以包揽一切，语言脑奥妙的描述还需要另外的工具，语言超人语言脑的描述更需要这样的工具，近年流行的名称叫平台，本节所给出的各种概念延伸结构表示式就属于这类平台，l73e22\1:(*t=a,i,;)则是一种开放式的平台，是为思维概念的介入预留的位子。

下面不像上一小节那样，依次进行"——关于……"方面的撰写了，仅就广义作用句外转换之两项延伸概念所体现的思路进行说明。

"广义作用句外转换第一本体呈现 l73e22\1*t=a"所体现的思路包含两个要点。一是把思维隔离在广义作用之外，仅考虑主体基元概念；二是在主体基元概念的框架里进行广义作用与广义效应的二分。这两项思考背后的推手是这样一种思考：句类或句类代码需要自动辨认，不能想象语言脑里存在一个庞大的句类代码知识库，这种自动辨认的基础或激活要素是语境，是由若干"关键词"之特定组合所激活的语境，而绝不仅仅是捆绑于词语的语法或语义知识。这种句类代码的自动辨认能力是人类语言脑必然具有的一种天赋能力，也是未来语言超人必须具备的一种能力,因而,它必然是未来微超研究的核心课题或攻坚项目之一。延伸概念 l73e22\1*t=a 为这种能力的培育提供了下述思考工具:

  l73e22\1*9 必然之必然的广义作用句
  l73e22\1*a 可能之必然的广义作用句

  这里的"必然之必然"是指主体基元概念里 3 类作用型概念之间的相互交织,这一交织的结果必然是广义作用句,故名之"必然之必然";"可能之必然"是指主体基元概念里作用型概念与效应型概念之间的相互交织,其结果可能是广义作用句,也可能是广义效应句,但约定 l73e22\1*a 仅包含前者,故名之"可能的必然"。

  HNC 语言知识库的多年建设一直未能摆脱仅由动词提供句类代码的"一竿子"思维,句类分析算法设计者的状态更不待言,这与传统语言学之巨大惯性力量的影响不无关联,笔者也曾是这种"一竿子"思维的追随者和实践者。醒悟之后发出过多次呼吁,虽然音量很大,但音质不高甚至很差,故其实际效果几乎为零。借这个机会,笔者仅向 HNC 团队深致歉意。

  "一竿子"思维向灵巧思维的转变当然不是一件容易的事情,许多专家一辈子都在"一竿子"思维的圈子里悠然自得,何况常人?但这绝不等于说:语言超人就不可能具备灵巧思维。本《全书》的撰写过程一直致力于为语超灵巧思维的培育提供素材或土壤,本节不过是正式亮旗而已。延伸概念 l73e22\1*t=a 的设置是一个突出的范例,所以,这里就把关于"一竿子"思维(学名叫"线性思维")的"刻薄"话语直接写出来了。

  "广义作用句外转换第一本体呈现 l73e22\1*t=a"所描述的是一种彼山景象,"作用句的效应型表达 l73e22\1*i"就不同了,它不是彼山景象,而是英汉两种自然语言的此山景象。汉语里可以说"玻璃窗打碎了",以替代"玻璃窗被打碎了",英语绝不允许。HNC 把这一此山景象名之"作用句的效应型表达"。这景象是汉语灵巧性的典型呈现之一,但不必说它就是英语"一竿子"特征的呈现。汉英两种语言之灵巧//"一竿子"特征集中凸现在语句的格式和样式特征里,英语广义作用句的主体结构只允许使用基本格式,而不能像汉语那样,既可以使用基本格式,也可以使用规范格式和违例格式。但是,广义效应句的样式转换却呈现出恰恰相反的景象。这个话题很重要,所以这里再絮叨了一遍。

  总之,请记住该话题所反映的此山景象吧,并应烂熟于心,因为其意义非凡。至于"作用句的效应型表达 l73e22\1*i"所反映的此山景象不过是汉语的一小块"自留地",过度用心并无必要。

7.3.3 广义效应句内外转换 l73e2m\2 的世界知识

本小节也用两个分节进行论述。

7.3.3-1 广义效应句内转换 l73e21\2 的世界知识

先给出广义效应句内转换 l73e21\2 的概念延伸结构表示式:

  l73e21\2:*(t=b;)
    l73e21\2*t=b 广义效应句内转换的第一本体呈现
    l73e21\2*9   过程句内转换
    l73e21\2*a   效应句内转换
    l73e21\2*b   状态句内转换

广义效应句内转换有两项非常突出的内容：一是广义效应语句主块数量的"2-3"转换；二是广义效应句主块位置的换位转换(样式转换)。在所有涉及 HNC 基本句类的已有论述中，都在不同程度上列举了句类表示式，其中广义效应句的句类表示式都隐含了这两项极为重要的内容，但似乎都没有予以明确表述。

广义效应句的"2-3"转换是指：过程句、效应句和状态句既可以采用带特征块的 3 主块的形态，也可以采用带特征块的 2 主块形态。前者被命名为一般广义效应句，后者被命名为基本广义效应句。但这个命名在实际使用中并没有被严格遵循，造成了一定混乱。其根源是什么？这值得一说，那就是 HNC 虽然早就意识到了共相概念树的特殊地位，但不够透彻。

一般的换位转换是指主块之间相互交换位置的语句现象，该现象对广义作用句和广义效应句呈现为完全不同的景象，HNC 早就意识到了这一点，但同样不够透彻。因此，HNC 在对广义作用句引入格式概念或术语的同时，未能同时对广义效应句引入样式的概念或术语。这是 HNC 探索过程最为遗憾的事件之一。

延伸概念"广义效应句内转换之第一本体呈现 l73e21\2*t=b"所描述的是纯粹的彼山景象，HNC 曾对该景象给出过下面的约定：过程句的对象 PB 限于抽象概念；状态句的对象 SB 限于具体概念；效应句的对象 YB 两可。该约定的提出，当年只是笔者的一项建议，并未深思。但多年下来，其形而上景象日趋清晰，将作为广义效应句的一项基本句类知识对待。

广义效应句内转换 l73e21\2 当然存在一些形而下的课题，素描句是其中的突出个案，不放在这里讨论，"表示式 l73e21\2:*(t=b;)"也不在一级延伸概念里为其预留位子。

7.3.3-2 广义效应句外转换 l73e22\2 的世界知识

先给出广义效应句外转换 l73e22\2 的概念延伸结构表示式：

```
l73e22\2:*(t=a;)
   l73e22\2*t=a      广义效应句外转换的第一本体呈现
   l73e22\2*9        主体基元概念不同效应环节之间的交织性呈现
   l73e22\2*a        主体基元概念作用与效应环节之间的交织性效应呈现
```

仿照 7.3.2-2 分节，l73e22\2*t=a 另有下面的汉语说明。

```
   l73e22\2*9        必然之必然的广义效应句
   l73e22\2*a        可能之必然的广义效应句
```

将(7.3.3-m,m=1-2)与(7.3.2-m,m=1-2)两相比较可知，两者之间的差异仅在于延伸项符号",i,"的有无，为什么会有这种差异？答案就在下面的 3 小节里。

7.3.4 特定句类转换 l73i 的世界知识

特定句类转换曾用名无条件句类转换，笔者最早的表述是：任何句类都可以转换成是否判断句；任何句类都可以转换成有无判断句；任何句类都可以转换成简明状态句。这是典型的形而上话语，"无条件"的修饰词就这么跟上来了。但这个"无条件"实际上带有一种对传统语言学惯性（如"任何语言规则都有例外"之类）的不敬情绪，有违传统中华文明的中庸之道，故这里正式更名为特定句类转换。但将原讲述的顺序作了调整，把第三句前移到第一句，这是为了与前述"语句进化论"相适配。

延伸概念"特定句类转换的第二本体呈现l73i\k=3"是"二生三"光辉命题的生动示例，故下面以两个小节分别进行论述。

7.3.5 简明状态句转换l73i\1的世界知识

简明状态句S04J是全部57组基本句类中的殿后者——编号57，在语句进化论的视野看来，这殿后的句类才是语句的最初祖先，是语句的"亚当和夏娃"，是语句进化历程第一次突变（共三次）所演化出来的原始(B,C)型语句。古汉语或文言文大量使用简明状态句，现代汉语或白话文也依然如此。但简明状态句不符合英语的句法规范，所以英语很少使用[*13]。19世纪的比较语言学家似乎没有观察到这一语言现象，否则，那很可能成为"孤立语是最落后语言"论断的有力证据之一，从而可以为语言学史又增添一段趣话。

前文在论及语块构成时，提出过要素和附素的概念或术语，两者都是语块的主角，传统语言学所说的修饰语则仅充当语块的配角。但是，这两种角色注定不能相互转换么？配角就不能翻转身来充当一下主角么？应该提出这样的问题，这就是HNC设置简明状态句并予以殿后之特殊地位的缘由了。

任何语句中任一语块的任一修饰语都可以或可能被强调，口语和书面语都拥有各种各样的强调方式（如重读或加副词），但汉语有一种特殊的强调方式，那就是把被强调的修饰语独立构成一个语块，同时把原语句的其他全部内容打包成另一个语块，从而把原语句转换成一个无特征块的两主块语句,其句类表示式是：

$$S04J = (S04B+S04C)//(S04C+S04B)$$

这个S04J被HNC命名为简明状态句。语块符号S04B和S04C可能是第一次出现，其实早该使用了。这是笔者不拘小节之恶习所造成的恶果之一，请原谅。

任何语句都可以转换成简明状态句么？是的，包括广义作用句。这就是延伸概念l73i\1所要传达的一项语言世界知识或彼山的景象之一。有人问：没有修饰语的语句如何转换呢？这一提问似乎很高明，但可以用一个简单的反问加以消解，一个独立的语句可以没有要素B和C（内容）么？两者不能充当修饰语或互相修饰么？"一竿子"思维才会犯难。

依据汉语的"先次后主"原则，汉语简明状态句应优先采用

$$S041J = S04B+S04C$$

的样式，但S042J = S04C+S04B的样式[*14]不可排除。

《楚辞·渔父》里有几句典型的S041J，记录如下，供读者联想。

颜色憔悴，形容枯槁；沧浪之水清兮，可以……，沧浪之水浊兮，可以……。

7.3.6 基本判断句转换l73i\1的世界知识

延伸概念l73i\1就是对"任何句类都可以转换成是否判断句，任何句类都可以转换成有无判断句"这两句话的符号表示，前句符号化为l73i\2，另名"是否判断句转换"；后句符号化为l73i\3，另名"有无判断句转换"。两者统称基本判断句转换，实质上也是"无条件"的，但不必渲染，理由已如上述。

上小节说到：简明状态句是"语句进化历程第一次突变（共三次）所演化出来的原始(B,C)型语句"，这里可以说：基本判断句是语句进化历程第二次突变所演化出来的原始(B,C,E)型语句。那么，基本判断句的两个子类（是否判断句和有无判断句）是否存在一个出现先后的顺序问题呢？HNC 无意于这一问题的探讨，虽然它十分有趣。

特定句类转换的形而上描述大体如上。一言以蔽之，可名之"语句的返祖现象"，因为简明判断句和基本判断句分别是语句进化历程前两次突变所演化出来的原始句类。对于这一论断，"一竿子"思维一定会要求拿出证据来，否则就是伪命题，但灵巧思维不这么看。

由于简明判断句似乎是汉语的特殊嗜好（"专利"？），而基本判断句则任何自然语言都大量使用。这就使得特定句类转换的此山景象显得特别"江山如此多娇"，汉语的"{……}是……的"句型和英语的"It is...that..."句型也许可以看作是否判断句转换 l73i\2 里最绚丽的此山景象吧，所以，HNC 特别为现代汉语的"的"字配置了一个便于激活 l73i\2 联想的义项[*15]。

结 束 语

本株概念树的设置是讲解平衡原则的好教材之一。在语习逻辑这个"子范畴 f"的概念林"句式 f4"里，设置了概念树"陈述句式 f41"，其"第二本体陈述里 f41\k=5"里的一级延伸概念"转换句式 f41\2"与本株概念树"句类转换 l73"相对应。句类和句式都是传统语言学原有的术语，但两者被 HNC 赋予了新的含义或定义，并在此基础上对两者进行了体说，而体说离不开形而上。

形而上者，灵巧也，专注于彼山景象者也；形而下者，"一竿子"也，专注于此山景象者也。这两种思维模式分别对应于语言概念空间的语言景象和自然语言的语言现象，两者需要"接轨"，这毋庸置疑。但当下处于一个"一竿子"狂澜的特殊时期，故本节的撰写方式比较特别，着重于灵巧与彼山的描述，难免对"一竿子"和此山现象的经典描述方式，于无意之间有所冒犯，这里预致歉意，因为这样的冒犯在第三卷里还会继续。

注 释

[*01] 概念林"作用0"5株概念的符号是：00-04，00是作用的共相概念树；01-04是作用的殊相概念树，但初期论述未使用这些概念或术语，本《全书》将保持初期论述形态，不作文字的统一整理，以见证理论探索的曲折与艰辛。这些话应该写在《全书》的前言或后记里，但此类需要交代的文字实在太多了，故决定采取集中说明和分散交代两种相互配合的方式。初衷是为了方便读者，但实际上可能只是方便了自己，而给读者带来了麻烦。

[*02] 第一次提及见"多元逻辑组合l45"节（[240-45]）的结束语。

[*03] "5=(1,4)"景象（"景象1-1"）里的"1,"表示作用；",4"综合表示承受、反应、免除和约束。前者对应于作用概念林的共相概念树，后者对应于该概念林的4株殊相概念树。这是个关于作用描述的共相-殊相两分观，笔者在《理论》和《定理》里都没有交代清楚，是一项重大失误，造成了后来在作用句句类代码排序方面的混乱。

[*04] "4=(2,2)"景象（"景象1-2"）里的"2,"表示承受-反应；",2"表示免除-约束。前者是作用效应链最基本、最直接的呈现；后者是基本作用的两种特殊形态。这是关于作用殊相呈现的又一两分观，对应于概念空间的纵-横两分。

[*05] "',2'=(1+1)"景象（"景象1-3"）里的"1+"表示免除；"+1"表示约束；"+"表示两者可以交换。但HNC选择了"免除"当老三，"约束"当老四（殿后），为什么？这不是随意的安排，它兼顾了西方文明和中华文明各自的未来历史地位。"免除"者，自由之源也；"约束"者，仁之源也。此说，在当今不过是一个梦呓式的大笑话，本《全书》的论述丝毫改变不了这一态势，但50~100年后未必如此。

[*06] "1,"的三分景象（"景象2-1"）是指共相作用句拥有以下3种句类代码：

XJ = A+X+B；X0J = X0A+X0+X0B；X03J = X03A+X03+X03BC

三者分别对应于"概念林0"、"概念树00"和"一级延伸概念003"，其汉语命名依次是作用句、基本作用句和块扩作用句。

共相作用句之3种句类代码的诞生过程比较复杂，X0J是最后加进去的。《理论》里着重论述XJ，其中关于B = XB+YB+YC的论述虽然非常到位，但并不适用于X0J。这是一个深层次的理论问题，关系到语境分析，迄今尚未正式予以论述。

[*07] "2,"和"1+"的三分景象（"景象2-2"）是指承受和免除都被直接赋予了"m"形态的一级延伸，反应则通过承受之一级延伸概念"01t=a"被间接赋予了这一特性。故三者的句类表示式都给出了主动、被动和一般的共相区分，但又各有差异。

[*08] "+1"的二分景象（"景象2-3"）是指约束具有"e2m"形态的一级延伸概念，即内约束和外约束。前者属于伦理范畴，后者属于法律范畴。传统中华文明强调前者，西方文明则强调后者。

[*09] 关于自然语言进化历程三次质变的论述见本编第零章引言。

[*10] 关于广义作用句与广义效应句之间语句特征基本差异的论述见第三卷《论句类》。

[*11] 三法印的具体陈述是：诸行无常，诸法无我，涅槃寂静。前两句讲的是"异"，第三句讲的是"一"。

[*12] 语言理解基因是本《全书》第三卷第三编的副标题，已预说过多次。

[*13] 英语简明状态句通常不会独立出现,其生存的语言生态非常有趣,将在句式的大句论题里进行说明(见第三卷第二编)。

[*14] 简明状态句的两种样式似乎是在《面向汉英机器翻译的语义块构成变换》（李颖等著）的附录2中第一次出现的，但遗憾的是，该专著的书名未能同步做另一个第一，就是把书名里的"义"字去掉。

[*15] 该义项的HNC符号表示是f14\2，在引入该义项时说道："的"字不仅是汉语语法逻辑的超级"明星"，也是汉语习逻辑的重要"明星"，其映射符号可分别写成下面的两种形式：

l42e21;l42\1;l42\3;f14\1;f14\2
l42e21;   l42~\2;   f14\k

此说明见本编"4.2.3"小节。

第 4 节
GBK 交织 l74 (364)

7.4-0 GBK 交织 l74 的概念延伸结构表示式

```
l74:(e2m;e21:(\k=2,γ=3),e22:(\k=4,7),;)
    l74e2m              GBK 交织的对偶二分（GBK 融合与分离）
    l74e21              GBK 融合
        l74e21\k=2          GBK 融合的第二本体呈现
        l74e21\1            句蜕嵌套（嵌套句蜕）
        l74e21\2            句蜕变异（变异句蜕）
        l74e21γ=3           GBK 融合的混合型本体呈现
        l74e219             GBK 之间的整体性融合
        l74e21a             GBK 之间的局部性融合
        l74e21b             GBK 与 fK 之间的融合
    l74e22              GBK 分离
        l74e22\k=4          GBK 分离的第二本体呈现
        l74e22\1            全句共享
        l74e22\2            跨块共享
        l74e22\3            单块共享
        l74e22\4            块素共享
        l74e227             语习型分离
```

本节的撰写方式与上一节有所不同，将部分恢复本《全书》的主流方式。

语块有特征块 EK 和广义对象块 GBK 的二分，两类语块各有自己的交织性特征，交织又有融合与分离的基本二分，这些就是语块的基本彼山景象。

特征块的交织景象分别由两株概念树来描述，融合由"特征块复合构成 l63"承担；分离由"附素分离 l71"承担。广义对象块 GBK 的交织景象由本株概念树来承担，但并未赋予它"独家承包"的特权，这在"附素分离 l71"里已有所交代。

上述 3 株概念树都涉及融合与分离的概念，此概念对乃是这 3 株概念树的灵魂，但已论述的两株却没有给出相应的概念关联式，这里一起给出吧。

```
l74e2m := 39e2m ── (17-09)
（GBK 融合与分离对应于效应的聚与散）
l63  := 39e21 ── (16-01)
（特征块复合构成对应于效应的聚）
l71  := 39e22 ── (17-01)
（附素分离对应于效应的散）
```

下面以两个小节进行论述。

7.4.1 GBK 融合 l74e21 的世界知识

前文多次说过英语语句的雄伟高楼大厦特征和汉语语句的精巧四合院特征，这个说法仅说出了英汉两种代表性自然语言形态特征的"其然"，而未说出"其所以然"。那么，"所以然"是什么？是：英语施行 GBK 融合的语法逻辑工具非常完备，而汉语却相当匮乏。"施行 GBK 融合的语法逻辑工具"被集中安置在 3 片概念林里，第一片是已经论述过的"块内集合逻辑 l5"，另外两片是即将论述的"小综合逻辑 l8"和"指代逻辑 l9"。

这一段形而上话语是为了呼应一下本章引言里的一个大句：在抽象概念的全部 94 片概念林中，本片概念林是最特殊的，因为它**没有**直系捆绑词语。既然连直系捆绑词语都没有，为什么要设置相应的概念林？这个问题将在小结里回应。这里要说的是：**"没有"**说对于延伸概念"GBK 融合 l74e21"似乎不太适用，这就需要从权了。从权就意味着有例外，本概念树的若干延伸概念就属于例外。

所谓的雄伟高楼大厦特征或精巧的四合院特征是一种形象说法。大厦特征的 HNC 符号表示就是 l74e21，名之 GBK 融合，四合院特征的 HNC 符号表示就是 l74e22，名之 GBK 分离。GBK 融合用于描述句法结构复杂而难以处理的语句，下面给出一个不算太复杂的英汉对照示例：

> and Plato,aware that the ethics of his time were being penetrated by a deeper principle which,within this context,could appear immedeately only as an as yet unsatisfied longing and hence only as a destructive force,was obliged,in order to counteract it,to seek the help of that very longing itself.

```
EgK     was obliged...to seek the help of
ElK     (were being penetrated, (could appear immedeately))（嵌
        套句蜕 l74e21\1）
        to counteract（辅块句蜕）
ElH     ,aware that（变异句蜕 l74e21\2）
```

柏拉图那时已意识到更深刻的原则正在突破而侵入希腊的伦理，这种原则还只能作为一种尚未实现的渴望，从而只能作为一种败坏的东西在希腊的伦理中直接出现。为谋对抗计，柏拉图不得不求助于这种渴望本身。

在这个例句里，英语的高楼结构是靠着两套语法逻辑工具搭建起来的，第一套工具是大家比较熟悉的嵌套句蜕；第二套工具是大家可能不太熟悉的变异句蜕，其 HNC 符号解释如下：

$$E+EH \%= jlv11\hat{}0+EH => ,EH := ,aware\ that =: who\ was\ aware\ that$$

这两套语法逻辑工具都是汉语所不具备的，汉语只好变"高楼"为"四合院"。译者的这项转换工作做得不错，英语以"only as an as"和"only as"为标记所描述的"景象 RtC"，译文也十分到位，这里我们还看到了"GBK 融合 fK（l74e21b）"的现象。译文的唯一微疵是另加了一个句号，这一"加"破坏了原语句的整体语境，使后文"不得不"失去了依靠，所以，用逗号更合适一些。这一类型的句式转换不是一个简单的技术问题，而是一个艺术问

题，故使用了"高楼大厦"和"四合院"之类的词语。此类句式转换需要一个技术称呼，将分别名之"一多转换"和"多一转换"，合称"大小转换"（一个大句与一组小句之间的相互转换）。"一多转换"主要用于英译汉；"多一转换"主要用于汉译英。

有人喜欢用字词数量来描述复杂语句，那是指词语或 words 数量比较多（例如 10 个以上）的语句。这种说法没有任何实质性意义。语句的"非常复杂而难以处理"并不在于词语的数量，也不在于语块的数量[*01]，而在于包含多种形态句蜕之 GBK 的出现。这样的句蜕是雄伟高楼大厦的必要构件，精巧的四合院却不需要。这里的关键词是**多种形态**。其意义不仅是指 3 种基本形态句蜕的多次并列出现，更是指句蜕的嵌套或变异。上面英语例句的复杂性主要在于嵌套句蜕，也包括变异句蜕，那就是由",aware that"所标记的句蜕，这个句蜕既属于劲敌 B，也可以纳入劲敌 C 的深层省略[*02]。

英语擅长句蜕嵌套，这应该是日耳曼语族[*03]的共性，所以，黑格尔著作的英译本存在大量句蜕嵌套（包括多重嵌套）的复杂语句。汉语虽然缺乏句蜕嵌套的语法逻辑工具，但并非没有解套的语法手段，那手段就是"精巧四合院"式的小句。黑格尔著作的汉译一定要在解套方面下大功夫，尽量把那些高楼大厦结构的 GBK 转变成四合院结构的小句。否则，那译文一定会让读者难受。总之，在英语和汉语的互译中，"大小转换"是句式转换的核心课题之一，其意义或价值可以等同于格式转换[*04]。

现代汉语的句蜕变异或变异句蜕有两种基本类型，一种是正常的变异，另一种是不正常的变异。后者导源于英语的句蜕嵌套，是一种劣质的杂交产品。在商品化浪潮下，该怪胎文字曾泛滥于技术书籍的翻译市场。正常的变异句蜕主要表现为两种情况：一是要蜕标记符号"的"的省略；二是包蜕标记符号"的"的前移，这里就不来细说了。

关于延伸概念"GBK 融合之第二本体呈现 l74e21\k=2"就写这些，最后给出两个概念关联式：

$$l74e21\backslash 1 = gwa3*8[1] \quad \text{——} \quad (17\text{-}10)$$
（句蜕嵌套强交式关联于英语）
$$(l74e21\backslash 2, l47, gwa3*8[2]) \Leftarrow (l74e21\backslash 1, l47, gwa3*8[1]) \quad \text{——} \quad (17\text{-}11)$$
（汉语的句蜕变异强交流式关联于英语的句蜕嵌套）

下面对延伸概念"GBK 融合之混合型本体呈现 l74e21 γ=3"作简要说明。

也许首先应该回答的问题是：为什么本延伸概念只考虑(GBK,fK)两者的交织性，而置 EK 于不顾呢？回答是：不是不顾，而是已经在"特征块复合构成 l63"和"句蜕(l42\k=3)"里给予了充分的表述，而(GBK,fK)之间的交织性反而成了"漏网之鱼"，需要补说。

为什么(GBK,fK)之间之交织性可以采取"γ=3"的后挂符号加以描述呢？虽然相应的汉语说明已给出了足够的阐释，但注释一下并不算多余。在形式上，可取"γ=2"，并定义两延伸概念分别代表自身(GBK//fK)之间和相互（GBK 与 fK）之间的交织性呈现，形式逻辑钟情于这种形式完美性，但内容逻辑不允许，因为 GBK 与 fK 不能等量齐观。因此，实际的"γ=3"设计给了 GBK 以特殊优待，让它独自享受两项，GBK 与 fK 仅享受 1 项。

"GBK 融合之混合型本体呈现 l74e21 γ=3"的此山景象非同寻常，下面以三个表（表 4-12～表 4-14）为基础予以简略描述。

表 4-12　GBK 之间的整体性融合 l74e219

类型	意义	基本景象
I	3 主块句 => 2 主块句	用于广义效应句（英汉通用）
II	（同上，两语块简约成一个词语）	用于广义作用句（汉语专利）
III	转换成简明状态句	汉语专利

表 4-12 的一系列细节有待来者去考察。例如，类型 I、类型 III 与句类转换有什么关系？又例如，汉语的许多 vo 类词语可以替代作用句的两个语块，"张三杀人了"和"张三自杀了"[*05]就是类型 II 的例证，这岂不与广义作用句至少 3 主块之说相矛盾么？

表 4-13　GBK 之间的局部性融合 l74e21a

类型	意义	基本景象
I	共享 B 的融合	英语严谨，汉语模糊
II	共享 C 的融合	汉语略高于英语？

表 4-14　GBK 与 fK 之间的融合 l74e21b

类型	意义	基本景象
I	fK 融入 GBK	英汉差异不大
II	GBK 要素融入 fK	汉语常见，英语罕见

7.4.2　GBK 分离 l74e22 的世界知识

前文曾引用了一段带"……"的《楚辞·渔父》，这里把它补全，读者应该可以由此感受一下"GBK 分离 l74e22"的片段景象。

  沧浪之水清兮，可以濯吾缨，沧浪之水浊兮，可以濯吾足。

这段文字不仅是 GBK 分离的好教材，也是讲解汉语"四合院"之美的好教材，更是讲解小句之间共享特征的好教材。

"GBK 分离之第二本体呈现 l74e22\k=4"的汉语说明显得非常奇怪，竟然用共享替代了分离。

注释

[*01] 这个说法当然需要以小句为前提，小句主块数量的极限值是 4，辅块数量的极限值是 7。即使出现了"4+7"的极限情况也不等于"非常复杂而难以处理"。

[*02] "，aware that"所标记的句蜕实际上是"who was aware that"这一典型英语要蜕（从句）的省略形态，这样的省略属于 HNC 定义的深层省略。

[*03] 日耳曼语族是欧洲的三大语族之一，也叫哥特语，包括现在的英语、德语、荷兰语，以及北欧的瑞典

语、丹麦语和挪威语。另外两大语族的名称是罗曼语族和斯拉夫语族。

[*04] 大小转换和格式转换是句式转换里两个特别重要的概念,详见本《全书》第三卷第五编——论机器翻译。

[*05] "杀人"和"自杀"都属于"内容逻辑基元(串联的第一本体呈现)142t=b"的"vo结构1429"。《现汉》对两者区别对待,后者收录为词,前者不予收录,但又收录了"杀人不见血"、"杀人不眨眼"、"杀人灭口"、"杀人如麻"、"杀人越货"和"借刀杀人"等5字、4字词。这并非个别现象,可以一直不问一声"为什么"么?

第八章

小综合逻辑 18

引 言

本编初稿写于 2011 年，到本章戛然而止，原因是多方面的，其一是考虑到，传统语法学对后 4 章的内容都已有系统深入的研究，希望找到一位合作者。现在（2014 年春），只好放弃这个希望了。

这 4 章的撰写方式将大有别于此前和此后的文字，主要是交代一下各片概念林和各株概念树设置的思考过程，各株概念树的概念延伸结构表示式都极度简明，但含义并不寻常。各节都不分小节，说明文字力求简略。

思维 8 和综合逻辑 s 是人类智力的基础概念基元，在语法逻辑 l 里，不安置一个与两者对应的东西是不可思议的，那东西被定名为小综合逻辑，符号化为 l8。三者之间的基本概念联想脉络就是下面的概念关联式：

$$l8 \Leftarrow (8+s) - (l8\text{-}01)$$

（小综合逻辑强流式关联于思维和综合逻辑）

概念林"小综合逻辑 l8"设置 3 株概念树，HNC 符号及汉语命名如下：

l81	智力小综合
l82	客观因素之综合
l83	主客观因素之综合

这 3 株概念树的安置依从由浅入深原则，3 节的说明方式与此前迥然不同，没有半句形而上话语。概念关联式是其主要描述工具，但第一节将采取此前不曾使用过的特殊描述方式：以日常生活用语"穿针引线"。

第 1 节
智力小综合 l81 (365)

8.1-0 智力小综合 l81 之概念延伸结构表示式

    l81β   智力小综合之作用效应链呈现
    l819   智力小综合之作用效应呈现
    l81a   智力小综合之过程转移呈现
    l81b   智力小综合之关系状态呈现

8.1 智力小综合 l81 之世界知识

智力小综合 l81 具有唯一的延伸概念 l81β，语言理解基因符号 β 曾被称为"宝贝"，因为它与作用效应链之 3 侧面强流式关联。现假定读者能唤起相应的记忆，那表 4-15 就是一件绝妙的东西，足以全面展示延伸概念 l81β 所包含的世界知识。

表 4-15 延伸概念 l81β 的直系捆绑"词语"

概念	词语
l819	OK，好；干，诺（古汉语）、中（河南话）；冲，万岁；阿弥陀佛，善哉善哉，阿门
l81a	再见，拜拜；开始，结束；说，曰（古汉语），""
l81b	你好，幸会（古汉语）；tama, taba

表 4-15 对智力小综合 l81 之共相与殊相特征的揭示，可谓"淋漓尽致"，"β"三分者，共相也；各自时空表达（古今中外，官语与方言）的巨大差异，殊相也。但其"淋漓尽致"又过于"五花八门"，细节问题甚多，其语言阐释是专家和论文的事。这里仅关注其共相特征，给出下列概念关联式：

    l819 <= (01+02+30;a009+q60) —— (l81-01)
    l81a <= (11+23;a00a+q710) —— (l81-02)
    l81b <= (40+50;a00b+q821) —— (l81-03)

相应汉语说明比较烦琐，从免。

第 2 节
客观因素之综合 l82 (366)

8.2-0 客观因素综合 l82 之概念延伸结构表示式

```
l82e2m           客观因素综合之对偶二分（考虑之客观依据）
l82e21           势态考虑
l82e22           态势考虑
l82(e2m)         考虑
```

8.2 考虑客观依据 l82 之世界知识

如果可以说，智力小综合 l81 之 HNC 符号表示是靠了一个语言理解基因符号"β"，那么能否类比地说，客观因素之综合 l82 的 HNC 符号表示是靠了另一个语言理解基因符号"e2m"呢？回答是不能，因为对延伸概念 l82e2m，必须另行建立下面的概念关联式：

```
l82e2m <= j70e2m——（l82-01-0）
（考虑之客观依据强流式关联于自然属性的动静对比）
l82e21 <= jl12——（l82-0-01）
（势态考虑强流式关联式势态判断）
l82e22 <= jl13——（l82-0-02）
（态势考虑强流式关联于情态判断）
```

3 位"贵宾"，两种类型，这一区分其实没有必要。考虑到西方文明迄今对"势"的概念还十分生疏，这里采取了迁就态度。

"考虑"可位居延伸概念 l82(e2m) 的汉语首席捆绑词语。

第 3 节
主客观因素之综合 l83 (367)

8.3-0 主客观因素综合 l83 之概念延伸结构表示式

```
l83c3n           思考依据之高阶对比三分（思考之主客观依据）
l83c35           常人思考依据
l83c36           专家思考依据
l83c37           "康氏"思考依据
```

```
183(c3n)                    基于
```

汉语说明里的"康氏"乃"康德式"简写。

8.3 主客观因素综合 183 之世界知识

这里，是给出下列两个基础性概念关联式的时候了，汉语说明省略。

```
182 <= j745──（j8-01）
183 <= j74 ──（j8-02）
```

就本株概念树 183 来说，语言理解符号"c3n"的传神度要远大于上一株概念树 182 的"e2m"，但下列"贵宾"级概念关联式不可或缺。

```
183c35 := pj732──（183-01-0）
（常人思考依据对应于常人）
183c36 := pay──（183-02-0）
（专家思考依据对应于专家）
183c36 <= (s10\1(d01) =: (d22,d21))──（183-0-01）
（"康氏"思考依据强流式关联于最高智慧，即先验理性与经验理性的联姻）
```

又是 3 位"贵宾"，两种类型。但与上节不同，这一区分十分必要，理由就不申说了。与上节类似，"基于"可位居延伸概念 183(c3n)的汉语首席捆绑词语之列。

小 结

仅说两个要点：①没有小综合逻辑 l8，语法逻辑概念子范畴的描述将是不齐备的；②第 1 节可视为主块与辅块之间交织性呈现的"展览馆"。

第九章

指代逻辑 19

引 言

如果说概念林l8的内容带有一定的HNC思考,那么概念林l9就完全谈不上了,它不过是以HNC方式对传统语法学已有成果的梳理。这就决定了本章的文字将"别具一格",后续的3章同此。这里的所谓"别具一格",其实不过是替换"残缺"或"自嘲"的一块遮羞布。这话有点蹊跷,不解释,读后自明。

概念林"指代逻辑l9"设置4株概念树,HNC符号及汉语命名如下:

　　　l91　　　　特指
　　　l92　　　　泛指
　　　l93　　　　全指
　　　l94　　　　代指

第 1 节
特指 l91 (368)

9.1-0 特指 l91 的概念延伸结构表示式

```
l91\k=4          特指之第二本体呈现
l91\1            一定范围之特指
l91\2            一定类型之特指
l91\3            不定性特指
l91\4            唯一性特指
```

9.1 特指 l91 的世界知识

延伸概念"l91\k=4"里的语言理解基因符号"\k=4"比较传神,相应的汉语说明也比较到位。

其基本概念关联式列举如下:

```
l91\1 <= (j750+j4) ——（l91-01）
（语法逻辑的一定范围特指强流式关联于自然属性的量与范围类指）
l91\2 <= (j750+j5) ——（l91-02）
（语法逻辑的一定类型特指强流式关联于自然属性的质与类型类指）
l91\3 := (l9,jru75e21+jru755) ——（l91-03）
（语法逻辑的不定性特指对应于自然属性的相对性与概率性指代）
l91\4 <= j752 ——（l91-04）
（语法逻辑的唯一性特指强流式关联于自然属性的特指）
```

4 项延伸概念各自的汉语直系捆绑词语如下:

```
l91\1    这,这些;那,那些
l91\2    这,这种(类);那,那种(类)
l91\3    有,有些;某,某些;一些(种;类)
l91\4    一"种"
```

示例仅有汉语,这就是"残缺"。对于特指的对象或内容,英语有方便的文字表示工具,所有的拼音文字似乎都拥有这一"工具"优势,其他语言?或许已有专文,惜笔者不知,但耄耋之年,不禁常有"心有余而力不足"之叹。

第 2 节
泛指 I92 (369)

9.2-0 泛指I92的概念延伸结构表示式

```
I92\k=2           泛指之第二本体呈现
I92\1             一定范围泛指
I92\2             一定类型泛指
```

9.2 泛指I92的世界知识

泛指之基本概念关联式如下：

```
I92 = I91\1+I91\2 ——（I92-00-0）
（泛指强交式关联于一定范围特指和一定类型特指）
I92\1 <= (j751+j4) ——（I92-01）
（一定范围泛指强流式关联于量与范围之泛指）
I92\2 <= (j751+j5) ——（I92-02）
（一定类型泛指强流式关联于质与类型之泛指）
```

"贵宾"（I92-00-0）所展现的世界知识特别重要，用自然语言来说就是，泛指与特指之间非常容易发生混淆。其根本起因是一种语言习惯——省略的惯性力量。不过，浪漫理性文学家则具有故意混淆的偏好，更不用说那些政治宣传性话语了。

基于上述语言现象，泛指应该就没有自身的直系捆绑词语了，这是自然语言的共相么？这个问题，HNC将采取回避态度。

第 3 节
全指 I93 (370)

9.3-0 全指I93的概念延伸结构表示式

```
I93\k=2           全指之第二本体呈现
I93\1             一定范围全指
I93\2             一定类型全指
```

全指 l93 的延伸结构雷同于泛指 l92，这就是说，常量语言理解基因 "\k=2" 适用于两株相邻的概念树：l92 和 l93。这里还应该进一步指出：变量语言理解基因 "\k" 则适用于 3 片相邻的概念林：l9、la 和 lb。HNC 的这种描述方式是否别有一番趣味呢？探索之乐，皆缘起于别趣，但值此金帅威临天下之时，岂敢奢望！

9.3 全指 l93 的世界知识

全指 l93 之基本概念关联式如下：

```
l93 := (l9,jru40-) —— (l93-00-0)
（语法逻辑的全指对应于自然属性的全体性指代）
l93\1 := (l93,l45,j4)
（一定范围全指对应于量与范围的全指）
l93\2 := (l93,l45,j5)
（一定类型全指对应于质与类型的全指）
```

不同自然语言都拥有丰富的全指直系捆绑词语，参见表 4-16。如果将 3 种代表性语言相互比较，其结果是三语各擅胜场，还是某语略胜一筹？

表 4-16 代表性语言的 l93 直系捆绑词语

	英语	汉语	阿拉伯语
l93	every,all,each,	每，全	
l93\1	whole,entire，total,	全，整	
l93\2		各，	

这是一张残缺表，故意为之，以待来者。

第 4 节
代指 l94 (371)

9.4-0 代指 l94 的概念延伸结构表示式

```
l94:(\k=0-2,7)
  l94\k=0-2        代指之第二本体根描述
  l94\0            关系代指
  l94\1            人代指
  l94\2            物代指
  l947             人称代词
```

这里的全部汉语命名都不规范，凑合吧。

9.4 代指l94的"世界"知识

本节标题特意采取了带引号的"世界"，因为它未必能代表所有自然语言所对应的代指语法逻辑世界。下文所述，仅涉及英汉两种语言。

对延伸概念 l94\k=0-2，英语为其分别说各自配置了相应的词语，汉语则似乎只为其非分别说l94(\k)配置了1.5个词语，"其"算一个，"该"算半个。汉语的这种异常表现，是否显得很差劲呢？

对延伸概念 l947，英语为其"性、数、格"，以及"名、形"的区分配置了不同的词语或符号，汉语是否根本没有理会这一套呢？

上面两个问题的答案都是两个字：非也！

第一个"非也"乃基于一项基本语言现象：汉语不搞"高楼大厦"，而精巧的"四合院"用不着"l94\k"分别说的语法逻辑。

第二个"非也"乃基于如下的语言事实。①古汉语对"性"的表示逻辑不限于"性别"，还包括"地位"，可能比西语的表示方式更烦琐。②"格"是西语的一项大"发明"，汉语阙如，但不必自惭形秽。因为"格"之实质，乃服务于"高楼大厦"之建造需求，而"四合院"无此需求也。③现代汉语有一项创举，那就是新造了两个汉字："她"与"它"。

HNC对两项延伸概念的直系捆绑词语赋予了不同的约定。

对"l94\k"，分别使用下列符号：(ol94\0；pl94\1；wl94\2)。

对l947，并不使用符号pl947，而使用符号p407e3m 和 p407e3m-0。

第十章

句内连接逻辑 la

引 言

概念林"句内连接逻辑 la"设置两株概念树，HNC 符号及汉语命名如下：

   la1   块间并
   la2   块间串

本片概念林两株概念树的配置，符合透齐性要求么？这将作为一个问题，留赠来者。

这里需要追问的是，这里汉语说明里的"并"和"串"，等同于概念林"l4"里的对应词语么？回答是下面的两组概念关联式：

```
la1 <= (j00e21,j00e22) —— (la-01)
la1 := (l41,l42) —— (la-01a)
la2 <= (j00e22,j00e21) —— (la-02)
la2 := (l42,l41) —— (la-02a)
```

关于交织性和灵巧性，前面说了不少话语，这两组概念关联式，请看作对应的 HNC 话语吧。作为对上述追问的回答，可勉强及格于明智。

第 1 节
块间并 la1 (372)

10.1-0 块间并 la1 的概念延伸结构表示式

```
la1:(\k=3,7)
   la1\k=3              块间并之第二本体呈现
   la1\1                主块之并
   la1\2                辅块之并
   la1\3                主辅之并
   la17                 小句与语块之间的变换（小句变换）
```

本概念延伸结构表示式类似于上一株概念树，但两项延伸概念之间的语法逻辑属性差异甚大，本节将分为两个小节加以描述。

10.1.1 块间并第二本体呈现 la1\k=3 的世界知识

基于语块主辅两分的基本景象，延伸概念"la1\k=3"的透齐性可谓一清如泉。本小节将"别具一格"，以"大白话"为主，偶尔出现的概念关联式只是陪衬。

主块之并 la1\1 的基本语法功用是：将 3 主块的广义效应句转换成两主块句。

$$la1\1 = l73e21\2 \longrightarrow (la1\text{-}01\text{-}0)$$
（主块之并强交式关联于广义效应句的内转换）

辅块之并 la1\2 可以说是汉语的常见景象，因为汉语必须将所有的辅块安置在特征块之前，英语则比较少见，因为其辅块可安置于特征块的两侧。

主辅之并 la1\3 可呈现为两种景象：一是整个辅块融入一个主块之内；二是语块要素出现主辅之间的迁移，前文曾给出过相应的示例。这两种景象汉语似乎都比英语更为常见，相应的概念关联式是：

$$la1\3 = l72a\widetilde{}\1 \longrightarrow (la1\text{-}02\text{-}0)$$
（主辅之并强交式关联于对象或内容之主辅安顿）

10.1.2 小句变换 la17 的世界知识

小句这个概念，前文已有预说。这里补充一点，此概念是为了汉语描述的"四合院"特征而引入的。脱离上下文来看，它是一个小句，综合上下文来看，它却变成了一个广义对象语块，这种语言现象是"四合院"的典型"风貌"之一。相应的概念关联式是：

$$la17 = l72a\1 \longrightarrow (la1\text{-}03\text{-}0)$$
（小句变换强交式关联于主块共享内容的安顿）

3 位联袂而来的"贵宾"都取同样的关联符号"="，这很少见，可充当该符号的好教材。

第 2 节
块间串 la2 (373)

10.2-0 块间串 la2 的概念延伸结构表示式

```
la2:(\k=3,7)
   la2\k=3              块间串之第二本体呈现（基本块串）
   la2\1                参照串
   la2\2                类比串
   la2\3                转折串
   la27                 因果串
```

在形态上，la2 与 la1 的概念延伸表示式完全相同，对此不免心存忐忑，曾一度倾向于将这里的"\k=3"改成"γ=b"，最终还是放弃了。

如果说"块间串"和"块串"是这里的两个关联词，那么"串"就是这里的关键字。那么，三者之间是什么关系呢？答案是：三者是同一个东西。这个答案似乎过于"离谱"，下文会有一句话的交代。

下面以两小节进行论述。

10.2.1 基本块串 la2\k=3 的世界知识

本小节将以两张表（表 4-17、表 4-18）替代全部论述。

表 4-17 基本块串示例

类型	示例
参照串	大革命洗礼后的法国，"五四运动"以后的传统中华文化
类比串	闯关东的山东、河北人，下南洋的广东、福建人，走西口的山西、陕西人
转折串	聪明的语言脑和低能的科技脑，高智能而低智慧

表 4-18 基本块串的理论诠释

类型	诠释
参照串	将参照辅块纳入广义对象块 GBK
类比串	将具有共相的东西归并到一个语块里
转折串	①将对偶性或对比性描述的不同侧面的归并到一个语块里；②将具有转折意义的概念纳入同一个特征块 EK，实现小句合并

这两张表应有助于上述"离谱"感的稀释。

这里就便说一声，类比串示例里的"的"都是要蜕意义下的"的"，当然它们也符合所谓定中结构的标准。此标准之过于宽泛众所周知，但如何解决？句蜕概念的引入，是否提供了一条最关键的途径？

10.2.2 因果串 la27 的世界知识

上一小节的论述方式可移用于本小节，但采取更为简化的方式。

示例："九段线划定的南海"，"英国的众多飞地，如直布罗陀和马尔维纳斯群岛"

诠释：将因与果的表述纳入同一个广义对象块 GBK。

现在，可以给出下面的两项基本论述。

（1）延伸概念"基本块串 la2\k=3"和"因果串"相互补充，覆盖主体基元内外的全部概念基元，前者主外，后者主内。

（2）本节和上节都是第三卷《论句类》的重要铺垫。

第十一章

句间连接逻辑 1b

引 言

本片概念林同上一片一样,也仅设置两株概念树,HNC 符号及汉语命名如下:

  lb1   句间并
  lb2   句间串

关于透齐性的追问,可作类似处理。

第 1 节
句间并 lb1 (374)

11.1-0 句间并 lb1 的概念延伸结构表示式

```
lb1:(\k=2;\1k=4,\1*7,)
    lb1\k=2              句间并之第二本体呈现
    lb1\1                共享句
    lb1\2                列句
```

下面以两个小节进行论述，二级延伸概念的汉语说明放到小节里。

11.1.1 共享句 lb1\1 的世界知识

先给出第一项二级延伸概念 lb1\1k=4 的汉语说明：

```
    lb1\1k=4             共享句之第二本体呈现
    lb1\11               迭句
    lb1\12               链句
    lb1\13               塔句
    lb1\14               环句
```

解释一下这里的关键词——共享。共享者，前后两小句共享某一语块要素也。最值得关注的情况是：共享某一广义对象语块 GBK 的整体，"lb1\1k=4"所描述的正是这一情况。

4 类共享的语言现象如下，居后小句对共享语块予以省略。

```
    迭句——两小句的 GBK1 相同；
           相继小句共享主语。
    链句——居前小句的 GBKf 充当居后小句的 GBK1；
           居前小句的宾语充当居后小句的主语。
    塔句——两小句的 GBKf 相同；
           相继小句共享宾语。
    环句——居前小句的 GBK1 充当居后小句的 GBKf。
           居前小句的主语充当居后小句的宾语。
    （对于 3 主块句，GBKf =: GBK2；对于 4 主块句，GBKf =: GBK3）
```

迭句是最常见的共享句，汉语尤为常用，一个大句甚至会一迭到底，但英语罕见。
4 类共享句的描述符合透齐性标准，后面的两种是韦向峰博士提出来的。
下面，给出第二项二级延伸概念 lb1\1*7 的汉语说明：

```
    lb1\1*7              要素共享
```

其定义式如下：

```
    lb1\1*7 ::= (rv4070,lv43,(j40-o,lv52e21,K)——[lb1-01]
```

（要素共享定义为对语块内部之局部或个体成分的共享）

这是一个很有特色的示例，表明自然语言对一个概念的诠释往往显得非常笨拙，而 HNC 符号则显得简明而精巧。

英语施行要素共享的工具比汉语精良，这一语言事实对语言理解处理难度的影响如何？HNC 把这一课题放在劲敌 05 这只大"集装箱"里，但并未展开具体研究。这关系到本小节各项延伸概念的词语捆绑问题，比较复杂。

11.1.2　列句 lb1\2 的世界知识

简单说，列句就是形态上无共享成分的语句，这可视为列句的定义。此定义里含关键词"形态上"，此"形态"密切联系于"代指 l94"。

由于英语的"代指 l94"直系捆绑词语丰富，而汉语极度匮乏，故英语偏好列句，而汉语偏好迭句。

迭句与列句的概念或术语，是描述大句句式及其转换的重要语法工具，是否应考虑纳入现代汉语语法教材的必选内容呢？

第 2 节
句间串 lb2 (375)

11.2-0　句间串 lb2 的概念延伸结构表示式

```
lb2:(\k=4,7;)
  lb2\k=4           句间串之第二本体呈现（基本小句）
  lb2\1             参照小句
  lb2\2             类比小句
  lb2\3             转折小句
  lb2\4             因果小句
  lb27              共享小句
```

概念树"句间串 lb2"之延伸表示式，在形态上类似于概念树"块间并 la1"，"串"与"并"的交织性，又一次获得了生动的展现。

两个小节，势在必行。

11.2.1　基本小句 lb2\k=4 之世界知识

示例先行，以楷体标记示例小句。

参照小句：当下，外国人习惯于闲话中国人，这很像当年英国人对美国人的闲话。

类比小句：山东河北人勇闯关东；山西陕西人智走西口，广东福建人则梦想下南洋。

悄悄地我走了，正如我悄悄地来。（徐志摩）
转折小句：英国人曾以大不列颠日不落帝国而无比自豪，
但第二次世界大战以后，不得不放弃"日不落"的美梦。
我挥一挥衣袖，不带走一片云彩。（徐志摩）
因果小句：叶君左闲话扬州，惹起扬州闲话，叶君左矣。

应该追问，这 4 类基本小句满足透齐性标准么？10.2.2 小节最后的两项基本论述，实际上是对这一追问的初步答复。深入系统的论述当然需要专文，留待来者。

11.2.2 共享小句 lb27 的世界知识

延伸概念 lb27 的汉语命名曾踌躇良久，这里不说正名，而从共享这一概念或术语谈起。

语块之间或语句之间的共享现象俯拾皆是，但如此普遍存在的语言现象似乎没有引起语法学的足够注意，为什么？短语、指代、省略这 3 个概念是否都产生了巨大的掩蔽效应呢？当然，三者的效应度有所不同，但效应最大的无疑是短语。

HNC 探索历程一直关注着语块和句类这两个层级的共享景象，有了语块和句类的概念，共享的概念水到渠成，自然而生；反之，只有短语和语句的概念，语言的共享景象就远在云端之外。前文多次说过，单向关系句之两语块 RBo 必有共享内容 RBoC，相互比较判断句之两语块 DBo 必有共享内容 DBoC。这类共享景象，在语块和句类的视野里，就如同触手可及的耀眼明星，而在短语和语句的视野里，它们确实在云端之外。

共享景象存在多种形态，从参照串到因果串，从迭句到环句，都是不同共享形态的展现。总之，la 和 lb 这两片概念林，实质上乃是对共享景象的集中探索。

上面列举了这一集中探索所取得的众多"蛋糕"，其中最美的或许是迭句，最活跃的或许是列句，那么，体量最大的"蛋糕"是谁？这时，延伸概念"共享小句 lb27"站出来说：舍我其谁！

可是，对这块最大的"蛋糕"，人们却似乎非常生疏，HNC 似乎也一直隐约其辞。现在，是弥补这一过失的时候了。弥补的方式很简单，就是考察一下上一小节的例句，看能否挑出一两个样板。结果是如愿以偿，拿到了两个样板，拷贝如下：

> 当下，外国人习惯于闲话中国人，这很像当年英国人对美国人的闲话。
> 我挥一挥衣袖，不带走一片云彩。

为便于沟通，下面用"传统语法学+HNC"的混合语言来说话。第一大句的居后小句以"这"为主语，第二大句的居后小句缺省了主语，那么，这"指代"和"缺省"所对应的主语究竟是"何方神圣"？原来就是居前小句的整体，而不是其任何局部。所谓"共享小句 lb27"的概念或术语，即缘起于此；其全部世界知识，也即寓藏于此。

第五编

语习逻辑概念

编 首 语

本编的内容对应于语法逻辑 l 之外的传统语法学,符号化为字母 f。这"f"取自语法汉语拼音 yufa 里的"f",它是"法"之汉语拼音的第一个字母。

语习逻辑 f 辖属 11 片概念林如表 5-1 所示。

表 5-1 语习逻辑 f 概念林的 HNC 符号和汉语说明

HNC 符号	汉语说明	概念树	Σ
f1	插入语	4(f11-f14)	04
f2	独立语	3(f21-f23)	07
f3	命名与称呼	2(f31-f32)	09
f4	句式	4(f41-f44)	13
f5	语式	4(f51-f54)	17
f6	古语	3(f61-f63)	20
f7	口语及方言	2(f71-f72)	22
f8	搭配	4(f81-f84)	26
f9	简化与省略	2(f91-f92)	28
fa	同效与等效	2(fa1-fa2)	30
fb	修辞	7(fb1-fb7)	37

与上一编语法逻辑 l 概念林的汉语命名不同,语习逻辑 f 的各概念林的汉语命名全都不使用逻辑二字。这意味着语习逻辑与语法逻辑之间存在着巨大差异,这差异主要表现在:自然语言基本类型[*1]之间语习逻辑的呈现是个性大于共性,而语法逻辑的呈现则是共性大于个性,这是 HNC 理论区分语法逻辑和语习逻辑的一项基本约定。但这项约定必然存在界限模糊的问题,所以,在语法逻辑里也有 6 片概念林的命名未使用逻辑二字,那就是一些模糊地带。

语习逻辑的 11 片概念林可综合成 5 大片,这一综合过程类似于效应林之 11 株殊相概念树的"3 组效应三角+1 对杂交效应"的综合。"大片 m"(m=1-5)所对应的 HNC 符号如表 5-2 所示。

表 5-2 "大片 m"（m=1–5）所对应的 HNC 符号

编号	HNC 符号	汉语说明
"大片 1"	(f1+f2+f3)	（插入语、独立语、命名与称呼）
"大片 2"	(f4+f5)	（句式、语式）
"大片 3"	(f6+f7)	（古语、口语及方言）
"大片 4"	(f8+f9+fa)	（搭配、简化与省略、等效）
"大片 5"	fb	（修辞）

"大片 m"所含各片概念林以符号"+"表示，这意味着它们的位次可以交换，而语法逻辑之各概念林则不具有这一可交换特性。

基于上述概念林特性，本编的结束语和小结将与此前的约定不同，结束语用于概念林 fy，小结则用于"大片 m"。

本编的撰写方式也将有别于以往，基本不作透齐性说明。有些章节说明文字比较多，很少写甚至不写概念关联式，写出的可能不带相应的汉语说明文字，将简称甲撰写方式。有些章节反之，说明文字比较少，以概念关联式为主，将简称乙撰写方式。这两种撰写方式，上一编都已经采用过，这里给出了一个区别性名称，谈不上正名。

本编的概念延伸结构表示式基本采取开放形态，这既是为语种个性的表达预备描述空间，也是为将来与相应专家知识的接轨提供便利。

本编纯属应用理论，这与前两编有本质区别，因此，它不仅没有创新，甚至连玩新都谈不上，这是需要特别说明的。

注 释

[*1]自然语言基本类型就是指19世纪比较语言学所概括的屈折语、黏着语和孤立语，本《全书》已选定英语为屈折语的代表，汉语为孤立语的代表，阿拉伯语为黏着语的代表，并给三位代表专门指定了HNC符号：gwa3*8[m],m=1–3。

第一章
插入语 f1

引 言

　　插入语是语句的一种成分,在语句和语块的视野里,它可有可无,但它的出现一定事关重大。不同类型自然语言的插入语有其共性表现,但其个性表现更为突出,就汉语和英语来说,两者的个性差异令人叹为观止,正是基于这一点,HNC 把它列为语习逻辑之首。

　　概念林"插入语 f1"的概念树设置依据"先共性,后个性"原则排序,其符号及汉语说明如下:

　　　　　　f11　　　　引导语
　　　　　　f12　　　　句首语
　　　　　　f13　　　　同位语
　　　　　　f14　　　　首尾标记

　　这 4 株概念树就是概念林"插入语 f1"的定义。这本来是废话,但因为插入语这个词语是借用的,不能不提醒一声,此插入语包括传统语言学所说的内容,但又有所扩展,扩展项就是"首尾标记 f14"。

第 1 节
引导语 f11 (376)

1.1-0 引导语 f11 的概念延伸结构表示式

```
f11:(\k=2,(\k);(\k)t=b,)
  f11\k=2
  f11\1                   对象引导语
  f11\2                   内容引导语
  f11(\k)                 引导语非分别说
```

汉语说明里的对象与内容乃是语境对象和语境内容的替代,省略了语境二字,不是语句意义下的对象(句类对象)和内容(句类内容),这是必须交代的。如编首语所说,表述这一重要世界知识的概念关联式就不写了。

1.1.1 对象引导语 f11\1 的世界知识

对象引导语 f11\1 最流行的直系捆绑词语是 "女士们,先生们",这是第一世界的语言发明,正在成为 f11\1 的 "世界语"。但第四世界基于文化考量而不能完全接受,经典社会主义世界曾基于政治考量而完全不能接受。

对象引导语 f11\1 最能反映社会的基本特征,是最鲜活的语言标记,其时代性很强。农业时代的一些特定词语已经消亡,虽然部分词语作为语言 "化石" 还在继续使用,但其意境已名存而实亡[*1]。

第二世界的中国虽然接受了 f11\1 的 "世界语",但主要用于对外,对内另有一套:一方面在继续使用 "同志们,朋友们" 的经典社会主义语言标记;另一方面在打造着对象引导语的新型样板,该样板以 "领导-专家-来宾" 为纲,正在成为第二世界官帅特征的语言标记。这也许是 21 世纪最值得关注的语言现象之一。

对象引导语 f11\1 的地域性表现看起来令人眼花缭乱,实际上未必有那么复杂。以古汉语为例,其直系捆绑词语包括 "陛下、殿下、大人、老爷……" 和 "阁下、足下、膝下、左右、如晤、顿首、跪禀……"。这看起来十分烦琐,但其内容十分简明,用 HNC 语言来说,其意境表示挂靠一下就一清二楚了。

古汉语还有大量带有 "专利" 特征的对象引导语,如 "本纪、世家、列传、墓志铭、寿序" 等。

1.1.2 内容引导语 f11\2 的世界知识

内容引导语 f11\2 同对象引导语一样,也有相应的 "世界语",也是第一世界的语言发明,但不会出现被拒绝的现象,因为它主要出现在专著或论文里。

内容引导 "世界语" 的捆绑词语不多,下面给出几个 "代表":

（摘要，引言，前言，小结，注释……）

古汉语有不少内容引导语，下面给出几个概括性（非代表性）名称：

（律诗，绝句，楹联，词牌名……）

1.1.3 综合引导语 f11(\k)的世界知识

综合性引导语 f11(\k)的内容最为丰富，存在着相应的"世界语"，也主要是第一世界的奉献。

综合性引导语 f11(\k)配置了二级延伸概念 f11(\k)t=b,其基本概念关联式如下：

```
f11(\k)9 := a1 ── （f1-01a）
f11(\k)a := a2 ── （f1-01b）
f11(\k)b := a3 ── （f1-01c）
```

表示式右侧的(a1,a2,a3)是广义的，(a1+a2+a3)就是所谓的文明三主体。

综合性引导语 f11(\k)的词语捆绑工作比较繁重，不仅需要对二级延伸概念 f11(\k)t=b 作分别说捆绑，还需要作非分别说 f11(\k)(t)捆绑，这是需要提醒一声的。

注释

[*1] 名存实亡说当然不适用于那些王权依旧的少数君主制国家，这样的国家（2011年）还有10个，其中第四世界有沙特、科威特、约旦、卡塔尔、巴林、阿联酋、摩洛哥，第三世界有一个不丹，第五世界有莱索托和斯威士兰。这10个国家的总人口不过9058万人。

第 2 节
句首语 f12 (377)

1.2-0 句首语 f12 的概念延伸结构表示式

```
f12:(c2m,t=b,\k=2;)
  f12c2m            句首语对比二分
  f12c21            大句句首语
  f12c22            句群句首语
  f12t=b            句首语第一本体呈现
  f129              作用效应型句首语
  f12a              过程转移型句首语
  f12b              关系状态型句首语
  f12\k=2           句首语第二本体呈现
  f12\1             综合演绎型句首语
  f12\2             分析归纳型句首语
```

1.2.1 句首语对比二分 f12c2m 的世界知识

如果某种自然语言对小句、大句和句群[*01]给出明确的标记，则其语言理解处理的难度一定会大大降低。当然，这样的自然语言是不存在的，但是，如果一种自然语言完全不给出有关信息，那也是不可思议的。每一种自然语言都会在句首语对比二分方面有所表现，这里说的表现包括特定标记和特定语段两种形态，特定语段就名之句首语。

现代英语的特定标记有句号"."和换行，前者与首字母大写构成一对冗余的配套。可惜，这两样东西与大句和句群要求的标记存在比较大的错位，前者一般小于大句，后者一般大于句群。在人类书面语中，大约只有少数中国古书具有比较完备的句群句首语，《论语》是其中之一，那里的"子曰"或"某曰"就是句群句首语。显然，其应用范围十分受限。

延伸概念 f12c2m 为什么不采取 f12c3m 的形式而把小句也包括进来呢？这就不回答了。

自然语言只在少数特定情况下使用句首语（包括大句句首语和句群句首语），这"少数"就属于弥足珍贵的语段。大句句首语如"换句话说""总而言之"；句群句首语通常是一个语段，带有"如下""下列""几点"之类的词语，以及符号"："。

1.2.2 句首语第一本体呈现 f12t=b 的世界知识

句首语第一本体呈现 f12t=b 具有下面的基本概念关联式。

$$f12t =: f12\beta \quad —— \quad (f1\text{-}02)$$

句首语第一本体呈现 f12t=b 通常以语句的形式出现，三类似乎表现各有自己的句类嗜好，这嗜好应该不是某种特定自然语言（例如）的个性，而是自然语言的共性。这只是一项猜测，但比较有趣。如果未来研究者给出了证伪的结论，笔者将同对待证实一样感到高兴。该猜测的具体内容是：作用效应型句首语 f129 优先基本判断句 jD1J 的"有"形态；过程转移型句首语 f12a 优先"反应-判断"句；关系状态型句首语 f12b 优先块扩判断句和基本判断句 jDJ 的"是"形态。句中常携带"下列""如下""几点"之类的词语。

1.2.3 句首语第二本体呈现 f12\k=2 的世界知识

句首语第二本体呈现 f12\k=2 具有下列概念关联式：

$$f12\backslash 1 := (8111+812e21) \quad —— \quad (f1\text{-}03a)$$
$$f12\backslash 2 := (8112+812e22) \quad —— \quad (f1\text{-}03b)$$

句首语第二本体呈现 f12\k=2 也常以语句的形式出现，也拥有优先句类——简明判断句 D2J，也携带"下列""如下""几点"之类的词语。

第 3 节
同位语 f13 (378)

1.3-0 同位语 f13 的概念延伸结构表示式

```
f13:(o01,7)
  f13o01              同位语的两极描述
  f13c01              初级形态同位语
  f13d01              高级形态同位语
  f137                原态同位语
```

这里的同位语是广义的，比传统语言学所说的"同位语+外来语"还广一些，它着重于不同自然语言之间交融现象[*02]的描述，语言学所定义的同位语只是这里的一项二级延伸概念——原态同位语 f137，它拥有特殊约定的标记符号"——"，该符号已取得"世界语"的资格。

日语、韩语对汉字的使用就属于高级形态同位语 f13d01，汉语里"般若""涅槃""布尔什维克"诸词语已演化为高级形态同位语，但"菠萝蜜""阿耨多罗三藐三菩提""布尔乔亚""费赖泼厄"之类的词语恐怕另当别论，放在初级形态同位语这只"集装箱"里比较合适。

语言纯洁性问题是一个敏感性话题或课题，钟情语言纯洁性的人们不妨想一想"水至清则无鱼"的箴言。前文曾使用过"well-defined"、"ill-defined"、"smart"诸词语，在笔者心里，那就是高级形态同位语。

第 4 节
首尾标记 f14 (379)

1.4-0 首尾标记 f14 的概念延伸结构表示式

```
f14:(e2m,\k=2;)
  f14e2m              首尾标记的对偶二分
  f14e21              首标记
  f14e22              尾标记
  f14\k=2             首尾标记之第二本体呈现
  f14\1               块标记词
  f14\2               句标记词
```

"首尾标记 f14"是语习概念范畴全部概念树中最特殊的一株，特殊性集中体现在第二项延伸概念里，在第二小节里将给出较多的阐释。

1.4.1 首尾标记对偶二分 f14e2m 的世界知识

古汉语也许是最缺乏首尾标记的自然语言，训诂学诞生于中华大地与此密切相关。训诂学家曾经创建的语言标记符号远多于现代汉语从西语引进的标点符号，其中的一些标记符号已成为符号"化石"了，黄侃先生在《白文十三经》里所使用的符号体系连黄焯先生都未能全部破解[*03]。

自然语言呈现为线结构，其尾标记也必然同时充当后来者（如果后来者存在的话）首标记，故前文有句号"与首字母大写构成一对冗余的配套"的说法。但首尾标记毕竟是有区别的，古汉语由于没有另行设计标记符号，就选用了一套汉字专用于标记，前面提到的"乎也者矣焉哉兮"七个汉字都属于典型的尾标记，还有"夫、盖……"等汉字则属于典型的首标记。"之乎也者矣焉哉"曾被当作丑陋汉语的笑柄，可以遗憾地说，那笑柄是中国式断裂[*04]的文化表现之一。

延伸概念"首尾标记对偶二分 f14e2m"的词语捆绑工作可以暂时不做，需要做的只是符号捆绑。

1.4.2 首尾标记第二本体呈现 f14\k=2 的世界知识

首尾标记第二本体呈现 f14\k=2 延伸概念是笔者特别钟爱的延伸概念之一，对相应的两项汉语说明——块标记词和句标记词——也十分满意。特别有趣的是：汉语和英语都有直系捆绑词语，此类词语非同寻常，将以标记词"明星"戏称之，如表 5-3 所示。

表 5-3 标记词"明星"

概念	词语
fq14\1	(that,which,who)|,|
fq14\2	that|,|
fh14\1	,|(者兮哉乎);的|
fh14\2	,|(也矣焉乎);的|

表 5-3 给出的是从彼山观察到的一种语言景象，主要有下列 3 点。

（1）汉语仅采用 fh14\k 形态标记，英语仅采用 fq14\k 形态标记。

（2）在语法逻辑的视野里，(that,which,who)是关系代词，在语习逻辑的视野里，三者也都是标记词。不过, (which,who)仅充当块标记词，而 that 则兼任块标记和句标记的双重角色。这一世界知识不难以概念关联式进行描述，这里从略。

（3）古汉语的标记词"明星"曾阵容强大，现代汉语由于引进了西语的标点符号，便放心地把那些老"明星"全废了。但语言的"内在合理性潮流"硬是演变出一个"的"字，让它扮演着全部老"明星"代表的角色，而且演得相当不错。

以上论述乃建立在语块、句蜕和块扩这三个关键概念之上，这种论述方式一定会给某些读者带来"如读天书"的苦恼，笔者仅深致歉意。不过，在第三卷里，你会看到相应的形而下论述，届时你可能对前两点获得一种顿悟的乐趣。第三点跨进了语言艺术领域，对上列几位老"明星"不熟悉的读者就不必理会他们在表中所展示的个性了。

结 束 语

本章采取了甲撰写方式。借用了"世界语"概念。

注 释

[*01]关于小句、大句和句群的说明见第三卷第三编（论语境单元）和第五编（论机器翻译）。

[*02]自然语言的交融现象既包括语言的时间与空间表现，也包括口语与书面语的各自表现，这里仅限于不同语种之间的交融，是空间表现的一部分。

[*03]两位黄先生分别是笔者的先叔祖和先父。"未能全部破解"说见黄焯先生为《黄侃手批白文十三经》撰写的前言。

[*04]中国式断裂是本《全书》常用的一个短语，曾多次给予过简略说明。如果以年份为标记，中国式断裂可依次概括为以下3次："1919断裂"、"1949断裂"和"1979断裂"。断裂这个词语不容易得到认同，但它比较准确地描述了20世纪中国的3次独特巨变。这里没有把1905年的废除科举和1911年的辛亥革命包括近来，因为两者弱关联于文明断裂。

第二章

独立语 f2

引 言

独立语 f2 是语句的一种简化形态，这就是独立语 f2 的定义。三株概念树的汉语说明如下：

    f21   句略语
    f22   标题语
    f23   标示语

这个排序与人类语言的进化历程大体对应。

就形态的简繁性来看，句略语最简单；标题语由简入繁，可简可繁；标示语则由繁返简。从独立语与语法逻辑的关联性来看，句略语不理会语法逻辑，标题语注重外在语法逻辑；标示语注重内在语法逻辑。这两点是独立语的基本世界知识，以下列概念关联式表示：

((51,l47,f21+f23),jlv12c33,ju771) —— （f2-01a）
（句略语和标示语的形态必简单）
((51,l47,f22),jlv12c31,ju772) —— （f2-01b）
（标题语的形态可复杂）
(f21,jl00e22,ly) —— （f2-02a）
（句略语无关于语法逻辑）
(f22,jl00e21,lyju50e22) —— （f2-02b）
（标题语关联于形式语法逻辑）
(f23,jl00e21,lyjur50e21) —— （f2-02c）
（标示语关联内容语法逻辑）

独立语的 3 株概念树都只设置 1 项一级延伸概念，并按一级延伸概念的内容划分小节。

第 1 节
句略语 f21 (380)

2.1-0 句略语 f21 的概念延伸结构表示式

```
f21(γ=b;93,ae2n,b\k=3)
    f21 γ=b                     句略语本体三分
    f219                        礼貌语
        f2193                       请问
    f21a                        意愿语
        f21ae2n                     意愿语对立二分
        f21ae25                     祝福语
        f21ae26                     诅咒语
    f21b                        粗鄙语（粗俗语）
        f21b\k=3                    粗俗语的第二本体呈现
        f21b\1                      民族粗俗语
        f21b\2                      地区粗俗语
        f21b\3                      情感粗俗语
```

2.1.1 礼貌语 f219 的世界知识

在句略语的"三语"中，礼貌语已经出现了一批"世界语"，汉语的"你好"和"大家好"完全有资格加入这一"世界语"的行列。"请问"也有这个机会，所以，这里特地为它设置了一项二级延伸概念 f2193。

编撰"独立语词典：礼貌语"（含语音，下同）的时机似乎已经到来了，文明融合的工作可以从这里做起，汉语有条件带这个头，莫错失良机。精通多种语言是专家的事，但熟悉"礼貌世界语"则是地球村民众的事。

本小节仅给出下面的概念关联式：

    f219 <= q710\1 ——（f2-03）
  （礼貌语强流式关联于日常交往）

2.1.2 意愿语 f21a 的世界知识

意愿语带有文明标杆的神学特征，第一世界和第四世界都拥有各自的"世界语"——"上帝保佑"和"真主保佑"。汉语不要妄自菲薄，也应该为"独立语词典：意愿语"有所贡献，"善哉"和"和为贵"似乎都是可供选择的词语。

意愿语不仅有善意语，也有恶意语，这就是二级延伸概念 f21ae2n 设置的依据了。

意愿语的基本世界知识以下列概念关联式表示：

    f21a <= ra30i9 ——（f2-04）
  （意愿语强流式关联于文明的神学特性）

```
(f21ae2n,j100e21,j82e7o)——（f2-05）
```
（意愿语之善恶表现关联于伦理属性之善恶）
```
f21ae25 <= 537121e25——（f2-05a）
```
（善意语强流式关联于祝福）
```
f21ae26 <= 537121e26——（f2-05b）
```
（恶意语强流式关联于诅咒）

2.1.3 粗俗语 f21b 的世界知识

粗俗语 f21b 的时空表现为三种句略语之冠，因此，"独立语词典：粗俗语"的编撰将最为艰巨，但粗俗语是理解民族个性、地域特性和个人素质的"关键词"。据说，蒋介石先生中年以后信奉了基督教，但这似乎并没有影响他的"娘希匹"嗜好。蒋氏嗜好不过是中国式国骂的沧海一粟，其相应"独立语词典"的编撰可暂不考虑。

粗鄙语的基本世界知识以下列概念关联式表示：

```
(f21b,j100e21,j83˜e71+j83˜e75)——（f2-06）
```
（粗鄙语关联于伦理属性的非美与非雅）
```
f21b\1 <= xpj52*——（f2-07a）
```
（民族粗鄙语强流式关联于民族性）
```
f21b\2 <= xwj2*-00——（f2-07b）
```
（地区粗鄙语强流式关联于地区性）
```
f21b\3 <= 7131\1e52+7132\1e52——（f2-07c）
```
（情感粗鄙语强流式关联于厌恶与仇恨）

第 2 节
标题语 f22 (381)

2.2-0 标题语 f22 的概念延伸结构表示式

```
f22:(t=b;9:(t=b,\k=2,c01),a\k=3,bc3m)
    f22t=b                标题语的第一本体呈现
    f229                  句略标题语
        f229t=b           句略标题语的第一本体呈现
        f2299             vo 标题语
        f229a             ov 标题语
        f229b             ou 标题语
        f229\k=2          句略标题语的第二本体呈现
        f229\1            并联标题语
        f229\2            串联标题语
        f229c01           词语标题语
    f22a                  句蜕标题语
        f22a\k=3          句蜕标题语的第二本体呈现
```

```
      f22a\1              要蜕标题语
      f22a\2              原蜕标题语
      f22a\3              包蜕标题语
   f22b                   多元逻辑组合标题语
      f22bc3m             多元逻辑组合标题语的对比三分
      f22bc31             逻辑化标题语
      f22bc32             （带）逻辑（符号）标题语
      f22bc33             无逻辑（符号）标题语
```

标题语是标题语段的简称。一个标题可以小到一个词语，也可以大到一个语句，但不会膨胀到一个句群。

本株概念树各项二级延伸概念的汉语命名都比较到位。

语习逻辑的概念延伸结构表示式很少采用封闭形态，本株概念树是特例之一。

第 3 小节论述时，将省去二级延伸概念汉语说明里的括号及其文字。

本株概念树的各项延伸概念不存在传统意义下的词语捆绑事宜。当然需要示例，这就留给后来者了。

2.2.1 句略标题语 f229 的世界知识

本小节给出下列概念关联式：

```
(f229t <= l42t,t=b) ── (f2-01-0)
（句略标题语的第一本体呈现强流式关联于串联第一本体呈现）
f229\1 <= l41 ── (f2-02-0)
（并联标题语强流式关联于并联）
f229\2 <= l42 ── (f2-03-0)
（串联标题语强流式关联于串联）
f229c01 =: gwa3*8c72 ── (f2-08)
（词语标题语等同于词语）
```

这 4 个概念关联式已将句略标题语的世界知识一展无余，再说就多余了。不过还是应该提醒一声：前 3 个概念关联式获得了"贵宾"待遇。

2.2.2 句蜕标题语 f22a 的世界知识

本小节仅给出下面的"贵宾"级概念关联式：

```
(f22a\k <= l42\k,k=3) ── (f2-04-0)
（句蜕标题语强流式关联于串联第二本体呈现）
```

2.2.3 多元逻辑标题语 f22b 的世界知识

多元逻辑组合标题语的对比三分采用符号 f22bc3m，而未采用 f22bc3n，是希望淡化形式逻辑与内容逻辑具有高低之分的误见。

逻辑化标题语 f22bc31 的名称前面省略了一个"全"字，但这个"全"可以是"一"，因此，这样的标题语并非罕见。《实践论》和《矛盾论》的英译分别是：

```
On Practice                 On Contradiction
```

可以说，这里的汉语是无逻辑标题语 f22bc33，而英语却是逻辑化标题语 f22bc31。由上面的例子可以推知：

```
f229t =% f22bc33── ( f2-09 )
```
（句略标题语第一本体呈现属于无逻辑标题语）

多元逻辑组合标题语对比三分的分布属性类似于"橄榄"，这一世界知识以下面的概念关联式表示：

```
(jru409,l47,f229t) := xj71e5m── ( f2-10 )
```
（句略标题语第一本体呈现的分布特征与"对偶 e5m"特性相对应）

概念关联式（f2-10）表明：多数标题语属于逻辑标题语，这应该是所有自然语言的共性。Report on an investigation of the Peasent Movement in Hunan 并不属于逻辑化标题语，而属于逻辑标题语，因为其中的 Peasent Movement 仍未被逻辑化。

第 3 节
标示语 f23 (382)

2.3-0 标示语 f23 的概念延伸结构表示式

```
f23:(3,7;3:(\k=3,e3m),7\k=7;)
   f233                       作用型标示语
      f233\k=3                作用型标示语类型三分
      f233\1                  政治标示语
      f233\2                  经济标示语
      f233\3                  文化标示语
      f233e3m                 作用型标示语的基本三分
      f233e31                 vo 型标示语
      f233e32                 ov 型标示语
      f233e33                 ou 型标示语
   f237                       效应型标示语
      f237\k=7                效应型标示语基本类型
      f237\1                  语素标示
      f237\2                  词语标示
      f237\3                  短语标示
      f237\4                  语块标示
      f237\5                  语句标示
      f237\6                  句群标示
      f237\7                  段落与篇章标示
```

2.3.1 作用型标示语 f233 的世界知识

本小节以两个分节分别说明。

2.3.1-1 作用型标示语类型三分 f233\k=3 的世界知识

本分节先给出下列基本概念关联式：

```
f233\1 <= a13+pea1*\2(d01)+pa3*\3(d01) ——（f2-0-01）
（政治标示语强流式关联于政治斗争、官帅与教师）
(f233\1,lv00*901m3,a13) ——（f2-11）
（政治标示语服务于政治斗争）
f233\2 <= a22+p-a2*\1(d01) ——（f2-05-0）
（经济标示语强流式关联于商业活动和金帅）
(f233\2,lv00*901m3,ra22) ——（f2-12）
（经济标示语服务于商业利益）
f233\3 <= q820+d10 ——（f2-06-0）
（文化标示语强流式关联于信念与理念）
(f233\3,jlv00e22jlu13c21,a0099t=b) ——（f2-0-02）
（文化标示语无关于三争）
```

这里给出了 4 个特殊编号概念关联式，第一类和第二类各 2，这意味着标示语在独立语中占有十分独特的地位。前面谈到了"独立语"词典的话题，建议过 3 类，那就是礼貌语、意愿语和粗鄙语，这里建议再加一类，那就是"独立语"词典：标示语。就后工业时代的文化建设而言，该"独立语"词典的意义最为重大，而该词典编撰的概念依托（本体）就是二级延伸概念 f233\k=3。因此，后文将把"作用型标示语类型三分"简称标示语。

2.3.1-2 作用型标示语基本三分 f233e3m 的世界知识

本分节先给出下面的概念关联式：

```
f233e3m := l42t=b ——（f2-08-0）
（语习逻辑的作用型标示语基本三分对应于语法逻辑的串联第一本体呈现）
```

这一特殊编号概念关联式的意义在于表明：本体论描述和认识论描述之间并不存在"铁壁铜墙"，这两种基本描述可以相互转化。

2.3.2 效应型标示语 f237 的世界知识

效应型标示语 f237 按言语本体描述划分为 7 小类 f237\k=7。这 7 小类还需细分，这细分工作已跨入专家知识的范畴了，但 HNC 可以浅跨。汉语的情况最为特殊，下面先以"汉语语素标示 f237\1"为例来进行粗略说明。①分出"音"和"字"两方面；②"音"给出声母、韵母、音节（含声调）三环节的信息；③"字"要给出基本笔画和部首两层次的信息，基本笔画就是"点、横、竖、撇、捺"，部首的名堂就多了。

f237\k 描述的重点应放在语块标示 f237\4 和语句标示 f237\5 这两个层级。句蜕应列为语块标示的核心内容，小句应列为语句标示的核心内容。自然语言在这两个层级的已有标示混乱不堪。互联网先驱之一的伯纳斯-李先生曾致力于自然语言的语义标记，可惜这位可敬的先生完全不懂自然语言的特质，如果他当年从 f237\k=7 做起，凭借他的威望倒是可以做出一些功德无量的事。

尽管存在上述种种困扰，效应型标示语的捆绑工作仍然可以有所作为，其捆绑对象不仅是词语，还包括有各种与文本有关的约定符号。

结 束 语

本章提出了编辑"独立语"词典的设想，动议而已，不是正式的建议。但"独立语"词典这个短语将在下文反复使用。

第三章

名称与称呼 f3

引 言

本片概念林 f3 既可以看作独立语 f2 的另一种形态,也可以看作指代逻辑 l9 的另一种形态。这是两项重要的世界知识,其概念关联式如下:

```
f3 <= l9 ——（f3-01）
```
（名称与称呼强流式关联于指代逻辑）
```
f3 =% f2 ——（f3-02）
```
（名称与称呼属于独立语）

概念林 f3 的概念树配置同样遵循"先共性,后个性"原则排序,其符号及汉语说明如下:

    f31   名称
    f32   称呼

本章的文字说明依各小节的具体情况而定,不同小节的撰写方式差异比较大,不同分节的差异可能更大。

第 1 节
名称 f31 (383)

3.1-0 名称 f31 的概念延伸结构表示式

```
f31:(γ=b,\k=6,3;97,ao01,3\k=3,;)
   f31 γ=b                名称之准本体三分
   f319                   类别名（通名）
      f3197                  职称
   f31a                   个体名（专名）
   f31b                   荣誉名
   f31\k=5                名称之第二本体呈现
   f31\1                  自然物名
   f31\2                  人造物名
   f31\3                  概念物名
   f31\4                  社会名
   f31\5                  事件名
   f313                   特定名
      f313\k=3               特定名的第二本体呈现
      f313\1                 编号
      f313\2                 代号
      f313\3                 化名
```

通名与专名之间存在模糊地带，故引入延伸概念 f31ao01 加以区别。f31ad01 实质上仍然是通名，f31ac01 才是真正意义的专名。以地区或品牌冠名的专名都属于 f31ad01，如茅台酒、美国鲥鱼等。

通名 f319 里有一个地位十分特殊的东西，叫作职称，以二级延伸概念 f3197 加以表示，并以下面的概念关联式（f3-04）描述它的基本世界知识。

3.1.1 名称本体三分 f31 γ=b 的世界知识

本小节无分节形式，其基本世界知识以下列概念关联式表示：

```
f319 <= (l92\1+l92\2)——（f3-03）
（类别名强流式关联于一定范围与类型的泛指）
f3197 := rwa00e45——（f3-04）
（职称对应于职责效应物）
f31a <= (l91\1+l91\2)——（f3-05）
（个体名强式关联于一定范围与类型的特指）
f31b := pa00i——（f3-06）
（荣誉名对应于名人）
```

3.1.2 名称第二本体呈现 f31\k=5 的世界知识

本小节辖属 5 个分节，各分节都会给出二级并列延伸，以序数作汉语命名，但以二级为限。二级延伸概念是多余的东西么？否！因为它们有利于建立更便捷的概念联想脉络。

3.1.2–1 自然物名 f31\1 的世界知识

自然物名 f31\1 拟设置二级延伸概念 f31\1k=2，下面的概念关联式相当于定义式，随后的各分节类此。

```
f31\11 <= jw——（f31-01-0）
f31\12 <= wj2*——（f31-02-0）
```

这里需要说明两点。

（1）自然物 jw 和挂靠物 wj2*之间在符号上并不存在本体性的联系，现在，通过符号 f31\1k=2 把两者联系起来了。

（2）对这里"自然"二字要作广义理解。人类本来是自然的一部分，因而也属于广义自然物。概念林"光 jw1"和"声 jw2"的概念树配置都吸收了这一思考。

3.1.2–2 人造物名 f31\2 的世界知识

人造物名 f31\2 具有下面的基本概念关联式：

```
f31\2 <= pw——（f31-03-0）
```

人造物名 f31\2 拟设置二级延伸概念 f31\2k=4，其相应概念关联式如下：

```
f31\21 <= a21i——（f31\2-01-0）
（第一类人造物名强流式关联于"农业"）
f31\22 <= a219\1——（f31\2-02-0）
（第二类人造物名强流式关联于基建业）
f31\23 <= a219\2——（f31\2-03-0）
（第三类人造物名强流式关联于制造业）
f31\24 <= a21βi——（f31\2-04-0）
（第四类人造物名强流式关联于矿业）
```

约定：通名以首位符号"f"标记，"专名 f31ad01"以首位符号"f*"标记，"专名 f31ac01"以首位符号"ff"标记。这一约定适用于所有的 f31 概念。

3.1.2–3 概念物名 f31\3 的世界知识

概念物名 f31\3 具有下面的基本概念关联式：

```
f31\3 <= gw——（f31-04-0）
```

概念物名 f31\3 拟设置二级延伸概念 f31\3k=4，其相应概念关联式如下：

```
f31\31 <= a649——（f31\3-01-0）
（第一类概念物名强流式关联于科学学科）
f31\32 <= a64a——（f31\3-02-0）
（第二类概念物名强流式关联于技术学科）
f31\33 <= a643——（f31\3-03-0）
```

（第三类概念物名强流式关联于实用学科）
```
f31\34 <= a64i ——（f31-3-04-0）
```
（第四类概念物名强流式关联于文化学科）

3.1.2-4 社会名 f31\4 的世界知识

社会名 f31\4 具有下面的基本概念关联式：

```
f31\4 <= pj01*+pj1*+pj2*+pj52*+pwj2*+pe ——（f31-05-0）
```

社会名 f31\4 拟设置二级延伸概念 f31\4k=6，其相应概念关联式如下：

```
f31\41 <= pj01* ——（f31\4-01-0）
```
（第一类社会名强流式关联于世界）
```
f31\42 <= pj1* ——（f31\4-02-0）
```
（第二类社会名强流式关联于时代）
```
f31\43 <= pj2* ——（f31\4-03-0）
```
（第三类社会名强流式关联于国家）
```
f31\44 <= pj52* ——（f31\4-04-0）
```
（第四类社会名强流式关联于民族）
```
f31\45 <= pwj2* ——（f31\4-05-0）
```
（第五类社会名强流式关联于城市）
```
f31\46 =: pe ——（f31\4-06-0）
```
（第六类社会名等同于社会组织）

本分节应特别交代一点：第六类社会名 f31\46 是一个 r 强存在概念，fr31\46 表示相应社会组织所举办活动的名称。奥运会和世界杯的 HNC 符号及英语名称如下：

```
奥运会      fr31\46+pea03bb\1              Olympic
世界杯      fr31\46+(pea03bb\1,l45,a339\k)  World Cup
```

3.1.2-5 事件名 f31\5 的世界知识

事件名 f31\5 具有下面的基本概念关联式：

```
f31\5 <= (ay+q82,r3228) ——（f31-06-0）
```

事件名 f31\5 拟设置二级延伸概念 f31\5k=6，其相应概念关联式如下：

```
f31\51 <= a1 ——（f31\5-01-0）
```
（第一事件名强流式关联于政治活动）
```
f31\52 <= a2 ——（f31\5-02-0）
```
（第二事件名强流式关联于经济活动）
```
f31\53 <= a3 ——（f31\5-03-0）
```
（第三事件名强流式关联于文化活动）
```
f31\54 <= a4 ——（f31\5-04-0）
```
（第四事件名强流式关联于军事活动）
```
f31\55 <= q82 ——（f31\5-05-0）
```
（第五事件名强流式关联于信仰与宗教活动）
```
f31\56 := r3228 ——（f31\5-06-0）
```
（第六事件名等同于灾祸）

3.1.3 特定名 f313 的世界知识

特定名 f313 的定义式如下：

f313 ::= (f31,lv83,jlr127ju731) —— (f313-01)
（特定名乃是基于特定需要的命名）

特定名的基本世界知识以下列概念关联式表示：

f313 <= 24ba\2 —— (f313-02)
（特定名强流式关联于信号表现形式的变换）
(f313\1,lv00*901m3,a629a+a62a\5) —— (f313-03)
（编号服务于软技术和信息工程）
(f313~\1,lv00*901m3,a0099tu332) —— (f313-04)
（代号和化名服务于隐蔽性三争）
f313\2 := 30b9 —— (f313-05)
（代号对应于事件）
f313\3 := f32\0 —— (f313-06)
（化名对应于姓名）

第 2 节
称呼 f32 (384)

3.2-0 称呼 f32 的概念延伸结构表示式

```
f32:(\k=0-3,7;\0e2m,\1*t=b,\2o01,\3*γ=a,7\k=3;\0e21e1n)
    f32\k=0-3              称呼基本类型
    f32\0                  姓名
        f32\0e2m           姓名对偶二分
        f32\0e21           名字
            f32\0e21e1n    名字的对称二分
            f32\0e21e15    客称
            f32\0e21e16    自称
        f32\0e22           姓氏
    f32\1                  礼节性称呼
        f32\1*t=b          礼节性称呼基本形态
        f32\1*9            尊称
        f32\1*a            特称
        f32\1*b            荣称
    f32\2                  歧视性称呼
        f32\2c01           可接受称呼
        f32\2d01           侮辱性称呼
    f32\3                  情趣称呼
        f32\3*γ=2          情趣称呼的本体二分
```

```
        f32\3*9              昵称
        f32\3*a              戏称
    f327                     另称
        f327\k=3             另称的三种形态
        f327\1               标志性另称
        f327\2               略称
        f327\3               别称
```

称呼是对个人的命名，其定义式如下：

```
    f32 ::= (f31,145,pj41c25)——（f3-07）
    （称呼定义为对个人的命名）
```

下文分 5 个小节，称呼基本类型 f32\k=0-3 占 4 个。

3.2.0 姓名 f32\0 的世界知识

姓名是人类的"专利"，在《全书》残缺版的"命名 f31"这株概念树中，曾保留了"人的命名 f31\3"这项延伸概念，这使笔者极度汗颜。这里把"人的命名"设置成"称呼 f32"这株概念树之并列延伸 f32\k 的根概念 f32\0，并名之姓名，这才符合康德先生所要求的透彻性标准。

姓名 f32\0 存在对偶二分 f32\0e2m——名 f32\0e21 与姓 f32\0e22，名先于姓，这应该是所有文明的共相。绝大部分文明的姓名表述都保留了姓名出现顺序的这一过程特征，但汉语例外。这例外，又体现了汉语专名表述的共相，不仅如此，它还体现了汉语语言表述的共相。这共相的基本表现是：由外及内、由次及主、由远而近、由大而小。这两"及"、两"而"非常有趣，体现了内容逻辑的同一性或一致性。这一共相表现在词组、语块、语句和句群四个层级皆一以贯之，姓名表述的先姓后名不过词组层级的具体呈现而已。

汉语姓名表述的特殊性是语习的典型表现之一，也是典型的世界知识之一，以下列概念关联式表示：

```
    (f32\0e2m,147,Chinese) := (f32\0e22,f32\0e21)——[f32\0-1]
    （中国人的姓名以先姓后名为序）
```

那么，中国姓名要不要与"国际接轨"呢？这属于两可问题，不必强求。

传统中华文明对名字还有名与字两分的"专利"，其符号表示是：f32\0e21e1n，并具有下面的概念关联式：

```
    f32\0e21e1n := f32\1——（f32\0-1）
    （名字的对称二分对应于礼节性称呼）
```

现在，汉语的这项"专利"已被彻底遗弃了。有趣的是：俄罗斯人拥有礼节称呼 f32\1e15，但似乎没有对应的 f32\1e16，这是俄语的"专利"，人家还保留着。

3.2.1 礼节性称呼 f32\1 的世界知识

礼节性称呼具有下列基本概念关联式：

```
    f32\1 <= (q710\3,q710\4)——（f32-01）
```

（礼节性称呼强流式关联于特定关系交往和社交性交往）
f32\1*9 = f11\1——（f32-02）
（尊称强交式关联于对象引导语）
f32\1*a = f3197——（f32-03）
（特称强交式关联于职称）
f32\1*b = f31b——（f32-04）
（荣称强交式关联于荣誉名）

礼节性称呼基本形态 f32\1*t=b 可考虑纳入"独立语"词典。

3.2.2 歧视性称呼 f32\2 的世界知识

歧视性称呼 f32\2 具有下列基本概念关联式：

(f32\2,jl11e21,(xpj1*t+xwj2*-00)uz00c33)——（f3-08）
（歧视性称呼具有很强的时代性和地区性）
f32\2 <= 7110a2+a10e26te11——（f32-05）
（歧视性称呼强流式关联于歧视心理和专制政治制度的压迫、剥夺与统治）
(f32\2,jl00e21,f21b)——（f32-06）
（歧视性称呼关联于粗俗语）

再延伸概念歧视性称呼 f32\2o01 分别描述该称呼的两极端趋向：

(f32\2c01,jl000,f32\2ju76e71)——（f32-07）
（可接受称呼接近于正常称呼）
f32\2d01 <= (7301\10*44e76;7301\10*43~e71)——（f32-08）
（侮辱性称呼强流式关联于霸道行为或丑陋行为）

侮辱性称呼 f32\2d01 也可考虑纳入"独立语"词典。

3.2.3 情趣称呼 f32\3 的世界知识

情趣称呼 f32\3 同歧视性称呼一样，也带有鲜明的语境信息[*1]，这一重要世界知识以下列概念关联式表示：

f32\3 <= 7110\5——（f32-09）
（情趣称呼强流式关联于态度方式表现）

两种情趣称呼——昵称 f32\3*9 与戏称 f32\3*a——都不必进入"独立语"词典。但两者的词语捆绑工作十分繁重。

3.2.4 另称 f327 的世界知识

另称的三种形态都非常有趣，前两种存在于各种文明，但别称 f327\3 似乎是传统中华文明的"专利"。它又有两种形态，一是文人自封的别称；二是所谓的江湖名号。前者的"专利"性更强，如今都不过是一块文化"化石"而已。这里只说两点：①别称 f327\3 的世界知识可以与专家知识合而为一；②江湖名号实际上也是一种标志性另称 f327\1，已经在网络世界复活。

略称 f327\2 在大行其道，其基本世界知识以下列概念关联式表示：

f327\2 <= f31\46——（f32-10）

（略称强流式关联于社会组织名）

　　　　f327\2 <= f31\5 ——（f32-11）
　　（略称强流式关联于事件名）

　　略称本身潜伏着"独立语"特性，但英语的 26 个字母毕竟显得过于单薄，许多略称令人费解，汉字可以大有作为。那么，是否可以借机打入略称的"独立语"词典呢？这似乎值得研究。

　　别称 f327\3 是农业时代以前中国知识人（"士农工商"的士）喜好的语言游戏，中国式断裂[*2]以后没有人再玩这个游戏了。但别称应该不是传统中华文明的"专利"，依据是下面的概念关联式：

　　　　f327\3 <= 71000 ——（f32-12）
　　（别称强流式关联于幽默）

注 释

　　[*1]"带有鲜明的语境信息"这个语段需要解释一下：①它仅用于非语境概念基元，否则就是废话；②对这类非语境概念基元，一般都会给出相应的概念关联式，以便把它跟语境概念基元联系起来，如这里的(f32-09)。这样就能使非语境概念基元的捆绑词语也能起到激活语境单元（语言理解基因）的作用。本节的概念关联式（f32-01）、（f32-05）、（f32-08）都具有这种作用。这件事非常重要，将在（第三卷第六编"微超论"）里作系统论述。

　　[*2]这是笔者建议的专用术语，见[123-3.1.2-1]分节。

小 结 （"大片1"）

　　语习逻辑的前 3 片概念林——插入语 f1、独立语 f2、命名与称呼 f3——所对应的词语或短语是词语里的一个非常特殊的子类，它们是否应该拥有一个特殊的名称呢？语言学家编撰了无数的词典，其中必然包含大量的短语。但词语与短语毕竟是两个层级的概念，为什么只考虑"词典"的编撰，而不考虑"短语典"的编撰呢？

　　HNC 基于"微超"或"图灵脑"开发的需求，提出了编撰"独立语"词典的设想。这一设想中的词典与传统词典存在着本质区别，传统词典是从词语到概念，而设想中的词典则是从概念到词语，可名之 HNC 词典，"独立语"词典是其中之一。

　　关于 HNC 词典，将在第三卷作进一步的说明，这里提一下它的两个基本要点。一是以 HNC 符号为索引，捆绑相应的词语或短语，不是面向一种自然语言，而是面向多种自然语言，首先是 HNC 所提议的 3 种代表语言。二是各种类型的概念关联式也构成 HNC 词典的基本内容。在本编的已写文字里，对这两个要点都有所预说。

第四章

句式 f4

引 言

本章的句式表面上与传统语言学的句型大同小异，句型有陈述、疑问、祈使与感叹的 4 分，句式借用了其中的前 3 个作为"句式 f4"这片概念林之前 3 株概念树的命名，把感叹安排到下一片概念林"语气 f5"里。于是，句式的概念树配置如下：

    f41   陈述句式
    f42   疑问句式
    f43   祈使句式
    f44   否定句式

这 4 株概念树的特殊编号概念关联式如下：

  f41 <= 239α ── （f4-01-0）
  （陈述句式强流式关联于定向信息转移的基本类型）
  f42 <= 239e21 ── （f4-02-0）
  （疑问句式强流式关联于定向信息转移的问）
  f43 <= 2393 ── （f4-03-0）
  （祈使句式强流式关联于要求）
  f44 <= jl112+jl11e22 ── （f4-04-0）
  （否定句式强流式关联于非与无）

下文重点论述陈述 f41，将以广义作用句和广义效应句为立足点，正式引入格式和样式的概念及其表示符号，并对格式给出基本、规范和违例的三分，这实际上是《论句类》（第三卷第二编）的预说。

本编编首语说"它（指本编内容）不仅没有创新，甚至连玩新都谈不上"，这里可以补充说一句，格式与样式的概念还是有一点玩新资格的。

第 1 节
陈述句式 f41 (385)

4.1-0 陈述句式 f41 的概念延伸结构表示式

```
f41:(t=a,\k=5;t\k=0-3;9\0e2m,\1o01,\2k=5,;\2ke2m,)
   f41t=a                    陈述句式第一本体呈现（第一本体陈述）
   f419                      格式
      f419\k=0-3             格式类型
      f419\0                 基本格式
         f419\0e2m           基本格式的对偶二分
         f419\0e21           主动式
         f419\0e22           被动式
      f419\1                 规范格式
      f419\2                 违例格式
   f41a                      样式
      f41a\k=0-3             样式类型
      f41a\0                 基本样式
      f41a\1                 （对象内容）换位样式
      f41a\2                 违例样式
      f41t\3                 省略样式
   f41\k=5                   陈述句式第二本体呈现（第二本体陈述）
      f41\1                  不定句式
      f41\2                  转换句式
      f41\3                  标示句式
      f41\4                  列举句式
      f41\5                  补充句式
```

下面以 7 个小节进行论述，第一本体陈述句式 2 小节，第二本体陈述句式 5 小节。

4.1.1 格式 f419 的世界知识

格式 f419 的定义式如下：

$$f419 ::= ((j00\char`\~0,147,K),145,(f41,147,GX)) \longrightarrow [f4-01]$$

（格式定义为关于广义作用陈述的主块排序）

格式类型 f419\k=0-2 是对格式基本世界知识的概括，其自然语言描述如表 5-4 所示。

表 5-4 格式类型的基本世界知识

类型名	HNC 符号	汉语表述
基本格式	f419\0(!0)	特征块 EK 居于第二位
规范格式	f419\1(!1)	特征块 EK 不居于第二位 两相邻广义对象语块 GBK 之间必加主块标记
违例格式	f419\2(!2)	特征块 EK 不居于第二位 两相邻广义对象语块 GBK 之间不加主块标记
省略格式	f419\3(!3)	省略某一语块

表 5-4 括号里的"!m"是对 f419\k=0-3 的替代或简化符号，HNC 团队已采用多年，它不仅已用于 4 类型格式的表示，也可用于 4 类型样式。

前已指出：英语只使用两种格式——基本格式和违例格式，不使用规范格式；汉语则全部 4 种格式都使用，约 40%的广义作用句采用规范格式。汉语格式表现的这一独特性非常重要或重大，然而如此重要或重大的语言现象，却逃过了传统语言学家的法眼，只提出过"把"字句之类的形而下课题。据说，单是一个"把"字句已经写了 700 多篇论文，而且还没有搞彻底。这是形而上思维衰落在语言学领域的典型案例，是"只缘身在此山中"造成的典型悲剧。这个意思，前文已有所论及[*1]，这里不过是呼应一下，并引出下面的预说话题。

此话题涉及英语动词的及物与不及物之分。所谓及物动词一定属于广义作用概念，一定形成广义作用句，这没有疑问。但问题在于：英语的不及物动词并非一定属于广义效应概念，它也可以是广义作用概念。广义作用与广义效应是概念基元的根本属性，因而也是动词的根本属性，及物与不及物的区分实质上模糊了动词的这一根本属性，这一模糊作用给语法造成的人为负担不可轻视，它正是维特根斯坦先生所尖锐指出的语法魔障之一。英语被这套语法魔障忽悠了几千年，整个印欧语系和所谓的屈折语都被它忽悠了几千年。这忽悠形成了一个奇妙的语法柏拉图洞穴，对一些作用型概念的动词搞了一整套介词搭配约定：非得先搭配特定介词，然后该动词才能与其对象或内容连接。如果从语言概念基元空间的视野来考察这套约定，用一句粗鄙语来说，就是"脱了裤子放屁"。现在，是走出该洞穴的时候了，那就是：把不及物动词再分成广义作用与广义效应两大类，这才会对英语的语言理解处理产生立竿见影的效果。至于语言生成，那只能继续背着这套沉重的语法包袱了。

应提请读者注意的是：HNC 对基本格式给予了特殊符号照顾，因为它毕竟是格式的始祖。这特殊照顾的具体体现就是让它占据着并列延伸根概念 f419\0 的位置。

基本格式的再延伸概念 f419\0e2m 就是读者所熟悉的主动式和被动式。就 4 主块句来说，被动式又有 GBK2 或 GBK3 前移（移居第一位）这两种不同情况，建议用简化符号"!02"和"!03"分别加以表示。至于 3 块句的被动式，则沿用"!01"的表示方式就是了。

4.1.2 样式 f41a 的世界知识

样式 f41a 的定义式如下：

```
f41a ::= ((j00~0,147,K),145,(f41,147,GY)) —— [f4-02]
（样式定义为关于广义效应陈述的主块排序）
```

样式用于广义效应句的主块排序，广义效应句的主块数量可 2 可 3。理论上，2 主块句的样式只有 2 种，3 主块句可多达 6 种。由于 2 主块的广义效应句可以没有 EK，所以无论是 2 主块或 3 主块的广义效应句，都会出现两 GBK 直接相连的情况。可是，广义效应句的两相连 GBK 之间就是不会出现语块标记符，也就是找不到介词，这简直不可思议。

以上所说，是笔者从汉语和英语观察到的一种语言现象，并把该语言现象提升为语言概念空间（更准确地说，是句类空间）的一种语言景象，这观察及其提升，难免掺杂着笔者对广义作用句和广义效应句的形而上思考。但笔者所见毕竟只是语言沧海之一粟，请读者特别语言专家证伪。

前文说过[*2]"英语的格式虽然单调，但样式却似乎比汉语多娇"，这里仅呼应一句话：那"似乎"大有文章。笔者经常说：汉语偏好简明状态句 S04J，可能还说过它是汉语的专利。果如此，则需要在这里郑重申明：收回。因为英语也存在 S04J，不过通常只以罕见的迭句形式出现罢了。

4.1.3 不定句式 f41\1 的世界知识

本小节开始的 5 个小节，内容方面的差异很大，把它们以"陈述句式第二本体呈现 f41\k=5"的方式裹在一起是否妥当？笔者一直持怀疑态度。设想过多种替代方案，但最终都放弃了。放弃归放弃，但必然影响到这 5 小节的撰写方式，这是需要首先说明的。

不定句式 f41\1 是关于基本、势态与情态判断的一种特殊表述，也是疑问句式和否定句式的一种特殊形态，这就是延伸概念 f41\1 的定义，但本小节将不直接给出定义式，而以下面的两个概念关联式来替代：

```
f41\1 := ((51ju731,l47,f4),l45,jl1y) —— (f41-01)
（不定句式对应于一种关于基本、势态与情态判断的特殊形态句式）
(f41\1,jl00e21,f42+f44) —— (f41-02)
（不定句式关联于疑问与否定句式）
```

不定句式是哲学和佛学偏好的句式，在《金刚经》和《心经》里占有十分特殊的地位。但《圣经》和《古兰经》很少使用。

不定句式 f41\1 需要进一步的描述，笔者建议使用再延伸概念 f41\1o01，并让日常语言只使用不定性陈述的低级形态 f41\1c01，而其高级形态 f41\1d01 就留给那些得道高人去专用吧。

二级延伸概念 f41\1c01 的词语捆绑工作意义重大，简明示例如下：

```
f41\1c01        (ether…or)|(要么…要么)|
                (neither…nor)|(既不能…又不能)|
                (whether…)|(是否;能否;有没有)|
```

不定句式 f41\1 是一个比较复杂的专题，笔者无力详述，请来者接力吧。

4.1.4 转换句式 f41\2 的世界知识

如果说不定句式（特别是它的高级形态）以往似乎未得到足够的重视，那转换句式就几乎是一个盲区了。转换句式 f41\2 就是句类转换，后者与 HNC 同步出现，是 HNC 的基本概念之一，其定义式如下：

```
f41\2 ::= (24,145,SC) ── [f4-03]
```
（转换句式定义为关于句类的转换）

这就是说，一个语句不但可以在句式上有多种形态（格式或样式），在内容表达方面，也可以采用不同的句类，这就是 HNC 引入"句类转换"这一重要术语的基本思考。

不难想象，句类转换绝非可以随意进行，但有趣的是，句类转换主要在广义作用句与广义效应句之间进行；尤其令人惊异的是，句类转换集中呈现为向基本判断句的转换。这是十分重要的语言知识，而这一要点以往是否被大大忽视了呢？笔者就笑而不说了。

下面给出转换句式 f41\2 再延伸概念 f41\2k=5 的汉语说明：

```
f41\2k=5              转换句式的基本类型
f41\21                任一句类与是否判断句之间的转换
f41\22                任一句类与存在判断句之间的转换
f41\23                作用句与承受句之间的转换
f41\24                作用句与效应句之间的转换
f41\25                任一句类与简明状态句之间的转换
```

转换句式 f41\2 具有天然的双向性，因此，陈述 f41 必然具有下面的三级延伸概念：

```
f41\2ke2m
```

对此就不作汉语说明了。

转换句式是汉语的偏好，这一偏好与规范格式一起构成汉语句式的基本特征。在印欧语系语习逻辑的视野里，现代汉语的这一句式特征确实很难被观察到。所以，由《马氏文通》开创的现代汉语语法学对此丝毫没有觉察是不必奇怪的。但是，如果对这一特征缺乏起码的认识，那汉语和英语之间的机器翻译就不可能逃脱瞎折腾的悲剧。因此，在 HNC 的机器翻译理论里，把句式转换和句类转换并列为机器翻译六项过渡处理的两处大场，简称两转换。两转换分别属于陈述 f41 的第一本体呈现和第二本体呈现。HNC 对两转换的最初表述是把句类转换放在句式转换的前面，与这里的第一本体和第二本体表述相适应。张克亮教授为两转换撰写的专著——《面向机器翻译的汉英句类及句式转换》，也是这么做的。但是，从机器翻译的实用性来说，句式转换要比句类转换重要得多，未来的《论机器翻译》将把两者的次序颠倒过来。

4.1.5 标示句式 f41\3 的世界知识

如果说转换句式是汉语的偏好，那标示句式就是英语的偏好了，那是英语经常采用的一种特色句式，而这种句式不可能存在于汉语。

该句式是否已有确定名称？笔者不知道。所以就杜撰了一个"标示句式"。该句式的基本特征是：以引词"it"开头，并充当该语句主体结构的主语。对该"it"的具体描述一定转移到该语句主体结构的后面，该描述的规模一般都比较大，至少是一个原蜕。这种语句结构里的"it"使用方式带有谜语风格，故名之标示句式。

下面给一个带有 HNC 标注符号[*3]的例句：

It|| is going to be ||very important||-for us
[{to have| frank discussions} and {continue to do| more work cooperatively}
|-{in order to achieve|the kind of balance of sustained economic growth}].

其中的"It|| is going to be ||very important||-for us"就是所谓的标示性陈述。该语句的汉语译文如下：

对于我们来说，[|-为了{实现经济持续发展的平衡状态}
而{进行坦诚讨论并继续加强合作}]|||是|||十分重要的。

本小节只是给英语的这一特色句式之"花"起了一个名字，这朵"花"具有丰富的形态与内涵，笔者所知甚少，烦劳后来者去发掘和描述吧。

4.1.6 列举句式 f41\4 的世界知识

本小节采取甲撰写方式，仅给出四组列举句式的示例，它们都是已写文字的拷贝，这里作了一些修改，以楷体标示。

——第一组

工业时代旧现实的要点如下：

旧现实1：经济和军事力量落后的国家一定挨打；

旧现实2：资本与科技之联姻曾焕发出无穷无尽的经济与社会发展推动力，竟然把经济公理的真面目完全掩盖了；

旧现实3：老金帅与老官帅曾不共戴天；

旧现实4：地球村可简单两分为先进地区和落后地区；

旧现实5：暴力主义曾在六个世界都赢得过广泛支持；

旧现实6：第一世界对所创建的文明标杆春风得意。

——第二组

后工业时代新现实的要点如下：

新现实1：经济和军事力量落后的国家可以免于挨打；

新现实2：资本与科技之联姻对经济与社会发展的推动作用开始出现强弩之末的征兆；经济公理的真面目已赫然呈现（欧盟与日本的现状是强有力的证据）。

新现实3：（新）金帅与（新）官帅之间出现了既斗争又联手的新势态；

新现实4：地球村的现状不再只是发达与发展中的表层划分，还有六个世界的深层划分；

新现实5：暴力主义已不可能重新成为世界历史舞台的主演者之一；

新现实6：第一世界创建的文明标杆不再是唯一的，第二世界和第四世界正在努力创建自己的文明标杆。

——第三组

金帅对专业活动领域的全面操控，导致第一世界陷入了六大崇拜的泥潭而不知反思，这六大崇拜是

（1）普选崇拜；

（2）需求外经崇拜；

（3）票房崇拜；

（4）纯法治崇拜；

（5）科技崇拜（即科技迷信）；

（6）霸道崇拜。

这六大崇拜就是工业时代柏拉图洞穴的基本景象。

——第四组

黄叔的论述存在着明显的武断，如下面的三个论断。

论断1："信息&金融"产业的大发展是经济宇航的最后一级助推火箭，没有也不需要新的助推火箭了。

论断2："爱因斯坦－普朗克－图灵"式的科学辉煌不太可能再次出现……互联网很可能是技术与工程奇迹的"珠峰"。

论断3：第一世界创建的文明标杆不再是唯一的，第二世界和第四世界正在努力创建他们自己的文明标杆。

上列示例大体囊括了列举句式的形态特征，即概括了相应世界知识的主体。

4.1.7 补充句式 f41\5 的世界知识

本小节采用乙撰写方式，仅给出两个概念关联式。

```
f41\4 <= j00e21——（f41-03）
（列举句式强流式关联于并序）
f41\5 <= j00e22——（f41-04）
（补充句式强流式关联于串序）
```

如果本小节就此结束，似乎过于"乙方式"了。那么，请看一眼上一小节的最后一个小句吧，那就补充句式的示例。

结 束 语

陈述是言语的基本形态，也是语言的基本形态；是交际的基本形态，也是论述的基本形态；是心理活动的基本形态，也是思维活动的基本形态。故迄今所见的概念关联式都采用陈述形态。

第一本体陈述实质上是关于广义作用效应链的分别说，第二本体陈述实质上是关于广义作用效应链的非分别说。如果说前者是从胡塞尔现象学向伽达默尔解释学的迈进，则后者就是一种后退。这后退不是倒退，而是"退一步，海阔天空"的退。胡塞尔和伽达默尔是20世纪语言哲学转向的两位奠基者，但两位大师并没有摆脱"只缘身在此山中"的局限，因为他们并没有形成清晰的语言概念空间概念，更没有广义作用效应链的思考。这关系到句式、句类及两转换的哲学背景，不可不告知读者一声。

句式的格式与样式之分似乎具有一定程度的神秘性，本《全书》的撰写结束以后，笔者打算从缤纷的语言现象中体验一下这种神秘性感受的乐趣。

> **注 释**
>
> [*1] 见"主块标记10"章引言（[240-0]）。
>
> [*2] 见"E标记100"节（[240-00]）。
>
> [*3] HNC标注符号已形成一套符号体系，《变换》的附录4有简要说明。这里将其中的辅块边界标记改成"‖-"或"-‖"，并增设了语块分离标记"[-…]"或[…+]"。

第 2 节
疑问句式 f42 (386)

4.2-0 疑问句式 f42 的概念延伸结构表示式

```
f42:(t=b,\k=5,7,^(y);
     9e2m,a:(e2m,\k=5),b:(e2m,\k=3,7),7\k=3;
     9e2m\k=3,)
   f42t=b                  疑问句式的第一本体呈现（第一本体问）
   f429                    表现问
      f429e2m              表现问对偶二分
      f429e21              作用、转移、关系问
      f429e22              过程、效应、状态问
   f42a                    对象问
      f42ae2m              对象问对偶二分
      f42ae21              施事问
      f42ae22              受事问
      f42a\k=5             对象问的并列五分
      f42a\1               问自然物
      f42a\2               问效应物
      f42a\3               问信息物
      f42a\4               问人造物
      f42a\5               问简明挂靠物
   f42b                    内容问
      f42be2m              内容问的对偶两分
      f42be21              生活问
      f42be22              工作问
      f42b\k=3             情况问
      f42b\1               第一情况问
      f42b\2               第二情况问
      f42b\3               第三情况问
      f42b7                交往问
   f42\k=5                 疑问句式的第二本体呈现（第二本体问）
   f42\1                   基本本体问
```

```
    f42\2              基本属性问
    f42\3              判断问
    f42\4              基本逻辑问
    f42\5              综合逻辑问
    f427               疑问语习
       f427\k=m           疑问语习的基本类型
       f427\1             欧式问
       f427\2             中式问
       f427\3             阿式问
    ^(f42)             反问
```

本节的小节设置将"别出心裁",共七个小节。第一本体问仅设置一个小节,下设三个分节,第二本体问将设置五个小节,这样做是为了便于概念关联式的安排。最后是疑问语习占用一个小节。反问不设小节,仅在这里给出它的定义式:

```
    ^(f42) ::= (f42,sv105,f44)
```
(反问定义为使用否定句式的疑问句式)

4.2.1 第一本体问 f42t=b 的世界知识

先给出一个以"f4"为标号的概念关联式,随后给出一组以"f42"为标号的概念关联式:

```
    (f42t,j100e21,l0y;t=b,y=0-3)──(f4-01)
```
(第一本体问关联于主块标记)
```
    f429 := (EK,C)──[f42-01]
```
(表现问对应于特征块与内容块)
```
    f42a := (B,A)──[f42-02]
```
(对象问对应于对象块与作用者块)
```
    f42b := C──[f42-03]
```
(内容问对应于内容块)

请注意:概念关联式里使用了"(EK,C)"和"(B,A)"的表示项,这是语块四要素的交织性表现,曾交代过[*1],对这里的又一次交织性呈现就不作说明了。

4.2.1-1 表现问 f429 的世界知识

表现问 f429 仅设置了一项延伸概念 f429e2m,其基本概念关联式如下:

```
    f429e21 := (0;2;4)──(f42-01a)
    f429e22 := (1;3;5)──(f42-01b)
```

从这两个概念关联式及其汉语说明可知,该延伸概念应继续作下面的延伸:

```
    f429e2mt=b
```

再延伸符号"t=b"的意义不言自明,就不给出汉语说明了。
延伸概念 f429e2m 直系词语的汉英同绑非常有趣,这就留给后来吧。

4.2.1-2 对象问 f42a 的世界知识

对象问 f42a 设置了两项延伸概念:f42ae2m 和 f42a\k=5。
前者的基本概念关联式为

```
f42ae21 := (A;TA;RB1)——[f42-04a]
f42ae22 := B+TB+RB2——[f42-04b]
f42a(e2m) := (B,l47,ABS) =: SGB——[f42-04c]
```

后者的基本概念关联式为

```
f42a\1 := jw——（f42-02a）
f42a\2 := rw——（f42-02b）
f42a\3 := gw——（f42-02c）
f42a\4 := pw——（f42-02d）
f42a\5 := o——（f42-02e）
```

对象问 f42a 的两项延伸概念各有不同的直系捆绑词语，汉英同绑也非常有趣。就说这两句吧。

4.2.1-3 内容问 f42b 的世界知识

内容问 f42b 设置了 3 项延伸概念：f42be2m、f42b\k=3 和 f42b7。前两项再延伸所采用的符号形式——"e2m"和"f42b\k=m"——与对象问 f42a 完全相同，但内涵则完全不同。对这一差异的诠释，概念关联式要比自然语言 smart 多了。下面的部分概念关联式给出相应的汉语说明。

```
f42be21 := 50ac2n——（f42-03a）
f42be22 := 50aa——（f42-03b）
f42b\1 := ay——（f42-04a）
（第一情况问对应于专业活动）
f42b\2 := 50b——（f42-04b）
（第二情况问对应于社会状态）
f42b\3 := 3228\k=0-3——（f42-04c）
（第三情况问对应于灾祸）
f42b7 <= q710\1+q710\2——（f42-05）
（交往问对应于日常交往和亲朋交往）
f42b7 = 509e4n——（f42-06）
（交往问强交式关联于生命的健康状态）
```

表现问、对象问和内容问（将简称基本三问）并没有明确对应的词语，但也可以给出一个非常粗糙的对应表（表 5-5）。

表 5-5 基本三问的词语对应

类型	HNC 符号	汉语	英语
表现问	f429	为何	Why
对象问	f42a	什么	What
内容问	f42b	怎么	How

表 5-5 的"非常粗糙"说似乎与前面两分节的"汉英同绑非常有趣"说格格不入，是这样么？这里存在着非常艰巨的形而下工作，f42t=b 所描述的是彼山的清晰景象，它能对此山景象的考察产生多大的启示作用？笔者不能像此前的情况那样，对这两个问题给出一个比较确切的答案。

4.2.2 基本本体问 f42\1 的世界知识

基本本体问 f42\1 具有以 "f4" 为标号的基本概念关联式，以下各小节都按此方式处理。

```
(f42\1 <= jy,y=0-6)——（f4-02）
```

可考虑为基本本体问 f42\1 设置再延伸概念 f42\1k=0-6，这是一个有趣的课题，笔者不作结论。但这里不妨建议读者想一想：西方语言学家所概括的 "6W" 问[*2]和现代汉语语言学家所模仿的 "6何" 问诚然都描述了基本本体问的主要部分，但这样的描述能满足疑问描述的透齐性要求么？

4.2.3 基本属性问 f42\2 的世界知识

基本属性问 f42\2 具有下面的基本概念关联式：

```
(f42\2 <= jy,y=7-8)——（f4-03）
```

可考虑为基本属性问 f42\2 设置再延伸概念 f42\2k=2，并配置下列概念关联式：

```
f42\21 <= j7——（f4-04）
```
（自然属性问强流式关联于自然属性）
```
f42\22 <= j8——（f4-05）
```
（伦理属性问强流式关联于伦理属性）

两基本属性问可再次并列延伸，形成下列两项三级延伸概念：

```
f42\21k=0-8              f42\22k=0-6
```

概念延伸结构的这种配置方式以前在 "心理" 行为 7301 里已经采用过了，这里不过是如法炮制而已。所有的第二本体问都可以这样炮制，但为什么在本小节给出示范呢？因为基本属性问不仅是大众之问，更是专家之问；它属于哲学之问、伦理学之问和社会学之问，它是可能不存在终极答案的唯一疑问。

4.2.4 判断问 f42\3 的世界知识

判断问 f42\3 具有下面的基本概念关联式：

```
f42\3 <= 8——（f4-06）
```

可考虑为判断问 f42\3 设置再延伸概念 f42\3k=0-4，并配置下列概念关联式：

```
f42\30 <= 80——（f4-07）
f42\31 <= 81——（f4-08）
f42\32 <= 82——（f4-09）
f42\33 <= 83——（f4-10）
f42\34 <= 84——（f4-11）
```

4.2.5 基本逻辑问 f42\4 的世界知识

基本逻辑问 f42\4 具有下面的基本概念关联式：

```
f42\4 <= jl——（f4-12）
```

可考虑为基本逻辑问 f42\4 设置再延伸概念 f42\4k=0-4，并配置下列概念关联式：

    f42\40 <= jl0 ——（f4-13）
    （比较问强流式关联于比较判断）
    f42\41 <= jl11m ——（f4-14）
    （是否问强流式关联于是否判断）
    f42\42 <= jl12 ——（f4-15）
    （势态问强流式关联于势态判断）
    f42\43 <= jl13 ——（f4-16）
    （情态问强流式关联于情态判断）
    f42\44 <= jl11e2m ——（f4-17）
    （存在问强流式关联于存在性判断）

这里对"性质判断 jl11"赋予了特殊地位，其两项延伸概念各占一"问"，而且把存在问排在最后，这突出了它的特殊重要性。

本小节所描述的五问既有最浅显和最常用的，又有最深奥和最罕见的。不仅如此，其浅显性与深奥性、常用性与罕见性还经常纠结在一起。

4.2.6 综合逻辑问 f42\5 的世界知识

综合逻辑问 f42\4 具有下面的基本概念关联式：

    f42\5 <= s ——（f4-18）

可考虑为综合逻辑问 f42\5 设置再延伸概念 f42\5k=4，并配置下列概念关联式：

    f42\51 <= s1 ——（f4-19）
    （智力问强流式关联于智力）
    f42\52 <= s2 ——（f4-20）
    （手段问强流式关联于手段）
    f42\53 <= s3 ——（f4-21）
    （条件问强流式关联于条件）
    f42\54 <= s4 ——（f4-22）
    （工具问强流式关联于工具）

4.2.7 疑问语习 f427 的世界知识

疑问语习 f427 采用了变量并列延伸 f427\k=m，这意味着不同语系的自然语言拥有各自不同的疑问句式。在本节的概念延伸结构表示式里只给出了三种类型语言的符号和命名，三者的基本概念关联式如下：

    f427\1 := gwa3*8[1] ——（f4-23）
    （欧式问对应于欧语）
    f427\2 := gwa3*8[2] ——（f4-24）
    （中式问对应于汉语）
    f427\3 := gwa3*8[3] ——（f4-25）
    （阿式问对应于阿拉伯语）

注 释

[*1] 关于(E,A,B,C)的阐释见"主块标记10"引言（[240-0]）。

[*2]"6w问"指(when, where, who, why, what, which)。

第 3 节
祈使句式 f43 (387)

4.3-0 祈使句式 f43 的概念延伸结构表示式

```
f43:(γ=b;˜b3,b3,;)
    f43γ=b              祈使句式的准本体三分
    f439                请求句式
    f43a                乞求句式
    f43b                强求句式
       f43˜b3              特定请乞句式
       f43b3               特定强求句式
```

祈使句式 f43 具有下列概念关联式：

    f43γ := 2393e4m —— (f43-01)
（祈使句式的本体三分对应于要求的度表现）
    f439 := 2393e41 —— (f43-01a)
（请求句式对应于请求）
    f43a := 2393e42 —— (f43-01b)
（乞求句式对应于乞求）
    f43b := 2393e43 —— (f43-01c)
（强求句式对应于强求）
    (f43γ := q715γ) —— (f43-02)
（祈使句式的本体三分对应于交际语言的本体三分）
    f439 := q7159 —— (f43-02a)
（请求句式对应于礼貌语言）
    f43a := q715a —— (f43-02b)
（乞求句式对应于意愿语言）
    f43b := q715b —— (f43-02c)
（强求句式对应于粗鄙语言）
    (f439,j100e22,53d2n) —— (f43-03)
（请求句式无关于强势或弱势）
    f43a := p53d26 —— (f43-04)
（乞求句式对应于弱势者）
    f43b := p53d25 —— (f43-05)
（强求句式对应于强势者）

    祈使句式 f43 的一级延伸概念表示式曾长期使用 f43t=a 的二分形式，二分形式所定义的带引号"乞求"就相当于这里三分形式的请求与乞求。但这里的二级延伸仍然恢复了二分形式，这是很有趣味的现象。本节的小节划分照顾了这一趣味性。

4.3.1 请乞句式 f43˜b 的世界知识

请乞句式 f43˜b 具有下列概念关联式：

```
f43~b = 7311e01 —— (f43-06)
```
（请乞句式强交式关联于交际语）
```
f43~b <= (3a19,jl127) —— (f43-01-0)
```
（请乞句式强流式关联于需求与需要）
```
f43~b3 <= (537121)e25 —— (f43-02-0)
```
（特定请乞句式强流式关联于祝福）

4.3.2 强求句式 f43b 的世界知识

强求句式 f43b 具有下列概念关联式：

```
f43b = 7311e02 —— (f43-07)
```
（强求句式强交式关联于批判语）
```
f43b = 003a —— (f43-08)
```
（强求句式强交式关联于强制性作用）
```
f43b = 239ea1a —— (f43-09)
```
（强求句式强交式关联于命令）
```
f43b = 2399b —— (f43-10)
```
（强求句式强交式关联于警告）
```
f43b3 <= (7131\1e52;7131\2e52(d01);(527100)9) —— (f43-11)
```
（特定强求句式强流式关联于厌恶//仇恨//愤怒）

第 4 节
否定句式 f44 (388)

4.4-0 否定句式 f44 的概念延伸结构表示式

```
f44:(t=a;)
   f44t=a            否定句式的第一本体呈现
   f449              非句式
   f44a              无句式
```

4.4.1 非句式 f449 的世界知识

非句式 f449 具有下面的基本概念关联式：

```
f449 <= jl112 —— (f43-03-0)
```
（非句式强流式关联于基本逻辑概念的否定）

4.4.2 无句式 f44a 的世界知识

无句式 f44a 具有下面的基本概念关联式：

```
f44a <= jl11e22 —— (f43-04-0)
```
（无句式强流式关联于基本逻辑概念的无）

结 束 语

本章各节的撰述方式差异很大。前两节的概念延伸结构表示式比较复杂，文字说明较多；后两节的概念延伸结构表示式十分简明，文字说明很少。

就概念延伸结构表示式的设计思路来说，陈述句式 f41 和疑问句式 f42 两者的延伸概念呈现出鲜明的互补性，该互补性是 HNC 平衡原则的灵魂。对该原则的阐释，没有比这两株概念树更好的范例了，值得向读者推荐一声。

两者互补的具体呈现是：陈述句式的延伸设计以句式本身的各种形态为纲，完全不涉及该句式的内容；疑问句式的延伸设计则以疑问句式的内容为纲，完全不涉及该句式的形态。而内容和形态可以相互移用或曰共享。这又是所谓的彼山景象，是非常重要的世界知识，其相应的概念关联式如下：

$$((j50e21,147,f42),svr105jlu12c32,f41) \longrightarrow (f4\text{-}26)$$
（疑问句式的内容可用于陈述句式）
$$((j50e22,147,f41),svr105jlu12c32,f4\tilde{\ }1) \longrightarrow (f4\text{-}27)$$
（陈述句式的形式可用于非陈述句式）

这两个概念关联式的概括力很强。(f4-27) 所描述的内容甚至超出了上面的文字叙述，这就留下了大量的细节。这些细节于语言理解影响较小，但于语言生成却事关重大，但这一切将留给后来者去处理。基于同一考虑，祈使句式 f43 仅有很少的文字说明，否定句式 f44 则完全没有。

第五章

语式 f5

引 言

感叹句是传统语言学的 4 大句式之一。但感叹属于语气范畴，而语气属于言语或语音的基本特性。也许可以这么说：前一章所论述的句式主要是书面语的课题，而本章所论述的语气主要是口语的课题。把语气提升到与句式并列的地位，单独设置一片概念林 f5 乃是 HNC 的必然选择。该概念林的汉语命名曾长期使用"语气"，这里正式命名为语式。句式主要是语言的共相呈现，而语式则主要是语言的殊相呈现，每个人都拥有自己的个人语式特征，甚至可以非常鲜明，其物理特征属于语音识别领域的专家知识，与本《全书》无关。

本章仅涉及语式 f5 的内容描述。将设置 4 株概念树，其 HNC 符号及汉语命名如下：

f51	模拟语式
f52	感叹语式
f53	强调语式
f54	比喻语式

这 4 株概念树的排序与话语的进化过程相对应。模拟语式应该是话语的原始形态，随后出现了感叹语式，以适应情感表达的需要；再随后出现了强调语式，以适应理性表达的需要；最后是比喻语式的出现，主要服务于高级智力表达的需要，可看作话语进化过程达于最高形态的标志之一。

第 1 节
模拟语式 f51(389)

5.1-0 模拟语式 f51 的概念延伸结构表示式

```
f51:(o01;)
  f51o01         模拟语式的两极描述
  f51c01         低级模拟语式
  f51d01         高级模拟语式
```

在全部 456 株概念树中，仅含单项一级延伸概念"o01"的概念不多，模拟语式 f51 是其中之一。低级模拟和高级模拟差异很大，故本节将分两小节进行论述。

模拟语式的基本特色是：仅仅追求声似。低级模拟者，近似而已；高级者，以惟妙惟肖为目标也。近似就留下了发展空间，惟妙惟肖则反而会陷于到此为止的境地。5.1.1 小节会对前一点略加呼应。

5.1.1 低级模拟语式 f51c01 的世界知识

对自然声（自然现象引发的各种声音）和生命声（鸟兽发出的各种声音）的模拟应该是话语的最原始形态。"风在吼，猫在叫，娃在哭"的最原始语式可能就是(hu|,miao|,wa|)，在这种语式里，"hu|"、"miao|"和"wa|"都对应着(B,E)形态的 2 主块语句[*1]，但这种语式的单一性重复过于原始，进化的力量推动着从单一性向多样性的发展，汉语可能从"hu|"里进化出"feng"，从"miao|"里进化出"mao"，从"wa|"里进化出"ku"，这样，就出现了下面的语式演变：

```
"hu|"      =>      "feng-hu"
"miao|"    =>      "mao-miao"
"wa|"      =>      "wa-ku"
```

前文提过"训诂学曾出现过'名词源于动词'的惊人之语"[*2]，在上面设想的 3 个示例里，示例 2 也许可充当从动词到名词演变的旁证；示例 3 也可充当从名词到动词演变的旁证；示例 1 则不能充当任何旁证。但本小节关心的不是名词与动词之间相互转化的课题，而是试图描述一个事实，那就是：低级模拟语式 f51c01 是语言进化过程的源头，是(B,E)形态 2 主块语句的缘起之一。这一世界知识的概念关联式如下：

```
f51c01 => (gwa3*8c75,147,(B,C)//(B,E)) —— [f5-0-01]
（低级模拟语式强源式关联于 2 主块的语句）
```

此概念关联式采用了第一类特殊编号，与此有关的专家式讨论名目繁多，主要涉及一些土著语言的研究，有一种著名的说法是：某土著语言无动词，这大约是"名词先于动词"说的习惯性推论吧，与"名词源于动词"说恰恰相反。HNC 无意参与此类专家级辩论，但这里仍然想说一点，在语言的初始阶段，名词与动词的界限是模糊的，不存在所谓的"形名动"之分，名词与动词孰先孰后之争不具有原则意义。

本小节最后，给出下面的概念关联式

    f51c01 <= jw2~0 —— (f51-1)
  （低级模拟语式强流式关联于自然、生命和人类活动之声）

5.1.2 高级模拟语式 f51d01 的世界知识

高级模拟语式具有下面的第二类特殊编号概念关联式：

    f51d01 <= (gu3119,l47,xp) —— (f5-01-0)
  （高级模拟语式强流式关联于人类的模仿天性）

这里不对此作任何说明，仅给出下面的概念关联式：

    f51d01 = f72 —— (f51-2)
  （高级模拟语式强交式关联于方言）

模拟语式的概念延伸结构表示式采用了开放形态，其后续延伸可考虑下面的两种形态，一并给出两者的基本概念关联式。

```
    F51c01t=b,                f51c01t := jw2~0
                              f51c01t  = f62
    f51d01:(i,\k|;ickm)       f51d01i := f71
                              f51d01\k| := f72\k|
```

当然，这只是对后来者的建议。

注释

[*1]此说前见于"主块标记j0"引言（[240-0]章），后见于"语块与句类"（[320-1]章）。
[*2]见"E标记l00"节（[240-00]节，"名词源于动词"说出于黄侃。

第 2 节
感叹语式 f52 (390)

5.2-0 感叹语式 f52 的概念延伸结构表示式

```
f52:(m,e2n;e2ne2n)
    f52m                   感叹语式的基本形态（形态语式）
    f520                   幽默语式
    f521                   喜剧语式
    f522                   悲剧语式
```

f52e2n	感叹语式的基本效应（效应语式）
f52e25	积极语式
f52e26	消极语式
f52e2ne2n	效应语式的辩证表现

感叹语式 f52 具有下列概念关联式：

(f52,svr105ju73c01,a3193+a329\2*i\1)——（f5-02-0）
（感叹语式常用于诗歌和戏剧）
f52 <= 7100//710——（f52-02）
（感叹语式强流式关联于感受或心情）

本节以两小节进行论述。

5.2.1 形态语式 f52m 的世界知识

形态语式 f52m 具有下面的概念关联式：

f52m = 7100m——（f52-03）
（形态语式强交式关联于感受的基本形态）
f520 = q7159ju83e75——（f52-04）
（幽默语式强交式关联于优雅的礼貌语言）
f521 = q83——（f52-05）
（喜剧语式强交式关联于红喜事）
f522 = q84——（f52-06）
（悲剧语式强交式关联于白喜事）

形态语式的示例如下：

——问：何所闻而来，何所见而去？
　答：闻所闻而来，见所见而去。
　（幽默语式：两位名人——访问者钟会与被访者嵇康——的对话全文）
——茶寿以期
　（喜剧语式：一位米寿老人生日时写给朋友的条幅）
——死去原知万事空，但悲不见九州同。
　（悲剧语式：陆游"示儿诗"的前两句）

5.2.2 效应语式 f52e2n 的世界知识

效应语式 f52e2n 具有下列概念关联式：

f52e2n = 7100e2n——（f52-07）
（效应语式强交式关联于感受的基本效应）
f52e2n = 7201e2n——（f52-08）
（效应语式强交式关联于"高级"意志）

效应语式的示例如下：

士不可以不弘毅，任重而道远。仁以为己任，不亦重乎？死而后已，不亦远乎？
　　　　　　　　　　　　　　　　　　——《论语·泰伯》

"人定胜天"、"人有多大胆,地有多大产"
(以上为积极语式)
"道在蝼蚁,在稊稗(杂草),在瓦甓(砖瓦),在屎溺"

——《庄子·知北游》

"世间本来就没有什么硬道理嘛!凡道理都是软道理嘛!"

——《对话续1》

(以上为消极语式)

这组示例充分展示了二级延伸概念 f52e2ne2n 的辩证表现。

第 3 节
强调语式 f53 (391)

5.3-0 强调语式 f53 的概念延伸结构表示式

```
f53:(α=b,(\k)=2)
    f53α=b              强调语式的第一本体呈现(第一类强调语式)
    f538                目的强调语式
    f539                途径强调语式
    f53a                步调强调语式
    f53b                视野强调语式
    f53(\k)=2           强调语式的第二本体呈现(第二类强调语式)
    f53(\1)             对象强调
    f53(\2)             内容强调
```

这里有两点需要提请注意:①概念延伸结构表示式采用了封闭形态,这在 4 株语式概念树中是独一无二的;②并列延伸采用了"(\k)=2"的异类形态,它表示第二类强调语式不会采取对象强调与内容强调的分别说形态,只会采取非分别说形式。基于这两点,下面仅以两个小节进行论述。

细心的读者会注意到:上一节感叹语式的概念关联式缺了(f52-01),现在是把它补上的时候了。

```
f52 = 7y ——(f52-01)
(感叹语式强交式关联于第一类精神生活)
f53 = ay+dy ——(f53-01)
(强调语式强交式关联于第二类劳动和深层第三类精神生活)
```

5.3.1 第一类强调语式 f53α=b 的世界知识

第一类强调语式 f53α=b 具有下面的第二类特殊编号概念关联式:

$$(f53α <= s10α, α=b) ——(f5-04-0)$$

```
    f52e2n              感叹语式的基本效应（效应语式）
    f52e25              积极语式
    f52e26              消极语式
      f52e2ne2n         效应语式的辩证表现
```

感叹语式 f52 具有下列概念关联式：

```
    (f52,svr105ju73c01,a3193+a329\2*i\1)——（f5-02-0）
    （感叹语式常用于诗歌和戏剧）
    f52 <= 7100//710——（f52-02）
    （感叹语式强流式关联于感受或心情）
```

本节以两小节进行论述。

5.2.1 形态语式 f52m 的世界知识

形态语式 f52m 具有下面的概念关联式：

```
    f52m = 7100m——（f52-03）
    （形态语式强交式关联于感受的基本形态）
    f520 = q7159ju83e75——（f52-04）
    （幽默语式强交式关联于优雅的礼貌语言）
    f521 = q83——（f52-05）
    （喜剧语式强交式关联于红喜事）
    f522 = q84——（f52-06）
    （悲剧语式强交式关联于白喜事）
```

形态语式的示例如下：

——问：何所闻而来，何所见而去？
　答：闻所闻而来，见所见而去。
　（幽默语式：两位名人——访问者钟会与被访者嵇康——的对话全文）
——茶寿以期
　（喜剧语式：一位米寿老人生日时写给朋友的条幅）
——死去原知万事空，但悲不见九州同。
　（悲剧语式：陆游"示儿诗"的前两句）

5.2.2 效应语式 f52e2n 的世界知识

效应语式 f52e2n 具有下列概念关联式：

```
    f52e2n = 7100e2n——（f52-07）
    （效应语式强交式关联于感受的基本效应）
    f52e2n = 7201e2n——（f52-08）
    （效应语式强交式关联于"高级"意志）
```

效应语式的示例如下：

士不可以不弘毅，任重而道远。仁以为己任，不亦重乎？死而后已，不亦远乎？
　　　　　　　　　　　　　　　　　——《论语·泰伯》

"人定胜天"、"人有多大胆，地有多大产"
（以上为积极语式）

"道在蝼蚁，在梯稗（杂草），在瓦甓（砖瓦），在尿溺"

——《庄子·知北游》

"世间本来就没有什么硬道理嘛！凡道理都是软道理嘛！"

——《对话续1》

（以上为消极语式）

这组示例充分展示了二级延伸概念 f52e2ne2n 的辩证表现。

第 3 节
强调语式 f53 (391)

5.3-0 强调语式 f53 的概念延伸结构表示式

```
f53：(α=b,(\k)=2)
    f53α=b                    强调语式的第一本体呈现（第一类强调语式）
    f538                      目的强调语式
    f539                      途径强调语式
    f53a                      步调强调语式
    f53b                      视野强调语式
    f53(\k)=2                 强调语式的第二本体呈现（第二类强调语式）
    f53(\1)                   对象强调
    f53(\2)                   内容强调
```

这里有两点需要提请注意：①概念延伸结构表示式采用了封闭形态，这在 4 株语式概念树中是独一无二的；②并列延伸采用了"(\k)=2"的异类形态，它表示第二类强调语式不会采取对象强调与内容强调的分别说形态，只会采取非分别说形式。基于这两点，下面仅以两个小节进行论述。

细心的读者会注意到：上一节感叹语式的概念关联式缺了（f52-01），现在是把它补上的时候了。

```
        f52 = 7y ——（f52-01）
        （感叹语式强交式关联于第一类精神生活）
        f53 = ay+dy ——（f53-01）
        （强调语式强交式关联于第二类劳动和深层第三类精神生活）
```

5.3.1 第一类强调语式 f53α=b 的世界知识

第一类强调语式 f53α=b 具有下面的第二类特殊编号概念关联式：

```
        (f53α <= s10α,α=b) ——（f5-04-0）
```

（第一类强调语式强流式关联于智力的第一本体呈现）
```
    f53α = ay──（f53-02）
```
（第一类强调语式强交式关联于第二类劳动）

第一类强调语式的示例如下：

──**英特耐雄纳尔**一定要实现。（目的强调语式）
──建立**革命根据地**、以农村包围城市是夺取中国革命胜利的唯一正确路线。（途径强调语式）
──贫穷不是社会主义，要让**一部分人先富**起来。（步调强调语式）
──坚持**中国特色**社会主义不动摇。（视野强调语式）

这4个示例的前两个都曾经产生过无比强大的语用力量，但也带来了巨大的柏拉图洞穴效应，后两个示例也必将如此。

5.3.2 第二类强调语式 f53(\k)=2 的世界知识

第二类强调语式 f53(\k)=2 具有下列概念关联式：

```
    f53(\k) = dy──（f53-03）
```
（第二类强调语式强交式关联于深层第三类精神生活）
```
    f53(\1) := (B,147,ABS) ──[f53-01a]
```
（对象强调对应于语境对象）
```
    f53(\2) := (C,147,ABS) ──[f53-01b]
```
（内容强调对应于语境内容）

第二类强调语式的示例如下：

──"不入虎穴，焉得虎子。"（班超）
──"宁我负天下人，毋使天下人负我。"（曹操）
──巡呼云曰："南八，男儿死耳，不可为不义屈。"（张巡）
　　云笑曰："欲将以有为也，公有言，云敢不死！"即不屈。（南霁云）
　　（这是张巡将军与其部将南霁云在战败被俘后的对话，见韩愈《张中丞传后叙》）

第 4 节
比喻语式 f54 (392)

5.4-0 比喻语式 f54 的概念延伸结构表示式

```
    f54:(o01;)
    f54o01                          比喻语式的两极描述
```

```
f54c01                    明喻
f54d01                    隐喻
```

比喻语式 f54 是又一仅含单项一级延伸概念"o01"的概念树。汉语是使用比喻语式的高手，不仅善于明喻，也善于隐喻。汉语原来似乎没有"隐喻"这个词语，英语的对应词语是 metaphor。但这不等于说，汉人的语言脑里没有这个概念基元，庄子就是隐喻运用的顶级高手，可见该概念基元不仅存在，而且非常发达。这里顺便说一声，孟子和苏格拉底都是明喻运用的顶级高手。

5.4.1 明喻 f54c01 的世界知识

明喻 f54c01 就是通常意义下的比喻。

汉语似乎存在一项明喻"专利"，叫歇后语。如果要给它一个 HNC 符号，则建议如下：

```
f54c01i                   歇后语
```

明喻 f54c01 具有下列概念关联式：

```
(f54c01,sv10b,((jr761,l47,ru00),l44,Bju762))── [f54-01]
（明喻以不同对象之间的功能同一性为立足点）
(f54c01,svr105ju73c01,8112) ──（f54-01）
（明喻常用于分析）
f54c01 ≡ fb5 ──（f54-02）
（明喻强关联于比喻）
f54c01 = f327\1 ──（f54-03）
（明喻强交式关联于标志性另称）
(f54c01,jlv00e21,f23) ──（f54-04）
（明喻关联于标示语）
```

这里，需要对[f54-01]说一句话：它相当于明喻的定义式。

5.4.2 隐喻 f54d01 的世界知识

隐喻的研究近年获得语言学界的青睐，已形成可观的专家知识，这里的隐喻 f54d01 暂不考虑这类专家知识，将以一种特殊的论述方式，介绍隐喻世界知识的要点。

汉语对隐喻的描述是："言外之意"或"弦外之音"，这个表达很传神，那么，使用 HNC 符号能否得到类似的效果呢？请考察下面的概念关联式：

```
(f54d01,jl00e21,(r00,l47,gwa3*8)u407-e22) ──（f54-05）
（隐喻具有另外的语言意义）
```

此概念关联式的背后还存在着下面的特殊编号概念关联式：

```
(f4,jl111,(451su20be21,l43,gwa3*8)) ──（f4-05-0）
（句式是对言语的直接使用）
(f5,jl111jlu12c32,(451su20be22,l43,gwa3*8)) ──（f5-04-0）
（语式可能是对言语的间接使用）
```

考察结果如何？笔者将依然采取"笑而不语"的态度，但向隐喻的热心者提一项建议：一定要精读毛泽东的名著《论人民民主专政》（纪念中国共产党建党二十八周年）的开场白，没有比这个开场白更精彩的隐喻范本了，这里摘录其中的一段话以飨读者。

"中国共产党已经不是小孩子。也不是十几岁的年轻人，而是一个大人了。人到老年就要死亡，党也是这样……我们和资产阶级政党相反。他们怕说阶级的消灭，国家权力的消灭和党的消灭。我们则公开申明，恰是为着促使这些东西的消灭而创设条件，而努力奋斗。"

这段话里使用了小孩子、年轻人、大人和老年的比喻，从这个比喻里，引申出关于一切社会组织都必然要走向死亡和必将被消灭的论断，明确指出资产阶级政党怕这个论断。这是在向参与过第二次十月革命的所有同志发出一个强烈的警告信号（隐喻）：准备被消灭吧！别把我此前在《新民主主义论》(194001)和《论联合政府》(19450423)里所说的话都当真了。这被警告的对象，不光是指党外的头面人物，也包括党内的。因此，如果有人说：这段话是人类历史上的天字第一号隐喻，那笔者举双手赞同。毛泽东先生在那个重要时刻发出这样的警告信号是有深意的，在那以后的又一个二十八年里，他一直在为实现该隐喻的主张而"创设条件"和"努力奋斗"。遗憾的是，当时没有什么人明白这一点，现在的许多有关研究者依然是一点也不明白。

最后补充一点，汉语的隐喻似乎拥有一项近乎"专利"的东西，叫谜语或灯谜。

结 束 语

本章各节的撰写方式各不相同，这一点与上一章类似。

第 1 节提出了低级模拟语式 f51c01 乃是语言进化源头的论点，与语句进化历程的"第一步演变是形成(B,C)形态或(B,E)形态的 2 主块语句"（见"主块标记 l0"引言（[240-0]章）的说法相呼应，属于形而上论述。有关专家对此是看不上眼的，但它关系语言生态问题的思考，濒危土著语言如何保护？不应该只考虑原始形态数据的保留，也许更为重要的是其句式和语式这两大语习特征的揭示。

高级模拟语式是丛林法则在语言领域的体现，不仅体现在日常生活里，也体现在表演艺术里，但对这两点都未展开论述。

第 2 节（感叹语式）和第 3 节（强调语式）都回避了论述，仅以概念关联式和示例"叩其两端"。示例以古汉语为主，第二类强调语式竟然全是。这里有"难言之隐"，故一律未加"翻译"，读者谅之。

第 4 节（比喻语式）采取了通常的撰写方式。其中，关于天字第一号隐喻的有关文字似乎显得多余，这是为了还愿。前文在论述列斯毛革命时提到过"三论"，使用了从恋爱到结婚的不当比喻（见"个人'理念'行为 7332\1"小节——[123-321]），一直希望找到一个弥补的机会。这个机会就给了隐喻，如此而已。

小 结 （"大片 2"）

在语言生成的视野里，句式和语式是语法的两大基本课题，对于这一点，HNC 也同样落入后知后觉的下乘，所以，对概念林 f5 曾长期使用"语气"这一汉语命名，误导了 HNC 团队和读者，深致歉意。

句式与语式的本质差异何在？这两章给出了充分的阐释么？如果以"概念林-概念树-延伸概念"的老一套说法来回答，笔者自己也不会满意。怎么办？补充三点吧。

（1）第二类特殊编号概念关联式（f4-05-0）和（f5-04-0）表明：句式和语式不过是对言语使用方式的不同，前者一定是直接使用，而后者则可能是间接使用。这就是说，句式与语式的差异是一种可能性差异，而不是必定性差异，模仿佛学的话语就是"亦异亦同"。

（2）句式与语式都是语言脑的产物，但语言脑与科学脑和艺术脑是交互交织，而不是截然分离的。从这个意义上可以说，句式是语言脑与科学脑交织的产物，语式则是语言脑与艺术脑交织的产物。

（3）语式先于句式，且高于句式；语式未必需要进入语法，但句式早已进入；语式大体相当于语言风格，但其内涵更宽。

第六章

古语 f6

引 言

本章所定义的古语有两层意思：一是古代语言的意思；二是已经或即将被替代的意思。拉丁语和文言都是已被替代的古语，众多行将灭亡的土著语言是即将被替代的古语。拉丁语成为古语不过是几百年的事，文言成为古语则还不到 100 年。古语的概念树是按照上述两层意思来设计的，其 HNC 符号及汉语说明如下：

f61	古代语言的基本特性（古语基本特性）
f62	古语代谢性
f63	古语永恒性

第 1 节
古语基本特性 f61 (393)

6.1-0 古语基本特性 f61 的概念延伸结构表示式

```
f61:(d2n,e5m,\k=2;e533;e533ea~6,)
    f61d2n              古语的演变性
    f61d21              成熟古语
    f61d22              原始古语
    f61e5m              古语形态
    f61e51              上层古语
    f61e52              下层古语
    f61e53              交融古语
        f61e533             不同古语之间的交融
            f61e533ea~6         交融古语的两种形态
            f61e533ea5          强势语言对弱势语言的消融
            f61e533ea7          等势语言之间的交融
    f61\k=2             古语基本类型
    f61\1               音字合一古语
    f61\2               音字分家古语
```

古语基本特性 f61 的概念延伸结构表示式采取了开放形态，这纯粹基于未来与专家知识建立接口的考虑。如果仅从世界知识的视野来说，一级延伸足矣，故下文以 3 个小节进行论述亦足矣。

6.1.1 古语演变性 f61d2n 的世界知识

用符号"d2n"（语言理解基因第二类氨基酸 5 种基本类型的第三种）来描述古语演变性或许使许多读者感到意外，为什么不选用"d3n"？它应该更合适一些吧。

这就需要把前面给出的一行表示式拷贝在下面了：

$$B => (B,C) => (B,C,E) => (B,A,C,E)$$

那里（[240-0]"主块标记 10"引言）把这行东西叫作"语句的进化历程或小孩的话语习得过程"的三步形态演变。但这三步演变的关键一步是

$$(B,C) => (B,C,E)$$

未完成这一步演变的语言就是原始古语 f61d22，完成了这一步演变的古语就是成熟古语，如此而已，还有比这更透齐的思考乎！这一世界知识的概念关联式如下：

```
(f61d22,jl11e22,(B,C) => (B,C,E)) —— [f61-01a]
（原始古语不存在语句的第二步演变）
(f61d21,jl11e21,(B,C) => (B,C,E)) —— [f61-01b]
（成熟古语存在语句的第二步演变）
```

6.1.2 古语形态 f61e5m 的世界知识

用符号"e5m"（语言理解基因第二类氨基酸 5 种基本类型的第四种）来描述古语形态应该会使多数读者感到惊喜，因为大家应该对"e5m"的相互转换性和橄榄形特征非常熟悉了，而这应该正是古语形态的基本特征。使用"上层古语 f61e51"的是古代社会精英，使用"下层古语 f61e52"的是古代社会底层民众，使用"交融古语 f61e53"的是古代中间阶层（在中国就是士农工商）。这个说法肯定会遭到"以现代想象古代"的责难，这里要说一句，关键在对交融二字的理解。

这里的"交融"不仅指"上层"与"下层"的交融，这是符号"e5m"本身所赋予的意义，还指不同古语之间的交融。第二层意思是通过二级延伸概念 f61e533 来展现的，这一延伸概念已完全进入专家知识的范畴，本小节可不置一词。但 HNC 可方便地赋予该概念以延伸符号"ea~6"，形成三级延伸 f61e533ea~6。其汉语意义拷贝如下：

```
f61e533ea5          强势语言对弱势语言的消融
f61e533ea7          等势语言之间的交融
```

在东亚的中华大地，存在着一种强势民族语言——古汉语；在西欧的基督地面，则不存在这样的民族语言。因此，f61e533ea5 所描述语言现象似乎只存在于中华大地，这是中华大地出现千年大一统局面的语言因素，也是西欧基督地面未能出现大一统局面的语言因素。这语言因素是最重要的文化因素，也深刻影响到政治因素。许多专家都指出过这一点，但似乎还缺乏一个系统性的论述。古汉语对中华文明的历史功绩，意绪第语对苦难犹太民族的历史功绩，我们已有足够的认识和理解么？未必。否则，蕲乡老者就不会对中国式断裂的修复那么悲观了，而内贾德先生也不会对消灭以色列那么"理直气壮"了。

6.1.3 古语基本类型 f61\k=2 的世界知识

请注意，这里使用符号"\k=2"而非"\k=m"。这是否过于武断？也许吧。

关键在于要认识到：在语言的进化历程中，文字介入的早晚是一个关键因素，晚介入则形成音字合一古语 f61\1；早介入则形成音字分家古语 f61\2。汉语属于后者，此说也许属于 HNC 的"专利"，《理论》中曾对此有所论述（见该书 pp25-26）。

前文（见[240-1]"语段标记 l1"章引言）曾说道：自然语言可以分为两大类，一类是主块标记 l0 齐全的语言，另一类是主块标记 l0 不齐全的语言，汉语是前者的代表，英语是后者的代表。这里应该补充说一句：古语的两种基本类型也就是语言的两种基本类型：音字合一语言和音字分家语言。西语是前者的代表，汉语是后者的代表。两类语言各有自己语法和语习特征，这是语言学的彼山景象。西方语言学不太容易明白这一彼山景象是不奇怪的，但现代汉语语法学的基本教程也跟着不明白，也跟着津津乐道于什么"音义统一体"而不加丝毫变动，那是很不应该的。

20 世纪的脑科学研究表明：音字分家语言有利于左脑和右脑的协同工作，因为此类语言的字形辨认需要图形脑（在右脑）的配合。这意味着对拼音语言的过度崇拜是需要反思的，对汉字和古汉语的种种指责也是需要反思的。

本小节最后，给出下面的概念关联式：

```
f61\1 := (jr761,l44,(gwa3*9,gwa3*a))──（f6-01-0）
```
（音字合一古语对应于语音与文字的同一性）
```
f61\2 := (jr762,l44,(gwa3*9,gwa3*a))──（f6-02-0）
```
（音字分家古语对应于语音与文字的异质性）
```
gwa3*8[1] =% f61\1──（f61-01）
```
（英语属于音字合一古语）
```
gwa3*8[2] =% f61\2──（f61-02）
```
（汉语属于音字分家古语）

第 2 节
古语代谢性 f62 (394)

6.2-0 古语代谢性 f62 的概念延伸结构表示式

```
f62:(eb~0;)
  f62eb~0           古语的过程三分
  f62eb1            古语形成
  f62eb2            古语消亡
  f62eb3            古语历程
```

符号"eb~0"是对古语代谢性的传神描述。由于使用了传神二字，如果再写下"语言理解基因氨基酸"或"认识论描述"之类令人厌烦的文字就显得多余了。但请对这个示例予以特别关注，借以获得对符号"ebm"和"eb~0"的深切感受与理解。

本节以 3 个小节进行论述。

6.2.1 古语形成 f62eb1 的世界知识

古语形成具有下面的概念关联式：

```
f62eb1 <= (311,l47,pj52*)──（f6-03-0）
```
（古语形成强流式关联于民族的形成）
```
(f62eb1+f62eb3,jl11e22jlu12c31,gwa3*a)──（f62-01）
```
（古语形成与历程可以没有文字）
```
f62eb1+f62eb3 = f61e533──（f62-02）
```
（古语形成与历程强交式关联于古语交融）

6.2.2 古语消亡 f62eb2 的世界知识

古语消亡具有下面的概念关联式：

```
f62eb2 <= (312,l47,pj52*)──（f62-03）
```
（古语消亡强流式关联于民族的消亡）
```
f62eb2 = (r4075,jlv11e22,gwa3*a)──（f62-04）
```
（古语消亡强交式关联于自身不存在文字）

6.2.3 古语历程 f62eb3 的世界知识

古语历程具有下面的概念关联式：

```
(f62eb3,s31,pj1*9) := 1079c25 ── (f62-05)
（农业时代的古语历程对应于过程进展性的渐变）
(f62eb3,s31,pj1*a) := 10ae22 ── (f62-06)
（工业时代的古语历程对应于演变的突变）
(f62eb3,s31,pj1*b) := 10ae21 ── (f62-07)
（后工业时代的古语历程对应于演变的渐变）
(f62eb3 = pj1*t,t=b) ── (f6-0-01)
（古语历程强交式关联于三个历史时代）
```

应该说明一声：概念关联式（f62-0m,m=5-7）是对特殊编号概念关联式（f6-0-01）的具体诠释。这里的"朝三暮四"（"朝三"指以"f62"牵头的前 3 个普通概念关联式，"暮四"指关于古语历程的全部 4 个概念关联式）也许是笔者的幻觉，但愿如此。

第 3 节
古语永恒性 f63 (395)

6.3-0 古语永恒性 f63 的概念延伸结构表示式

```
f63:(\k=2;)
  f63\k=2          古语永恒性的基本类型
  f63\1            第一类古语永恒性
  f63\2            第二类古语永恒性
```

本节将采取甲撰写方式。

有必要设置古语永恒性 f63 这株概念树么？在全部 456 株概念树中，它是最使笔者犹豫的一株。请允许笔者从《忆父亲》一文[*1]说起吧，下面是该文的片段摘录。

  父亲对散文有特殊感情和见解，认为它是集诗文乐于一体的艺术。父亲在《自叙》里有两段重要的话：……第二段表现了父亲在学术上敢打大仗、敢打硬仗的风格，又暗示了以古文之继往开来为己任的雄心。在四十和五十年代，父亲的主要精力放在散文方面，可惜当时的作品，特别是散见于日记中的有关论述，已毁于十年浩劫之中。父亲曾多次讲过："我不反对现代体，文体总是随时代而发展，但我坚持古体不可废，试想万年之后，现代文体写的历史，后人怎么读得完啊！"……知识和信息爆炸性增长的势头，确实已开始对知识的表达方式提出了挑战，难道人类永远不再需要高度浓缩的优化知识表达方式么？难道《史记》和《汉书》不能再次成为历史记载的典范形式之一么？让后人去审读吧。

"古体不可废"的命题关系到古语永恒性的课题,该课题也许仅适用于汉语。因为汉语具有"音字分家"特性,这一特性为汉字的特定不变性[*2]提供了基本保障,汉字的特定不变性为其语言文本的永恒性奠定了基础。近半个世纪以来,中国古墓出土的各种形态文本都表明:汉字的特定不变性是古语永恒性的一种特殊呈现,为出土文本的辨认提供了极大的便利,其他文明拥有这样的便利么?似乎没有。

但是,古语永恒性的意义不仅仅是这一点,更为重要的是古汉语的美学和艺术价值,这才是"古体不可废"这一命题的要点。近 100 年来,新文化运动仅从"文化普及的沉重包袱"这一个视角去考察古文和汉字,这单一视角考察所造成的种种误导依然是中国文化界的主流观点。诚然,新文化运动创立了自己的辉煌,但这辉煌已经显得有点后劲不足,特别表现在文学方面,为什么?有人说:新生代缺乏老一代的古汉语根基是重要原因之一。

老一代的古汉语根基是在当年的文化氛围下形成的,而那个氛围早已荡然无存。那么,古汉语根基之说还有现实意义么?以左司韩柳和李杜苏辛[*3]为标志的文学形态,必然会被时代潮流推向"艺术化石"的下场么?对它的继承就是历史的倒退么?类似于第一世界退回到用希腊文或拉丁文进行写作么?这些问题里既存在文化柏拉图洞穴的景象,也存在古语永恒性的曙光。这就是最终决定设置概念树"古语永恒性 f63"的思考历程了。

古语永恒性的一级延伸概念被设计成 f63\k=2 的形态乃是 HNC 的必然而轻松的选择,依据就是下面的第二类特殊编号概念关联式:

$$(f63\backslash k := f61\backslash k, k=2) \text{——} (f6\text{-}04\text{-}0)$$
(古语永恒性基本类型对应于古语基本类型)

此式表明:第一类古语永恒性 f63\1 也可以名之音字合一古语的永恒性;第二类古语永恒性也可以名之音字分家古语的永恒性。下面两小节的名称就采用后者。

6.3.1 音字合一古语永恒性 f63\1 的世界知识

永恒性似乎是一个违背科学精神的概念,语言学界尤其不容易接受,需要略加解释。

永恒性的 HNC 符号是 ru1078d01,是过程延续性 1078 的极度展现,古语永恒性不过就是古语延续性的极度展现。19 世纪以来,比较语言学的重大斩获就是揭示了印欧语系延续性极度展现的历史本来面目。在此之前,"工业文明清单"里的文艺复兴和启蒙运动曾出现过"言必称希腊"的文化氛围,那个氛围本身就是音字合一古语永恒性 f63\1 的历史见证。

以上所说,都涉及专家知识,而且不仅是语言学的专家知识。那么,音字合一古语永恒性 f63\1 的世界知识是什么?可能出乎许多读者的意料,其第一位的世界知识不过是一个第一类特殊编号概念关联式:

$$f63\backslash 1 \Rightarrow (311, 147, pj1\text{*}a) \text{——} (f63\text{-}0\text{-}01)$$
(音字合一古语永恒性是促成工业时代诞生的缘由之一)

6.3.2 音字分家古语永恒性 f63\2 的世界知识

如果问:近一个世纪以来,中国新文化运动最重要的教训是什么?可供选择的答案之一是:试图把"音字分家语言 f61\2"改造成"音字合一语言 f61\1",这也许是人类历史上最不可思议的乌托邦文化行为之一。这里不能不提及一项似乎被遗忘的历史事实,那就是:当年特别热衷于此项改造运动的，是第一次十月革命后的俄国人。

与概念关联式（f63-0-01）相对称，应该存在下面的概念关联式：

```
f63\2 => (311,147,pj1*bd36) ── (f63-0-02)
```
（音字分家古语永恒性是促成后工业时代中级阶段诞生的缘由之一）

（f63-0-02）是所有第一类特殊编号概念关联式中最特殊的一个，它也许只能赢得蕲乡老者唯一的赞成票。但这个概念关联式并不是凭空出现的。此前已在第一卷第二编作了大量的论述，将来还会在第一卷第四编作进一步的阐释。

结束语

语言演进的认识古已有之，索绪尔先生提出的"言语与语言"及"语言历时性和共时性"等概念对这一认识有所深化。本章的目标是对语言的演化历程给出一个系统描述。这一描述的关键性思考是引入了"文字介入"的概念，并据此而提出了"音字合一语言和音字分家语言"的说法，这个说法不容易为学界所接受，也许改成"多音节主导语言和单音节主导语言"更合适一些。说法的具体形式只是技术性问题，重要的是该说法的内涵关系到语言描述手段的透齐性。下面第八章将对这一点有所回应。

注释

[*1] 故乡湖北蕲春大樟树黄氏家族1990年代初曾续修《黄氏家谱》，该文乃应家谱编修之约而写。约稿要求写《黄焯传》，但笔者考虑到没有这个资格，遂以《忆父亲》代之。父亲逝世时，笔者所写的挽联比较全面地概括了父亲一生的学术生涯，录如下：

继许郑章黄，洞明千载疑难。任十年风雨飘摇，珈山屹立，锐意伸张华夏志。
追左司韩柳，探求万仞神奇。忍三叠阳关冷落，琴台独步，壮心恪守汉家风。

——许郑章黄：许慎、郑康成、章太炎和黄侃的合称。
——左司韩柳：左丘明、司马迁、韩愈和柳宗元的合称。
——十年风雨：指文化大革命。
——三叠阳关：指古文。
——珈山：珞珈山的简称，武汉大学所在地。
——琴台：汉阳古迹，相传为伯牙与钟子期的神交之地。

[*2] 汉字经历过甲骨文、金文、小篆、隶书、楷书的古代演变，近代又经历过从繁体字到简体字的演变。然而，这两番演变里又包含着内在不变性，故以特定不变性名之。

[*3] 左司韩柳见[*1]，李杜苏辛：李白、杜甫、苏轼、辛弃疾的合称。

第七章

口语及方言 f7

引 言

本概念林的概念树设置，其命名已经交了底，无须多话。在语习逻辑里，这样的概念林有 4 片，它们的 HNC 符号和汉语命名分别是"f3 命名与称呼"、"f7 口语及方言"、"f9 简化与省略"和"fa 同效与等效"。

本概念林两株概念树的 HNC 符号及汉语命名如下：

    f71   口语
    f72   方言

这里应该说明一下，在 3 年前（2011 年）撰写本编初稿的时候，本章和最后 3 章都暂付阙如，因为它们都属于 HNC 的边缘地带。所谓"HNC 边缘地带"有不同的含义，本章属于最典型的"边缘"，因为它密切联系于语言脑两输出接口（"口"与"手"）之一的"口"。口语通常与书面语相对应，但实际上还有一个手语。从语言脑两输出接口的意义上说，书面语不仅可以说是手语的最高形态，也可以说是口语的最高形态。口与手不仅是语言脑的输出接口，也是大脑另外 5 大功能区块的接口，上面的引号含有区别这两种接口功能的意思。

第 1 节
口语 f71 (396)

7.1-0 口语 f71 的概念延伸结构表示式

```
f71:(c2n,β;c2nd01,βd01,a3,)
    f71c2n                     口语的高阶对比二分
      f71c2nd01                书面语的高阶对比二分
    f71β                       口语的作用效应链呈现
      f71βd01                  书面语的作用效应链呈现
    f71a3                      讲演
```

这里的延伸概念都不赋予其分别说的汉语命名，这比较明智。但有趣的是，汉语实际上存在部分延伸概念的命名，见下文。

二级延伸概念 f71c2nd01 展现了口语和书面语之间的关系，这种展示方式是 HNC 的必然选择。当然，HNC 还必须配置下列"贵宾"级概念关联式：

```
f71c2n := gwa3*9 ── (f71-01-0)
（口语对应于语音）
f71c2nd01 := gwa3*a ── (f71-02-0)
（书面语对应于文字）
```

下面以两个小节进行论述。

7.1.1 口语高阶对比二分 f71c2n 的世界知识

对口语高阶对比二分 f71c2n 不赋予汉语命名，必然给陈述带来不便，下文将分别以"c25"口语和"c26"口语名之。

在中国的"士农工商"时代，"士"使用"c26"口语，非"士"使用"c25"口语，后者与所谓的白话不是一个东西，现代汉语理论是否对此存在混淆之嫌？白话的原意是指书面语的一种形态，与文言相对应，有白话文和文言文之别。汉语书面语的这两种形态泾渭分明，这或许是汉语的"专利"。该"专利"的 HNC 符号如下：

```
白话文           f71c25d01
文言文           f71c26d01
```

应该强调两点。

（1）口语与书面语都存在"c2n"的形态区别，这是自然属性 j70 在语习逻辑里的必然呈现。没有这种区别，反而是不可思议的"乌托"景象。但"乌托"景象的推崇者，一定难以愿意承认"f71c2n"景象的合理存在性，对古汉语的"f71c2nd01"景象，更是如此。

（2）上述汉语"专利"确实带来了口语与书面语极度分离的消极语言现象，这是应该

7.1.2 口语作用效应链呈现 f71β 的世界知识

本小节将以彻底的乙撰写方式打头阵。

```
((fzr71β,jlv00e52,fzr71βd01),s31,pj1*9) —— (f71-0-01)
   (在农业时代，口语的价值大于书面语)
((fzr71β,jlv00e53,fzr71βd01),s31,pj1*a) —— (f71-0-02)
   (在工业时代，口语与书面语的价值相当)
((fzr71β,jlv00e51jlur12e22,fzr71βd01),s31,pj1*b) —— (f71-0-03)
   (在工业时代，口语的价值将小于书面语)
((2398b,l45,f71β+f71βd01),jlv111jlur12e22(d01),ra64u53821)
                                                  —— (f71-0-04)
   (关于语言作用效应链呈现的论述是一个有待探索的课题)
```

延伸概念"讲演 f71a3"的引入带有偶然性。讲演与谈话要求不同的信息传递技巧，两种技巧都受到古希腊文明的高度重视，而先秦文化似乎只重视后者。这形成一种语习，造成了中华文明在演讲技巧方面的弱势。到近代，孙中山先生是重视演讲技巧的第一人。这一差异或许是民主政治制度得以诞生于西方文明的缘由之一。偶然性者，有感于此也。

第 2 节
方言 f72 (397)

7.2-0 方言 f72 的概念延伸结构表示式

```
f72:(-,i;-0,i\k=2)
   f72-                    方言地域性（方言）
      f72-0                方言生态
   f72i                    方言的关系状态描述
      f72i\k=2             方言关系状态描述的第二本体呈现
      f72i\1               隔绝性方言
      f72i\2               融合性方言
```

7.2.1 方言地域描述 f72- 的世界知识

地域性是方言的第一位属性，符号"f72"与"-"之组合 f72-，可以说是描述方言地域性的绝配。但这一绝配的生命力（联想脉络的激活度）必须仰仗下列概念关联式：

```
f72- := (f71c2n,wj2*-0) —— (f72-01)
   (方言对应于地域口语)
(f72-,jlv00e22,gwa3*a) —— (f72-02)
```

（方言无关于文字）
f72-0 := (xwj2*-00,l45,f72) —— (f72-03)
（方言生态对应于方言的地区性）
(f72-0,j100e21,wj2*-0) —— (f72-04)
（方言生态关联于地域）

为便于读者对上列概念关联的理解，下面说一句大白话：中国南方与北方的方言生态有天壤之别。

7.2.2 方言关系状态描述 f72i 的世界知识

方言关系状态描述的 HNC 符号"f72i"的传神度虽然远不如"f72-"，但勉强及格，至于符号"f72i\k=2"，则更是等而下之，其概念联想脉络的激活必须仰仗下列概念关联式：

f72i\1 <= ((372+376),l44,wj2*-00)
（隔绝性方言强流式关联于地区之间的隔绝）
f72i\2 <= ((39e21+39e621),l44,(p-j762,pwj2*))
（融合性方言强流式关联于城市不同人群之间的融合）

结 束 语

本章引言说过，口语及方言属于 HNC 的边缘地带，HNC 理论对该地带的关注点大有别于传统语言学，不存在接轨问题，故本章仅采取乙撰写方式。

但应该申明，边缘地带的说法并不准确，口语与书面语的 HNC 符号就是最有力的证据。

小 结 （"大片3"）

本大片辖属两片概念林，共 5 株概念树，前 3 后 2，未免有"厚古薄今"之嫌，不能不说几句辩护的话。

论语言生命力，曾出现过比汉语文言文更长寿的语言形态么？没有吧，这长寿的缘起与意义是否被过于忽视呢？这是"前3后2"的表层依据，而其深层依据则是一个不断萦绕于耳际的声音[*1]：善待古汉语，珍惜文言文。

注 释

[*1] 这声音还十分隐约，而且它只是一个大乐章里的一个小片段。该乐章曾名之"后工业时代的历史性呼唤"，前文已做过比较系统的论述。与本小结直接相关的，是关于第二世界和第二文明标杆的命题。曾多次建议过，第二文明标杆区别于第一和第三文明标杆的核心理念应该是下列六个字或三个双字词：仁义、王道、孝友。这样的建议，在100年前肯定属于文化乌托邦，可不屑一顾，但现在不同了，也许可以纳入文化"迪托邦"（乌托邦的反义词）的范畴吧。

第八章

搭配 f8

引 言

  言语就是词语的搭配,语言的进化历程也就是词语搭配方式由低级形态走向高级形态的发展历程,本编前面各章的概念树设计已多次应用"与人类语言的进化历程大体对应"的原则,本章自然也不例外。据此,为搭配 f8 设计了 4 株概念树,其 HNC 符号及汉语说明如下:

    f81   自身重复
    f82   近搭配
    f83   远搭配
    f84   指代搭配

第 1 节
自身重复 f81 (398)

8.1-0 自身重复 f81 的概念延伸结构表示式

```
f81:(o01;c01:(c01,\k=2,),d01t=a;)
    f81o01              自身重复的两端描述
    f81c01              原始形态的自身重复（原态复制）
      f81c01c01         简单重复
      f81c01\k=2        原态复制的两种基本类型
      f81c01\1          双音节整体重复
      f81c01\2          双音节各自重复
    f81d01              高级形态的自身重复（原态演进）
      f81d01t=a         原态演进的第一本体呈现
      f81d019           音字合一语言的原态演进（第一类原态演进）
      f81d01a           音字分家语言的原态演进（第二类原态演进）
```

8.1.1 原态复制 f81c01 的世界知识

如果说自身重复 f81 是语言进化历程的起点，那么就可以说，原态复制 f81c01 是该进化历程的第一步。

这第一步留下的痕迹应该在任何自然语言里都能观察到。当然，不同自然语言的残留痕迹量会有所不同，汉语的残留量也许是最多的，这与汉语的"音字分家"或"单音节主导"特性密切相关。

原态复制 f81c01 的再延伸概念大约是汉语的专利吧。

简单重复 f81c01c01 密切关联于称呼 f32，并大量用于"u"类和"lru91\1"（一定范围特指）概念的生成。这是三类性质完全不同的应用，建议以变量并列延伸概念 f81c01c01\k=m 加以表示。

第一类应用具有比较稳定的词语，爸爸、妈妈、哥哥、弟弟、姐姐、妹妹、舅舅、姑姑等是大家熟悉的代表；后两类应用比较复杂，主要呈现为动态词，大大、狠狠、青青等是第二类应用的代表，年年、天天、夜夜、件件、事事、处处等是第三类应用的代表。

双音节整体重复 f81c01\1 就是传统语法学所描述的 ABAB 结构。
双音节各自重复 f81c01\2 就是传统语法学所描述的 AABB 结构。

8.1.2 原态演进 f81d01 的世界知识

如果说原态复制 f81c01 是语言进化历程的第一步，那么就可以说，原态演进 f81d01 就是该进化历程关键性的一大步。

这一大步留下的痕迹也应该在任何自然语言里都能观察到。英语"名动形副"的"同根变缀"现象就是这一残留痕迹的明确证据。但汉语的残留痕迹就不那么明显了，黄侃先生的"名词源于动词"说，实质上是对这一残留痕迹的敏锐洞察。

原态演进 f81d01 的再延伸概念动用了语言理解基因第一类氨基酸符号"t=a"，此举非同寻常，凸显了音字合一语言与音字分家语言的本体性差异。这一差异的本体性不容忽视，它不仅凸显于原态演进，也凸显于随后的两株概念树。这项世界知识非常重要，其概念关联式一起写在下面：

```
(f81d01t := f61\k,t=a,k=2) ── (f81-0-01)
(语言原态演进的第一本体呈现对应于古语的第二本体呈现，下同。)
(f82t := f61\k,t=a,k=2) ── (f82-0-01)
(f83t := f61\k,t=a,k=2) ── (f83-0-01)
(f84t := f61\k,t=a,k=2) ── (f84-0-01)
```

这些概念关联式都采用了第一类特殊编号，这无须解释。问题是下面的两个细节。
（1）"f81d01t=a"不可以改成"f81t=a"么？
（2）"f8yt=a"不可以改成"f8y\k=2"么？
回答是：不是绝对不可以，而是现在的安排更合适。第 3 节对此话有所回应。

第 2 节
近搭配 f82 (399)

8.2-0 近搭配 f82 的概念延伸结构表示式

```
f82:(c2m,t=a;)
   f82c2m                  近搭配的对比二分
   f82c21                  基础搭配
   f82c22                  多元搭配
   f82t=a                  近搭配的第一本体二分呈现
   f829                    音字合一语言近搭配（第一类近搭配）
   f82a                    音字分家语言近搭配（第二类近搭配）
```

这一概念延伸结构表示式里的"近搭配的第一本体二分呈现"项同样适用于随后的两株概念树，二级延伸概念一律暂付阙如。但在世界知识的文字说明中，为今后的具体设计提供了充分的素材。

本节以两个小节进行论述，两小节以"f82c2m"为依托，而不以"f82t=a"为依托。下节将不具有这一依托，因而将不分小节。

小节标题都使用了"世界知识"的短语。这里应特别说明一声，这里的"世界知识"乃是"语言世界知识"的简称,但笔者仅了解语言世界的沧海一粟。因此,标题里的"世界知识"改成"世界知识管见"比较恰当,本编不少标题(包括节与小节两级)存在类似问题。但最后都没有改动,为什么?因为多少都使用了一点语言概念空间的景象知识。

8.2.1 基础搭配 f82tc21 的世界知识

基础搭配就是不带基础逻辑符号的搭配,这是基础搭配的定义,其具体类型或结构可概括为下列两组 6 种:

(oo,uo,uu;ou;vo,ov)

这一符号表示里的"o"和"u"有其特定含义,前文已有说明,为便利读者,这里简明重复一下。"o"是"B//C"的"合一"表示,"u"是"(u,z)"的"合一"表示。"B"对应于具体概念,"C"对应于除基础逻辑[*1]之外的全部抽象概念。

这 6 种结构与传统语言学的相关概念(术语)之间有某种形式上的联系,但存在本质区别,前文已有系统论述,这里就不重复了。但需要补充 3 点。①从语言演进历程看,6 种近搭配的前 3 种应早于后 3 种,前者出现于语言初级阶段(原始古语 f61d22),而后者出现于语言高级阶段(成熟古语 f61d21)。前文在论述"串联第一本体呈现 l42t=b"([240-422]小节)时,形式上仅涉及后者。② "vo,ov"结构不仅可以是近搭配,也可以是远搭配。③搭配的世界知识主要指两类语言(即音字合一语言和音字分家语言)之搭配特性的异同(主要是差异)。本节及随后两节的世界知识论述都以对这一异同性的揭示为纲。

汉语的双字词其实都属于基础搭配,多字词的大部分也属于基础搭配。散发着中华文明独特智慧的成语,多数是四字词,其基础搭配的占比是多少?大约还没有答案,因为这样的数据没有实用价值,语料库学派是看不上眼的。

两类语言基础搭配的差异性可以通过表 5-6 给出一个简要的描述。

表 5-6 两类语言第一类搭配的异同

搭配类型	音字合一语言	音字分家语言
oo	"局部-整体"顺序	"整体-局部"顺序
uo	(差异很小)	
uu	同级不可直接搭配	同级可直接搭配
	异级搭配灵活度高	异级搭配灵活度低
ou	罕见	常见
vo	单向	双向
ov	单向	双向

表 5-6 充分表明:两类语言的第一类搭配不是"大同小异",而是"大异小同"。仅凭这一点就足以支持"两类语言"说了。

下面交代若干细节:

——关于"oo"搭配

原则上,此搭配存在 4 种类型:BB、CC、BC 和 CB,这里约定仅描述第一种,以突现两类语言的差异。各举一例如下：

  BB   湖北（省）蕲春（县）青石乡大樟树村
  CC   2008年8月8日下午8点

  这是汉语的"oo"搭配顺序，英语的搭配顺序则恰恰相反。

  这两类代表语言对后三种（CC//BC//CB）搭配的处理方式也差异很大，这一差异的研究价值更大，因为后三种的使用频度远大于第一种。应该说，现代汉语语法学对 CC//BC//CB 搭配的研究曾做出过重大努力，但其谋略仅建立在词类和定中结构的基础上，这就必然造成"身在此山"的局限，HNC 可以对此开拓一套崭新的思路或谋略，这就留后来者吧。

  ——关于"uu"搭配

  用传统语言学的术语来说，此搭配也应该包括 4 种：形容词-形容词、形容词-副词、副词-副词和副词-形容词，但实际上传统语言学只关注最后一种，前三种似乎都是"违法"的，但这些搭配是存在的，为了使之"合法化"，就必须请出语法逻辑的法宝。这所谓的"违法"与"合法化"就是典型的此山景象，彼山景象里并没有这个"法"，它只认同"uu"搭配乃是天经地义的事。

  但是，"u"确实存在级别，所以表里引入了同级和异级的说法，"形-形"与"副-副"为同级搭配，"形"与"副"为异级搭配。在这个视野里，两类语言就展现出表中所叙述（请注意：不是描述）的鲜明差异。汉语可以说"聪明美丽的姑娘"，英语不行，它那个可爱的形态反而造成了拖累，因此，必须在"聪明"与"美丽"之间搞点名堂——加上语法逻辑符号。"形态拖累"的话题很有意思，但不宜在这里展开，也留给后来者吧。

  ——关于"ou"搭配

  表中所叙述的差异迄今未引起语言学界的足够注意。汉语广泛使用简明状态句（无特征块 EK 的句类之一），英语极为罕见。此罕见的根源就是表里所叙述的罕见，而这两罕见的总根源是对"形容词-名词"顺序范式的迷信。这项迷信，实际上就是维特根斯坦先生早已指出的语法魔障之一。

  ——关于"vo"与"ov"搭配

  对这两种搭配，前文已有比较系统的论述，见"串联第一本体呈现 l42t=b 的世界知识"的论述（[230-4.2.2]小节），这里从语习逻辑的视野略加补充。在英语那里，"动宾"（对应于"vo"）结构必须"先动后宾"，"先宾后动"是不可思议的，是"违法"的。然而，汉语却允许"先宾后动"。在形式上，"先宾后动"就混淆于"主谓"，然而它实质上不是"主谓"，而是"动宾"之反。这就是英语"vo"搭配的单向性和汉语"vo"搭配的双向性。如果用网络语言来说，汉语的"vo"搭配特征太刺激了，可是该刺激并未使现代汉语语法学感到兴奋，而是感到沮丧。

  "ov"搭配存在类似情况，相应的叙述就从免了。

  要例子么，遍地都是。自己去亲身体验一下会收获更大。

  沮丧者会说：此现象尽人皆知，问题不在于理论上如何区分，而在于语言信息处理时如何辨认。这是汉语信息处理的重大难点，HNC 有办法解决这个难点么？这里只回答这么一句话，此难点诚然是语句信息处理 5 大劲敌的第 3 号（汉语名称叫"动词异化"），但其降服已不在话下，如"探囊取物"耳。

8.2.2 多元搭配 f82tc22 的世界知识

与基础搭配的定义相对应，多元搭配就是必然使用基础逻辑符号的搭配。

汉语偏好基础搭配，英语偏好多元搭配。

这就是本小节内容的要点，下面仅补充两个细节。

（1）前文给出过"湖南农民运动考察报告"的汉英对照示例，那就是这一语习偏好的生动示例。

（2）前文曾多次提起过"英语在向汉语看齐"的话题，其实主要就是上述英语偏好向汉语偏好的看齐。

注释

[*1] 基础逻辑指"基本逻辑jl"和"语法逻辑l"，这个术语早该引入，但这里是第一次使用。在已定稿的文字里，可能出现过漏用该术语的情况，不必改动。

第 3 节
远搭配 f83 (400)

8.3-0 远搭配 f83 概念延伸结构表示式

```
f83:(t=a;)
  f83t=a           远搭配的第一本体二分表现
  f839             音字合一语言的远搭配
  f83a             音字分家语言的远搭配
```

这一表示式里的"f83t=a"就是上一节相应内容的拷贝，不过把"近"字换成"远"字、把"f82"换成"f83"而已。这再次表明了 HNC 对"音字合一语言"和"音字分家语言"的基本态度：平等对待。前文曾有"不是绝对不可以，而是现在的安排更合适。"的说法，这个态度就是对该说法的回应了。

上一节的论述并未触及近搭配的"近"，主要在描述两类代表性语言的近搭配差异，本节应该说一下"近"和"远"的含义了。

近搭配与远搭配之间的对比性描述如下：近搭配是指短语内部词语之间的搭配, 远搭配是指是指语块或语句之间的搭配。这里有三个之间，一是词语之间；二是语块之间；三是语句之间。对"词语之间"加了"短语内部"的修饰语，但对"语块之间"未加"小句内部"的修饰语，对"语句之间"未加"大句内部"的修饰语。为什么？因为这里需要描述的模糊性。为什么需要？因为在语块和语句之间存在着"你中有我，我中有你"的交织性。这交织性非常特殊，也非常复杂，对它的描述需要一个专用术语，HNC 建议的术语叫句蜕。

原始语言可以不理会这交织性，但成熟语言就必须拥有处理这种交织性（即句蜕）的纯熟技巧。

英语和汉语作为代表性语言，都是成熟语言，但两者对句蜕采取了截然不同的处理方略，音字合一语言的处理方略曾名之"高楼大厦"，音字分家语言的处理方略曾名之"四合院"。从句是"高楼大厦"的标志性建筑，小句是"四合院"的标志性建筑。这里要补充说明的是：两代表语言的两种处理方略景象不是此山景象，而是彼山景象。我们看到的现代潮流是此山崇拜，其另一面就必然是彼山冷落了。

句蜕属于远搭配的核心内容，但不是全部。那么，可以开出一个全描述清单么？可以。

该清单的简明表示式应取"\k=0-m"形态，这就是说，远搭配 f83 的二级延伸概念可采用下面的表示式：

    f83t\k=0-3

该表示式的具体内容设置建议如下：

    f83t\0   句蜕
    f83t\1   违例句式
    f83t\2   非限定形态动词短语
    f83t\3   小句
    f83t\3*7   对联

其中，"违例句式 f83t\1"和"非限定形态动词短语 f83t\2"是音字合一语言的专利，"小句 f83t\3"是音字分家语言的偏好，它拥有自己的再延伸概念"f83t\3*7"，汉语名称叫对联。对联已经超越了偏好，而成为汉语的专利了。

小句 f83t\3 的再延伸概念不仅是对联，还有"迭句—链句—环句—塔句"景象，这就留给后来者去处理了。

这里顺便说一句：汉语书写版式向"西语"（或音字合一语言）看齐的重大决策也许符合技术发展的需要，但未必符合艺术发展的需求（汉字简化工程存在类似问题）。对联的专利不就因此而实质上被废除了么？在工业时代的视野里，这项废除也许算不上什么文化损失，但在后工业时代的视野里则未必如此。书写版式是一个有趣的话题，人家阿拉伯语的书写版式就不向"西语"看齐，这是 HNC 定义三大代表语言（gwa3*8[m],m=1-3）的基本依据之一。

依据上述描述，就不难为远搭配制定一张类似于近搭配的差异对照表了，但这项工作还是留给后来者吧！

本节预定采取最纯粹的甲撰写方式，到此可戛然而止。

第 4 节
指代搭配 f84 (401)

8.4-0 指代搭配 f84 的概念延伸结构表示式

      f84\k=m   指代搭配的第二本体呈现
      f84\1   第一类语言的指代搭配
      f84\2   第二类语言的指代搭配
      f84\3   第三类语言的指代搭配

8.4 指代搭配 f84 的世界知识

首先应该交代一声，在语习逻辑的全部 37 株概念树中，唯有本株概念树曾处于可上可下的两难状态。两难何在？最终决策又何来？下文，并不直接对此给出回答，但答案将浅藏于论述之中。

"指代搭配 f84"里的指代是"指代逻辑 l9+名称与称呼 f3"合称，将以"指代"表示。"指代"可独自承担起语块的重担，这是一般名词所不具备的可贵品格，同时也是自然语言的共相。但是，"指代"作为指代搭配的一个角色，不同自然语言的使用方式却存在着巨大差异，谈不上什么共相。不过，每一种自然语言的特殊使用方式却存在自身的共相特征，这就是说，对不同自然语言的指代搭配特征可以给出一个清晰的描述。对这样的机遇，HNC 一定要采取抓住不放的态度，延伸概念 f84\k=m 就是这一态度的具体举措。

由于笔者对 f84\3 一无所知，所以对 f84\k=m 的形而下论述就一律从免，对不起了。

结 束 语

本章提出了音字合一语言和音字分家语言的说法，这个说法本身毫无新意，不过是屈折语和孤立语两术语的翻版。就语习逻辑的"大片 3"来说，"音字合一"和"音字分家"的说法颇有启示意义，故不惜贸然采用。实际上，"音字合一"不过是一种语言乌托邦，世界语 Esperanto 和汉语拼音化都是实践该乌托邦的实例。至于"音字分家"，那不仅近乎荒谬，更或有冒犯之失。冒犯者，乃相对于传统小学之伟大成果而言也，特此说明。

第九章

简化与省略 f9

引 言

前已说明，本片概念林之概念树配置，已由其汉语命名所指定，即"f91 简化"和"f92 省略"。

两株概念树的概念延伸结构表示式具有最简明的统一形态"f9yc3m"，因此本章的两节都不分小节。在 HNC 概念基元体系的全部概念林中，这是本概念林独一无二的特色。下文将清晰地表明，此特色不属于语言现象，而属于语言景象。

第 1 节
简化 f91 (402)

9.1-0 简化 f91 的概念延伸结构表示式

```
f91:(c3m;)
  f91c3m            简化的对比三分
  f91c31            词语简化
  f91c32            语块简化
  f91c33            语句简化
```

9.1 简化 f91 的世界知识

简化 f91 世界知识的要点就是其简化形态的 3 层级呈现。其 HNC 符号表示是"f91c3m"；其 HNC 语言表述是"词语简化、语块简化、语句简化"，可简称 3 层级简化。这里顺便说一声，所谓 HNC 语言表述，通常都采取语言空间和语言概念空间用语的混合形态，如这里的"词语"和"语句"是语言空间的用语，而"语块"则是语言概念空间的用语。

3 层级简化具有鲜明的语习个性，f91c3m 应具有"\k=m"的二级延伸，目前备而不用。语习逻辑个性这个话题，已经是老生常谈了，这里的"\k=m"不过是对指代搭配 f84 一级延伸结构的直接模仿而已。下面写一点形而下话语。

——关于词语简化 f91c31

词语简化的实质可以归结为对短语的简化。

英语主要用于专名，其简化规则十分简明：取各词语首字母之大写，如 USA 和 UN 等。这种简化形态已经泛滥成灾了。

汉语则充分运用了词语简化的实质，用于各种类型的短语，包括前述的基础搭配。

现代汉语的汉字简化不属于这里的 f91c31 范畴。

——关于语块简化 f91c32

汉语是语块简化的大师，英语是语块简化的小闹。

——关于语句简化 f91c33

汉语是语句简化（"四合院"）的巧匠，英语反其道而行之，是建造语句大厦的高手。

第 2 节
省略 f92 (403)

9.2-0 省略 f92 的概念延伸结构表示式

```
f92:(c3m;)
  f92c3m              省略的对比三分
  f92c31              语块省略
  f92c32              语句省略
  f92c33              语境省略
```

9.2 省略 f92 的世界知识

简化 f91 以"词语、语块、语句"作对比三分，省略 f92 以"语块、语句、语境"作对比三分，这充分体现了 HNC 的独特思考方式。本章引言里的"现象+景象"说即缘起于此。

本节概念延伸结构表示式开放形态的含义与上节完全雷同，不必重复。下面也仿照上节，写一点形而下话语。

（1）关于语块省略 f92c31。英语高度重视句式的语块齐全性，用传统语言学的话语来说，就是高度重视"主谓宾"的齐备性。但请注意，英语语块省略现象在全局语句（EgJ）里诚然罕见，但在句蜕（ElJ）里是否依然如此？需要考察。汉语的全局语句（EgJ）经常采用迭句，迭句是汉语最典型的语块省略。

（2）关于语句省略 f92c32。语句省略 f92c32 可另名省略语句，是句式 f4 的一种特殊形态，但未安置在该片概念林里。要问缘由何在？答曰：为了免除简化概念林的孤单，为了突出 HNC 特色的对比三分，即平衡原则的运用耳。各种自然语言语句省略的形式与内容大同小异，至少英汉两代表语言是如此，读者可自行验证。最后，不妨给出下面的概念关联式：

```
(f92c32,jl111,(rw408,l47,f42+f43))
（省略语句是询问与祈使句式的对应物）
```

（3）古语语境省略 f92c33。语境省略 f92c33 是所有古语 f6 的基本特征，也是《名言》或《语录》的基本特征。在古语里，《论语》的语境省略或许最为严重，它历来遭到众多误解，与此不无关系。

中国的"文化大革命"语言是语境省略的极致形态，现代媒体语言和当下的国际争端都充斥着语境省略语言。以史为鉴，首先要把握住 3 个历史时代的视野，其次要从自己做起，少讲语境省略的话语。

结 束 语

本章论述未给出一个示例。示例可以是激活剂，也可以是麻醉剂。就本章而言，麻醉的风险或许更大，故不为此。

第十章

同效与等效 fa

引 言

本章所述内容，由于心理学的介入而日益受到重视。

本章命名里的同效是这次补写时加进去的，原来的命名只是等效。改动后，本片概念林就更为名正言顺地加入其兄弟行列（f3 命名与称呼、f7 口语及方言、f9 简化与省略）了。

其两株概念树的 HNC 符号及汉语命名如下：

    fa1   同效语
    fa2   等效语

那么，两者的区别何在？一句话，前者对应于本能，后者对应于智能。相应的概念关联式如下：

    (fa1 := 65y, fa2 := 9y,y=0-5) —— (fa-01-0)

两株概念树 fa1 和 fa2 的概念延伸结构表示式将完全相同，本能与智能的本质区别只能展现在上列概念关联式里。但相应延伸概念分别说的汉语说明，却给出了同样的展示，这就要归功于"同效"这个新引入的术语了。

第 1 节
同效语 fa1 (404)

10.1-0 同效语 fa1 的概念延伸结构表示式

```
fa1(t=b,i;)
   fa1t=b           同效语的第一本体呈现（本能肢体语言）
   fa19             眼神同效语
   fa1a             表情同效语
   fa1b             肢体同效语
   fa1i             信号语
```

某些眼神、面部表情和肢体动作都能产生传递信息的作用，即相当于语言信号的作用。广义肢体语言就包括这三者，延伸概念 fayt=b 的设置即缘起于此。"同效语第一本体呈现 fa1t=b"将另名本能肢体语言。本节以两个小节进行论述。

10.1.1 本能肢体语言 fa1t=b 的世界知识

因高兴而笑，因悲伤而哭，因愤怒而抓狂，这是人类的本能。不仅从婴儿到老人如此，而且某些动物也如此。3 类同效语以眼神同效语 fa19 为首，当无异议。白居易的"回眸一笑百媚生，六宫粉黛无颜色"名句就是佐证。

当今，人们讳谈男女差异课题，最近有报道说，男女的大脑结构没有差异。有感于此，这里写一句多余的话，本能肢体语言应该存在明显的男女差异，其差异度或许远大于民族和文明之间的差异。

10.1.2 信号语 fa1i 的世界知识

信号语 fa1i 是人类的伟大发明。陆地文明有烽火台的发明，海洋文明有旗语的发明。中华文明的八卦是一种信号语，迄今为止的计算机语言也不过是一种信号语。

第 2 节
等效语 fa2 (405)

10.2-0 等效语 fa2 的概念延伸结构表示式

```
fa2:(t=b,i)
   fa2t=b           等效语的第一本体呈现（肢体语言）
```

```
fa29              眼神语
fa2a              表情语
fa2b              肢体语
fa2i              手语
```

在延伸概念 fa2t=b 分别说的汉语命名里，省去了"等效"二字。

下面，也分两小节进行论述。

10.2.1 等效语第一本体呈现 fa2t=b 的世界知识

现代媒体和有关学界谈论的肢体语言大体对应于"等效语第一本体呈现 fa2t=b"的非分别说，故延伸概念"fa2t=b"也另名肢体语言。近代最著名的肢体语言示例有二：一是卓别林先生在无声电影时期的喜剧表演；二是赫鲁晓夫先生在联合国会场上的"鞋敲桌"表演。不过，肢体语言 fa2t=b 最重要的世界知识集中表现于下面的概念关联式：

```
fa2t = a32a\0 ——（fa2-01-0）
（肢体语言强交式关联于演艺）
```

10.2.2 手语 fa2i 的世界知识

手语是服务于聋哑人的现代发明，是一种世界语。其世界知识集中表现于下面的概念关联式：

```
(fa2i,jlv111,(24,l47,gwa3*8))——（fa2-02-0）
（手语是自然语言的转换）
```

当前，计算机语言还没有达到手语的模拟功能。

此话和上一章的对应话语，属于伏笔。在讨论图灵脑时，会给出相应的回应。

结 束 语

本章"文字"过于简略，这包括概念关联式。在信号语和手语的最后，写了一些不宜话语，必将造成误解甚至不良后果。但两株概念树的概念延伸结构表示式都采取了开放形态，可为那些话语提供宽阔的辩护或阐释空间。

自然科学里所不可或缺的等号"="实际存在两种基本形态，分别对应于这里的同效与等效。前者包括各种变换，在信息处理领域获得广泛应用的傅立叶变换属于典型的同效，那个成就了爱因斯坦辉煌的洛伦兹变换也是。后者包括各种公理性的等式，从初等数学到高等数学的各种方程都属于等效。

小 结 （"大片 4"）

本大片辖属三片概念林，共 8 株概念树。理论上，属于 HNC 的广义边缘地带。广义者，语言脑与其他大脑功能区块之间的边缘也；狭义者，HNC 理论与传统语言学之间的边缘也。以往曾多次提及边缘地带的话题，那仅指后者。

第十一章

修辞 fb

引 言

本片概念林曾另名"大片5",这个话,自然有弦外之音。

语言学把修辞学包含进来,那是古希腊文明的传统,中华文明不这么做,其传统语言学(正式名称是小学或朴学)是不包含修辞学的。不能说大诗人和大文豪不关心修辞,但他们如何看待修辞学呢?似乎没有答案。所以,本片概念林的命名,对于HNC来说,是一件比较尴尬的事。

最后是来了一个"不管三七二十一",在对现代汉语语法学的相关说法梳理一番之后,为概念林"fb修辞"设置了下列7株概念树:

fb1　　　引申
fb2　　　强调
fb3　　　委婉
fb4　　　夸张
fb5　　　虚幻
fb6　　　拟人
fb7　　　让步

对这7株概念树,可采取"3双1单"的概括方式,前6株依次构成3双。这"双",介乎对比与对偶之间,可比喻成不同家庭的姐弟关系。引申、委婉、虚幻具有女性特质,好比是3位姐姐;强调、夸张、拟人具有男性特质,好比是3位弟弟。

本编前面采取的甲、乙撰写方式对本章都不太适用,故将采取亦甲亦乙的混合方式,大白话就是应付一下。由于笔者实在不适合干这件事,多次出现过留待来者的念头,这不能不交代一声。

第 1 节
引申 fb1 (406)

11.1-0 引申 fb1 的概念延伸结构表示式

```
fb1:(β,3;)
   fb1β                     引申的作用效应链呈现
   fb13                     引申的综合逻辑呈现
```

依据惯例，本节应该至少分为两小节，但本节将不遵循这一惯例，不明分小节，本章全都如此。

11.1 引申 fb1 的世界知识

——关于"引申作用效应链呈现 fb1β"的世界知识

考虑到语言理解基因"β"的含义已为读者所熟知，这里就不对延伸概念 fb1β 作具体的直接说明了。但需要指出一点，那就是 fb1β 很少采取 fb1o 分别说的方式，而主要是采取 fb1~o 的半分别说方式，下文会对此给出回应。

在中国古籍里，《战国策》堪称 fb1β 运用的典范。从这个视角去探索一下该书的文化意义，或有新意。"文化大革命"期间，《战国策》里的一篇文章曾被广泛学习，那是"文化大革命"奇观之一。该文名称：触龙[*1]说赵太后，下文简称"触说"。

"触说"的故事梗概如下：赵国被秦国攻击，急需求救于齐国，齐国的条件是"必以长安君为质"。这位长安君是赵太后最宠爱的小儿子，太后坚决不同意。各位大臣的劝说都丝毫不起作用，反而弄得太后非常生气，放出了"有复言者，老妇必唾其面"的狠话。这时，一位叫触龙的高官来求见太后，先聊自己的衰老病态，接着替自己的小儿子讨个前程，太后欣然同意，接着出现了下面的对话。

> 太后曰，丈夫亦爱怜其少子乎。
> 对曰，甚于妇人。
> 太后曰，妇人异甚。
> 对曰，老臣窃以为媪[*2]之爱燕后[*3]，胜于长安君。
> 曰，君过矣，不若长安君之甚。

以这个话头为起点，触龙先生"摆事实，讲道理"，引导随后的辩论过程，最后的对话是：

> ……老臣以媪为长安君计短也，故以为其爱不若燕后。
> 太后曰，恣君之所使之[*4]。

"触说"属于 fb1˜a 的典型运用，由此也可以看到引申 fb1 的基本特征，说者自己不直接说出话题的要点，而是通过引申这一语习逻辑，让听者自己去领会。这一重要世界知识以下面概念关联式表示。

$$fb1\beta := s20\backslash 4*2 \text{——} (fb\text{-}01\text{-}0)$$
（"引申的作用效应链呈现"对应于间接方式）

——关于"引申综合逻辑呈现 fb13"的世界知识

上文以（fb-01-0）结束，下文将以一个类似的东西开始。

$$fb13 := s10\alpha = b \text{——} (fb\text{-}02\text{-}0)$$
（"引申综合逻辑呈现 fb13"对应于智力的第一本体全呈现）

智力的第一本体全呈现包括目的论 s108、途径论 s109、阶段论 s10a 和视野论 s10b，如此宏大的东西，语习逻辑 fb13 通常仅在论述里扮演跑龙套的角色，当主角时也往往是四者选其一二，不过也有例外。毛泽东先生写于 1949 年的《论人民民主专政》，是关于语习逻辑 fb13 全面运用的范本，达到了炉火纯青的境界。

如果读者想取得一点关于（fb-02-0）的感性认识，那就请细读一遍上述范本开宗明义的第一段。前文可能曾写过感慨性的文字，因为当年最需要读懂该范本第一段的著名人物，都非常粗心大意，对那段重要文字的重要引申义，连最起码的领会都没有。

注 释

[*1] 该字原文是上龙下言，音詹。《史记》作龙。
[*2] 当时对女老的尊称，相当于现代汉语的您。本段引文原文用仿宋体。
[*3] 燕后，赵太后女，嫁燕国。
[*4] "恣君之所使之"，意即：诺，你来办理吧。

第 2 节
强调 fb2 (407)

11.2-0 强调 fb2 的概念延伸结构表示式

```
fb2:(c2n;)
   fb2c2n              强调的高阶对比二分
   fb2c25              低级强调
   fb2c26              高级强调
```

11.2 强调 fb2 的世界知识

语习逻辑的低级强调 fb2c25 是男人的嗜好,古汉语的"严父慈母"说,是这一嗜好的有力佐证。

汉语对低级强调有一个概括性词语:打骂。它不会被《现汉》收录,但对于未来的 HNC 词典来说,它是"fb2c25 词条"的典型直系捆绑词语。

对于低级强调,是否应该作 fb2c25e2n 延伸呢?对"打是亲,骂是爱"的说法,能简单等同于混账话么?这都需要探讨。

有一句话叫"谎言重复一千遍就是真理",但这句话,实际上可以看作对语习逻辑里两位特级"贵宾"概念关联式的通俗表述。

```
fb2c2n = f81c01*3 ——(fb-0-01)
(强调强交式关联于"重复")
(f81c01,jlv111,(s21aju732,145,fb2c2n))——(fb-03-0)
(原态复制是强调的一般处事方式)
```

这两位"贵宾"不过是对一种过程性特征——重复——的语习逻辑描述。打骂或暴力的重复性特征比较明显,但谎言的重复性特征则可能比较隐蔽。上面的两特级"贵宾"不过是试图把这项世界知识表述得更清晰一些而已。

贵宾(fb-0-01)里的语言理解基因符号"*3"是临时加进去的,汉语说明里的"重复"带引号。这里有埋伏,试图展现一下 HNC 符号体系的灵巧性。要问埋伏的载体何在?那就请回过去看一眼自身重复 f81 的概念延伸结构表示式。

第 3 节
委婉 fb3 (408)

11.3-0 委婉 fb3 的概念延伸结构表示式

```
fb3:(c3~1,^;)
  fb3c3~1            委婉的残缺对比三分
  fb3c32             适度委婉
  fb3c33             过度委婉
  ^fb3               反委婉
```

11.3 委婉 fb3 的世界知识

本片概念林的一个重要特点是,各株概念树所描述的内容,都不是纯粹的"言 7311",而属于"言与行的基本内涵 7310",概念树"fb3 委婉"也不例外。由于委婉最容易被误解,故这项世界知识放在这里叙说。委婉语习的训练有助于委婉行为的培育，委婉行为的培育可能有助于暴力倾向或暴力基因的弱化。

当然，上面所说的委婉语习和委婉行为，都是指适度委婉 fb3c32。外交语言需要适度委婉，外交行为或行动同样需要适度委婉。其实，人际交往也应该如此。

当下的六个世界都出现了发言人这个职称，发言人一定要善于委婉，而绝不能反委婉。这应该是发言人的第一守则。但从"礼仪之邦"演变而来的第二世界近来却出现了一些"代表"人物，他们常以国家发言人自居，但不遵守上述第一守则。委婉表述本来是中华文明的优势，也许现在不是了。

就写这些吧，一段彻底的甲撰写方式。

第 4 节
夸张 fb4 (409)

11.4-0 夸张 fb4 的概念延伸结构表示式

```
fb4:(e4~2,^;)
  fb4e4~2              夸张的残缺对偶三分
  fb4e41               适度夸张
  fb4e43               过度夸张
  ^fb4                 实事求是
```

本节与上节的表示式大体同构，两者都使用了残缺语言理解基因，这个结果应在意料之中，因为两者是姐弟关系。

残缺语言理解基因"e4~2"的表示符号，读者应该不会有陌生感，因为转基因的术语已众所周知。使基因残缺是转基因技术的基本手段，在概念延伸表示式的设计中，曾多次试图使用转基因技术，但终于决定暂时放弃。原因倒不是近来的转基因食品之争，而是由于目前的这个语言理解基因系列还有待未来图灵脑技术的验证。

下列的各株概念树都会含有残缺语言理解基因，这也许就是语习逻辑的本性之一吧。

11.4 夸张 fb4 的世界知识

这是一个过度夸张 fb4e43 大行其道的过渡时期。用 HNC 语言来说，夸张的根本特征就是以点线说替代面体说，金帅和官帅都在大力推行这套替代技巧。这个态势，但愿在 21 世纪下半页，会出现一定变化。

第 5 节
虚幻 fb5 (410)

11.5-0 虚幻 fb5 的概念延伸结构表示式

```
fb5:(e3~3,e3~7;)
    fb5e3~3              第一类虚幻（虚幻彼此）
    fb5e31               虚幻此方
    fb5e32               虚幻彼方
    fb5e3~7              第二类虚幻（虚幻敌我）
    fb5e35               虚幻之我
    fb5e36               虚幻之敌
```

与前面的概念树不同，这里的两项一级延伸概念皆以语言理解基因"e3o"为依托，但都具有残缺性，下同。

11.5 虚幻 fb5 的世界知识

一级语言理解基因的残缺性呈现，是虚幻 fb5 概念树之世界知识的要点。

用中华文明的哲学术语来说，语言理解基因的残缺性呈现就是把"三生万物"的基本原理简化成"二生万物"。于是，在那个虚幻世界里，只存在虚幻双方，第三方是不存在的。

第三方的不存在性，在中国的古典小说《西游记》和《封神榜》里，在近代的武侠小说里，都表现得淋漓尽致。孙悟空和土行孙的本事，金庸笔下那些神医的本事，现代技术还远没有达到。这些本事的灵感都来于第三方不存在性的假定，空间距离不存在，十万八千里何难？土不存在，土行何难？生命既虚幻，起死回生何难？

不要以为虚幻 fb5 只是古人的语言游戏，是西游、封神和武侠作者的专利，现代亦然，而且更为严重。外星人的科幻热潮就不必说了，最值得关注的，是那些诸如《世界是平的》之类的专著，是东方与西方、民主与专制、发达与发展中之类的众多两分概念或说辞。这里的虚幻性十分隐蔽，但语言理解基因的残缺性使其真容暴露无遗。该残缺性的集中呈现就是不承认第三方的存在性，也就是不承认地球村的多元性。

第一类虚幻仅关乎文化，第二类虚幻则关乎政治与经济。如何免于第二类虚幻的恐惧，是 21 世纪人文社会学的大课题，前文已有诸多论述。这里提一下，是希望可以为后来者提供一点便利，主要是为相应概念关联式的书写提供便利。

第 6 节
拟人 fb6 (411)

11.6-0 拟人 fb6 的概念延伸结构表示式

```
fb6:(e3~1,e3~7;)
    fb6e3~1              第一类拟人
    fb6e32               拟人此方
    fb6e33               拟人彼方
    fb6e3~7              第二类拟人
    fb6e35               仇敌此方
    fb6e36               仇敌彼方
```

此概念延伸结构表示式也是以语言理解基因"e3o"的残缺性呈现为依托，这很自然，因为拟人也是一种虚幻，两者乃双胞胎姐弟耳。

11.6 拟人 fb6 的世界知识

上一节的话语可照搬于本节，故以下面的两个贵宾级概念关联式替代论述。

```
    fb6e3~1 ≡ fb5e3~3 ——（fb-04-0）
    （第一类拟人强关联于第一类虚幻）
    (fb6e3~7 =: fb5e3~7,s31,pj1*b) ——（fb-0-02）
    （在后工业时代，第二类拟人等同于第二类虚幻）
```

第 7 节
让步 fb7 (412)

11.7-0 让步 fb7 的概念延伸结构表示式

```
fb7:(e0~2,e0~6;)
    fb7e0~2              第一类让步
    fb7e01               合作
    fb7e03               弃异求同
    fb7e0~6              第二类让步
    fb7e05               对抗
    fb7e07               妥协
```

此概念延伸结构表示式以语言理解基因"e0o"的残缺形态为依托,与前面的各株概念树不同。这些差异可作为语言理解基因"eko"和"cko"的上好教材。

11.7 让步 fb7 的世界知识

让步有两种基本类型:智能型让步和智慧型让步。古汉语有这么一句话:退一步,海阔天空。它是对智慧型让步的生动描述。

在上面的概念延伸结构表示式里,给出了两项一级延伸概念,皆仅用于描述智慧型让步。但在表示式里,为智能型让步的描述保留了扩展空间。

在现实生活里,无论是人与人之间,还是国与国之间,智能型让步一直起主宰作用。国际的智慧型让步目前仅有一例[*1]。

在这个后工业时代的黎明时刻,国际社会太欠缺智慧型让步了。当前流行的双赢概念依然属于智能型让步,赢输相随,谁来为双赢埋单呢?

西方文明可能没有智慧型让步的文化种子,但传统中华文明十分富有,上面给出了一个示例。这里应顺便强调指出的是,传统中华文明为国际智慧型让步贡献了一个核心概念,那就是王道。英国虽以女王著名,但英国文明传统对王道可谓一无所知,仅深谙霸道。

但是,智慧型让步的文化种子应该存在于语习逻辑里,各类自然语言里都应该有所存在。抱着这种期待,为 fb7 设计了如上的概念延伸表示式,在整个语习逻辑里绝无仅有。

延伸概念 fb7e03 的汉语说明使用了一个新造的词语——"弃异求同",用以替换我们熟悉的"求同存异"。这是由于考虑到,"弃"才意味着最高智慧(前文曾有论述),而"存"难免含有"秋后算账"的意味。

注释

[*1] 指斯洛伐克于1993年1月1日与捷克友好分家,和平独立。当年捷克斯洛伐克共和国总统哈维尔先生所表现出来的政治家风采,就属于智慧型让步。

第六编

综合逻辑概念

编 首 语

本编是《全书》抽象概念基元的最后一编，论述 HNC 抽象概念基元符号体系的最后一个概念子范畴——综合逻辑概念，符号化为 s，取自 synthesize 的第一个字母。

综合逻辑概念 s 辖属 4 片概念林，如表 6-1 所示。

表 6-1　综合逻辑 s 概念林

HNC 符号	汉语说明	概念树	Σ
s1	智力	3（s10-s12）	03
s2	手段	4（s20-s23）	07
s3	条件	5（s31-s35）	12
s4	工具	4（s41-s44）	16

综合逻辑 s 各概念林的命名也未使用逻辑二字，形式上类似于语习逻辑 f，但意境有本质区别。如果说前三编论述的逻辑虽然都是以内容逻辑为主，但并不纯粹，其形式逻辑的含量虽然在依次减弱，但毕竟仍占有一定比例，本编所论述的逻辑则堪称纯粹内容逻辑了。

读者对综合逻辑的四片概念林应该不会感到十分生疏，因为前面的各种类型概念关联式已经大量使用过综合逻辑符号 s，当然，基本逻辑 jl 和语法逻辑 l 也被大量使用，但语习逻辑 f 则不曾进入过概念关联式，这是一项重要的彼山景象。它表明：语习逻辑主要联系于局部联想脉络，而基本逻辑、语法逻辑和综合逻辑则密切联系于全局联想脉络。因此，语习逻辑可另称局部性内容逻辑，基本、语法和综合逻辑可统称全局性内容逻辑。

在全局性内容逻辑中，基本逻辑曾得到哲学和逻辑学的特殊眷顾，因为其形式逻辑的含量最高。语法逻辑曾得到语法学的特殊眷顾，但综合逻辑似乎处于"三不管"（"三"者，哲学、逻辑学和语法学也）的被冷待状态。另一方面，综合逻辑又处于"谁都管"的热门状态，是军事学、政治学、社会学、管理学、人工智能等许多领域的宠儿。中国古代名著《孙子兵法》、《素书》和《战国策》，西方近代名著《君王论》、《战争论》和《地缘政治论》都可以看作关于综合逻辑的专著，但其视野主要放在政治-军事领域。至于智慧和谋略的现代专著可谓汗牛充栋，但视野往往更窄、更专、更形而下。

本编试图从世界知识的视野，给综合逻辑一个符合透齐性要求的描述，该描述的第一招就是上列四片概念林的设置。这样的概念林设置就满足了透齐性要求么？这个问题的回答要立足于综合逻辑四片概念林的内涵，因此，放到本编的跋里进行说明更合适一些。

第一章

智力 s1

引 言

智力 s1 是综合逻辑的第一片概念林，符号"s1"意味着 HNC 没有为综合逻辑设置共相概念林，因此在形式上，综合逻辑 s 的地位与语习逻辑 f 相当。但在实质上，智力 s1 的地位则远非插入语 f1 可以比拟，它充当着综合逻辑的领头大哥，也可以说它是综合逻辑的核心或灵魂，自然语言对这一重要世界知识可以有各种各样的美妙描述，但 HNC 的描述却只有下列冷冰冰的概念关联式：

$$s1 \equiv 721 \text{——}(s\text{-}00\text{-}0)$$
（智力强关联于能动性）
$$s10 \equiv 7210 \text{——}(s\text{-}01\text{-}0)$$
（智力基本内涵强关联于能动性基本内涵）

读者对这种冷冰冰的彼山描述方式应该已经比较习惯了，从而应该不会对下面的话语感到别扭：一个概念范畴的核心或大脑是它的共相概念林；一片概念林的核心或大脑是它的共相概念树。

这就是说，HNC 没有为综合逻辑 s 设置大脑，但为智力 s1 设置了大脑 s10。下面对手段 s2 也设置大脑 s20，但对条件 s3 和工具 s4 就区别对待，不予设置。这就是综合逻辑 s 在语言概念空间的概貌，属于彼山景象。

说到这里，本引言可以结束了。依据惯例，其最后内容就是给出智力 s1 的全部殊相概念树符号及其汉语命名：

   s11   谋略
   s12   策略

第 0 节
智力基本内涵 s10 （413）

1.0-0 智力基本内涵 s10 的概念延伸结构表示式

```
s10:(α=b,\k=2,e2m,n,e3m;)
```

s10α=b	智力的第一本体全呈现
s108	目的论（追求）
s109	途径论（路线）
s10a	阶段论（步调）
s10b	视野论（调度）
s10\k=2	智力的第二本体呈现
s10\1	智慧
s10\2	智能
s10e2m	智力的自然属性呈现
s10e21	常态智力
s10e22	异态智力
s10n	智力的特定作用效应链呈现
s104	选择
s105	保持
s106	放弃
s10e3m	智力的对仗三分呈现（智力对仗三分）
s10e31	智力一元论
s10e32	智力二元论
s10e33	智力"多"元论

智力基本内涵 s10 配置了 5 项一级延伸概念：2 项本体论描述，3 项认识论描述；后续延伸采取了开放形态，具体内容放在各小节里说明。这 5 项一级延伸概念相当于（就是）"智力基本内涵 s10"的定义，HNC 这一惯用的定义方式，读者应该已经比较习惯或熟悉了。这种定义方式既免除了自然语言定义方式的模糊性或不确定性，也免除了严格逻辑定义方式的枷锁性或自束缚性。关于 HNC 定义方式的这种 smart 特征，以前已经论述过多次，这里不过是顺便重申一次而已，因为对于"智力基本内涵"这样复杂的命题，特别需要这种 smart 定义方式，其形而上描述就是：对"智力基本内涵 s10"的理解，不仅需要本体论与认识论并举，还需要"o"语言理解基因与"eko"语言理解基因并举。但是，智力基本内涵也并非漫无边际，抓住其一级延伸概念所描述的 5 个侧面就符合透齐性要求了。当然，针对这 5 个侧面的一部分，或某一侧面甚至只是某一侧面的某一点进行深入系统的探索都十分重要，但那毕竟只是专家式研究，因而也就必然存在专家视野的局限性。前文曾把这种局限性叫作思维柏拉图洞穴，现代的各种主义就是现代思维柏拉图洞穴的典型景象，在智力基本内涵 s10 方面的表现更是琳琅满目，笔者除了叹为观止之外，没有什么可说的了。

下面以 5 个小节进行论述，第一小节的内容比较丰富，将设 4 个分节。

1.0.1 智力第一本体全呈现 s10α=b 的世界知识

符号"α=b"的汉语表述就是第一本体全呈现：第一，它意味着该第一本体延伸具有根概念，如这里 s108；第二，该第一本体延伸"面面俱到"，是"二生三四"哲理[*01]的生动展现。以前未使用过"第一本体全呈现"这样的表述，这里是第一次，也是接近最后一次使用，建议后来者对 HNC 概念基元符号体系（即（HNC-1））的全部第一本体全呈现作一次比较研究，那一定会有所收益。

智力第一本体全呈现的四项汉语命名都使用了"论"为装饰品，目的在于提醒读者：这四者或智力"四论"是智力哲学的重大课题，但在括号里把"论"字全拿掉了，分别换成了"追求"、"路线"、"步调"和"调度"的命名，下面 4 个分节的标题使用这 4 个去掉了"论"字的命名。为什么？因为本《全书》主要关注智力"四论"的世界知识，试图尽量避开功利理性或商业性的专家知识，也试图尽量避开点说式的哲学思考。

以前曾多次讲过 HNC 概念基元符号体系设计的平衡原则，这里补充一句，如果要具体阐释平衡原则的话，就请把 7210α=b 与 s10α=b 加以对比吧，没有比这更好的范例了。两者所使用的汉语命名也饶有趣味，前者是"目的、途径、步调和视野"；后者是"追求、路线、步调和调度"。

综合逻辑的"四论"具有下面的第二类特殊编号概念关联式：

$$(s10\alpha \equiv 7210\alpha, \alpha=b) —— (s-02-0)$$

这个概念关联式非同寻常，请读者务必回去再读一遍第一卷第二编第二篇第一章第一节，这里故意采用这么烦琐的叙述方式，而不采取[122-11]的简明方式，就为了"务必"二字。那里，你可以看到一个等价的概念关联式

$$7210\alpha \equiv s10\alpha —— (7210-1-0)$$

这两个第二类特殊编号概念关联式在形式与内容方面似乎完全等价，其实并非如此。因为前者居于概念范畴这一最高层级，后者居于概念树这个层级，地位上差了两级。这个地位级别里隐藏着玄机，将在第三卷论述，这里不过是提个醒而已。

1.0.1-1 追求 s108 的世界知识

从智力基本内涵 s10 的概念延伸结构表示式来说，追求 s108 就是智力之本，这个意境非常重要。其要点有二：①该延伸概念自身的 HNC 符号系列——"s"-"s1"-"s10"-"s108"——在符号形式上已给出了"智力之本"的含义；②通过概念关联式（s-02-0）激活以"7210"牵头的全部概念关联式，从而使"智力之本"的意境得以加强。

这里需要对第二点略加解释。以"7210"牵头的概念关联式（见[122-11]）首先是

$$(7210-m, m=1-4)$$

其中，与"追求 s108"直接相关的是（7210-1），具体表示式如下：

$$72108:=(0,3) —— (7210-1)$$

（志向对应于作用与效应）

这就是说，"追求 s108"对应于作用效应链的"作用与效应"，这个对应关系就意味着"本"的特质了。

细心的读者会问：为什么要这么绕弯子呢？把（7210-m,m=1-4）改写成（s-m,m=1-4）不是更加直截了当么？这个问题提得好，它曾困扰笔者多年，最后还是决定采用"绕"的方式。为什么？这涉及前文多次提到的第一名言和第二名言[*02]，就综合逻辑的本性而言，它应该超然于两名言之外，但"智力之本"的天性却倾向于第二名言，而不是第一名言，这就是形成最后决定的基本依据了。

追求 s108 将设置如下的再延伸概念：

```
s108:(e2m,)
  s108e2m              追求的二分描述
  s108e21              动机
  s108e22              目的
```

追求 s108 具有下列基本概念关联式：

```
s108=b0——（s1-01）
```
（综合逻辑的追求强交式关联于表层第三类精神生活的追求）
```
s108e2m=12e2m——（s1-02）
```
（综合逻辑的二分描述强交式关联于过程因果源流的二分描述）
```
s108e21=l16——（s1-03）
```
（动机强交式关联于语法逻辑的因标记）
```
s108e22=l17——（s1-04）
```
（目的强交式关联于语法逻辑的果标记）

根概念"追求 s108"拥有唯一的直系捆绑汉字——"志"，是"三军可夺帅也，匹夫不可夺志也"（《论语》子罕章）里的"志"，是"燕雀安知鸿鹄之志哉"（《史记》陈涉世家）里的"志"，是"彼可取而代也"（《史记》项羽本纪）所隐喻的"志"，也是成语"志大才疏"、"志士仁人"、"壮志未酬"和"玩物丧志"里的"志"。

概念关联式（7210-m,m=1-4）作为一个整体，是作用效应链的一种特殊组合方式，但未涉及思维 8，这显然是一个破绽，然而是故意留下的。下面的三个分节将依次对这个破绽进行弥补。

1.0.1-2 路线 s109 的世界知识

路线 s109 将设置如下的再延伸概念：

```
s109:(t=a,\k=4,m,e2m,)
  s109t=a              路线的第一本体描述
  s1099                路线的关系侧面
  s109a                路线的转移侧面
  s109\k=4             路线的第二本体描述
  s109\1               经验性路线
  s109\2               先验性路线
```

s109\3	浪漫性路线
s109\4	实用性路线
s109m	路线的经典辩证描述
s109o	概括
s109l	综合
s109o2	分析
s109e2m	路线的对偶二分描述
s109e21	演绎
s109e22	归纳

从这组延伸概念可以看到："路线 s109"里的"路线"用"思考路线"的四字词来替代比较合适，但在智力基本内涵 s10 这个语境下，这里把"思考"二字省略掉了。

"路线 s109"在意志能动性 7210 里叫"路径 72109"，它对应于转移与关系，相关的概念关联式拷贝如下：

72109:=（2,4）——（7210-2）
（路径对应于转移与关系）

路线 s109 及其再延伸概念具有下列基本概念关联式：

s109o:=4——（s1-05）
（路线的关系侧面对应于关系）
s109a:=2——（s1-06）
（路线的转移侧面对应于转移）
s109<=81——（s1-07）
（路线强流式关联于认识与理解）
s109=>a103——（s1-08）
（路线强源式关联于政策）
s109\k<=d2——（s1-09）
（路线第二本体描述强流式关联于理性）
s109=l13——（s1-10）
（路线强交式关联于语法逻辑的途径标记）
s109\1<=d21——（s10-01a）
（经验性路线强流式关联于经验理性）
s109\2<=d22——（s10-01b）
（先验性路线强流式关联于先验理性）
s109\3<=d23——（s10-01c）
（浪漫性路线强流式关联于浪漫理性）
s109\4<=d24——（s10-01d）
（实用性路线强流式关联于实用理性）
s109m<=811——（s10-02a）
（路线的经典辩证描述强流式关联于思维的综合与分析）
s109e2m<=812——（s10-02b）
（路线的对偶二分强流式关联于思维的演绎与归纳）
（s109\1,j100e21u00c22,a1）——（s10-03a）
（经验性路线密切联系于政治活动）

　　　　（s109\4,j100e21u00c22,a2）——（s10-03b）
　　　　（实用性路线密切联系于经济活动）
　　　　（s109\2,j100e21u00c22,a60t）——（s10-03c）
　　　　（先验性路线密切联系于哲理探索）
　　　　（s109\3,j100e21u00c22,a3）——（s10-03d）
　　　　（浪漫性路线密切联系于文化活动）

　　上面列举了以"s1"牵头的概念关联式 6 个、以"s10"牵头的概念关联式 3 组。前者依次描述了路线与作用效应链、思维活动、第二类劳动、深层第三类精神生活及语法逻辑的高层联想脉络；后者依次描述了路线与理性、思维和第二类劳动的中层联想脉络。

　　这些概念关联式表明：路线是一个十分复杂的课题，它需要体说，路线的概念延伸结构表示式和上列概念关联式概括了**路线体说的要点**，这些要点又建立一个基点上，那就是：路线和下面的步调与调度都是服务于追求的，后三者都是依据追求来制定的，如此重要的世界知识已经蕴含在符号 s10α=b 里了。这是语超研发最关键的一点，是语言脑能否实现计算机模拟的唯一要害，该要害的具体陈述就是：让模拟语言脑摆脱化学和生命现象的参与，仅仅呈现为一种纯粹的物理现象或符号系统。这个话题将在论微超（第三卷第六编）里展开，这里只是就便预说一下而已。

　　路线的上列体说对于"文-法"（人文-社会学）的意义远大于"理-工-农-医"；对于政治与经济的意义远大于文化。当代人文-社会领域的专家之论的荒唐性一般远大于其他领域的专家，政治-经济领域的专家之论的荒唐又远大于文化领域专家，这种景象不能完全归因于专家的官方或民间背景，也不能完全归因于"姓社"（老国际者）或"姓资"（新国际者）的不同立场，一个也许更为重要的原因是：专家们都比较缺乏综合逻辑概念的世界知识，特别是关于追求与路线的世界知识，上列关于路线的体说知识是其中之一。

　　概念联想脉络有层级之分，这是第三卷第一编的话题，这里是顺便一说，高层者，以概念范畴或概念林牵头的概念关联式也；中层者，以概念树牵头的概念关联式也；低层者，以延伸概念牵头的概念关联式也。对路线，未给出低层联想脉络，非其不存在也，而是未予表达。例如，从路线的视野来看，中国式断裂[*03]的主要缘由就是浪漫性路线的滥用，从工业时代初期到后工业时代初期的主要社会灾难（人祸）也基本如此[*04]，不过，当前日趋严重的人类家园危机[*05]则应主要归因于功利性路线的泛滥。在这一时代巨浪中，美国的金帅是带头大哥，中国的官帅颇有"青出于蓝"之势。这些不难写出相应的概念关联式，此处一概从略。如果将来有一天，HNC 有幸进入"大四棒接力"[*06]的征途，开始研发语超，那里的（实际是本《全书》所有提到过的或由于疏忽而未曾提到的）从略就都一点也不能马虎了。

　　追求的第一类本体表现和两类辩证表现[*07]就不作概念关联式之外的说明了，但这里必须加一句话：追求//路线与基本属性（j7+j8）的关联性，是一个比较复杂的课题，非常重要。复杂性在于平衡原则的把握，上面回避了，留给后来者处理吧。追求//路线的概念延伸结构表示式都采取了"一级"开放形态，主要是为此留一点余地。

　　本分节最后，应给出一个以"s1"牵头的第二类特殊编号概念关联式：

　　　　（s109\4*d01<=a0099t,t=b）——（s1-01-0）
　　　　（功利性路线强流式关联于三争）

1.0.1-3 步调 s10a 的世界知识

步调 s10a 将设置下列再延伸概念:

```
s10a:(t=a,d3n,ckm;)
  s10at=a              步调的第一本体描述
  s10a9                步调转移侧面
  s10aa                步调过程侧面
  s10ad3n              步调进化性
  s10ad37              初级阶段
  s10ad36              中级阶段
  s10ad35              高级阶段
  s10ackm              步调分期性(步骤)
  s10ack1              第一步
  s10ack2              第二步
  ...
```

步调 s10a 与意志能动性 7210 的对应项 7210a 同名,对应于过程和转移,相关的概念关联式拷贝如下:

$$7210a:=(1,2) ── (7210-3)$$

步调 s10a 及其再延伸概念具有下列基本概念关联式:

```
s10a<=810+830──(s1-11)
(步调强流式关联于"认识与理解+策划与设计"的基本内涵)
s10a9:=20──(s1-12)
(步调转移侧面对应于转移)
s10aa:=10──(s1-13)
(步调过程侧面对应于过程)
s10ad3n:=a60b──(s1-14)
(步调进化性对应于哲理探索的进化论)
(s10ackm:=10aα,α=a)──(s1-15)
(步骤对应于演变过程的阶段性)
s10a9<=(209t,t=b)──(s10-04)
(步调转移侧面强流式关联于职责、关系与状态的定向转移)
s10aa<=10m──(s10-05)
(步调过程侧面强流式关联于过程的确定性与随机性)
s10ad3n<=(pj1*t,t=b)──(s10-06)
(步调进化性强流式关联于时代性)
s10ackm<=(53,55)──(s10-07)
(步骤强流式关联于势态与层次)
(s10ackm,j100e21u01\0c22,a629a)──(s10-08)
(步骤密切联系于软件技术)
(s10ad3n,j100e21,j745)──(s1-02-0)
(步调进化性关联于客观性)
(s10ackm,j100e21,j746)──(s1-03-0)
```

（步骤关联于主观性）
……

上列概念关联式包含 3 大类型：前两类分别以概念林和概念树"牵头"，第三类只给出了两个概念关联式，被赋予了第二类特殊编号。

两个第二类特殊编号概念关联式所反映的世界知识特别重要，它充分表明：步调的进化性和分期性是不能混为一谈的。前文曾多次提到：科学与技术的主流步调是进化的，但哲学、伦理学、美学、艺术与文学的主流步调则是分期的；社会学的主流步调是进化与分期并存，不能以进化概而论之。许多杰出的思想家都因为不懂得这一世界知识而出现步调认识的重大失误，所以，对一般专家就不宜苛求了。前文在谈到进化论时（见[130-601-3]分节）曾说过："社会进化是马克思的天才发现，是对黑格尔思辨哲学（即思维自为性的辩证表现）的伟大改造与提升。达尔文的自然进化论似乎没有直接受益于马克思的社会进化论，但毫无疑义，马克思主义于19世纪后半叶和20世纪前半叶在学界所向无敌的态势不能不部分归功于达尔文进化论的广泛传播。"这里应该加上一句，马克思先生本人其实也存在上述混为一谈的失误，他那句关于哲学使命的名言就是明证之一。

概念关联式的类型是一个大课题，是关于语言脑联想运作核心与脉络的大课题，语言脑联想运作的核心是语境概念树的各级延伸概念，联想运作的脉络就是各种类型的概念关联式，两者的结合才构成语言理解基因，这将在论语言理解基因（第三卷第三编）里作系统说明，本节所给出的示例就当作使概念联想脉络逐步趋于清晰的素材吧。

步调的适度把握也许是智力发挥最困难的环节，许多伟人都在这方面栽过大跟头，何况所谓的社会精英？在某种意义上，当前的人类家园危机也可以说是一场人类有史以来最可怕的智力危机，不过这场智力危机在六个世界的具体表现存在本质差异。第一世界的智力危机主要表现在追求和路线方面，他们几乎对经济公理[*08]一无所知，对需求外经[*09]的空前危害依然缺乏足够的警觉，而对其巨大威力依然抱有不切实际的幻想。第二世界的智力危机虽然也同样表现在需求外经和经济公理两方面，但更为突出的是步调方面，其中对以（s10-04）和（s10-07）所揭示的世界知识尤为欠缺。如果把这两个概念关联式应用于社会治理，那前者就代表社会治理的"大场"，后者就代表社会治理的"急所"，这两个大问题，前文曾以"中国式断裂"[*10]和"第二文明标杆"[*11]为题进行了初步分析，这里作两点补充。

——（1）关于（s10-04）的大场意境和（s10-07）的急所意境

如果要选出一项最高级的单人对抗智力游戏，围棋应该是首选吧；如果要选出一项最高级的双人//四人对抗智力游戏，桥牌应该是首选吧。围棋的大场大体对应于桥牌的叫牌，围棋的急所大体对应于桥牌的关键攻防技巧。

概念关联式（s10-04）为什么密切联系于社会治理的大场？因为，社会治理的核心或具有挑战性的内容一定对应于社会大变动带来的社会课题，而社会大变动无非就是"职责、关系与状态的定向转移"，这一点，从中国式断裂的下列演变过程（参看本节的[*10]）

（帝,官,士,农,工,商）=>（官,学,商,工,农）
=>（官,工,农,学）=>（官,商,学,工,农）

可以看得非常清楚。第一次断裂中，帝突然消失了，官的职责陡增，"士农工商"的关系与状态发生了巨变；第二次断裂中，商竟然消失了，官的职责再增，学的关系与状态陡降；第三次断裂中，"商"起死回生，官迅速成长为官帅，"士农工商"的关系与状态发生了比第一次断裂更急剧、落差更大的巨变，这一切都在官帅的掌控之下。

然而，官帅仅仅专注于掌控，因而仅全力关注追求与路线这两个侧面及其理论描述（提法），而严重忽视了步调侧面。步调在智力四要素（智力概念林的 4 株概念树）中的角色是缓冲器，是预防针，它可以提供预见性的基本依据，有助于"防患于未然"，可消弭"挽狂澜于既倒"的困境。这就是（s10-04）和（s10-07）的意境或提供的世界知识，其实大家都是很熟悉的。

官帅对步调的长期忽视已导致中国式社会癌症的形成与扩散。中国式癌症的治理，新老国际者都自认为有绝招，官帅也搞了不少"亡羊补牢"的举措。前文已多次质疑：那绝招靠得住么？那举措可以指望么？这里加一条：现代中国精英（无论是官方的或民间的、主流的或非主流的）对智力基本内涵的理解高于近代中国的先驱们么？

——（2）中国式断裂的修复和第二文明标杆的建立需要高明的步调

这是两项关乎未来世界命运的大课题，步调包括速度，但不是速度，中国速度与中国步调是两个问题。当前，讨论所谓中国速度的文字是热点，虽然讲到点子上的文字不多，但严重违背世界知识的东西还不多见，因为中国毕竟还处在工业时代的上升期。中国步调的讨论表面上不是热点，实际上比中国速度更热。不过，讲到点子上的文字极为罕见，极为常见的反而是一些严重违背世界知识的东西。近一年来（现在是 2011 年 8 月），笔者唯一看到的亮点是杜维明先生以"21 世纪的儒家"为题的语焉不详式讲话。

1.0.1-4 调度 s10b 的世界知识

调度 s10b 将设置下列再延伸概念：

```
s10b:（t=a,\k=2,;）
  s10bt=a              调度的第一本体描述
  s10b9                两类劳动调度
  s10ba                三类精神生活调度
  s10b\k=2             调度的第二本体描述
  s10b\1               资本调度
  s10b\2               技术调度
```

本分节将采取另一种撰述方式。

上面，只给出了再延伸的本体论描述，但为认识论留下了描述空间。

调度第一本体描述搞了一个无所不包的形态。

调度第二本体描述表面上似乎很片面，实质上也是无所不包。

推动社会财富增长的引擎就是资本和技术，不存在"第三者"，也无关于政治制度的民主与专制。这就是调度第二本体描述所传达的世界知识，可名之财富引擎律。这项世界知识涉及两大历史奥秘：一是蕞尔西欧竟然引领整个人类走向工业时代，二是美国将依然在 21 世纪继续引领世界。

发现这个财富引擎律的伟人叫亚当·斯密，试图彻底否定这个发现的伟人叫马克思，在经典社会主义世界，重新肯定这个发现的伟人叫邓小平。三位伟人的"转移情结7123e9n"各不相同，发现者抱着"再出发（格瓦拉）情结 7123e95"，因此，他花费更多精力撰写了另一巨著——《道德情操论》；否定者抱着"终点（秦始皇）情结 7123e96"，自以为找到了社会发展的终极真理；肯定者抱着"征途（朱元璋）情结 7123e97"，所以，留下了一位征战者（前两位只是学者）的诸多"吊诡"。

以上的话是对"转移情结7123e9n"论述（见[121-231]小节）的回应。

延伸概念 s10b\k=2 是一个 r 强存在概念，sr10b\k=2 将分别命名为资本引擎和技术引擎，亦简称活资本和活技术。这两个以"活"为修饰语的术语（活资本与活技术）比较传神，后文可能直接使用。

本分节的撰写就到此为止，例行的文字和概念关联式都留给后来者。

结 束 语

本小节是本节的重点。智力基本内涵首先以语言理解基因第一类氨基酸符号"α=b"加以表示是 HNC 的必然选择，符号 s10α=b 及其汉语说明都比较到位。关于追求的名言可谓汗牛充栋，但是如果你只是孤立地去解读这些名言，不把它们与路线、步调和调度联系起来，那你恐怕并没有真正理解或把握它们。对路线、步调和调度的名言都应作如是观。

在智力第一本体全呈现的 4 项内容中，关于步调的名言似乎最少。这可能只是西方文明的特色，传统中华文明并非如此，儒家四大经典之一的《大学》就是明证。《大学》开宗明义用"1 大句，3 小句，16 个汉字"阐释了人生的追求；随后用"2 大句，(5+4) 小句，42 个汉字"阐释了人生的路线；接着用"3 大句，(6+1+7) 小句，107 个汉字"概述了人生的基本内容，原文请看[注 01]。该基本内容形式上表现为"物格–知至–意诚–心正–身修–家齐–国治–天下平"的作用效应链，实质上就是《大学》的步调论。这个八步"人生步调论"现代人不大容易理解，这里试着翻译成现代汉语，那就是"实践–求知–坚定意志–胸怀正义–完善自我–规范家庭–治理国家–服务天下"。你可以不同意这种人生步调论，因为这里确实没有"自由、民主"的文化基因。但你不能否认它是人生步调论的一种高明表述方式，在古希腊文明里找不到如此高明的论述。《大学》与《中庸》的独立成篇是朱熹先生的功劳，作为新儒家（这是西方学者的说法，但可以借鉴。）代表人物之一的朱熹先生在近代中国的声名最臭。不过，仅凭朱先生这件功劳，其声名之"臭"就应该不是臭狗屎的"臭"，而是臭豆腐的"臭"吧。

一般的步调论，尤其是《大学》所阐释的步调论必然不见容于休克疗法。浪漫理性厌恶步调论，爱好休克论；功利理性嫌弃步调论，钟情调度论。所以，现代智力经常表现出对步调论的忘却，有感于此，本小节以较多文字讨论了步调的世界知识。

1.0.2 智力第二本体呈现 s10\k=2 的世界知识

符号"\k=2"就意味着第二本体呈现的最小，这无须解释。

智力第二本体呈现 s10\k=2 的基本世界知识可以用一个概念关联式加以揭示，那就是

$$（s10\backslash k\equiv 7210\backslash k, k=2）\text{——}（s\text{-}03\text{-}0）$$
（智力第二本体呈现强关联于意志能动性的基本表现）

但基本不等于全部，这是一个"智能有余，智慧匮乏"的时代，这方面的世界知识很值得向读者推荐，并以"s-0-0m"的形态加以表示。但考虑到蕲乡老者都对诸如此类的世界知识持保留态度，本小节暂付阙如。不过，在随后的第四小节，仍将对"智慧匮乏"问题有所论述。

1.0.3 智力自然属性呈现 s10e2m 的世界知识

"智力自然属性"这个短语显然需要解释，自然语言显得比较累赘，而下面的两组概念关联式：

$$s10e21=7201\text{——}（s\text{-}04\text{-}0）$$
（常态智力强交式关联于常态意志）
$$s10e22=7202\text{——}（s\text{-}05a\text{-}0）$$
（异态智力强交式关联于异态意志）
$$s10e22\equiv 7202\text{——}（s\text{-}05b\text{-}0）$$
（异态智力强关联于异态意志）

似乎可以给出轻松而清晰的解释。当然，这要麻烦读者回去翻阅一下关于"常态意志 7201"和"异态意志 7202"这两株概念树的全部论述。

第二组概念关联式区分了"a"与"b"两种形态，它表明智力的常态与异态二分并不能完全等同于意志的相应二分，但异态智力可以完全等同于异态意志。这意味着异态智力的后续延伸概念可以仿制异态意志，使用下面的概念延伸结构表示式：

```
s10e22:(e7m,e7n;e7mi,e7n(t=b,i);)
    s10e22e7m              应战智力
    s10e22e71              明智应战
    s10e22e72              愚昧应战
    s10e22e73              逃避应战
      s10e22e7mi             应战效应
    s10e22e7n              抗诱智力
    s10e22e75              清醒抗诱
    s10e22e76              侥幸抗诱
    s10e22e77              虚伪抗诱
      s10e22e7nt=b           抗诱智力的三争表现
      s10e22e7n9             权势抗诱
      s10e22e7na             利益抗诱
      s10e22e7nb             名位抗诱
      s10e22e7ni             色情抗诱
```

上列延伸概念都是现代文明"弃如敝屣"的概念，讨论这些"敝屣"般的概念显然现在不是时候。不过，无视这些"敝屣"就等于无视人类家园危机，所以，下面还是给出五个特殊编号（第一类 3 个、第二类 2 个）概念关联式供人类文明未来探索者参考。

s10e22e71+s10e22e75<=s10\1────(s-06-0)
（明智应战与清醒抗诱强流式关联于智慧）
s10e22e75=q82+d1────(s-07-0)
（清醒抗诱强交式关联于信仰和理念）
(s10e22e71+s10e22e75,j100e22,(a10e25t,t=b))────(s-0-01)
（明智应战与清醒抗诱无关于第一世界当前形态的第一文明标杆）
(s10e22e71,j100e21u00c22,r7301\10*\44e75)────(s-0-02)
（明智应战强关联于王道）
(s10e22e75,j100e21u00c22,7220βe55+72228e71)────(s-0-03)
（清醒抗诱强关联于"仁学义"和君子）

这3个第一类特殊编号概念关联式如果仅仅被嗤之以鼻，那就是幸运了。这是一个利益大合唱的时代，人们都深信：个人利益与国家利益（特别是所谓的国家核心利益）才是永恒的人类家园最强音。这是金帅、官帅与教帅的共同语言，实质上也是新老国际者的共同语言。现代中国的某些启蒙者总以为中国民众几千年来受封建统治者和儒家的愚弄，迷信虚伪的仁义，期盼清官的恩赐，不知自由与民主为何物，因此听不进或听不懂这个人类家园最强音，启蒙者只好反复播放。当然，启蒙者指出的"迷信、期盼与不知"绝不是子虚乌有，但他们在热忱宣讲人类家园最强音的过程中，却向世人传达了一个十分错误的信息：这些农业时代的文明垃圾是传统中华文明的专利，是传统中华文明的癌症。这一错误信息流传甚广，为西方文明的各类"唯我独尊"提供了有力的佐证；为中国式断裂砍下了致命的一击。这里还应该说一声的是：所谓人类家园最强音其实并不是什么新东西，司马迁在《史记·货殖列传》里早就给出了十分精彩的描述，原文是："天下熙熙，皆为利来；天下攘攘，皆为利往。"但是，司马迁先生不会认同这人类家园最强音就是终极真理，不会质疑或否定上面的3个第一类特殊编号概念关联式，否则，他不会在《孔子世家》后记里写下那么一大段深情的"太史公曰"。

1.0.4 智力特定作用效应链呈现 s10n 的世界知识

本延伸概念的汉语说明拷贝如下：

s104　　　　　　　　选择
s105　　　　　　　　保持
s106　　　　　　　　放弃

它们具有下列再延伸概念：

s10~6e4n　　　　　　选择与保持的第二对偶三分
s106e2n　　　　　　 放弃的对立二分

本延伸概念所涉及的世界知识也拷贝4段以往的论述。

在所有的黑氏对偶中，存弃选是最特殊的一个，选既是存与弃的对立统一，选与弃又是一个非黑氏 e2m 型对偶。

作为状态序列的过程，每一步状态就是一次选择38e21，而一次选择必然伴随着众多的抛弃38e22。人的一生，在事业、友谊、爱情三方面都可能面临多次重大的选弃 38e2m 难题，而在日常工作和日常生活中几乎每时每刻都处在选弃 38e2m 的运作过程。许多先哲有感于芸芸众生对选弃 38e2m 的茫然和艰辛，就选弃 38e2m 的哲理作过十分有益的探索。在这一方面，释迦牟尼和曹雪芹先生是两位最深刻的思考者兼最彻底的实践者，老子和庄子也是最深刻的思考者但并不是最彻底的实践者。以上所述是存弃选 38 概念节点最基本、最有特色的世界知识。（见本《全书》第一卷第一编第三章）

在 1.4.1 小节我们看到：存在效应的合分 39e6m 和关系的合分 41m 对应，这里又看到效应的选与弃 38e2m 与关系的使用与舍弃 45m 对应。这里值得特别指出的是："合分"与"用弃"这两组概念在关系里都是简明的黑氏对偶，而在效应里则比较复杂，这一现象之"所以然"在于作用效应链的如下根本特性："作用必然产生某种效应……在达到最终效应之后，必然出现新的关系或状态。"关系居于效应之后，效应对应着中间过程，关系对应着最终结果。中间过程比最终结果复杂，最终结果比中间过程简明。"所以然"奥秘不过如此。

"选"的目的之一在于"用"，"用"之"选"占"选"的绝大多数。这样的选择过程完成以后，选者对被选者就构成了关系的使用 451。另一方面，已构成的使用关系 451 也可以解除，这就是形成关系的舍弃 452。从这个意义上说，关系的使用与舍弃 45 与关系的结合与分离 41 强交式关联。不过 45 是单向关系，而 41 是双向关系，这是两者的本质区别。（见本《全书》第一卷第一编第四章）

以上论述里的选对应于这里的选择，用对应于这里的保持，弃对应于这里的放弃。

在语言概念空间里，上面用自然语言描述的世界知识[注02]可以浓缩成下列概念关联式：

```
s10n:=45m——（s-08-0）
（智力的特定作用效应链呈现对应于关系使用与舍弃的经典辩证表现）
s106e25=s10\1——（s-09-0）
（积极放弃强交式关联于智慧）
s10˜6=s10\2——（s-10-0）
（选择与保持强交式关联于智能）
s10˜6˜e47=s10\1——（s-11-0）
（非过度的选择与保持都强交式关联于智慧）
```

有人问：放弃不也是一种选择么？问得好。问题在于：放弃是一种非常特殊或非常珍贵的选择。官帅、教师和或政治家[*12]把权势或霸权的放弃视为世界末日，金帅或企业家把利益或最大利润追求的放弃视为世界末日，文化人把名位或学术霸主地位的放弃视为世界末日。这种世界末日感是一种特别值得研究的特殊恐惧，不要以为这种特殊恐惧以往仅发生在希特勒、东条英机和墨索里尼之流的身上，在大不列颠日不落帝国和法兰西殖民帝国行将覆灭的前夕，这种特殊恐惧也曾发生在丘吉尔先生和戴高乐将军身上。如今，这种特殊恐惧已弥漫全球，美国在恐惧其世界霸主地位的衰落；欧盟在恐惧其欧元命运的坎坷；第三世界的日本和整个第一世界都在恐惧其经济的不能强劲复苏，第三世界的俄罗斯在恐惧其第二军事强国地位的不保；第三世界的其他许多国家在恐惧强邻的入侵；第四世界在恐惧伊斯兰文明的被侵蚀；第五世界在恐惧部落之间的仇杀；第六世界在恐惧北方巨人的欺凌。而其实，那"衰落、坎坷与不保"乃势之必然；那"强劲复苏"属于违背经济公理的超级梦幻[注03]；那"入侵、仇杀与欺凌"都早已不再是工业时代的原始形态，而依然保持原始形态的恐惧不过是一种"蛇咬草绳"效应。在上列所有恐惧中，只有那"被侵蚀"恐惧是一个重大而复杂的文明课题，其他都属于对正常势态的不正常反应，是一种工业时代柏拉图洞穴里的阴影恐惧，将名之"智慧匮乏症"或"阴影恐惧症"，是"21世纪病症"的形而上呈现。这种病症的第一特征就是不懂得积极放弃，反过来说，懂得积极放弃才是最珍贵、最深邃的智慧。

不可谓不伟大的丘吉尔先生当年就是不懂得放弃"日不落"之梦，不可谓不伟大的戴高乐将军当年也不懂得放弃"西地中海霸主"之梦，那么，怎能指望如今的美国政府会放弃美元帝国之梦？怎能指望华尔街金帅会放弃全球金融霸主之梦呢？可是，我们不应该忘记：罗斯福先生当年是在什么情况下提出四大自由憧憬的，当年不可思议的东西在当年不可思议的地区（指带领人类进入工业时代的蕞尔西欧）如今不是已经从憧憬变成现实了么！

四大自由憧憬里有两项"免于"自由——免于匮乏的自由和免于恐惧的自由，现在看来，这两项"免于"自由已经集中突现在一项"免于"里了，那就是"免于智慧匮乏"。"21世纪病症"在六个世界各有不同的表现，每一家都有一本难念的经，各领域专家也都有自己的独到分析，但所有这些"不同"和"独到"的共相是智慧匮乏。所以，罗斯福先生如果活在今天，他或许会补充说：在当今这个时代，最重要的自由是免于智慧匮乏的自由。

1.0.5 智力对仗三分 s10e3m 的世界知识

本延伸概念的汉语说明拷贝如下：

```
s10e3m              智力的基本三分呈现
s10e31              智力一元论
s10e32              智力二元论
s10e33              智力"多"元论
```

汉语说明里的"智力"二字不可省略，以便与哲学的相应术语相区别。其中，特意使用了带引号的"多"，"多"者，三或四也。所以，这里的 s10e3m，就是对"一生二，二生三四，遂生万物"原理[*13]的符号描述。

智力对仗三分 s10e3m 具有下列特殊编号概念关联式：

```
s10e31=>q821//q82——（s-12-0）
（智力一元论强源式关联于信仰，尤其是信仰的宗教形态）
s10e32=>b0——（s-13-0）
（智力二元论强源式关联于追求）
s10e33=>d1——（s-14-0）
（智力"多"元论强源式关联于理念）
s10e33≡s10\1——（s-0-04）
（智力"多"元论强关联于智慧）
s10˜e33≡s10\2——（s-0-05）
（智力一元论与智力二元论强关联于智能）
```

这 5 个特殊编号概念关联式都可以纳入第一类，前 3 个就当作准第二类吧，特此说明。

结 束 语

智力基本内涵 s10 是综合逻辑的核心，也是内容逻辑的核心。这株概念树在语言脑的全部 456 株概念树中占有十分独特的地位，如果把每株概念树比作一座山峰，那 s10 就是"珠峰"，没有比它更高的山峰了。

地理珠峰的基本面貌是在 20 世纪才逐步为世人所认识，那是许多珠峰探险者作出的贡献。语言脑的"珠峰"存在类似情况，HNC 是探险者之一，本节所写，就当作这位探险者的探险报告吧。

高山探险者的珍贵"产品"是照片或影片，现在，许多大脑奥秘的探索者也在奉献类似的"产品"[注04]，这些"产品"弥足珍贵，但是，如何从它们看出大脑迷宫的路线图或指示路标呢？光有形而下没有形而上的配合能行么？这需要郑重思考。

本节是关于语言脑（大脑的 5 大区块之一）奥秘形而上思考的基本论述，因为语言脑奥秘的核心就是智力的基本内涵。

本节将智力基本内涵 s10 概括成 5 项呈现：两项本体论呈现和三项认识论呈现。

两项本体论呈现都极富特色，智力第一本体呈现取了最大，智力第二本体呈现却取了最小，这最大与最小竟然同时出现在同一株概念树上，这非常奇特。如此奇特景象的符号描述就是

$$(s10\alpha=b, s10\backslash k=2)$$

这冷冰冰的表示式不可能在读者心中激起彩色冰川图片诱发的那种视觉震撼力，但笔者确实期待着：它能在未来微超或语超的"心中"激起"一览众山小"的联想活力。

这种联想活力首先要表现出两种基本健全性：追求的健全性和智力的健全性。健全的追求不能仅仅建立在崇高的目标上，还必须建立在明智的路线、清醒的步调和高明的调度上；健全的智力不能仅仅建立在"无所不能"的智能之上，还应该建立在"无所不知"的智慧之上，要智慧与智能并举，而不能偏重智能而忽视智慧。

在整个 20 世纪，如今的六个世界都亲身经历过多种形态的崇高追求和高明调度，但明智的路线和清醒的步调极为罕见，所以，本节的第一小节着重阐释了路线和步调的世界知识，不仅"体说"了路线，还预说了微超的话题；不仅"体说"了步调，还为了照顾它而写了小节结束语。

在 20 世纪后半叶，第一世界和第二世界都经历过智能无与伦比的弘扬，但都遭遇到智慧前所未见的衰落，这是本节的基本论点，并把它概括成"智慧匮乏论"。智力基本内涵三项认识论呈现（即本节居后的 3 小节）的论述是围绕这个基本论点而展开的。论述方式一如既往，许多读者可能感到不爽，仅再致歉意。

在写这结束语的时候，读到《参考消息》（20110829，10 版）上的一篇文摘："当今世界为何难觅'大思想'"，与本结束语"心有灵犀"，下面拷贝其中的几段，替代本结束语的"结束语"：

> 我们生活在一个思想日趋式微的世界——在这个世界上，令人深思的大思想，如果不能很快转化为金钱，其内在价值就微不足道，结果造成产生这样思想的人和传播这样思想的人越来越少，尽管现

在有互联网。大胆的思想几乎已经过时。

这个思想式微的世界与社交网络世界同时出现绝非偶然。尽管有一些传播思想的网站和博客，但是最普及的网站基本上是信息交流网站，旨在满足贪得无厌的信息欲望，然而这基本上不是能够产生思想的那种信息。除了充其量让得到信息的人了解情况外，这种信息基本上毫无价值。

我们已经成为信息陶醉者，对我们自身和我们朋友圈之外的任何事情或我们与朋友无法分享的新闻都漠不关心，即使是马克思或尼采突然现身，高声宣讲自己的思想，人们也丝毫不会关心。

注释

[*01]"二生三四"的说法见"块内组合逻辑14"章（[240-4]）引言的注释[*01]。

[*02]第一名言即"存在决定意识"，第二名言即"意识决定存在"，关于两名言的第一次论述见[121]前言。

[*03]中国式断裂的话题见[123-3.1.2-1]分节（"自我行为7331\2*n概述之一：关于交易7331\2*4"）。

[*04]"基本如此"是指：浪漫性路线之外，功利性路线s109\4*d01（实用性路线的极致形态）也起了重要作用。

[*05]"人类家园危机"就是前文多次提及的"后工业时代危机"。

[*06]"大四棒接力"指"科学—技术—产品—工程"的四棒接力。此外，还有"小四棒接力"，那是指"理论—知识库—规则—编程"的四棒接力。

[*07]"两类辩证表现"曾使用过许多名称，较早使用的是黑氏对偶和非黑氏对偶，后来又使用过经典辩证和主流辩证的术语，统之两类对偶或两类辩证表现。两者加包含性概念统名之认识论描述，符号化为ED。

[*08]经济公理是HNC建议的术语，用于描述经济发展的时代性特征。在"三迷信行为7301\02*ad01t"（[123-01021-2]）里有所论述，那里给出了两条经济时代性特征曲线：一是人均GDP曲线，二是经济增长率曲线。两者的形态特征分别符合检测概率分布和高斯分布。

[*09]"需要外经"也是HNC建议的术语，用于描述经济畸形发展的世界知识。在"第一基本情感行为7301\31*\1"（[123-0131-1]）里有所论述。其要点拷贝两段如下：

工业时代的柏拉图洞穴也有自己的"圣经"，该"圣经"的影响之大无疑已经超过了《圣经》和《古兰经》，它是人类历史上经文最短但威力最大的一部经，全经只有四个汉字：**拉动内需或刺激内需**，故也可叫"现代四字真经"或"四字真经"。但本《全书》将把它定名为**需求外经**，"外"者，超出了**人均GDP上限**之外也，超出了**地球容纳限度之外**也。需求外经是工业时代柏拉图洞穴的第一大经。

需求外经是一部毁灭第一平常心的经，是一部破坏自然生态和毒化人文生态的经，是一部服务于过度**幸福需求的经**；而**宗教经文和儒家经典**却是**加强第一平常心的经**，是保护自然生态和优化人文生态的经，是**服务于温饱需求和正常幸福需求的经**。

[*10]"中国式断裂"也是HNC建议的术语，用于描述当代中国社会的世界知识。在"自我行为7331\2*n概述之一：关于交易7331\2*4"（[123-312-1]）中有所论述，其要点拷贝两段如下：

——中国社会结构从（工、农、学）到（商、学、工、农）的巨大转变是静悄悄进行的，既没有当年从（士、农、工、商）到（工、农、商、学）的轰轰烈烈，更没有从（工、农、商、学）到（工、农、学）的残酷。中国的市场经济确实再次建立起来了，这毫无疑义。问题在于再建的中国市场经济带有浓重的中国特色，该特色的要点就是（官、商、学、工、农）的等级结构过于森严，"官"居于绝对强势地位。

——我们不应该忽视当前中国社会的下列基本态势，这些态势密切导源于20世纪中国社会结构的多次大断裂，这断裂不仅表现在文化侧面（前文曾多次有所论述），也表现在政治和经济侧面，经济和文化各两次，政治三次。两次经济大断裂的标记年代分别在20世纪50年代和20世纪80年代；两次文化大断裂的标记分别在1919年和20世纪80年代；三次政治大断裂的标记分别在1911年、1949年和20世纪80年代。这共7次社会大断裂在全球是独一无二的，这就必然造成全球独一无二的中国特色。第一次经济断裂的要点是彻底废除私有制；第二次经济断裂的要点是恢复私有制并同时大力加强官有制。第一次文化断裂的要点是彻底埋葬传统中华文化，为经典社会主义文化的迅速入侵扫清根本障碍；第二次文化断裂的要点是彻底清除经典社会主义文化里的浪漫理性，同时完整保持其中的功利理性。第一次政治断裂的要点是废除王权，把社会结构从（帝、官、士、工、农、商）的千年旧形态变换成（官、学、商、工、农）的准近代形态；第二次政治断裂的要点是把（官、学、商、工、农）5要素社会结构变换成（官、工、农、学）的4要素社会结构；第三次政治断裂的要点是恢复（官、商、学、工、农）的近代社会形态。从上面的叙述可以看出两点：①在这些大断裂中，政治始终起着统帅作用；②对于第二世界来说，20世纪80年代是一个非常特殊的年代，中华大地同步发生了政治、经济和文化的全面断裂，是文明断裂的总爆发，下文将特意以中国式断裂名之。

[*11]第一、第二和第三文明标杆也是HNC建议的术语，用于描述地球村6个世界未来的三种文明模式。第一文明标杆对应于第一世界，第二文明标杆对于第二世界，第三文明标杆对应第四世界，另外3个世界的不同国度将分别向这3种文明标杆看齐。

[*12]这里的政治家没有把第一世界和部分第三世界的政治家除外，他们诚然已免于对权势放弃的恐惧，但并未免于对全球霸权地位放弃的恐惧。

[*13]该论述见"块内组合逻辑14引言"（[240-4]）的注释[*01]。

[注01]《大学》开宗明义的原文如下：

大学之道，在明明德，在亲民，在止于至善。

知止而后有定，定而后能静，静而后能安，安而后能虑，虑而后能得。

物有本末，事有终始，知所前后，则近道矣。

古之欲明明德于天下者，先治其国。欲治其国者，先齐其家。欲齐其家者，先修其身。欲修其身者，先正其心。欲正其心者，先诚其意。欲诚其意者，先致其知。致知在格物。

[注02]这段拷贝文字写于7年之前，那是《HNC手册》的预定撰写方式。放弃《手册》、上马《全书》以后，《手册》形态的已写文字本应该重写，统一向《全书》方式看齐。但最后还是决定：保留不同时期的撰写方式或风格。这样，虽然会对读者的阅读造成困难，但对于HNC的历史回顾或反思则颇有裨益。引文里的术语"概念节点"已不再使用，编目符号"1.4.1小节"与后来使用的方式不同，特此说明。

[注03]所有的所谓发达国家都在做着经济复苏之梦，专家们都不看好西欧和日本，但对美国例外，基本理由有两个：一是美国的科技创新能力无与伦比；二是美国的人口还在增长，而且没有步入老龄化社会。"无与伦比"说依然适用于21世纪，这似乎没有疑义，但问题在于：21世纪的"无与伦比"可以创造类似于20世纪的经济奇迹和文明辉煌么？会再次带来美国经济的强劲复苏么？可以大幅度提高经济公理所决定的人均GDP上限么？"还在增长"是事实，但是，该增长能有益于人均GDP的提高么？答案实际上已一清如泉，前文曾多处论述，2030年应该就可以看得比较清楚了。

[注04]大脑图片见威廉·卡尔文著《大脑如何思维》之图5.3"显示脑的不同区域的大脑剖面图"（上海科学技术出版社，1996年12月第1版，p87）或齐建国主编《神经科学扩展》之图12-3"与核心意识有关的部分脑结构"等（人民卫生出版社，2011年8月第1版，p222）。

第 1 节
谋略 s11（414）

> **引言**

谋略 s11 是智力 s1 的第一株殊相概念树，这凸显了它在智力中的特殊地位，但它毕竟不是智力的核心。谋略 s11 离不开智力基本内涵 s10，但 s10 五项呈现的各自不同侧面对谋略的影响差异很大。谋略概念延伸结构的本体论描述将以此为设计依据。

1.1-0 谋略 s11 的概念延伸结构表示式

s11:（α=b,\k=0-3,e2m,e7n,e2n;）

s11α=b	谋略的第一本体全呈现
s118	追求谋略
s119	路线谋略
s11a	步调谋略
s11b	调度谋略
s11\k=0-3	谋略的第二本体"全"呈现
s11\0	境界谋略
s11\1	选择谋略
s11\2	关系谋略
s11\3	应变谋略
s11e2m	谋略的对偶二分
s11e21	对内谋略
s11e22	对外谋略
s11e7n	谋略自然属性三分
s11e75	高明谋略
s11e76	平庸谋略
s11e77	愚昧谋略
s11e2n	谋略的对立二分
s11e25	王道谋略
s11e26	霸道谋略

谋略的概念延伸结构表示式采取开放形态，其一级延伸概念由本体论描述与认识论描述各两项构成，共四项，它们满足透齐性要求么?表示式给出了符号暗示，暗者，未标明暗在认识论描述也。

下文仅采用第二撰写方式（见"语习逻辑概念 f"的编首语[250]，也叫乙撰写方式。）略述前两小节，后三小节暂付阙如。

本体论描述的汉语说明里两次使用了"全"字,第一"全"与上一节的"全"同义,第二"全"仅含根概念的意思,$k_{max}=3$($\neq b$),故使用了引号。

1.1.1 谋略第一本体全呈现 s11α=b 的世界知识

谋略第一本体全呈现 s11α=b 具有下列基本概念关联式:

(s11α<=s10α,α=b)——(s1-16)
(谋略第一本体全呈现强流式关联于智力第一本体全呈现)
(s11α=s10α,α=b)——(s1-17)
(谋略第一本体全呈现强交式关联于智力第一本体全呈现)
s11α<=83——(s1-18)
(谋略第一本体全呈现强流式关联于策划与设计)
(s11α,j11e21,j7+j8)——(s1-19)
(谋略关联于自然属性与伦理属性)
s118<=b0——(s1-20)
(追求谋略强流式关联于追求)
s119<=b1+b2——(s1-21)
(路线谋略强流式关联于改革与继承)
s11a<=831——(s1-22)
(步调谋略强流式关联于策划)
s11b<=832——(s1-23)
(调度谋略强流式关联于规划)

1.1.2 谋略第二本体"全"呈现 s11\k=0-3 的世界知识

谋略第二本体"全"呈现 s11\k=0-3 具有下列基本概念关联式:

s11\0<=s10(\k)——(s11-00)
(境界谋略强流式关联于智力第二本体)
s11\1<=s10n——(s11-01)
(选择谋略强流式关联于智力的特定作用效应链呈现)
s11\2<=s10e33——(s11-02)
(关系谋略强流式关联于智力"多"元论)
s11\3<=s10e22——(s11-03)
(应变谋略强流式关联于异态智力)

这里请注意三点:①谋略第一本体全呈现概念关联式的编号都以"s1"牵头,第二本体"全"呈现则都以"s11"牵头;②境界谋略的源头使用了智力第二本体呈现的非分别说符号,这意味着智慧和智能的作用处于同一地位;③关系谋略的源头突出了智力"多"元论,这并不意味着排斥智力一元论和智力二元论的贡献。

最后交代一个细节,本《全书》经常使用"呼应"这个词语,它属于 s11\0 的直系捆绑词语,但需要赋予语言理解基因符号"vr"。

结束语

本节应包含 5 小节，后 3 小节阙如，这是本《全书》的第一次，此后将多次出现。

已写的两小节完全靠概念关联式说话，属于第二撰写方式的极致形态。

谋略有无数的现代专著和论文，有日益兴旺的智库。但是，如果上观智力基本内涵，下察策略，纵看三个历史时代，横视六个世界，那么，这些专论和智库的话语大体上可名之洞内之音，这洞是什么洞，读者应该心知肚明的。

第 2 节
策略 s12（415）

引言

谋略与策略是兄弟关系，不是父子关系，不过谋略是长子。"长兄为父"的观念虽然属于农业时代的"垃圾"，此"垃圾"的原始思考是一种高明的谋略，具有变废为宝的功效。

智力三株概念树的设计就应用了这一"垃圾"观念，不仅如此，两者概念延伸结构表示式的设计也有所运用。

1.2-0 策略 s12 的概念延伸结构表示式

```
s12（t=b,m,e6o,e7m,;0t=a,e64e1n,）
    s12t=b              策略的第一本体呈现
    s129                战略
    s12a                战术
    s12b                应变
    s12m                策略基本表现
    s120                攻守转换
        s120t=a             攻守转换的第一本体呈现
        s1209               以攻为守
        s120a               转守为攻
    s121                攻
    s122                守
    s12e6m              策略的第一关系呈现（第一关系策略）
    s12e60              调和
    s12e61              支持
    s12e62              反对
    s12e63              中立
```

s12e6n	策略的第二关系呈现（第二关系策略）
s12e64	统战
s12e64e1n	统战的第二类依存二分
s12e64e15	主统
s12e64e16	被统
s12e65	结盟
s12e66	对抗
s12e67	特立独行
s12e7n	策略的自然属性表现
s12e75	上策
s12e76	中策
s12e77	下策

策略的概念延伸结构表示式实质上与谋略雷同，一级延伸概念的本体论描述仅一项，然而是齐备的，认识论描述达 4 项之多，似乎可以保证齐备性，但毕竟只是似乎而已，所以，留有余地是必要的，符号";"是不可或缺的。

下面 5 个小节将分别采取不同的撰述方式，前两小节完全雷同于谋略，后 3 个小节则接近于通常方式。

1.2.1 策略第一本体呈现 s12t=b 的世界知识

策略第一本体呈现 s12t=b 具有下列基本概念关联式：

（s129,lv82ju721,c53）——（s12-01）
（战略主要基于社会性势态）
（s12a,lv82ju721,c52）——（s12-02）
（战术主要基于社会性动态）
（s12b,lv82ju721,c10ae22）——（s12-03）
（应变主要基于社会性突变）
（s129,lv45,j40-）——（s12-04）
（战略面向全局）
（s12a,lv45,j40-0）——（s12-05）
（战术面向局部）
（s12b,lv45,jr40-00）——（s12-06）
（应变面向个别）
s12˜b<=s10e21——（s12-07）
（战略与战术强流式关联于常态智力）
s12b<=s10e22——（s12-08）
（应变强流式关联于异态智力）
s12˜b<=841——（s12-09）
（战略与战术强流式关联于评价）
s12b<=842——（s12-10）
（应变强流式关联于决策）
s12<=813+841+842——（s1-24）
（策略强流式关联于判断、评价与决策）
s12b=s11\3——（s1-25）

（应变强交式关联于应变谋略）

1.2.2 策略基本表现 s12m 的世界知识

策略基本表现 s12m 具有下列基本概念关联式：

  s12m<=b30m——（s12-11）
  （策略基本表现强流式关联于竞争基本形态）
  s12~0<=b31e2m——（s12-12）
  （策略的攻守强流式关联于竞争的攻守）
  s1209<=^（b31e21）——（s12-13）
  （策略的以攻为守强流式关联于竞争的以攻为守）
  s120a<=^（b31e22）——（s12-14）
  （策略的转守为攻强流式关联于竞争的转守为攻）

1.2.3 第一关系策略 s12e6m 的世界知识

本小节先说几句闲话：语言理解基因氨基酸符号"eko"不同形态的发现受不同概念树概念延伸结构表示式的设计或思考过程的启发，"e6o"的发现即来于关系策略的思考。两项关系策略的运用都需要很高的智能，而第二关系策略的最佳运用也许是策略的难度之最，这是一个非常重大的话题，下一小节会有所呼应。

下面将先给出一对带标记"a//b"的第二类特殊编号概念关联式，目的在于把两类关系策略的基本区别交代清楚。

  （s12e6m,lv45,(oB)C）——（s12-01a-0）
  （第一关系策略面向语境内容[*01]）
  （s12e6n,lv45,B(oC)）——（s12-01b-0）
  （第二关系策略面向语境对象）

以下的概念关联式描述了第一关系策略的基本世界知识：

  s12e6m=o2e6m——（s12-15a）
  （第一关系策略强交式关联于第一类判断反应）
  （s12e61;s12e62）<=d31——（s12-16）
  （支持或反对强流式关联于立场）
  （s12e60;s12e63）=s11\2——（s12-17）
  （调和或中立强交式关联于关系谋略）
  （s12e61(c01);s12e62(c01)）<=d23+d24d01——（s12-18）
  （低级形态的支持或反对强流式关联于浪漫理性和功利理性）
  （s12e60(d01)<=d11\ke25——（s12-0-01）
  （高级形态的调和强流式关联于王道政治理念）
  （s12e60(d01),j100e21u00c22,53d25）——（s12-0-02）
  （高级形态的调和强关联于强势）
  （s12e63(d01),s108,s12e60）——（s12-19）
  （高级形态的中立意在调和）

上列概念关联式里，有 3 个细节需要交代一下。

（1）支持与反对应设置低级形态的延伸，而调和与中立应设置高级形态的延伸，这是笔者的正式建议。上面的有关表示式里暂时采取了自延伸形态。

（2）首次出现了以"s12"牵头的第一类特殊编号概念关联式，此类概念关联式代表笔者对"三类文明标杆说"的憧憬，但本小节的两位"代表"非同寻常，似乎为第二文明标杆的非浮云性提供了价值不菲的佐证。

（3）与（s12-15a）对应的（s12-15b）在下一小节。

1.2.4 第二关系策略 s12e6n 的世界知识

上小节说到"第二关系策略的最佳运用也许是策略的难度之最"，本小节应补充一句，毛泽东先生对该策略的运用达到了出神入化的最高境界，标志性的语境内容就是"湖南农民运动"、"上井冈山"和"第二次世纪握手"[*02]，这三项伟大创举都是第二关系策略运用的最高境界，其符号表示不能直接使用 s12e6n，而应该使用 s12e6nd01。但这个符号并未直接出现在"策略 s12"的概念延伸结构表示式里，因为延伸概念不能"因人而设"，所以，毛泽东三大创举的实际映射符号只能是 s12e6n（d01），具体映射关系如下：

    湖南农民运动:=s12e6~4（d01）
    上井冈山:=s12e67（d01）
    第二次世纪握手:=s12e64（d01）

19 世纪有一位英国勋爵说过，"没有永远的敌人，也没有永远的朋友，只有永远的利益"，这名言也达到了第二关系策略运用的最高境界，其映射符号为 s12e6~7（d01）。

第二关系策略具有下列基本概念关联式：

    s12e6n=o2e6n——（s12-15b）
    （第二关系策略强交式关联于第二类判断反应）
    s12e6~7<=d24d01——（s12-20）
    （结盟、对抗或统战强流式关联于功利理性）
    (s12e64e15,jl00e21u00c22,53d21)——（s12-21）
    （主统强关联于强势）
    (s12e64e16,jl00e21u00c22,53d22)——（s12-22）
    （被统强关联于弱势）
    s12e6~7<=d11\ke26——（s12-0-03）
    （结盟、对抗与统战强流式关联于霸道政治理念）
    s12e67<=7210\（k）(d01)——（s12-23）
    （特立独行强流式关联于高级形态的智力）

1.2.5 策略自然属性表现 s12e7n 的世界知识

本小节仅给出一个概念关联式，等同于暂付阙如。

    s12e7n=s11e7n——（s12-24）
    （策略的自然属性呈现强交式关联于谋略的自然属性呈现）

结 束 语

上一节的结束语里说:"谋略有无数的现代专著和论文,有日益兴旺的智库。"其实,那"谋略"二字改成策略比较适当。在此山的景象里,谋略与策略的分野并不分明,谋略、策略和计谋这三个词语大体上可以相互替换,《现汉》就用策略和计谋来解释谋略,古汉语也不区分计、谋、策。这个景象也表现在信念与理念、理想与理念、理性与理念及政治制度与政治体制等诸多概念(对)里,但是,它们在彼山景象里却显得分野鲜明。

前面我们已经看到:信念与理念分别属于第二类和第三类精神生活的深层呈现;理想只是第一类精神生活的愿望呈现;理性与理念则分别属于深层第三类精神生活这一概念范畴 d 的两片概念林 d2 和 d1;至于政治制度与政治体制,两者不过是政治基本内涵 a10 这株概念树在一级延伸结构里两种不同性质的认识论呈现,前者属于主流辩证呈现的对立二分 a10e2n,后者则属于传统辩证呈现的第一类三分 a10m。上列各项差异处于不同的层级,上到概念范畴,下到一级延伸概念。但无论在哪一层级,差异都是极其巨大的。如此巨大的差异在此山景象里却显得一片模糊或混淆,难道不应该反思一下柏拉图洞穴的隐喻么?

有趣的是:也存在相反景象,有些概念对在此山景象里显得势不两立,但在彼山并非如此,如民主与专制、自由与节制、市场经济与计划经济等。这相反景象也许更值得反思,但这里不予讨论。

基于此山与彼山迥然不同的景象,前文已多次指出专家视野与世界知识视野的重大区别,这是当代认识论的重大课题。谋略与策略这两株概念树,为这一重大课题的探索提供了生动的素材,下面对两者的差异给出一个高层次(形而上层次)的描述。不言而喻,这样的描述将主要使用概念关联式,因为一个这样的表示式有时可以抵得上自然语言的"千军万马",这一点就要又一次恳请读者逐步习惯与领会了。

```
s11:=732——(s1-26a)
(谋略对应于行为的形而上描述)
s12:=733——(s1-26b)
(策略对应于行为的形而下描述)
(s11,j100e21,j8)——(s1-27a)
(谋略有关于伦理属性)
(s12,j100e22,j8)——(s1-27b)
(策略无关于伦理属性)
(s11,j100e21u00c22,d1)——(s1-28a)
(谋略强关联于理念)
(s12,j100e21u00c22,d2)——(s1-28b)
(策略强关联于理性)
(s11,j100e21,pj1*t,t=b)——(s1-0-01a)
(谋略关联于三个历史时代)
(s12,j100e22,pj1*t,t=b)——(s1-0-01b)
(策略无关于三个历史时代)
(s11<=s10\k,k=2)——(s1-0-02a)
(谋略强流式关联于智力第二本体呈现的两侧面:智慧与智能)
s12<=s10\2——(s1-0-02b)
```

（策略强流式关联于智力第二本体呈现的智能）
(s11<=s10α, α=b)──（s1-0-03a）
（谋略强流式关联于智力第一本体呈现的四个侧面）
s12<=s10a+s10b──（s1-0-03b）
（策略仅强流式关联于智力第一本体呈现的两个侧面：追求与调度）

上列各组概念关联式对谋略与策略的差异给出了足够的描述，它们所描述的是世界知识视野的景象，而不是专家知识视野的景象。换言之，在世界知识的视野里，这些景象非常清晰；而在专家知识的视野里，似乎就不是那么回事儿了。这里，特意使用了"似乎"二字，因为专家知识视野和世界知识视野并非总是那么泾渭分明，身在此山中并不意味着对该山真面目一无所知，这就是3组第一类特殊编号概念关联式的缘起了。

近20年是人类历史上发生最深刻变化的时期，是发达国家已进入经济公理人均GDP时代曲线上限的时期，是经典社会主义世界"蓦然回首"而蜕变出两种新型政治制度（鹰民主与鸽专制）的时期，是所有发展中国家都有可能登上快速工业时代列车的时期，是第四世界发出保卫伊斯兰文化强大呼声的时期。因此，这是一个最需要谋略的时期，然而又恰恰是一个谋略最为缺乏的时期。

发达国家的经济增长再也不可能出现工业时代的强劲速度了，可是主流经济学家依然在寄希望于硅谷奇迹，并奢望着新型强大经济引擎的诞生。为了这希望和奢望，第一世界的社会精英绞尽脑汁设计并规划了无数的方案，这些方案里的策略也许十分高明，但其中存在谋略的踪影么？

人类家园危机在日益向环印度洋地区聚焦，这个焦点地区的基本势态不是"流氓国家""恐怖主义""宗教原教旨主义""民族纠纷""专制制度""强人政治""部落社会"等术语所能完全概括的，因为这些术语仅主要涉及政治，而基本没有涉及该焦点地区的经济与文化特征。该地区的政治、经济与文化发展需要有一条适合自身情况的谋略与策略，需要一整套适合自身情况的智力综合呈现（特别是其中的第一与第二智力本体）。当然，这自身情况本身也十分复杂，需要进行各类殊相的具体分析，但最重要的是该焦点地区的共相。这20多年来，我们见到过关于该地区共相特征的系统论述么？非不可论述也，乃不论述也（下文即将指出该共相的要点）。如果政治学仅热衷于上列政治术语，经济学仅热衷于BRICS之类的投资指南，那环印度洋地区的人类家园危机能有缓解的指望么？当然，围绕这类政治术语和投资指南的探索也许有资格称为策略的杰作，但存在谋略的踪影么？

保卫伊斯兰文化的呼声本来应该成为当今伊斯兰世界（第四世界）的时代性呼唤，在当今这个后工业时代初级阶段的特殊历史时期，也只有第四世界拥有发出这一呼唤的政治与文化根基。但非常不幸的是：从我们听到的呼声里很难感受到那应有的时代性，我们直接听到的最强音都是带有浓重中世纪色彩的"圣战"之声。前文曾多次提到的内贾德先生当前担当了此类呼声的"发言人"。作为第四世界的一种时代性呼唤，人家理应拥有这一呼唤的自由，这属于六个世界之间的言论自由，每个世界都拥有自己的特定自由呼唤，这是言论自由中最特殊、最重要的一种。令人遗憾的是：罗斯福先生当年并未指出这一要点，更令人遗憾的是：第四世界并不善于运用这一自由，并嗜好一种违背基本自由精神的行动策略。于是，第一世界就找到了一个再好不过的借口，顺利地、不动声色地把第四世界的自由呼唤装进"恐怖主义"和"宗教原教旨主义"这两只硕大无朋的"集装箱"里去了。

第一只"集装箱"里的主要"货品"是各种滥杀无辜的恐怖"圣战",第二只"集装箱"里的主要货品是霍梅尼式或塔里班式革命"圣战"。这是事实,但也必须看到事实的另一面,那"集装箱"里还藏有"走私货品",那被"走私"的"货品"就是"第四世界的特定自由呼唤"。还应该指出:"圣战"的腥风血雨不仅淹没了第四世界的特定自由呼唤,也扭曲了伊斯兰世界潜存的理性与智慧。因此,从综合逻辑的视野看来,人类家园危机在第四世界的集中表现不是别的,正是上述的特定"走私"、淹没与扭曲。

第一世界近年高举着"两反"(反对恐怖主义和反对原教旨主义)的旗帜,最近又高举着"支持"(支持阿拉伯世界的民主化浪潮)的旗帜,这个常使笔者联想起毛泽东先生当年的"两反一支持"(反帝、反修、支持世界革命)旗帜,这都是大策略,似乎都非常高明,但其中存在谋略的踪影么?

上面列举了4个以"谋略的踪影"为关键词的问题(实际上是命题),此关键词里的"踪影"二字似乎显得过分,但如果以上列概念关联式为基础来考察这4个命题,或许会得到恰如其分的印象。

这个结束语就写到这里,文字冗长,词不达意,但毕竟为"当代认识论"这一重大课题的探索提供了重要素材。因此笔者决定赋予它一项"殊荣":替代本章的小结。

注 释

[*01]在HNC建议的一系列关键性术语中,对象与内容是最先出现的一对,语境对象和语境内容是最后出现的一对,其间的时间跨度长达十年之久,而后者符号表示的选定又延了十年。这两个十年曾使笔者有"廿年两岸两茫茫,一片孤城万仞凉"之叹。符号B(oC)和(oB)C的第一次出现见"范围j42"节([210-42-0])。语境对象和语境内容大体对应于现代汉语常说的"人与事",用严谨的HNC语言来说,就是分别对应于具体概念和抽象概念,但语境意义下的"人"或具体概念一定伴随着相应的"oC",语境意义下的"事"一定伴随着相应的"oB"。读者可能很不习惯符号B(oC)和(oB)C,这里顺便解释一下。至于HNC语言信息处理的程序语言如何使用这一对符号,那不是笔者的事了。

[*02]这三件事是毛泽东一生最富有创意的三大创举,前文都略有论述。当然,从专家的视野来看,那些都算不上什么论述。但在世界知识的视野看来,站在新老国际主义两极立场的专家对于毛泽东三大创举的论述并不到位,几乎都没有说到点子上。

第二章

手段 s2

引 言

手段 s2 是综合逻辑的第二片概念林,是综合逻辑的老二。上一章的引言里说道:由于综合逻辑未设置共相概念林 s0,殊相概念树的老大——智力 s1——就担当起"长兄为父"的角色,这里要补充的是:这老大和老二是双胞胎,因此,这哥俩的关系比较特殊,不同于通常意义下的老大和老二,也许用两个比方来说明比较合适。第一个比方是司令与政委,第二个比方是张良与萧何。如果把智力 s1 比作司令或张良,那手段 s2 就是政委或萧何了。这就是说,智力 s1 的形而上色彩要浓于手段 s2,手段 s2 的形而下色彩要浓于智力 s1。这些说法看起来是废话,但是这两片概念林各自概念树设计的基本指导原则。

手段 s2 的概念树设置如下:

  s20   手段基本内涵
  s21   方式与方法
  s22   实力
  s23   渠道

手段 s2 概念树的设计不像智力 s1 那样以广义作用效应链为依托,而以主体基元概念为基本依托。这充分体现于下列概念关联式:

  (s20,j100e22,j8)—(s-0-06)
  (手段基本内涵无关于伦理属性)
  s20 = j806—(s-0-07)
  (手段基本内涵强交式关联于邪恶)
  s21 <= (4,5)—(s2-01-0)
  (方式与方法强流式关联于关系与状态)
  s22 <= (0,3)—(s2-02-0)
  (实力强流式关联于作用与效应)
  s23 <= (2,1)—(s2-03-0)
  (渠道强流式关联于转移与过程)

这里有两个要点。①共相和殊相概念树的概念关联式不仅使用了不同类型的特殊编号,还使用了不同类型的"牵头"符号:"s"和"s2"。②第二类特殊编号概念关联式之三项等式右边内容的排序恰好是"β"排序的一步环形移位,这显得很蹊跷,其实,那不过是表明,作用效应链的"循环往复论"用在手段 s2 之殊相概念树的设计里了。

第 0 节
手段基本内涵 s20（416）

2.0-0 手段基本内涵 s20 的概念延伸结构表示式

```
s20:(\k=4,c3n;\k*m;\1*mi)
  s20\k=4              手段基本内涵的第二本体呈现
  s20\1                并与串
    s20\1*m              并与串的第一辩证呈现
    s20\1*0              组合拳
      s20\1*0i             兼具广度与深度的高级组合拳
    s20\1*1              并
      s20\1*1i             广度
    s20\1*2              串
      s20\1*2i             深度
  s20\2                刚与柔
  s20\3                阳与阴
  s20\4                直与曲
  s20c3n               手段的第二类对比三分
  s20c35               本能手段
  s20c36               常规手段
  s20c37               特殊手段
```

先说要点，再说细节。

要点有二。①在综合逻辑里，这是第一个封闭式概念延伸结构。②延伸结构具有非常罕见的简洁性，这表现在以下三个方面：一是一级延伸本体型与认识型各一；二是二级延伸仅涉及前者；三是三级延伸仅涉及前者的一个特定项。

细节有四。①未采用变量并列延伸，取 $k_{max}=4$，对此虽"心存疑虑"，但"齐备性无虞"的思考最终占了上风。②二级延伸必须取"m"，别无选择。其中的"s20\k*0"似乎都缺乏对应的自然语言词语，德语应非例外。果如此，则黑格尔当年关于传统辩证性的思考确实令人惊叹。③汉语的语习是"阴阳、曲直"，这里反其序而用之。④二级延伸的后 3 项汉语说明放在相应的小节里。

下文以 5 个小节进行论述。

2.0.1 并与串 s20\1 的世界知识

作用效应链的任何一个环节都可以变换成手段的一种呈现，就呈现形态而言，"并"与"串"理所当然居于第一位，因为"并"对应于同时性（关系与状态）呈现或宽度呈现，"串"对应于历时性呈现（过程与转移）或深度呈现，这两种呈现是必然的，故汉语有"祸不单行"

的说法，这是一种被动的效应型感受。从作用的视野来看，"不单行"乃是手段的第一原则，而"不单行"的内涵无非就是并与串及与两者伴生的宽度与深度。近来在关于我国经济宏观调控的讨论中，流行着"组合拳"的术语，这个术语其实就是 s20\1*0 的合适表达，"组合拳"不仅有并的意思，还有串的意思。但是，"组合拳"有一般形态与高级形态之分，一般组合拳未必管用。但讨论中的组合拳似乎是对高级形态的默认，这默认的内情就难以判断了。

并与串 s20\1 具有下列基本概念关联式：

（s20\1*m<=54-7t,t=b）——（s2-04-0）
（并与串的认识论第一描述强流式关联于结构体的维度描述）
s20\1*1<=811——（s2-05a-0）
（综合逻辑的并强流式关联于思维的综合与分析）
s20\1*2<=812——（s2-05b-0）
（综合逻辑的串强流式关联于思维的演绎与归纳）
s20\1*1=>141——（s2-06a-0）
（综合逻辑的并强源式关联于语法逻辑的并联）
s20\1*2=>142——（s2-06b-0）
（综合逻辑的串强源式关联于语法逻辑的串联）

本小节可以到此为止，但并与串是唯一具有再延伸 s20\1*mi 的概念，其世界知识不能不有所表述。它很容易写出相应的概念关联式，但这里只用两句话（汉语）来敷衍一下，是《双城记》开篇的简单模仿：这是一个广度大大有余的时代，又是一个深度极度匮乏的时代。

2.0.2 刚与柔 s20\2 的世界知识

刚与柔 s20\2 二级延伸概念 s20\2*m 的汉语说明如下：

s20\2*m	刚与柔的第一辩证呈现
s20\2*0	刚柔相济（软硬兼施）
s20\2*1	刚（外功）
s20\2*2	柔（内功）

括号里的汉语说明使用了武术界的术语。英语的对应词语有（smart, stick, carrot），习惯的译文是"灵巧，大棒，胡萝卜"，不过，"刚柔相济"和"威胁利诱"似乎更为确切。第一世界缘于海洋文明，工业时代初期曾大力依靠海盗，故第一文明标杆有天然的大棒情结。传统中华文明对刚与柔有自己的独特思考，《老子》中有下列论述。

柔弱胜刚强。	——《道德经·三十六章》
强梁者不得其死，吾将以为教父。	——《道德经·四十二章》
天下之至柔，驰骋天下之至坚。	——《道德经·四十三章》
强大处下，柔弱处上。	——《道德经·七十六章》
弱之胜强，柔之胜刚，天下莫不知，莫能行。	——《道德经·七十八章》

所展示的智慧是西方文明所不具备的，又是第二世界早已忘怀的。这份智慧非常珍贵，可以说现在是这么一个时候了，第一世界应该采取交流借鉴的谦虚态度，第二世界应该采取

重拾记忆的反思态度，不要继续被丛林法则屏蔽了自己的智慧。

2.0.3 阳与阴 s20\3 的世界知识

阳与阴 s20\3 二级延伸概念 s20\3*m 的汉语说明如下：

s20\3*m	阳与阴的第一辩证呈现
s20\3*0	太极
s20\3*1	阳谋
s20\3*2	阴谋

本延伸概念的设计主要来于古汉语的下列三点论述：

一阴一阳之谓道。……仁者见之谓之仁，知者见之谓之知。	——《易·系辞上》
万物负阴而抱阳，冲气以为和。	——《老子·四十二章》
《易》有太极，是生两仪，两仪生四象，四象生八卦。	——《易·系辞上》

这就是说，本小节对延伸概念"阳与阴 s20\3"也赋予了传统中华文明的特殊思考。上列引文皆基于古老本体论的论述，这里作了"手段论"的转换。专家知识的视野必以为不可，但世界知识的视野不这么看。就说这两句吧，不作进一步的论述。

2.0.4 直与曲 s20\4 的世界知识

直与曲 s20\4 二级延伸概念 s20\4*m 的汉语说明如下：

s20\4*m	直与曲的第一辩证表现
s20\4*0	迂回
s20\4*1	直接
s20\4*2	间接

传统中华文明对延伸概念"直与曲 s20\4"也有自己的特殊思考，但这里就不引用了。二级延伸延伸概念 s20\4*m 涉及当今的热门话题：透明度和知情权。这个话题当今极其敏感，甚至被赋予了某种神圣性。所以，这里就暂不讨论了。

2.0.5 手段第二类对比三分 s20c3n 的世界知识

手段第二类对比三分 s20c3n 的汉语说明拷贝如下：

s20c35	本能手段
s20c36	常规手段
s20c37	特殊手段

如果说手段基本内涵第二本体呈现 s20\k=4 是对手段的横向或广度描述，那么，手段第二类对比三分 s20c3n 就是对手段的纵向或深度描述。两者综合起来就具备描述的齐备性要求了。

这两类描述具有下列以"s20"牵头的第一类特殊编号概念关联式：

s20c35=s20\k*1——（s20-0-01）
（本能手段强交式关联于手段第二本体呈现之第一辩证表现的"1"）

s20c36=s20\k*2——(s20-0-02)
(常规手段强交式关联于手段第二本体呈现之第一辩证表现的"2")
s20c37=s20\k*0——(s20-0-03)
(超常手段强交式关联于手段第二本体呈现之第一辩证表现的"0")

第 1 节
方式与方法 s21（417）

引言

方式与方法入选手段的第一株殊相概念树 s21 大约是不会引起异议的，只要手段付诸实施，即从共相跨入殊相，那么，该跨越所碰到的第一项选择就是方式与方法。但是，所谓从共相到殊相的跨入，绝不意味着截然分离的两个阶段：思与行，共相不意味着思的结束，殊相不意味着行的开始。概念树 s21 之概念延伸结构表示式的设计必须考虑到这一要点。

2.1-0 方式与方法 s21 的概念延伸结构表示式

```
s21:(t=b;9:(e5n,e4m),a:(c3n,n,e2n,),b:(eam,))
    s21t=b            方式与方法之第一本体呈现
    s219              思考方式
    s21a              处事方式
    s21b              交往方式
```

方式与方法 s21 的一级延伸概念仅一项：第一本体呈现 s21t=b，但后续延伸采取开放形态。这一设计方案符合透齐性要求么？下列两组概念关联式就是明确的回应。

```
s219<=71+72+8——(s21-01-0)
（思考方式强流式关联于第一类精神生活的思）
s21a<=(a,b)——(s21-02-0)
（处事方式主要强流式关联于第二类劳动）
s21b<=(q7,q8+d)——(s21-03-0)
（交往方式主要强流式关联于表层第二类精神生活）
s219=>73——(s21-01)
（思考方式强源式关联于行为）
(s21a,lv45,ra+r30b)——(s21-02)
（处事方式对事）
(s21b,lv45,p+pe)——(s21-03)
（交往方式对人）
```

这两组概念关联式表明：一级延伸概念 s21t=b 是一个一主两翼式本体延伸。s219 构成方式的主体，s21a 和 s21b 分别构成方式的两翼：对事与对人。

一级延伸概念 s21t=b 还是一个 r 强存在概念，s21t=b 可简称方式，rs21t=b 可简称方法。下面以 3 小节进行论述，后续延伸概念的汉语说明都放在相应的小节里。

2.1.1 思考方式 s219 的世界知识

思考方式 s219 再延伸概念的汉语说明如下：

```
s219:(e5n,e4m;)
    s219e5n            思考方式的 B 类形态三分
    s219e55            经验第一
    s219e56            观念第一
    s219e57            实用第一
    s219e4m            思考方式的 A 类对偶三分
    s219e41            适度辩证（辩证）
    s219e42            低度辩证
    s219e43            过度辩证
```

思考方式 s219 两项再延伸概念使用的符号本身已充分描述了两者的意境，特别是第二项的"e4m"。两者的汉语说明作为相应延伸概念的文字定义，也比较准确，特别是第一项。因此，下面将对第一项再延伸概念配备一组概念关联式，而第二项则仅作文字说明。

```
s219e55:=(s219,lv82ju721,d21)——(s21-04)
（经验第一对应于以经验理性为主要依托的思考方式）
s219e56:=(s219,lv82ju721,d3)——(s21-05)
（观念第一对应于以观念为主要依托的思考方式）
s219e57:=(s219,lv82ju721,d24)——(s21-06)
（实用第一对应于以实用理性为主要依托的思考方式）
```

这 3 个概念关联式可视为相应 3 项再延伸概念的定义式。这 3 项延伸概念的直系捆绑词语特别丰富，汉语的示例如表 6-2 所示。

表 6-2 思考方式 B 类形态三分的汉语词语

概念	汉语词语
s219e55	灵活，明智，老谋深算；经验主义；大智若愚，难得糊涂，
s219e56	死板，固执，抱残守缺，教条主义；坚定，忠贞不渝，
s219e57	变通，左右逢源；与时进退，识时务者为俊杰；投机，机会主义，

表 6-2 充分表明：概念 s219e5n 需要再延伸，具体建议如下：

```
s219e55:(e26,3)
s219e56e25
s219e57e2n
```

它们分别用于";"之后各类词语的意境表达。

下面对延伸概念 s219e4m 作简要论述。辩证或辩证法是现代汉语的高频词语，在现代汉语语境里,它曾与唯物或唯物论一起充当了哲学的最高代表,曾成为哲学终极真理的化身或语言符号。这是中国式断裂在文化侧面的集中表现,唯物论或辩证法都只是真理的一部分,而远不是全部。前者是关于本体论的一种描述,马克思先生把它凝练成第一名言——存在决定意识;后者是关于认识论的一种描述,古希腊的赫拉克利特早就把它凝练成一句与第一名言类似风格的名言——斗争是万物之母。

辩证用于对自然属性 j7 第一株殊相概念树 j71 之基本属性的统称也许是恰当的,但在该株概念树的论述([220-21]节)里有意未加使用。这"有意"里包含以下 3 点思考。①黑格尔先生对于辩证只知其一(辩证的"o"形态),不知其二(辩证的"eko"形态),这一失误也造成了黑氏逻辑学的巨大不足,将辩证的概念正式安排在综合逻辑这一概念范畴里有助于对黑氏不足的弥补。②黑氏失误是导致中国式断裂的重要文化外因,在综合逻辑里强调一下辩证本身也存在 A 类对偶三分特性,或许对中国式断裂的修补更有裨益。③辩证曾高居于真理的神坛地位,但那仅属于适度辩证 s219e41,s219~e41 不应该继续窃据这一崇高地位了。这就是说,辩证法有真伪之分,尚未完全摆脱断裂时期的中国还不善于分别辩证法的真伪,认伪为真的思维惯性还经常出现。所以,借助综合逻辑这一块宝地,本小节特意安排了"思考方式之第一类对偶三分 s219e4m"这一延伸概念,可谓"用心良苦"。该延伸概念意味着:辩证本身存在着第一类对偶三分——"e4m"——的特性,而这一特性的负荷者,没有比思考方式 s219 更合适的载体了。

综合上列三点,可以说这样一句话,黑格尔先生留给后世许多宝贵的文化遗产,而促成概念"s219e4m"的明晰呈现也许是其中最重要的一项,是黑格尔先生对后工业时代的独特贡献,从三个时代的历史视野看,黑氏的这一贡献类似托马斯•阿奎那神甫对工业时代的独特贡献(参看"理想行为 73219 的世界知识"[123-21-1]分节)。

这 100 年多来,我们在所有的重大政治、经济和文化课题上,几乎都出现过"过"与"不及"的单向性大失误,不仅如此,在某些方面(例如对资本)还出现过双向性的大摇摆。这些大失误与大摇摆不能仅仅从利益或三争的视野去解释,也要从综合逻辑的知识匮乏或智慧匮乏的视野去解释。当然,前一种解释更触及问题的本质,但容易导向死结;后一种解释诚然回避了问题的本质,却具有松动死结的功效。

2.1.2 处事方式 s21a 的世界知识

处事方式 s21a 再延伸概念的汉语说明如下:

```
s21a:(c3n,n,e2n,)
  s21ac3n              处事方式的第二类对比三分
  s21ac35              治标为先
  s21ac36              治本为先
  s21ac37              标本兼治
  s21an                处事方式的第二类传统对偶描述
  s21a4                民主集中方式(善听)
  s21a5                民主方式(兼听)
  s21a6                集中方式(偏听)
  s21ae2n              处事方式的对立二分
```

s21ae25　　　　　　　　　　积极处事方式（礼）
s21ae26　　　　　　　　　　消极处事方式（非礼）

请注意：处事方式的再延伸结构采取了开放形态，这里列举的 3 项就当作处事方式的内涵"三甲"吧。

"三甲"的冠、亚、季军命名都过于"HNC 化"，笔者实在想不出合适的汉语命名，请读者谅解。

下面以 3 个分节进行论述。

2.1.2-1 处事方式第二类对比三分 s21ac3n 的世界知识

"冠军"的命名虽然差劲，但其三项具体内容的命名——治标为先、治本为先和标本兼治——都比较贴切。其中的"为先"不可省略，如果省略，则该汉语说明的意境就混同于"主义"，而没有资格充当 HNC 概念基元的延伸概念了。这句话在一般语境下是比较难理解的，但在此处有所不同，于是这句早该写下的话到现在才"千呼万唤始出来"，且"犹抱琵琶半遮面"。这没有办法，因为 HNC 离不开那"半遮面"的"琵琶"。"琵琶"者，词语也，此处即"治标"与"治本"也。汉语"标"与"本"的意境似乎如同鸡与蛋那样界限分明，但鸡与蛋之间不是存在孰先孰后的著名争论么？"标"与"本"亦然。亦然者，乃指实质而非字面意义也；乃语言学的所指而非能指也。这就是说，"标"与"本"在字面上没有争议，但实质上总有争议。先秦的法家认为：法治是"本"，仁义是"标"；儒家反之，认为仁义是"本"，法治是"标"。这场争论并非个案，乃各种主义之间的普遍现象。HNC 不赞同"主义"，根本原因即在如此；"为先"二字之不可省略和上文里的"没有资格"说，基本依据亦在于此。

"标"与"本"的 HNC 符号对应于自然属性 j7 的第二株殊相概念树"主与次 j72m"，这个对应关系有点玄妙，请看下面的基本概念关联式和"标"与"本"之映射符号：

s21ac35:=j722——（s21-07）
（治标为先对应于自然属性的主次之次）
s21ac36:=j721——（s21-08）
（治本为先对应于自然属性的主次之主）
s21ac34:=j720——（s21-09）
（标本兼治对应于自然属性的主次辩证呈现）
（"标":=jr722；"治标":=jvr722）
（"本":=jr721；"治本":=jvr721）

所谓的玄妙何在？原来，符号"j72m"表明：主次是可以相互转化的，因此"标"与"本"也是可以相互转化的。实际的处事方式不可能去刻意追求纯粹的治标或治本，但实际效果又必有层级或高低之分，这就是符号"s21ac3n"的缘起了，于是就产生了"c3n"与"m"相互对应的概念关联式。这类概念关联式实际上妙而不玄，应该是黑格尔先生所乐于接受的。

本分节最后，请允许笔者写一段模仿《双城记》开篇的话：这是一个谁都在口头上扬言致力于治本的时代，又是一个谁都在实际上仅从事治标的时代，六个世界无不如此。第一世界金融危机的祸首只是缺乏监督么？第二世界社会危机的祸首只是"蛋糕没有分好"么？第四世界社会动荡的祸首只是家族统治么？诚然，加强金融监督、分好财富蛋糕、结束家族统治是这三个世界各自的急所，但这三个世界各自的大场何在？把握"大场+急所"才能真正做到"治本为先 s21ac36"或达到"标本兼治 s21ac37"的最佳境界。金帅、官帅和教师都是把握急所的高手，但对大场的把握并不高明，并坚决拒绝代表高明最高境界的"标本兼治 s21ac37"，各领域的专家也大体如此，怎么办？学习一点关于"三个历史时代和六个世界"的世界知识吧！考虑一下蕲乡老者关于豪华度国际公约的建议（见[280-2213-4]分节）吧。

2.1.2-2 处事方式第二类传统对偶描述 s21an 的世界知识

处事方式第二类传统对偶描述 s21an（"亚军"）的汉语说明拷贝如下：

   s21a4   民主集中方式（善听）
   s21a5   民主方式（兼听）
   s21a6   集中方式（偏听）

"亚军"的 3 项具体内容使用了两套命名，前者是西式命名，那是列宁先生的发明；后者（括号内）是中式命名，来于魏征先生的名言。不过，这里续貂了 4 个字，于是该名言从原来的 8 个字扩展为 12 字，全文是："兼听则明，偏听则暗，善听则高。"这里的"听"是处事方式的替代。

下面的论述里将仅使用中式命名，它们既不是传统意义下的"语义"，也与西式命名的来源无关，而主要是基于对传统中华文明一项"专利"的思考。该"专利"的意境集中体现于下面的第一类特殊编号概念关联式。

   s21a~6≡7220ae55——（s-0-08）
   （综合逻辑的兼听与善听强关联于禀赋基本内涵的学）

我们不能说"兼听 s21a5"是传统中华文明的"专利"，但可以说延伸概念"7220βe55"是中华文明的"专利"，这在前文已有所论述（见"禀赋作用效应链 7220β 世界知识"——[122-20-1]分节）。于是，通过特殊编号概念关联式（s-0-08），综合逻辑的非偏听就成为传统中华文明的"专利"了，这就是说，传统中华文明是一种崇尚兼听与善听的文明，而传统西方文明则是一种崇尚偏听的文明；我们还可以进一步说：崇尚偏听是所有古老文明的共性，因为它是维护神学独尊性的必要条件；而传统中华文明是唯一的例外，因为没有任何一个文明把"学"提高到与"仁、义"并列的地位，从而构成 7220βe55 的完备表示——仁、学、义。如果现在就说：7220βe55（仁、学、义）和 s21a~6 是后工业时代最有价值的普世价值，那肯定是太早了一点，但一个世纪以后呢？在奥巴马先生外交政策的调整里，是否多少有一点"学"和"兼听与善听"的影子呢？请读者思考。

与兼听与善听相对立的"偏听"与现代汉语的流行词"主义"是什么关系？前文曾多次说到"主义"，但一直没有给它"正名"，现在是时候了，其映射符号如下：

   主义   sr21a6

从综合逻辑的视野看，主义就是偏听之子，偏听就是主义之母。中国式断裂的天字第一号症状就是最彻底地抛弃了兼听与善听的优良传统，而投入了偏听的怀抱。列宁先生说："共产主义就是苏维埃+电气化",国人完全偏听了;毛泽东先生说:"阶级斗争,一抓就灵",国人完全偏听了;邓小平先生说:"发展是硬道理",国人也偏听了,但这次并不完全,自主改了一个字——把"发展"改成了"发财"。

从三个历史时代的视野看,20 世纪之前只存在偏听的天时,现在不同了。

从六个世界的视野看,20 世纪之前只存在偏听的地利,现在不同了。

从文明标杆的视野看,20 世纪之前只存在偏听的人和,现在不同了。

这就是"处事方式第二类传统对偶描述 s21an"所蕴含的基本世界知识,是属于 21 世纪的世界知识,当然必属于第一类特殊编号概念关联式所描述的世界知识,所以,符号表示就免了吧。

2.1.2-3 处事方式之对立二分 s21ae2n 的世界知识

处事方式对立二分 s21ae2n("季军")拷贝如下:

```
s21ae25              积极处事方式(礼)
s21ae26              消极处事方式(非礼)
```

与"亚军"类似,"季军"也使用了西式和中式两套命名。"礼"之现代汉语意境有过一番不寻常的经历,这就不必去回顾了,下面仅略说一个要点。

与"亚军"不同,每种古老文明都会有自己特定的"礼",具体形式可能差异很大,但实质性的内容(意境)则必然呈现出"大同小异"的特性。因此,s21ae2n 的词语捆绑工作将极为繁重,不同自然语言之间的对应性处理也比较复杂。例如,"温良恭俭让"是孔夫子提倡的"礼",宗教的戒律主要关乎"礼"。"礼"对事不对人,所以,"孝"不属于"礼"。这个要点是 s21ae2n 词语捆绑工作的钥匙。

2.1.3 交往方式 s21b 的世界知识

交往方式 s21b 再延伸概念的汉语说明如下:

```
s21b:(eam,)
    s21beam          交往方式的第一类关系对偶
    s21bea1          上位方式(主子方式)
    s21bea2          下位方式(奴婢方式)
    s21bea3          同位方式(平等方式)
```

这里也采用两套命名,但两者无西式与中式之别,而存在邪恶与否之别。

任何古老文明都存在"交往方式第一关系对偶 s21beam"的烦琐内容与形式,依据现代观念,上下位交往方式是反平等的,因而自然是邪恶的,但这个观念并没有直接体现在符号"eam"里。如果要在语言脑里生成这一观念,那非常简单,让语言脑连通如下的概念关联式就可以了。

```
    s21b~ea3 = j806
```

在农业时代,"邪恶"的上下位交往方式(s21b~ea3)一定居于主导地位,传统中华文明是否最为严重?笔者不敢妄说。

在当今的第一世界，"邪恶"的上下位交往方式似乎已经被扔进了历史博物馆，人家总统和部长们的平等表现确实证实了这一点，这是民主政治制度造就的政治清明景象，具有破天荒的政治意义，否认这一点是"睁着眼睛说瞎话"。但是，前文和后文将不断提出一项质疑：在拯救人类家园的破天荒事业中，这样的总统和部长是否过于软弱无力？政治领域的上下位交往方式可以完全抛进历史博物馆么？而更要害的问题是：金帅的上位方式是否得到了破天荒的加强呢？所以，第一世界并非彻底消除了上下位交往方式的朗朗乾坤，不承认这一点也属于"睁着眼睛说瞎话"。

上文把"邪恶"加了引号，因为上下位交往方式不能等同于"主子方式+奴婢方式"，后者是邪恶的，这毫无疑问。因此，必须引入下面的再延伸概念：

  s21beame26   邪恶的交往方式
  s21bea1e26   主子方式
  s21bea2e26   奴婢方式
  s21bea3e26   过度平等方式

浪漫理性哲学家（例如尼采）偏好夸大其词，曾大力向世人宣称

$$s21beam \equiv s21beame26$$

的怪异概念关联式。20世纪的社会主义者和自由主义者都偏听它，都曾试图利用它以达到打倒或摧毁旧世界的目的，但各种社会主义者则同时大力宣扬如下的怪异自延伸概念：

  s21bea1（d01）   救世主，红太阳

并赢得过无数的粉丝。

在21世纪的当下，自由主义者一如既往坚决反对怪异自延伸概念，但依然在高举着怪异概念关联式的旗帜；社会主义者则仅高举着怪异自延伸概念的旗帜，并早已放弃了怪异概念关联式。因此，自由主义必然处于上风，而社会主义必然落在下风。然而，怪异的东西未必是真理，所以，前文引入了新老国际者的术语，下文还会对两者给出进一步的论述。

再延伸概念s21beame26为什么不使用s21b~ea3e26予以替代？s21bea3e26的引入是否多此一举？对此将笑而不答。

第2节
实力 s22（418）

引言

概念树s22的汉语命名曾长期使用武器，现正式更名为实力。

在形而下的思维习惯里，手段就是武器，武器也就是手段。所以，曾经考虑过把武器列为手段的第一株殊相概念树，但从上一节的论述可知，方式与方法的地位理所当然地高于武器，它只能屈居 s22 的位置。

2.2-0 实力 s22 的概念延伸结构表示式

```
s22:(\k=2,(\k);\1*:(3,γ=a),\2*:(3,γ=b),(\k)*:(3,7,\k=m;))
  s22\k=2              实力的第二本体呈现
  s22\1                硬实力
  s22\2                软实力
  s22(\k)              综合实力
```

实力 s22 之一级延伸概念形式上仅取一项：第二本体呈现 s22\k=2，但存在独立的非分别说形态——s22(\k)，名之综合实力。后续延伸采取开放形态，汉语说明放在相应的小节里。

实力第二本体呈现 s22\k 具有下列第二类特殊编号概念关联式：

(xpj1*t,145,s22\1)>>(xpj1*t,145,s22\2)——(s-15-0)
（硬实力的时代性远大于软实力的时代性）
s22\1:=j721a——(s2-07-0)
（硬实力对应于急所）
s22\2:=j7219——(s2-08-0)
（软实力对应于大场）

2.2.1 硬实力 s22\1 的世界知识

硬实力 s22\1 再延伸概念的汉语说明如下：

```
s22\1*:(3,γ=a)
  s22\1*3              "军力"
  s22\1*γ=a            硬实力的 γ 二分
  s22\1*9              财力
  s22\1*a              技术力量
```

这里，对"军力"特地加了引号，此引号不可或缺，因为，实力的量化离不开参照，这个参照的范围可以小到个人，而军力这个词对于个人就完全不适用了。下面的论述将以国家为参照，因此，军力之引号将予以取消，概念关联式中所使用的符号 s22\1*3 实际上是符号

(s22\1*3,147,pj2*)

的替代品。

无论是农业时代还是工业时代，以及当前的后工业时代之初级阶段，军力都是国家硬实力第一位的东西，这毫无疑义，符号"s22\1*3"本身就直接描述了这一重要世界知识。

军力是一个独立的存在，但其独立性是时代的函数。这项世界知识需要多个概念关联式才能够加以表达，下面给出一个式样：

(s22\1*3,100*40i979e21,pj1*t)——(s22-01a)

```
       （军力正变于三个历史时代）
       ((s22\1*3,100*40i9d22,s22\1*γ),s31,pj1*9)——(s22-02)
       （在农业时代，军力松依赖于财力和技术力量）
       ((s22\1*3,100*40i9d21,s22\1*γ),s31,pj1~9)——(s22-03)
       （在工业和后工业时代，军力紧依赖于财力和技术力量）
       ((s22\1*3,100*40i9d21,s22(\k)),s31,pj1*b)——(s22-04)
       （在后工业时代，军力紧依赖于综合实力）
       s22\1*3≡ra4——(s22\1-01)
       （军力即全部军事活动之效应）
       s22\1*9<=a259——(s22\1-02)
       （财力强流式关联于财政）
       s22\1*a<=a219//a21β——(s22\1-03)
       （技术力量首先强流式关联于工业的建造业）
       s22\1*9:=sr10b\1——(s22\1-04)
       （实力的财力对应于智力基本内涵之活资本）
       s22\1*a:=sr10b\2——(s22\1-05)
       （实力的技术力量对应于智力基本内涵之活技术）
```

请注意：上列概念关联式使用了两种不同的牵头符号：s22 和 s22\1，前者大体适用于广义的"军力"，后者则仅适用于狭义的军力。当图灵之战正式启动时，这些概念关联式都需要改造，建议对上列延伸概念后挂自延伸符号"(c3m)"以区分国家、组织和个人的硬实力，以上概念关联式都取"(c33)"。"(c32)"和"(c31)"则分别对应于"组织"和"个人"，可据以写出各自所需要的特定概念关联式。

上面所说的省略方式和建议同样适用于软实力 s22\2 和综合实力 s22(\k)，下面就不再说明了。

2.2.2 软实力 s22\2 的世界知识

软实力 s22\2 再延伸概念的汉语说明如下：

```
       s22\2*:(3,γ=b;)
         s22\2*3              信息运用力
         s22\2*γ=b            软实力的 γ 三分
         s22\2*9              关系力
         s22\2*a              知识力
         s22\2*b              理想力
```

软实力 s22\2 各项再延伸概念的汉语命名比较到位，对国家、组织和个人都适用。就个人来说，我国著名的历史人物张良和诸葛亮就是信息运用的绝顶高手，刘邦对信息运用力说过一句精妙绝伦的名言（当然，这要归功于司马迁的艺术加工）："运筹帷幄之中，决胜千里之外。"所以，信息运用力也可以叫作运筹力。对运筹力特别重视是传统中华文明综合逻辑的鲜明特色，这在中国古典小说里有清晰表现，主要人物里少不了运筹高手：如《封神榜》里的姜太公、《三国演义》里魏蜀吴三国的"诸葛亮"们、《水浒传》里的吴用。汉语最讲究的综合逻辑短语是"斗智斗勇"和"智勇双全"，在退而求其次时才会说"斗智不斗勇"，体育栏目常引用的那个"两强相遇勇者胜"短语并不是汉语固有的东西,而是舶来品。

软实力 γ 三分的三项汉语命名似乎不适用于个人描述,其实大大不然。"γ三分"之三力——关系力、知识力和理想力——将简称 γ 三力,传统中华文明对于 γ 三力的重视超过任何其他的古老文明,《大学》开宗明义所论述的"格物、致知、诚意、正心、修身、齐家、治国、平天下"(见[260-10]节——"智力基本内涵 s10"的[*01])有一个一以贯之的东西,那就是 γ 三力的培育。《曾国藩家书》的基本内容就是谈 γ 三力,士的培育主要就是 γ 三力的培育,不懂得这一点,恐怕就不能说真正懂得传统中国的士和孔子的教育思想,因而也不能说真正懂得中华文明的特色。当然,成长于农业时代的 γ 三力必然带有农业时代的局限性,但对中华 γ 三力的主流价值不能采取一棍子打死的浪漫理性态度。虽然传统的中华 γ 三力已不复存在于中华大地,但有关文献并未消失,这干枯的种子能再次发芽么?它在中华文明的伟大复兴中,是否应该占有一席之地呢?这也许不是当今的大急性社会课题,但至少应该提出来并加以探讨。下面将转入 γ 三力的分别说,并对这一问题有所回应。

关系力 s22\2*9 的"(c3m)"特征最为突出,国家级、组织级和个人级的关系力各自具有不同的内容。三者的映射关系如下:

$$s22\backslash 2*9(c33) \qquad 国家关系力$$
$$s22\backslash 2*9(c32) \qquad 组织关系力$$
$$s22\backslash 2*9(c31) \qquad 个人关系力$$

描述"国家关系力 s22\2*9(c33)"的**现代**术语叫内政与外交,内政有民主与专制之分,外交有敌友之分,这种描述方式非常简明。到了工业时代成熟期(大体对应于20世纪的上半叶),此简明描述逐步演变成一个政治公式:民主与民主、专制与专制相互为友,民主与专制、专制与专制相互为敌。此公式的忽悠性常被某些新国际者所掩饰,但精明的政治家则保持着清醒的头脑,执行的是另一号政治公式:内政之核心是权势集团的核心利益,外交之核心是国家的核心利益。此公式可名之利益政治公式,不仅当今的金帅与官帅对此"心有灵犀",两帅的前辈也同样如此,正是这一公式促成了20世纪的两次世纪性握手[*01]。

国家核心利益是一个不需要外衣的词语,形式上不需要另带语言面具性,因为国家本身就是最好的语言面具,实际上该术语不仅适用于外交,也同样适用于内政。权势集团之核心利益不同,它必须披上外衣,为权势集团带上各种语言面具,于是,各种语言面具性术语就应运而生。当然,这些术语的发明者或提倡者的本意并非掩饰,从而充当权势集团的语言面具,但金帅、官帅和教师是何等超人,当他们把那些美妙的术语变成语言面具时,人们只顾得上欢呼和赞美,何曾想过其中的"吊诡"呢!在这史无前例的语言面具转换中,金帅最潇洒,官帅最巧妙,教师则比较笨拙。金帅的潇洒集中体现在"自由、平等、人权、民主"这4个词语里;老官帅的巧妙集中体现在"人民、阶级、革命、群众"这4个词语里;教师的笨拙充分表现在依然迷恋"圣战"这面老旗帜,没有任何新语言面具的发明。金帅的潇洒更表现在不断扩展权势集团的范围,这是金帅生命力曾长期旺盛的源泉,然而该源泉已开始出现干枯的迹象,这是第一世界的根本危机,其机遇胜率与危机胜率之间可能出现逆转。新官帅的巧妙集中表现在:终于领悟了扩展权势集团内涵与外延的必要性与急迫性,但该集团原班人马的惯性阻力甚大,并同新暴发户一样,沉溺于"发财是硬道理"的贪婪里,这是第二世界的根本危机，但它毕竟拥有权势集团可扩展性的丰厚资源，因此，其机遇胜率依然大于危机胜率。教师的笨拙还表现在坚持农业时代权利集团的固有狭隘性，这是第四世界的致命弱点。正是基于这一考察，创建鹰民主政治制度的历史示范性活动很有可能从第四世界的某些大国转向第三世界的俄罗斯。

以上所说，是"国家关系力 $s22\backslash 2*9$（$c33$）"的现代语言诠释，那是以"利"为基点的诠释。但传统中华文明对国家关系力提出过另外一套语言诠释，那是以"仁"为基点的诠释，内政被凝练为"力行仁政，禁止暴政"；外交被凝练为"共襄王道，摒弃霸道"。这套理念在农业和工业时代肯定是乌托邦式的幻想，也可以说是骗人的把戏，但在后工业时代是否有所不同呢？因为当今人类家园危机的总根子不就是对"利"的无限追求与争夺么？

现代西方文明的一整套法制观念无非就是关于利的公平或公正分配规则，但是，当国家之间展开利的争夺时，当国家核心利益被视为至高无上的"上帝"时，那公平、公正直至正义还有立足之地么？它们的被架空难道不是必然的结局么？这是一个简明而尖锐的问题。柏拉图的《理想国》固然没有回答这个问题，罗尔斯先生的《正义论》也没有回答这个问题，然而"共襄王道，摒弃霸道"的理念却回答了这个问题。应该承认："自由、平等、人权、民主"的旗帜是对"力行仁政，禁止暴政"理念的弘扬，但并不是对"共襄王道，摒弃霸道"理念的弘扬。后工业时代在呼唤仁政与王道的新思维，本《全书》的第一卷第二编曾为响应这一时代性呼唤提供了一系列素材。软实力已成为当下的全球性热门话题，人们对运筹力和γ三力似乎都如数家珍，但他们所看到的只是利之柏拉图洞穴里的景象，关系力的洞穴景象最为突出[*02]，而仁政与王道乃是对"关系力"洞外景象最精练的描述，是传统中华文明的独特贡献。在新国际者看来，这是愚不可及的痴人梦话，然而，新国际者设想过拯救人类家园的治本蓝图么？更不用说阐释和规划了。在1958年，曾有4位华人学者[*03]发表过"为中国文化敬告世界人士宣言"，那个时候，时代柏拉图洞穴的景象还不十分醒目，人类家园危机尚处于潜伏状态，这影响了四位先贤对中华文明特殊价值的洞察。基于上述两点，这里特意插写了这么一段。

传统中华文明对"组织关系力 $s22\backslash 2*9$（$c32$）"和"个人关系力 $s22\backslash 2*9$（$c31$）"也都有自己的特殊诠释和独到贡献，两者分别被凝练成"和而不同"和"信义"这两个术语。这就不展开论述了。

在各种古老文明里，知识力 $s22\backslash 2*a$ 似乎是中华文明的弱项，因为中华文明走着一条独一无二的"神学哲学化、哲学神学化、科学边缘化"道路，那是一种原始形态的"三化一无"之路[*04]，肯定不能通向工业时代的阳关道。但在农业时代，它拥有知识综合的优势，从而有利于行政管理人才的培育，其形而下呈现就是魏晋以前的以"博学宏词"取士和隋唐以后的科举制度。在后工业时代的当下，似乎可以提出这样的问题："三化"之路是否可以升级，使之从原始形态演进成适应当代需求的高级形态呢？神学哲学化不正是宗教改革的重要内容之一么？哲学神学化不正是新儒家的核心追求么？科学边缘化当然是落后的东西，但如果不是边缘化，而是使之边际化又如何？那是否有利于专家知识与世界知识的沟通呢？因此，现代形态的"三化"之路不是不可以探索的，也许它正是摆脱"科学独尊"，向着"三学鼎立"[*05]势态迈进的必经之路。

以上所说，只涉及国家知识力 $s22\backslash 2*a$（$c33$），组织与个人知识力就略而不述了。下面对理想力 s22\2*b 的阐释也将如法炮制。

理想力 s22\2*b 是当下的热门话题，其热度远超过关系力和知识力。六个世界都在各自显示出自己的理想力，但第一世界遥遥领先，摆出一幅"挟天子以令诸侯"的架势，那"天子"的品牌（大体对应于古汉语的令牌）叫"自由、平等、人权、民主"，统称普世价值观，第一世界各成员国的政治家特别是他们的一些议员和专家都在热心充当该品牌的推销员。但这项推销活动遭到另外 5 个世界的强烈抵制，于是，"普世"的光环赫然与"新殖民主义、世界警察、金融霸权"等标签并存，从而导致世界范围内的光环与标签之争。光环派就是前文多次提到的新国际者，标签派当然包括前文也多次提到的老国际者，但早已不是主力。当今标签派的队伍十分庞杂，他们在第二、第四和第五世界占有主导地位，在第三和第六世界，也不乏强有力的支持者。如果说：20 世纪是一个爆发过两次世界大战和两场十月革命、闪现过"冷战"西线和"热战"东线、蜕变出六个世界的世纪，那么，21 世纪将是一个光环派与标签派持续冷战的世纪，是六个世界将各自站稳脚跟并力争最大蛋糕份额[*06]的世纪，这才是 21 世纪的世界大局。对这个世纪性冷战与蛋糕争夺的考察是一个崭新的大课题，笔者还不曾见到直接涉及这一大课题的论述。在这一论述中，如果没有三个历史时代和六个世界的视野，那是不可能抓住要领的，因此，该论述的缺失并不奇怪。

上面对 20 世纪的描述仅涉及政治态势，但抓住了要点。西方学者缺乏这种观察力，他们迄今对第二次十月革命的深远影响依然估计不足，依然对"将冷战西线视为全局，而将'热战'东线视为局部"的判断失误缺乏反思，尼克松先生也许是西方世界觉察到这一失误的第一人，当今的第一世界缺乏尼克松式的智慧。

在 21 世纪的第一个 10 年，光环派在总体上居于上风，标签派居于下风。标签派的最大弱点在于其理论建树的极度匮乏，尤其缺乏理想力的建树，这个势态还会持续相当长一段时间，但会一直持续到下个世纪么？这是一个史无前例的巨大问号。

2.2.3 综合实力 s22（\k）的世界知识

综合实力 s22（\k）再延伸概念的汉语说明如下：

```
s22（\k）*：(3,7,t=a;)
  s22（\k）*3              影响力（魅力）
  s22（\k）*7              地缘力
  s22（\k）*t=a            综合实力的两基础要素
  s22（\k）*9              人口
  s22（\k）*a              疆域
```

同硬实力 s22\1 和软实力 s22\2 一样，综合实力 s22（\k）也有国家、组织与个人的三层级区分，也拥有自延伸概念 s22（\k）(c3m)。不过，相对来说，综合实力的国家级表现最为突出，两基础要素——人口与疆域——虽然对于组织和个人也具有广义内容，但毕竟不可直接与国家比拟。故下文只讨论国家综合实力。

综合实力的 4 项要素（影响力、地缘力、人口与疆域）中，最为学界和媒体所关注的是影响力 s22（\k）*3，最被误用的是地缘力 s22（\k）*7，故下文将以此为重点进行论述。地缘力研究的先驱叫麦金德（1861—1947），其奠基名著就叫《地缘政治论》（1904），该书常被引用的名言拷贝如下：

谁统治东欧，谁就控制了心脏地区；谁统治心脏地区，谁就控制了世界岛；谁统治世界岛，谁就控制了世界。

在工业时代的视野里，该名言属于"外糟内精"型论述，外在的糟粕不过是忽视了制空权的重要性，其内在"精华"在于对制高点的深刻思考，在于"统治"与"控制"之间的形式逻辑（将简称"统治-控制"法则）。所以，后来有人依样画葫芦，炮制了一个以"制空权"替代"东欧"的类似名言，随后又有人把那个"空"替换成"太空"，而必然伴随于"太空"的就是遍及全球的军事基地。这个"统治-控制"法则早已成为美国的国家战略指导思想，也是当年苏联和如今俄罗斯的国家战略指导思想。

在后工业时代的视野里，该名言不过是工业时代柏拉图洞穴里的呓语，不是"外糟内精"，而是"内外皆糟粕"。因为"统治-控制"法则是一种霸道逻辑，与传统中华文明所倡导的王道精神（内容逻辑）背道而驰。这种霸道逻辑完全适用于工业时代，但并不适用于后工业时代。因为后工业时代已赫然出现六个世界[*07]，这六个世界各自拥有的疆域是不同人类文明的积累效应，是人类千年战争的终极效应。这个疆域界线的正式形成时间，最长的不过 200年，那是指第一世界的美国与第六世界之间的分界线；最短不过 20 年，那包括第三世界内部，以及它与第一世界和第四世界之间的纷扰，这项纷扰是当今地球村一切国际纷乱的总根源，下文将对此作专家式描述。但必须看到：这个疆域线的不可变更性已非常坚实，因为那是由文明基因所决定的界线。"统治-控制"法则对这一疆域界线的影响力已随着后工业时代曙光的呈现而变得十分微弱，这是一项十分重要的世界知识。

六个世界的地理特征是：第一、第二、第五和第六都各自连成一片，但第三世界则分成三片，第四世界分成两片[*08]。如果细说的话，那必须提一下"飞地"和"突出部"现象，因为这两者都是引发热战的导火索，第二次世界大战以后的战争无非就是 3 种类型，一是"飞地"战争或冲突；二是"突出部"战争或冲突，三是边界战争或冲突。人们习惯于第三类战争或冲突，不熟悉前两种。这里先说"飞地"战争。

第一世界有两块"飞地"，一块飞在第四世界，叫以色列，另一块飞在第六世界，叫马尔维纳斯群岛；第二、第三和第四世界都各有一块"飞地"，古巴是第二世界飞进第六世界的"飞地"，新加坡是第三世界飞进第四世界的"飞地"，孟加拉国是第四世界飞进第三世界的"飞地"。这 5 块飞地只有新加坡是幸运儿，另 4 块"飞地"都充当过战争导火索的角色，中东战争（多次）、印巴战争和马岛战争实质上都属于"飞地"战争，那古巴还差一点闹出大事。到如今，第一世界的两块"飞地"还依然是战争导火索。第一世界还在三大洋残留着不少殖民大扩张时期占据的小"飞地"，但其归属已不存在争议（直布罗陀例外），不会再成为战争导火索了。

"飞地战"当然只是一种视野，这个说法可能不会引起太大的争议，下面的"突出部"战争就不同了，因为，朝鲜战争和越南战争都将被纳入这第二类战争。

这里说的"突出部"当然包含传统的地理意义，但主要是指文明意义。有欧洲火药桶之称的巴尔干半岛就是三种文明之间的"突出部"，是基督文明（如今的第一世界）的东南"突出部"，是东正教文明（如今第三世界的北片）的西南"突出部"，是伊斯兰文明西片（如今的第四世界）的西北"突出部"。故欧洲火药桶者，三种文明相互争夺之"突出部"也，这才是比较准确的答案。当然，这个"突出部"形成的历史过程及其引发的无数战争都非常久远而且十分复杂，这就略而不述了。近年的南斯拉夫解体、波黑战争和科索沃战争是不是该"突出部"战争的最后演出呢？但愿如此。

俄罗斯有一个地理上非常醒目的"突出部"，那就是位于黑海与里海之间的地区，一直向南突出到高加索地区。该地区是第三世界北片与第四世界西片之间的"突出部"，近年麻烦不断，民族纠纷//宗教信仰差异纠结在一起，这是所有"突出部"地区的共同特征，或者说这一特征正是所有"突出部"的缘起。高加索"突出部"存在着东正教、伊斯兰教和基督教之间的纠结，存在着格鲁吉亚、亚美尼亚和阿塞拜疆之间的民族纠纷。俄罗斯内部长时间的车臣纷扰（包括武装冲突）、俄罗斯与格鲁吉亚之间的短暂战争及该地区的众多纠葛实质上都是"突出部"冲突的典型案例。

当社会主义阵营（下文将简称"阵营"）处于其鼎盛时期时，第一世界在"阵营"里有一块"飞地"，叫"西柏林"，"阵营"在第三世界的东片有两个"突出部"，一个是朝鲜，另一个是越南，那块"飞地"曾屡次引发过战争危机，著名"柏林墙"的出现和坍塌才分别导致危机的缓和并消除。两个"突出部"直接面对的是第三世界，当年的"阵营"本来可以轻而易举地拿下"突出部"的另一半，但是遭到美国的坚决抗拒，这就导致了著名的朝鲜战争和越南战争，导致了美国与中国之间的直接军事交手，并导致台湾成为第二世界的一块异类"飞地"。第二次世纪握手之后（见[*01]），中美之间的直接交手正式结束，中朝和中越之间随之出现了裂痕，但台湾的异类"飞地"状态则出现了根本变化。对中美两大国而言，这两场战争的得失十分复杂，这个复杂性密切联系于"突出部"战争的内在特征，这一特征的古汉语描述叫作"牵一发而动全身"，或者叫作"貌局（局部）而实全（全局）"，麦克阿瑟将军固然不懂得这个比较深奥的道理，其实，中美双方的战略家都还没有来得及对"突出部"战争进行过深入的思考与探索。

所有的"突出部"战争都具有"貌局而实全"的特性么？这个问题值得探讨。在第四世界和第五世界之间存在两个"突出部"（见[*08]），那里都发生过"突出部"战争，初期属于国内冲突，最终导致了国家的分裂，长出了两个独立国家：厄立特里亚和南苏丹，这两个新国家都有可能变成第三世界的"飞地"，而第一世界一定对这样的"飞地"刮目相看。如果这样来考察非洲两场"突出部"战争的国际背景，那就与"貌局而实全"的特性挂上钩了。

由于不存在六个世界的概念，不同世界之间疆域线变迁的话题始终局限于民主与专制、东方与西方或南方与北方等简单二分视野。这种二分视野必然导致把复杂的现实过于简单化，于是，"非洲存在两个世界之间的疆域线"这样重大的现实竟然没有引起足够的注意，"撒哈拉以南"的地理术语把这个重大现实彻底掩盖了，有人或许是故意如此吧。

"突出部"战争先写这些，下面转向边界战争。现代边界战争都是与"突出部"纠结在一起的，没有例外，可以说：这是现代地缘学研究最重要的视野，但似乎并未引起专家的足够重视。

边界战争或冲突历史悠久，但其基本属性发生过两次重大变化，第一次发生在从农业时代到工业时代的过渡期（即工业时代的初级阶段），第二次发生在从工业时代向后工业时代的过渡期（即当下的后工业时代初级阶段）。这就是说，三个历史时代的边界战争或冲突出现了性质的根本变化，这是非常重要的世界知识，是尚未充分进入专家视野的世界知识，下面略加论述。

国际法意义下的国家边界与国家主权是同步形成的两个重要概念，那是欧洲30年战争（1618—1648）以后的"新事物"，其发展历程并非一帆风顺，而是非常曲折的。任何古老文明都没有这个概念，唯有传统中华文明具有该概念的萌芽，那就是王道。第三、第四和第五世界的国家边界，大多数是在第二次世界大战以后逐步确定的。按照六个世界的视野，当今世界应存在36种类型边界纠纷，可简记为"m-n"（m//n=1-6）纠纷，但有趣的是：当今难以化解的边界纠纷仅下列4种："3-3"纠纷、"2-3"纠纷、"3-4"纠纷和"1-4"纠纷，用自然语言来说就是：第三世界内部的边界纠纷、第二世界与第三世界之间的边界纠纷、第三世界与第四世界之间的边界纠纷、第一世界与第四世界之间的边界纠纷。最著名的"1-4边界纠纷"即"巴以"问题，它同时也属于"飞地"问题；著名的"3-4"边界纠纷即克什米尔问题，属于个案。下面仅讨论前两种。

这两种边界纠纷已经超出该词语的传统意义，表面上是陆地、岛屿或岛礁的争端，实质上关联到大陆架和海洋利益之争，这众所周知。问题在于：现有的国际法在这两种边界纠纷面前碰到了新问题么？这各有不同的解答。有关当事方如果只拿国家核心利益和国际法说话，那是否会走进死胡同？

当然，这需要后工业时代的视野，如果人们依然处在工业时代柏拉图洞穴的留恋状态，那就谈不上开始或起步。可是，所有的重要国家不仅留恋工业时代柏拉图洞穴，有的还得了严重的留恋病，下面对此略加论述。

留恋病最重的国家是美国。这个超级大国曾一度占有全球GDP的60%以上，她把粉碎"1984梦魇"[*09]的功劳归于自己，接着又试图独力承担起把西方普世价值推向全球的历史重任。美国政治学界以西方普世价值为唯一文明标杆把地球村的国家分为三类：可接受者、坚决反对者和潜在反对者，并把注意力集中于潜在反对者。这"三分"是美国全球战略的基本依据。金帅的视野有所不同，仅把地球村的国家分为两类：金砖类和土砖类，金砖就是上宾，土砖就是乞丐，当然在上宾与乞丐之间还有多级过渡形态，但金帅的基本思路是：要么上靠金砖，要么下靠土砖，并把注意力集中于金砖。这"两分"是金帅全球战略的基本依据。这"三分"与"两分"就是美国留恋病的基本症状，该症状的病因与其普世价值观在实质上是存在内在矛盾的，美国的智者能觉悟到这一点么？很难，一个世纪之内都希望不大。他们对六个世界的赫然存在视而不见，即使是像布热津斯基这样的战略家也不例外。"三分"与"两分"意味着：金帅与其政治权势代表之间有默契，也有分歧，对两者之间的默契与分歧要善听而不能偏听。这是另一个话题，这里就不展开了。

留恋病次重的是中国和俄罗斯。这两个伟大国家都经历过"十月革命"，曾充当过经典社会主义世界在东线和西线的两大支柱。那革命和支柱的效应成了两国留恋病的根源。这里应该回顾一下：在第二次世纪握手的时候，毛泽东先生曾向尼克松先生大谈"五根指头"的哲学，当时的"五指"顺序依次是美、苏、欧、日、中。现在40多年过去了，"五指"的各自状态都发生了重大变化，但"五指"的存在性依然，而且依然充当着当今世界的实际"五强"，只不过"苏"变成了"俄"而已。在握手的时候，欧盟还处于萌芽时期，欧元区还没有影子，日本"用一个京都区的资本可以买下整个美国"的惊人态势还没有任何征兆，你不能不叹服毛泽东先生的非凡预见。但更应该深思的不是"五指"本身，而是"五指"之所指——第二次世纪握手所形成的基本"共识",其基本内容是:以"五指"替代"两极",让"五指"保持其自然存在性,不可断其一指。这是毛泽东先生晚年形成的独特哲学思考,他直接使用了哲学这个词语,尼克松先生对此未必能全然领会,但至少在形式上欣然接受了。

"五指"的现代术语就是多元,但这个"多"的落实不是"五"而是"六"——当今的六个世界。"五指"没有包含第三世界的南片,以及第四、第五和第六世界,这需要补上。

"五指"的"五强"势态还会持续相当一段时间,这展示了毛泽东先生的高瞻远瞩。

不过,40多年来"五指"状态所出现的历史性巨变不是毛泽东先生所能预见到的。这巨变的要点包括四个方面。①"五指"中的三指——美国、欧洲(这个欧洲乃是西欧的另说,这两根指头实际上代表着当今第一世界的主体)和日本——现在已经进入了后工业时代初级阶段,其经济公理的高端值[*10]已有明朗的呈现,在后工业时代的人类文明推进方面,不可能再有大的作为了。②当年的小指头(老五)——中国——如今在建造业的数量方面已经取代了美国在 20 世纪一度拥有的雄霸局面,有人看不起这个数量,不去深入研究这个惊人的数量巨变和突变是如何出现的,一味盯着"不完全市场"和"专制制度"说事。在专家知识的视野里,那个数量巨变与突变不是要害,后者才是要害;但在世界知识的视野里,问题并不是这么简单[*11]。③当年的食指(老二)——苏联——已沦落为小指头,如今不过是第三世界北片的主体而已,但苏联的法定继承人——俄罗斯——绝不甘心这一沦落。④当年的无名指(老四)——日本——名义上地位未变,不过,实际上它不过是第三世界东片的主体而已。

第三世界是六个世界里最复杂的一个,另外五个世界都呈现出主体连成一片的地缘特色,唯有它被分隔成三片——北片、东片和南片。但是,第三世界的被分隔成三片仅仅是其复杂性的表层现象,实质在于:①三片虽然都各有一个主体(他们分别是俄罗斯、日本和印度),但三位主体都非常都缺乏正确自我定位之明;②第三世界的三片正好形成对第二世界的北、东、南三面包围之势,这是非常需要深入思考的 21 世纪地缘形态。这两点,是当今地球村地缘政治的新景象,也是"2-3"纠纷和"3-3"纠纷的基本缘起。如果说:东亚纠纷和喜马拉雅纠纷一起构成了 21 世纪的 4 枚潜在地缘炸弹,那未必过分,这 4 枚地缘炸弹可分别命之日本海"两栖雷"、东海"两栖雷"、南海"水雷"和喜马拉雅"地雷"[*12]。以色列和伊朗可以说是两枚国际驰名的地缘炸弹,那是 20 世纪的产物,国际舆论一直予以深切关注。但就"排雷"的难度而言,那两枚 20 世纪的大约比不上这 4 枚 21 世纪的。

这 6 枚地缘炸弹才是当今世界地缘政治的大场,是六个世界视野里的明显大场,但专家视野就未必能看得那么清晰,一些鼎鼎大名的国际战略研究所和智库似乎就不那么明白。

"缺乏正确自我定位之明"不仅是第三世界三位主体国家的缺失,也是所有强国的缺失,美国在这方面的不良表现更是有目共睹。这里需要追问下列两个问题。①该缺失是美国留恋病的主要病因么?上文的答案是模糊的。②该缺失是 21 世纪地缘炸弹 4 位直接当事方之留恋病的主要病因么?答案也只能是模糊的。邓小平先生提出过"韬光养晦"的说法,这个说法仅适用于对内,而不适用于对外;仅涉及定位谋略,而未涉及定位本身。定位来于后工业时代的呼唤,来于挽救人类家园危机的呼唤,因此,无论是承认、否认或不完全认同所谓普世价值的各类国家都要深思熟虑自己的定位,"定好位,不越位"。这不仅应该成为国家战略的未来基本准则,也应该成为个人行为的未来基本准则。

那么,"正确定位"的基本内涵是什么?这似乎要区分国家和个人,但实质上没有这个必要。如果又[*13]用古汉语写出非常简明的形而上描述,笔者自己都觉得难堪。所以,这里仅向那两枚"两栖雷"的直接当事国——日本——说几句半形而上的话。

在那个工业时代征服浪潮席卷全球的疯狂时刻,贵国曾以惊人的意志和气势顶住了该浪潮的冲击,不仅未被淹没,而且成为该浪潮的杰出弄潮儿,竟然继俄罗斯之后,成为工业时代列车的最后两名乘客之一。这是光荣,然而也必然是血腥的光荣。因为工业时代征服列车上的乘客先后有两种特殊身份:海盗和强盗。在你上车的时候,地球上可以掠夺的地盘早已被瓜分完了,作为一名最后上车的强盗,你得别出心裁,铤而走险,专吃窝边草,比强盗还要凶狠百倍,这就是你在进入20世纪时的基本谋略。这个谋略的得失,你没有进行过德国式的反思,这样就患上了第一种文明病——历史反思缺失症。在20世纪下半叶,你又一次创造了历史性辉煌,成为后工业时代列车上的唯一来于第一世界之外的特殊乘客,你对这一特殊乘客的身份缺乏清醒的认识,于是又患上第二种文明病——文明认同混乱症。这两种病使得你迷失了文明前进的方向,在进入21世纪的当下,显得特别严重。从文化传统或文明基因的视野看,你应该可以比第一世界更容易感受到后工业时代的曙光,你应该可以更容易体验到"民主潜能已耗尽,自由积弊更惊心"的势态,可是你一点"更容易"的迹象都没有。这很奇怪,日美特殊关系真的有那么紧要么?北方四岛和东海的那个岛礁真的是你的命根子么?你属于东方文明,不属于西方文明,你属于第三世界,不属于第一世界,请用东方文明的智慧重新审视一下这些问题吧,请细心阅读一下铃木先生的《禅学入门》,而不要轻信福山先生的"终结论"吧。否则,你很难做到"定好位,不越位"。

上面从两种边界纠纷说到留恋病,从多元化说到"定好位,不越位"。还对日本说了一番形而下的话;至于中国,前文已在"中国式断裂"的命题(见[123-3.1.2-1]分节)下作了比较充分的阐释;最后提一下美国,不能说这个超级强国对多元化的重要性一无所知,人家的对内多元化做得相当出色,但对外就差远了,"多元"被扭曲成上述的"三分"与"两分"就是明证。当然,其全球"军事司令部"的设置有点"六"的味道,但那不过是传统地缘政治的简化思考而已。

本小节为什么对地缘力这么特殊照顾呢?因为,工业时代形成的关于地缘力之基本认识实质上已经完全过时了,然而,人们对此缺乏最起码的觉悟。后工业时代需要从六个世界的视野重新构建地缘政治的全新理论,本《全书》仅提供素材而已,故下面以一段呼应性文字结束这一大段论述。

六个世界的最终定型虽然才不过20来年,但其赫然存在是后工业时代曙光的标志。该曙光已呈现了半个世纪之久,但第一世界的一流思想家对这一历史巨变的认识依然十分肤浅,感觉十分迟钝。无视这一赫然存在这就必然导致对"统治-控制"法则的滥用,也就必然导致对地缘力的误解和误用,这"两误"已成为当今世界的最大时代性悲哀(将简称"两误"悲哀)。美国和整个第一世界陷入这一悲哀是历史的必然,其他5个世界完全没有必要跟随它,但实际上也都在不同程度上陷入了这种悲哀。那么,王道思想的发源地——中国——为什么不能率先摆脱"两误"悲哀呢?

"统治-控制"法则渗透于专业活动的全部领域,金帅影响力最大的美国对这一法则的运用早已炉火纯青,因此,美国是"两误"悲哀的重灾区,华尔街不仅是金融财富的发源地,也是金融灾难的策源地，更是"两误"悲哀的制造者。这也许是最重大的历史教训，创造了经济发展速度历史记录的第二世界主体——中国——一定要谨记这个历史教训，不能被那个记录的表象所迷惑，要深入探索成就那个记录的内因与外因。

结 束 语

本节采取了与上节大体相同的撰写方式，并更为特殊。

注 释

[*01]两次世纪性握手详见"关于第二世界"（[280-2.01.3-3.2]）。

[*02]关系力洞穴景象的经典描述是"没有永远的敌人，也没有永远的朋友，只有永远的利益"。在当代依然备受推崇。

[*03]这4位可尊敬的华人是：张君劢、唐君毅、牟宗三和徐复观。

[*04]原始形态的"三化一无"涉及HNC对中华文明基因特征的描述，拷贝如下：

中华文明的基因特征是：神学哲学化，哲学神学化，科学边缘化，始终未能形成神学、哲学和科学各自独立的完备学术体系，可简称"三化一无"。但是，"三化一无"并非"百无一是"，其"愚者千虑之一得"对后工业时代的文明建设或许具有极为重要的启示意义。（见[123-21-1]分节——理想行为73219的世界知识）

本小节所论是对引文中所说"重要启示意义"的呼应。

[*05]这涉及一项关于三个历史时代文明基本特征的论断，拷贝如下：

……如果把儒学看作中华神学的话，那就可以对文明的时代性特征给出下面的简明陈述：农业时代是神学独尊的时代，工业时代是科学独尊的时代，后工业时代将是一个废除独尊、三学鼎立的时代。

从神学独尊到科学独尊的转变是一个非常艰难的时代性巨变，从科学独尊到三学鼎立的转变也必将如此。（原文章节同上）

[*06]这里的蛋糕份额包括两层意思：一是指六个世界各自的总GDP和人均GDP；二是指每一世界之各类代表性国家的特定人均GDP，总GDP、人均GDP和特定人均GDP都需要设置上限，上限本身是经济公理的必然呈现，而人为设置则是拯救人类家园的呼唤。这个问题将在本卷第八编第二章通过蕲乡老者给出更明确的论述。

[*07]六个世界的划分将在本卷第八编第二章给出详尽的论述。

[*08]第三世界的三片可分别名之北片、东片和南片。北片的主角是俄罗斯（加白俄罗斯、乌克兰、摩尔多瓦、罗马尼亚、保加利亚、前南斯拉夫分离出来的多数国家和希腊），其共同文化渊源是东正教。东片的主角是日本（加韩国和菲律宾），其文化渊源不能说成是传统中华文明的伸展，只能说传统中华文明在该片地区的影响似乎依然不小于西方文明，但菲律宾例外。南片的主角是印度（加尼泊尔、不丹、斯里兰卡、缅甸、泰国），文化渊源分别是印度教和佛教。

第四世界的两片可分别名之西片和东片，西片共计37个国家，9.62亿人口，疆域占有非洲的一半（北部）和亚洲西南的全部，位于东经0°~80°，北纬10°~52°。东片仅三个国家，2.59亿人口。两片之间隔着第三世界的南片。从六个世界的视野看，"撒哈拉以南"的说法仅具有纯地理意义，文明视野里的非洲是第四世界与第五世界共享的非洲，第四世界占据着北部，第五世界占据着南部，北纬10度大体是两者之间的疆域分界线。但两者各有一个"突出部",第四世界向南延伸的"突出部"是南部苏丹,第五世界向北延伸的"突出部"是埃塞俄比亚和厄立特里亚。

[*09]指奥威尔先生的著名预言小说《一九八四》。

[*10]经济公理高端值指人均 GDP 时代曲线的高端渐近线,见"三迷信行为的世界知识"([123-0.1.0.2.1-2])。为了拯救人类家园,蕲乡老者提出了关于豪华度国际公约的建议(见"对话续1"),笔者支持这一建议。

[*11]这涉及 21 世纪的最大课题:如何拯救人类家园危机,本《全书》已为该课题的探索提供了一系列素材和初步建议,这里就不一一列举了。

[*12]这里分别使用了两栖类、水雷和地雷的命名,水雷和地雷不言而喻,何来两栖雷?君不见:日本海有朝鲜问题,东海有台湾问题吗?当然,朝鲜问题和台湾问题性质不同,不容混淆,但其形成的历史缘起是纠结在一起的。

[*13]这"又"字意味着已//将有所说明。

第 3 节
渠道 s23(419)

引言

"渠道 s23"这株概念树跟其两位"神采奕奕"的兄长——"方式 s21"和"实力 s22"——比起来,似乎是小老婆生的,不在一个层次,笔者本人就有过这种疑惑。在对"语段标记 11"这片概念林进行概念树(11y,y=0-b)设计的时候,此疑惑曾反复困扰笔者。多谢联合国,这些年来,它在第一世界主导下,搞了无数次的制裁,那制裁的内容是什么?不就是途径或渠道么!说句题外话,正是联合国的制裁促成了概念树"途径113"和"渠道 s23"的最终敲定。这两株概念树之间,必然存在下面的概念关联式:

s23=113——(s23-00)
(综合逻辑的渠道强交式关联于语法逻辑的途径)

此概念关联式应该以"s2"牵头,由于上节缺了许多相应的表示式,这里只好暂时采用"(s23-00)"的编号形式了。

2.3-0 渠道 s23 的概念延伸结构表示式

s23:(t=b,n,7;)
  s23t=b   渠道的第一本体描述
  s239   物能渠道

s23a	信息渠道
s23b	文明渠道
s23n	渠道的基本特性
s234	模糊渠道
s235	明渠道
s236	暗渠道
s237	特殊渠道

下面分 7 个小节进行论述。

2.3.1 物能渠道 s239 的世界知识

物能渠道 s239 是物质与能量渠道的简称，其"定义式"如下：

$$s239<=(2,145,jw01+jw02+pw*)——(s23-01-0)$$
（物能渠道强流式关联于物质、能量及各种人造物的转移）

带引号的"定义式"大约是第一次出现，但实际上早已暗中使用了，不过未明说而已。这是笔者不拘小节陋习的残留表现，再次请读者谅解。带"-0"标记的特殊编号强流式概念关联式就是"定义式"的形态之一。

从农业时代到工业时代的巨变，首先就呈现在物能渠道方面，最早是水路渠道的大扩展，接着是陆路渠道的巨变，最后是空中渠道的诞生。这些都是大家熟知的历史事实，无须赘述。与物能渠道巨变同步的是转移工具的巨变，这一重要世界知识以下面的概念关联式表示：

$$s239\equiv s44b9——(s23-02-0)$$
（物能渠道强关联于物转移工具）

物能渠道 s239 的概念延伸结构表示式建议采取下面的形式：

```
        s239:(\k=2;\1*α=b,\2*γ=b;)
  s239\k=2              物能渠道的第二本体描述
  s239\1                物渠道
    s239\1*α=b          物渠道的形态描述
    s239\1*8            陆渠道
    s239\1*9            水渠道
    s239\1*a            空中渠道
    s239\1*b            太空渠道
  s239\2                能渠道
    s239\2*γ=b          能渠道的形态描述
    s239\2*9            管形态
    s239\2*a            线形态
    s239\2*b            波形态
```

上列延伸延伸概念的世界知识不难通过相应的概念关联式予以表示，但一律从略。下面只指出三个要点。

（1）符号 s239\1*α=b 和 s239\2*γ=b 十分传神。

（2）太空渠道 s239\1*b 目前处于初级阶段，对未来战争的意义十分重大。

（3）波形态能渠道 s239\2*b 目前还处于设想和计划阶段，但可能对未来的能源供应具有重大意义。

2.3.2 信息渠道 s23a 的世界知识

相对于物能渠道 s239 而言，信息渠道 s23a 的时代性变化显得更为巨大。但是，现代化物能渠道可以完全替代其原始形态，而现代化信息渠道并非如此，原始形态的信息渠道不仅没有被替代，甚至不能被替代。人类大脑的发育，特别是语言脑的发育还必须依靠原始形态的信息渠道，即眼、耳、鼻、舌、身的直接感知渠道，下文将定名为基本自然渠道。

于是，信息渠道 s23a 的概念延伸结构表示式如下：

```
s23a:(\k=0-2;\0*(7,3),;\0*
7\k=5,\0*3γ=2;)
  s23a\k=0-2
  s23a\0                      自然渠道
    s23a\0*7                  基本自然渠道
      s23a\0*7\k=5            基本自然渠道的第二本体呈现
      s23a\0*7\1              色渠道
      s23a\0*7\2              声渠道
      s23a\0*7\3              香渠道
      s23a\0*7\4              味渠道
      s23a\0*7\5              触渠道
    s23a\0*3                  扩展自然渠道
      s23a\0*3γ=2             扩展自然渠道的第二本体呈现
      s23a\0*39               光扩展渠道
      s23a\0*3a               声扩展渠道
  s23a\1                      电讯渠道
  ...
  s23a\2                      网络渠道
  ...
```

这 3 种信息渠道都需要作多重延伸，表示式仅给出了 s23a\0 的示例描述。该描述再延伸一级，就到了专家知识的"边界"了。

本小节就写这些，不过还是加一句多余的话吧：符号"s23a\0"很传神。

2.3.3 文明渠道 s23b 的世界知识

本小节是本节的重点。

在形而上视野里，文明渠道不过是信息渠道的效应，即存在下面的概念关联式：

```
s23b=:sr23a
（文明渠道等同于信息渠道效应）
```

但是，信息渠道 s23a 的"r 强存在"概念 sr23a 非同寻常，需要引起更多的关注和更大的重视，这就是设置一级延伸概念"文明渠道 s23b"的依据。

前文曾论述过"蕞尔西欧"崛起的历史缘由[*01]，这里应该补充的一点是：当年该"蕞尔地区"各国之间的文明渠道极为畅通，堪称"蔚然"成风。这"蔚然"是带引号的，因为那风光并不是百家争鸣的蓝色景象，而是充斥着丛林法则的猩红杀气。但是，那位一生未离开过家乡[*02]一步的康德先生竟然具有迄今无人可及的文明视野，则不能不归功于那猩红的"蔚然"。

"蕞尔西欧"在其向外迅速扩张的同时，也开辟了史无前例的文明渠道，该渠道可大体分为 3 种类型：一是基督新教主导的文明渠道（CH[*03]渠道）；二是天主教主导的文明渠道（CA 渠道）；三是两者共同主导的文明渠道（UN 渠道）。CH 渠道造就了第一世界在欧洲以外的广大地域，包括美国、加拿大、澳大利亚和新西兰，CA 渠道造就了当今的第六世界，UN 渠道造就了当今的第五世界。可以说：CH 渠道的历史效应最为辉煌，CA 渠道次之，UN 渠道又次之。造成这个等级差别的缘由固然有不同文明渠道的内因，但外因[*04]是主要的。然而，强调内因第一的著述甚多，并具有相当的欺骗性。一个明显的证伪方式是：如果此现象的发生乃内因为主，则 UN 渠道的成绩应优于 CA 渠道，而实际情况恰恰相反。

CH 渠道和 CA 渠道当年（工业时代曙光降临时）向全球的每一个角落迅速扩张，虽然在麦金德先生之世界岛以外的广大疆域战果辉煌，但在世界岛内战果甚微，最终不过是拿下了"3+0.5"块小飞地，那"3"是以色列、亚美尼亚和西属撒哈拉，那"0.5"是黎巴嫩。世界岛内的第二、第三、第四和第五世界完全恢复了它们原来的模样，这 4 个世界拥有的陆地面积和人口数量接近全球 4/5 的格局可以说完全没有变化。这就是说，CH 和 CA 文明虽然竭尽全力奋战了几个世纪之久，但在世界岛内，最终却一无所获。从历史长河的视野看，这是多么奇特而壮观的世界景象，当然，习惯于工业时代柏拉图洞穴生活的人们是看不到这一景象的，看不到这一景象也就看不到六个世界的赫然存在，也就感受不到后工业时代的曙光。

形成上述奇特而壮观世界景象的根本缘由是"文明 ra307"和"文明基因 a30i"的稳定性（遗传性）、适应性与扩张性，可简称"文明三性"。稳定性是所有文明的共性，但适应性的差异很大，扩张性的差异就更大了。在农业时代，扩张性文明不仅必然带有鲜明的宗教色彩，而且还必须具有下列 4 项基本特征，缺一不可。这 4 项特征是：①坚持一神论；②培育专业神职人员；③建立拥有自身"土地王国"的相应组织机构；④营造自己的文明渠道。文明渠道者，服务于文明扩张之需要也，故扩张性文明可另称霸道文明。世界岛曾经诞生过 4 种霸道文明，上面提到了其中的两个：CH 和 CA，另外两个就是 OE 和 IS（东正教文明和伊斯兰教文明，参看"[*03]"）。这 4 种文明各有自己的辉煌历史，但最辉煌的是最年轻的 CH 文明。人类为什么能够从农业时代迈向工业时代？这主要归功于 CH 文明，这个历史大事实"昭然若揭"[*05]，是不能加以掩盖的。不幸的是：近一个半世纪以来，却出现了无数的掩盖者，这里有"无心"和"存心"之别，而前者的危害远大于后者。因为前者甚至可以蒙蔽伟大的智者，而后者只会蒙蔽平凡的粉丝。当然，掩盖者的成功都要借助 CH 文明本身的错误甚至罪过，这既有"昭然若揭"的一面，也有"鲜为人知"的一面。前者可一言以蔽之，那就是霸道乃至侵略，下面略说一下后者。

CA 文明与 OE 文明之间在 16 个世纪之前曾发生过一场持久的"家族"纠纷，其消极效应始终没有消除。（CA+OE）文明与 IS 文明之间则发生过一场持续 14 个世纪之久的地盘争夺，双方的争夺情结都未曾中断过而且延续至今，虽然在 20 世纪的两次世界大战之间，IS 文明曾陷于衰落的低谷，除土耳其之外，几乎不存在独立的疆土。CH 文明脱胎于 CA 文明，自然而然地继承了那场"家族"纠纷和地盘争夺的遗产。第一世界从来没有对这份遗产进行过像样的反思，因此，"家族"纠纷遗产必然影响到它对俄罗斯的态度，因为俄罗斯自命为 OE 文明的正宗传人。地盘争夺遗产必然影响到它对伊斯兰世界的态度。

在 CH 文明的视野里，OE 文明和 IS 文明不仅是东方的，还是野蛮的，这是一个根深蒂固的古老成见。这个古老成见对当今的俄罗斯尤其显得荒谬，然而却是活生生的现实。当然，这个古老成见的形态已经有所演变，其现代形态带着一幅华丽的语言面具，叫普世价值。普世价值的简明阐释就是：所有国家都要向第一世界看齐，或简称"全球化"。这个来于贸易的术语早已冲出了经济学的殿堂，侵入到政治、文化及专业活动的所有领域，这侵入就那么美好么？至少要打个问号吧！但新国际者不这么想，他们认定：第一世界已经创立了如此完美的社会制度和法治体系，这项"看齐"就是世界潮流，"顺之者昌，逆之者亡"。但是，新国际者或许既不充分了解这"看齐"背后存在的古老成见，也不充分了解该成见背后的上述千年纠纷和争夺；既没有认真思考过 CH 文明本身能否适应拯救人类家园的时代性呼唤，也没有认真思考过其他文明是否有可能创立更适合于自己的文明体系。普世之"世"乃六个世界之"世"，非第一世界一家之"世"也，以一概六，可不慎乎？

不排除第一世界之外的某些甚至许多国家有条件向第一世界看齐，但绝不能轻易断定所有国家都具备这个条件。对第一世界之外的 5 个世界要区别对待，对同一世界里的不同地区和国家也要区别对待，这属于世界知识里的常识。就文明渠道而言，没有比这更重要的世界知识了。然而，CH 文明渠道几百年来的历史轨迹表明：它十分缺乏这个常识，最近几十年的历史轨迹诚然有所改善或大有改善，但并没有超出枝节性或技术性的范围。

汤因比先生在其历史巨著里列举过人类历史上的十几种主要文明，但他并没有明确指出文明的"基本三性"，更没有区分霸道文明和非霸道文明。这一点也不奇怪，因为西方人只见识过霸道文明，根本不知道非霸道文明为何物。那么，这个地球村是否根本就不曾存在过非霸道文明呢？非也！传统中华文明就是古老的典范，印度文明也基本是，但日本文明待定。非霸道文明可另称王道文明。

非霸道文明的基本特征就是完全不懂得文明渠道的意义和价值，因而也就不可能产生营造文明渠道的意识。2000 年来，中华文明一直乐于"取经"——输入他人之"经"，而似乎从来没有想过"传经"——输出自己之"经"[*07]。这就是说，在文明渠道方面，中华文明一直处于纯"逆差"状态，在 20 世纪下半叶，似乎一度出现过"顺差"，但那属于"进口转外销"的特殊形态，不属于中华文明的真实输出。

在这后工业时代的曙光时期，有必要恢复并举起王道文明的旗帜么？有可能营造一种有别于霸道文明渠道的王道文明渠道么？作为第二世界中坚力量的中国有能力承担这一历史的重任么？这个课题诚然太大，然而是不可回避的。本《全书》第一卷第二编已为此课题的探索提供了一些素材，将在该卷第四编（该编安排在本《全书》撰写过程的最后）里继续。

本小节将以一个开放式 s23b 概念延伸结构表示式结束，文字说明就免了，留给读者一个谜语吧。

$$s23b:(7,e2n;7t=b,e2ne2n;)$$

2.3.4 模糊渠道 s234 的世界知识

上面 3 小节属于渠道的本体论描述，下面 3 小节属于渠道的认识论描述，涉及渠道的基本特性：模糊性、透明性和隐蔽性。这三特性所对应的世界知识以下列两个概念关联式表示：

```
s23n:=33m——（s23-03-0）
（渠道基本特性对应于效应的显隐性）
s23n=s23b——（s23-0-06）
（渠道基本特性强交式关联于文明渠道）
```

这是两个特殊编号概念关联式，第一类和第二类各一。编号（s23-0-06）表明：这样的概念关联式前面还有 5 个，但实际上没有出现，这是留给后来者的作业了。"渠道基本特性 s23n"应该是物能渠道、信息渠道和文明渠道的共性，但这里却对文明渠道给予了特殊待遇，为什么？

本《全书》曾多次提到过窗户纸的比喻，窗户纸的实质就是提供模糊渠道。模糊性是一个特别值得玩味的概念，其 HNC 符号是 sru234。模糊性对于物能渠道和信息渠道都有一定意义，不过对其意义的深究是专家的事，相应的知识属于纯专家知识。文明渠道则截然不同，模糊性是它的生命或灵魂，意义特别重大。这就是特殊编号概念关联式（s23-0-06）所试图传达的世界知识：模糊性、透明性和隐蔽性是文明渠道的基本三性，从下面的论述可知，它也可简称语言面具的 3 种基本类型。

前文曾多次提到过语言面具，其 HNC 符号就是 gw*s234。基于这一思考，模糊渠道拟配置下面的概念延伸结构表示式：

```
s234:(\k=2,(\k);)
  s234\k=2              模糊渠道的第二本体呈现
  s234\1                智慧模糊（神学模糊）
  s234\2                智能模糊（科学模糊）
  s234(\k)              智力模糊（哲学模糊）
```

这就是说，语言面具的 3 种基本类型是：智慧模糊语言、智能模糊语言和智力模糊语言。西方文明在人文–社会领域创建了无与伦比的智能模糊语言，"普世价值"所运用的全部关键词（包括全球化）都是"智能模糊 s234\2"的杰出代表，新国际者为之沉醉。但是，从语言概念空间俯瞰下来，如果这个地球村只充斥着一种音符——智能模糊语言，那显然是一种极不正常和极不健康的现象，用一种语言面具谱写的独奏曲不可能成为"健康地球"的乐章，用三种语言面具谱写的协奏曲才能成为"健康地球"的乐章。这已经是显而易见的严酷现实了，光靠"环保、法治、自由、民主、监督、自我、尊严、选票"等，能够拯救人类家园日益恶化的空前危机么？

有人问：三种语言面具之说是不是一种语言乌托邦？这个地球村出现过智慧模糊语言和智力模糊语言么？

如果你懂一点禅宗所使用的语言，如果你精心品味一下毛泽东先生关于"两件事"[*08]和"五指"[*09]的谈话，你的疑虑也许至少可以减少一半吧。前者是智慧模糊语言的范本，后者是智力模糊语言的范本。考虑到"第二个范本"可能出现强烈的不同意见，下面写一段插话。"五指"谈话的第一号听者尼克松先生不是一位平庸的总统,在他早年当副总统的时候,曾经与当年意气风发的苏联领导人赫鲁晓夫先生演出过一场著名的"厨房辩论",在那场辩论中,尼克松先生不是一般地占了上风,而是完胜。但是,在"五指"谈话的整个过程中,尼克松先生始终落在下风,像一个小学生面对老师的考问。为什么会出现这样巨大的落差呢?语言基本三性的差异至少是原因之一,尼克松先生和赫鲁晓夫先生都熟悉智能模糊语言,而尼克松先生更高一筹,但面对毛泽东超一流的智力模糊语言,他必然十分生疏[*10],难免有点不知所措了。

模糊渠道第二本体呈现 s234\k=2 具有下列基本概念关联式:

(s234\k = s10\k,k=2)——(s23-04-0)
(模糊渠道之第二本体呈现强交式关联于智力之第二本体呈现)
s234(\k) = s10(\k)——(s23-0-07)
(智力模糊渠道强交式关联于智力之第二本体呈现的非分别说)

这两个概念关联式分别采用了不同类型的特殊编号,请务必注意。

2.3.5 明渠道 s235 的世界知识

透明性是当今的热点话题之一,就透明度而言,第一世界是做得最好的,其他5个世界都应该向它学习。但是,如果把透明性捧上了天,那就变成语言面具了。透明性或透明度不过是文明渠道的基本特性之一,两者的 HNC 符号如下:

sru235   透明性
szu235   透明度

模糊性与模糊度、隐蔽性与隐蔽度的相应 HNC 符号表示可如法炮制。这组符号表明:就渠道 s23 这株概念树而言,先验理性 d22 具有其特殊优势,不仅是渠道的本体论呈现十分清晰,那就是 s23t=b;渠道的认识论呈现也十分清晰,那就是 s23n。相比之下,经验理性 d21 最容易出现的失误是:把物能渠道 s239 和信息渠道 s23a 的经验误用于文明渠道 s23b;浪漫理性 d23 最容易出现的失误是:热心制造透明性万能的迷信;实用理性 d24 最容易出现的失误是:全力制造利益至上的迷信。笔者多年来曾觉得奇怪:为什么生活在第一世界的人们也迟迟不能感受到后工业时代的曙光?想到上述"一项误用"和"两项迷信"之后,多少明白一点其所以然了。

2.3.6 暗渠道 s236 的世界知识

暗渠道关涉到两个比较敏感的话题,一个叫机密,一个叫隐私。两者形式上属于信息渠道的课题,实质上属于文明渠道的课题。如同透明性一样,这两个话题都需要放进渠道基本特性这个大视野里去考察,所谓渠道基本特性,就是前一节(2.3.4)给出的那两个特殊编号概念关联式。基于上述思考,建议暗渠道 s236 采取如下的开放式概念延伸结构表示式:

s236:(3,7;3d01,7:(γ=b,c01);3d01\k=3,7c01γ=2;)
     s2363   机密
       s2363d01   国家机密
         s2363d01\k=3   国家机密的第二本体呈现

s2363d01\1		政治机密
s2363d01\2		军事机密
s2363d01\3		技术机密
s2367		隐私
s2367γ=b		潜规则及其γ三分
s23679		A类潜规则
s2367a		B类潜规则
s2367b		C类潜规则
s2367c01		个人隐私
s2367c01γ=2		个人隐私的γ二分
s2367c019		事业隐私
s2367c01a		生活隐私

上列延伸概念的汉语说明，除潜规则 s2367γ 外，都比较到位，所以，下面先对该组延伸概念予以 HNC 方式的说明。

(s2367γ,jl00e21u00c22,ra30\1k,γ=b,k=3) —— (s23-05-0)
(潜规则强关联于政治形态的三分)
(s23679,jl11e21u00c22,pj01*\4) —— (s23-06a-0)
(A类潜规则强存在于第四世界)
((pl01,l43,s23679),jl111,pa3*\3(d01)) —— (s23-06b-0)
(A类潜规则的主宰者是教帅)
(s2367a,jl11e21u00c22,pj01*\2) —— (s23-07a-0)
(B类潜规则强存在于第二世界)
((pl01,l43,s2367a),jl111,pea1*\2(d01)) —— (s23-07b-0)
(B类潜规则的主宰者是官帅)
(s2367b,jl11e21u00c22,pj01*\1) —— (s23-08a-0)
(C类潜规则强存在于第一世界)
((pl01,l43,s2367b),jl111,p-a2*\1(d01)) —— (s23-08b-0)
(C类潜规则的主宰者是金帅)
s2363d01\1=s2367γ —— (s23-09-0)
(政治机密强交式关联于潜规则)

隐私权也是当今媒体的热点话题之一，不过，该话题的对象主要涉及所谓的公众人士——政治、文化和经济名人或明星。但是，从世界知识的视野看，透明性和隐私权的讨论似乎明显存在着一种"隔靴搔痒"的浅薄，专家知识的视野限制了他们的思维活力，因而，他们可能对本小节所揭示的重要世界知识十分生疏甚至强烈不以为然；对至关重要的"三类潜规则 s2367γ"必然采取一种不屑一顾的鲁莽态度。他们迷信法治的威力，天真地认定：文明渠道透明度的提高和隐私权的保护主要是一个法治问题。君不闻：美国的人均律师数量是日本的 10 倍，但美国文明渠道的质量是否因此而显著优于日本呢！？

2.3.7 特殊渠道 s237 的世界知识

特殊渠道的"定义式"如下：

s237<=(~(j719),l45,s23) —— (s23-10-0)

（特殊渠道强流式关联于渠道的非对称性）

这就是说，特殊渠道可另称非对称不对称渠道。对称性属于第一号自然属性（自然属性这片概念林的第一株殊相概念树），无论本体论描述之渠道还是认识论描述之渠道，它都必然具有对称性呈现，但另一方面，它也必然具有非对称性呈现。阳光和雨露是物能渠道的典型非对称性呈现；当代流行的发言人制度是信息渠道的典型非对称呈现；天下熙熙的普世价值是文明渠道的典型非对称呈现。明渠道的对称性十分显眼，但暗渠道通常是不对称的。

特殊渠道概念延伸结构的开放表示式建议如下：

```
s237:(e2m,e2n;e21\k=6,e2ne2n;)
 s237e2m                 特殊渠道的对偶二分
 s237e21                 对内特殊渠道
  s237e21\k=6            对内特殊渠道的第二本体描述
 s237e22                 对外特殊渠道
 s237e25                 积极特殊渠道
 s237e26                 消极特殊渠道
```

三级延伸概念 s237e2ne2n 充分描述了特殊渠道的辩证性，不必赘述。

三级延伸概念 s237e21\k=6 所描述的世界知识以下面的概念关联式予以概括：

```
(s237e21\k := pj01*\k,k=6)——(s23-0-08)
```
（对内特殊渠道之第二本体描述对应于六个世界）

此第一类特殊编号概念关联式表明：六个世界各自拥有自己的对内特殊渠道，第三世界的北、东、南三大片还各有特色。

在新国际者的视野里，根本不存在延伸概念组 s237e21\k，倘若存在，那也必然是过时的甚至是反历史潮流的，全球化必然导致其消失。对此，笔者不敢苟同。

结 束 语

本节采取了物能渠道、信息渠道和文明渠道的第一本体论描述；采取了渠道模糊性与明暗性的认识论描述，还采取了特殊渠道的第三本体论描述。这三项描述可名之"三管齐下"，它满足渠道描述的透齐性要求了么？这就请读者来思考和回答吧。

第一项描述重点论述了文明渠道，首先叙述了"CH 和 CA 文明虽然竭尽全力奋战了几个世纪之久，但在世界岛内，最终却一无所获"（除了"3+0.5"小块飞地）这一奇特而壮观的世界景象，接着论述了形成这一景象的根本缘由——文明三性：稳定性（遗传性）、适应性与扩张性。但对文明三性并未平衡说明，仅约略说明了农业时代扩张性文明的 4 项必要条件和世界岛的 4 种扩张性文明（CH、CA、OE 和 IS 文明），简略回顾了这 4 种文明之间的历史渊源与纠纷。在这一说明和回顾的基础上，概述了两种偏见：一是对 CH 文明的偏见；二是 CH 文明自身的傲慢与偏见，进而指出：当今的所谓普世价值不过是后者的语言面具，新国际者"既没有认真思考过 CH 文明本身能否适应拯救人类家园的时代性呼唤，也没有认真思考过其他文明是否有可能创立更适合于自己的文明体系"。为了响应这一时代性呼唤，前文已提供了大量素材，这是最后一次呼应，再次使用了"霸道文明"和"王道文明"的话语。但"王道"这个词语在中国极其不得人心，似乎只会招来"扔蛋"的悲剧下场，"愚不可及"啊！笔者除了这样自言自语之外，实在没有别的话可说了。

第二项描述是以文明渠道的模糊性为中心而展开的，提出了"文明渠道基本三性"（模糊性、透明性和隐蔽性）说和相应的"3种语言面具"说，此两说大约不会直接招来"扔蛋"吧，但愿如此。在隐蔽性论述里，提出"3类潜规则"说，但只给出了潜规则的形而上描述，具体说明一字未写，第三项描述存在同样的缺陷，这是需要向读者致歉的。

注 释

[*01] 见"理想行为 73219 的世界知识"（[123-2.1.1]）。

[*02] 康德的家乡叫哥尼茨堡，原属东普鲁士，如今是俄罗斯的飞地，改名为加里宁格勒。

[*03] 这里的 CH 取自 Christ，下面还有 CA、OE 和 IS。CA 取自 Catholic，OE 取自 Orthodox Eastern Church，IS 取自 Islam。它们既是文明渠道的标记符号，也是相应文明的标记符号。相应的自然语言表述是：基督教文明及其渠道、天主教文明及其渠道、东正教文明及其渠道和伊斯兰文明及其渠道。另外，还引入了符号 UN，取自 union，表示不同宗教的联盟渠道，目前仅存在 CH 与 CA 的联盟。

[*04] 这里说的外因主要包括两方面：一是原土著文明抵御外来入侵的能力；二是该地区的自然生态环境。从这个例子可以看到：内因与外因是相对的，依参照之不同而转移，这里的外因不就是原土著的内因么！

[*05] 本《全书》在"马克思答案"的论题下，对这一"昭然若揭"性作了初步论述，见[123-2.1-1]分节（理想行为 73219 的世界知识）。

[*06] 据说，第一世界存在两种基本模式，一个叫自由民主主义，以美国模式为代表；另一个叫民主社会主义，以北欧模式为代表。此说当然有资格成一家之言，但其主张者实际上既没有读懂亚当•斯密，也没有读懂马克思，更没有读懂邓小平。

[*07] 这只是一个整体性概说，不能因此而抹杀了许多杰出人士为中华文明"传经"所作出的重要贡献。这包括西方的汉学家和部分传教士，也包括 20 世纪下半叶侨居海外的中国新儒家。其中，最不应该被忘怀的老前辈也许是辜鸿铭先生。

[*08] "两件事"谈话指毛泽东在"文化大革命"期间多次对外国友人讲过"我这一辈子只干了两件事"：第一件是把蒋介石赶到台湾；第二件是发动"文化大革命"，第二件事许多人不理解。

[*09] "五指"谈话即毛泽东和尼克松的谈话，参见"综合实力 s22(\k)世界知识"小节（编号[260-223]）。

[*10] 尼克松的生疏其实是一个很有意义的课题。

第三章
条件 s3

引 言

条件 s3 这片概念林不设置共相概念树 s30，这在前文已经交代过了。殊相概念树共 5 株，其 HNC 符号及汉语说明如下：

s31	时间条件
s32	空间条件
s33	社会条件
s34	语境条件
s35	逻辑条件

前 3 株概念树来于传统中华文明的"天时、地利、人和"说。其汉语说明不过是对古汉语的翻译而已，这个概括已符合条件内容逻辑的齐备性要求，但不够透彻，因为需要一项综合说或非分别说，这就是设置第四株概念树"语境条件 s34"的依据。语境条件是时间、空间、社会三者的综合。另外，还需要补充一项逻辑条件，因而有第五株概念树"逻辑条件 s35"的设置。

这 5 株概念树的设置体现了 HNC 理论体系对地球村当前态势的基本认识，但其被认同，还需要很长时间。故一些"贵宾"级概念关联式将采取（y-0- [k]）形态。

第 1 节
时间条件 s31（420）

> 引言

时间条件列为条件内容逻辑之首，因而符号化为 s31，应该是没有争议的。如果建议读者回想一下关于基本本体概念各概念林顺序安排的思考，那未免多余。但这里要建议读者回顾一下关于三个历史时代的论述，因为 s31 概念延伸结构表示式的设计将以此为其本体论描述的基本依托。

3.1-0 时间条件 s31 的概念延伸结构表示式

  s31:（t=b,ebm;a7,（t）:（\k=6,ebn），ebme4m,eb0:（d01,e5n）,;）
   s31t=b   时间条件的第一本体描述（三个历史时代）
   s319   农业时代
   s31a   工业时代
    s31a7   工业时代柏拉图洞穴
   s31b   后工业时代
    s31（t）\k=6   三个历史时代的第二本体六分描述
    s31（t）\1   第一世界的三个历史时代
    s31（t）\2   第二世界的三个历史时代
    s31（t）\3   第三世界的三个历史时代
    s31（t）\4   第四世界的三个历史时代
    s31（t）\5   第五世界的三个历史时代
    s31（t）\6   第六世界的三个历史时代
    s31（t）ebn   三个历史时代的形态三分
    s31（t）eb5   想象的时代
    s31（t）eb6   疯狂的时代
    s31（t）eb7   永恒的时代
   s31ebm   时间条件之对偶四分
   s31eb0   酝酿
    s31eb0d01   天机
    s31eb0e5n   酝酿的 B 类对偶三分
    s31eb0e55   机遇
    s31eb0e56   危机
    s31eb0e57   挑战
   s31eb1   启动
   s31eb2   结束
   s31eb3   历程
    s31ebme4m   时间条件对偶四分的 A 类对偶三分描述

这个概念延伸结构表示式是开放的,然而请注意两点:①其前两级延伸采取了封闭形态;②引入了两项三级延伸,其中一项以天机命名。

下面以两个小节进行论述。

3.1.1 三个历史时代 s31t=b 的世界知识

前面我们曾多次遇到过自然语言描述的困难,本小节就显得更为严重了。因此,下文将围绕着概念关联式来说话。

$$(s31t=:pj1*t, t=b) —— (s31\text{-}0\text{-}01)$$
(综合逻辑的三个历史时代等同于挂靠概念的三个历史时代)
$$(s31(t)\backslash k:=pj01*\backslash k, k=6) —— (s31\text{-}0\text{-}02)$$
(三个历史时代之第二本体六分描述对应于六个世界)
$$(s31t:=s31(t)ebn, t=b) —— (s31\text{-}0\text{-}03)$$
(三个历史时代分别对应于想象、疯狂和永恒的时代)
$$s31a7\equiv sru31(t)eb6 —— (s31\text{-}0\text{-}04)$$
(工业时代的柏拉图洞穴强关联于工业时代的疯狂性)

这是 4 个第一类特别编号概念关联式,其意境无言胜于有言。下面仅交代一下 4 个细节。

(1)延伸概念 s31t=b 不是 pj1*t=b 的虚设,它拥有自己的两项延伸概念,借以表达三个历史时代的地域特征和形态特征,其中,符号"ebn"的意境非常传神。

(2)六个世界各自步入工业时代和后工业时代的时间、方式和终极效应[*01]都差别很大,第三世界的两位"怪物"(俄罗斯和日本)并不妨碍"s31(t)\k=6"所范定的基本景象。该景象尚未全面进入专家的视野,但那一天总会到来的。

(3)关于三个历史时代形态特征的汉语命名,笔者曾反复思量,以为合适。

(4)前文曾多次提及工业时代的柏拉图洞穴,这里给出了该术语的 HNC 符号。

3.1.2 时间条件对偶四分描述 s31ebm 的世界知识

符号"ebm"是所有对偶概念组中最特殊的一种,名之对偶四分。这四分里的过程三分"~eb0"是人们所熟悉的,然而对那个"eb0"似乎并不熟悉,而它恰恰是"ebm"的灵魂。故这里予以特殊照顾,引入三级延伸概念"酝酿的 B 类对偶三分 s31eb0e5n"。多数读者对这个短语可能觉得别扭,但其分别说的 3 个术语(机遇、危机和挑战)是大家所熟悉的。不过,这三者怎么成了"酝酿"的下属呢?天机这个词语也许可以缓解你的困惑,对天机的把握,就不仅应该包含关于机遇、危机与挑战的思考,还要包含关于启动、结束与历程的思考。

古汉语有"天机不可泄露"的说法,符号 s31eb0d01 是对天机的传神描述。前文提到:人们对综合逻辑里的"步调 s10a""智力特定作用效应链呈现 s10n""处事方式 s21a""地缘力 s22(\k)*7"和"文明渠道 s23b"都缺乏全方位的探索,这里应该补充一句,人们对天机的探索也许是缺乏之最。所以,下面作一个示例说明。

在近代中国,人们熟悉的重大事件可给出下列清单:辛亥革命、第一次国内革命战争[*02]、五四运动、第二次国内革命战争、西安事变、抗日战争、解放战争、朝鲜战争、三面红旗运动[*03]、"文化大革命"、尼克松访华、改革开放、中国建造业跃居世界第一（中国崛起），共计 13 项。关于这些事件的论著和文献已经是浩如烟海，个别事件（如文化大革命）还有权威的决议。但是，这些论著、文献或决议都回避了天机的视野，这不影响对事件的"知其然"，但必然影响到"知其所以然"，故下面略述一二。此项回避也有"无心"和"存心"之别，但很难辨认或不易辨认，这就不去管它了。

这 13 项重大事件可分为 4 组，列表如下：

甲组（1911～1936 年）：辛亥革命、"五四运动"、第一次国内革命战争、第二次国内革命战争。

乙组（1936～1952 年）：西安事变、抗日战争、解放战争、朝鲜战争。

丙组（1952～1972 年）：三面红旗运动、"文化大革命"。

丁组（1972～2011 年）：尼克松访华、改革开放、中国建造业跃居世界第一。

在这个清单里，毛泽东先生是从第二次国内革命战争到尼克松访华这八大事件的真正舵手。这里存在两个重大的吊诡性命题，都与蒋介石先生有关，一"是蒋先生阴谋策动了第二次内战"；二"是蒋先生领导了抗日战争"。如果只满足于知"其然"，两命题就不吊诡，但如果要继续追问"其所以然"，情况就完全不同了。打开这两个吊诡的钥匙，其实就藏在《毛泽东选集》的两篇著作里，第一篇叫《湖南农民运动考察报告》，第二篇叫《新民主主义论》。前者蕴藏着从第一次国内革命战争演变成第二次国内革命战争的天机，后者蕴藏着抗日战争最大受益者和实际领导者的天机，如果说蒋先生的"领导"不过虚有其表，那并不过分。

注释

[*01] 这里的终极效应就是指人均 GDP 之高端渐近值。

[*02] 这里的第一次国内革命战争包括北洋政府时期一系列内战和最后的北伐战争，"五四运动"是在第一次国内战争期间发生的，但其影响极为深远。

[*03] 三面红旗是 1958 年正式宣告的，当时把"总路线、大跃进、人民公社"叫作三面红旗。但实际上，三面红旗运动并非起于 1958 年，而是起于 1949 年，止于 1965 年，接着是 1966～1976 的"文化大革命"。

第 2 节
空间条件 s32（421）

3.2-0 空间条件 s32 的概念延伸结构表示式

s32:(t=b,7;9e4n,at=a,b:(\k=5,i),7γ=b;)

s32t=b	空间条件之第一本体描述
s329	气温
s32a	地貌
s32b	资源
s327	国家空间条件
s327γ=b	国家空间条件三要素
s3279	国土面积
s327a	国土资源
s327b	邻国态势

本表示式的部分二级延伸概念未给出汉语说明，三级延伸未录，都放在世界知识里叙述。

3.2 空间条件 s32 的世界知识

下面，以 4 个小节进行论述。

3.2.1 气温 s329 的世界知识

先给出 s329e4n 的对应汉语词语：

s329e45	适宜气温
s329e46	低适宜气温
s329e46e2m	低适宜气候对偶二分描述
s329e46e21	偏冷
s329e46e22	偏热
s329e47	不适宜气温
s329e47e2m	不适宜气温的对偶二分描述
s329e47e21	过冷
s329e47e22	过热

气温 s329 的基本概念关联式如下：

$$s329 =: (xjw013jw519, 191\backslash 3, wj2*-0) ——(s32\text{-}01)$$
（气温等同于特定地区的大气层温度）
$$(s329, jlv00e21u00c22, j21(t)ae22e9\tilde{\ }0//j21(t)be22[5]) ——(s32\text{-}02)$$
（气温强关联于纬度和海拔）

3.2.2 地貌 s32a 的世界知识

先给出 s32a 的再延伸表示式及其汉语表述：

s32a: (t=a; (t)i, 97, a: (t=a, c2m); 97e2n)	
s32at=a	地貌之残缺第一本体描述
s32a9	平地
s32aa	河山
s32a(t)i	湖泊
s32a97e2n	平地形态之对立二分描述
s32a97e25	草原

s32a97e26	沙漠
s32aat=a	河山之残缺第一本体描述
s32aa9	高山
s32aaa	河流
s32aac2m	河山之对比二分描述
s32aac21	丘陵
s32aac22	高原

地貌 s32a 的基本概念关联式如下：

s32a9=:jw53ae21——（s32-03）
（地貌之平地等同于宏观基本物之平原）
s32aa=:jw53ae22——（s32-04）
（地貌之河山等同于宏观基本物之山区）
s32aa9=:（rjw53a）9——（s32-05）
（地貌之高山等同于宏观基本物之山系）
s32aaa=:（rjw53a）a——（s32-06）
（地貌之河流等同于宏观基本物之河系）
s32aac21:=（jw53ae22,ji11e21,（rjw53a）9-0ju40c31））——（s32-07）
（地貌之丘陵对应于宏观基本物里存在小山之山区）
s32aac22:=（jw53ae22,ji11e21,（rjw53a）9-0ju40c~1））——（s32-08）
（地貌之高原对应于宏观基本物里存在大山之山区）
s32a（t）i:=（rjw53a）ae3~1——（s32-09）
（地貌之湖泊对应于宏观基本物里之湖泊与沼泽地）
s3297e26=:（rjw53be21）e26——（s32-10）
（地貌之沙漠等同于宏观基本物之沙漠）

3.2.3 资源 s32b 的世界知识

先给出 s32b 的对应汉语表述：

s32b\k=5	自然资源的第二本体描述
s32b\1	耕牧资源
s32b\2	水资源
s32b\3	矿资源
s32b\4	森林资源
s32b\5	港口资源
s32bi	旅游资源

自然资源的基本概念关联式如下：

s32b\1:=（jw53β7,jlv11c32,q611+q612）——（s32-11）
（耕牧资源对应于可耕牧的土地）
s32b\2:=（jw5299;jw529\k=2）——（s32-12）
（水资源对应于淡水或水之第二本体呈现）
s32b\3:=jw53βi——（s32-13）
（矿资源对应于矿藏）
s32b\4:=（rjw53be21）e25——（s32-14）
（森林资源对应于森林）

```
s32b\5<=22+jw53b(e2m)i──(s32-15)
```
（港口资源强流式关联于物转移与港湾）
```
s32bi<=q741──(s32-17)
```
（旅游资源强流式关联于旅游）

3.2.4 国家空间条件 s327

先给出国家空间条件三要素 s327γ=b 之再延伸表示式及其汉语表述，为方便读者，拷贝了 s327γ=b 的汉语说明。

```
s327:(γ=b;9i,a:(\k=6,7),be3n;a\kc3m)
  s327γ=b                国家空间条件三要素
  s3279                  国土面积
  s327a                  国家资源
  s327b                  邻国态势
   s3279i[0.k-1.0]       "有效"国土占比
   s327a\k=6             国土资源之第二本体描述
   s327a7[0.0-1.0]       海岸线占比
   s327be3n              邻国态势之对立三分描述
   s327be35              盟国
   s327be36              敌国
   s327be37              友邦
```

下面，交代若干"细节"，并给出一些关键性的概念关联式。

（1）两个占比的 HNC 符号可能是第一次亮相，分别是"i[0.k-1.0]"和"7[0.0-1.0]"。对相应的两个延伸概念，不写 HNC 定义式，仅以示例说明。

加拿大的国土面积 s3279 与美国相当，但其"有效"国土占比 s3279i 却远小于后者。俄罗斯的国土面积全球最大，远超美国，但其"有效"国土面积未必如此。对这三个国家略有所知者都会理解，"有效"国土面积 s3279i[k]远比国土面积 s3279[k]重要，因为世界知识的描述更需要前者，而不是后者。

海岸线占比 s327a7[0.0]的国家属于内陆国，如老挝；海岸线占比 s327a7[1.0]属于岛国，如日本。但[0.0]和[1.0]只是内陆国和岛国的充分条件，而不是必要条件，否则英国和哈萨克斯坦就不好安顿了。

（2）国土资源之第二本体描述 s327a\k=6 具有下列概念关联式：
```
(s327a\k:=s32b\k,k=1-5)──(s32-18)
s327a\6:=s32bi──(s32-19)
```

（3）邻国态势之对立三分描述 s327be3n 具有下列概念关联式：
```
((d3,l10,s327be3n),jlv11e21e21,pj1*˜b)──(s3-0-01)
```
（盟国、敌国、友邦之观念应该存在于农业和工业时代）
```
((d3,l10,s327be36),jlv11e21e22,pj1*b)──(s3-0-02)
```
（敌国之观念不应存在于后工业时代）
```
(pj1*b,jlv11e21e21lur91\4,(d3,l10,s327be3˜6))──(s3-0-03)
```
（后工业时代只应该存在盟国和友邦的观念）

结 束 语

本节的世界知识阐释以"三个历史时代 pj1*t=b"的概念为基本依托。

本节的一些延伸概念,如"'有效'国土占比 s3279i"和"海岸线占比 s327a7",属于 HNC 特意引入的概念,以利于"国家空间条件三要素 s327γ=b"的世界知识描述。

对邻国态势 s327b 的描述采用了语言理解基因符号"e3n",并对延伸概念 s327be3n 赋予了以"s3"牵头的第一类"贵宾"待遇。其意昭昭,无须多话。

第 3 节
社会条件 s33(422)

3.3-0 社会条件 s33 的概念延伸结构表示式

```
s33:(\k=6;
   \1k=3,\2*o01,\3*γ=b,\4*d2m,\5*γ=a,\6k=2;
   \12*d01,\2*d01+53d02,\3*b+53d03)
```

此表示式是对地球村社会面貌的 HNC 描述,以"六个世界 pj01*\k=6"为依托。六个世界的本质是六种文明,这意味着 HNC 把文明特征当作社会条件 s33 的基础性描述要素,相应的概念关联式是:

(s33\k:=pj01*\k,k=1-6)——(s3-0-04)
(社会条件的第二本体呈现对应于六个世界)

首次在延伸概念里引入符号"+"及其后续符号"53d02"和"53d02",这将在下文说明。各级延伸概念也如此处理。

3.3 社会条件 s33 的世界知识

下面,以 5 个小节进行论述。

3.3.1 第一类社会条件 s33\1 的世界知识

社会条件就是指该社会的文明主体(政治、经济、文化)特征。

第一类社会条件 s33\1 是指第一世界 pj01*\1 的社会条件 s33,其基本世界知识如下。

(1)政治方面,奉行民主政治制度 a10e25,不存在绝对权力政党,在第一世界内部,千古战争号角已成绝响。但其民主制度已显示出潜能耗尽的窘态。

(2)经济方面,实现了资本与技术的完美联姻,在财富占有或分配方面,大体实现了橄榄形态，该形态具有内部流动的动态性。在经济发展方面，它已经到达经济公理的上限区间，即后工业时代区间，但经济学专家和政治家都对此项世界知识过于缺乏了解。

（3）文化方面，信奉基督教，不同教派（包括天主教和基督新教两大教派）之间比较协调。但其文化的各个侧面都在追求资本与技术联姻的青睐，从而造成数量过度膨胀而质量在总体退化的可悲景象。

第一类社会条件的根本问题在于金帅的作用过度。

其二级延伸概念 s33\1k=3 与第一世界的 3 大地区相对应，相应的概念关联式如下：

(s33\1k:=pj01*\1k,k=1-3) —— (s33-01-0)

其三级延伸概念 s33\12*d01 表示全球第一号超级帝国，它在第一世界的北美地区，汉语名字叫美国。

3.3.2 第二类社会条件 s33\2 的世界知识

第二类社会条件 s33\2 就是指第二世界 pj01*\2 的社会条件 s33，其基本世界知识如下：

（1）政治方面，存在绝对权力政党。第二世界脱胎于 20 世纪的社会主义阵营。但当下的第二世界在整体上已完成了一项政治制度形态的历史性巨变，那就是从政治制度的 a10e26e26 形态到 a10e26e25 形态的伟大转换。前者为政治学所熟悉，HNC 沿用列宁先生的发明，名之专政政治制度。后者属于政治领域的新事物，政治学专家尚不很熟悉或很不熟悉。第二世界的政治家们采取了极为明智的话语谋略，不予正式命名。"中国特色社会主义"是一种高明的描述，但不能充当该政治制度的命名。故 HNC 把它叫作新型专制制度，另名鸽专制制度。与其对应的，还有 a10e25e2n 形态的政治制度，都还未正式登场，HNC 分别戏名之"新型"（或后工业时代）民主制度和鹰民主制度。

（2）经济方面，第二世界的明智国家都否定了原来对资本与技术联姻的全盘否定态度（那是"专政"学说的基本理论基础），转变为热烈追求态度，且基本采取第一世界的美国模式，已取得巨大成就。在经济发展方面，第二世界正处于经济公理的黄金时期，即工业时代区间。这两点所展现的世界知识真正是"鲜为人知"，第二世界在近 20 年来造就的一系列世界级震撼，莫不缘起于此。前文曾多次对那个著名的"金砖说"表示不屑，原因之一就是基于它对这一缘起的认识与理解很差。原因之二是，第二世界在社会条件的 4 个基本侧面，即权力、权益、财富和成就的占有与分配侧面，还处于初级探索阶段，而"金砖说"对此的认识与理解也很不到位。

（3）文化方面，无主流宗教。文化的各个侧面也在尽力追求资本与技术的青睐，就中国来说，相对于第一世界，可能有过之而无不及。

第二类社会条件的根本问题在于官帅的作用过度。

其二级延伸概念 s33\2*o01 分别对应中国和第二世界的其他国家。

其三级延伸概念 s33\2*d01+53d02 与第一类社会条件的三级概念 s33\12*d01 相呼应。这里给出一个"贵宾"级概念关联式

(s33\2*d01+53d02,svr11\0,(s33\12*d01,s33*\3*b+53d03)) —— (s3-0-05)
（潜在的第二超级帝国呼应于第一超级帝国和潜在的第三超级帝国）

3.3.3 第三类社会条件 s33\3 的世界知识

第三类社会条件 s33\3 就是指第三世界 pj01*\3 的社会条件 s33。在六个世界里，该世界的地利与人文情况最为复杂，故其二级延伸概念以符号 pj01*\3*γ=b 表示。这意味着第三世界存在着 3 类不同特性的本体，HNC 的符号标记和汉语说明如下：

    pj01*\3*9　　北片第三世界
    pj01*\3*a　　东片第三世界
    pj01*\3*b　　南片第三世界

三者的社会条件 s33\3*γ=b 具有下面的"贵宾"级概念关联式：

    （s33\3*γ:=pj01*\3*γ,γ=9-b）——（s33-03-0）

对第三世界已经给予了充足的论述，这位"贵宾"是相应世界知识的总入口。

其三级延伸概念 s33*\3*b+53d03 不难意会，它已出现在（s3-0-05）里，那里有汉语说明，其详说见第八编。

3.3.4 第四类社会条件 s33\4 的世界知识

第四类社会条件 s33\4 就是指第四世界 pj01*\4 的社会条件。在六个世界里，该世界的人文情况最为特别，只信奉伊斯兰教。许多第四世界国家的宪法里，将伊斯兰教法定为至高无上的国教。这在六个世界里是独一无二的，但并非第四世界的"专利"，因为第二世界也存在着类似的"专利"。在宪政派专家的视野里，这两项"专利"都没有多少分量，因为他们心中的宪政，具有"独此一家，别无分店"的特性，甚至后者等同于列斯毛革命。但在世界知识的视野里，情况却完全不同，两者的分量都很重。这一差异，也许是专家知识与世界知识异同的最佳领悟场所之一。

第四类社会条件的地利情况形式上类似于第一世界，横跨三大洲和三大洋，但其沃土占比远不及第一世界，故其二级延伸概念符号化取 s33\4*d2m。其基本概念关联式也起着世界知识总入口的作用，形式如下：

    s33\4*d2m:=pj01*\4*d2m——（s33-04-0）

3.3.5 第五、第六类社会条件的世界知识

第五类社会条件 s33\5 是指第五世界 pj01*\5 的社会条件。

其再延伸概念取 s33\5*γ=a 形态。这一点，与第三类社会条件 s33\3 类似。因此，下面的"贵宾"级概念关联式乃是 HNC 的必然之选。

    （s33\5*γ:=pj01*\5*γ,γ=9-a）——（s33-05-0）

第六类社会条件 s33\6 指第六世界 pj01*\6 的社会条件。

其再延伸概念取 s33\6k=2 形态。这一点，与第一类社会条件 s33\1 类似，因而必有下面的"贵宾"级概念关联式。

    （s33\6k:=pj01*\6k,k=1-2）——（s33-06-0）

结束语

本节的世界知识阐释以"六个世界 pj01*\k=6"的概念为基本依托。

所述内容主要是面向未来。对第一世界和第二世界,又说了一遍许多不合时宜的话语。但探索者不应该为时宜所左右,而应以"史宜"为准。所以,本节写下了不少(y-0- [k])形态的概念关联式。

第 4 节
语境条件 s34(423)

3.4-0 语境条件 s34 的概念延伸结构表示式

```
s34:(\k=5,α=b;)
 s34\k=5              语境条件的第二本体呈现
 s34\1                第一类语境条件
 s34\2                第二类语境条件
 s34\3                第三类语境条件
 s34\4                第四类语境条件
 s34\5                第五类语境条件
 s34α=b               语境条件之第一本体全呈现
 s348                 思维方式差异之语境条件
 s349                 综合逻辑差异之语境条件
 s34a                 信仰与观念差异之语境条件
 s34b                 理念与理性差异之语境条件
```

语境条件 s34 这株概念树的设置本身,就体现了 HNC 理论体系的特殊思考。对上列一级延伸概念的配置,可一言以蔽之:HNC 必然之选也。

3.4 语境条件 s34 的世界知识

本节以两个小节进行论述,两类本体呈现各占一个小节。

3.4.1 语境条件第二本体呈现 s34\k=5 的世界知识

本小节采取乙撰写方式。

```
    s34\1:=a——(s34-0-01)
    (第一类语境条件对应于第二类劳动)
    s34\2:=71+72+73——(s34-0-02)
    (第二类语境条件对应于第一类精神生活)
```

s34\3:=b ——(s34-0-03)
（第三类语境条件对应于表层第三类精神生活）
s34\4:=q7 ——(s34-0-04)
（第四类语境条件对应于表层第二类精神生活）
s34\5:=q6 ——(s34-0-05)
（第五类语境条件对应于第一类劳动）

这 5 类语境条件的排序乃以其在现代社会生活中的出现频度为依归。

上列 5 项"贵宾"级概念关联式是相应世界知识的总入口。

3.4.2 语境条件第一本体呈现 s34α=b 的世界知识

先给出 4 个"贵宾"概念关联式，它们都是相应世界知识的总入口。

s348=8 ——(s34-0-06)
（思维方式差异之语境条件强交式关联于思维）
s349=(s,l52ie21,s349) ——(s34-0-07)
（综合逻辑差异之语境条件强交式关联于除其自身的综合逻辑）
s34a=q821+d3 ——(s34-0-08)
（信仰与观念差异之语境条件强交式关联于宗教与观念）
s34b=d1+d2 ——(s34-0-09)
（理念与理性差异之语境条件强交式关联于理念与理性）

下面，分别对上列概念关联式作一点补充说明。

（1）关于思维方式差异之语境条件

不同文明、不同民族、不同国家、不同群体、不同家族、不同个人的思维方式都必然有其共相与殊相呈现，上列呈现可以分别描述为文明异同、民族异同、国家异同、群体异同、家族异同和个人异同。所有这些异同都属于基本属性概念里的"j76 一与异"，如何对待异同和描述异同，是文明三学的共同基本课题，而不单是哲学的基本课题。"和而不同"是对该课题的最明智描述，这一描述是中华文明的伟大贡献。在这个问题的认识方面，我们还没有完全从妄自菲薄的状态中醒悟过来，还有不少人继续以妄自菲薄而自鸣得意。

基于上述思考，"思维 8"这一概念子范畴的实设概念林（8y1,y_1=0-4）都配置了共相概念树 $8y_1$0，以便于充分展现"和而不同"描述的智慧。"思维 8"（第二卷第二编第四篇）将安排在本《全书》的第三册（《论语言概念空间的基础语境基元》）里，预定最后撰写，故这里所说，实际上是该篇的预说。

概念关联式（s34-0-0m,m=6-9）与前面的（s34-0-0m,m=1-5）不同，以"="替换了":="。异同或差异的具体描述是一个非常敏感的话题，易于动辄得咎，这一替换有利于弱化其敏感性带来的消极效应。

（2）关于综合逻辑差异之语境条件

上面提到了思维方式局限性带来的妄自菲薄效应，其孪生效应叫妄自尊大。但这对难兄难弟不仅是思维方式局限性的产物，更是综合逻辑局限性的产物。综合逻辑局限性的基本呈现是：目的（s108）、途径（s109）、阶段（s10a）及视野（s10b）相互脱节，智能（s10\2）与智慧（a10\1）相互脱节，手段（s20）与实力（s22）相互脱节，对条件（s3）和广义工具

（s4）的世界知识缺乏基本认识。这些是造成妄自尊大的基本要素，其效应就是：明明只站在一座小山之巅，却自以为已登临绝顶。

20世纪出现过多位妄自尊大的魔王，德国法西斯和日本军国主义只是其中两个最为臭名昭著的代表而已。实际上，把小山之峰当作珠峰者多矣，虽然其中不乏百年一遇甚至千年一遇的人杰，有的也可以名之伟人。

不了解上述景象，就既不可能对近代史有一个正确的认识，也不可能对当下的时局异相有一个清醒的判断。

（3）关于信仰与观念差异之语境条件

这关乎对科学独尊态势的反思。这里只说一点，该态势的最大消极效应是：对传统信仰与观念缺乏应有的尊重，甚至把宗教信仰等同于愚昧，把一切传统观念等同于垃圾，必欲推上"断头台"而后快。这一极端态度曾风行于20世纪的中国，它是否已形成一种社会态势或思维习惯？值得深思。

（4）关于理念与理性差异之语境条件

前文曾多次评说过传统中华文明的独特性，这里一言以蔽之：中华文明属于理念文明，而其他文明则都属于理性文明。在整个农业时代，为什么只有中国不曾出现过神学独尊的社会态势？在工业时代降临时，为什么据说GDP占当时全球一半以上的中华文明竟然也一败涂地？深层原因在此；为什么毛泽东先生的宏图伟略在完成第二次十月革命的同时，立即转向全球，超越其伟大前辈？深层原因亦在于此；在后工业时代悄然来临之际，绝对权力政党在当年社会主义阵营的大多数国家都陷于灭顶之灾，而唯独在中华大地，依然屹立不倒，根本原因是否也在于此呢？值得深思。

结 束 语

资本与技术联姻所造就的辉煌物质文明，早已超出了马克思先生的梦想。但这一伟大联姻是否已完成了其历史使命？人类是否正处在后工业时代的诸多十字路口？这不仅是21世纪的哲学大课题，也是神学与科学应该参与的大课题，本节试图为这一课题的思考提供一些素材。

第5节
逻辑条件 s35（424）

3.5-0 逻辑条件 s35 的概念延伸结构表示式

$s35:(e2m,o01;e21e2m,e22\backslash k=m)$

s35e2m	逻辑条件的对偶二分描述
s35e21	确定性条件
s35e22	随缘性条件
s35o01	最描述条件
s35c01	最低条件
s35d01	最高条件
s35e21e2m	确定性条件的对偶二分描述
s35e21e21	必要条件
s35e21e22	充分条件
s35e22\k=m	随缘性条件的第二本体呈现
s35e22\1	因果性条件
s35e22\2	势态性条件

3.5 逻辑条件 s35 的世界知识

本节以 3 个小节进行论述，采取甲撰写方式。3 小节名称分别是：确定性条件、随缘性条件和最描述条件。能否以 "γ=b" 形态对 3 条件进行描述？回答是：能。这就是说，对本体论描述与认识论描述的运用也需要采取灵活态度，不能 "一竿子"，它们在一定情况下可相互替换。

"确定性条件+最描述条件" 大体等同于前提条件，故 "概念树 s35" 曾一度以前提条件命名。

3.5.1 确定性条件 s35e21 的世界知识

确定性条件 s35e21 的再延伸概念 s35e21e2m，对应于两个著名的数学术语：必要条件 s35e21e21 和充分条件 s35e21e22。在数学的视野里，两者的区分极为重要。在这一方面，世界知识一定要向专家知识学习或看齐。但是，确定性条件毕竟只是 3 类条件之一，处理实际问题时，经常要面对 3 类条件同时存在的复杂情况。物理学的边界条件就往往如此，至于社会与精神现象，就更是如此。

3.5.2 随缘性条件 s35e22 的世界知识

科学不讲随缘，讲随机；神学不讲随机，讲随缘。这里迁就了神学。

概率论、随机过程理论和统计物理学都是对随缘性事件的数学描述，这些描述属于专家知识，这里以变量延伸符号 "\k=m" 给它保留一席之地。

传统中华文明对随缘性条件的前两项 "s35e22\k,k=1-2" 都进行过系统深入的探索,对其中 "势态性条件 s35e22\2" 的论述更为独到。在这一方面，西方文明难以望其项背。

这是一个很有趣的课题，前文提供过不少素材，但写出论文或专著是专家的事。

3.5.3 最描述条件 s35o01 的世界知识

最描述条件是当下的时代宠儿，因为各行各业都在追求最小风险和最大收益，这一世界潮流将名之 "最追求"。不过，应该看到，"最追求" 本身是科学独尊的产物，是利益至上观念的产物，它与哲学的适度原则背道而驰，与神学的伦理至上原则背道而驰。

当下地球村的各路"最追求"大军在进行一场世界大战。这场大战的基本态势是：第一世界的金帅早已是"最追求"的顶级高手，占尽了"天时地利与人和"；第二世界的官帅在利用后发优势，奋起直追，不断制造"青出于蓝"的态势；第三世界的两位工业时代"先觉"早已深谙此道，近年屡出险招；第三世界的那位"后觉"也在跃跃欲试；第四世界的教帅也在蓄势待发，力争加入"最追求"大军；第五、第六世界日益增强的看齐努力，实质上也就是一个力争加入该大军的过程。

这就是当下地球村的"华山论剑"景象，全球性的各种论坛不过都是"论剑"舞台。

但是，单纯的"论剑"适合 21 世纪的时代性呼唤么？要不要在"论剑"的同时，也注入一些"论道"的哲学与神学内涵呢？

探讨这个空前的课题，就不能脱离世界知识的视野，其中最重要的，就是三个历史时代和六个世界的视野。

这最后的大句，可充当本节的结束语。

结 束 语

敏感的读者一定会追问：关于抽象概念与具体概念的基本划分，在本片概念林里是否遇到了重大麻烦？

这一追问的实质是一项提醒，一项关于如何对待和处理世界知识的提醒，那就是一定要抛弃"一竿子"思维模式或方式。

抽象概念与具体概念之间必然存在相互交织的中间地带，明智的处理方式是，尽可能把交织地带集中起来，绝不能让这种交织性到处乱窜。换句话说，就是要把那些不那么纯净的抽象或具体概念隔离起来或集中起来，形成一个隔离带，这样，就能获得大量纯净的抽象和具体概念。

本片和下一片概念林就是抽象概念与具体概念之间的两大隔离带。这个隔离带主意，是 2005 年住院期间想起来的，从而最终确定了综合逻辑这一概念子范畴的全部内容。

第四章

广义工具 s4

引 言

广义工具 s4 是抽象概念与具体概念之间的第二个隔离带。如果说第一隔离带 s3 的基本特征是：抽象性多于具体性，那么第二隔离带就恰恰相反。本片概念林的概念树设计，充分反映了这一思考。

广义工具 s4 的殊相概念树共 4 株，其 HNC 符号及汉语说明如下：

    s41   原料
    s42   能源
    s43   材料
    s44   工具

从农业时代到工业时代的巨变，这 4 样东西可以告诉你无数精彩的故事。但这些故事无论多么精彩，都比不上下面的 3 个问题。

问题 01：如果让曹操活过来，他可以立马成为一位杰出的现代政治家么？如果让华佗活过来，他可以立马成为一位杰出的外科专家么？

问题 02：如果让爱因斯坦活过来，他能再次创造相对论模式的科学辉煌，回答暗物质和暗能量的谜团么？如果让爱迪生活过来，它能再次创造电器化时期的辉煌，打破个人专利数量的历史记录么？

问题 03：可替代土壤的新原料存在么？可替代电能的新能源存在么？可替代粮食和蔬菜的新材料存在么？可替代潜艇的水遁式（中国神话里的龙王）新工具存在么？可替代钻机的土遁式（中国神话里的土行孙）新工具存在么？

本章并不直接回答这 3 个问题，但将带着对这类问题的思考而撰写。

第 1 节
原料 s41 (425)

4.1-0 原料 s41 的概念延伸结构表示式

```
s41:(t=b,i;9i,a:(3,i),b\k=2;9ie2n,a3d0m,rwyb(\k);)
    s41t=b              原料之第一本体呈现
    s419                气态原料
    s41a                液态原料
    s41b                固态原料
    s41i                化工原料
```

原料第一本体呈现 s41t=b 各配置了一项再延伸概念，还配置了后续延伸概念，都放在下文说明。

4.1 原料 s41 的世界知识

先给出一组"贵宾"级概念关联式

```
(s41t:=jw5y,t=b,y=1-3)——(s41-01-0)
(气态、液态、固态原料对应于气态物、液态物、固态物)
s41i:=pj1*(~9)~——(s41-02-0)
(化工原料对应于泛工业时代)
s41i=>s43a\3*i——(s41-03-0)
(化工原料强源式关联于化工材料)
```

下面，以 3 个小节分说。

4.1.1 气态原料 s419 的世界知识

气态原料 s419 的再延伸概念为 s419i，名之"气味"，具有下面概念关联式：

```
s419i≡jw03\3——(s41-04-0)
("气味"强关联于鼻信息)
s419i<=s41~9——(s41-05-0)
("气味"强流式关联于液态或固态原料)
```

气味 s419i 再延伸概念 s419ie2n 的意义不言自明，可续接（ckm）或（d01），亦如此。故皆不多话。

4.1.2 液态原料 s41a 的世界知识

液态原料 s41a 拥有两项再延伸概念 s41a3 和 s41ai，前者名之"制冷"原料，后者名之

"胶态"原料。

"制冷"原料 s41a3 具有下面的概念关联式：

```
s41a3=>（xjw013）c21c0m——（s41-06-0）
（"制冷"原料强源式关联于极低温度）
(a629,l10,s41a3):=pj1*~9——（s41-01a）
（"制冷"技术对应于非农业时代）
((a629,l10,s41a3),jlv11e22e21,pj1*9)——（s41-01b）
（"制冷"技术不存在于农业时代）
(s41-01a)=:(s41-01b)——{s41-01}
（概念关联式（s41-01o,o=a//b）相互等同）
(s41a3d01,fv31\2,液氦)——[s41-01]
（最高"制冷"原料叫液氦）
(s41a3d02,fv31\2,液氮)——[s41-02]
（次高"制冷"原料叫液氮）
```

这里给出了 3 种类型的概念关联式，后两种属于建议，供来者参考。

"胶态"原料 s41ai 具有下列概念关联式：

```
s41ai<=（xjw013）c22——（s41-07-0）
（"胶态"原料强流式关联于高温）
((a629,l10,s41ai),jlv00e22,pj1*t)——（s41-02）
（"胶态"技术无关于三个历史时代）
```

4.1.3 固态原料 s41b 的世界知识

固态原料再延伸概念 s41b\k=2 的汉语命名如下：

```
s41b\1        泥土
s41b\2        沙石
```

相应的基本概念关联式如下：

```
s41b\1:=jw539e21——（s41-08-0）
（固态原料之泥土对应于基本物之泥土）
s41b\2:=jw539e22——（s41-09-0）
（固态原料之沙石对应于基本物之沙石）
(rws41b(\k),fv31\2,水泥)
（泥土与沙石之效应物叫水泥）——[s41-03]
```

结 束 语

本节的概念关联式[s41-0m,m=1-4]不同寻常，前所未用，{s41-01}亦如此。这些举措皆属于建议，但请勿慢待。

第 2 节
能源 s42（426）

4.2-0 能源 s42 的概念延伸结构表示式

s42:（α=b;（˜b）d2n,8e2m,9d01,ae2m,b:（\k=4,e2m）;8e21\k=3）

s42α=b	能源的第一本体全呈现
s428	"温源"
s429	光源
s42a	"力源"
s42b	电源
s428d2n	"温源"形态之高阶对比二分描述
s429d2n	光源形态之高阶对比二分描述
s42ad2n	"力源"形态之高阶对比二分描述
s428e2m	"温源"之对偶二分描述
s428e21	热源
s428e21\k=3	热源之第二本体呈现
s428e21\1	"气燃"（气态燃料）
s428e21\2	"液燃"（液态燃料）
s428e21\3	"固燃"（固态燃料）
s428e22	冷源
s429d01	太阳能
s429c01	低档人造光源
s42a3	强"力源"
s42ae2m	"力源"之对偶二分描述
s42ae21	势能
s42ae22	动能
s42b\k=4	电源之第二本体描述
s42b\1	电之"温源"
s42b\2	电之光源
s42b\3	电之"力源"
s42b\4	电之"场源"
s42be2m	电源之对偶二分
s42be21	直流电源（电池）
s42be22	交流电源

4.2 能源 s42 的世界知识

仿 4.1，本节先给出一组"贵宾"级概念关联式：

s42(~b)d25:=pj1*(~9)⁻——(s4-01-0)
(高级形态"温"源、光源、"力源"对应于泛工业时代)
s42(~b)d26:=pj1*9⁺——(s4-02-0)
(低级形态"温"源、光源、"力源"对应于泛农业时代)
rs42a(e2m):=爆炸——[s4-01-0]
("力源"对偶二分非分别说之效应对应于爆炸)
s42b:=pj1*(~9)⁻——(s4-03-0)
(电源对应于泛工业时代)

此处的汉语说明里首次使用了"泛工业时代"和"泛农业时代"短语，前者是工业时代后期和后工业时代的描述词语，后者是工业时代前期和农业时代的描述词语。上面给出了两词语的对应 HNC 符号。两者应不难得到理解，故上列"贵宾"编号未采用"y-0-0m"形态，而采用了"y-0m-0"形态。

下面，以 4 个小节浅说。浅说者，远避专家知识之遁词也。

4.2.1 "温源" s428 的世界知识

本小节将采取乙撰写方式，以下列 6 个概念关联式"包办"。

s428:=(3608,143e21,5088\11)——(s42-01-0)
("温源"对应于温度的调节)
s428d26=(jw0293;(52jw529))——(s42-01)
(低级形态"温源"强交式关联于火或冰)
s428d25=(451u55e213,143e21,s428e21\k=3)——(s42-02)
(高级形态"温源"强交式关联于热源第二本体呈现深层次使用)
s428e22su428d25=(a629,l10,s41a3)——(s42-03)
(高级形态冷源强交式关联于制冷技术)
s428e21su428d25=(451,143e21,s428e21\1)——(s42-04)
(高级形态热源强交式关联于燃气的使用)
s428d25<=(a64a\2+a64a\4,a6499\3*i)——(s42-05)
(高级形态"温源"强流式关联于制造技术、材料技术及理科的"理-化"学)

4.2.2 光源 s429 的世界知识

本小节也采取乙撰写方式，以下列概念关联式"包办"。

s429d26:=rv5088\12——(s42-06)
(低级形态光源对应于照明)
s429d26:=jw1393——(s42-07)
(低级形态光源对应于灯光)
s429d25:=jw13~9——(s42-08)
(高级形态光源对应于工业和后工业时代的人造光)
s429d01=s42~a——(s42-09)
(太阳能强交式关联于"温源"、光源和电源)
s429d25=(a46a,a82,a21β,a21ixwj1*b)——(s42-10)
(高级形态光源强交式关联于军事技术、医疗、工业和现代农业)

4.2.3 "力源" s42a 的世界知识

在能源第一本体全呈现 s42α=b 中,"力源" s42a 之世界知识最为复杂,故本小节将改用甲撰写方式。

也许可以说,人类物质文明的历史性巨变是从能源 s42 的全新利用方式起步的。这一起步过程对应于工业时代的初期阶段或初级阶段,该阶段的 HNC 描述可用下列两个以"s4"牵头的概念关联式加以概括。

```
s42a=>0098\1——(s4-04-0)
```
("力源"强源式关联于力作用)
```
s428=>0098\2——(s4-05-0)
```
("温源"强源式关联于热作用)

这两个"贵宾"级概念关联式传递了下面的世界知识:在宇宙 3 要素的视野里,"温源"是能源 s42 的当然老大;但在作用效应链的视野里,"力源"才是能源 s42 的当然老大,而"温源"只能屈居老二。老大和老二这样的词语,显然不宜进入"大雅之堂",但用在这里还大体适宜,不能说踩了语言殿堂的"红线"。

前文曾提及"文法理工农医"的大学学科概括,广义工具 s4 与六者都有联系,与后四者的联系更密切一些,但其中最突出的联系是:① "力源"与"理工";② "温源"与"理工"。这正是(s4-0m-0,m=4-5)试图传递的世界知识。

从"力源" s42a 到力作用 0098\1 的演变过程,可以说是工业时代进入人类文明舞台的主戏。如果说这场主戏的编辑是无数伟大的科学家,主要演员是无数伟大的工程师,应该是没有争议的。但如果问:这场主戏的导演是谁?那答案却曾出现过天壤之别。HNC 的选择是,那导演不是某一类人,如马克思先生喜好的无产阶级,毛泽东先生喜好的人民,两者实质上都仅用以代表终极形态的被压迫与被剥削者;那导演也不是某一类事物,例如经济学家喜好的市场;那导演还是上帝,他在第二个千禧年里导演了一场伟大的婚礼或婚姻,其时代性意义胜过亚当与夏娃的婚姻。代替亚当的新郎学名资本,代替夏娃的新娘学名技术,故 HNC 名之"资本与技术联姻"。围绕着这个短语,可以写出许多精妙绝伦的故事,这些故事的精妙性不同于前述故事(指前文的"这 4 样东西可以告诉你无数精彩的故事")的精彩性,因为精妙性需要形而上,而精彩性仅需要形而下。亚当·斯密先生是试图撰写该精妙故事的第一人,这非常了不起,因为那时还处在工业时代曙光乍现的时期。

现在是后工业时代曙光乍现的时期,"资本与技术联姻"已在第一世界基本完成其历史使命,虽然它在另外五个世界(除了东片第三世界里的日本)还处于"革命尚未成功"阶段。但 21 世纪注定是一个需要呼唤新联姻的世纪。这一时代性呼唤需要以史为鉴,从继承斯密先生的"先知先觉"风范入手,续写"资本与技术联姻"的精妙故事,揭示其种种积弊。在这个基础上,才有可能看透该联姻之不可能"永葆青春",从而获得对新联姻景象的一些感悟。此感悟的第一要点也许就是要把联姻的观念本身加以摈弃,因为前文曾着重论述过"科技迷信"和"四字外经"的严重危害,而两者都是旧联姻的宠儿。所以,后工业时代应该以新联盟替代旧式的联姻,那新联盟的概貌就是:以文明基因三要素(神学、哲学与科学)的三足鼎立态势替代当下的科学独尊态势。当然,三学鼎立态势的建立,似乎超出了当前人类智力的潜能，但万能的上帝会在第三个千禧年里向人类指明新的方向，也许就在 21 世纪。但愚意以为，不必担心人类智力的潜能。在工业时代曙光时期，"资本与技术联姻"也是一个超越时代视野的新事物，以致现代电视剧大力吹捧的"圣明"三帝（康熙、雍正、乾隆）都对那"曙光"和"联姻"毫无察觉。可在同一历史时期更为落后的俄罗斯，却出现了另外一番景象，其圣明二帝（彼得大帝和叶卡捷琳娜女皇）真正做到了及时圣明，因为他们对该"曙光"和"联姻"都领会至深。须知，这领会的关键要素在于历史时代的曙光，这就是本《全书》反复强调"三个历史时代 pj1*t=b"的根本缘由了。

上面的话语早已多次放风，在本小节里集中叙说，显得有点突如其来。其实不然，因为"力源"是"资本与技术联姻"魅力展现的第一代模特明星。

但本小节将"只说不练"，这位第一代明星精妙故事的撰写非笔者力所能及。

不过，本小节最后，必须说一句多余的话，概念关联式[s4-01-0]本来应该安排在本小节，却提前放在本节的总说里，那是为了与"只说不练"的打算保持一致。

4.2.4 电源 s42b 的的世界知识

仿照上小节，本小节也采取甲撰写方式。

电的投入使用是工业时代从初级阶段向高级阶段提升的标志，所以，列宁先生曾说过"共产主义就是苏维埃加电气化"的名言。

在能源之第一本体全呈现 s42α=b 里，唯有电源 s42b 未获得再延伸符号"c2n"的资格，这一安排当然值得商议。因为电有强电（电气专业）和弱电（电子专业）之分，强电可大体对应于 s42bc25，而弱电可大体对应于 s42bc26，我国曾设置的电力部和信息产业部就是强电和弱电产业的主管。但是，在"电源 s42b"世界知识的视野里，强电与弱电的区分意义不大，不如以"s42b\k=4"进行描述。s42b\4 大体对应于信息产业，s42b\~4 大体对应于电力产业。

在列宁先生说那句名言的时候，s42b\4 才刚刚崭露头角，后工业时代曙光的技术集中呈现就是 s42b\4 大放异彩。对该异彩给力者大有人在，这里就不来凑热闹了。但值得提一下一个新动向，那就是特斯拉公司创立者马斯科先生的畅想，使太阳能 s429d01 与电之"力源" s42b\3 相结合，大放另一支异彩，一支符合拯救人类家园理念的异彩。

祝愿该畅想成功，仅以此替代本节的结束语。

第 3 节
材料 s43（427）

4.3-0 材料 s43 的概念延伸结构表示式

```
s43:(t=b;9\k=2,a\k=3,b:(c3n,i);9\k*(i,7),a\2*7,a\3*(i,7),bc37*7;)
s43t=b                                          材料之第一本体描述
```

```
    s439                         生活材料
    s43a                         生产材料
    s43b                         信息材料
      s439\k=2                   生活材料之第二本体描述
      s439\1                     植物生活材料
      s439\2                     动物生活材料
        s439\k*i                 转基因生活材料
        s439\k*7                 工业化生活材料
      s43a\k=3                   生产材料之第二本体描述
      s43a\1                     生命体生产材料
      s43a\2                     金属生产材料
        s43a\2*7                 超导材料
      s43a\3                     非金属生产材料
        s43a\3*i                 化工材料
        s43a\3*7                 塑料
      s43bc3n                    信息材料之高层对比三分
        s43bc37*7                社会信息材料
      s43bi                      信息形态转换材料
```

本概念延伸结构表示式遭受的质疑也许是最多的，但一直屹立不倒。先说这么一句吧。下面，以 3 个小节浅说。

4.3 材料 s43 的世界知识

续仿 4.1，本节也先给出一组"贵宾"级概念关联式：

```
((s43=%w51*d36),(s41=%w51*d37))——(s4-06-0)
(材料属于中级形态物，原料属于低级形态物)
s43=>pwa2+pwq6——(s4-07-0)
(材料强源式关联于一切物质产品)
s43b=>gwa3+gw8——(s4-08-0)
(信息材料强源式关联于一切精神产品)
```

4.3.1 生活材料 s439 之世界知识

本小节之"贵宾"级概念关联式如下：

```
s439=50ac25——(s43-01a-0)
(生活材料强交式关联于物质生活)
s439\1<=jw61——(s43-02a-0)
(植物生活材料强流式关联于植物)
s439\2<=jw62——(s43-02b-0)
(动物生活材料强流式关联于动物)
s439\k*i:=pj1*b——(s43-03-0)
(转基因生活材料对应于后工业时代)
```

```
s439\k*7:=pj1*(~9)¯——(s43-04-0)
```
（工业化生活材料对应于泛工业时代）

中国最近出现了两场有关生活材料或物质生活的媒体热，一个叫作"舌尖上的中国"，另一个与转基因食品之争有关。前者并未涉及"泛工业时代 pj1*(~9)¯"对食品文化的重大消极影响，后者也未涉及笼罩"后工业时代 pj1*b"的严重科技迷信。场景皆就事论事，连形而上思考的影子都找不到。

当然，对于媒体来说，这些都是典型的蠢话，但既然写下了，就留下这一蠢态吧。

4.3.2 生产材料 s43a 之世界知识

本小节之"贵宾"级概念关联式如下：

```
s43a=50aa——（s43-01b-0）
（生产材料强交式关联于劳动）
s43a\1<=jw61+jw62——（s43-02c-0）
（生命体生产材料强流式关联于植物与动物）
s43a\1=s439——（s43-05-0）
（生命体生产材料强交式关联于生活材料）
(s43a\2,jlv00e21u00c22,pj1*(~9)¯)——（s43-06-0）
（金属生产材料强关联于泛工业时代）
s43a\2*7:=pj1*b——（s43-07-0）
（超导材料对应于后工业时代）
s43a\3:=pj1*(~9)——（s43-08-0）
（非金属生产材料对应于工业和后工业时代）
(s43a\3<=s428e21\k,k=1-3)——（s43-09-0）
（非金属生产材料强流式关联于热源之第二本体呈现）
(s43a\3*i+s43a\3*7):=pj1*(~9)¯——（s43-10-0）
（化工材料与塑料对应于泛工业时代）
```

"热源之第二本体呈现"这一短语毕竟难以熟悉，故这里来一点形而下，将 s428e21\k 的典型直系捆绑词语各举一例如下：

```
s428e21\1        天然气
s428e21\2        石油
s428e21\3        煤炭
```

4.3.3 信息材料 s43b 之世界知识

本小节改用甲撰写方式。

信息材料能否名之信息载体？不能。因为信息载体的概念大体上与信息的传输和转换相对应，但未赋予信息的发射和接收以明确地位，而信息材料则应该包含信息的传输、转换、发射和接收这四者。在 HNC 术语里，这四者称"源汇流奇"，以符号"ebm"表示。

符号"eb1 源"对应于信息发射，"eb2 汇"对应于信息接收，"eb3 流"对应于信息传输，"eb0 奇"对应于信息转换。"奇"既包含日常语言的记忆，也包含计算机术语的存储，因为，记忆和存储不仅带有接收或输入的含义，也必然伴有发射或输出的含义。所以，它们都属于"奇"。

但是,信息材料 s43b 的认识论描述并没有设置延伸概念 s43bebm,而是设置了 s43bc3n,为什么?这是由于,前者更接近专家知识,而后者更贴近世界知识。这一贴近性见下面概念关联式:

$$s43bc3n := pj1*t \quad\quad (s43\text{-}0\text{-}01)$$
(信息材料之高层对比三分对应于三个历史时代)

与农业时代对应的 s43bc35 信息材料有乌龟壳、竹片、羊皮纸、石头等。

与工业时代对应的 s43bc36 信息材料有显赫一时的三大件:胶片、唱片和磁带。

与后工业时代对应的 s43bc37 信息材料则集中呈现如下:那显赫三大件的老大和老二都已彻底退出了历史舞台,被数字化信息材料替代。

上面的示例似乎表明,s43bc3n 的时代性呈现可谓清晰无比,那为什么要赋予概念关联式(s43-0-01)以第一类"贵宾"待遇?那是由于不能不考虑到信息形态转换材料 s43bi 之特殊态势。

从乌龟壳到硅片,都可以充当信息形态的转换材料,但其中有两项材料不同寻常,一是纸张,二是"力-电"变换材料。两者既"古老",又能永葆青春,这就是所谓的"s43bi 特殊态势"。

社会信息材料 s43bc37*7 就是指现代各类部门和智库所收集的各种资料,从这些资料已经挖掘出名目繁多的指数。不能说这些指数没有用处,但如果它们始终不与三个历史时代挂钩,不与六个世界挂钩,那就既不要责怪它们的分析和预测能力很差(如苏联的轰然崩溃、2008 年的金融危机、21 世纪的阿拉伯世界风暴等),也不要指望它们对 21 世纪的发展前景给出像样的展望和建议。

结 束 语

大脑是最神奇的信息材料,也是最神奇的信息处理工具,语言脑是该神奇性的"d01"呈现。对这一神奇性的探索,应保持足够的冷静,从神经元与突触之回路大数据,能挖掘出大脑迷宫的关键信息么?数据挖掘诚然是证明"上帝粒子"存在性的唯一有效手段,但对于上帝之蒙娜丽莎——语言脑——的探索,能单一依靠该手段么?如果迷信这种唯一性,那肯定不是一种高明的谋略。说得不客气一点,那不过是隔靴搔痒,其结果很可能是:始终看不到意识迷宫的真容。

第 4 节
工具 s44（428）

4.4-0 工具 s44 的概念延伸结构表示式

s44:（β,3;9o,aα=b,b7,（β）c2n,3:（ebm,e1m,i）;
　　　b7:（o,-0,i）,3eb0d0m,3ebmd01,（β）c2n-0,（β）c26c3m;3ebmd01\k=2）

s44β	工具之作用效应链呈现
s44aα=b	物转移工具的第一本体全呈现
s44a8	陆地转移工具
s44a9	水域转移工具
s44aa	空中转移工具
s44ab	太空转移工具
s44b7	工具结构
s44b7-0	结构单元
s44b7i	微工具
s44（β）c2n	工具之作用效应链综合呈现
s44（β）c25	系统
s44（β）c26	平台
s44（β）c2n-0	系统或平台单元
s44（β）c26c3m	平台类型
s443	信息工具
s443ebm	信息工具之对偶四分描述
s443eb0	信息收发工具
s443eb0d0m	数据库
s443eb1	信息发送工具
s443eb2	信息接收工具
s443eb3	信息传输工具
s443ebmd01	未来信息工具
s443ebmd01\k=2	未来信息工具的第二本体呈现
s443ebmd01\1	量子通信
s443ebmd01\2	量子计算
s443e1m	电子对抗
s443i	谈判工具（筹码）

本概念延伸结构表示式的形态也许是独一无二的，两次使用了无指示变量符号"o"，一是 s449o，二是 s44b7o，都未给出相应的汉语说明。两者都属于世界知识与专家知识的强交织区，无汉语说明，无异于把这个难题留给后来者，但在相应小节里会给出补偿性说明。

4.4 工具 s44 的世界知识

区别三个历史时代的最醒目标志是"工具 s44"的巨变，特别是"武器 s449o"的巨变。曾国藩、张之洞两位先生当年仅从"武器 s449o"的巨变获得过工业时代"曙光"（这里对曙光使用了引号，因为那时已是工业时代的上午 10 点左右）的零碎感悟，而俄罗斯的彼得大帝则比他们早两个世纪就获得了工业时代曙光的深刻感受。因此，俄罗斯得以顺应"工具 s44"巨变的急所，而中国不仅迟到了两个世纪，还错把"德先生和赛先生"当作迎接工业时代的急所。那么，该急所是什么呢？不是别的，就是上帝亲自主持的第二场婚礼：资本与技术联姻的伟大婚礼。诚然，德先生是那场婚礼重要嘉宾之一，但赛先生的称呼却似乎十分不妥。这里是否存在着严重的误解，把新娘的母亲与新娘本人混同起来了呢？果如此，则该误解就会演变成强国战略的严重失误。而工业时代列车上的两位外来（指当下第一世界之外）乘客——俄罗斯和日本——却不曾出现过这样的失误。

下面，仍以 4 个小节进行论述，但 4 小节的划分方式将不同于以往的约定。这主要是基于如下两点思考。

思考 01：工具毕竟是工具，它不可直接全面展现作用效应链的六个侧面，但又具有间接展现的功能。

思考 02：工具的作用效应链呈现与三个历史时代密切关联。

4.4.1 工具作用效应链呈现 s44β 的世界知识

工具作用效应链呈现 s44β 的再延伸概念未采用 s44β t=a 的约定形态，即基于上述两项思考所采取的应对举措。

对延伸概念 s44β 的作用效应侧面 s449 仅给出了一个变量再延伸"s449o"，未直接给予汉语说明，但上文给出了"武器 s449o"的提示。这意味着存在下面概念关联式：

```
s449o%=a45a3——（s44-01-0）
（工具武器包含战备武器）
s449o%=pwa21——（s44-02-0）
（工具武器包含各类硬件产品）
```

这里，有必要把战备武器 a45a3 的两个概念关联式及其汉语说明拷贝出来，用以印证上述两点思考，特别是思考 02。

```
a45a3c3n:=pj1*t
（武器三阶段对应于人类的三个历史时代）
((311,102,pwa45a3c37),100*147d01,(5311eb1,102,pj1*b))
（核武器的出现标志着后工业时代的来临）
```

总之，武器 a45a3 是工具作用效应侧面 s449 的集中呈现所在，延伸概念 s449o 是为了展示这一重要世界知识而引入的。

不过，最被人们津津乐道的，是交通工具和通信工具的巨变，它属于工具之过程转移侧面 s44a。这里仅对交通工具以延伸概念 s44aα=b 加以描述，其基本概念关联式如下：

```
(s44aα:=s239\1*α,α=b)——（s44-03-0）
```

（物转移工具第一本体全呈现对应于物渠道的形态描述）

通信工具的巨变以符号 s443 表示，工具之关系状态侧面 s44b 则以符号 s44b7 表示，两者皆独立成为一个小节。

4.4.2 工具结构 s44b7

将工具的关系状态侧面描述符号化为"s44b7"，其汉语说明约定为"工具结构"，为什么？这一追问并不寻常，但回答却可以非常简明，那就是下面概念关联式：

```
s44b7:=54——（s44-04-0）
（工具结构对应于结构）
```

这里需要稍微回顾一下关于"54 结构"的特殊世界知识描述，它是一株非同寻常的概念树，在概念林"5 状态"里，它起着一种承上启下的枢纽作用，其所"承"之"上"包含下列两项内容：（5y,y=0-3）+（4y,y=0-7）。这是一项关键性的世界知识，那么，如何把这项世界知识纳入工具作用效应链描述 s44β 之关系状态侧面呢？这似乎是一个难题。

HNC 对此类难题的通用解决方案就是借助概念关联式。用日常话语来说，就是求助于"大使"，（s44-04-0）就是解决这一特定难题的杰出"大使"，故享受了"贵宾"待遇。

下面，对变量延伸概念 s44b7o 作补偿性说明。但不采取上面的形而上方式，而使用最朴素的形而下方式，先一言以蔽之：当下尖端技术里的隐形技术就属于 s44b7o。

隐形技术大体上可分为三大类：一是电磁波隐形，二是声隐形，三是光隐形。光隐形不包含颜色伪装之类的低端手段。电磁波隐形用于战机、舰艇、导弹、坦克、大炮、卫星等，目的在于增大雷达探测的难度；声隐形用于舰艇和潜艇，特别是潜艇，目的在于增大声呐探测的难度；光隐形主要用于战斗成员，目的在于增大目测难度。前两类隐形技术早已进入实用，光隐形技术则仍处于研发阶段。

就技术内容来说，隐形技术包含材料和结构两个侧面，但关键在于结构，且隐形材料本身的奥秘仍在于材料结构。声隐形则直接以结构为主体。

在隐形技术方面，虽然不能给美国戴上一枝独秀的桂冠，但其大大领先于各路竞争者，则是一个不争的现实。

上面叙述的世界知识，可纳入下面的概念关联式：

```
s44b7o%=a46ii3——（s44-05-0）
（工具结构再延伸概念包含隐形技术）
```

本小节的补偿性说明到此结束，下面转向两位具有正式户口的居民：s44b7-0 和 s44b7i。

居民 s44b7-0 的汉语名称叫结构单元，不必多话，就世界知识来说，其外貌已经把其内容说得很清楚了。

居民 s44b7i 的汉语名称叫微工具，性格非常内向，世界知识的叙述比较麻烦。

幸好，微创手术这个术语已经普及，治疗心血管疾病所专用的支架和起搏器，大家都已比较熟悉，两者就属于微工具。这就是说，微工具已成功应用于医疗技术。当前阶段的微工具主要是基于电子技术的应用，未来发展方向则是依托两项革命性技术的升级，两者的名称分别是：量子技术和遗传技术。当然，量子技术和遗传技术不仅可用于"微工具 s44b7i"，更可用于"工具作用效应链综合呈现 s44(β)t"和"信息工具 s443"。这一势态方兴未艾，这里只是提一下，暂不作叙说。

4.4.3 工具作用效应链综合呈现 s44(β)c2n 的世界知识

本小节的两项延伸概念使用了两个时髦的术语：系统和平台，下面依次叙说。

系统这个术语属于老时髦，杰出的科学家也曾鼓吹过系统动力学和系统科学，前者关乎这里的系统 s44(β)c25，后者关乎这里的平台 s44(β)c26。

系统动力学创造了一个著名词语——蝴蝶效应，它相当于汉语的古老成语——牵一发而动全身，或简称"一发全身"。一切壮观的自然现象或肆虐全球的自然灾害都与它密切相关。但迄今为止，人类对于地震、飓风、台风、龙卷风、泥石流、雪崩等灾难，还处于被动挨打的困境，并不能利用"蝴蝶效应"对它们进行预测、疏导、缓解或控制。嚷嚷了多年的温室效应依然在嚷嚷之中，面对这一关乎人类家园安危的嚷嚷，系统动力学或相关学科都将基本处于失声的困境。

这不能责怪系统动力学或相关学科不够努力，而是这类"系统 s44(β)c25"太复杂了。打开它的钥匙，还掌握在上帝手里。康德先生清醒地认识到这一点，所以，他明智地把"工具作用效应链综合呈现 s44(β)c2n"叫作物自体。理解康德的清醒并非易事，闲话不少，那都是智力不足特别是智慧不足的表现。

上述系统，实质上属于 s44(β)c25*d01 类型的系统，但人类早已创造出各种 s44(β)c25*ckm 类型的系统，万里长城和金字塔是农业时代 s44(β)c25*c33 的两位杰出代表。工业时代以来的创造，不胜枚举。这里仅列举 s44(β)c25*c44 的 4 位杰出代表：福特汽车、曼哈顿工程、阿波罗计划和互联网。

上列 4 位代表都来自美国，必有争议。但推举代表之权，人皆有之，不必争论。

平台是系统的升级版。联系于系统的系统动力学仅关乎科学与技术，但联系于平台的系统科学则不仅关乎科学与技术，也关乎人文社会学。系统动力学有不少建树，系统科学也大体如此。但两者之间存在两项重大差异：①两者都需要数学的介入，但前者似乎只需要运用现成的数学工具，而后者不是这个情况；②前者可完全抛开伦理学，而后者不能。

基于上述差异，这里赋予系统与平台以符号 s44(β)c2n。

如果说系统动力学或系统已进入青年阶段，那系统科学或平台只能说还处于少年甚至幼年阶段。

当下地球村的各种平台琳琅满目，下面给出一组 s44(β)c26c3m 平台示例。

类型 31——政治平台：联合国；

类型 32——政治军事平台：北约；

类型 33——国际组织：奥委会，红十字会；

类型 34——政治经济平台：欧盟；

类型 21——经济平台：东盟，北美自由贸易区；

类型 22——国家间合作组织：上合组织；

类型 11——基金：诺贝尔基金会；

类型 12——智库：布鲁金斯学会；
类型 13——论坛：达沃斯。
其中，"类型 3m"属于 s44(β)c26c33，"类型 2m"属于 s44(β)c26c32，"类型 1m"属于 s44(β)c26c31。
平台 s44(β)c26 具有下面的概念关联式：

    s44(β)c26≡a03b——（s44-06-0）
    （平台强关联于超组织）

4.4.4 信息工具 s443 的世界知识

本小节先叙述信息工具 s443 的两项 2 级延伸概念：s443eb0d0m 和 s443ebmd01，相应的汉语命名是数据库和未来信息工具。

对数据库，这里只说两句话：①大数据是 s443eb0d01 的直系捆绑词语；②数据挖掘是 svr443eb0d0m 的直系捆绑词语。

对未来信息工具，当前只能说这么一句话，量子通信和量子计算将是 s443ebmd01 的两位杰出代表，这毫无疑义。但是，这两位代表的实用价值能比拟甚至超过前述 4 位代表么？量子计算能对人工智能产生重大影响么？能对人工智力（包括智能与智慧）产生有益的启发么？这都存在重大疑问。

上文曾举例说，s44(β)c25 已出现过 4 位杰出代表，且都出自美国。s44(β)c26 的杰出代表目前只有一位候选者：欧盟；s443ebmd01 的杰出代表在孕育中，中国在这两方面都可能大有作为。

中国拥有对 s44(β)c26 作出独特贡献的文明潜力，但这一潜力的发挥绝非易事。自 20 世纪初积累起来的"两妄"（妄自菲薄和妄自尊大）积弊，早已构成一股强大的阻力。在这个问题上，"两妄"依然是亲密的战友。

在量子通信 s443ebmd01\1 方面，似乎在出现"G2 格局"。然而，当下中美两国的忽悠之风都十分猛烈，难知究竟。

最后，提一下信息工具 s443 的两项再延伸概念 s443e1m 和 s443i，相应的汉语名称分别是电子对抗和谈判筹码。两者的基本概念关联式如下：

    s443e1m=%a443——（s44-07-0）
    （电子对抗属于情报斗争）
    s443i=%（a14a;a003a）——（s44-08-0）
    （谈判筹码属于外交谈判或协商与谈判）

第三部分
具体概念

第七编

基本物概念

编　首　语

本编内容大体对应于自然科学 a619（见第一卷第三编第六章第 1 节）的科普知识。中国科学院把自然科学概括为"数理化天地生"六大领域，20 世纪 30 年代的中国名牌大学曾把科技 a6 概括为"文法理工农医"六大领域，本编所叙，仅涉及前者的"理化天生"和后者的"理农医"，当然只是其中的部分科普知识。这里的科普有其特定含义，需要交代两点：①仅涉及探索对象自身的语言描述或世界知识描述，不涉及其他；②该语言描述可以不同于专业性描述，更接近于常识性描述。

本编把"理化天生"或"理农医"之探索对象自身命名为基本物，并另名宇宙，符号表示为 jw-。这里的"j"与基本概念的"j"完全相当，这里的"w"就是具体概念"物"的符号表示。HNC 定义的具体概念就是三大类：自然物、人与人造物，前两者分别以符号"w"和"p"表示，后者以 pw 表示。自然物与人将简称大自然或宇宙。

基于上述两点交代，HNC 意义下的基本物 jw，是大自然或宇宙在语言脑里的呈现，而不是它在科技脑里的呈现。这两种呈现的差异性，曾被一些心理学家注意到，但并未给出相应的阐释。这并不奇怪，因为心理学和脑科学还没有形成大脑六大功能区块的明确认识。

以上所说，是 HNC 理论对基本物 jw 这一子范畴的阐释。作为 HNC 概念符号体系子范畴之一的基本物 jw，与其他子范畴存在着一项本质区别，那就是它自身就具有包含性，存在符号"jw-0|"，这是该子范畴独有的"专利"，HNC 将此"专利"之外的东西纳入 jw 概念林的设计。

该"专利"主要体现语言脑对宇宙的认识，与科技脑的认识大同小异，其 HNC 符号及汉语说明如下：

jw-	宇宙
jw-0	巨星系
jw-00	星系
jw-000	太阳系
jw-000\k=m	星球及其基本类型
jw-000\1	恒星

jw-000\2	行星
jw-000\3	卫星

下面的符号属于建议。

jjw-000\1	太阳
jjw-000\23	地球
jjw-000\33	月球
jjw-000\351	木卫一

明确该"专利"之后,基本物 jw 的概念林设计就比较简明了,用数字来说,就是 1+6;用 HNC 语言来说,就是共相概念林 jw0 和 6 片殊相概念林(jwy,y=1-6)。清单如下:

jw0	宇宙基本要素
jw1	光
jw2	声
jw3	电磁
jw4	微观基本物
jw5	宏观基本物
jw6	生命体

本编仍然区分概念延伸结构表示式和世界知识,世界知识的说明也区分节和小节,小节划分标准比较简明,不作任何说明。论述将以甲撰写方式为主。

第零章

宇宙基本要素 jw0

引 言

为什么要为"基本物 jw"设置共相概念林 jw0？与其立即回答，不如在写出其各株概念树之后。jw0 辖属 3 株概念树，其 HNC 符号及汉语命名如下：

jw01　　　　物质
jw02　　　　能量
jw03　　　　信息

这就是说，语言脑里的宇宙基本要素就是这 3 样东西，现代汉语把它们叫作物质、能量和信息，可简称宇宙构成 3 要素。在科技脑的视野里，这三者的排序应该是能量、物质和信息。在 HNC 的视野里，这 3 要素各自构成殊相概念树，不必另行设置共相概念树。

顺便说一声，古汉语的"天地人"三才概括，更接近于科技脑的排序方式，而不是这里的排序方式。

第 1 节
物质 jw01（429）

0.1-0 物质 jw0 的概念延伸结构表示式

```
jw01:(3, e2n, e2m;(r, x) y3, 3c2m, e26d01;3c21c01,)
  jw013                        物质与能量的交纠呈现（热）
    rjw013                     火
    xjw013                     温度
    jw013c2m                   热的对比二分描述
    jw013c21                   冷
      jw013c21c01              绝对零度
    jw013c22                   热
  jw01e2n                      物质的对立二分
  jw01e25                      益物
  jw01e26                      害物
    jw01e26d01                 剧毒物
  jw01e2m                      物质的对偶二分（阴阳）
  jw01e21                      物质
  jw01e22                      "暗"物质
```

热 jw013 被列为物质 jw01 的首位一级延伸概念，包含着两项思考：①火的运用是人类文明开始的标志；②火曾被视为万物的基本元素之一，这是一切古老文明的一项共识。在火的 HNC 符号 rjw013 里，"r" 和 "3" 是两个关键性符号，对于这两个语言理解基因符号，读者应该不十分陌生，这里不来重复解释了。但应提请注意：此 "3" 的汉语说明是 "交纠"，而不是常用的 "交织"。两者是有区别的，这里也不予解释，请参看一下前文（见[210-0.1.1]小节）关于 "交" 与 "纠" 的阐释吧。

0.1.1 热 jw013 的世界知识

本小节仅说明温度。

温度被符号化为 xjw013 是 HNC 的必然选择，这里需要对符号 "x" 来一点预说。

HNC 约定：符号 "x" 可前挂于任何具体概念，以表示该具体概念的物性（包括人性），HNC 把 "x" 定位于抽象与具体之间。在语言脑里，它是抽象概念空间与具体概念空间之间的桥梁。"x" 自身一无所有，又无所不在。

热 jw013 的其他延伸概念属于科普常识，符号与汉语说明都非常浅显，无须多话。

温度是一个 z 强存在概念，其相应世界知识下接大量的常识，上接专家知识。未来的图灵脑必须具备这方面的知识，这里略而不述。

0.1.2 物质对立二分 jw01e2n 的世界知识

关于 jw01e2n 的世界知识，古今差异不大。这就是该延伸概念最重要的知识。

0.1.3 物质对偶二分 jw01e2m 的世界知识

阴阳的概念在传统中华文明里占有突出地位，能否把它看作对物质 jw01 特性的一种基本认识？一种将本体论与认识论融为一体的朴素综合？对此，应该给出一个语言描述的位置，其 HNC 符号表示就是 jw01e2m，并赋予"物质对偶二分"的学名。

至于物质对偶二分 jw01e2m 的分别说，不能不采取模糊态度，故对 jw01e22 以"暗"物质命名。因为暗物质的本体存在性，在现代物理学中毕竟还存在争论。

第 2 节
能量 jw02（430）

0.2-0 能量 jw02 的概念延伸结构表示式

```
jw02:(β, \k=2;93,(β):(7, e2n), βd3m, \k*n;)
    jw02β              能量的作用效应链呈现
      jw0293           火
      jw02(β)7         振动
      jw02(β)e2n       能量的对立二分呈现
    jw02\k=2           能量的第二本体呈现
    jw02\1             热
    jw02\2             动
```

0.2 能量 jw02 的世界知识

下面，以 3 个小节进行说明。

0.2.1 能量作用效应链呈现 jw02β 的世界知识

在 HNC 视野里，如果概念树"能量 jw02"不配置一级延伸概念 jw02β，那简直就是荒谬绝伦。

在延伸概念 jw02β 里，火被赋予了特殊符号 jw0293，因为它是人类文明起步的标志之一。振动也被赋予了特殊符号 jw02(β)7，因为它是语音的源头。

在工业时代，科学之所以取得文明基因三要素的独尊地位，主要是依靠人类对延伸概念 jw02β 进行了分别说的伟大探索，并取得了辉煌战果。极而言之，第一次工业革命不过是运用经典物理学的辉煌成果，赢得了能量 jw02 的高级作用效应呈现 jw029d31；第二次工业革命不过是运用电磁学和化学的辉煌成果，赢得了能量 jw02 的高级过程转移呈现 jw02ad31；第三次工业革命不过是运用现代物理、现代化学和现代生物学的辉煌成果，赢得了能量 jw02 的高级关系状态呈现 jw02bd31。这些世界知识的概说可集中展现于下面的概念关联式：

$$j029d3~1:=pj1*9 \quad (jw0\text{-}01\text{-}0)$$
$$(j029d31+j02ad31):=pj1*a \quad (jw0\text{-}0\text{-}01)$$
$$jw02\beta d31:=pj1*b \quad (jw0\text{-}0\text{-}02)$$

0.2.2 能量第二本体呈现 jw02\k=2 的世界知识

将能量之第二本体呈现写成 jw02\k=2 似乎不可思议，但从能量的终极效应来说，却十分自然，因为其终极效应无非是使其承受对象热起来或动起来。这里的热起来包括冷下来，动起来包括静下来，如此而已。二级延伸概念 jw02\k*n 描述了这项世界知识。

0.2.3 能量对立二分呈现 jw02（β）e2n 的世界知识

在科技脑（物理学）视野里，质量和能量都属于标量，无正负之分。但在语言脑的视野里，物质 jw01 具有一级 "e2n" 属性，即有正负之分，能量 jw02 和信息 jw03 则都具有二级 "e2n" 属性，也有正负之分。

能量对立二分呈现以符号 jw02（β）e2n 表示，这里只说两个佐证。第一世界贡献了一个词语——核冬天，第二世界正流行着一个词语——正能量，两者并非 jw02（β）e2n 的引申义，而是相应延伸概念的直系捆绑词语。

前文曾反复呼吁，要区分世界知识与专家知识，要区分语言脑与科技脑，但从未给出一个像样的示例，本小节是否小有弥补？

本节最后，给出下面的概念关联式：

$$jw01+jw02 := (009\alpha=a+0098\backslash k=6) \quad (jw0\text{-}00\text{-}0)$$

（基本物的物质与能量对应于主体基元的物质作用基本形态和物理作用的基本类型）

第 3 节
信息 jw03（431）

0.3-0 信息 jw03 的概念延伸结构表示式

```
jw03:(\k=6, ry, β;(ry)\k=0-5, 9e2n;)
  jw03\k=6           信息的第二本体呈现
  jw03\1             眼信息
  jw03\2             耳信息
  jw03\3             鼻信息
  jw03\4             舌信息
```

jw03\5	身信息
jw03\6	意信息（第六感）
rjw03	知识
（rjw03）\k=0-5	知识的第二本体根呈现
（rjw03）\0	生理知识
（rjw03）\1	图像知识
（rjw03）\2	情感知识
（rjw03）\3	艺术知识
（rjw03）\4	语言知识（世界知识）
（rjw03）\5	科技知识
jw03β	信息的作用效应链呈现
jw039e2n	信息作用效应呈现的对立二分

0.3 信息 jw03 的世界知识

本节不分小节，仅作 3 项说明。

（1）关于"信息第二本体呈现 jw03\k=6"的说明

"jw03\k=6"的汉语命名，不过是对《心经》里几段文字的冒昧抄袭，有关部分拷贝如下：

> 色不异空，空不异色，色即是空，空即是色。受、想、行、识，亦复如是。
> 是诸法空相，不生、不灭，不垢不净，不增不减。
> 是故，空中无色，无受、想、行、识，无眼、耳、鼻、舌、身、意。无色、声、香、味、触、法……无苦、集、灭、道。无智亦无得，以无所得故。

以上引文的第三段，可看作佛学的信息论，哲理至深。其中包含信息第二本体呈现的简明描述，用以构成"jw03\k=6"分别说的汉语命名。其中的"jw03\6 意信息"是佛陀的独特贡献，读者暂时必然难以理解，下文会有所呼应。这里先说一声，从 HNC 的语习逻辑来说，把"jw03\6"换成"jw03\0"更合适一些。但形态类似容易造成联想混淆，后面紧接着有"（rjw03）\k=0-5"的符号表示，对"jw03\k"就从权了。

（2）关于"知识 rjw03"的说明

本说明试图描述一下 HNC 知识观，对知识和大脑的非分别说已成为地球村的通用语习，其危害性尚处于极度隐蔽状态。危害的集中体现就是把名人或专家的点线说当作面体说，把专家知识混同于世界知识，以致造成世界知识的极度匮乏症。

延伸概念"（rjw03）\k=0-5"描述了知识的分别说清单，该清单与大脑的 6 大功能区块一一对应。6 项知识的每一项，都存在专家知识与世界知识的区分与交织。但是，语言脑知识最为特别，它以世界知识为主宰，其他 5 项，则都以专家知识为主宰，科技脑更居于垄断地位。有趣的是，语言学历来仅关注语言脑知识（rjw03）\4 的专家知识部分，而完全忽视其世界知识部分。HNC 理论的目标不过是为填补这一空白作一点预研。

（3）关于"信息作用效应呈现之对立二分 jw039e2n"的说明

信息如同能量一样，必然具有"β"基因，其分别说所呈现出来的景象也可以使用类似的文字加以描述，但弄巧成拙的风险更大，故这里仅给出一项二级延伸概念 jw039e2n。这里需要说明的是，六个世界对 jw039e2n 的理解差异极大，这在第一、第二和第四世界之间尤为突出。对这一差异的探索是后工业时代的大课题，目前还处在十分低级的阶段。

本节最后，给出下面的概念关联式：

jw03 := 23——（jw0-02-0）
（基本物之信息对应于主体基元概念的信息转移）

第一章

光 jw1

引 言

《圣经》对上帝创造宇宙之过程的描述十分精彩："上帝说，要有光，于是，就有了光。"因此，把光列为基本物 jw 的第一号殊相概念林 jw1，应该不会出现异议。

对概念林 jw1，将设置 4 株概念树，包括共相概念树 jw10。列表如下：

    jw10   光之基本特性
    jw11   自然光
    jw12   生命之光
    jw13   人造光

这一设置符合透齐性要求么？请思考并考察。

第 0 节
光之基本特性 jw10（432）

1.0-0 光之基本特性 jw10 的概念延伸结构表示式

```
jw10:（eb~2, e3~3, c01;）
    jw10eb~2            光之特殊过程性呈现
    jw10e3~3            光之波粒二象性呈现
    jw10c01             光子
```

这里设置的 3 项一级延伸概念都属于认识论描述，大体与人类对光的认识过程相对应。

1.0 光之基本特性 jw10 的世界知识

概念树虽然有 3 项一级延伸概念，但下文仅以两小节进行论述，不为光子 jw10c01 另立小节。光子属于专家知识，其世界知识已由符号 jw10c01 里的 "c01" 充分描述了。

1.0.1 光之过程性呈现 jw10ebm 的世界知识

此延伸概念里的语言理解基因 "eb~2" 十分传神。

"ebm" 是 HNC 最早引入的非黑氏对偶，汉语命名是 "源汇流奇"，奇对应于 eb0。

光之奇特之处在于它无汇而有奇，光之奇 jw10eb0 就是聚焦或焦点现象。焦点和磁棒是诱发 HNC 关于非黑氏对偶思考的两位大 "功臣"。但焦点对人类历史的贡献远大于磁棒，因为没有它，就没有望远镜和显微镜的发明，就没有 17 世纪正式启动的伟大科学革命。

1.0.2 光之波粒二象性呈现 jw10e3~3 的世界知识

光之波动性与粒子性曾是科学史上的著名论争，历时近三个世纪，直到量子力学横空出世，才以波粒二象性的描述结束。在 HNC 符号体系里，不可思议的波粒二象性不过是残缺性语言理解基因 e3~3 的一种展现，何来神秘？在语言概念空间的概念基元里，此类残缺性延伸概念可谓司空见惯，语习逻辑概念林 "修辞 fb" 尤为多见，有兴趣的读者可参阅那里的有关论述。当然，这只是一个建议，目的在于借机说出下面的话。科技脑里的神秘呈现，在语言脑里未必如此。不能把一切奥秘的探索都归于科学，科学包揽物质奥秘的探索，但不能包揽能量与信息，更不用说人类的精神世界了。上面的 "正能量 jw029e25" 和 "意信息 jw03\6" 难道不应该看作不可忽视的两项提醒么？

第 1 节
自然光 jw11（433）

1.1-0 自然光 jw11 的概念延伸结构表示式

```
jw11:(ry, e2m;(ry):(e2m, \k=3), e21c3m, ;)
    rjw11                    颜色
    (rjw11) e2m              颜色的对偶二分
    (rjw11) e21              白色
    (rjw11) e22              黑色
    (rjw11) \k=3             颜色的第二本体呈现
    (rjw11) \1               红色
    (rjw11) \2               绿色
    (rjw11) \3               蓝色
jw11e2m                      光之出入呈现
jw11e21                      光之入
jw11e22                      光之出
```

自然光 jw11 的这两项延伸概念也可以安置在 jw10 里，因为两者也是光的基本属性。但这一属性的展现，在自然光里才显得淋漓尽致，故这一安置完全符合 HNC 关于概念树设计的平衡原则。

1.1.1 颜色 rjw11 的世界知识

颜色是光的效应物，这一世界知识在 HNC 符号"rjw11"得到了充分展现。

对颜色赋予了两项延伸概念"(rjw11) e2m"和"(rjw11) \k=3"，前者与常识衔接，后者与专家知识衔接。本小节最重要的世界知识以下面的概念关联式表示。

$$rjw11:=jw03\backslash 1+(rjw03)\backslash 1//(rjw03)\backslash k \longrightarrow (jw\text{-}01)$$

（颜色对应于眼信息，对应于图像知识，甚至关乎知识的全部）

1.1.2 光之出入呈现 jw11e2m 的世界知识

光之出入呈现是光对物质之出入的简称，其呈现形态包括反射、折射、衍射、吸收等。此世界知识主要上接专家知识，这里皆略而不叙，仅给出下面的概念关联式：

$$jw11e2m::=((20e2m, l47, jw1), l43, jw01) \longrightarrow (jw11\text{-}01)$$

本节最后，给出下面的概念关联式：

$$jw11:=(1098aa, 0098\backslash 3, 5088\backslash 12+5088\backslash 13) \longrightarrow (jw1\text{-}00\text{-}0)$$

（自然光对应于主体基元概念的波动、光作用及亮度与色彩）

$$jrw11=:太阳能 \longrightarrow [jw1\text{-}01\text{-}0]$$

```
jrw11::=(jw01, l16, jjw-000\1)──(jw1-01-0)
```
（太阳能来于太阳）

第 2 节
生命之光 jw12 （434）

1.2-0 生命之光 jw12 的概念延伸结构表示式

```
jw12:(t=b, ;b\k=2, ;)
   jw12t=b              生命之光的第一本体呈现
   jw129                植物色彩
   jw12a                动物色彩
   jw12b                人之色彩
     jw12b\k=2          人之色彩的第二本体呈现
     jw12b\1            生理色彩
     jw12b\2            心理色彩
```

本株概念树的一级延伸概念都不完备。

1.2 生命之光 jw12 的世界知识

本节仅给出下列概念关联式。

```
jw12t:=(rujw11, l47, jw6)──(jw12-00)
```
（生命之光的第一本体呈现对应于生命体的色彩）
```
jw129:=(rujw11, l47, jw61)──(jw12-01)
jw12t:=(rujw11, l47, jw62)──(jw12-02)
jw12t:=(rujw11, l47, jw63)──(jw12-03)
```

植物学家对 jw129 有系统深入的研究，动物学家对 jw12a 有系统深入的研究，相术和中医对 jw12b 有过深入研究（特别是汉朝）。中医"望闻问切"的"望"就是对 jw12b\1 的考察。文学家、诗人和摄影家都对 jw12~b 特别钟情，尤其是其中的"心理色 jw12b\2"。

第 3 节
人造光 jw13（435）

1.3-0 人造光 jw13 的概念延伸结构表示式

```
jw13:(t=b;t3,;)
  jw13t=b              人造光的第一本体呈现
  jw139                农业时代人造光
    jw1393             灯光
  jw13a                工业时代人造光
    jw13a3             电灯
  jw13b                后工业时代人造光
    jw13b3             激光
```

1.3 人造光 jw13 的世界知识

本节的撰写方式比上节更简化，仅给出下列概念关联式。

```
jw13=%pw——（jw13-01-0）
（人造光属于人造物）
jw13t:=pj1*t——（jw13-01）
（人造光的第一本体呈现对应于三个历史时代）
jw139:=rjw0293——（jw13-02）
（农业时代的人造光对应于火的效应物）
jw1393:=jw0293ju40c31——（jw13-03）
（灯光对应于小型的火）
(jw13~9, jlv111, (a629c35, l47, a6499\2))——（jw13-04）
（非农业时代的人造光是物理学的技术发明）
```

灯光（包括油灯和烛灯）是 jw139 的代表，电灯是 jw13a 的代表，激光是 jw13b 的代表。

第二章

声 jw0

引 言

在上一章的引言里，引用过《圣经》里的话，"要有光"。有人说，《圣经》里实际上也有"要有声"的话，不过在另外的地方，以另一种形态进行表述。此说意在强调"没有声，就没有语言脑，也就没有人类文明"的论断，同时也试图维护《圣经》的权威。其实适得其反，《圣经》没有疏忽，声与光毕竟不可等量齐观。

尽管如此，概念林"jw2 声"的概念树设计还是采取了与"jw1 光"雷同的举措，各株概念树的汉语说明亦然。下文会看到，在相关概念树的部分延伸概念里，还会出现更惊人的雷同情况。

4 株概念的 HNC 符号及汉语说明如下：

    jw20   声之基本特性
    jw21   自然声
    jw22   生命之声
    jw23   人类活动之声

可以看到，（jw2y, y=0-2）与（jw1y, y=0-2）汉语说明的相似度甚高，不过是以"声"替代"光"而已。

第0节
声之基本特性 jw20 （436）

2.0-0 声之基本特性 jw20 的概念延伸结构表示式

```
jw20:（eb~2, e3~3, c3n, e7m;c363, ;）
    jw20eb~2            声之特殊过程性呈现
    jw20e3~3            声之特殊二象性呈现
    jw20c3n             声之高阶对比三分
    jw20e7m             声之A类势态三分
```

与光 jw10 的概念延伸结构表示式进行比较可知，前两项延伸概念完全雷同，但第三项则完全不同。因此，本节不能仿效"1.0"，将以 4 个小节进行论述。

2.0.1 声之特殊过程性呈现 jw20eb~2 的世界知识

在 1.0.1 小节说过：光之奇特之处在于它无汇而有奇，光之奇 jw10eb0 就是聚焦或焦点现象。此话同样适用于声，用"声"替代"光"即可。在该小节的后续话语里，对光之奇（焦点）使用了历史性贡献的评语，这样的评语对声之奇就完全不适用了。不过，这里不能不提一下北京天坛的回音壁和回音石，那是古代中国人对声之奇 jw20eb0 的天才运用。不过，声之奇的科学发现，还是 20 世纪的事，即大洋里的声道效应。

声之奇和光之奇必然是读者很不习惯的词语，延伸概念 jw20eb~2 和 jw10eb~2 更是如此，但是它们却得到 HNC 理论的钟爱。所以，下面用 HNC 语言来叙说一下两者的世界知识。在 HNC 视野里，声 jw2 和光 jw1 都不过是运动过程 109 之三级再延伸概念"1098aa 波动"的效应物 rw，残缺语言理解基因"eb~2"是该效应物的基本特性，其对应自然语言描述就是"无汇而有奇"。宇宙间不存在"ebm"形态的"波"，但存在"ebm"形态的"基本物 jw"，答案就在下面的第三章。

主体基元概念的多级延伸概念，要么是自然科学的探索或研究对象，要么是人文社会学的探索或研究对象。那探索或研究的方式，从 19 世纪开始，逐步进入了专家模式。专家模式取得了空前的辉煌成果，造就了人类社会从农业时代向工业时代的巨大跃进。但是，随着后工业时代的悄然来临，专家模式的弊病已开始显现，它过于偏离了通家模式。那么，专家模式的弊病何在？用 HNC 话语来说，就是看不起形而上，一心形而下；无视世界知识，一心专家知识。世界知识实质上就是以通家模式进行思考与探索所获得的知识，不妨另名通家知识。但 HNC 未选用这个术语，这是由于考虑到：①它仅便于向上衔接专家知识，而不便于向下衔接常识；②不便于语言脑的专用。

这里的"无汇而有奇"就是关于"波"的世界知识描述；"经济公理"、"科技迷信"和"四字外经"是关于经济学的世界知识描述；"三个历史时代"、"六个世界"和"三种文明标杆"主要是关于社会学的世界知识描述;"第一类精神生活"是关于心理学的世界知识描述;"第二类精神生活"是关于神学的世界知识描述;第三类精神生活是关于哲学的世界知识描述;第二类劳动是关于文明的世界知识描述;"大脑六大功能区块"(生理脑、图像脑、情感脑、艺术脑、语言脑和科技脑)说是关于脑学的世界知识描述;"语块、句类、语境单元、隐记忆"则是关于语言脑学(语言学只是其一部分)的世界知识描述。脑学不同于脑科学,不说明,读者思之。

2.0.2 声之特殊二象性呈现 jw20e3~3

本小节标题的汉语说明略不同于 1.0.2,以"特殊"替换了"波粒"。这一替换未必恰当,"特殊"所对应的声学术语是简正波和射线,两术语都省略了"声"字。声之特殊二象性呈现 jw20e3~3,即简正波与射线的二象性呈现。

声学的名气远不如光学。这里不妨先写点轻松的话,光仅能在大气里和透明固体里顺畅传播,故光学曾闹出过"以太"载体(介质)的大笑话。声不同,在三种形态(气态、液态、固态)物质里都能顺畅传播,没有类似的笑话可闹。因此声可以对光说,我比土行孙(《封神榜》里的神话人物)还厉害,你不行。但光可存在于真空里,遨游于宇宙,而声不行。因此,光可以对声说,我比孙悟空还"齐天大圣",你差远了。

声与光的上述对话背后,其理论与应用意义都不可小觑。光之波粒二象性论争驰名全球,但声之特殊二象性论争则鲜为人知。这里要说的是,声之特殊二象性探索,本质上具有与波粒二象性等价的理论意义。中国科学院声学研究所的一个团队曾在 20 世纪 80 年代初对此进行过高水平的理论探索,一位年轻的新秀脱颖而出,对声之特殊二象性给出了一个完美的理论阐释,超越了所有先行者的探索高度。然而,这样一项理论成果却遭到奇特的责难,以致不能在国内学术刊物上发表。这也许只是个孤立事件,但充分表明了学术论争背后的高度复杂性。笔者作为声学研究所的一名老队员和该事件的知情人,不能不借机隐写一笔,并续写两句中国光荣的话:①古代中国曾在声学技术应用方面走在世界前列;②现代中国在声学的基础理论研究方面曾有过雄凌绝顶的光辉业绩。

2.0.3 声之高阶对比三分 jw20c3n 的世界知识

先给出延伸概念 jw20c3n 分别说的汉语说明。

```
jw20c35          次声
jw20c36          可听声
jw20c37          超声
```

上列三声(次声、可听声和超声)都拥有精彩的科普读物,世界知识非常丰富,但本小节将仅给出下列概念关联式:

```
jw20c36:=jw03\2——(jw2-01)
  (可听声对应于耳信息)
jw20c363=:gwa3*9——(jw2-02)
  (基本物的语声等同于挂靠物的语音)
jw20c3~6:=jw03\6——(jw2-0-02)
```

（次声和超声对应于意信息）

2.0.4 声之 A 类势态三分 jw20e7m 的世界知识

先给出延伸概念 jw20e7m 分别说的汉语说明。

```
jw20e71              乐音
jw20e72              噪音
jw20e73              扰音
```

语言理解基因"e7o"的出现通常都非常传神，胜过千言万语。但 jw20e7m 的情况有所不同，它必须配置下列概念关联式：

```
（jw20e7~2, jlv11e21e21, jru75e21）——（jw2-01）
（乐音和扰音具有相对性）
（jw20e72, jlv11e21e21, jru75e22）——（jw2-02）
（噪音具有绝对性）
jw20e71 %= jw223——（jw2-03）
（乐音包含语声）
（jw20e71, jlv111jlu12c3~3, jw20e73）——（jw2-04）
（乐音可能是扰音）
```

有的中国人有大声喧哗的习惯，形式上似乎是不熟悉（jw2-04）所对应的世界知识，但实质上不是。

本节最后，给出下面的概念关联式：

```
jw2:=（1098aa, 0098\4, 5088\14）——（jw2-00-0）
（基本物的声对应于主体基元概念里的波动、声作用与声响）
```

第 1 节
自然声 jw21（437）

2.1-0 自然声 jw21 的概念延伸结构表示式

```
jw21:(t=b, \k=3;\1*3)
  jw21t=b              自然声的第一本体呈现
  jw219                作用声
  jw21a                转移声
  jw21b                状态声
  jw21\k=3             自然声的第二本体呈现
  jw21\1               气变之声
    jw21\1*3           雷声
```

jw21\2	流变之声
jw21\3	地变之声

2.1 自然声 jw21 的世界知识

本节只写一些轻松的话语，同时提出一些不轻松的问题。

撞击声和雨声是作用声 jw21g 的代表，风声和流水声是转移声 jw21a 的代表，雪崩声和冰裂声是状态声 jw21b 的代表。

那么，jw21t=b 能够以 jw21β 替换么？不能！

台风或飓风之声是气变之声 jw21\1 的代表，瀑布声和海啸声是流变之声 jw21\2 的代表，山体滑坡声和地震声是地变之声 jw21\3 的代表。

如果某些特定动物的耳信息 jw03\2 感知能力超过人类，那很自然。

那么，可以说某些动物的意信息 jw03\6 感知能力超过人类么？可以。

需要以变量形态的 jw21\k=o 替换 jw21\k=3 么？不需要。

第 2 节
生命之声 jw22 （438）

2.2-0 生命之声 jw22 的概念延伸结构表示式

```
jw22:(3, \k=3;\1*7, \2*(t=b, i), \3*t=b;)
```

jw223	语声
jw22\k=3	生命之声的第二本体呈现
jw22\1	生理声
jw22\1*7	生理信号声
jw22\2	情感声
jw22\2*t=b	精神生活之声
jw22\2*i	性爱声
jw22\3	艺术声
jw22\3*t=b	艺术活动之声

2.2 生命之声 jw22 的世界知识

本节以 4 个小节进行论述。

2.2.1 语声 jw223 的世界知识

将语言理解基因符号"3"赋予生命之声 jw22，形成一级延伸概念 jw223，命名语声，且高居首位，这都是 HNC 理论的不二之选。

前文曾借用《圣经》里"要有光"的记述，叙说了一段"要有声"的戏言，还戏写了一段光与声的对话。那些都属于"语声 jw223 世界知识"的铺垫，该项知识的正式描述可概括成下面的概念关联式：

```
jw223=:gwa3*9——(jw2-05)
（基本物的语声等同于挂靠物的语音）
jw223=w(rjw03)\4——(jw2-01-0)
（语声强交式关联于语言脑）
jw223=>(10bac35,147,w(rjw03)\4)——(jw2-02-0)
（语声强源式关联于语言脑的发育）
```

2.2.2 生理声 jw22\1 的世界知识

本编似乎还没有提及直系捆绑词语的话题，本小节是议论该话题的合适场所。

各种飞禽走兽，各有自身特色的生理声 jw22\1，狮吼、狼嚎、虎啸里的"吼、嚎、啸"都属于 jw22\1 的汉语直系捆绑词语。但此项捆绑比较特殊，建议采取下面的形态：

```
(jw22\1,147,jw62o)
```

鼾声是生理声的典型代表。

生理声设置了一项再延伸概念，以符号 jw22\1*7 表示。其内容不仅十分复杂，而且上接专家知识，这里只给出下面概念关联式：

```
(jw22\1*7,jlv00e21,509e4n)——(jw22-01)
（生理信号声关联于生命健康状态）
```

2.2.3 情感声 jw22\2 的世界知识

情感声 jw22\2 设置了两项再延伸概念"jw22\2*t=a"和"jw22\2*i"，两者的世界知识也上接专家知识。这里先给出相应的概念关联式。

```
jw22\2*9=71+72——(jw22-02)
（第一类情感声强交式关联于第一类精神生活）
jw22\2*a=q7+b——(jw22-03)
（第二类情感声强交式关联于表层精神生活）
jw22\2*b=q8——(jw22-04)
（第三类情感声强交式关联于深层第二类精神生活）
jw22\2*i:=50a(c2n)3——(jw22-05)
（性爱声对应于性生活）
```

多数哭笑声和某些呼喊声是 jw22\2*9 的代表；掌声、少数哭笑声和另一些呼喊声是 jw22\2*a 的代表；教堂的钟声、寺院的木鱼声、祈祷声、念经声以及阿门、阿弥陀佛和善哉等众多的话语声是 jw22\2*b 的代表。

2.2.4 艺术声 jw22\3 的世界知识

艺术声 jw22\3 设置了再延伸概念 jw22\3*t=b，下面仅给出相应的概念关联式：

```
jw22\3*9=a32a\1——（jw22-06）
（第一类艺术声强交式关联于舞艺）
jw22\3*a=a32a\2——（jw22-07）
（第二类艺术声强交式关联于歌艺）
jw22\3*b=a32a\3——（jw22-08）
（第三类艺术声强交式关联于奏艺）
```

第 3 节
人类活动之声 jw23 （439）

2.3-0 人类活动之声 jw23 的概念延伸结构表示式

```
jw23:(t=b, \k=4;)
    jw23t=b              人类活动之声的第一本体呈现
    jw239                工具声
    jw23a                信息声
    jw23b                技术声
    jw23\k=4             人类活动之声的第二本体呈现
    jw23\1               行为声
    jw23\2               第一类劳动声
    jw23\3               表层第二类精神生活声
    jw23\4               第二类劳动声
```

2.3 人类活动之声 jw23 的世界知识

人类活动需要光，离不开光；万物生长也是如此。所以《圣经》说："要有光。"但上面的论断不完全适用于声，故《圣经》里没有"要有声"的记录是正确的。但是，人类活动必然伴随着人类活动之声 jw23 的出现，其世界知识的庞杂性似乎难以想象。但在 HNC 视野里，其景象却十分清晰，不难给出一个符合透齐性标准的描述，通俗的说法叫"一网打尽"，如上面的概念延伸结构表示式及其汉语说明所示。

下面两小节将以乙撰写方式为主，后者更是"赤膊上阵"。

2.3.1 人类活动声第一本体呈现 jw23t=b

先给出下列概念关联式：

```
jw239:=(rw451+jw2, 143, s44)——（jw22-09）
（工具声对应于工具使用所发出的声音）
jw23a:=(23\8+jw2)——（jw22-10）
```

（信息声对应于声信号）
jw23b:=（rw1098+jw2, l47, pwa6299+r4075）——（jw22-11）
（技术声对应于硬件技术产品的运转效应声）

使用各类工具所发出的声音，包括从古代到现代各种转移工具所发出的声音，都属于工具声；警笛声和报时声是典型的信息声；各种机具自身运转（正常的或故障的）所发出的声音都属于技术声。

这就是说，马蹄声和飞机声是典型的工具声；敲门声、瓷器破碎声和爆炸声则是典型的信息声；扬声器和声呐发出的声音则是典型的技术声了。

2.3.2 人类活动之声的第二本体呈现 jw23\k=4 的世界知识

本小节仅给出 4 个概念关联式，足矣。

jw23\1:=rw73+jw2
jw23\2:=rwq6+jw2
jw23\3:=rwq7+jw2
jw23\4:=rwa+jw2

前面戏说过光与声的对话，本章最后，不妨再加一句。论世界知识的丰富度，光 jw1 确实难以与声 jw2 争锋。

本章所述表明，本编主要关注的并不是科普知识，而是世界知识。前者密切联系于科技脑，后者则密切联系于语言脑。这一关注点的转移乃服务于 HNC 的特定探索目标——图灵脑的第一棒（理论）探索。这个话题将在第三卷详述，这里借"地利"之便，预说几句。

第三章

电磁 jw3

引 言

在农业时代，人类对电磁 jw3 的认识微乎其微。从科学的意义上说，指南针的发明不仅不宜单说成古老中华文明的骄傲，应该同时说一声惭愧。这番话，是对关于传统中华文明基本论断（哲学神学化、神学哲学化、科学边缘化）的呼应。

电磁学 gjw3 在 18～19 世纪是物理学 ga6499\2 的主战场，其经典形态（电磁学+电动力学）的研究成果是第二次工业革命的主力军，其现代形态（量子力学+量子电动力学）则渗透到科技领域的诸多方面，相应的综合研究成果在扮演着第三次工业革命主力军的角色。这个技术革命主力军的角色会出现替代者或并肩者么？电磁学会出现后现代形态的发展前景么？这两个问题都非常重大，关乎后工业时代的描述，关乎 21 世纪发展势态的预测。针对这个问题，需要形而卡（形而上+形而下）思考，单纯的形而下思考或科学思考是没有出路的。不幸的是，目前关于 21 世纪前景的各种流行说法都不属于前者，而属于后者。故前文曾不揣冒昧，写过一系列与上述问题有关的探求性形而卡话语。在"声之特殊过程性呈现 jw20eb~2 的世界知识"小节（[270–2.0.1]）里，曾借机（该小节提起过，笔者是声学所的老队员）对那些话语的要点予以集中概括。

本着这种探求性态度，对概念林"jw3 电磁"将设置下列 3 株概念树：

    jw30   电磁基本特性
    jw31   电
    jw32   磁

这一概念树设置模式是 jw0 模式与（jw1+jw2）模式的综合。

第 0 节
电磁基本特性 jw30（440）

3.0-0 电磁基本特性 jw30 的概念延伸结构表示式

  jw30:（β, ebm, c3n;9t=a, a\k=2, be2m;）
   jw30β   电磁之作用效应链呈现
   jw30ebm   电磁之对偶四分
   jw30c3n   电磁之高阶对比三分

  这里，一级延伸概念所使用语言基因符号（β，ebm，c3n）都是 HNC 特别钟爱的"宝贝"。三"宝"集于一处，前所未有。这足以表明，共相概念树 jw30 是基本物 jw 里的"贵宾"，其 3 项一级延伸概念更是 3 位特级"贵宾"。在这些"贵宾"面前，不能不诚惶诚恐，其分别说的汉语说明暂时从免为宜。

3.0 电磁基本特性 jw30 的世界知识

  本节伺候的对象是三位特级"贵宾"，此情此景，大约类似于中国式接待中央首长的语境。HNC 未能免俗，难免有一点"沾光"的念头。或能小小如愿，但自忖弄巧成拙的可能性更大。

3.0.1 电磁作用效应链呈现 jw30β 的世界知识

  在概念树 j30 的概念延伸结构表示式里，仅对 jw30β 赋予二级延伸概念，而且采取了封闭形态，这是又一次"前所未有"。3 项二级延伸概念各自采用了不同的延伸形态，这是一项不同凡响的特色，表明电磁基本特性 jw30 作用效应链呈现之 3 侧面呈现是 3 位"贵宾"，暂名"老大"、"老二"和"老三"，三"老"具有完全不同的特性或特质。"老大"（作用效应侧面）jw309 具有"t=a"特性，"老二"（过程转移侧面）jw30a 具有"\k=2"特性，"老三"（关系状态侧面）jw30b 具有"e2m"特性。

  这里要请读者特别注意，3 位"贵宾"都是双胞胎，其 HNC 符号清晰地指明，"老大"和"老三"是假"双胞"，而"老二"是真"双胞"。这个比方说法的清晰性密切联系于那些语言基因符号的定义。而那些定义不仅缘起于科学思考，更缘起于哲学思考。所以 HNC 宁愿说，这个真假"双胞"说，就是关于电磁 jw3 的核心世界知识，而不仅是关于电磁的科学知识。这项世界知识是否有点趣味？这趣味里，是否多少有一些科学与哲学互动的意味？

  上面的叙述似乎过于形而上了，下面来一点形而卡叙说。"老大"jw309t=a 具有十足的"长子"特征，其分别说的汉语命名分别是"电磁作用 jw3099"和"电磁效应 jw309a"。"老二"jw30a\k=2 十分特别，前者 jw30a\1 十分亮丽，汉语有一个响亮的名字：电磁波，后者 jw30a\2 比较神秘，暂名之射线。"老三"jw30be2m 比较老实，其分别说汉语命名拟采用"电相 jw30be21"和"磁相 jw30be22"。

对真假"双胞",其世界知识的描述方式当然应该有所不同。这个"有所不同",并不是新面孔,而是老相识,在抽象概念世界知识的描述里已经使用过不知多少次了。这里不过是用形而卡语言把它摆到桌面上来而已。具体说来就是:对假"双胞",以两株殊相概念树"jw31 电"和"jw32 磁"予以补充说明;对真"双胞",则在本株概念树内以语言理解基因符号(ebm,c3n)加以描述,两者对应于下面的两小节。

在 jw30β 的 3 项再延伸概念中,两项属于本体论描述,一项属于认识论描述。下面将略说这 3 项描述,但在略说之前,需要对"本体论描述"和"认识论描述"写几句话。

本体论描述和认识论描述都是老相识,是本《全书》的两个高频词。本体论和认识论是哲学概念,HNC 结合语言脑探索的需要,对它们进行了新的阐释,并通过语言理解基因符号予以界定。但语言理解基因概念的引入,在 HNC 探索历程中经历过一个漫长的"如临深渊,如履薄冰"的阶段。直到撰写"誓愿行为(537301\21)世界知识"([123-0.1.2.1.5])时,才正式亮相,后来不断结合实际的延伸概念加以说明。但一道巨大的阴影始终在笔者的脑子里游荡,总觉得它会在 HNC 与读者之间形成一堵隔离之墙。这里,希望借助对 jw30β 再延伸概念的说明,以利于那阴影的减弱,那隔离之墙的松动。

前文多次说过,β 是本体论描述的"宝贝",依据约定,β 可作"t=a"再延伸,具有这一再延伸特性的"β 概念"更是"宝中宝"。对 jw30β,本来很想当作"宝中宝"处理,倘若设置延伸概念"jw30at=a"和"jw30bt=a",在形式上可以从作用效应链中找出对应的东西,如过程之"振动 1098\3"与转移之"传输 20a";关系之"相互依存 421"与状态之"动态 52"。这 4 样东西当然都可以与 jw30β 挂钩,但明显存在不得要领的弱点。所以,最终的选择是:只对 jw309 保留 β 再延伸特性。

这一最终选择里的"电磁作用 jw3099"和"jw309a",都关乎当代尖端技术之尖端。但这些科技尖端之尖端,都具有巨大的恐怖特征。"pw+jw3099"的代表是激光炮和电磁炮,"pw+jw309a"的代表是隐形技术。一切技术都具有恐怖性,但只有一种技术的恐怖性暴露在阳光下,那就是核技术,其他技术的恐怖性都基本笼罩在雾霾里。这就是说,有雾的掩蔽因素,更有霾的掩蔽因素,其中以黑客技术和转基因技术最为突出。

恐怖技术被恐怖势力运用,固然是巨大的恐怖,但技术自身的无约束发展就不恐怖么?美国在一切恐怖技术领域都处于领先地位,并乐此不疲,俄罗斯摆出一副要在关键恐怖技术方面与美国一决雌雄的架势……仅关注恐怖活动的杀人形态与细节,而对其复杂缘起则一概拒绝反思,在舆论方面则一概采取一种自欺欺人的宣讲与对策,这难道不正是形而上思维衰落和世界知识匮乏之景象的佐证之一么?

作用必有效应,而且必有消极效应,不存在只产生积极效应的作用,因为 12 株效应概念树的延伸概念都隐含着积极与消极两侧面,不存在只具有积极因素的效应。哲学早就认识到这一点,而科学在这方面则显得相当迟钝。任何造福人类的东西也必然具有危害人类的另一面。谁能做到让"造福最大化、危害最小化"呢?纯粹的利益思考行么?纯粹的伦理道德思考行么?现代西方文明行么?各种传统文明行么?答案是:都不行。这就是关乎作用效应链的基本世界知识之一。延伸概念 jw309t=a 也许是描述这一基本世界知识的最佳案例,故写了上面的话。

3.0.2 电磁对偶四分 jw30ebm 的世界知识

面对着这个标题，深感不知所措。也许可以先说这么一句话，当下的网络世界不过就是"电磁对偶四分 jw30ebm"的极品呈现。近年有两项科技传奇，一项叫"第三只苹果"，另一项叫大数据。前者不过是媒体对苹果公司和乔布斯先生的炒作，后者则不可小觑，整个科技界都寄予厚望。但是，所谓的"第三只苹果"不过就是一位 pw+jw30eb0 的杰出代表；大数据不过就是一位 pw+jw30eb2 的杰出代表，如此而已，岂有他哉。于是有人问，pw+jw30eb1 和 pw+jw30eb3 也有杰出代表么？答案在上小节已经给出了，激光炮和电磁炮即属于前者，电磁波即属于后者。于是有人进一步问，亮丽的电磁波是 jw30eb3 的唯一杰出代表么？上小节已经暗示，对这个问题的最佳回答就是暂不予回答。

对偶四分"ebm"并不是 jw30 的专利，但 jw30ebm 的"ebm"表现最为独特，密切联系于一系列伟大的科学发现和技术发明。在哲学意义上，语言理解基因"ebm"是考察电磁基本特性的利器，此利器的运用或将有助于哲学与科学的交融，即有助于语言脑与科技脑的交融。这里还要预说一声，如果该利器不能被充分利用，那图灵脑之实现确实是没有指望的。

3.0.3 电磁高阶对比三分 jw30c3n 的世界知识

前文说过，jw30c3n 和 jw30ebm 一样，同是对电磁家族"老二"的描述。"老二"是真"双胞"，但这两项描述对"哥俩"并不一视同仁，仅集中关注那亮丽的电磁波 jw30a\1，把射线 jw30a\1 放在一边。这是一种信息处理谋略：对具体概念有所舍弃，不追求"细节"；对抽象概念则一视同仁，并力求达到对概念联想脉络的透齐性认识。HNC 理论采用的正是这一谋略，所以它首先要区分抽象概念和具体概念，并以抽象概念为主体。科学的信息处理谋略则恰恰相反，这也许正是语言脑与科技脑的本质差异之一，姑妄言之。

基于以上说明可知，本小节的世界知识，实际上只是关于电磁波的世界知识。

延伸概念 jw30c3n 的汉语说明如下：

```
jw30c35          "红外"
jw30c36          光
jw30c37          "紫外"
```

这里不妨回顾一下"光 jw10"和"声 jw20"的概念延伸结构表示式，后者具有"jw20c3n"的对应延伸概念，前者则不具有。为什么？世界知识不能不提出这一追问，答案如下：

```
jw30c3n:=jw20c3n——（jw3-02-0）
jw30c36:=jw1——（jw3-01-0）
```

对这两位"贵宾"，写出相应的汉语说明显然多余。但这两位"贵宾"拥有的 3 个专用术语：振幅、频率和波长，这里应该有所交代，因为三者已转变成为世界知识。

三者所对应的 HNC 符号如下：

```
振幅          zr1098\3
频率          zu1098\3
波长          zu1098aa
```

这里不妨说一点 HNC 符号的一些细节。①"1098"对应于运动过程，不区分物体运动与物质运动；"1098a"则专指物质运动，不管物体。②"1098\3"是一种特定的运动过程，被命名为振动，其效应值 zr1098\3 被命名为振幅，其属性值 zu1098\3 被命名为频率。③1098a 对应于物质运动，1098aa 是物质运动的一种特殊形态，被命名为波动，其属性值 zu1098aa 被命名为波长。④振动与波动之间是一种源流关系（符号本身已表明了这一点，无须另加概念关联式），波动自然继承振动的振幅与频率这两个概念，波长的概念则是其自身专利。⑤波长与频率的乘积是波动的另一重要概念，被命名为波速。光的波速叫光速，声的波速叫声速。

上列概念都是科学脑的产物，但是，无论是被命名的自然语言符号，还是科学另行赋予的符号，都未能展示出这些概念之间的内在联系。那么，HNC 符号体系是否具有本质性改进呢？这里愿意重复一下上面的类似说法：如果答案是否定的，则图灵脑的技术实现没有指望。

关于"红外"jw30c35 与"紫外"jw30c37 的世界知识，另以注释"[**1]"说明。因此，本小节可以到此结束，从而结束本节的撰写。

注释

[**1] 这里，对"红外"和"紫外"都加了引号，因为，此"红外"包括微波和无线电波，此"紫外"包括 χ（伦琴）射线和 γ（伽马）射线。其中的无线电波、微波和伦琴射线的利用都已形成巨大的产业，红外和伽马射线也都产生了相应的产品系列。

第 1 节
电 jw31 （441）

3.1-0 电 jw31 的概念延伸结构表示式

```
jw31:(α=b, e2m, e3m, \k=2, i, 7;
    a*^e2m,(52ye2m),e33:(o01, i),[(e3m)],[e3m],7o01,;
    (52ye2m)e2m,)
    jw31α=b              电之第一本体全呈现
    jw318                电科学
    jw319                电技术
    jw31a                电产品
    jw31b                电产业
    jw31e2m              电之基本形态
    jw31e21              交流电
    jw31e22              直流电
```

jw31e3m	电回路 3 参量
jw31e31	电压
jw31e32	电流
jw31e33	电阻
jrw31e33	导体
jw31\k=2	电之第二本体呈现
jw31\1	强电呈现
jw31\2	弱电呈现
jw31i	光电效应物
jw317	电池
jw31a*^e2m	电之基础产品的二分描述
jw31a*^e21	发电机
jw31a*^e22	电动机
（52jw31e2m）	电回路
（52jw31e2m）e2m	电回路之通（开）与断（关）
jw31e33c01	超导体
jw31e33d01	绝缘体
jw31e33i	半导体
jw31[（e3m）]	电功率量纲（千瓦）
jw31[e31]	电压量纲（伏特）
jw31[e32]	电流量纲（安培）
jw31[e33]	电阻量纲（欧姆）
jw317o01	电池的两端形态
jw317c01	低级电池
jw317d01	高级电池

3.1 电 jw31 的世界知识

依据惯例，本节将划分为 6 小节。

3.1.1 电之第一本体全呈现 jw31α=b 的世界知识

本小节将先写一段重要的题外话，那就是关于经济与科技的第一本体全呈现 a26α=b，其汉语说明如下：

a26α=b	经济与科技的第一本体全呈现
a268	科学
a269	技术
a26a	产品
a26b	产业

这项延伸概念后来被称为"经济与科技 a26"的 4 棒接力，也简称大 4 棒接力，笔者曾多次在有关场合尽力宣扬。但是，该延伸概念在概念树"a26 经济与科技"的一级延伸概念

里并未出现。这是一个很不应该的低级失误，原因很多，但根本原因在于当时（2006 年）对语言理解基因符号"α=b"的认识与运用还远没有达到"蓦然"境界。

在《全书》里，这一失误就让它保留下来吧，因为它是一个非常鲜明的警示：探索之路永远都丝毫马虎不得。

本小节的第一号"贵宾"级概念关联式如下：

（jw31α=%a26α, α=b）——（jw3-0-01）
（电之第一本体全呈现属于经济与科技之第一本体全呈现）

大4棒接力在不同领域的表现差异很大，也许可以说，电jw31在其所对应的"经济产业a26b"中，表现得最为精彩，特别是在与"强电呈现jw31\1"所对应的电力产业方面。

概念关联式（jw3-0-01）的标记符之所以采取"-0-"形态，而不采取"-0"，是由于考虑到，大4棒接力这个概念本身，在许多科技领域尚未取得基本共识。

对电产品 jw31a，赋予了一项再延伸概念 jw31a*^e2m，命名为电之基础产品。相应的HNC 符号"*^"比较特别，属于建议。这已进入到专家知识的范畴，免于解释。

3.1.2 电之基本形态 jw31e2m 的世界知识

本小节以下，都处于与专家知识交织的概念区域，但相关概念的符号设计与汉语命名都具有内容逻辑之必然性，请读者细心体察。A 撰写方式对于此类世界知识的描述比较适用，下文将基本采用这一方式。

电之基本形态 jw31e2m 具有下面基本概念关联式：

jw31e2m:=j70e2m——（jw31-01）
（电之基本形态对应于自然属性的动与静）

延伸概念（52jw31e2m）命名为电回路，回路的基本特征就在于其动态性，赫拉克利特先生对这一符号表示一定会投赞同票。

再延伸（52jw31e2m）e2m 具有下面概念关联式：

（52jw31e2m）e2m:=37~5——（jw31-02）
（电回路之通断对应于效应的通断）

3.1.3 电回路3参量 jw31e3m 的世界知识

电回路 3 参量 jw31e3m 的定义式如下：

jw31e3m::=（[3]jr73d01, 145,（52jw31e2m））——[jw31-01]
（电回路3参量定义为关于电回路的3要素）

电回路 3 参量 jw31e3m 之间存在下列概念关联式：

jw31e31:=jw31e32×jw31e33——（jw31-03）
（电压等于电流乘电阻）

对"电阻jw31e33"，引入了两项再延伸概念："超导体jw31e33c01"和"半导体jw31e33i"。这两件基本物已深入到科技脑的专家知识范畴，语言脑的世界知识表示应该到此止步。

最后，说一说两个细节。一是关于 jw31e31 的汉语命名，是否使用"阻抗"更合适一些？二是关于 jw31e33i 的定义式，是否应该写出来？这里只提出来而不予回答。

3.1.4 电之第二本体呈现 jw31\k=2 的世界知识

本小节之基本概念关联式如下：

（jw31\k=a21，s31，pj1*ac22+pj1*b）——（jw31-04）
（在工业时代后期和后工业时代，电之第二本体呈现强交式关联于生产）
jw31\1=jrw02+a26b——（jw31-05）
（强电呈现强交式关联于能源产业）
jw31\2=jw03+a26b——（jw31-06）
（弱电呈现强交式关联于信息产业）

3.1.5 光电效应物 jw31i 的世界知识

本小节之基本概念关联式如下：

jw31i::=（w24bb，l54\5e2m，(jrw11，jrw31)）——（jw31-07）
（光电效应物是一种把光能变成电能的变换物）
（jw31i=>jw02+a80αe25，s31，pj1*b）——（jw31-08）
（在后工业时代，光电效应物强源式关联于环保能源）

3.1.6 电池 jw317 的世界知识

本小节之基本概念关联式如下：

jw317=:jrw317——（jw317-00）
（电池是电的效应物）
jw317=:（w381b，l02，jrw31）——（jw317-01）
（电池贮存电能）
jw317:=jw31e22——（jw317-02）
（电池对应于直流电）
（jw317，jlv11e22，pj1*9）——（jw317-03）
（电池不存在于农业时代）
jw317d01:=pj1*b——（jw317-04）
（高级电池对应于后工业时代）

第 2 节
磁 jw32（442）

3.2-0 磁 jw32 的概念延伸结构表示式

```
jw32:(i, 7, 3;i(e2m, o01), [yi])
 jw32i                     磁场
  jw32ie2m                 磁场之基本形态
  jw32ie21                 动态磁场
  jw32ie22                 静态磁场
  jw32io01                 磁场之两端呈现
  jw32ic01                 指南针
  jw32id01                 核磁共振仪（MRI）
 jw327                     地磁
 jw323                     磁暴

 [jw32i-]                  磁场量纲（特斯拉）
 [1][jw32i-] =: [10$^4$][jw32i-0]
 （1 特斯拉等于 10,000 高斯）
```

3.2 磁 jw32 的世界知识

本节将打破惯例，只划分两小节。基本采取 A 撰写方式。

3.2.1 关于磁场 jw32i 的世界知识

本小节基本概念关联式如下：

```
jw32ie2m:=j70e2m——（jw32-01）
（磁场之基本形态对应于自然属性之动与静）
jw32io01=:jrw32i——（jw32-00）
（磁场之两端呈现等同于磁场效应物）
(jw32ic01, jl111, a26aju721t+pj1*9)——（jw32-02）
（指南针是农业时代的重大科技产品）
(jw32id01, jl111, a26aju721t+pj1*b)——（jw32-03）
（核磁共振仪是后工业时代的重大科技产品）
jw32id01=a63e22t——（jw32-04）
（核磁共振仪强交式关联于第一类实验研究）
jw32ic01≡(qv6003, l03, j21(t)˜be22)——（jw32-05）
（指南针强关联于绝对水平方位的测定）
jw32ic01<=jw327——（jw32-06）
（指南针强流式关联于地磁）
```

3.2.2 关于地磁 jw327 和磁暴 jw323 的世界知识

本小节基本概念关联式如下：

jw327=:jw32i+jjw-000\23——(jw32-07)
（地磁就是地球磁场）
jw327=%jw32ie22——(jw32-07a)
（地磁属于静态磁场）
(jw323, jlv111, r52+jw32i+jjw-000\1)——(jw32-08)
（磁暴是太阳磁场的动向）
jw323=%jw32ie21——(jw32-08a)
（磁暴属于动态磁场）
(jw323, jlv12c32, (3228, l02, a26a+jw03))——(jw32-09)
（磁暴能伤害信息产品）

第四章

微观基本物 jw4

引 言

微观基本物是物理学与化学的共同研究对象,化学曾承担起先锋之重任,那就是元素周期表的伟大发现。但后续的重大探索主要由物理学来承担,这包括量子力学的创立。

微观基本物世界的景象描述,可以说是科技脑或狭义科学的专利。语言脑或哲学在这里能起点什么作用?又是一个不予回答是最佳回答的问题。

基于上述话语,本引言将直接写出下面的概念树设置:

    jw41   元素
    jw42   物质基元
    jw43   粒子

这 3 株概念树按其体量之大小排序。

第 1 节
元素 jw41（443）

4.1-0 元素 jw41 的概念延伸结构表示式

```
jw41:（β, \k=8;9e2n, ao01, bt=a, \k₁k;b9c3n, bac3m,）
    jw41β                  元素之作用效应链呈现
    jw41\k=8               元素之第二本体呈现
```

延伸概念 jw41β 实质上是基本物 jw 的第一号"宝贝"，因为元素 jw41 的实体就是物质 jw01。下面，将前面已经给出的"宝贝"列表如表 7-1 所示。

表 7-1 基本物 jw 之"宝贝"

编号	HNC 符号	再延伸符号
1	jw41β	jw41:（9e2n, ao01, bt=a）
2	jw02β	jw0293+jw02βd3m+jw02（β）:（7, e2n）
3	jw03β	jw039e2n
4	jw30β	jw30:（9t=a, a\k=2, be2m）

表 7-1 清晰表明：宇宙 3 要素和电磁都具有一级"β"特性，但各自"β"之表现截然不同，物质 j01 与电磁 j30 甚至具有某种相反特征，具体表现为前者之"bt=a"与后者之"9t=a"相对应。这一景象比较有趣，应视为宇宙景象里的一景。当然，此表所展现的只是宇宙景象的冰山一角。但这一角，是宇宙世界知识的精华，体现了关于宇宙的哲学思考，更准确地说，是关于宇宙的"哲学+科学"思考。换言之，此表是语言脑关于宇宙的思考景象，而不是科技脑关于宇宙的思考景象。下文会对此有所呼应。

依据惯例，本节将划分两小节。

4.1.1 元素之作用效应链呈现 jw41β 的世界知识

本小节仅对 jw41β 的 3 项再延伸概念作分别说。

再延伸概念 jw419e2n 表明，元素有积极与消极之分。积极元素 jw419e25 的著名代表是氧，那些会造成严重水土污染的东西里一定包含消极元素 jw419e26。这里积极与消极的参照对象是生命。

再延伸概念 jw41ao01 表明，元素有永恒不变和无时不变之分，前者以 jw41ac01 表示，后者以 jw41ad01 表示，即放射性元素，镭是其著名代表。

再延伸概念 jw41bt=a 表明，元素需要关系与状态两侧面的重点描述。关系描述以 jw41b9 表示，状态描述以 jw41ba 表示。两者都需要配置相应的概念关联式和三级延伸，符号如下：

```
jw41b9:=40ib+0099m*c3n——（jw41-01）
```

（元素之关系描述对应于"关系之相互作用+化学作用之化合与分解"）
jw41ba:=54- ——（jw41-02）
（元素之状态描述对应于结构）
jw41b9c3n:=40i9——（jw41-03）
（元素关系描述之高阶对比三分对应于关系的紧密性）
jw41bac3m:=（j77~0, 147, 54-）——（jw41-04）
（元素状态描述之对比三分对应于结构的简单与复杂）

4.1.2 元素第二本体呈现 jw41\k=8 的世界知识

元素第二本体呈现 jw41\k=8 对应于元素周期表的 8 个大类，其再延伸概念 jw41\k$_1$k 就是该表的 HNC 描述。同位素、人工元素等都已属于专家知识，本小节皆略而不叙。

元素 jw41 之一级延伸概念仅使用本体论描述，未使用认识论描述。下面两节亦如此，这对于本体论描述和认识论描述这两个短语或术语具有一定的启示意义，读者不可不察。

第 2 节
物质基元 jw42 （444）

4.2-0 物质基元 jw42 的概念延伸结构表示式

```
jw42:(-;-:(0, e2m, c3m, 7, d01);-7e2m,)
  jw42-                分子
  jw42-0               原子
   jw42-e2m            分子的对偶描述
   jw42-e21            纯种基元
   jw42-e22            杂种基元
   jw42-c3m            分子结构
   jw42-7              分子之基
   jw42-d01            分子团
```

借着这个概念延伸结构表示式的高度简洁表现，这里来一句"王婆卖瓜"：HNC 符号体系确实是描述世界知识的"高手"。在下一节，可看到更有趣的示例。

4.2 物质基元 jw42 的世界知识

物质基元是物质结构基元的简称，而元素可视为物质类型基元的简称。

物质基元 jw42 的一级延伸概念只有一项，其符号取语言理解基因系列里的"-"。这两点，都是 HNC 理论的必然之选，或汉语里的"天经地义"。这几句话，是对上述"高手"说的呼应。

物质基元有分子与原子的两级结构之分，有纯种与杂种之分，有结构复杂度的高阶对比三分，有"基"与"团"之分。这 4 项"之分"，概括了物质基元 jw42 的基本世界知识。

不必全部举例说明了，仅举数例点缀一下。臭氧是纯种基元的代表，水则既是杂种基元的代表，又是分子团 jw42-d01 的代表。

第 3 节
粒子 jw43（445）

4.3-0 粒子 jw43 的概念延伸结构表示式

```
jw43:（β;βt=a,（β）e2m, ac2n, be2m, adkm;
        99\k=3, 9a\k=3, ry9a, bam, be2mc3n;）
    jw43β                粒子之作用效应链呈现
    jw43βt=a             粒子之作用效应链再呈现
    jw43（β）e2m          粒子作用效应链呈现非分别说的对称二分
                         （标准理论）
        jw43（β）e21      玻色子
        jw43（β）e22      费米子
```

此表示式的形态比较独特，相应的汉语说明显得不伦不类，为缓和可能引发的厌恶感，其三级延伸概念将放在下文说明。这里的关键是，要对"β"及其再延伸概念 βt=a 的约定略有了解，要对语言理解基因符号的定义略有了解。如果此"略有"条件具备，那 jw43 概念延伸表示式的物理意义就十分清晰，而不是一个可恶的东西了。

4.3 粒子 jw43 的世界知识

粒子世界是一个微宇宙，本节也可标记为"微宇宙 jw43"。前面已经看到，宇宙三要素都具有 β 延伸特性，如果微宇宙不具有这一特性，那是不可思议的。这就是一种哲学思考或形而上思维。

进一步想，jw43β 再延伸应全都遵守 β 再延伸的游戏规则，而不像宇宙三要素那样，只是个别项遵守。如果微宇宙不具有这一特性，那也是不可思议的。这也是一种哲学思考或形而上思维。

再延伸概念 jw4399 描述微宇宙里的"作用"，此"作用"大体与 HNC"作用 0"里的"量子作用 0098\6"相对应。其三级延伸具有"\k=3"形态的三分，相应的汉语说明如下：

```
    jw4399\1             强相互作用
    jw4399\2             弱相互作用
```

        jw4399\3   电磁相互作用

再延伸概念 jw439a 描述微宇宙里的"效应",此"效应"大体与 HNC"效应 3"里的"后效 30b9"相对应,正式学术名称叫量子态,其三级延伸也具有"\k=3"的形态三分,相应的汉语说明如下:

        jw439a\1   量子质量
        jw439a\2   自旋
        jw439a\3   量子电荷

上列延伸概念都不是语言脑的东西,而是科技脑的东西,下列延伸概念也是如此。那么,上列 HNC 符号能否为语言脑与科技脑的沟通提供一点便利?但愿能略尽菲薄之力,让未来的图灵脑不致成为科技世界知识方面的一位白痴。

再延伸概念 jw43a9 描述微宇宙的"过程",此"过程"大体与 HNC"过程 1"里的"演变过程之残缺第一本体根呈现 10aα=a"对应。微宇宙里的典型表现是衰变。

再延伸概念 jw43aa 对应于微宇宙里的"转移",此"转移"大体与 HNC"转移 2"里的"特种传输 22a\8"对应。

这里,对"过程"与"转移"给予了非分别说,以符号 jw43ac2n 予以表示,其汉语说明如下:

        jw43ac2n   微宇宙过程转移呈现之高阶对比二分
        jw43ac25   介子
        jw43ac26   胶子

再延伸概念 jw43b9 对应于微宇宙里的"关系",此"关系"大体与 HNC"正逆映射 408e2m+关系紧密性残缺第一本体呈现 40i9t=a"相对应。在微宇宙里,前者的学术名称叫宇称,后者拥有一个大名鼎鼎的爱因斯坦公式:能量等于质量乘以光速的平方($E=mc^2$)。

再延伸概念 jw43ba 对应于微宇宙里的"状态",此"状态"大体与 HNC"体结构 54-"对应。其初期学术名称叫"基本"粒子,具有第一黑氏对偶呈现 jw43bam,其分别说之汉语命名如下:

        jw43ba0   中子
        jw43ba1   电子
        jw43ba2   质子

在微宇宙探索的诸多成果中,这是非常显赫的一项。但遗憾的是,唯一可以告慰黑格尔先生的,似乎只有这么一项。

这里,对"关系"与"状态"也给予了非分别说,以符号 jw43be2m 予以表示,其正式学术名称叫夸克。但 HNC 的夸克诠释略有不同,下文交代。

现在,把上面的叙述按照 HNC 的思路再梳理一下。在 jw43β 的再延伸结构里,既有分别说部分,也有非分别说部分。分别说应该与非分别说相得益彰,这是一项最基本的哲学思考。而这项思考似乎获得了量子力学伟大探索成果的强有力印证,或者叫作哲学与科学的不谋而合,这实在令人惊叹。3 项非分别说里所蕴含的哲学意味更是非同寻常,第一项非分别说实质上就是作用效应链的非分别说，故以符号"(β)e2m"明示之；后两项非分别说则只能"就事论事"，故依次以语言理解基因符号"ac2n"和"be2m"加以表示。这里应特别说明一下，HNC 符号 jw43be2m 所描述的夸克相当于物理学之"正负夸克"（但物理学似乎没有这个说法）的总称。随后的三级延伸概念 jw43be2mc3n 即描述了夸克世界知识的全貌。上一节不是有"高手"说么？本节的全部叙述都属于呼应，而对夸克的这种描述方式，也许是其中最有趣的一项。

二级延伸概念 jw43adkm 对应于弦论，是对宇宙过程转移侧面的另一种描述，其雄心不限于微宇宙。

三级延伸概念 rjw439a 对应于量子纠缠，是对微宇宙里一项特定效应的描述，正受到特殊关注。

对粒子世界 jw43 的探索已取得两次重大突破性进展，第一次以量子力学的建立为标志，那是 20 世纪头 30 年的事；第二次以标准模型的建立为标志，那是 20 世纪 60~80 年代的事。这两次重大突破是 20 世纪最辉煌的科学成就。在科学探索方面，它不仅空前，甚至可能绝后。因为尚待继续深入探索的东西，不过是 jw43adkm 和 rjw439a 两项而已。这"而已"，当然是典型的姑妄言之，不过，亦属于有感而发，话语上或形式上显得狂妄，实质上属于谦卑，一种对大自然的谦卑。上述有感，主要缘起于下述两点。

（1）当下的地球村，特别需要这种谦卑，因为没有这种谦卑，那发展无限的魔咒之害，将可能毁灭人类自身。

（2）2013 年，由于所谓"上帝"粒子（希格斯玻色子）被敲定，该理论提出者终于获得了诺贝尔物理学奖。于是，微宇宙领域就有专家竟然放言，微宇宙研究的第三次重大突破正在到来。以笔者之愚，实在不敢苟同，因为在世界知识的视野里，当今微宇宙探索的态势完全不同于 19 世纪与 20 世纪之交的物理学，天空里并没有那诱人的云彩，新战线何在？新途径和新手段何在？答案并不明确。由此不禁进一步产生疑问，那金帅的魔影，是否也进入了微宇宙探索的神圣殿堂？

第五章

宏观基本物 jw5

引 言

在基本物 jw 这一概念子范畴的 7 片概念林里,可以说宏观基本物 jw5 这片概念林的概念树设计最为轻松。下面就是其 3 株概念树的 HNC 符号和汉语命名。

    jw51   气态物
    jw52   液态物
    jw53   固态物

三者是宏观基本物的三种基本形态,可合称宏观基本物三态,以符号 jw5y 表示。在特定情况下,三者的混合形态可采用采取($jw5\~y_k$, k=1-3)符号加以表示。

第 1 节
气态物 jw51（446）

5.1-0 气态物 jw51 的概念延伸结构表示式

```
jw51:(t=a;ry9,rya,9cko,9α=b,ae2n;ry9\k=3,ae26e25,)
  jw51t=a              气态物的残缺第一本体呈现
  jw519                大气层
    rjw519             风
      rjw519\k=3       风的第二本体呈现
      rjw519\1         台风
      rjw519\2         沙尘暴
      rjw519\3         龙卷风
    jw519cko           大气层的变量对比描述
    jw519α=b           对流层的第一本体根呈现
    jw5198             云雾
    jw5199             雨
    jw519a             雪
    jw519b             霜
    rjw51(t)           霾
  jw51a                气体
    jw51ae2n           气体的对立二分描述
```

5.1 气态物 jw51 的世界知识

本节的世界知识阐释，仅涉及 4 个细节。

细节 1：关于概念层次性的表达。

在抽象概念的 HNC 符号体系里，层次性表示严格按其本来面目处理，绝不允许从权，这是 HNC 符号体系的基本原则之一。但对于基本物概念，则允许从权，上面给出了第一个示例：jw519α=b。

此概念的层次性不应该与 jw519ckn 同级，jw519ck5α=b 是最合适的表示方式。但这一合适性属于科技脑，并不属于语言脑。心理学的有关实验研究早已证实了这一点，不过，研究者并没有如此清晰的认识，即语言脑和科技脑对具体概念之层次性认知，可呈现出巨大差异。具体概念的 HNC 层次性表示可从权处理。

层次从权处理主要用于 jw5 和 jw6 两片概念林。

细节 2：关于延伸概念的变量表示。

本节的示例是 jw519cko，含双重变量"k"和"o"。具体概念的变量表示就意味着要同专家知识接轨，语言脑可对此备而不用。

细节 3：关于残缺第一本体呈现"t=a"。

"残缺第一本体呈现"与语言理解基因符号"t=a"完全对应，"t=b"的残缺性必然表现为"t=a"。故"残缺第一本体呈现"是 HNC 比较喜爱使用的术语之一。这里顺便预说一声，液态物 jw52 也具有这一残缺性呈现。

细节 4：三级延伸概念 jw51ae26e25 未予汉语说明，二级延伸概念 jw51ae2n 未予分别说的汉语说明。读者可心知肚明故也。

本节各延伸概念的汉语说明，无论是形而上的，还是形而下的，都比较到位，无须进一步阐释。

最后说句多余的话，霾 rjw51（t）自古有之，农业时代劳动妇女的寿命低于男人么？未闻此说。可见，谈霾色变，也属于世界知识匮乏的轻度表现。当然，霾是人类过度发展的有害产物 pw（322），是地球母亲的"哮喘"，必须加以治理。

第 2 节
液态物 jw52（447）

5.2-0 液态物 jw52 的概念延伸结构表示式

```
jw52:(t=a, i, ry;(ry9), 9t=a, 9\k=2, a:(\k=m, e2m),(ry)3;)
  jw52t=a                液态物之残缺第一本体呈现
   jw52ai               液态物之交织性呈现（溶液）
  （rjw52）              液态效应物

  jw529                 水
  （rjw529）             水流
   jw529t=a             水之残缺第一本体呈现
   jw5299               淡水
   jw529a               咸水
   jw529\k=2            水之第二本体呈现
   jw529\1              地表水
   jw529\2              地下水
  jw52a                 液体
   jw52a\k=m            液体之变量第二本体呈现
   jw52a\1              食用油
   jw52a\2              燃料油
   jw52ae2m             液体的基本化学特征
   jw52ae21             酸性液
   jw52ae22             碱性液
  （rjw52）3             泥石流
```

5.2 液态物 jw52 的世界知识

这里，首先应该说明，上列各项延伸概念所描述的，只是液态物世界知识的基础部分。液态物和固态物的大量世界知识将安置在挂靠概念 wj2* 里。

其次，宏观基本物 jw5y（y=1-3）三者可相互转化，转化的物理条件是温度，表达这一重要世界知识的概念关联式如下：

　　((jw5y, jlv12c32, 24u409e21), s35e21, z(xjw013) ju60o01) ——(jw-02)
　　（在确定的临界温度下，宏观基本物三态可相互转化）

转化后的宏观基本物将采用下列符号予以表示：

　　((52jw51:);(52jw51)+):=由气态物转化的液态物——[jw-01]
　　^((52jw51:);(52jw51)+):=由液态物转化的气态物——[jw-02]
　　((52jw52:);(52jw52)+):=由液态物转化的固态物——[jw-03]
　　^((52jw52:);(52jw52)+):=由固态物转化的液态物——[jw-04]

这些以"jw"牵头的概念关联式属于最高级别的"贵宾"，请予以特殊关注。
本节到此，不妨戛然而止。

第 3 节
固态物 jw53（448）

5.3-0 固态物 jw53 的概念延伸结构表示式

　　jw53:(β;β:(e2m, 7, i),(rya),(ryb),(β)c3n;
　　　　　　　　　(rya) t=a, b (e2m):(7, i);
　　　　　　　　　(rya) 9-0,(rya) ae3m,(rybe21) e2n;
　　　　　　　　　(rya) 9-0e5m)

　　jw53β　　　　　　　　固态物之 β 呈现
　　　jw539e2m　　　　　固态物作用效应呈现
　　　jw539e21　　　　　泥土
　　　jw539e22　　　　　沙石
　　　jw53ae2m　　　　　固态物过程转移呈现
　　　jw53ae21　　　　　平原
　　　jw53ae22　　　　　山区
　　　jw53be2m　　　　　固态物关系状态呈现
　　　jw53be21　　　　　陆地
　　　jw53be22　　　　　水域
　　　　jw53b(e2m)7　　　半岛

jw53b（e2m）i	港湾
jw53β7	土地
jw53βi	矿藏
（rjw53a）	山河
（rjw53a）t=a	山河之第一本体二分描述
（rjw53a）9	山系
（rjw53a）a	河系
（rjw53a）9-0	山
（rjw53a）9-0e5m	山之形态描述
（rjw53a）9-0e51	山峰
（rjw53a）9-0e52	山谷
（rjw53a）9-0e53	山体
（rjw53a）ae3m	河系之A类对偶三分描述
（rjw53a）ae31	河
（rjw53a）ae32	湖泊
（rjw53a）ae33	沼泽
（rjw53b）	岛屿
jw53βi*γ=a	矿藏之混合本体呈现
jw53βi*9	金属矿
jw53βi*a	非金属矿
jw53（β）c3n	地球之层次呈现
jw53（β）c35	地表
jw53（β）c36	地壳
jw53（β）c37	地核
（rjw53be21）e2n	陆地效应物之对立二分描述
（rjw53be21）e25	森林
（rjw53be21）e26	沙漠

5.3 固态物 jw53 的世界知识

概念树 jw53 是概念林 jw5y 里唯一拥有"β"延伸的一株，其地位的特殊由此可见。简言之，jw53β 是对大自然主体的 HNC 描述，而 jw51t=a 和 jw52t=a 则是对大自然两翼的描述。这就是 HNC 关于宏观基本物这片"概念林 jw5y，y=1=3"的描述架构。

任何古老文明都有"天地"的概念，中华文明更有"天地人"的概念，"人"是生命的最高形态，故取"人"充当生命体的代表。"天地"或"天地人"的概念就是现代语言里的大自然。当然，不必去谈论"天地"与"天地人"两概念的高下之分，但说什么中华文明从来没有以人为本的概念，甚至说只有"吃人"两个字，那就实在是太轻率了。

概念树 jw53 之概念延伸结构表示式符合其世界知识描述的透齐性标准么？这是一个必须提出的问题，但不直接回答，而只说这一句话：本概念延伸结构表示式曾四易其稿。在 HNC 探索历程中，三易属于罕见，四易大约属于唯一吧。

下面仿效 5.1 节，仅说几个细节。不过，本节的细节，更接近于要点。

细节 1：在"jw53β"的延伸概念里，不仅包含了众多与"水 jw529"有关的延伸项，还包含了"植物 jw61"形成的"森林（rjw53be21）e25"。这岂非违规？不然，因为这些延伸概念的承载物（w01）仍然是"jw53"，那些汉语命名（水域、河流等）不过是借用了一下"jw63"这一本体的外衣而已。

细节 2："jw53β"的 3 侧面呈现都具有"e2m"的再延伸特征，这里与"e2m"对应的汉语命名或许让人困惑，其中尤以"jw53ae2m"的汉语命名"平原"与"山区"最让人困惑。从科学知识的视野来看，两者都经历过漫长的过程与复杂的转移，两者又是地球循环系统（主管地球的过程与转移侧面）的关键部件。从世界知识的视野来看，没有两者，地球这个舞台就没有"逝者如斯夫"和"天苍苍，地茫茫"的精彩演出。因此，那困惑，难道不是形而上思维衰落的一种症状么？

细节 3：本节各级延伸概念的说明未完全依据延伸结构表示式的顺序，这有利于突出各延伸概念集团的群体特征。

细节 4：语言理解基因氨基酸之一的"r"，在本节的世界知识舞台上成了一位无可替代的主角演员。很难想象，在语言概念空间的符号体系里，如果没有"r"，象"山河"、"岛屿"、"森林"与"沙漠"之类的角色，很难找到扮演者，传统的"v，g，u"显然不能胜任。

细节 5：黑格尔先生的辩证法体系，在本节的世界知识表示里竟然完全缺位，当然，更深层级的表示可能会用得上。"地球"描述里的这一缺位景象与微宇宙描述里的"寡人"景象，不值得联系起来想一想么？黑格尔先生是否存在"盛名之下"的困境？其辩证法体系是否存在严重的局限性？他对中华文明的不屑态度就那么正确无误么？可是，黑格尔先生对中华文明的诸多不屑论断，却被一些人奉为"真理"，这是什么知识匮乏造成的症状？

仿上节，本节到此亦戛然而止。

第六章

生命体 jw6

引 言

此前 5 片概念林（章），属于物理学和化学领域，本片概念林，则进入生物学领域。当下，生物学有那么一点 20 世纪初的物理学势头，但这并不影响其概念树 jw6y 的设计。考虑到人之因素的介入，本片概念林也如同光 jw1 和声 jw2 一样，采取"1 共相，3 殊相"的概念树设置方案，列举如下：

    jw60   生命
    jw61   植物
    jw62   动物
    jw63   人

这里需要说明两点。①生命体 jw6 需要配置共相概念树 jw60，命名为生命，未必合适，后来者可以修改。②人单独占有一株概念树 jw63，未与灵长目放在一起，后者将纳入 jw62。

第二点乃基于如下思考：灵长目动物的大脑构成尚未形成语言脑[**01]，这个说法不仅没有科学依据，还与某些最新科学报告的说法相反。但世界知识的描述不能只追随科学，还要追随哲学和神学，这是 HNC 关于世界知识描述的最高原则，本章对这一最高原则的运用，将给予特殊关注。

注释

[**01] 此说意味着灵长目也不会有艺术脑和科技脑。

第 0 节
生命 jw60（449）

6.0-0 生命 jw60 的概念延伸结构表示式

jw60:（β;（β）:（c2n, \k=2）, βt=a;9a\k=m, a9o01, bao01, ;a9（o01））

jw60β	生命之作用效应链呈现
jw60（β）	生命基本呈现
jw60（β）c2n	生命之基本形态
jw60（β）c25	病毒
jw60（β）c26	细菌
jw60（β）\k=2	生命之第二本体呈现
jw60（β）\1	原核生命
jw60（β）\2	真核生命
jw609a	生命之效应侧面呈现
jw609a\k=3	生命3要素
jw609a\1	物质要素（蛋白质）
jw609a\2	能量要素（糖类与脂类）
jw609a\3	信息要素（激素与酶）
jw60a9	生命之过程侧面呈现
jw60a9o01	遗传基因
jw60a9c01	氨基酸
jw60a9d01	染色体
jw60a9（o01）	基因综合呈现（DNA）
jw60ba	生命之状态侧面呈现
jw60bao01	生命状态单元
jw60bac01	细胞
jw60bad01	组织

生命 jw60 的概念延伸结构表示式，在全部 456 株概念树中是最特别的，它不仅使用了语言理解基因的"宝中宝"（"βt=a"）[**01]，而且使用了"宝"之综合"（β）"。这意味着生命 jw60 的世界知识描述将以 4 个小节进行，编号从"6.0.0"开始。

6.0.0 生命基本呈现 jw60（β）的世界知识

对延伸概念"jw60（β）"以生命基本呈现命名，是 HNC 理论的必然选择。

对该延伸概念，赋予了两项再延伸概念：jw60（β）c2n 和 jw60（β）\k=2。一方面，这是对生命科学两项伟大探索成果的反映；另一方面，也是对生命现象哲学思考的反映。这是对上述最高原则运用的一种努力，汉语命名在力求对此有所体现。

本小节就写这几句形而上话语吧。

6.0.1 生命之作用效应呈现 jw609 的世界知识

本小节来一个小引言，以呼应一下生命 jw60"宝中宝"呈现的形态特征。

在"6.0-0"里，这一特征非常明显，可名之生命作用效应链 3 侧面呈现的"加权"特征。作用效应侧面"加权"于效应；过程转移侧面"加权"于过程；关系状态侧面"加权"于状态。这一"加权"现象意味着什么？应该追问，但非 HNC 力所能及。

本小节和随后的两小节的内容都有"加权"部分与非"加权"部分的区别，两者都有描述，后者先行，一律采取 A 撰写方式。小引言到此结束。

本小节的基本概念关联式如下：

  jw6099:=0099+009a——（jw60-01）
  （生命之作用侧面呈现对应于化学作用和生物作用）
  （jw609a:=jw0y, y=1-3）——（jw60-02）
  （生命之效应侧面呈现对应于宇宙 3 要素）

概念关联式（jw60-02）表明，"生命 3 要素 jw609a\k=3"不过是生命效应侧面的一种哲学表述，也是相关世界知识的一种陈述方式。而概念关联式（jw60-01）则表明，生命之作用侧面的世界知识还远不明朗，其科学探索之前景还未见穷期。

下面的两小节，也可以给出类似的形而上话语，但将一概略而不述。

6.0.2 生命之过程转移呈现 jw60a 的世界知识

本小节之基本概念关联式如下：

  jw60a9:=1078i+14ebn——（jw60-03）
  （生命之过程侧面呈现对应于"遗传+生与死"）
  jw60aa:=22+23——（jw60-04）
  （生命之转移侧面呈现对应于"物转移+信息转移"）
  jw60a9o01+jw60a9（o01）≡1078i——（jw60-05）
  （"遗传基因+DNA"强关联于遗传）

6.0.3 生命之关系状态呈现 jw60b 的世界知识

本小节之基本概念关联式如下：

  jw60b9=40——（jw60-06）
  （生命之关系侧面强交式关联于关系的基本内涵）
  jw60ba=509——（jw60-07）
  （生命之状态侧面强交式关联于生命状态）
  jw60bac01:=54-000+54-00——（jw60-08）
  （细胞对应于"点结构+线结构"）
  （jw60bad01:=54-）——（jw60-09）
  （组织对应于体结构）

注释

[**01] "宝中宝"这个词语很俗气,但 HNC 对该术语存在着偏爱。这里是第二次使用,第一次出现在"电磁作用效应链呈现 jw30β 的世界知识"小节(本编 3.0.1),不妨参阅。HNC 符号自身的"拦路虎"作用,远出乎笔者意料之外。对于 HNC 理论而言,那是一股可怕的强大负能量。上述偏爱联系于一种奢望,那就是减弱"拦路虎"效应,虽然结果可能恰恰相反。

第 1 节
植物 jw61(450)

6.1-0 植物 jw61 的概念延伸结构表示式

```
jw61:(t=b, \k=6, -, i, 7;)
 jw61t=b              植物之第一本体呈现
 jw619                生命依托植物
 jw61a                生存依托植物(工具植物)
 jw61b                心灵依托植物
 jw61\k=6             植物之第二本体呈现
 jw61\1               低等植物
 jw61\2               水生植物
 jw61\3               无茎植物
 jw61\4               禾本植物
 jw61\5               灌木
 jw61\6               树
 jw61-                植物构成
 jw61i                植物效应
 jw617                植物生存条件
```

本章引言提过生命体 jw6 世界知识描述的最高原则,概念树 jw61 之概念延伸结构表示式的设计将充分体现该原则的运用,集中表现为以下两点。

(1)居前的一级延伸概念通常展现全局性描述,这里的"jw61t=b"和"jw61\k=6"是此类描述的样板。这两项描述的后者来于科学,但前者并不是,而是来于一种哲学思考,即"以人为本"的思考。因为第一项描述 jw61t=b 的参照体是人 jw63,而不是植物 jw61 自身。

(2)概念树"jw61 植物"的全部 5 项一级延伸概念全属于本体论描述,后续的两株概念树,亦将如法炮制。采取这种描述方式,主要是基于世界知识描述的需要,科学知识不需要这样的描述方式。

下面,以 7 个小节进行叙述。

6.1.1 生命依托植物 jw619 的世界知识

生命依托植物 jw619 拥有下面延伸概念：

```
jw619:（3, t=a;）
  jw6193              食用植物
  jw619t=a            依托植物之第一本体描述
  jw6199              动物依托植物
  jw619a              植物依托植物

  jw6193:（t=b, i;）  食用植物之再延伸描述
    jw61939           主食
    jw6193a           蔬菜
    jw6193b           水果
    jw6193i           饮料
```

下面，只对 jw619t=a 举例说明。

"草"（jw61\3+jw61\4）是马牛羊（jw62t）的"动物依托食植物 jw6199"，竹子是熊猫的 jw6199。灌木与乔木是蘑菇或攀缘植物的"植物依托植物 jw619a"。

6.1.2 生存依托植物 jw61a

这里的生存单指人的生存，不包括动物生存。

生存依托植物 jw61a 只安排一项再延伸概念 jw61a\k=5，其汉语说明如下：

```
jw61a\k=5           生存依托植物之第二本体呈现
jw61a\1             衣用植物
jw61a\2             住用植物
jw61a\3             力用植物
jw61a\4             健用植物
jw61a\5             医用植物
```

本子节，仅给出下面的概念关联式：

```
（jw61a\3=jw61a\2, s31, pj1*9）
（在农业时代，力用植物强交式关联于住用植物）
（（z00+jw61a\3, s31, pj1*˜9）, jlv12c33, 342u00c22）
（在非农业时代，力用植物的作用已大大降低）
```

6.1.3 心灵依托植物 jw61b

```
jw61b:（t=a, 3）
  jw61bt=a            心灵依托植物之第一本体呈现
  jw61b9              观赏植物
  jw61ba              常青植物
  jw61b3              神化植物
```

jw61b3<=（q813;q820）
（神化植物强流式关联于迷信或信念）

6.1.4 植物第二本体呈现 jw61\k=6 的世界知识

本小节不妨将 jw61\k=6 之汉语说明拷贝如下：

jw61\k=6	植物之第二本体呈现
jw61\1	低等植物
jw61\2	水生植物
jw61\3	无茎植物
jw61\4	禾本植物
jw61\5	灌木
jw61\6	树

本小节不拟给出再延伸概念，作为植物第二本体呈现世界知识的描述，可截止于此。其基本概念关联式的写出，全留给后来者。

6.1.5 植物构成 jw61- 的世界知识

"植物构成 jw61-"的再延伸概念采取"t=b"形态，即取其第一本体呈现，"动物构成 jw62-"将完全如法炮制，"人之构成 jw63-"则只取其形似。

"植物构成 jw61-"的概念延伸结构表示式如下：

jw61-: (t=b;t\k=m (t))	
jw61-9	植物外结构
jw61-a	植物内结构
jw61-b	植物组织
jw61-9\k=6	植物外结构之第二本体呈现
jw61-9\1	根
jw61-9\2	干或茎
jw61-9\3	枝
jw61-9\4	叶
jw61-9\5	花
jw61-9\6	果
jw61-a\k=3	植物内结构之第二本体呈现
jw61-a\1	物质传送机构
jw61-a\2	能量传送机构
jw61-a\3	信息传送机构
jw61-b\k=2	植物组织之第二本体呈现
jw61-b\1	皮
jw61-b\2	纤维

本小节只给出一个概念关联式，其余皆留给后来者。

（jw61-a\k=3:=jw0y=1-3）
（植物内结构之第二本体呈现对应于宇宙 3 要素）

6.1.6 植物效应 jw61i 的世界知识

植物效应 jw61i 之概念延伸结构表示式：

```
jw61i:(t=b,e2n;9e2m,b7,(t)e25,e2ne2n,e26d01;)
    jw61it=b              植物效应之第一本体呈现
    jw61i9                物质效应
    jw61ia                能量效应
    jw61ib                信息效应
      jw61ib7             景象
      jw61i(t)e25         积极环境效应
    jw61ie2n              植物效应的对立二分描述
      jw61ie2ne2n         植物效应的辩证表现
      jw61ie26d01         植物环境灾难
```

仿照 6.1.5 小节，本小节只给出下面的概念关联式：

（jw61it=b:=jw0y=1-3）
（植物效应之第一本体呈现对应于宇宙 3 要素）

6.1.7 植物生存条件 jw617 的世界知识

植物生存条件 jw617 之概念延伸结构表示式：

```
jw617:(o01;c01t=a,d01\k=4)
    jw617o01              植物生存条件之两端描述
      jw617c01t=a         植物最小生存条件之第一本体描述
      jw617c019           植物营养物
      jw617c01a           水
      jw617d01\k=4        植物最大生存条件之第二本体描述
      jw617d01\1          土壤
      jw617d01\2          水
      jw617d01\3          空气
      jw617d01\4          光
```

先给出下面的基本概念关联式：

营养物=:（jw60,jlvu127,jw6y）
（营养物等同于生命需要的宏观基本物）
jw617c019=:（jw61,jlvu127,jw6y）
（植物营养物等同于植物需要的宏观基本物）

其他仿前。

第 2 节
动物 jw62（451）

6.2-0 动物 jw62 的概念延伸结构表示式

```
jw62:(t=b, \k=8, -, i, 7; (t) \k=3, -t=b, ie2n, 7\k=2)
  jw62t=b              动物第一本体呈现
  jw629                生命依托动物
  jw62a                生存依托动物
  jw62b                心灵依托动物
  jw62\k=8             动物第二本体呈现
  jw62\1               低等动物
  jw62\2               昆虫
  jw62\3               鱼
  jw62\4               两栖动物
  jw62\5               爬行动物
  jw62\6               鸟
  jw62\7               哺乳动物
  jw62\8               灵长目
  jw62-                动物构成
  jw62i                动物效应
  jw627                动物生存条件
    jw62(t)\k=3        动物之综合第二本体呈现
    jw62(t)\1          素食动物
    jw62(t)\2          肉食动物
    jw62(t)\3          杂食动物
```

6.2 动物 jw62 的世界知识

动物 jw62 的一级延伸概念完全雷同于植物 jw61，但两者的二级延伸概念则存在本质区别。尽管如此，本节依然仿照上节，以 7 个小节进行论述。

6.2.1 生命依托动物 jw629

本小节先给出下列"贵宾"级概念关联式：

```
jw629=:jw62——（jw62-01-0）
（生命依托动物等同于动物）
（rv50ac25jlu12c31, jlv111, j7+jw62）——（jw62-02-0）
（可食用是动物之自然属性）
（jw619, jlv111, (s35e21e21, l45, r10b))——（jw6-01-0）
```

（生命依托植物是生存的必要条件）
(jw619, jlv111, (s35e21e2m, 145, r10b+jw62(t)\1))——(jw6-02-0)
（生命依托植物是素食动物生存的充要条件）
(jw629, jlv111, (s35e21e2m, 145, r10b+jw62(t)\2))——(jw6-03-0)
（生命依托动物是肉食动物生存的充要条件）

不同于 6.1.1，生命依托动物 jw629 仅设置延伸概念 jw6293，汉语命名为食用动物。其再延伸处理留给后来者。

6.2.2 生存依托动物 jw62a

仿照 6.1.2，本小节仅安排下面的再延伸概念。

```
jw62a\k=6          生存依托动物之第二本体呈现
jw62a\1            衣用动物（羊，兔）
jw62a\2            力用动物（牛，马）
jw62a\3            信息动物（狗，信鸽）
jw62a\4            健用动物
jw62a\5            医用动物
jw62a\6            除害动物（猫）
```

在括号里，分别给出了衣用、住用和力用动物的示例。据此，可写出下面的概念关联式：

jw62a\1=jw6293——（jw62-01）
（衣用动物强交式关联于食用动物）
((z00+(jw62a\6, jw62a\2), s31, pj1*~9), 100*139, 312)——（jw62-02）
（在非农业时代，除害与力用动物的作用趋于消失）
((jw62a\3, jw62a\6)=>jw62ba, s31, pj1*b)——（jw62-03）
（在后工业时代，信息与除害动物强源式关联于宠物）

6.2.3 心灵依托动物 jw62b

仿照 6.1.3，本小节安排如下的再延伸概念：

```
jw62b:(t=a, 3)
  jw62bt=a         心灵依托动物之第一本体呈现
  jw62b9           观赏动物
  jw62ba           宠物
  jw62b3           神化动物（龙，麒麟）
```

本小节给出下列概念关联式

jw62b9:=jw62——（jw6-04-0）
（观赏动物对应于动物）
jw62ba=pj1*b——（jw62-04）
（宠物强交式关联于后工业时代）
jw62b3=pj1*9——（jw62-05）
（神化动物强交式关联于农业时代）

6.2.4 动物第二本体呈现 jw62\k=8 的世界知识

仿效 6.1.4 小节，将 jw62\k=8 的汉语说明拷贝如下：

```
jw62\1              低等动物
jw62\2              昆虫
jw62\3              鱼
jw62\4              两栖动物
jw62\5              爬行动物
jw62\6              鸟
jw62\7              哺乳动物
jw62\8              灵长目
```

这里需要说明的是，将灵长目纳入动物，将人或人类独立出来，另行设置一株概念树 jw63，这是世界知识表达的需要。对此，若出现有悖于进化论的质疑，不拟直接回应，但关于概念树"人 jw63"之论述，实质上是一种间接回应。

6.2.5 "动物构成 jw62-"

在 6.1.5 小节有"如法炮制"的预说，这里先给出相应的概念结构表示式：

```
jw62-:（t=b;t\k=m（t）;）
    jw62-t=b            动物构成之第一本体呈现
    jw62-9              动物外结构
    jw62-a              动物内结构
    jw62-b              动物组织
```

动物之第一本体构成远比植物复杂，"jw62-t\k=m（t）"的描述方式比较特别，下面分 3 段进行叙述。

——段 01：动物外结构 jw62-9 的后续延伸

```
    jw62-9\k=b          动物外结构之第二本体描述
    jw62-9\1*           头
    jw62-9\2            脸
    jw62-9\3*           肢体
    jw62-9\4*           肢件
    jw62-9\5            嘴
    jw62-9\6            眼
    jw62-9\7            耳
    jw62-9\8            鼻
    jw62-9\9            舌
    jw62-9\a            牙
    jw62-9\b*           性之外在物

        jw62-9\1*7      角
        jw62-9\3*3      尾
        jw62-9\3*i      鳍
```

```
        jw62-9\4*3                    足
        jw62-9\4*d26[2]               翼
        jw62-9\4*d25[2]               手
        jw62-9\b*e21                  雄性外在物
        jw62-9\b*e22                  雌性外在物
    (jw62-9\k, k=6-8)=%jw62-9\2——(jw62-06)
    (眼、耳、鼻属于脸)
    jw62-9\9+jw62-9\a=%jw62-9\5——(jw62-07)
    (舌、牙属于嘴)
```

——段02：动物内结构jw62-a的后续延伸

```
            jw62-a\k=0-8              动物内结构之第二本体呈现
            jw62-a\0*                 脑
            jw62-a\1*                 消化
            jw62-a\2*                 呼吸
            jw62-a\3*                 排泄
            jw62-a\4*                 循环
            jw62-a\5*                 内生殖
            jw62-a\6*                 神经
            jw62-a\7*                 内分泌
            jw62-a\8*                 淋巴
            jw62-a\0*:(t=b;, a\k=3,)  动物脑之延伸结构
              jw62-a\0*t=b            动物脑之第一本体呈现
              jw62-a\0*9              生理脑
              jw62-a\0*a              信息脑
                jw62-a\0*a\k=3        信息脑之第二本体呈现
                jw62-a\0*a\1          视觉脑
                jw62-a\0*a\2          听觉脑
                jw62-a\0*a\3          嗅觉脑
              jw62-a\0*b              情感脑
```

"jw62-a\k, k=1-8"都需要后续延伸，最基本的概念关联式更不可或缺，这些事并不难处理，下节会略有回应，但主体部分要推给后来者了。

——段03：动物组织jw62-b的后续延伸

```
            jw62-b\k=8                动物组织之第二本体呈现
            jw62-b\1*                 皮
            jw62-b\2*                 血
            jw62-b\3*                 骨
            jw62-b\4                  脂
            jw62-b\5*                 肉
            jw62-b\6*                 毛
            jw62-b\7*                 壳
            jw62-b\8                  膜
```

这里仅给出两项细节说明。(1)"jw62-b\k=8"的排序兼顾到专家知识表示的便利，例如，前3项都有专科治疗；(2)第四项的"脂"也含有此项考虑，它不带"*"，表示不需要再延伸，但排序却提前了，因为减肥正在成为巨大的医治需求。

6.2.6 动物效应 jw62i

与植物效应相比，动物效应 jw62i 的再延伸要简单一些，取 jw62ie2n 就足够了，它同样具有辩证表现。但需要给出下面概念关联式：

```
(jw62ie2n, jlv00e21, pj1*t) ──(jw62-08)
(动物之对立二分描述关联于3个历史时代)
```

6.2.7 动物生存条件 jw627

动物生存条件 jw627 的后续延伸如下：

```
jw627:(t=b, \k=3;)
    jw627t=b              动物生存条件之第一本体描述
    jw6279                空气
    jw627a*               水
    jw627b*               光与声
    jw627\k=3             动物生存条件之第二本体描述
    jw627\1               素食动物生存条件
    jw627\2               肉食动物生存条件
    jw627\3               杂食动物生存条件
```

本小节留给后来者的东西最多，但杂而不难，不多话。

第3节
人 jw63（452）

6.3-0 人 jw63 的概念延伸结构表示式

```
jw63:(t=b, -, \k=m, ;-\k=3, \4*7,)
    jw63t=b               人之第一本体呈现
    jw639                 心灵
    jw63a                 思维
    jw63b                 探索
    jw63-                 人之构成
        jw63-t=b          人之构成的第一本体呈现
        jw63-9            语言脑
```

```
        jw63-a                  艺术脑
        jw63-b                  科技脑
     jw63\k=4                   人之基本类型
     jw63\1                     白种人
     jw63\2                     黄种人
     jw63\3                     黑种人
     jw63\4                     其他
     jw63\4*7                   特种人
```

人 jw63 的概念延伸结构表示式只明写 3 项,而不是 5 项,是一种特殊形态的简化,在表示式里给出了暗示。为此,应给出下面的"贵宾"级概念关联式:

```
        jw63=jw62\8——(jw6-05-0)
        (人强交式关联于灵长目)
```

关于"人 jw63"的世界知识,下面以 3 个小节进行叙述。

6.3.1 人之第一本体呈现 jw63t=b 的世界知识

本小节必然会遭到强烈质疑,下小节更会如此。但是,这两小节的内容乃是 HNC 理论体系的必然选择,请看作一家之言吧。

将思考、思索与探索赋予"人 jw63"之第一本体呈现,意味着这 3 样东西属于人类的本质特征,是人类的专利,灵长目不具有这些特征。这三者才是**人性之本**,其对应的 HNC 符号是 xjw63t,并具有下列"贵宾"级概念关联式:

```
        (jw639=7y, y=1-3)——(jw6-0-01)
        (思考强交式关联于心理活动)
        xjw639≡a30i9——(jw6-0-01a)
        (思考强关联于文明的神学基因)
        jw63t=8——(jw6-0-02)
        (人之第一本体呈现强交式关联于思维)
        xjw63a≡a30ia——(jw6-0-02a)
        (思索强关联于文明的哲学基因)
        xjw63b≡a30ib——(jw6-0-02b)
        (探索强关联于文明的科学基因)
```

灵长目动物或许存在一定程度的思考或神学基因,但不可能存在哲学和科学基因。当然,这只是一个假设,应该说明的是,HNC 将灵长目归于"动物 jw62",而将人类独立成"人 jw63",即基于上述假设。

6.3.2 "人之构成 jw63-"的世界知识

本小节仅给出下列"贵宾"级概念关联式:

```
        jw63- =(jw62\8+jw62-)——(jw6-06-0)
        (人之构成强交式关联于灵长目的动物构成)
        (jw62\8, jlv11e22, jw63-t=b)——(jw6-0-04)
```

（灵长目不存在人之构成的第一本体呈现）
jw63-t<=jw62-a\0*a——（jw6-0-05）
（人之构成的第一本体呈现强流式关联于信息脑）
jw63-9<=（jw62-a\0*a\2，jw62-a\0*a\1）——（jw6-0-06）
（语言脑首先强流式关联于听觉脑，其次是视觉脑）
jw63-9=jw63a——（jw6-07-0）
（语言脑强交式关联于思索）
jw63-a=（jw639，jw63a）——（jw6-08-0）
（艺术脑强交式关联于思考与思索）
jw63-b=（jw63a，jw63b）——（jw6-0-07）
（科技脑强交式关联于思索与探索）

请注意，上面的"贵宾"存在两种类型，但这里不对其缘由进行讨论。"思维 8"将撰写于后，放在《全书》第三册里，那里会对本章的某些"贵宾"有所呼应。

6.3.3 人之基本类型 jw63\k=4 的世界知识

用 HNC 语言来说，人之基本类型就是人之第二本体呈现。这里的 4 类划分是世界知识描述的必然选择。

前 3 种类型可名之主体人种，都具有各自的子类延伸，这已进入专家知识的范畴了，"人 jw63"之概念延伸结构表示式仅为此预留了位置。

对"其他 jw63\4"则特意设置了一项定向延伸概念 jw63\4*7，名之特种人，大体对应于词典里的"混血儿"。

6 个世界的前 5 个，都拥有各自的主体人种，但第六世界的多数国家则以特种人为主体。

上述世界知识的准确表达（概念关联式）比较烦琐，都留给后来者。

第八编

挂靠概念

编 首 语

本编内容属于具体概念 cc 的另一个子范畴，简称挂靠物 ow，是对基本物 jw 的补充，两者共同构成具体概念的透齐性描述：cc =: jw+ow。

按照 HNC 概念符号体系的一般约定，子范畴之下应依次设置概念林和概念树，但这项约定对子范畴 ow 不太适用，这主要是由于下列两项因素。

（1）符号 ow 实质上只是一个挂靠品，它需要后接概念基元 cp，才能形成一个完整的具体概念表示——（ow）(cp)。后接的概念基元可名之挂靠体，挂靠品 ow 与挂靠体 cp 之间的交织性比较复杂，不像包装句蜕的包装品与包装体之间那样简明。

（2）"挂靠品 ow"相互之间也存在不可忽视的交织性。

抱着极度不安的心情写下了上面的话，因为它们可能不但没有把问题说清楚，反而可能造成"把水搅浑"的不良后果，也就是做傻事。但本《全书》不断犯傻，屡犯屡做。为什么？三个字：不得已。不得已的根本原因在于描述语言脑的原有工具过于不足，甚至可以说过于陈旧，而新工具本身是一个系统，一个立足于语言概念空间的系统。该系统的新面孔太多，只好见机行事，主要是依托于概念树的排序见机介绍。其结果必然等同于"凌乱不堪"，也等同于"把水搅浑"。

这里所说的"新工具"，就是指 HNC 所创立的关于语言概念空间的符号体系。"cc，ow"就属于这样的新工具，其汉语命名早已给出，即具体概念和挂靠物，但未曾给出相应符号，这里是第一次亮相。与"cc 具体概念"对应的是"ac 抽象概念"，与"ow 挂靠物"对应的是"jw 基本物"。这里的"ac"也是第一次亮相，这些都可以作为不得已的示例。"cc"和"ac"两个英语词语的缩写，这就不必说明了。

这里的"ow"具有下列 4 种基本类型：rw, gw, pw;oj，相应的汉语命名如下：

rw	效应物
gw	概念物
pw	人造物
oj	简明挂靠物

挂靠物 ow 所包含这 4 件东西，即挂靠物的定义。除"oj"之外，前 3 件都早已亮相，其符号表示和汉语命名都十分清晰，似乎不存在上述交织性，其实不然。下面会见机（又是见机！）说明。这 4 件东西都具有概念林与概念树的双重特性，以"简明挂靠物 oj"最为突出，于是，本编将把它独立成第二章，前面的 3 件东西合并成第一章。这样，"效应物 rw"、"概念物 gw"和"人造物 pw"就分别构成第一章的 3 节，章名定义为"基础挂靠物"，符号：fw，f 取自 foundation。

"概念物 gw"曾长期命名"信息物 gw"，"gw"主要是传递信息，原命名抓住了要点，何必改动？一句话，为了昭显"rw"与"gw"的符号同根性——五元组（v, g, u, z, r）。

第一章

基础挂靠物 fw

引 言

本章可以没有引言,因为其基本内容上面已经交代过了。形式上,可以概括成下面的概念关联式:

```
fw=:(rw+gw+pw)
```
(基础挂靠物是效应物、概念物和人造物的总称)

这意味着本章将划分为 3 节,相应内容分别是效应物 rw、概念物 gw 和人造物 pw。三者可名之基础挂靠物的 3 种基本类型。不过,本章的撰写方式将独具一格,首先是概念延伸结构表示式将被取消,其次是各节世界知识的描述不分小节,第三是各节标题将直接使用世界知识的词语。

第 1 节
效应物 rw（453）

1.1-0 效应物 rw 的世界知识

效应物 rw 列为基础挂靠物 fw 之首绝非偶然，乃 HNC 理论体系的必然之选。因为 rw 伴随宇宙的诞生而存在，宇宙本身就是宇宙三要素的效应物。

一切自然现象都是自然本身的效应物，让我们从汉字"流"和"风"说起，两者都是 rw 的直系捆绑词语。但是，"流"和"风"不仅是一种自然现象，也是一种社会现象，这一基本区分如何描述？HNC 采取的基本举措就是：由挂靠体来独立承担这一区分描述，挂靠品撒手不管。下面以"流"为例作具体说明。

```
rw12m9e21      流（水流，海流，气流，飓风，瀑布，泥石流，……）
   rc12m9e21:=50ba——（rw-0-10m）
（社会之流由特定延伸概念社会风气来承担）
```

在（rw-0-10m）里，符号"r"是一种挂靠品，符号"c12m9e21"是一种挂靠体，两者相结合就形成一项挂靠概念 rc12m9e21，汉语名称就是社会风气，HNC 符号意义的直译就是"社会之流"。考虑到该项"挂靠概念"极度重要，故另设延伸概念 50ba 加以描述。该描述本身平淡无奇，但相应概念关联式却以符号"rw"牵头，这十分奇特，不合常理。如果会出现下面的质疑之声，那也十分自然。该质疑追问：概念关联式（rw-0-10m）是否意味着 HNC 打了自己一个响亮的耳光呢？语言学里本来并不存在抽象概念 ac 与具体概念 cc 之间的壁垒，是 HNC 精心堆砌了这个壁垒，现在不得不把它拆除了。

该质疑之声应该不是起于今日，而是起于五元组（v, g, u, z, r）的提出之时。语言学里的名词有抽象与具体的天壤之别，怎么可以打在一个包裹里呢？HNC 吸取"叩其两端而竭焉"的巧取思考方式，把名词分别装进"g"和"r"两只集装箱里，"g"代表其抽象一端，"r"代表其具体一端，但两端之间需要桥梁，概念关联式（rw-0-10m）即缘起于此。其牵头符号"rw"的意义或作用不是拆除壁垒，而是架设壁垒两边的桥梁。没有错！HNC 是堆砌了一堵壁垒，但同时也架设了沟通壁垒两边的桥梁。这就是概念关联式（rw-0-10m）所昭示的非寻常意义。至于为什么让它享受第一类"贵宾"待遇，其编号为什么取"10m"，答案皆不言自明，就不多话了。

挂靠品 rw 的主要挂接对象如下：

（1）主体基元概念（0-5）；
（2）基本物 jw；
（3）基本概念 j。

最后交代三点，三者属于细节，又非细节。①如果是基本物 jw 的效应物，则其"r"插在"j"和"w"之间；②如果是纯粹的 r 类抽象概念，则不用"rw"，而采取五元组的复合形态"ro";③前文多次使用过的"r强存在"术语,原意是指纯抽象概念,但难免有"rw"混杂其中。这项清理工作比较繁重,恐怕要麻烦后来者了。

第 2 节
概念物 gw（454）

1.2-0 概念物 gw 的世界知识

概念物 gw 具有下面的基本概念关联式：

$$gw:=gw+gp \quad\text{（gw-0-01）}$$

这就是说,如同基本物 jw 包含物和生命体一样,概念物 gw 包含概念物 gw 和概念人 gp,概念生命体则直接以符号（jgw6y, y=0-2）表示。这样做是为了突出概念人的地位。语音和文字是典型的概念物,其 HNC 符号分别是 gwa3*9 和 gwa3*a。

小说人物是典型的概念人。诸葛亮是政治家 pa1,但《三国演义》的诸葛亮则是 gpa1。概念物 gw 都是思维和探索的产物,拟区分以下 4 种基本类型：

（1）gwⅠ<=（82;a, b）——[gw-0-01]

此类概念物的基本特征是：以探索与发现为基本依托,以第二类劳动和表层第三类精神生活为挂靠对象。

（2）gwⅡ<=（q821;q812+q813+q83+q84+q85）——[gw-0-02]

此类概念物的基本特征是：以宗教为基本依托,以幻想、迷信、红白喜事和法术等深层第二类精神生活为挂靠对象。

（3）gwⅢ<=（83;a+b, q7, q6）——[gw-0-03]

此类概念物的基本特征是：以策划与设计为基本依托,以广义第二类劳动（即 a+b）、表层第二类精神生活和第一类劳动为挂靠对象。

（4）gwⅣ<=（s;d1+a）——[gw-0-04]

此类概念物的基本特征是：以综合逻辑为基本依托,以广义深层第三类精神生活（即 d1+a）为挂靠对象。

概念物的 4 种基本类型概括了 HNC 关于概念基元空间 cps 的整体思考,四者的排序大体对应于三个历史时代,gwⅠ发轫于轴心时代,雄起于工业时代;gwⅡ盛行于农业时代;gwⅢ盛行于整个工业时代和当下;gwⅣ对应于后工业时代,目前还处于曙光时期。

上面的论述或许过于形而上,下面来一点形而下。从 3 个词语说起,这 3 个词语是主义、德先生和赛先生。三者都是汉语里原来没有的词语,"主义"自 20 世纪以来特别流行,两位"先生"代表着五四精神的精髓,现在不那么流行了,但其在中华大地引发的巨大历史效应并没有得到应有的反思或探索。

"主义"是 gw83 的汉语直系捆绑词语,最著名、影响最大的主义叫马克思主义,其相关 HNC 符号如下:

```
gw83-Marx                  马克思主义
gp83-Marx                  马克思主义者
a6498\1+gw83-Marx          马克思主义哲学
gwa30ia-Marx               马克思答案
```

"德先生"是 gpa10e25 的汉语直系捆绑词语,"赛先生"是 gpa61 的汉语直系捆绑词语,在 20 世纪的 10～40 年代,这两位"先生"曾在中华大地无限风光。但是邀请者对两位贵宾的身世和历史背景并不十分了解。当然,"德先生"和"赛先生"都属于主体语境基元里九大家族(即 a0～a8)的显赫成员,两位分别属于"a1"和"a6"家族,但并不是创造工业时代的最高司令。在 17 世纪前后,这九大家族的两个家族"a2"和"a6"奉上帝的旨意,分别诞生了两位杰出青年。"a2"家族的超级"才子"叫资本,可名之"凯先生"(capital)。"a6"家族的超级"美女"叫技术,可名之"特女士"(technology)。"凯先生"和"特女士"才分别是工业时代战役的两位最高司令。故前文曾戏言,"凯先生"和"特女士"是工业时代的亚当和夏娃,"凯先生"与"特女士"的联姻,即资本与技术的联姻,才是使古老社会发生翻天覆地变化的根本动力。邀请者对这一历史背景茫然不知,竟然让两位男性联姻,岂非"乱点鸳鸯谱"?

当然,"凯先生"和"特女士"同"德先生"和"赛先生"一样,都属于戏言。上面给出了"德"、"赛"两位先生的 HNC 符号,那么,戏言里的另外两位是否也存在相应的 HNC 符号?答案一清如泉,那就是 gpa10a 和 gpa62。许多朋友对自然语言的词语无限性抱有敬畏之心,因此很难相信 HNC 四项基本公理第一公理的公理性。这里借"德先生"和"赛先生"的由头,生造了"凯先生"和"特女士"的词语,同时轻而易举地给出了他们的 HNC 符号。这展示了"概念物 gw"的强大威力,并借此释放出一个信息,那就是:自然语言空间永远存在着尚未出现的存在,但语言概念空间却不存在尚不存在的存在,除非人类的语言脑在遥远的未来发生质的变化。

"凯先生"的 gpa10a 符号本身,就意味着他还有前辈 gpa109(王权制度)和后辈 gpa10b(后资本制度),这关乎社会制度世界知识的基本理解。对此有深刻认识的第一人是亚当·斯密先生,对此有重大误解的是马克思先生。中国改革开放的本质就是对马克思答案和列斯毛革命的修正,为"凯先生"正名。

最后,作 4 点补充。

(0)这里的概念物 gw 包含 gw 和 gp。gwⅠ以三学(神学、哲学、科学)为依托,gwⅡ主要以神学为依托,gwⅢ主要以科学为依托,gwⅣ是向 gwⅠ的高级形态回归。

(1)"轴心时代"的 3 大文明都拥有丰富的 gwⅠ,其基本内容仅涉及神学与哲学。《四书五经》或《十三经》是古老中华文明在 gwⅠ方面的杰出代表，当然还有其他的杰出代表。这些代表的杰出度可以讨论，"四五"和"十三"的千年独尊态势应该反思或抛弃。但仅捧吹杰出代表中之一二而诛杀其余的浪漫思维方式，则是愚昧，而绝非创见。

（2）工业时代大大丰富了 gwⅠ的科学内涵，大大提高了 gwⅢ的科学水平，这主要是第一世界的贡献。但随着后工业时代曙光的呈现，其他五个世界都可以有所作为。第二世界的中国和第三世界的印度不仅可以在 gwⅢ方面有所作为，甚至可以在 gwⅣ方面作出自己的独特贡献。

（3）六个世界都拥有多姿多彩的 gwⅡ，但它如何适应后工业时代的挑战，则是人类面临的共同课题。这一课题的探索基本还处于朦胧状态，此说必有异议。但是，量子纠缠现象引发的一系列奇文表明，异议者应该慎重。该现象仅仅是宣告而已，却使得许多人异想天开，首先对这些异想进行异议吧。

第 3 节
人造物 pw（455）

1.3-0 人造物 pw 的世界知识

在基础挂靠物的 3 种基本类型里，人造物 pw 应该最容易被接受和被理解，但这并不意味着 pw 也最单纯。其非单纯性表现在其挂靠对象的特定复杂性，这将在第二章里展现。本节只处理其单纯侧面，即把"基本概念 j"排除在挂靠体之外。

然而，即使是 pw 的单纯侧面，其实也很不单纯，这主要表现在其优先挂靠对象既与效应物类似，也与概念物类似。

上面我们看到，瀑布属于效应物，但旅游景点里常有人工瀑布。那么，是否应该引入符号"prw"或"rpw"加以区别？那是自找麻烦。人工瀑布的简明符号表示应该是：(pw+瀑布)，这关乎语言脑记忆系统的核心奥秘之一：记忆符号不单是概念转换符号，也包括音词直接转换符号，记忆单元里存在两种符合的混合形态。

"(pw+瀑布)"不是随意写下的，其中的"pw+"是人造物 pw 最常用的符号，这是本节需要传递的第一号世界知识。机器人和人工智能是当下的流行词语，其 HNC 符号如下：

    机器人   jw63+pw
    人工智能   s10\2+xpw

未来图灵脑所使用的符号系统不能是左边的自然语言符号，而是右边的 HNC 符号，即上文所说的概念转换符号。图灵脑将主要靠这套符号体系进行运算与记忆，没有这个前提，图灵脑是没有指望的，语言脑的核心奥秘也在于此。当然，图灵脑也会使用上述混合形态符号，语言脑也是如此。但必须明确，音词直接转换符号绝不是语言脑符号体系的主体。当然，这关乎一个天大的课题，需要一系列的追问和随之而来的实验研究，本《全书》第三卷将对此有所探索，但那不过是"蚂蚁搬家"式的"小打小闹"而已。对语言学、内容逻辑学、认知心理学和语言哲学来说，这里用得上《隆中对》的那句名言：此殆天所以资将军，将军岂有意乎？

上面的两个示例具有广泛的代表性，符号"pw+"或"+pw"代表另一种挂接方式。其"举一反三"功效不可小觑，应用范畴或领域无所不在，但主要应用对象是综合逻辑概念，特别是其中的"广义工具 s4y"。

下面转向"pw"的挂靠体说明，本来打算仿照第 1 节，给出一个主要挂接对象清单。但后来决定放弃这种干巴巴的做法，仅阐释 pw 与主体基元概念的关联性。通过这一阐释，把 rw、gw、pw 三者之间的本质差异展现出来，这才是本章的要点。

效应物 rw 和人造物 pw 的首选挂接对象都是主体基元概念，但两者具体挂接选择则存在本质差异。该差异所展现出来的东西非同寻常，见表 8-1。

表 8-1 pw、rw 与主体基元概念挂接的本质差异

概念树	pw	rw
0	009，01\1，03b， 物质作用，对物质作用的承受，免除伤害，	
1	12eb2，12eb0， 汇， 奇	1098a，1098\6 物质运动，爆炸
2	22 物转移（各类交通工具）	
3		3228，361， 灾祸，奖杯，
4	451 使用（广义工具）	
5		（51+54），52， 形态与结构，动态，

表 8-1 中最后一项显得有点异类，稍作解释。迪士尼乐园的诀窍就在于对 rw52 的高明展现，凤凰卫视《筑梦天下》节目的诀窍就在于对 rw51 或 rw54 的高明解说。

此表的界限如此分明，可信么？

什么"界限"？就是指广义作用与广义效应的两分。

什么"如此分明"？就是指：pw 密切联系于广义作用，rw 密切联系于广义效应。

这是语言概念空间的基本景象之一，但可惜少了一位不可或缺的角色，那就是概念物 gw。如果三位——（rw，gw，pw）——同时登场，那就更完美了。三位同时登场的情景将在第三卷的《论句类》里展示，这里算是一次预说吧。

在整个工业时代和当下的后工业时代曙光期，pw 一直在大放异彩，一直在唱主角，gw 几乎成了 pw 的奴婢。在西欧的漫长中世纪里，哲学曾沦为神学的奴婢，这岂不是一种特定形态的历史重演么？

让文明基因的三要素——神学、哲学、科学——三足鼎立，让基础挂靠物 fw 的三位主

角——rw、gw、pw——齐放异彩。这是 21 世纪的期盼，也是后工业时代的期盼。

为了这份期盼，HNC 提供了大量的探索素材。对素材的提炼与加工，不仅需要去粗取精，甚至需要去伪存真，这里的"伪"包括"埋伏"。

这里应该交代一声"埋伏"的集中地，那就是本《全书》打头阵的第一编。该编论述 HNC 理论体系的基础架构——主体基元概念，写于 10 年前，当时的心境决定了其文字特征：最简略，"埋伏"最多，其中最突出的例子就是延伸概念"约束基本类型 04\k=3"。论述该延伸概念的小节（"0.4.3"），对所谓的"第一、第二、第三类约束"竟然没有任何文字说明，其实它隐藏在该节（"0.4"）的总说明里，这属于表层埋伏。而深层埋伏则是 HNC 的一项思考或期盼，那就是第一类约束及其概念物的诞生，即 gw04\1 的诞生。第一类约束对应于第一类事物，属于"应该大力推进和弘扬的事物"。然而，这个"应该"可能仅属于工业时代的应该，而不属于后工业时代的应该。后来阐释的诸多"荒唐"概念，从"科技迷信"、"需求外经"、"时代柏拉图洞穴"、"发展不永远是硬道理"到"绝对权力政党"、"鹰民主"、"鸽专制"等，皆缘起于对"gw04\1"的思考或期盼。

该思考或期盼的现实依据是：人类家园面临着六个世界如何协调共处的严重危机。如何应对这场空前的危机，不能单从技术和战术层面去寻求答案，还要从文明的本质去寻求治本之策。在这方面，传统中华文明可以提供一些独特的启示。要领会这些启示，不能光靠专家知识，更需要世界知识。

传统中华文明独特启示的梳理已在第一类精神生活里给予了力所能及的叙述或论述，但"凌乱不堪，言不及义"现象比比皆是，实在是过于不足。该项梳理工作的基础之一是关于六个世界的认识，而六个世界属于 456 株概念树殿后者——简明挂靠物 oj——的管辖范围，也就是下一章的内容。这就为上述"过于不足"的弥补提供了一个机会，能否抓住这个机会，并没有把握，但将尽力，从而可能出现一副怪异的新面孔。

应该说一声，该章的主体部分（第 1 节）是 2010 年撰写的，原文保持原貌，若有实质性改动，另加注释"o[k]"。

第二章

简明挂靠物 oj（456）

引 言

这是本《全书》第二卷的最后一章,也是最后一节,对应于 456 株概念树的最后一株。这株概念树十分特别,兼具概念林特性,类似于一个大拼盘。拼盘里的每样东西具有独立性,可独自成为一道菜,因此具有概念树的资格。但它们毕竟只是拼盘的一部分,其全体才构成一道菜,不过,去掉其中的一两样也仍然是一道菜。所以,这拼盘的每件东西都具有双重性,合起来是概念树,分开来还是概念树。这就是说,"简明挂靠物 oj"既是概念树,也是概念林。笔者已经把 456 株概念树的说法念叨了很多年,对这个说法多少有点感情了,读者就谅解一点吧。本章的实际安排将把这最后一株概念树当作概念林来处理,把它分成 3 个子类:pj 类、wj 类和 pwj 类,此外,还附加一个 x 类,统称简明挂靠物 oj,相应的符号表示是

$$oj=:(pj,wj,pwj;x)$$

在这 4 类概念里,pj 类概念是本章论述的重点,读者已经十分熟悉三个历史时代和六个世界等概念或术语,它们都属于 pj 类概念,前面都是略述,本章将给出一个比较完整的描述,接近于专著,然皆以"浅论"名之。

依据惯例,4 类概念各占 1 节,共 4 节。但这里将赋予 pj 类概念一项特权,让它独占 3 节。这样,各节的符号及命名将"独具一格",如下所示:

节 01:关于"pj01*"类概念(世界)
节 02:关于"pj1*"类概念(时代)
节 03:关于"pj2*"类概念(国家)
节 04:关于"wj"类概念(时域与地域)
节 05:关于"pwj"(城市与乡村)
节 06:关于"x"类概念(物性与"兽性")

就简明挂靠物 oj 来说,叙述和描述的界限十分明显,在下面各节的解说里将予以区别。

节 01 和节 02 是本章的重点,前者将着重描述六个世界的概念,安置了多篇浅论。后者将着重描述三个历史时代的概念。

节 01[①]
关于"pj01*"类概念（世界）

2.01-0 "pj01*"的概念延伸结构表示式

```
pj01*:(-, e2m, \k=6;
      -0, -e2m, -t=b, ~(e2m);
      -00, -0d01, -~(e2m), -9:(d01, i, \k=4, c01), -a^ebn, -be5m;
      -~(e2m)\k=2;
      -~(e2m)\1*i,)
```

pj01*-	社会
pj01*e2m	世界的两分描述
pj01*e21	东方世界
pj01*e22	西方世界
pj01*~(e2m)	东西方世界之外
pj01*\k=6	世界的六分描述（六个世界）
pj01*\1	第一世界（经典文明世界）
pj01*\2	第二世界（市场社会主义世界）
pj01*\3	第三世界（经典文明模拟世界）
pj01*\4	第四世界（伊斯兰世界）
pj01*\5	第五世界（部落基础世界）
pj01*\6	第六世界（征服遗裔世界）
pj01*-0	家族
pj01*-00	家庭
pj01*-0d01	部落
pj01*-e2m	社会的军民描述
pj01*-e21	"民"
pj01*-e22	军
pj01*-~(e2m)	"非人"
pj01*-~(e2m)\k=2	"非人"基本类型
pj01*-~(e2m)\1	政治"非人"
pj*1*-~(e2m)\1*i	阶级敌人
pj01*-~(e2m)\2	观念"非人"
pj01*-t=b	社会的时代性描述
pj01*-9	王权社会
pj01*-9d01	贵族阶级

[①] 前两卷的"节"对应于概念树，而概念数总量为456，最后一棵树实际是章，故此章的节特意写为"节0X"，以示与一般的"第X节"区别。

pj01*-9i	附属于王权的特殊阶层（"特层"）
pj01*-9\k=m	中间阶层
pj01*-9c01	奴仆阶层
pj01*-9c01i	奴隶阶级
pj01*-a	资本社会
pj01*-a^ebn	资本社会构成描述
pj01*-a^eb5	上流阶层
pj01*-a^eb6	过渡阶层
pj01*-a^eb7	贫弱阶层
pj01*-b	后资本社会
pj01*-be5m	后资本社会构成描述
pj01*-be51	豪强阶层
pj01*-be52	中产阶层
pj01*-be53	温饱阶层

沿袭惯例，本节将划分为 3 个小节：社会、世界两分描述和世界六分描述。三者构成世界的透齐性描述。前两者人所熟知，第三项是 HNC 提出的新术语，简称六个世界，第一卷第二编曾多次预说，读者应该不感到生疏了，本小节将作总结性论述。

2.01.1 关于"社会 pj01*-"的世界知识

社会是 pj01* 的包含性描述 pj01*-，带有如下的 3 项延伸概念：

    pj01*-0、pj01*-e2m、pj01*-t=b

第 1 项延伸概念 pj01*-0 定名家族，其再延伸概念为 pj01*-00 和 pj01*-0d01，前者定名家庭，后者定名部落。未来的 HNC 教材需要大量的示例，就包含性概念"-"而言，家族、家庭和部落应该是首选的示例教材。

第 2 延伸概念 pj01*-e2m 定名为"社会的军民描述"。不过，与 pj01*-e21 对应的"民"加了引号，这意味着它不同于古汉语里的民或现代汉语里的人民。在自然语言的所有词语中，民或人民这两个词语的面具性最强，因而被忽悠的程度也最大。所以，HNC 在使用该词语的时候，总是采取十分小心的态度或方式，这里的"民"就是一例。

对 pj01*-e2m，特意设置了延伸概念 pj01*-˜（e2m），名之带引号"非人"。各古老文明都有自己的特定的"非人"概念，如希腊文明的奴隶、印度文明的贱民。对"非人"又设置再延伸概念 pj01*-˜（e2m）\k=2，名之"非人"基本类型：政治"非人"和观念"非人"。中国历史上最著名的政治"非人"是刘邦晚年最宠爱的戚夫人，刘邦死后，她被吕后下令砍去两手两足，丢弃在厕所里苟延残喘，并叫她人彘。政治"非人"是极权政治制度的必然产物。"非人"的基本世界知识以下列概念关联式表示：

    (pj01*-˜（e2m），jlv11e21，ra307xpj1*9ju40-) —— (pj-01)
    ("非人"存在于所有的古老文明)
    (pj01*-˜（e2m）\2，jlv11e21e26，pj1*ac31) —— (pj-02)
    (观念"非人"不合理存在于工业时代的初级阶段)

```
pj01*-~(e2m)\1<=a10e26────(pj-03)
（政治"非人"强流式关联于专制政治制度）
(pj01*-~(e2m)\1, jlv00e22, a10e25)────(pj-04)
（政治"非人"无关于民主政治制度）
pj01*-~(e2m)\1<=a13\11────(pj-05)
（政治"非人"强流式关联第一类政治斗争）
(pj01*-~(e2m), jlv11e227jlu11e21, pj01*\1)────(pj-06)
（"非人"已不存在于第一世界）
pj01*-~(e2m)\1*i≡(a10b3ra13\12)────(pj-0-01)
（阶级敌人强关联于"阶级主义"社会主义制度[*01]）
(pj01*-~(e2m)\1*i, jl11e21e22)────(pj-0-02)
（阶级敌人不应有地存在过）
(pj01*-~(e2m)\1i, 1v47d01,(3228\2ju40c33(d01),l47,rc10a))────(pj-0-03)
（阶级敌人标志着人类历史上最大的人祸）
```

这组概念关联式的后3个被赋予了特殊编号，但前面的6个实际上也存在很大争议。鲁迅先生及其忠实追随者不会认同（pj-01），因为中华文明的基本特征可以"吃人"两个汉字来概括，"非人"自然就是该文明的专利。丛林法则的崇拜者不会认同（pj-02），他们对该表示式里的不合理存在一定尤为反感。贫民窟的居民、中国早期的农民工，事实上就大量遭遇到"非人"的待遇，而第一世界之外的许多现代政治与经济强人并不认同这一严酷现实，他们实质上持有"非人"乃是工业时代之合理存在的陈旧观念，所以才会出现"99.99%以上的上访者是精神偏执患者"的怪论，才会出现富士康的"14跳"事件。

（pj-03）和（pj-04）是当今第一世界与其他世界政治家之间口舌之争的基本内容。

（pj-05）似乎争议不大，其实远非如此，在工业时代的众多征服国家中，只有德国对此有深刻反思，美国的反思差强人意[注01]，俄罗斯曾采取过一些反思的动作[注02]，日本甚至连反思意愿都还没有出现。

（pj-06）似乎争议很大，其实只是表象。第二世界实际上已经放弃了其前辈们的陈词滥调。当然，高唱者还大有人在，这包括第六世界的怪人查韦斯先生。

特殊编号概念关联式（pj-0-0m，m=1-3）所描述的世界知识请读者予以特殊关注。这些世界知识是老国际者及其某些战友（如美国的"老乔"和台湾的"小乔"[*02]）所绝对不能认同的，他们一律对此采取完全无视的态度。在某些新国际者看来，老国际者的无视可以理解，但老国际者战友的无视就令人难以理解了。新国际者当中有许多鲁迅先生的忠实追随者，你们不是很能理解鲁迅先生对传统中华文明的态度么？其实，鲁迅先生和老国际者的战友都遵循着一条毛泽东先生概括的著名原则——凡是敌人反对的，我们就要拥护；凡是敌人拥护的，我们就要反对。还有一条原则是新老国际者共同信奉的，那就是：没有永远的敌人，也没有永远的朋友，只有永远的利益。这两条原则在理性层面几乎无懈可击，但在理念层面就不是这个情况了。基于这一思考，前文曾写过关于新老国际者可以"握手言欢"的憧憬[*03]，这里又写下"请读者予以特殊关注"的期望，两者相互呼应。

延伸概念 pj01*-t=b 定名为"社会的时代性描述"，这个短语是第一次出现，但读者应该不会感到生疏，并应立即联想到下面的两个概念关联式：

(pj01*-t:=pj1*t, t=b) —— (pj-0-04)
(社会的时代性描述对应于三个历史时代)
(pj01*-t=a10t, t=b) —— (pj-0-05)
(社会的时代性描述强交式关联于社会制度)

这两个特殊编号概念关联式为什么分别采用形式逻辑符号":="和"=",而不采用"≡"?请读者先想一想,若有必要,可去翻阅一下第三卷第二编第一章的有关内容。

延伸概念 a10t=b 是对社会制度的符号描述,pj01*-t=b 是对社会结构的符号描述。对三种社会(王权社会、资本社会和后资本社会)分别采取了不同的结构描述方式,动用了语言理解基因的多种第二类氨基酸和两种第一类氨基酸。

对王权社会 pj01*-9 动用了"d01"、"i"、"\k=m"和"c01"四种"氨基酸";对资本社会 pj01*-a 和后资本社会 pj01*-b 分别动用了"氨基酸^ebn"和"氨基酸 e5m"。为阅读之便,下面将王权社会的有关内容拷贝如下。

```
pj01*-9              王权社会
  pj01*-9d01         贵族阶级
  pj01*-9i           附属于王权的特殊阶层("特层")
  pj01*-9\k=4        过渡阶层
  pj01*-9c01         奴仆阶层
    pj01*-9c01i      奴隶阶级
```

这 4 类构成是所有王权社会的共相,当然,不同的古老文明各有自己的殊相,其内容的主体部分应属于准专家知识,可以随着语言超人的成长而逐步融入世界知识的范畴,pj01*的概念延伸结构表示式采取开放形态,就是为将来的吸纳而准备的。王权社会准专家知识的典型事例:印度文明的贵族阶级有婆罗门和刹帝利之分,其种姓制度具有世袭性;中国的"特层"有宦官"大人"。

在"社会时代性描述 pj01*-t=b"的全部汉语说明中,阶级这个词语只使用了两次,一是用于贵族的描述,二是用于奴隶的描述,其他一律使用阶层。阶级具有世袭性,阶层不具有这一特性。印度的种姓具有世袭性,这一特殊世界知识这里未予特殊"照顾"。阶级和阶层这两个术语应加以严格区分,其价值类似于政治体制与政治制度的区分。本《全书》的已往撰写对政治体制与政治制度的区分严格把关,但阶级与阶层的区分则有所疏忽,正式出版时请严加把关。

古老中华文明只存在奴仆阶层,不存在奴隶阶级,故中国根本不存在奴隶社会阶段。这一世界知识已得到充分训诂,这里向有关历史学家致以崇高敬意。

王权社会的中间阶层采用 pj01*-9\k=4 的符号形式,这来于古汉语的"士农工商"概括。但实际排序调整如下:

```
pj01*-9\1            士
pj01*-9\2            商
pj01*-9\3            工
pj01*-9\4            农
```

资本社会和后资本社会之社会构成的符号表示比较传神，语言解释几乎是废话。不过许多时候，废话仍然是不可或缺的，两种符号表示的对应自然语言陈述是"宝塔"和"橄榄"，这就是说，资本社会是宝塔形社会，后资本社会是橄榄形社会。

下面以资本社会为纲，写出一组概念关联式，以表达社会时代性变迁的基本世界知识。

  pj01*-a^eb5<=（pj01*-9d01+pj01*-9i+pj01*-9\2+pj01*-9\1）——（pj-07）
  （上流阶层来于贵族、"特层"、商人和士）
  pj01*-a^eb6<=（pj01*-9\1+pj01*-9\2, pj01*-9d01+pj01*-9i, pj01*-9\3）
                    ——（pj-08）
  （过渡阶层主要来于士和商，其次来于贵族和"特层"，又其次来于工）
  pj01*-a^eb7<=（pj01*-9\3+pj01*-9\4+pj01*-9c01）——（pj-09）
  （贫弱阶层来于工农和奴仆阶层）
  pj01*-a^eb5=>pj01*-be51——（pj-10）
  （上流阶层强源式关联于豪强阶层）
  pj01*-a^eb6=>pj01*-be51——（pj-11）
  （过渡阶层强源式关联于豪强阶层）
  （pj01*-a^eb5+pj01*-a^eb6）=>pj01*-be52——（pj-12）
  （上流阶层和过渡阶层强源式关联于中产阶层）
  pj01*-a^eb7=>pj01*-be52——（pj-13）
  （贫弱阶层强源式关联于中产阶层）
  pj01*-a^eb7=>pj01*-be53——（pj-14）
  （贫弱阶层强源式关联于温饱阶层）

上列概念关联式叙述了社会构成演变过程的基本范式。列斯毛革命的核心内容就是要打破其中以符号"<="表示的 3 个概念关联式（不妨暂称"三范式"）。前文[*04]在论述列斯毛革命时曾写道："专政不能混同于专制，前者是列宁、斯大林和毛泽东这三位 20 世纪伟人的专利，是专制的极品之一。其理论启发者是马克思先生，但马克思本人并不是该专利的注册者。"作出这一论断的依据之一就是马克思和列斯毛对"三范式"的态度有所不同，马克思并不完全否定它，而列斯毛则采取彻底否定的态度。这就是中国式断裂[*05]最重要的缘由，俄罗斯也曾遭遇过类似的断裂，不过断裂度远不及中国严重。

列斯毛革命的基本世界知识以前没有条件给出合适的描述，现在具备这个条件了，可以概括成下列 3 个概念关联式。

  （pa11e15, jlv1119, pj01*-be51）——（pj-07a）
  （执政者就是豪强阶层）
  ((pj01*-9\3+pj01*-9\4+pj01*-9c01), jlv1119, pj01*-be52)——（pj-08a）
  （工农和奴仆阶层就是中产阶层）
  ((pj01*-9d01+pj01*-9i, pj01*-9\2, pj01*-9\1u7101˜e07), jlv1119,
             pj01*-˜(e2m)\1i)——（pj-09a）
  （贵族、"特层"、商人和不顺从的士就是阶级敌人）

这 3 组概念关联式是列斯毛革命//无产阶级专政//经典社会主义世界的基本信条。下面对这组极为重要的概念关联式作几点说明。

（1）概念关联式（pj-0ma, m=7-9）是与（pj-0m, m=7-9）一一对应的，叙述了社会结构从农业时代到工业时代的巨大变化。前者对应于经典社会主义世界，后者对应于其他的资本社会。由于经典社会主义世界的创立者自称它是资本社会的必然替代者，故在带符号"-ma"的表示式中借用了后资本社会的术语——豪强阶层和中产阶层，但温饱阶层这个术语并未借用，而以阶级敌人替代。老国际者一定坚决反对（pj-0ma，m=7-9），但笔者觉得没有争辩的必要，故使用了叙述而不是描述的词语。

（2）概念关联式（pj-0ma，m=7-9）所叙述的世界知识是一种信条，对信条都要采取冷对待的态度，不能像鲁迅先生对待传统中华文明那样对待它。对三个概念关联式还需要逐个加以具体分析，(pj-07a)是当今官帅的缘起；(pj-08a)要与(pj-08)和(pj-09)联合进行考察，这是认识中国现代化过程各种阵痛或陷阱的关键，在这个关键点上把握不准就会陷入片面性的泥潭。从历史长河看，这是一个最不宜单讲良心或良知的时段，虽然狼心狗肺的犯罪行为是绝对需要绳之以法并进行谴责的。(pj-09a)更值得一说，它曾造成人类历史上的最大人祸。老国际者一定从这个视角对此进行反思，新国际者也同样需要。

（3）概念关联式（pj-0ma，m=7-9）里的内容逻辑符号统一采用 jlv1119，它可以作为讲解该基本逻辑概念的典型教材。

（4）概念关联式（pj-0ma，m=7-9）表明：经典社会主义世界也是一种"橄榄型"社会结构。这就是说，有两种"橄榄"：第一世界当前的"橄榄"（"橄榄1"）和列斯毛"橄榄"（"橄榄2"），"橄榄"崇拜者不能无视"橄榄2"的存在。"橄榄2"的理论逻辑非常简明，可概括成下列6点信条：①国家要由人民当家做主；②工人阶级是最先进的人民，是人民的领导阶级；③共产党是代表工人阶级的唯一政党，共产党员是工人阶级最优秀的代表；④共产党领导人民建立起"橄榄2"型新国家；⑤国家历来就是一部统治机器，共产党在这个新型国家里具有天赋的绝对统治权力，这一权力形态就是人民当家做主的标志；⑥共产党的第一代领袖创立了一个新型世界，他们就是这个新型世界的主导者。

经典社会主义世界的上帝当年倒讲过许多名言，影响最为深远的是下列6条名言：①资本主义世界的人民处于水深火热之中，我们一定要解放全人类；②对敌人的仁慈就是对人民的残忍；③卑贱者最聪明，高贵者最愚蠢（推理：知识越多越愚蠢）；④群众的眼睛是雪亮的；⑤知识分子必须进行脱胎换骨的改造；⑥美帝国主义是纸老虎；原子弹也是纸老虎。

经典社会主义世界的6信条和6名言（下面将暂称"双六"）代表一种最新的世界观和价值观，它曾为社会主义阵营提供了一种强大的理论武器，6信条是明喻式命题；6名言是隐喻式命题，后者主要是毛泽东先生的天才贡献。这两组命题都具有空前的幻觉性，但毕竟是一个理论体系。对该理论体系还没有出现康德式的批判，老国际者不可能具有这种批判的动力，新国际者又缺乏这种批判的智力。这里说的批判是指康德式批判[注03]，这样的批判不是"暴行列举"、"谬行自明"、"橄榄1"、普世公理（价值）之类的简单宣扬就可以做到的。新国际者对"双六"之巨大历史作用与效应缺乏比较深入系统的认识，缺乏毛泽东先生在其名言——在战略上要藐视敌人，在战术上要重视敌人——里所传达的智慧。应该清醒地看到：第一，"橄榄1"并不是完美的，奥巴马先生最近的牢骚[*06]就是明证，也是金帅存在性的有力佐证；第二，普世价值说无视地球村已存在六个世界的基本现实，无视地球村曾长期存在 6 大文明体系（基督文明、东正教文明、伊斯兰文明、印度教文明、佛教文明和中华文明）的历史源流。全球格局仅由第一世界控制的时代（即工业时代）已经一去不复返了；"普世"之"世"主要是第一世界之"世"，非第二世界和第四世界之"世"也；第三，官帅是新人，他们与老国际者不同，并不盲目追随"双六"。一方面，他们对"资本与技术联姻"的伟大历史意义有着不同寻常的深刻认识，另一方面，他们对工业文明之包装体与包装品也有清醒的认识。但他们毕竟是"双六"的传人，要从"双六"中涅槃重生需要康德式批判的引领。

2.01.2 关于"世界两分描述 pj01*e2m"的世界知识

有关内容拷贝如下：

```
pj01*e2m         世界的两分描述
pj01*e21         东方世界
pj01*e22         西方世界
  pj01*~(e2m)    东西方世界之外
```

世界两分描述——东方世界和西方世界——由来已久，生活在西方世界的人们从来就有一个印象中的东方世界，同样，生活东方世界的人们也有一个印象中的西方世界。西方人习惯于把古希腊文明占有的地域作为西方世界的东线前沿，这一习惯划分也得到东方人的认同，因此，西方人所创立的中东和远东等词语为全世界所通用。这是以西方为参照的叙述，不同于以西方为中心的描述。

以上所说，是世界两分描述的地理概念，实际上属于叙述。作为一个地理概念，其叙述也是不透齐的，需要加上一个"东西方世界之外 pj01*~(e2m)"的延伸项才符合透齐性要求。

世界两分描述也是一个文明概念。农业时代的印象就不去说它了，这里只说工业时代以后的事。西方人对东方世界的印象就是落后、封闭和自大，这个印象从当年的赤裸裸形态变成当今的深沉隐蔽形态，但本质变化不大。不过，也有个别哲人憧憬过东方的美好，伏尔泰先生是其中最突出的一位。据说，拿破仑曾把中国比作一头沉睡的雄狮，并警告说"千万别让这头雄狮醒过来"，若此说属实，那多半是受到伏尔泰的影响。

东方人对西方世界的印象则出现过急剧变化，主流是从瞧不起到盲目崇拜，这在中国最为明显。瞧不起的语言证据之一是一度广为流行的词语"洋鬼子"，盲目崇拜的语言证据之一是那极为特殊的坚定主张："汉字必须废除，汉语必须走拼音化之路。"

西方世界在 20 世纪上半叶曾一分为三：老大以美国为旗手（英国和法国也曾一度自命旗手，其旗手情结延续至今）；老二以德国为旗手；老三以俄罗斯为旗手。老大是鸽民主的祖宗，老二是鹰专制的祖宗，老三是专政的祖宗。中国也随之出现过老大崇拜、老二崇拜和老三崇拜这三股思潮。胡适先生和早期孙中山先生[注 04]是老大崇拜的代表；蒋介石先生一度是老二崇拜的代表；毛泽东先生和鲁迅先生则是老三崇拜的代表。

上列三位祖宗在经历了第二次世界大战、第二次十月革命和 30 多年的"冷战"以后发生了历史巨变，三位祖宗只剩下了一位老大——美国。但鹰民主和专政的传人依然存在，俄罗斯和众多的新独立国家接下了鹰民主的旗帜，中国在20世纪50年代中期正式接下了专政的旗帜，但从20世纪80年代开始已朝着鸽专制的方向悄悄转化。

基于上述，"世界两分描述pj01*e2m"的基本世界知识如下列概念关联式所示：

```
pj01*e21:=a10e26,
    （东方世界对应于专制政治制度）
pj01*e22:=a10e25
    （西方世界对应于民主政治制度）
pj01*e21jlu12e22:=（a10e26e25+a10e25e25）
    （未来的东方世界将对应于"新型"专制和"新型"民主政治制度）
pj01*e21:=（pj01*\2+pj01*\3+pj01*\4）
    （东方世界等同于第二、第三和第四世界）
pj01*e22=:pj01*\1
    （西方世界等同于第一世界）
pj01*˜（e2m）=:（pj01*\5+pj01*\6）
    （东西方世界之外等同于第五和第六世界）
```

2.01.3　关于"六个世界pj01*\k=6"的世界知识

前文多次说过：六个世界已是一个赫然存在，但对该存在之如此描述尚未见之于社会学界。10年或20年之后，这个情况可能会有所改观。所以，本小节的撰写时机似乎早了一点，但笔者没有等待的"资本"，只好提前进行了。

在六个世界里，第二世界似乎是最不稳定的，新国际者认定：第二世界必将如同苏联帝国一样走向灭亡，而第一世界将一统天下。但笔者坚信：这只是新国际者的幻觉，第一世界不可能一统天下，未来将出现三种文明标杆：第一、第二和第三文明标杆，第一、第二和第四世界将分别是高举这三种文明标杆的旗手。

本小节将包含4个子节，其内容如下。

　　子节1：六个世界所属国家的清单；
　　子节2：六个世界划分的基本依据；
　　子节3：六个世界的历史缘起及其历史功过；
　　子节4：关于六个世界与三种文明标杆论断的回应。

2.01.3-1　六个世界所属国家的清单

——第一世界（经典文明世界）国家（31）清单：

　　美国、加拿大；
　　英国、法国、德国、意大利、荷兰、比利时、卢森堡、瑞士、爱尔兰；
　　奥地利、西班牙、葡萄牙、丹麦、瑞典、挪威、芬兰、冰岛……；
　　波兰、捷克、斯洛伐克、匈牙利、斯洛文尼亚、克罗地亚；
　　爱沙尼亚、立陶宛、拉脱维亚；
　　以色列；
　　澳大利亚、新西兰。

——第二世界（市场社会主义世界）国家（5）清单：

中国、朝鲜、古巴；

越南、老挝*（表示归属有疑，下同）。

——第三世界（经典文明模拟世界）国家（26）清单：

印度、尼泊尔、不丹、斯里兰卡；

日本、韩国、蒙古国、菲律宾*；

俄罗斯、白俄罗斯、乌克兰；

泰国、新加坡、柬埔寨、缅甸；

希腊、塞尔维亚、波黑、马其顿、罗马尼亚、保加利亚、摩尔多瓦……；

格鲁吉亚、亚美尼亚、塞浦路斯、黎巴嫩*。

——第四世界（伊斯兰世界）国家（41）清单：

土耳其、伊拉克、巴勒斯坦、阿尔巴尼亚*；

沙特阿拉伯、约旦、科威特、巴林、卡塔尔、阿联酋、阿曼；

伊朗、叙利亚、阿塞拜疆、阿富汗、也门；

哈萨克斯坦、乌兹别克斯坦、吉尔吉斯斯坦、塔吉克斯坦、土库曼斯坦；

巴基斯坦、孟加拉、马尔代夫；

印度尼西亚、马来西亚、文莱；

埃及、阿尔及利亚、摩洛哥、利比亚、突尼斯；

毛里塔尼亚、马里、尼日尔、塞内加尔、冈比亚、几内亚；

苏丹、索马里、吉布提。

——第五世界（部落基础世界）国家（30）清单：

塞拉利昂、利比里亚、科特迪瓦、布基纳法索、加纳、多哥、贝宁、尼日利亚；

乍得、中非、埃塞俄比亚、厄立特里亚；

喀麦隆、加蓬、刚果（布）、刚果（金）、安哥拉；

乌干达、卢旺达、肯尼亚、坦桑尼亚、赞比亚、马拉维、莫桑比克、马达加斯加；

纳米比亚、博茨瓦纳、莱索托、南非、津巴布韦。

——第六世界（征服遗裔世界）国家（20）清单：

墨西哥、危地马拉、巴拿马……；

海地、牙买加……；

哥伦比亚、厄瓜多尔、秘鲁、玻利维亚、巴拉圭，委内瑞拉……；

巴西、智利、阿根廷、乌拉圭。

图8-1和表8-2试图提供一个思考未来的基本依据，试图把关于过去、当今和未来的基本世界串接起来，形成一种预测。将谈到各种类型的变与不变，其时限以未来的一个世纪为参照。论述中将反复使用文明标杆这一术语，三种（第一、第二和第三）文明标杆说前文曾两次集中论述，但该说毕竟还是一种憧憬，为便于读者阅读的便利，这里把三文明标杆的基本特征概括如表8-3所示。

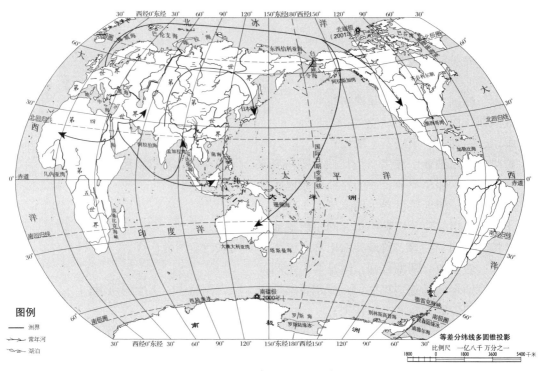

图 8-1 六个世界疆域示意图

资料来源：国家测绘局世界地图中文版 32 开，审图号 GS(2008)1429 号，http://219.238.166.215/mcp/index.asp

表 8-2 六个世界的人口、领土和主要国家数（2000 年数据）

世界编号	人口/亿	人口比率/%	领土比率/%	主要国家数/个
第一世界	7.90	12.53（4）	24.26（1）	30+
第二世界	14.28	22.65（2）	7.88（6）	5
第三世界	18.08	28.68（1）	19.42（3）	26+
第四世界	11.16	17.70（3）	20.16（2）	40+
第五世界	6.41	10.17（5）	12.89（5）	30+
第六世界	5.21	8.26（6）	15.38（4）	20+
总计	63.01	—	—	151+

注：括号内数字表示排序

表 8-3 三种文明标杆基本特征

文明标杆编号	政治制度	政党描述	选票描述
第一	鸽民主	相对权力政党	普选
第二	鸽专制	绝对权力政党[注05]	协商型选举
第三	鹰民主	独大政党[注06]	认同型选举

下面列举对六个世界在 2100 年时的 10 项预测，不加论述。

（1）六个世界所隶属的国家（或疆域）基本不会发生变化，最有可能的例外是第二世界古巴和老挝，两者可能分别融入第六和第三世界。

（2）第一世界和第二世界的人口比率将显著下降，将从现在的 33.2%降到略低于 30%。虽然第二世界的 GDP 还有巨大增长空间，但其 GDP 的增长比率将不足以抵消第一世界的下降量。因此，一个世纪之后，这两个世界所占有的 GDP 比率会有较大幅度下降，但仍有可能维持在高于 50%的状态。

（3）第三世界和第六世界所拥有的人口比率将基本维持现状（约 37%），其 GDP 比率将有较大幅度上升，可高于 30%，但仍不能与其人口比率相匹配。

（4）第四和第五世界的人口比率将显著上升，将从现在的 18.9%上升到 23%以上，其 GDP 比率也将有所上升，但很难达到 15%，故两者的匹配度仍将严重失衡。

（5）第一世界的鸽民主政治制度不会发生实质性变化，但认定自己的文明标杆是全球唯一文明标杆的认识将被扬弃，从而对外政策的霸道性将有所减弱。

（6）第二世界的政治制度将完成从专政（即列斯毛革命）到鸽专制的彻底转变，第二文明标杆将逐步赢得世人的认同，作为鸽专制标志的绝对权力政党将继续存在。

（7）第三世界的多数国家将选择第一文明标杆，但俄罗斯很可能成为第三文明标杆的典范，成为第四世界许多国家和第五世界少数国家学习的榜样。

（8）第四世界的多数国家将选择第三文明标杆，但个别国家将选择第一甚至第二文明标杆，这将是未来 100 年间最有看头的世界景象。

（9）第五世界的多数国家将选择第三文明标杆，选择第一文明标杆者多虚有其表。

（10）第六世界的多数国家将选择第一文明标杆，但少数国家将选择第三文明标杆。

2.01.3-2 六个世界划分的基本依据

六个世界划分的基本依据按其重要性来排序是下列三项要素：①文明传统；②文明三主体（政治、经济、文化）的综合态势；③地域。

以往，关于第一世界、第二世界和第三世界的划分仅依据政治因素。

如今，关于发达国家和发展中国家的划分仅依据经济因素。

下面将六个世界的三要素特征列举如表 8-4 所示。

表 8-4　六个世界的三要素特征

世界编号	文明传统	文明主体综合态势	地域
第一	希腊-罗马文明 基督新教 天主教	后工业时代	西欧、北美、大洋洲主体
第二	中华文明 列斯毛革命	工业时代	远东
第三	东正教 印度文明 佛教 其他文明	从工业时代的初级阶段到后工业时代	欧亚大陆的边缘地带
第四	伊斯兰文明 +部落文化	工业时代的初级阶段	北非、中东、中亚、南亚、东南亚、撒哈拉以南的非洲北区

续表

世界编号	文明传统	文明主体综合态势	地域
第五	部落文明+ 基督新教 天主教 伊斯兰教 原始宗教	工业时代的起步阶段	撒哈拉以南的非洲南区和北区
第六	天主教 基督新教	工业时代的中级阶段	南美洲和中美洲

表 8-4 表明了下列世界知识。

（1）第一世界最为优越。它拥有人类最优秀的文明传统；它已经进入后工业时代；它占据着地球上最适宜人类生存的绝大部分地块。用古汉语来说就是：在六个世界中，第一世界拥有最佳的"天时、地利、人和"。

（2）第二世界最为奇特。它是六个世界中唯一的无神论世界，是拥有绝对权力政党的唯一世界；工业时代的三阶段特征同时呈现于这个世界；地球上最适宜人类生存地块的亚洲部分属于这个世界。这就是说，第二世界拥有次佳的"天时、地利、人和"，但同时又承受着"人和"方面的最尖锐冲突，这一点将在下面进一步论说。

（3）第三世界最为多样化。它拥有长寿的文明（如印度文明和日本文明）和长寿的宗教（如印度教、佛教和东正教）；其总体特征类似于第二世界：工业时代的三阶段特征同时呈现，但其个别国家已经（日本）或即将（新加坡和韩国）进入后工业时代；其生存条件无最差部分，但很少最佳部分。这就是说，第三世界相当于六个世界的"不管部"，难以给出"天时、地利、人和"的整体评价。

（4）第四世界的宗教特征最为浓重。它是唯一可将国教写入宪法的世界，是教帅具有至高无上权威的世界，又是教派纷争依然处于中世纪水平的世界；是一个王权得以大量留存的世界，是一个强烈拒斥性感文化的世界；是一个工业化总体水平处于初级阶段的世界，虽然其部分石油资源得天独厚，国家之人均 GDP 水平已可比拟于发达国家；最后，它是一个生活环境缺乏季节性的世界。总之，在六个世界中，第四世界是一个"天时、地利、人和"条件最为脆弱的世界。

（5）第五世界的原始性遗产最为丰富。它是六个世界中现代国家形态最为年轻的世界，是从农业时代初级阶段直接跨入工业时代的世界；是一个曾被殖民统治数百年之久但当前被另外五个世界争相邀宠的世界；是一个受援方与施援方都经历了半个世纪的茫然而如今双方都有所领悟的世界；是一个曾令人绝望的世界，然而又会在未来 100 年间引发最多惊喜的世界。

（6）第六世界的文明年龄最小，还不到 200 岁。它是混血种人（南欧白人和当地土人的混血）的世界，具有征服者与被征服者的双重心理特征；它有幸遇到了一个最好的邻居，但一直邻里不和；它超然于两次世界大战之外，却天真地以世外桃源自得；它远离两次十月革命的策源地，却屡见列斯毛革命的壮烈演出；它拥有"天时、地利、人和"的潜在优越条件，却长期未予挖掘。但是，第六世界已随着 21 世纪的到来而进入文明的成年期，英雄多出于英年，后工业时代需要奇思妙想，因此，对第六世界可寄予下述厚望：为探索一种有别于第一世界的政治-经济-文化模式而有所创建。

2.01.3-3 六个世界的历史缘起及其历史功过

六个世界之缘起与表现的内容比较庞杂，本分节将以符号"-3.m"表示的 6 个小分节分别进行描述。

2.01.3-3.1 关于第一世界

第一世界发源于蓝尔西欧，现已扩展到中西部欧洲的全部、拉丁美洲以外的美洲和大洋洲的主体。

第一世界是最优秀古代文明（希腊-罗马文明）的直接受益者和继承者，是基督新教和天主教的牢固基地，是工业文明的开创者，是工业时代的引领者，又是后工业时代的第一号引领者，这些论断实质上只是一种叙述而不是描述或论述，前文在谈及文明基本命题或马克思答案[注07]时已有所介绍。那里提到了"工业文明清单"，该清单的 8 项内容——文艺复兴+宗教改革+科技革命+地理大发现+工业革命+英国宪政革命+启蒙运动+法国大革命——基本上是由第一世界独家完成的。这是历史的**大事实**，这个**大事实**并不是"可以任人打扮的小姑娘"。当然，内贾德也许不会认同这一论断或这个**大事实**，因为他宁愿相信德国法西斯对犹太人的大屠杀是第一世界虚构出来的，宁愿宣扬"9·11"恐怖事件是美国政府蓄意制造的阴谋。内贾德是第四世界的一位激进政客，他喜好把现代史当作小姑娘来打扮，那是他的特权，第六世界的激进政客（如查韦斯先生）也有类似的喜好。这种喜好历来是激进政客的拿手本领，六个世界的赫然出现为这一拿手本领的表演提供了一个史无前例的世界舞台，他们不仅可以通过这个舞台在本人所在的世界赢得众多粉丝，还可以在其他世界捞取许多意外的收获，如凤凰卫视的阮次山先生就很喜欢为他们捧场。

大事实本身不仅是文明、欢乐和进步的标志，同时也是野蛮、血泪和堕落的标志，前者构成**大事实**的正面，后者构成**大事实**的反面，两面合起来才是**大事实**的真面目。在第一世界内部，**大事实**的正面人所熟知，但**大事实**的反面就鲜为人知了；在第一世界之外，**大事实**的反面人所熟知，**大事实**的正面只有少数国家不属于鲜为人知的状态。

大事实的第四项——地理大发现——需要在这里特别一说，因为它是文明与野蛮、欢乐与血泪、进步与堕落紧密交织的最佳样本。第一世界因地理大发现而大大扩张，从蓝尔西欧扩展到美洲和大洋洲，它催生了一个民主政治制度的典范国家——美利坚合众国，它还催生了一个当今的第六世界。但伴随着这一重大历史事件的却是当时遍及全球的殖民与征服、土著社会的灭绝与消亡、空前绝后的奴隶贩卖。因此，地理大发现名义下的具体内涵绝不能只叙述其文明、欢乐与进步的侧面，还必须叙述其野蛮、血泪与堕落的另一侧面。两侧面都叙述了，才是真实的描述。后工业时代呼唤真实的描述，六个世界都需要回归真实的描述。在**大事实**的 8 项事件中，"地理大发现"这一项应该改换名称，也许叫"殖民大扩张"比较合适吧。

除了第四项之外，对"工业革命清单"里的另外 7 项内容该如何评价呢？能不能说这七者是第一世界带给人类的福音呢？内贾德先生和查韦斯先生的谋略是：回避这种愚蠢的问题，并义愤填膺地反问：万恶的资本主义和帝国主义能给人类带来福音么！两位都很聪明，只抓住大事实的第四项，以一概八，不承认那个七。在这批不承认者的视野里，第一世界带给这个世界的就只能是灾祸，而不可能有福音了。这是当今很流行的一种思维范式，其代表人物就是内贾德和查韦斯两位先生，其政治主张可简称"内-查描述"。"内-查描述"实质上是列斯毛革命的一种变异形态，它不仅在内-查各自所在的第四和第六世界拥有众多的粉丝，还在第二和第五世界拥有众多的赞美者。这批粉丝或赞美者的社会背景各种各样，老国际者只是其中之一，其不承认态度可能出于"真心"，也可能基于"谋略"，这个问题比较复杂，这里就便只是叙述一下。

这是当今这个时代最有趣味的政治景象之一。

第一世界仅占全球人口的 1/8（12.53%），但目前依然每年创造全球一半以上的财富，消耗全球一半以上的资源。这一基本事实可简化成下面的两个不等式：

0.125≥0.6（下文将简称不等式 A）
0.875≤0.4（下文将简称不等式 B）

"内-查描述"的蛊惑力其实就来于这两个不等式，该不等式的自然语言描述是：**你们 1/8 的人竟然霸占着全球一半以上财富！**这太荒谬了。因此，该不等式就是一个妙不可言的政治话柄，关于剥削、压迫、暴虐、霸道等词语所意蕴的一切罪恶都可以捆绑到该不等式身上，该描述就是一张华丽的语言面具。前文[*07]曾说过：**人民民主专政**是第一号语言面具，这里可以补充说：**革命与改革有资格充当第二号语言面具，而"你们 1/8 的人竟然霸占着全球财富的一半以上！"**的话语似乎很有资格充当第三号语言面具了。所以，"内-查描述"的话语总是显得振振有词，而第一世界的反驳反而显得苍白无力，其他世界基本采取沉默甚至默许的态度。面对着"9•11事件乃美国政府阴谋炮制"的质疑，奥巴马先生的回应是被动的和防御性的，没有一点主动性和进攻性。奥巴马先生以能言善辩著称，怎么搞得连拙于言辞的布什先生都不如呢？这是否表明：鸽民主之政治与文化，也存在着软骨病的一面呢？

这里应该说明一点：重要的课题不是不等式 A 和 B 的具体数字，而是六个不同世界应该具有符合自身条件的等式，前文曾把这一课题命名为"适度发展"，并把它抬高到后工业时代第一号综合课题的重要地位，哥本哈根争吵实质上涉及该课题的开端，10~20 年之后应该可以正式启动吧！这里需要补充的一点素材是：在第一世界经济繁荣的巅峰时期，不等式 A 右侧的数字曾高达 0.7（不等式 B 的右侧数字就是 0.3），这些年已经大大下降了。请回阅一下"10 项预测"的第二点吧，甘心被"内-查描述"牵着鼻子走，不是什么光彩的事。

鉴于第一世界的特殊重要性，其缘起与表现首先需要一个叙述而不是描述。上面力求给出一个最简明的叙述，同时介绍了"内-查描述"，但这只是第一世界表现的一个方面。第一世界的表现还有影响更大的另一面，那就是对其普世价值观（自由民主）的宣扬与推行，HNC 把这个东西叫作第一文明标杆的原型，原型者，意味着下列 3 有待和 3 急待也。3 有待是：有待逐步免除金帅对文明主体的过度控制，增强鸽民主之鹰性；有待学习古老中华文明的王道-霸道之学；有待摆脱工业时代柏拉图洞穴之禁锢。3 急待是：急待学习三个历史时代和六个世界的全球视野；急待明白"文明不可统"的基本历史法则；急待认清第一文明标杆（鸽民主）不过只是未来三种文明标杆（另加鹰民主与鸽专制）之一的未来势态。

这不是说，原型水平的第一文明标杆就不应该宣扬和推行，但需要考虑具体对象而因地制宜,小布什先生的那种强迫方式似乎是大步迈进了,但其实只是一种事与愿违的一厢情愿。第三和第六世界有不少国家有希望并有条件向第一文明标杆看齐,第五世界也有一些,你们就多关注一点这些未来的好伙伴吧。至于第二和第四世界,你们就别抱着这种指望了,对第三世界的俄罗斯也应该如此。

2.01.3-3.2 关于第二世界

科技迷信是第一世界和部分第三世界的主流思潮,并不是中国的特殊问题或特有现象。那么,中国的特殊性主要表现在哪里呢?HNC 的答案是:在以下两个方面,一是政治霸道反应行为、法律霸道反应行为、环境霸道反应行为和利益霸道反应行为的全方位存在;二是低级三迷信行为的严重存在和两无视行为的延续存在。描述这两点重要世界知识的概念关联式如下:

(7301\01*t,jlv00e21(c33),pj01*\2)——(pj01*\2-0-03)
(作用反应行为强相关于第二世界)
(7301\02*ad01tc01,jlv00e21(c33),pj01*\2;s31,pj1*bd33)
——(pj01*\2-0-04)
(当今,低级三迷信行为强相关于第二世界)
(7301\02*ad01\k,jlv00e21(c33),pj01*\2)——(pj01*\2-0-05)
(两无视行为强相关于第二世界)

与上列特殊编号概念关联式配套的还有下列概念关联式:

(pj01*\2,101,pea1*\2(d01);s31,pj1*bd33)——(pj01*\2-0-02)
(当今,第二世界的主宰者是官帅)
(a11ie22,jlv11e22,pj01*\2)——(pj01*\2-01-0)
(绝对权力政党存在于第二世界)
(a11ie22(d01),jlv11e21,pj01*\2u11e21)——(pj01*\2-02-0)
(专政政党存在于经典社会主义世界)
(a11ie22,100*31189jlu12c32,a10e26e25)——(pj01*\2-0-01)
(绝对权力政党可以开创鸽专制政治制度)
(pj01*\1,101,p-a2*\1(d01);s31,pj1*bd33)——(pj01*\1-0-00)
(当今,第一世界的主宰者是金帅)
(a11ie21,jlv11e21,pj01*\1)——(pj01*\1-0-01)
(相对权力政党存在于第一世界)
(7301\01*9ju42e51,jlv00e22,pj01*\1)——(pj01*\1-0-02)
(内部政治霸道行为和法律霸道行为无关于第一世界)
(7301\02*ad01td01,jlv00e21(c33),pj01*\1;s31,pj1*bc35)
——(pj01*\1-0-03)
(当今,高级三迷信行为强相关于第一世界)
(pj01*\4ju40-0,101,pa3*\3(d01);s31,pj1*bd33)——(pj01*\4-0-00)
(当今,部分第四世界的主宰者是教帅)
(7301\02e62,jlv00e21(c33),pj01*\4)——(pj01*\4-0-01)
(拒绝行为强相关于第四世界)

上面,对第一、第二和第四世界分别给出了特殊编号概念关联式,第一世界4个;第二世界 6（7）个；第四世界 2 个。这里有两个细节需要请读者注意：一是它们只涉及第一、第二和第四世界，这是为了表明，这 3 个世界已经或将要开创自己的文明标杆，而另外三个世界不具有这一潜能；二是个别编号从"-00"开始，这是为了强调：该概念关联式所表述的世界知识对于该世界的现状具有基础性或标志性意义。

这些特殊编号概念关联式所表述的世界知识同许多概念树存在密切联系，以前在相应的概念树里都有过简要论述，但主要集中在"'心理'行为 7301"这株特大概念树里。这些论述是分散的，这分散性有两层含义：一是指论述本身所涉及的命题；二是指论述中所使用的 HNC 术语。把这些世界知识按照专论的要求（即论文的现代"八股"模式）来重新包装一番是非常必要的，对于本《全书》的读者也可以提供莫大的便利。就六个世界这一命题来说，在本浅论里来搞一下包装是合适的。但所采用的包装品——概念关联式——比较特别，必然给读者带来不便。这里恳请读者，一定要习惯这种包装方式。理由是：①其描述效率无与伦比；②概念联想脉络的建立（即内容逻辑）有赖于此。下面交代两个要点。

要点 01：概念关联式（pj01*\2-0-01）体现了本浅论的核心思考。该思考的依据前文已有比较系统的论述，这主要包括：关于中国工业化速度奇迹的论述；关于传统中华文明可以为后工业时代的政治、经济、文化理念提供独特启示的论述；关于鹰民主与鸽专制有利于拯救人类家园的论述；关于毛泽东壮举有别于斯大林壮举的论述。

要点 02：金帅、官帅和教帅是与已有（原型）三种文明标杆相匹配的 3 个核心概念，三者的 HNC 符号分别是

  金帅   p-a2*\1（d01）
  官帅   pea1*\2（d01）
  教帅   pa3*\3（d01）

三帅依次与文明主体的经济、政治、文化相挂接，前挂符号依次是"p-"、"pe"和"p"。按"组织力 zra01"来说，"pe"最强，"p-"次之，"p"最弱。

第二世界内部有两个国家（朝鲜和古巴）还处于列斯毛革命模式，关于专政"走进历史博物馆"的说法同时使用了"已经"和"正在"两个修饰语，后者就是为这两个国家而引入的，它们还能坚持多久？会转向哪个世界？这答案将主要取决于外因，而不是内因，就说到这里吧，再多说一句，就跨过"适可而止"的上限了。

2.01.3-3.3 关于第三世界

本小子节先来一段小引言，略述一下"内忧外患"问题，因为这个问题对于第三世界最为突出，而第一世界已基本不复存在。

这里的"内忧外患"是以国家为参照的，所以"内忧外患"问题关联到"国家安全"和"国家理念"问题。当今，"内忧外患"问题流行着下列 4 个基本命题，第一个叫"主权不容谈判"；第二个叫"历来属于"；第三个叫"国家核心利益"；第四个叫"人权高于主权"，这四个命题将简称"国家四命题"。这四个命题又可以区分为前后两组，各含两个命题，并分别名之"国家命题 A"和"国家命题 B"。国家与民族又是紧密联系在一起的，所以"国家四命题"的全称是"国家民族四命题"；"国家理念"的全称是"国家民族理念"。这些术语在"政治理念 d11"节（[142-1.1]）里另有说明，但该节将撰写于后，故这个小引言的文

字属于"反预说"。

西方世界历来只有（存在）"国家"和"国家安全"的概念，没有"国家理念"的概念。

与国家（祖国）或国家安全这一对概念紧密联系的主义叫民族主义或国家主义，两主义是理性的产物，而不是理念的产物。两主义必然派生出爱国与卖国、独立（分裂）与统一这两对最为敏感的政治话题，将简称"政治两选择"。

中华文明早就出现过关于"国家理念"的思考，那就是孔夫子阐释过的"兴灭国、继绝世、举逸民"，这是一种政治主张，该主张其实就是关于"国家理念"思考的先声，它在农业和工业时代属于乌托邦幻想，但在后工业时代需要重新思考它的价值。

"国家四命题"和"政治两选择"在困扰着许多国家，尤其是第三世界的国家，金帅、官帅和教帅都在利用它们操控世局。但"国家四命题"和"政治两选择"在工业时代的柏拉图洞穴里是谁也说不清楚的，因为此洞穴只讲丛林法则或三争原则，而"国家理念"需要对"丛林"与"三争"的超越，孔夫子的上述主张就体现了这种超越。

不过，现在毕竟是后工业时代了，捷克斯洛伐克向世人展示了"民族国家理念"的曙光。苏联集团崩溃以后，斯洛伐克人就提出了独立要求，当时的捷克斯洛伐克领导人完全有理由以"国家核心利益"为由而加以坚决拒绝，但时任该国总统的哈维尔先生没有这样做，于是，捷克人和斯洛伐克人就在不到两年的时间里友好地分手了，各自成立了国家。这样，哈维尔先生就既是捷克斯洛伐克的最后一任总统，又是捷克的第一任总统。不过，哈维尔先生似乎是"第一世界的自由民主政治制度乃唯一文明标杆"主张的崇奉者，因此这里还不能说：这位可敬的先生完全有资格赢得后工业时代先知的称号。

同样的事情曾同时出现在南斯拉夫，一位叫米洛舍维奇的时任总统坚决采取了维护"国家核心利益"的立场。两位总统截然不同的立场（作用）并未导致不同的最终结果（关系与状态），只不过导致了大喜与大悲的不同历程（过程与转移）而已。

捷克斯洛伐克和南斯拉夫的事变是后工业时代政治曙光的一缕呈现么？世人似乎还没有从这个历史视野予以足够的关注。当然，哈维尔和米洛舍维奇都不是孤立的个人，两位政治强人截然相反的表现是其文明传统的产物，这就是捷克和斯洛伐克被纳入第一世界而塞尔维亚被纳入第三世界的基本依据之一了。

小引言到此结束。

第三世界的人口和领土在六个世界中都居第一位（见表 8-2），横跨欧亚大陆。它的 4 位成员曾在农业时代创造过无与伦比的历史奇迹；它的两位成员曾创造过赶上工业时代列车的旷世辉煌。本小子节将先介绍这些成员的基本情况，先给出相应的国家名单，随后以浅论 01—浅论 03 进行论述。

创造过历史奇迹的 4 位成员：希腊、马其顿、蒙古国和印度。

创造过旷世辉煌的 2 位成员：俄罗斯和日本。

浅论 01：关于"创造过历史奇迹的 4 位成员"

古希腊文明是文明基因三学（神学、哲学和科学）最为齐备的唯一古老文明，这唯一性堪称世界文明最伟大的历史奇迹，因此，希腊文明完全有资格拥有"第一世界鼻祖"或"现代文明发祥地"等无上光荣的称号。当今希腊也是欧盟的成员国，但在"六个世界的国家清单"中却将它列入第三世界的第四队列，基本理由是它属于东正教的地盘。

马其顿和蒙古都曾在农业时代创造过征服欧亚大陆的历史奇迹，但也都经历过"兴亡勃忽"的历史炎凉。当今的马其顿立国还不到20年，当今的蒙古国立国还不到90年，基于对人类两位伟大祖先——亚历山大大帝和成吉思汗——的纪念，基于对孔夫子"兴灭国"王道理念的弘扬，人们就有理由赞同1991年的马其顿立国和1921的蒙古国立国，马其顿征服和蒙古国征服当然都具有征服的残酷性，后者尤为惨烈，以致在西方世界出现了一个广为传播的恐怖词语——黄祸。但两征服的历史贡献是不应忘怀的，前者有传播先进希腊文明的历史功绩；后者有使五大宗教（伊斯兰教、东正教、天主教、印度教和佛教）赢得相对平衡势态的历史功绩。[*08]

印度文明经历过最为悠扬而又大起大落又的历史历程，它不曾出现过秦汉隋唐明清（请注意：这里有意略去了元朝）中国式大一统帝国格局，却出现过多种宗教轮流坐庄的独特历史奇观；它屡遭入侵者的蹂躏，但无碍于其固有种姓制度的绵延，它不仅奉献了屈折语的共同祖先（梵语），还贡献了两大世界性宗教——佛教和印度教。这些已经足以构成全球独一无二的印度奇迹了。当今的印度是在这个世界跨入后工业时代的前夕赢得独立的，独立之前，她向这个世界奉献了一位伟人——高举非暴力主义大旗的甘地先生。因此，她在独立前后都未曾陷入暴力主义的泥潭，其文明传统和社会状态没有经历过大断裂的折腾。这样，印度的综合国力在独立以后的发展是缓慢的，其社会面貌呈现出光怪陆离的景象：既存在最落后、最野蛮的风俗，又存在"最文明、最公平"的选举；那里出现了贱民出身的女总统，出现了来于少数民族的高龄总理；最昂贵的豪宅和最大型的贫民窟、最落后的交通设施和最先进的信息技术研发中心竟然共存于同一个著名城市。总之，凡是你认为不应该并存于当今世界的东西在印度都能找到，她在20世纪的下半叶表现平平，但在21世纪的上半叶，她很可能有突出表现。因为造成中国速度的"天时、地利、人和"条件不可能长期集中于10亿以上的第一人口大国，"天时、地利、人和"向印度转移乃是21世纪必将出现的经济势态，因为她同样是10亿以上的第二人口大国，据说她将在2050年前后成为达到16亿以上的第一人口大国。当然，这个势态目前仅处于起步阶段，印度的甘地-尼赫鲁特征注定了这转移的规模与速度必将是比较漫长的，但是它会逐步加快。中国的经济总量超过美国而成为全球老大，印度的经济总量超过日本而成为全球老三肯定是21世纪上半叶就会出现的事件。那么，如何看待该事件的历史意义？

最简明的回答是：鸽民主和鸽专制都是可供选择的政治制度，前者不仅适用于第一世界，也适用于印度这样的第三世界；后者肯定不适用于第一世界，但适用于中国这样的第二世界。印度走"向第一文明标杆看齐"之路是正确的选择，中国为创建第二文明标杆而努力也是正确的选择。新老国际者都不会满意这个回答，新国际者甚至会予以严厉谴责。这里应特别申明：谴责之声是合理的和正常的，人们对普世价值观的信仰自由应该受到尊重。所有的宗教和很多的主义都拥有自己的特定普世价值观，第一世界的普世价值观应该说是所有普世价值观中最符合理性原则的一种，并在第一世界经受住了从农业时代迈向工业时代的历史检验。然而，这里必须立即补充的是：那历史检验毕竟只限于人类历史的第一次大迈进，对于从工业时代向后工业时代的第二次大迈进又如何？所以，这里要说一句与新国际者共勉的话：谴责之后最需要的东西是冷静、反思、再冷静、再反思。

关于 4 位历史奇迹成员的叙述就写这些吧。

浅论 02：关于俄罗斯

前文曾多次说过，工业时代列车是蕞尔西欧制造和开动的，原先的乘客都是第一世界根据地的一批"老头子"。后来，上来了两位特殊乘客，第一位是俄罗斯，第二位是日本，把俄罗斯送上工业时代列车的是其时代先知彼得大帝，把日本送上工业时代列车的是其时代先知明治天皇。俄罗斯早在 18 世纪就上了工业时代列车，3 个世纪以来，它有一系列非凡表现，主要是下列 4 项：拿破仑征服欧洲梦的粉碎者；第一次十月革命的操办者；希特勒瓜分世界梦的扼杀者；"苏联集团"的创立者。这 4 项非凡表现曾令那些"老头子"们羡慕、妒忌、苦恼甚至恐惧，但上帝特别眷顾这批"老头子"，第一世界竟然在根据地之外的北美洲，长出了一位"青出于蓝"的后起之秀。靠着这位杰出的后生，"老头子"们在"苏联集团"鼎盛时期，得以免除灭顶之灾，使《一九八四》恐怖灰飞烟灭。

"苏联集团"这个短语有 4 层含义，第一层叫苏联（苏维埃社会主义共和国联盟的简称）；第二层叫华约（华沙条约组织的简称）；第三层叫社会主义阵营，即经典社会主义世界；第四层可名之"后共产国际"（第三国际解散后的隐蔽形态）。"苏联集团"鼎盛时期指社会主义阵营的建立。

俄罗斯拥有"地大物博、大师辈出、救世情怀、领袖崇拜"的综合特征。这四项内容的一项或两项是许多国家都具备的，在第一世界可以选出不少杰出代表，不过，当今不可一世的美国也仅具备其中的前三项。可以说，在当今地球村的六个世界里，四项齐备的国家只有俄罗斯一个，故下文将把这一综合特征简称为俄罗斯特征。

俄罗斯特征发轫于彼得大帝，壮大于叶卡捷琳娜二世，巅峰于斯大林，回落于叶利钦。在彼得大帝登基的时候，俄罗斯还是一个十分落后的内陆国家，俄罗斯特征刚受孕于母体，是这位大帝"先知"到工业时代曙光的来临，"先知"到赶上工业时代列车的"大急"之事乃是中央集权和建立实业，"先知"到工业时代的强国必须是海洋强国。俄罗斯就这样沿着"集权-实业-海洋强国"之路登上了工业时代的列车，使俄罗斯特征日益突现。但在其发轫与壮大的 200 年间，其社会和政治制度基本上依然故我，并没有进行相应的改革，这不仅为 20 世纪的第一次十月革命营造了厚实的土壤，也为后来的巅峰与回落播下了种子，或者说埋下了"祸根"。

俄罗斯的巅峰对应于社会主义阵营的建立，俄罗斯的回落对应于苏联的解体。

"苏联集团"发生过两次解体，第一次发生于 20 世纪的 60 年代，即社会主义阵营的解体。第二次发生 20 世纪 90 年代初，即苏联解体，新俄罗斯诞生。第一次解体是"苏联集团"第四层与第三层的同步解体，第二次解体是该集团第二层与第一层的同步解体。

"苏联集团"的第二次解体受到最广泛的关注，被视为冷战结束的标志和西方阵营的完胜。相比之下，"苏联集团"的第一次解体并未得到应有的关注与研究。应该追问：如果没有第一次解体，第二次解体会那么迅速而轻易地到来么？奥威尔先生在《一九八四》里所描述的世界图景就纯然是一个绝对不可能出现的构想么？

第三类选票早已出现在六个世界的后三个世界，笔者曾设想过第四世界将成为第三类选票的典范成长地。但近年情况似乎表明，俄罗斯很有可能担当起这一历史重任，第三类选票是否比较适合于俄罗斯特征呢？这很值得研究。

前文曾说道，"工业文明清单"的 8 项内容（简称大事实）**基本**上是由第一世界独家完成的，为什么加"基本上"三字？那里还建议将大事实的第四项从"地理大发现"更名为"殖民大扩张"，这都是由于考虑到俄罗斯——工业时代列车里第一位特殊乘客——的存在。这位特殊乘客最后享受到的"特权"是其他所有乘客连做梦都不敢想的，那些初期的殖民暴发户最后全都归宿于故土，曾经抢到的土地只留下三大洋里的一些小岛（有争议的马尔维纳斯岛例外）和南美洲上的一小片陆地，其他都还回去了。但俄罗斯是"殖民大扩张"的唯一幸运儿，它抢到的大片陆地可以说一寸也没有还回去（只卖了一个阿拉斯加），这不仅包括"殖民大扩张"时期的斩获，也包括第二次世界大战前后的斩获，康德的故乡将永远成为俄罗斯的飞地。现在俄罗斯与其大部分邻国（挪威、芬兰、爱沙尼亚、拉脱维亚、立陶宛、波兰、白俄罗斯、乌克兰、阿塞拜疆、哈萨克斯坦、中国、蒙古）都已不存在"历来属于"的纠纷，仅与日本和格鲁吉亚还留有"一点"棘手的争议。这就是说，俄罗斯并没有由于苏联的解体而失去其特有的俄罗斯特征，它所失去的不过是包袱与麻烦而已。这也意味着"巅峰于斯大林"是"福兮祸所伏"的辩证表现，而"回落于叶利钦"则是"祸兮福所倚"的辩证表现。

上述"祸福相倚"和"包袱和麻烦"的说法肯定会遭到老国际者的痛斥，下面多说几句。苏联的 15 个加盟共和国都拥有自己的民族主体，宗教信仰又分别属于两个世界性宗教——东正教和伊斯兰教，有的还曾在联合国拥有自己的席位。联盟内部本来就存在着民族与宗教的潜在裂痕，民族大团结"坚如磐石"的描述不过是革命制造的假象。消除这裂痕的政治解决方案就是实行大规模移民：一方面，使俄罗斯人在各加盟国人口中占据多数；另一方面，干脆让有些少数民族迁出其原住居地。斯大林先生及其继任者都为此动了不少脑筋，并采取过可怕措施。遗憾的是，俄罗斯本来就地广人稀，人口资源不足（前已指出，俄罗斯的弱势是它的人口资源），它在自己的广袤领土上都有点自顾不暇，哪能像第二次十月革命后的中国那样游刃有余？所以，移民方案仅在乌克兰和哈萨克斯坦两国取得了些微成效。而且，当年野蛮的移民政策还种下了许多恶果，当今俄罗斯的车臣麻烦只是其中之一。后来，苏联在处理各加盟国之间的矛盾时，有时不得不采取"损强帮弱"的政策，该政策的直接受害者往往是俄罗斯，受害最大且形成永久之痛的当属克里米亚的慷慨赠与，那是轻浮的赫鲁晓夫先生干过的许多蠢事之一。

对强大苏联抱着思念之情的人不仅存在于当今的俄罗斯和所谓的独联体，也存在于中国，这些人痛恨"叛徒"戈尔巴乔夫和叶利钦，认定"苏联集团"的第二次解体是"叛徒"与帝国主义势力内外勾结、里应外合的结果。这一思维习惯还拥有很大的"市场"，不仅是那些无产阶级老革命有这个习惯，官帅及其跟随者里的糊涂人也有这个习惯。在这一点上，某些官帅与老国际者确实心有灵犀，对"叛徒"持特别警惕的态度，他们把"苏联集团"两次解体的责任都一股脑儿推到"叛徒"身上。难道他们真的一点也不明白两次解体之间的缘起关系么？真不明白"回落于叶利钦"的俄罗斯是俄罗斯的新生么？真不明白那一系列摆脱"苏联集团"的独立乃是一种解放么？真不明白苏联解体阵痛的短暂性么？真不明白中国早已不复存在导致"苏联集团"解体的地缘因素么？真不明白近年来第一世界主导的战争（包括海湾战争、科索沃战争、伊拉克战争和阿富汗战争）乃起源于某些独裁者或圣战迷信者的过度挑衅，而并非第一世界征服思维或殖民统治的历史重演么？列举了这么多"是否真不明白"，是希望为"专政历史遗产的清理"提供一些思考的线索，希望这些线索能够在新老国际者之间架起一座沟通的桥梁。

这沟通需要下列理论思考。第一，专政与专制不是同一个东西，一定要区别开来，这里的专政不是词典里定义的专政，而是特指列斯毛革命。第二，政治制度的建设只是社会制度建设的一部分，小三权分立的政治制度建设并不能替代大三权分立的社会制度建设。第三，六个世界的格局乃是一种文明格局，不是通常意义下的地缘政治格局，而文明传统具有不可消除性，因此，任何文明标杆都不可能具有"放之四海而皆准"的普适性或普世性。第四，已经进入后工业时代的国家，其经济发展早已受到经济公理的明显约束，尚处于工业时代的国家，其经济发展也将或即将受到经济公理的约束。人类面临着拯救人类家园的历史重任，金帅和官帅对需求外经的无止境鼓吹已成为该拯救行动的主要绊脚石，因此，两帅都必须逐步淡出历史舞台，而不仅仅是官帅。第五，拯救人类家园不单是一个经济课题，而是一个前所未有文明课题，该课题的首要使命就是揭示科技迷信的危害，昭示三学协同的永恒意义，应该像工业时代初期结束神学独尊那样，逐步结束科学独尊的文明生态，从而逐步摆脱后工业时代的初级阶段。第六，金帅、官帅和教帅引领的各种大忽悠是当今文明危机的总根源，这些忽悠都以名人表演的形态出现，因此，当今人类最需要树立的基本行为准则是：莫盲目跟风，别轻易粉丝。对上列六点的探索容易形成求同存异的势态，新老国际者都有用武之地，甚至可以从论敌变成朋友。

为什么把以上的话放在这里来写？是因为笔者特别看重**俄罗斯特征**及其无与伦比的独特经历，这里蕴含的智慧是不可限量的。俄罗斯已经走上了民主政治制度的道路，但它的民主与第一世界的民主明显有所不同，笔者特别希望它有所不同，希望它成为一个新东西，这里说的"新"就是指增强民主政治制度的鹰性，减少民主政治制度的鸽性。前文曾把俄罗斯昵称为"鹰民主壮汉"，并祝愿他成为未来鹰民主的典范。这里特别建议读者重温一下"个人理性行为 7332\2 的世界知识"小节（[123-3.2.2]），那有可能产生新的收获或感受。

新老国际者的共同特点是过度强调共性和一元性，过度忽视个性和多元性。就过度强调而言，两者可以说是完全一致；但过度忽视不同，两者仅在本质上一致，而形式上则有很大差异。这是黑格尔先生和马克思先生给人类思维方式留下的遗产，两位伟人的探索方式是康德式探索的背离，康德先生亲身感受过这种背离的可悲态势，所以他写下了下面的警句："我极其厌恶甚至憎恨那些时下流行的充满智慧著作中那种膨胀的虚饰，我的愚昧和错误即使再大，也不可能像具有令人诅咒的假科学那么有害。"对康德警告的过度忽视也许是 200 多年来人类犯下的最大错误吧。

当然，俄罗斯毕竟没有中华文明之仁政和王道的传统或底蕴，它同北约、格鲁吉亚和日本的争吵带着最浓重的柏拉图洞穴特征，因此，俄罗斯特征能否朝着正确的方向演进目前还是一个巨大的未知数。

俄罗斯队列有三个国家，内部也争吵不断。三国的文化传统如此接近，历史恩怨已基本得到补偿，如果大家都有一点"国家理念"的思维，不是很容易摆脱"国家安全"观念的羁绊么？

浅论02到此结束，浅论03里还有呼应性叙述。

浅论03：关于日本

日本在19世纪下半页才赶上工业时代列车，下面就来说一下工业时代列车上这位最后乘客的非凡表现。

日本赶上工业时代列车的时候，"殖民大扩张"早已结束了，它是一个岛国，其初期扩张目标只能局限在两个方面：一是从邻近的积弱清帝国"掏宝"；二是从"列强重新洗牌"的游戏中"渔利"。这两招到第一次世界大战结束时都取得重大进展，"掏宝"大有斩获（掏得了台湾和朝鲜半岛），但渔利不多（仅在山东半岛取代了德国的特殊地位），还未能走向世界。依据自古以来的丛林法则和三争原则，其下一步扩张目标就锁定于"独控中国"和"独霸西太平洋地域"，对当时的日本来说，这是最自然不过的理性选择（这里选择"理性"一词，错了么）。时机也十分凑巧，20世纪30年代，法西斯主义的德国和意大利崛起于欧洲，西欧的老牌"列强"们和美国都遇到了资本主义世界在整个工业时代的最大萧条，苏联成了整个西方列强的眼中钉。于是，这位最后上车的乘客觉得，一个千载难逢的天赐良机到了，它可以推进其独控与独霸的雄心了，实现这一雄心的唯一途径是"重新洗牌"，而德国和意大利就自然成为其天然盟友。两次世界大战就是工业时代列强之间的两次重新洗牌，这一点，列宁先生没有说错。第一次重新洗牌后，日本是受益者；第二次重新洗牌后，美国和苏联是硕果仅存的两位受益巨人，其他列强不仅没有受益，还面临着放弃工业时代以来一切领土扩张收益的严峻势态，德国和日本作为战败国而首当其冲，德国放弃了大片"历来属于"的领土，日本归还了其全部的"掏宝"和"渔利"所得。

但是，德国和日本却因此而"因祸得福"，两位战败国从此定下心来，专心致志走技术强国之路。如今，全部传统强国里只有这两位名列全球贸易顺差之"骄子"，其他都已变成贸易逆差之"乞丐"，那位曾经不可一世的"骄子王"（美国）已沦落成为"丐帮帮主"，而日本曾一度登上"骄子王"的宝座。

在日本登上"骄子王"宝座的短暂时间里，曾一度引起胡乱惊呼，接着是持续至今的胡乱责怪。胡乱惊呼者，预测日本经济总量即将超过美国也；胡乱责怪者，日本当年不应该屈服于美国的压力而将日元迅速升值也。其实，日元升值之日，正值日本步入后工业时代之时，随后经济增速的减缓，乃经济公理所决定之经济常态，非日元升值之罪也。

日本本来不属于第一世界，同所有第一世界发源地之外地区一样，曾是全球征服浪潮（即"殖民大扩张"）的对象。它不具备俄罗斯的地缘优势，沦为殖民地的危险性不低于甚至高于东亚的其他国家，但是，它不仅没有沦为殖民地，还能急起直追，挤进那个时代的征服者行列。对于第三世界的这两位"怪杰"，前文已有多处描述，这里需要补充的是，日本先是追赶俄罗斯，成为工业时代列车上的第二位外来乘客，也是工业时代列车的最后一名乘客。后来则超越了俄罗斯，成为后工业时代列车的首批乘客，与第一世界同步进入后工业时代，完全有资格获得时代列车最精明乘客的称号。后工业时代列车的首批乘客都应该享有"人均财富上限"的适度优惠，这是经济理念的意见日本应该以此为荣，以此为足。

但是，时代列车最精明乘客的称号既是光荣，也是罪恶与耻辱。不要光是念叨光荣，也要对罪恶与耻辱有足够的反思,虚心向德国人学习,这是政治理念的意见。

日本的人口资源强于那些欧洲的老牌列强,因此,其经济总量在 20 世纪下半页超过欧洲三强(德英法)乃是一种自然的经济势态。在人类进入 21 世纪的时候,日本经济总量雄居全球第二,但这个亚军的位子即将让位于中国,不仅如此,其季军位置也必将不保,Bric 的另外 3 位成员(印度、巴西和俄罗斯)都可能超过它,印度和巴西的超越更是没有任何疑义的。那么,在这后工业时代需要摆脱初级阶段的大历史转折关头,能否期望这位时代列车的最精明乘客再次最精明一把?这当然是一个乌托邦幻想。但在农业和工业时代不可实现的乌托邦,在后工业时代不一定是完全不可实现的,所以下面就略说一下该幻想的要点。

前文说到"国家四命题"及它包含的"国家命题 A"和"国家命题 B",这些术语便于叙述当今世界的外交形势侧面,如表 8-5 所示:

表 8-5 国家命题困扰

	国家命题 A 困扰	国家命题 B 困扰
第一世界	无	困扰他人
第二世界	中度	重度
第三世界	重度	中度
第四世界	中度	重度
第五世界	无	中度
第六世界	轻度	轻度

第三世界有最多国家受到"国家命题 A"的重度困扰,这包括印度、俄罗斯、日本,以及希腊、格鲁吉亚、亚美尼亚、塞浦路斯、韩国等。印度困扰的相关者有中国和巴基斯坦;俄罗斯困扰的相关者有日本和格鲁吉亚,还有潜在的乌克兰和白俄罗斯,日本困扰的相关者有俄罗斯、中国和韩国。解决"国家命题 A"困扰的传统有效方式就是武力占据或夺取,从这个角度来说,在印度、俄罗斯和日本这三个国家中,俄罗斯处于绝对有利地位,印度居中,日本最为不利。日本只能通过外交途径解决北方四岛、钓鱼岛和独岛的争端,但日本已经失去了外交途径的最佳时机,往后只会对日本越来越不利。那么,日本为什么不可以在这一势态下再精明一把呢?这再精明最需要的是智慧,而不是智能。这智慧就是特指对"主权不容谈判"和"历来属于"这两条"国家命题 A"公理的反思,反思的起点是:主权不是不可以谈判的,"历来属于"是可以(过)渡(转)让的,这样就有可能创建"**主权共享**"的概念甚至"**主权渡让**"的概念,在后工业时代的中级阶段,这样的概念不是绝对不可接受的。

幻想要点就写这些吧。这些话也可供所有有关国家参考,特别是那位"殖民大扩张"的唯一幸运儿——俄罗斯,南千岛群岛(即日本的北方四岛)虽然事关其太平洋舰队的大门,但总不能像处理其他抢得的大片陆地那样,也来一个寸土不让吧。

表 8-5 有不少细节需要说明,这放在本分节的最后。

浅论 03 就此结束,下面继续通论方式。

第三世界是一个大杂烩,大体上可分为 4 片:北片、东片、南片和东南片,北片以俄罗斯为标志,东片以日本和韩国为标志,南片以印度的标志,东南片无标志性国家,但有一个经济联盟，有可能发展成为不同文明融合的未来样板。总之，第三世界的地缘、民族、宗教和文化特征极为复杂，它不可能像第一世界那样，组成以自身为主导的各种同盟（如北约、欧盟、北美自由贸易区、美澳同盟、美日同盟等）。但这个大杂烩出现了一个文明倾向的主流，那就是向第一世界及其文明标杆看齐，故第三世界被命名为经典文明模拟世界。

不过，看齐的程度存在很大差异，在"六个世界的国家清单"里，第三世界被划分为六个队列：由印度代表的南亚队列（南片）、由俄罗斯代表的俄-乌队列（北片）、由日本代表的东亚队列（东片）、由泰国代表的东南亚队列、由希腊代表的东正教队列、由格鲁吉亚代表的基督教队列。从这些队列的命名可以看到，不仅整个第三世界根本不存在一个共同的文明连接纽带，某些队列内部也不存在，东南亚和南亚队列是最明显的例子，本身也是一个大杂烩。

第三世界除了鸽民主的主流文明倾向之外，其北片和东南亚队列还存在着向鹰民主甚至鸽专政看齐的倾向。在这两个队列的所在地区，表面上是国家命题的困扰比较热闹，实际上三种文明标杆在进行着静悄悄的博弈，不过人们未从这一视野加以考察罢了。俄罗斯的发展动向虽然最为特别，但它毕竟脱离不了第三世界的宿命。

在"第三世界国家清单"里，印度是第一队列之首，日本是第二队列之首，俄罗斯是第三队列之首。这个排序暗含着一项关于第三世界的未来展望，印度队列的作用将是第一位的，日本队列的作用将是第二位的，俄罗斯队列的作用将降为第三位。印度队列的优势是人口资源，弱势是自然资源；日本队列的优势是技术资源，弱势是自然资源，人口资源如果算上菲律宾的话，并非弱势。俄罗斯队列的优势是自然资源和技术资源，弱势是人口资源；人口与自然资源具有状态的稳定性，技术资源具有过程的易变性，这叫做不以人之意志为转移的客观规律。因此，日本和俄罗斯不愿意看到这个前景是一回事，但它必将到来是另一回事。

2.01.3-3.4 关于第四世界

从图8-1可见，第四世界不与第一世界接壤，这也是笔者将欧盟正式成员国的希腊、罗马尼亚和保加利亚等都纳入第三世界的原因之一。划分第四世界的基本依据就是该国以伊斯兰教为国教或穆斯林占据该国人口的大多数，这样，第四世界的基本特征就是：其神职人员的作用远大于其他世界，第四世界亦称伊斯兰世界。

穆斯林只进不出，具有不可同化性，这一宗教特征是所有其他任何宗教不可比拟的。不可同化性不能等同于绝对封闭性和绝对排他性，但两者之间必然强交式关联。儒家文化曾同化过进占或移居中华大地的所有少数民族（据说包括犹太人），但穆斯林是绝无仅有的例外。穆斯林之不可同化性的例证太多了，笔者曾有过亲身感受（来于一位维吾尔族研究生）。如果用现代文明的视野来去考察穆斯林文明的基本特征，那么可以明显地看到，其"平等"（这里加引号，因为男女平等在外）与协同要素非常独特，又非常厚实，但自由这一要素却几乎不存在。仅仅基于这一点，你就不难明白，第一世界所创立的第一文明标杆不可能具有全球普适性或普世性，因为该文明标杆的核心价值观是自由，也叫自由意志，这个概念是第四世界很难或不可能接受的。三种文明标杆和六个世界是HNC提出的两个术语，这里顺便交代一声，该术语的缘起之一就是关于穆斯林不可同化性的反复思考。穆斯林的这一文明特征是一项非常特殊的世界知识，曾定名为第三位世界知识。

第四世界对自身文明传统的自信度居六个世界之首，第一世界对自身文明传统的自豪度居六个世界之首,这两个"之首"不是一般意义下的冠军,而是绝对性或极致性冠军。第四世界的极致自信度源自其不可同化性,第一世界的极致自豪度源自其工业文明或现代文明创建者的独特身份。工业或现代文明这个词语在六个世界实际上各有不同的理解,第一世界作为该文明的创建者,理所当然地认为它拥有至高无上的解释权,该解释的简化版本可概括为"政治民主化、经济市场化、文化自由化",这"三化"还可以进一步凝练成"一化",那就是"社会自由化"。所以,罗斯福先生把他心目中的理想社会概括成"四大自由"(言论自由、信仰自由、免于匮乏的自由和免于恐惧的自由)的著名描述。如果从语义学的角度去考察"四大自由",那多少是有点内在语病的,因为"免于匮乏"和"免于恐惧"同自由没有直接联系。不过,英语的表述没有问题,前两项自由用的是"freedom of"组合形式,后两项自由用的是"freedom from"组合形式,汉语的翻译也十分传神,前两个使用"意合"形式,后两个使用了"免于XX"加"的"组合形式,这就把语义学的内在语病巧妙地掩盖过去了。

新国际者无一不推崇"四大自由",笔者也同样推崇。因为"四大自由"是罗斯福先生对战后世界的美好憧憬或展望——"两有两无",有言论自由、有信仰自由;无战争、无贫困,这个展望很了不起,是超时代的,比他的"战友"丘吉尔先生和斯大林先生高明很多,已经在第一世界的范围内基本实现了。罗斯福先生论述中的世界是全世界,但他实际熟悉的世界只是第一世界,他十分了解第一世界的险恶,但并不充分了解第一世界之外的险恶,因此,在第二次世界大战中,他对丘吉尔的警觉甚至超过对斯大林的警觉,他对蒋介石的警觉也超过对毛泽东的警觉。因此,斯大林和毛泽东两位先生对罗斯福的成功忽悠是非常有趣的历史事件,且影响深远,这有点离题了,打住吧。这里想告诉读者的是,"四大自由"的内在语病是不可忽视的,它给人一种"自由是包医百病的社会仙丹"的错觉。在后工业时代初级阶段的当下,这一错觉十分有害,它必然导致自由迷信。小布什先生就曾被这一迷信害得很惨,伊拉克战争在战术上十分成功,但在战略上却十分失败,失败的根源之一就是该迷信造成的一系列误导。实际上,"两有两无"的表述才更符合"四大自由"的原意,且不会引发自由迷信的后遗症。

第四世界具有自己的特殊观念和语言,这里想说的是:自由这个术语或观念不仅很难得到第四世界的认同,甚至会遭到厌恶和仇视。有必要把这个观念强加于第四世界么?人家的"平等"与协同传统不也是一个很好的东西么?在这里,"和而不同"的明智主张不是大有用武之地么?不是一个很smart的东西么?

民主政治制度不是必须植根于自由,它也可以植根于平等与协同。但缺乏自由传统的民主必然与植根于自由的民主有所不同,将是另一种类型的民主,是一种不同于当今第一世界所创建的民主,前文把它命名为鹰民主或"新型"民主,而把当今第一世界的民主命名为鸽民主。鸽民主以自由意志和自主型选票的神圣性为前提,鹰民主对这一前提持否定态度,但不否定认同型选票的合法性与合理性。那么,鹰民主政治制度是否最能适应第四世界"神职人员的作用远大于其他世界"的文明特征呢?这是一个重大而复杂的广义社会学课题,需要各路专家的综合探索,但从世界知识的视野来看,这几乎是不言而喻的公理。

鸽民主政治制度已进入老年期,这意味着成熟,同时也意味着其活力的衰退,已表现出不能适应后工业时代新挑战的明显颓势。鹰民主政治制度尚未成型,第四世界本来拥有创建鹰民主政治制度的合适社会环境,有很多国家拥有探索并实践这一创建的内外条件,可惜都错过了有利时机。这里有新老国际者干扰的因素，但毕竟不是基本因素，基本因素是尚未出现相应的先知政治家。工业时代不是曾在第三世界的俄罗斯和日本诞生过那样的政治家么？笔者据此深信，后工业时代的先知政治家也将诞生于第四世界，虽然第三世界的俄罗斯目前走在鹰民主探索的前列，在充当着鹰民主壮汉的角色。

当今世界最鲜明的标志是"G7-G8-G20"的演变，G7 是第一世界的 G6 加第三世界的日本，G8 是 G7 再加上第三世界的俄罗斯，这两位 G8 的特殊成员就是工业时代列车最后上车的两位乘客。G20 则包含六个世界的代表性国家，按六个世界的顺序，可以给出关于 G7、G8 和 G20 的下列表示式

```
G7=6+0+1+0+0+0
G8=6+0+2+0+0+0
G20=8+1+4+3+1+3
```

"G7-G8-G20"反映了全球政治-经济-文化格局的重大变化，如果说 G7 仅属于经济的单一视野；G8 不过是经济与政治综合视野的简单升级；那 G20 则是政治-经济-文化综合视野的全面升级了。这全面升级的设计者是第一世界，但并未引起其他世界的重大异议，将来如果有所变动的话，那就是把第五世界的代表增加 1—2 位，于是 G20 将变成 G21 或 G22，其他 5 方世界代表的稳定性都是比较有保证的。G20 的汉语名称叫"20 国集团"，此译文的"集团"二字极为不妥，有人热衷于把 G20 简化为 G2，那更是极度无知的表现了。G20 的通常描述是"占全球 GDP 的 90%，全球贸易额的 80% 及全球人口的三分之二"。这个说法仅反映了金帅所习惯的纯经济视野，比较合适的描述应该是：G20 聚合了六个世界的合适代表，是三种文明标杆原型交换各自主张的合适场所。它目前仅集中关注全球的经济话题，将来可以逐步向全球的政治与文化话题扩展。它今天只是一个经济政策协调的平台，祝愿它将来也成为一个政治协商与文化争鸣的平台，从而有益于大三权分立理念的培育，有利于新型民主和新型专制政治制度的创建。

在 G20 中，第四世界的三位代表特别值得注意，其简况如表 8-6 所示。

表 8-6　G20 的三位第四世界代表国简况

	人均 GDP/美元	人口/人	政体	地区
土耳其	8 730	7 256 万	议会制	西亚
沙特	17 700	2 370 万	君主制	中东
印尼	2 230	2.22 亿	总统制	东南亚

土耳其是早已进行过成功政治改革的国家，沙特是依然保持君主制的国家，印尼是人口超过 2 亿的国家，这三个国家的代表地位都非常稳固。土耳其的稳固性主要来于它不仅是第四世界政治改革的前驱，甚至堪称第一世界之外的全球榜样，因为它在 20 世纪上半叶出了一位政治先知人物凯末尔；现在，它正积极进行加入欧盟的经济与政治运作。沙特的稳固性主要来于它是现代君主制的典范，第四世界是六个世界里君主制依然占有重要地位的唯一世界，沙特左邻右舍的"大"君主都垮台了，唯有它屹然不动，可见君主制也并非与现代化绝对不相容，现代化的君主制不也是一种文化遗产么？沙特屹立的客观因素有得天独厚的石油

资源、独一无二宗教遗荫（圣地麦加）、周边国家的频繁政变与动乱，主观因素是沙特王室的因应措施比较适当。印尼的稳固性主要来于它拥有 2 亿以上的人口。第四世界虽然已经拥有三个人口超过 1 亿的国家，不久的将来还会出现 2—3 个，但人口最终超过 3 亿的国家应该只有印尼一个。印尼目前是人口第四大国，将来会超越美国而成为人口第三大国，而印度会超越中国成为人口第一大国。

第四世界的三位 G20 代表诚然各具鲜明特色，但不足以表达第四世界的全貌。在"六个世界的国家清单"里，第四世界被划分为 9 个队列，它们依次是：土耳其-伊拉克队列、沙特队列、伊朗队列、中亚队列、南亚队列、东南亚队列、北非队列、西北非队列和东北非队列。这 9 个队列的基本状况如表 8-7 所示。

表 8-7　第四世界 9 队列的基本状况

	国家数/个	位置	人口/亿人	民族	政治状态	经济状态	对美国的态度
土耳其-伊拉克队列	4	欧亚	1.1694	多	民主制	多态	友好
沙特队列	7	中东	0.4367	阿拉伯	君主制	良好	友好
伊朗队列	5	西中亚	1.5302	多	未定	差	敌视
中亚队列	5	中亚	0.6288	突厥	待定	多态	无敌意
南亚队列	3	南亚	3.1129	多	准定	差	无敌意
东南亚队列	3	东南亚	2.5911	多	准定	良好	无敌意
北非队列	5	北非	1.6118	阿拉伯	待定	多态	无敌意
西北非队列	6	西北非	0.6249	多	待定	差	小摩擦
东北非队列	3	东北非	0.5037	多	未定	极差	敌视

表 8-7 对第四世界各队列的政治状态按其不确定度采用 4 级描述方式：未定—待定—准定—已定。最不确定者为未定，最确定者为已定。第四世界无已定之国，却存在大量未定与待定之国。这 4 级描述也可简化两级描述：未定（含待定）与已定（含准定）。未定者：存在国家最高领导人终身制或存在父子相传的政治模式也，可简称变相君主制也。目前伊朗队列里的伊朗和叙利亚、北非队列里的利比亚和埃及、伊拉克战争前的伊拉克都属于变相君主制。

这里，把伊拉克纳入了第四世界民主制的第一队列，把阿富汗纳入了变相君主制的第三队列，这样的处理乃基于对这两个国家前景的不同展望。伊拉克资源富饶，经济上容易翻身，大多数伊拉克人曾深受变相君主制之苦，其脆弱的民主有希望走向健壮。阿富汗的情况恰恰相反，这样的国度需要强人统治，脆弱的民主政治只会带来弊大于利的消极效应。第一世界在阿富汗已陷于骑虎难下的困境，摆脱困境的有效方式是帮助阿富汗暂时回到强人政治模式，不再过度迷信那个选票政治。

第四世界依靠其强壮的宗教纽带而存在着，但其民族和地缘纽带的弱点同第三世界一样，不可能形成第四世界的统一政治经济力量。

2.01.3-3.5　关于第五世界

第五世界在工业时代的"殖民大扩张"时期全部沦为西欧各位暴发户的殖民地，大量的人口被贩运到美洲做奴隶。其被殖民遭遇的悲惨程度远大于亚洲和北非的殖民地,但与美洲和大洋洲的土著相比,则又有天壤之别,毕竟他们最终还得以保住自己原来的地盘,在第二次大战后相继赢得了独立,形成了当今的第五世界。

第五世界定义为非穆斯林主宰的非洲,命名为部落基础世界,因为农业时代初级阶段的部落特征依然强存在于这个世界。该世界仅在北面与撒哈拉以南的第四世界接壤,与另外四个世界是隔离的,东南西三面都是大洋,东面是印度洋,西面是南大西洋,地理环境可以说与第六世界的主体部分(南美洲)雷同,人文环境与整个第六世界雷同,这一点非常有趣。

在"六个世界的国家清单"里,第五世界被划分为5个队列,划分的依据仅仅是地理与宗教两个因素。国家名单拷贝如下,后附相应地图。

塞拉利昂、利比里亚、科特迪瓦、布基纳法索、加纳、多哥、贝宁、尼日利亚;

乍得、中非、埃塞俄比亚、厄立特里亚;

喀麦隆、加蓬、刚果(布)、刚果(金)、乌干达、卢旺达、布隆迪、肯尼亚、坦桑尼亚;安哥拉、赞比亚、马拉维、莫桑比克、马达加斯加;

纳米比亚、博茨瓦纳、南非、斯威士兰王国、莱索托王国、津巴布韦。

第一队列与第二队列的国家都与第四世界接壤,穆斯林的人口比重都比较大,占一半左右。两者的差异在于接壤度,第一队列的接壤度比较小,第二队列的接壤度比较大。如果以第四世界为参照,那就可以形象地说:第二队列是嵌入者,分东西两块,各有两个国家。西部嵌入国家分别叫乍得和中非,东部嵌入国家分别叫埃塞俄比亚和厄立特里亚。基于前述伊斯兰教特征,第二队列未来很有可能最先纳入第四世界,而第一队列国家的"内乱"似乎比其他队列的国家更难以消除。

第三到第五队列的划分仅具地理意义,第三队列可名之西非队列,第四队列可名之东非队列,第五队列可名之南非队列。三队列可总称第五世界的本征队列,其基本特征是:原宗主国的影响比较大;伊斯兰世界的影响甚微;但曾受到社会主义旗帜的普遍误导;若干国家经历过列斯毛革命的折腾,个别国家遭受过种族主义的伤害,故该队列在20世纪下半叶基本上是在转型的阵痛中虚度过来的。现在,那误导、折腾和伤害已趋于消失,第一、第二和第三世界的主体国家(这包括美国、欧盟、中国、印度、俄罗斯和日本)都在争相向这个队列要宠,该队列迈向工业时代的天时、地理和人和条件已比较齐备,21世纪的上半叶不可能再是一个虚度的时段了。

这就是说,第五世界也可两分为本征队列和非本征队列,前者将有一个光明的21世纪,而后者的前景则显得不那么明朗,G20把南非选为第四世界的代表是比较明智的举措。以上仅就两队列的共相而言,至于其各自内部的殊相,那就属于专家知识的范畴了。

2.01.3-3.6 关于第六世界

第六世界定义为墨西哥及其以南的美洲,叫拉丁美洲,命名为征服遗裔世界。这个世界,原土著居民的命运与第一世界新疆域的状况并没有本质不同,那么,为什么不把这大片疆域算作第一世界的新疆域?这主要是基于居民构成的区别。第一世界新疆域的居民主要是第一世界发源地移民的后代,这个说法似乎可以移用于第六世界,但实质上并不适用。说得粗鲁一点吧,第六世界的居民主要是杂种,其父系祖先虽然也来于第一世界,但母系不是。携家带口来到第六世界的正经八百移民是少数,仅限于个别国家(如阿根廷和乌拉圭)。绝大多数国家的祖先是一批征服者,一批光棍海盗,他们不得不与土著妇女结合而繁衍后代,这就是征服遗裔这一命名的依据了。

第二次十月革命后的中国曾流行一个短语[*09],叫"亚非拉民族解放运动",这个短语里的"拉"是典型的语言面具,因为,第六世界的民族解放运动早在19世纪的上半叶就基本完成了,比亚非的民族解放运动早了1个半世纪。但赢得独立后的第六世界却彷徨了1个半世纪以上,征服遗裔与长期彷徨之间是否存在某种关联性呢?提出这样的问题当然极不明智甚至是愚蠢的,但这样的思考是必要的并俨然潜在着[注08]。

经过1个半世纪的彷徨与磨炼,第六世界正在形成多样化的发展道路,鸽民主、鹰民主和鸽专政都可供选择,并似乎都已出现了相应的样板,不要强求用一种社会模式去规范整个第六世界。第六世界是各种民族的大花园,既有白人的家园,也有黑人甚至印第安人的家园,但主要是混血种人的家园。近年来,巴西和智利的表现备受世人瞩目,但第六世界的其他多数国家不会因此而向他们看齐。

第六世界的国家清单划分为4个队列,前两个队列属于地理上的北美洲,可简称北队列;后两个队列属于地理上的南美洲,可简称南队列。南队列又各以","标记成两组,这就不说明了。古巴在地理上属于第六世界的北队列,但未进入该队列的名单,因为它属于第二世界。

2.01.3-4 关于六个世界与三种文明标杆论断的回应

上面对六个世界的概念给出了一个比较系统的描述,其中多次使用了三种文明标杆的概念。六个世界的概念或许不难被接受,但三种文明标杆的概念一定很难,一定会被误解很长一段时间,因此,在这里作一个回应性叙述是适当的。

六个世界这个概念最早是在"科技迷信7102ad01综述"([121-0.2.1-2])这一分节里提出来的,三种文明标杆乃是六个世界的必然产物。六个世界的概念不认同"世界是平的"这一说法,如果"世界是平的",那六个世界的说法就没有多少实际意义,也不需要多种文明标杆的说法了;如果这个世界只需要一种文明标杆,那世界确实会变成平的,普世价值的说法也就自然成立了。可惜地球村的实际情况不是这样简单,于是,本《全书》对"六个世界"提出了"三种文明标杆"说,但该说的提出并没有紧随在"六个世界"说之后,而是直到"期望行为7301\21"([123-0.1.2.1])这一子节才正式提出。"六个世界"与"三种文明标杆"可以说是一对孪生概念,但两者的出现竟然相隔26株概念树[*09]的巨大间距,这完全违背孪生的常识。为什么要这么做呢?其原因之一是:西方世界一直存在一个巨大误解,以为上帝在漫长的农业时代,只造了一对亚当与夏娃,其实不是,当时上帝至少造了三对亚当与夏娃。在短暂的工业时代,上帝诚然只造了一对亚当与夏娃,两人的名字叫资本和技术。在今后更漫长的后工业时代,上帝必将再造3对新的亚当与夏娃,他们的名字属于上帝的秘密,不敢妄加推测。这些是"三种文明标杆"说的思考起点之一。

在从六个世界到三种文明标杆之26株概念树的巨大概念空间里,本《全书》安排了大量的世界知识为三种标杆说提供哲学与科学依据,这包括三个系列:一是文明演变说,对文明演变进行了作用效应链的全方位考察,这包括作用效应侧面的文明三基因说、过程转移侧面的从神学独尊到科学独尊的转变说和关系状态侧面的文明三主体说;二是工业时代柏拉图洞穴说,这包括后工业时代初级阶段及其时代性危机说、经济公理说、三帅(金帅、官帅与教师）主宰说、小三权分立与大三权分立说；三是基督文明、中华文明和伊斯兰文明的历史地位说，这包括伊斯兰世界与基督世界千年地盘争夺平手说、中华文明长寿主因说、中国式断裂说、马克思答案的浪漫理性特征说、工业时代列车的早期乘客（蕞尔西欧）说和两位特殊乘客（俄罗斯和日本）说。在经过这一系列的世界知识铺垫以后，三种文明标杆说似乎可以显得不那么突兀了。

但是，三种文明标杆说在今天毕竟还是一种憧憬，新国际者对此肯定嗤之以鼻。所以，后来又补充了马克思主义与列斯毛主义（革命）区别说、专政（即列斯毛革命）与专制区别说、两类民主（鸽民主与鹰民主）与两类专制（鸽专制与鹰专制）说、三种选票说。基于这一系列论说，最后冒天下之大不韪，给出了"专制是永恒的，而专政只是历史的一瞬"这一貌似荒谬绝伦的论断。

新老国际者也许都不难接受鹰民主的概念，都不能不认同伊斯兰世界（第四世界）的赫然存在，但都绝对不能接受这样的建议：第二文明标杆需要注入传统中华文明的核心理念，该核心理念曾简称"16字理念"——仁义自强、孝悌忠信、君子达观、仁政王道。这个核心理念里的一些要素是第一文明标杆所缺乏的，特别是其中的"仁、君子和王道"。"16字理念"的注入乃是第二文明标杆将来得以茁壮成长的关键，所以，前面曾花费一定文字对此进行了粗浅说明。笔者以为：新老国际者都应该从各自的前辈那里吸取滥用浪漫理性和功利理性的历史教训，为中国式断裂做点修补工作，民主与专制或自由与禁锢不过是语言概念空间里十分狭隘的一隅，虽然它十分重要，但毕竟只是工业时代柏拉图洞穴的一角，在这个狭隘隅角之外，还存在十分广阔的世界景象，特别是洞穴之外的景象，将简称洞外景象，它比洞内景象更值得关注，下面以两个故事为引子描述一点洞外景象。

第一个故事涉及"苏联集团"的最外层结构，即"后共产国际"。20世纪后半叶，"后共产国际"曾在亚非拉都干出过一系列惊天动地的大事。现在留下记忆的似乎只有柬埔寨的波尔布特，其实最值得回忆的是印尼的艾地、刚果（金）的卢蒙巴和智利的阿连德，不幸的是：这三位革命家分别遇到了可怕的对手，那就是印尼的苏哈托、刚果（金）的蒙博托和智利的皮诺切克。这三位臭名昭著的独裁者扑灭了列斯毛的三柱"圣火"，写下了"专制战胜专政"的经典"范例"。这"范例"可纳入洞外景象，它清楚表明：老国际最凶恶的敌人并不是民主，而是"本是同根生"的专制；新国际最可靠的朋友不单是民主，也可以是专制。这就是说，民主可以是老国际的益友（毛泽东先生最明白这个奥秘，并最善于利用这批益友），而专制可以是新国际的战友。可见"新老国际者之间没有共同语言"的说法不过是对洞内景象的描述，是自由教条和专政余毒所造成的假象，而不是历史本身的真相，洞外景象才更接近历史真相。

像工业时代曙光的降临一样，后工业时代曙光的降临也是静悄悄的，后工业时代的棋局刚刚开始，你得静下心来去细心观察和体会，才能够看到洞外景象的一些眉目。新老国际者不应该继续彼此为敌，你们的共同敌人实际上依附在自己身上，那主要是金帅新秀向全人类施用的各种迷幻剂，那毒性最大的迷幻剂叫需求外经或现代四字真经，它是遮蔽洞外景象的主要屏障。至于那官帅前辈施用过的迷幻剂——无产阶级专政或人民民主专政——已经没有多少"市场"了，若有人还迷恋它，不识其屏障作用的真面目，那真是愚不可及了。

第二个故事要从钢的年产量说起，中国占有的份额已是全球的一半以上，中国的钢铁生产能力是"斯大林梦想"的10倍以上，是毛泽东"大跃进"运动实际完成指标的100倍以上。当今全球的钢铁需求、机械制造需求、造船需求、铁路与公路建设需求、住房建设需求、电器与信息设备制造需求甚至汽车需求，中国都已经或即将承担起50%以上的份额，有些甚至不难承担起80%以上的份额，中国的实物财富制造力已经是打遍天下无敌手，这是中国崛起或中国势头的基本态势。但中国的过度承担必将造成全球经济格局的巨大不平衡，第一世界开始注意到这一不平衡的严重后果了，这是金帅始料未及的，于是出现了金帅与官帅蜜月期的暂时波折。但两帅的蜜月期不会就此终结，因为两帅都明白：主要由第一世界创造的技术奇迹目前只有第二世界的中国具备加以高效利用的无比能力。然而，这个蜜月期毕竟是不可持续的，因为第一世界依然沉浸在"自由至上"的单一文明标杆里，而这个地球村显然不是单个文明标杆所能治理的，拯救人类家园需要多种文明标杆的协同与圆融。

金帅还没有真正认识到：虚拟经济充当不了后工业时代的经济救星，虚拟经济必须建立在相应实体经济的基础之上，这叫作"基础决定上层建筑"或"皮之不存，毛将焉附"。虚拟经济改变不了经济公理所决定的经济大势，某些自以为很懂虚拟经济学奥秘的经济学家实际上不懂得这一条最简明的公理，他们的乱放炮不过是为新国际者和民族主义者制造一些幻觉和错觉而已。整个第一世界和日本的经济发展水平已进入了经济公理曲线的后段（即后工业时代的时间段），这决定了他们不可能再回到工业时代的好日子。他们现在所面临的衰退不再是工业时代的衰退了，他们期待的复苏也不可能是工业时代的复苏了。那些产生于工业时代的许多伟大经济学发现或成果，作为经济现象的一种描述手段，已经不适用于那些后工业时代豪华历史列车上的先到乘客了，也不完全适用于那些工业时代快速历史列车上的迟到乘客了，特别不适用于那位最特殊的乘客——中国。你们（指第一世界，下同）不能再留恋那个只有你们加上俄罗斯和日本独占工业时代快速历史列车的"美妙"时光了。21世纪最基本的洞外景象就是：你们带着第三世界的日本已经换乘了后工业时代的豪华历史列车，其他五个世界的全体成员或已经搭上了工业时代的快速历史列车，或正在入站口排队检票。该景象里最特殊、最值得关注的画面已经不再是第三世界的日本竟然成为豪华历史列车上的一位特殊乘客，而是中国已赫然成为快速历史列车上的一位特殊乘客，这是21世纪世界文明格局的最大看点。

写到这里的时候，笔者收到了智者传来的《对话》续篇，它正好是笔者所渴望另请的高明，所以，下文就请这位高明做全权代表了。续篇里增加了一位对话者，是智者的朋友，代号立者，最年轻，也许取自"三十而立"的短语吧。

《对话》续篇的内容与上面的部分论述有所重复，老者世伯提出了一系列批评，但笔者决定对已写的东西保持原样。两位年轻朋友在中国西游之后，并未来到北京，而直接作印环之游了，祝他们旅途愉快。借两位之助，本小节到此结束。

《对话》续篇全文拷贝如下，未作一字改动，只加了几个注释，标题改成《对话》续1，因为将来可能还有《对话》续2。本次对话谈论了5个话题，将标记为[3.1]-[3.5]，以与《对话》接轨。

注 释

[注01] 美国的反思包括：黑奴制度的废除、种族歧视的逐步取消、土著居民状态的逐步改善、对第二

次世界大战战期间迫害日裔美国人的致歉等。

[注02] 俄罗斯的反思动作包括：让少数民族（如车臣人、鞑靼人）迁回原居住地，对卡廷惨案的态度转变（从断然否认到承认并向波兰表示了歉意），将克里米亚送给乌克兰等。

[注03] 康德式批判即指康德的三批判：《纯粹理性批判》、《实践理性批判》和《判断力批判》，对"双六"需要类似的三批判：可分别名之"马克思答案批判"、"列斯毛革命批判"和"普世说批判"。如同《判断力批判》不仅针对理性一样，《普世说批判》也不仅只是针对"双六"，还要针对以"需求外经"为核心的过度自由论。

[注04] 这里的早期是不可省略的修饰语，因为晚期的孙中山先生似乎变成了老三崇拜者。

[注05] 绝对权力政党指唯一具备执政资格的政党，宪法对其唯一性资格予以确认。其他政党可以参政和议政，但不具备执政资格。

[注06] 独大政党是这里才引入的术语，其HNC映射符号是a11ic22（c01），指长期执政的政党，但宪法不予唯一性确认，不排除其他政党也具有执政资格。

[注07] 文明基本命题是："人类是怎么跨进现代文明的呢？人类历史的发展阶段应该如何划分呢？现代文明又将走向何方呢？"分别名之人类文明的第一、第二和第三命题，"统称"文明基本命题。"在文明基本命题的众多答案中，最有深度和最有影响力的一个是著名的马克思答案。"具体论述见[123-2.1-1]分节（理想行为73219的世界知识）。

[注08] 20世纪上半叶曾出现过一个经济预测笑话，那就是阿根廷的经济总量将超过美国，该预测的荒唐度与"日本即将超过美国"的预测可谓旗鼓相当，这对于只盯住数字曲线的经济学专家并不奇怪。但是，为什么这样的笑话偏偏发生在阿根廷身上，而人口数量4倍于阿根廷的巴西却没有这个幸运呢？目前的G20里，为什么第六世界一下子就增加了3个国家，阿根廷难道不是一位尴尬的被特殊照顾者么？这两件事就是"该思考潜在着"的明显证据。

[注09] 六个世界的提法首见于"科技迷信7102ad01"的论述，科技迷信是概念树"对广义效应的心理表现7102"（编号045）的二级延伸概念。三种文明标杆首见于"期望行为7301\21"的论述，期望行为是概念树"'心理行为'7301"（编号071）的二级延伸概念。两延伸概念的首次出现相隔26株概念树。

[*01] "阶级主义"的正式名称是列斯毛主义或列斯毛革命，前者在[130-1.3.5]小节（政治斗争基本类型a13\k=2）引入，后者在[123-3.2.4]小节（选举行为7332i）有所论述。

[*02] "老乔"即美国人乔姆斯基，"小乔"指中国台湾的李敖，在"个人理性行为7332\2"小节里曾论及这两位怪人，编号[123-3.2.2]。

[*03] 该憧憬的论述见"选举行为7332i的世界知识"小节，编号[123-3.2.4]。

[*04] 见"个人理性行为7332\2"小节（[123-3.2.2]）。

[*05] 中国式断裂的论述见"自我行为7331\2*n概述之一"（[123-3.1.2-1]分节）

[*06] 奥巴马牢骚的原文如下：Some powerful interests who had been dominating the agenda in Washington for a very long time, they talk about me like a dog.（法新社，《参考消息》2010年9月15日）

[*07] 指"个人理性行为7332\2的世界知识"小节（[123-3.2.2]），该小节比较长，语言面具的论述在其中的"（4）专制和民主的概念需要再思考"段落里。

[*08] 这不是历史学界的看法，读者姑妄听之，这里也不予训诂。

[*09] 该短语是否曾流行于整个经典社会主义世界待训诂。

《对话》续 1

[3.1] 关于豪华度国际公约

智者：很高兴再次见到您，晚辈的这位小学弟更是深感荣幸和欢欣。五年了，您还是那么健朗。上次就六个世界和三种文明标杆向您邮件请教时，您只回了八个字——"无六无三，只有差异"，我们很感兴趣，所以特地赶来向您讨教了。

立者：前辈好！我们基本认同六个世界的说法，但对三种文明标杆的说法存在不少疑惑。晚辈的最大疑惑是第二文明标杆的两个命名："市场社会主义"和"理念文明"，这两个名称作为短语都存在明显的内在矛盾。社会主义是一种试图消灭市场的主义，因此第一个命名在义理上很不妥当；文明的文化要素是理性、信念或信仰，理念不过是文明的润滑剂，理念文明从来不曾出现过，它不过是《理想国》的翻版，是乌托邦的另一种表述，而乌托邦本身还意味着一种霸道，所以，晚辈觉得第二个命名更为不妥。

老者：幸会。上次老夫说过那位俑者世侄的性格弱点，看来他的那些弱点是"老而弥坚"了。两位从太平洋彼岸而来，"太平洋世纪"的话题近来很热，两位怎么看？

智者："太平洋世纪"最早只是经济学界的一个话题，因为环太平洋地区很可能成为 21 世纪全球最大的经济体，而跨北大西洋的发达国家经济体将屈居第二。最近几年，由于中国展现出各种出乎意料的东西，政治界和智库学界对这个话题也都表现出强烈关注了。

立者：欧洲人当然不喜欢太平洋世纪这个词，但美国人无所谓，反正美国得天独厚，脚踩两只船。不过，基于"太平洋世纪"的话题，美国就及时炮制了一顶"太平洋总统"的桂冠，并当仁不让地给自己戴上了，还大声扬言要"重返亚洲"。这个态势必然要与崛起的中国发生冲突。

老者：美国既然炮制了一顶"太平洋总统"的桂冠，那中国就可以建议加一顶"太平洋主席"的桂冠嘛！甚至还可以再加一顶"太平洋总理"的桂冠嘛！这不就可以少了一点霸道的意味，多了一点王道的意味么！当然，桂冠都只是表象，问题的实质在于"太平洋总统"还要身兼"北大西洋总统"，因而也就意味着"世界总统"，美国人自以为是"世界总统"的心态已经存在大半个世纪了，近 20 年来更是自我感觉良好，只是这两年来觉得不大对劲。

世界总统这个话题很值得探讨，在探讨之前，老夫建议引进太环与印环、北跨与南跨（可简称"两环两跨"）这 4 个术语，太环是环太平洋地区的简称，印环是环印度洋地区的简称，北跨是跨北大西洋地区的简称，南跨是跨南大西洋的地区简称。"两环两跨"没有考虑到欧亚大陆的广大腹地，似乎应该加上"一腹"，但实际上没有必要，因为它可以包含在两环和北跨里。

北跨是第一世界的地盘，几百年来它一直充当现代文明龙头的角色，这就是"太平洋世纪"说已经引发的事端；正在引发的事端是"遏制中国的崛起"；尚未涉及的事端是：如果 21 世纪果真是一个太平洋世纪，那究竟是人类家园之祸，还是人类家园之福呢？人类是否应该深切反思一下以往北跨一枝独秀的祸福辩证法呢？太环过盛，则印环和南跨必将相对不盛，它们不就继续处于被遗忘或被挤压的不利地位么？因此，"太平洋世纪"说只是一个与金帅和官帅利益攸关的话题，与拯救人类家园的崇高目标反而有点南辕北辙的意味，不是吗？

老朽支持三个历史时代的说法，支持快速时代列车和豪华时代列车的说法，不反对工业时代柏拉图洞穴的隐喻。在整个工业时代，快速时代列车上的乘客扮演着世界强盗和世界警察的双重角色，到了后工业时代，那些已经从快速时代列车换乘到豪华时代列车上的乘客们不会再演出警匪一家的历史剧了。当然，有人故意不接受这一项时代性判断，并蒙蔽了许多人，这可以理解，但应该承认，这才是 21 世纪的第一位世界景象，可简称换车大事。

此大事如何准确命名可以暂时放在一边，换车不过是一个通俗的说法。重要的是：什么是该大事的大场和急所呢？这需要有一个清醒的认识，而一个清醒的认识不可能凭空冒出来，它只能在许多模糊认识的探索中逐步形成。

当今，第一世界存在着最多的模糊认识。第一号模糊认识（冠军）是，"太平洋世纪"和与之相联系的"绝不当世界第二"；第二号模糊认识（亚军）是，全球"导弹防御体系"和与之相联系防止异类国家发疯；第三号模糊认识（季军）是，"金砖国"和"Gm"。三者都是以第一世界视野替换全球视野的产物，自工业时代以来，第一世界一直是这么干的，这在 20 世纪还不会铸成大错，但在 21 世纪则必将大错而特错。当然，把三者叫作模糊认识一定会遭到谴责，但老夫不想与谴责者争辩。

在老朽看来，"太平洋世纪"或太环经济体在 21 世纪超过北跨这件事，仅具有表象重要性，不具有实质重要性。21 世纪最紧要的事不是这个，而是印环和南跨经济体能否取得相应的增长，让印环和南跨经济体发展得更快一些。

"让印环与太环齐飞！让南跨同北跨一色！"这才是 21 世纪最紧要的事。21 世纪必须高举"两让"的旗帜，开始向着这一伟大目标前进。

印环和南跨的东侧是全球人口增长最快速的地区，是全球贫困人口最集中的地区，又是各种"疯子"最有用武之地的地区。如果说拯救人类家园是人类的 21 世纪棋局，那么该棋局的大场和急所显然要着眼于印环和南跨东侧，而不是太环。若太环在 21 世纪一枝独秀，像 20 世纪的北跨那样，那是祸不是福，这不是一清如泉吗！在这种势态下，美国人竟然高唱"重返亚洲"应该不是时代的乐音，而是时代的噪声吧。美国人如果还是像过去那样，不重视印环和南跨东侧经济体的投资，只是专注于"哪里有金砖，就到哪里去挖金"，那是没有资格当世界总统的。

"两让"的旗帜才是中国对美国"重返亚洲"的最佳回应，是纠正第一世界 3 大模糊认识的利器；是体现弱化霸道、彰显王道的历史召唤；是比民主自由更具有普世价值的时代呼声。

"金砖国"是高盛公司的发明，曾经被大肆炒作的是所谓的"金砖四国"或 Bric，目前正在向"金砖 m 国"的方向扩展。"金砖"是经济快速增长体的代名词，即市场新边疆的代名词。其实，在第一世界以外的 100 多个国家，绝大部分都已经登上工业时代列车，这就是说，满地都是"金砖"，光挑出几块"金砖"来说事，不过是在为金帅们的酒后闲谈中，添加一个"鸡尾"话题而已，对于 21 世纪的换车大事不仅没有多少益处，甚至会起消极的误导作用。你从第六世界挑出一个巴西叫金砖，其身旁的阿根廷和乌拉圭难道是土砖不成？如果有人说："金砖"的谈论无异于一种醉生梦死的侈谈，你们可能觉得太过分，但是，如果把"醉生梦死"理解成对**换车大事**这一主题的偏离，那也并不是没有一点道理。

俑者多次说过：这个世界景象在工业时代柏拉图洞穴里是看不清楚的，要走出该洞穴之外才能看得比较清楚，两位同意这一说法么？

智者：前辈的"两环两跨"描述十分精辟，"齐飞"与"一色"的警句更使晚辈神往，但严峻的现实是：美国的"重返亚洲"乃形势所逼，因此，晚辈对噪声说未敢苟同。前辈刚才说，快速时代列车上的乘客曾扮演过世界强盗和世界警察的双重角色，这晚辈完全同意，而且承认：在他们充当世界警察的时候，还曾兼任"检票员"的角色，不让那些没有买票的人上快速时代列车。现在，快速时代列车已经不是什么稀罕东西了，大家都上车了，快速时代列车"检票员"的这份职业已经被时代淘汰了，地球村似乎也不再需要世界警察了。但严峻的现实不是这么简单，当年快速时代列车的乘客里不就出过希特勒那样的疯子么！谁能保证当今快速时代列车上的乘客不再出现那样的疯子呢？萨达姆不就是那样的疯子么？内贾德不是扬言要让以色列从这个地球上消失么？太平洋总统、领导亚洲、重返亚洲等都不过是为了防止这类疯子作乱而不得不采取的举措，前辈难道也异议于此么？

老者：年轻人，你心里想说的恐怕不是你刚才举例的几位小疯子吧，老夫就宣一下你的不宣吧。当今快速时代列车上确实出现了一位十分特殊的乘客——中国，21 世纪影响最为深远的历史事件最有可能发生在这位乘客身上，其表现形式无非是以下三种：①中国的政治制度从现代专制形态转变为现代民主形态，从而标志着俑者所定义的第二世界将不复存在（事件 1）；②中国成功实现时代列车的换车，成为后工业时代豪华历史列车上的新乘客之一（事件 2）；③中国在换车之前将提前展现其超级大国的军力，其 10 万吨级核动力航母将先游弋于太平洋，接着游弋于印度洋和大西洋，而且会在一些国家受到英雄般的热烈欢迎（事件 3）。

事件 1 是美国最希望看到的，俑者所说的新国际者认定那是历史潮流，必将发生。但俑者不这么看，他说：一，那是不可能的；二，那是不应该的。不可能性的论证大体上还过得去，不应该性的论证就差多了。贯穿于两论证的核心思考应该放在拯救人类家园这个要点上，而经济公理、需求外经、工业时代柏拉图洞穴等的说教反而会冲淡这个要点，也会削弱两论证的相互呼应性。

事件 2 的发生是迟早的事，这里并没有把中国 GDP 超越美国而成为全球第一这件事算在内，这件事当然也是大事，且必然发生，但 GDP 全球第一不等于中国换乘了豪华时代列车，关键在于换车，这换车才是 21 世纪的头等大事，并将延续到 22 世纪。中国能在 21 世纪成功换车么？这个问题非常复杂，首先涉及豪华时代列车标准的制定问题。

事件 3 是美国绝不愿意看到的，但它必将发生，不仅首航的时间将出乎人们的意料，首访的国家也将如此。要知道：这是中国绝对权力政党必然使用也必须使用的绝招，这绝招不仅对外十分有效，对内也不可或缺，中国在换车前会出现一系列内部难关，这些难关的逐步解决过程需要各种缓冲器和烟幕弹，10 万吨级核动力航母就是最好的缓冲器，它们在三大洋的游弋就是最好的烟幕弹。

立者：前辈对中国发展前景的描述太精辟了，您点出的绝招尤为精辟！该绝招关系到一系列所谓的尖端技术，相关技术虽然目前是中国的弱项。但越是尖端的技术越容易被赶上甚至被超越，越是不显眼的所谓非尖端技术反而站得住，不容易被赶上。德国、日本和瑞士就占了这个便宜，而俄罗斯和美国都吃了这个亏。所以，晚辈预计：中国在换车之前就会造出第一艘巨无霸航母，并猜想它将被命名为毛泽东号。毛泽东号访问哈瓦那的情景刚才就浮现在晚辈的脑海，并联想起 2008 年的北京奥运会和今年的上海世博会，那都可以看作中国航母建造的预兆信号，晚辈还联想起中国媒体不断宣传的第一岛链和第二岛链，那不过是一堵靠不住的水上长城而已，它必将被毛泽东号轻松地冲破，就如同中国北方的古代游牧民族无数次踏破万里长城一样。

智者：恕晚辈直言，前辈点出的绝招是一步险棋，当年的苏联都没有敢下，赫鲁晓夫曾冒险试过类似的险棋，但以失败告终，赫氏本人的下台同那次失败的冒险是有联系的，中国不会不吸取这个教训吧！中国渡过难关的关键在于及早换车，而不是建造毛泽东号航母。

老者：毛泽东号并不是险棋，中国的战略核武器部署是险棋么？更重要的一点是：换车难，毛泽东号易。毛泽东号在前，换车在后，这是政治大谋略，属于政治谋略的高明步调。毛泽东以来的各代成功中国领导人都善于把握政治大谋略及其步调。看来，对这位小伙伴刚才所说的话，你是持保留态度的。

老夫想从最近出现的"G2"和"G20"话题说起，G2 指 G20 里的中、美两国，是对 G20 的一种特殊凝练，许多学者特别是中国学者热衷于此。这个话题不仅触及东西方世界的神经，也触及六个世界的神经，其内涵比较奇特，这里也以一种奇特的方式进行论述。

上面说到三事件，事件 1 最不可能发生，这在前面已经说过了。事件 2 涉及豪华时代列车的标准或定义问题，十分复杂，这里也不来说它。事件 3 最有可能发生，下面就来说说这一点。

事件 3 密切联系于一个国家的技术实力和经济实力，当前中国经济实力的可承担性，大约不会有太大疑问吧，于是问题仅归结为技术实力。诚然，这里可能存在成百上千的技术难关，但在经济实力如此强大的中国，能存在在几十年的时间里不能攻克的技术难关么？谁能给出肯定的答案呢！因此，事件 3 是否发生的关键并不在于技术，而在于中国领导人对国际形势的全局判断和相应的战略决策。

然而，这是一个关乎拯救人类家园的大课题，是一个尚未开始探索的综合大课题，是 HNC 符号体系特意为之留下了备用位置 a6498\3 的课题。这项研究需要后工业时代的全新视野；需要金帅、官帅与教帅的淡出；需要生活方式的巨大变革；需要神学、哲学与科学的协同，这意味着科学独尊势态的废除；需要三种文明的圆融。因此，目前这只能是一种憧憬，人们既不能设想美国会放弃"太平洋总统梦",也不能设想中国会放弃"太平洋主席梦",中国不可能放弃堂堂正正穿越第一岛链和第二岛链的战略宏图,南海"国家核心利益"说可看作是该宏图的第一个信号。

智者:晚辈对换车与毛泽东号的难易判断有所不同,经济学家们对中国的换车时间普遍持乐观态度,最保守的估计是 2050 年,而毛泽东号不太可能在 2050 年之前游弋于三大洋吧。

老者:两位都接受了换车这个术语,这意味着同时也接受了上车的术语,这很好,这样说话就简便多了。俑者把后工业时代划分为三个阶段,他心目中的三阶段划分标准很复杂,其实没有这个必要。最简明的定义就是:初级阶段就是当今的所谓发达国家完成了换车,中级阶段就是当今的大部分发展中国家也换了车,高级阶段就是全球所有国家都换了车。

这换车的事是 21 世纪的第一号大事,也是整个人类历史的第一号大事,是关乎人类家园存亡的第一号大事,可简称**换车大事**。21 世纪将是处理该大事的第一个世纪,但肯定处理不完,22 世纪件还要继续处理。

换车和换车大事说起来就这么简单,但实际上非常复杂,关系到下列基本课题:①要为豪华时代列车的豪华度设置一个最低标准,即所谓发达国家的标准;②要设置一个豪华度的最高标准,这意味着发达国家对自己的发展要施行某种限制;③要在豪华度的最低标准和最高标准之间设置一个豪华程度的分级标准,定名豪华级;④要商定一个**豪华度国际公约**,让不同国家与相应的豪华级挂钩,这意味着每个国家的发展都要受到一定限制;⑤要为该公约的施行设置一个相应的国际监督机构。这 5 项课题的核心问题是豪华度国际公约,关键词是豪华度或豪华级,这个词很值得研究。第一,其意境类似于俑者提出的"人均 GDP 上限",但不等同,因为"人均"这个概念有很大缺陷,许多经济学家已经注意到了;第二,它意味着时兴的发展并不是硬道理,因为上面还有豪华度或豪华级管着它。这并不是说,豪华度是更硬的道理,世间本来就没有什么硬道理嘛!凡道理都是软道理嘛!上列五点是一个整体,可视为豪华度国际公约谈判的进程表,其中的第一点已在探索中,欧盟也许可以算一个初级探索的样板吧!

智者:豪华度和豪华度国际公约的概念太重要了,晚辈一定要把它转告黄叔。前辈这么一点拨,哥本哈根僵局似乎有解冻的希望了。豪华度国际公约真正抓住了拯救人类家园的这个第一历史难题的牛鼻子,温室气体排放诚然是人类家园危机的根源,但归根结底,温室气体是豪华度的产物,豪华度是源,是本;温室气体排放是流,是末,光谈限制温室气体排放而避开对豪华度的制约是典型的舍本逐末。所谓发达国家与发展中国家的矛盾就是未换车乘客与已换车乘客之间的矛盾,归根结底就是豪华级的矛盾,丛林法则的传统思维不可能解决这个矛盾,因为那法则告诉已换车乘客的妙策是:禁止后来者换车;告诉未换车乘客的妙策是:赶紧换车!这禁止与赶紧之争是丛林法则的必然呈现,是哥本哈根僵局的死结。这个僵局和死结在豪华度国际公约的概念里有希望得到缓解,该概念有利于敞开思路,减少丛林法则的强大束缚;该希望则密切联系于一个新起点的建立。新起点的具体内容是:首先,已换车乘客要承认未换车乘客都有换车的权利,这承认太重要了,可名之第一承认;其次,未换车乘客要承认已换车乘客可以拥有豪华度的一定优先权,这承认也太重要了,可名之第二承认。没有这两承认,"豪华度国际公约谈判"的谈判就没有基础;有了这两承认,谈判就有希望了。那希望就在于对单纯理性思考的脱离,走向更高级的理念思考,也许说理性-理念的综合思考更合适一些吧。有了这综合思考，哥本哈根僵局就有破冰的希望了。

立者： 豪华度国际公约的想法，其实黄叔在经济公理的论述里已经隐喻过了，不过他没有展开讨论，而把展开的任务完全推给了专家。

老者： 孺子可教。在老夫看来，这一"推"是《全书》现稿里最大的败笔，这个败笔是不应该存在的，豪华度国际公约是拯救人类家园的唯一阳关大道，完全有资格充当现代第一理念。启蒙与普及该理念是《全书》的职责之一，这是需要要明确阐释而不宜隐喻的，更不能完全推给专家。

智者： 晚辈接着说两承认的话题。先说第一承认，回望前辈出生的那个年代，也就是20世纪前10年坐在工业时代快速历史列车上的乘客们真是志满意得，对没有上车的绝大多数全球居民漠不关心，甚至视若无睹，未曾设想过他们的未来命运，似乎被抛弃就是未上车者的宿命。回看当下，当年快速时代列车上乘客们的后代虽然换乘了后工业时代的豪华历史列车，但没有那么志满意得了，因为后面跟随着多列工业时代的快速历史列车，其中个别列车的车速很快，超速撞车的危险似乎有点迫在眉睫了，坐在豪华时代列车上的乘客们开始担心起来了。

但是，担心不能替代思考，豪华乘客的窘境在于不知道如何思考，甚至不知道正确思考的起点在哪里，用不知所措来形容并不过分。豪华乘客似乎不愿意面对一个明显的历史势态，那就是：当前快速时代列车上的所有迟到乘客将来都会有换乘豪华时代列车的一天，那一天必将到来，任何力量也阻止不了它的到来。一个世纪前，豪华乘客的父辈曾对别人的能否上车漠不关心，甚至干过不让别人上车的蠢事，现在，豪华乘客自己也对别人的换车漠不关心，甚至也干过或想过阻止别人换车的蠢事。总之，豪华乘客丝毫没有做好欢迎新乘客的思想准备，这是需要深刻反思的，这反思，就需要从学习前辈的"齐飞与一色"的教导做起，需要从对太平洋世纪过度渲染的反思做起。

如果说第一承认不是不可以做到的，那第二承认就要难得多了。历史旧账是第一障碍，对丛林法则的迷信是第二障碍，急于换车是第三障碍，对第一文明标杆的蔑视与仇视是第四障碍。这四大障碍都似乎都具有不可逾越性，但是，如果第一世界能带头做好第一承认；能高举"齐飞与一色"的旗帜，并为此多做实事；能对那"水上长城"和"太空长城"的防御有限性有所反思；能对那"全球快速与精准打击系统"的威慑有限性有所反思；能在所有这些方面展现出新思维，那黄叔所说的第二名言就会产生效果，第二承认赖以生长的土壤就会神奇呈现；这样一来，第二世界就不必建造毛泽东号航母了；第三世界的俄罗斯就会成为第一世界的可信赖朋友了；第四世界的本·拉登、奥马尔和内贾德就不会有那么多信徒了；第五世界的穆加贝就变成彻底的孤家寡人一个了；第六世界的查韦斯就不会有那么多粉丝了。

[3.2] 关于中国国家意志的集中体现

立者： 晚辈对"无六无三，只有差异"里的"只有差异"有所领会了，原来"差异"就是指豪华度及其国际公约，这样，对"无六无三"里的"无六"也若有所悟，但对"无三"还是摸不着头脑。

智者： 学弟莫急，毛泽东号航母的事以前我们想都没有想过，需要前辈继续指教。

几十年前，赫鲁晓夫先生曾经提出过一个十分奇特的论点：在导弹核武器时代，航母不过是导弹的靶子，是大洋上的浮动棺材，因而认定发展航母的海军战略是一种过时的陈旧思维，苏联因此而在这方面落后了。现在我们清楚地看到：赫鲁晓夫先生是错误的，航母战斗群在导弹核武器时代依然是一张军事王牌，更是世界警察的超级王牌。当然，航母不等于王牌，只有美国的超级航母战斗群才是真正的超级王牌。小学弟刚才的那番话很浪漫，当不得真。前辈估计：中国真有打造这张超级王牌的决心和计划吗？

老者：老夫可不是算命先生啊！

不过，超级王牌这个话题是可以说的。该话题形式上涉及最高级军事机密，但是，最高级军事机密往往实质上不是机密，因为它可以被准确预测。你问的"真有"属于"会不会"的问题，老夫的答案是"会"，那问题只是"何时"了，而这个时间点是不难定位的，你的小学弟刚才说：那"何时"就在中国经济总量超过美国这个交叉点出现的前后，老夫仅略作修正，那就是把"前后"改成"之后不久"。该交叉点的必然出现已经没有任何疑问了，它出现的时间已经有很多预测了。但该交叉点出现之后的趋向似乎没有被提到，大家都讳谈这件事。其实那趋向很简单，即交叉点不会再次出现，中国一旦超过，就会永远超过，这毋庸置疑。因为到达该交叉点的时候，中国还处于工业时代，而美国早已进入后工业时代。奥巴马先生"不做世界第二"的誓言大约不包含济总量这个内容，而主要是指综合国力，而综合国力还没有公认的量化标准，否则那誓言将很快成为一个历史笑话。

但是，对奥巴马的誓言不可慢待，因为它是美国国家意志的集中体现，但中国也有自己的国家意志，这两个超级强国的国家意志之较量将成为人类历史上最为壮观的研究课题，比20世纪的苏美之争要壮观得多。中国的国家意志将在那交叉点出现之后趋于高潮，而毛泽东号航母的出现将是那高潮的标志，将成为中国出任"太平洋主席"的标志。这个标志既可以看作是"太平洋总统"与"太平洋主席"之争的标志，也可以看作是"主席"与"总统"最终握手言欢的标志。俑者不是论述过毛泽东主席和尼克松总统在20世纪的历史性握手么，21世纪将是一个该握手继续延续的世纪。

立者：这可把晚辈弄糊涂了，20世纪的历史性握手是由于一个共同敌人的存在，那个敌人早已不存在了，新的共同敌人在哪里？

智者：前辈在前面只是把"太平洋主席"当隐喻来说，这里可是明喻了。

老者：在22世纪，回过头来看美国的"太平洋总统梦"和中国的"太平洋主席梦"，也许都是笑话，但在21世纪的今天绝对不是。两个"太平洋之梦"的争夺将是21世纪政治、经济与军事态势的最大看点，时事权威评论目前尚未涉及这个话题，10年之后应该会出现吧。老夫刚才说到中美两国之国家意志的集中体现，在21世纪的当下，那就是"太平洋总统梦"与"太平洋主席梦"，在老夫看来，这两个"梦"都会梦想成真，"总统梦"已在眼前不是吗！如果把"总统梦"比作冬天，那"主席梦"的春天还会远吗？两"梦"的对垒必将成为一个壮观的历史过程，但其最终结局只能是握手言欢，而不可能是别的什么东西。因为，"主席"和"总统"最终都需要集中精力去面对一个共同的敌人——豪华度的无限扩张。当然，"主席"和"总统"当前对这一共同敌人都还没有足够的认识，都在迷恋于携手扩张豪华度，对携手的迷恋将战胜对争斗的热衷，比较冷静的专家都看到了这一要点。可是，还没有专家说：要从携手扩张豪华度逐步转向携手控制豪华度。这一认识的转变是破天荒的，它不可能萌生于政治家和各领域的专家,也不可能萌生于某些专家特别推崇的所谓公民或草根,但必将萌生于思想家。上次老夫说过"期盼的乐趣",这五年来该乐趣不是减弱,而是加强了,俑者和你们不都给了老夫这一乐趣么!

智者:晚辈这次回来,无处不听到两种声音,一种是乐观的官场话;另一种是悲观的民间"普通"话。"普通"话莫不对绝对权力政党及其政府的现状愤慨万端,甚至痛心疾首;莫不认定中国已经病入膏肓,危在旦夕。让晚辈震撼的不是这两种声音本身,也不是由于它们竟然来于不同的阶层,更不是由于黄叔所说的新老国际者居然发出了同样的悲观论,他们在中国式危机这一特定问题上倒是找到了共识。让晚辈特别震撼的是中国精英普遍存在的两副面孔,其表里不一的程度简直令人叹为观止,说的是一套,做的是另一套;白天说的是一套,晚间说的是另一套;大家都对中国式潜规则心领神会,运用自如。这些人比较了解世界潮流和中国国情,对大众的疾苦和心声并非全不知情。晚辈怀疑:"太平洋主席"在精英们的心里真有存在的位置么?更不用说一般老百姓和所谓的80后了……

老者:不必说下去了,不要过度重视两种话语、两副面孔和潜规则的态势,更不要去渲染它,那不过是社会转型期的必然人性表现和转型乱象。启蒙大师卢梭怎么样呢?哲学大师叔本华怎么样呢?文学大师兼人道主义者托尔斯泰怎么样呢?甚至具有圣人风采的康德又怎么样呢?两种话语、两副面孔和潜规则都不过是历史的素来面具,不值得大惊小怪。你们都熟悉美国梦这个美好的词语,让老夫来给它一个不那么美好的描述吧!美国梦不过就是"三能",第一能叫作"让有当官本事的人当官";第二能叫作"让有发财能耐的人发财";第三能叫作"让有出名潜力的人出名",这"三能"就是美国梦的实质。能当官的、能发财的、能出名的叫中产阶层;能当大官的、能发大财的、能出大名的叫社会精英,一个国家能够把中产阶层和社会精英安顿好,那个国家就会充满活力——充满"三能"之活力,一个充满"三能"活力的国家怎么可能"病入膏肓,危在旦夕"呢?

当今的中国不仅做到了"三能",而且做得相当不错。说当今中国乃是中国式断裂与中国梦并存的中国,才比较准确,光说中国式危机和中国式断裂是形而下的下乘,不是形而上的上乘。在这一点上,老夫支持你们黄叔的思考和判断,说未来数十年的世界格局乃是美国梦与中国梦激烈竞争的世界格局,那是大致不差的,因为欧盟梦、印度梦、俄罗斯梦及等而下之巴西梦或印尼梦等都不能与中国梦和美国梦相提并论。

智者:美国梦乃建立在自由与民主的基础上,而中国梦则是建立在剥夺与专制的基础上,难道前辈不认同这一基本判断么?不支持基于这一判断而对美国梦和中国梦的发展前景作出不同的估计么?

老者:自由与民主、剥夺与专制是基础么?年轻人,难道你们不同意俑者对社会的基本描述么?社会制度、政治体制和政治制度分别是社会描述的三个基本侧面,社会制度属于社会的本体论描述,是基础;政治体制和政治制度都属于社会的认识论描述,是上层建筑。老夫完全同意俑者的这一描述,关于社会制度的王权、资本与后资本的三分描述是一个形而上层次的简明描述,更细的描述是必要的,但毕竟属于细节;将政治体制与政治制度区别开来是政治学的第一位世界知识,然而一般政治学者反而疏忽了;民主与专制政治制度都存在辩证表现的描述一定被斥为异端,但这一斥责是浅薄的,不过是形而上思维极度衰落的表现。当前许多学者漠视社会制度的时代性三分特征;不区分政治体制和政治制度;回避政治制度的辩证表现；认定自由、民主和人权是社会现代化的法宝。老夫不客气地说：那是政治学的幼稚表现，更是历史学的幼稚表现。

现代化法宝就是资本与技术的联姻，自由、民主和人权不过是现代化法宝的外在包装品，资本与技术的联姻才是该法宝的内在本体，俑者因此而提出了包装品和包装体这一对术语，它不同于现象与本质或表象与实存这些对偶概念，老夫比较欣赏。包装品不过是法宝的外衣，包装体才是法宝本身。把法宝外衣当作法宝自身，不区分包装品与包装体是一个巨大的认识误区，该认识误区已经形成了一幅奇特的现代变形眼镜。戴着这副眼镜看世界，就以为第一世界之外的世界都是变形的，而不知道第一世界本身其实也是变形的。过去20年间，戴着这幅眼镜的华裔和非华裔专家已经犯下了无数的判断失误，老是高估美国梦的成就与威力，老是低估中国梦的奇迹与影响，你们可以清理一下有关的无数专著和文章嘛！

拿掉那副变形眼镜，你就会看清楚：美国梦与中国梦的差异只是包装品的差异，而不是包装体的差异，包装体是一样的，就是资本与技术联姻的"三能"性。官帅的前辈不明此理，一味醉心于"三能"的第一"能"，官帅前辈的失败就是"一能"败于"三能"，苏联崩溃的实质是"三能"战胜了"一能"，而不能简单地说成是"民主战胜了专制"。中国改革开放的实质就是变"一能"为"三能"，"让一部分人先富起来"就是这个意思。对此，金帅早已心知肚明，而官帅更是心有灵犀。

在21世纪的当下，金帅的"三能"已陷于衰落的老态，尽管它在形态上显得十分华丽和成熟；而官帅的"三能"则正处于最有生命力的年华，尽管它在形态上显得十分丑陋和冒进。这才是21世纪全球棋局最精彩的看点，这个看点当然具有空前的诡异性，可简称"21世纪诡异"。汇率之争、贸易摩擦、诸多地缘政治之争、诸多国家核心利益之争、美国国债的阔绰发行、中美两国印钞机的宽松开动、中国官员的丑陋与浅薄、中国官二代和富二代的极度放肆、官富二代带动的留学潮与移民潮、中国日益蔓延的"裸官"潮……都密切联系于这"21世纪诡异"，其实就是该诡异的特定表现。然而这些都不过是"21世纪诡异"的小巫，而不是"大巫"，那"大巫"是谁呢？就是"太平洋主席"。"太平洋总统"当然绝不愿意看到"太平洋主席"的出现或存在，但是，中国超级航母战斗群游弋太平洋之日，就是"太平洋主席"就任之时。那"大巫"为什么要打引号呢？因为"太平洋主席"与"太平洋总统"之间只会吵架而不会打架，最终，"主席"和"总统"将以握手言欢结束他们之间的长期争吵。

老夫深信"太平洋主席"必将就任，这意味着中国"病入膏肓，危在旦夕"的诸多铁证不过是历史的表层"铁锈"。第一世界的成长史表明："三能"的潜在威力可以使历史表层"铁锈"逐步消融，第一文明标杆诚然在消融历史"铁锈"方面立下了汗马功劳，但并不是决定性因素，决定性因素仍然是"三能"的潜力本身，这才是工业时代历史进程的真谛。关于这真谛，你不能光听书生们的意见，还得听一听克伦威尔、拿破仑、俾斯麦、伊藤博文、阿登纳、岸信介甚至蒋介石父子和全斗焕先生的意见；在书生里，你也不能光听马克思和哈耶克两位先生的两端性意见，也得听凯恩斯先生的"中庸"性意见。我们不仅应该看到：当今官帅拥有的空前维稳力量足以扑灭那些"铁锈"擦出的星星之火，我们还应该看到：当今官帅拥有的经济调控力量足以让那些工业化过程的周期性经济危机呈现为西方经济学权威很不熟悉的另一种形态，这10多年来，权威们出洋相的故事还少吗？

没有成功的过来人不隐晦往昔的丑事，金帅如此，官帅更是如此。金帅前辈的丑陋和罪恶并没有被掩盖，这是民主政治制度的可爱之处，但官帅前辈的丑陋与罪恶则依然被革命的长袍遮盖得十分严实。眼光仅仅专注于自我生活断层的当代人对历史没有兴趣，他们只顾得欣赏"三能"的当代华丽和美妙。当然，对官帅前辈的丑陋与罪恶应该揭露，对官帅的隐晦行为应该谴责，但这项揭露不是一件简单的事，而是非常困难的事；这项谴责也不是一件简单的事，而是非常复杂的事。肤浅的揭露往往弊大于利，甚至事与愿违，帮了隐晦者的忙；简单化的谴责也是如此。对官帅前辈的深刻揭露、对官帅的透彻谴责需要形而上思维的历史视野，需要柏拉图和康德的理性智慧，需要孔夫子的理念思考，否则就只能触及历史的"铁锈"，而接触不到历史的主体。对金帅和教师，似乎该谴责的都谴责过了；对他们的前辈，似乎该揭露的都揭露过了，事情也不是这么简单。现在是形而上思维极度衰落的时期啊！是柏拉图和康德被忘却的时期啊！是孔夫子在中国依然被鄙弃的时期啊！对孔夫子的曲意利用不过是另一种形态的鄙弃啊！请把这些话转告你们的朋友们吧。

智者：晚辈这次回来的感受与五年前大不相同，义愤填膺者不仅有黄叔所说的新老国际者，还有广大的弱势群体及其代表；忧心国事者不仅有清醒的名人和富人，也有大量的官员；官帅的权威性和引导力江河日下；社会风尚日益败坏。建立在这种社会基础上的国家意志力会不会是一种政治泡沫呢？

老者：你们所感受到的这一切是一种现代化泡沫，它从来就是资本这枚硬币的反面，其正面叫现代繁荣。现代繁荣令人眼花缭乱，让现代人无比自豪，社会面貌日新月异，技术进步一日千里，说"长江后浪推前浪"已不足以形容这几十年的盛况了，也许说后浪淹没前浪更确切一点吧！代沟成了流行语，似乎十年就是一个代沟。但所有这一切的本相不过是"财富横流，物欲狂澜"这八个字而已。现代繁荣必然伴随现代泡沫，中国的现代泡沫绝不是社会变天的前兆，因为中国式发展还能持续至少十年之久，这个"至少十年"就是中国的中西部地区向东部沿海地区看齐的过程，这个看齐过程就是经济学家所说的城镇化过程。这里的市场疆域是中国已开发疆域的数倍，开发的势态方兴未艾，势不可当，老夫隐居的山区都能感受到。所以，中国式现代繁荣不仅创造了空前的历史记录，还很可能成为绝后的记录。尽管印度的人口必将超过中国，但它的地盘只有中国的三分之一呀，实际可利用的地盘顶多也只有中国的一半吧。老夫前面不是说过"21世纪政治、经济与军事态势的最大看点"么！那不会落空，你们将有幸成为见证者。所以，不要为中国的现代泡沫所迷惑或误导，它不会引发燎原的烈火，也不会强化启蒙的呼唤，更不会影响或削弱中国国家意志力的展现。

[3.3] 关于三种文明标杆

智者：前辈对21世纪最大看点的描述使晚辈有"独上高楼"之感，所以，2015年一定再来看望您，到那个时候，21世纪最大看点也许会更清晰地呈现在"灯火阑珊处"，愚钝的晚辈们也许可以获得一点"蓦然回首"的喜悦吧。黄叔所说的三种文明标杆似乎就是照亮那"阑珊"的"灯火"，前辈以为然否？

立者：前辈不是说过"无六无三"吗？学长为什么对三种文明标杆说如此仰视呢？刚才我只说了第二文明标杆命名的内在矛盾，其实三种文明标杆的 HNC 符号表示也存在不可思议的混乱，看这张表就一清二楚了。

表 8 附-1 三种文明标杆

排序名	正式名称	代表世界	政治名称	核心观念	HNC 符号
第一	理性文明	第一世界	鸽民主	自由至上	ra30\13
第二	理念文明	第二世界	鸽专制	政党至上	ra30\12
第三	信仰文明	第四世界	鹰民主	教会至上	ra30\11

这里，第一列的排序名与最后一列的 HNC 符号表示正好颠倒了吧！排序名里的第一、第二与正式名称里的理性、理念又颠倒了吧！黄叔不是反复强调过理念高于理性么？怎么这里却反过来排序呢！

智者： HNC 符号表示的排序是依据以往历史过程的排序，正式名称的排序是基于未来历史进程的排序，谈不上混乱。关键在第四列的政治名称和第五列的核心观念这两项，前者面向未来，后者面对当下，这可以理解。但晚辈感到特别困惑的是：黄叔为什么要为专制这个概念或术语做那么多的无谓辩护，甚至不惜招骂，写下了"专制是永恒的"这样令人厌恶的命题呢？鸽专制、鹰民主、鸽民主等术语的下场必将不同于语块或语言理解基因，没有人会理睬它们，顶多是一个笑柄而已。

老者： 俑者"老而弥坚"的弱点之一就是喜爱生造术语，鸽专制之类的生造术语也许会成为笑柄吧，确实没有必要搞这些东西。这些生造的根源是文明标杆这个概念，为什么要用标杆这个词语呢？老夫深感失望，因为俑者对主义的认识还算清醒，下面的两段话就是证明。

一段是： 西方世界的各种"主义"之争不过是一种"公说公有理，婆说婆有理"的热闹学术景象罢了。"主义"是"自由"这一现代西方世界核心价值观的必然产物和体现，但"主义"一定陷入自我束缚，从而必然走向"自由"的反面。可惜连哈耶克先生都没有洞察到这一点[**1]。

另一段是： 开放社会的基本特征不是"主义"之间的竞争与恶斗，而是"主义"之间的相互取长补短[**2]。

还记得老夫上次说过"何必'主义'之以对立？"的话么，这两段话表明：俑者是深知这个道理的。可是，他怎么就没有想到：标杆不就是主义么？主义意味着霸道和冲突，标杆不是同样如此么？文明标杆很容易转化成文明霸权的代名词不是吗？20 世纪出现过好几位掀动过整个地球的重量级历史人物，他们不是都高举过文明标杆的旗帜么？21 世纪应该是一个把规范文明豪华度放在第一位的世纪，而不应该是一个把建立或完善文明标杆放在第一位的世纪。规范文明豪华度就必须扬弃文明标杆的概念，并淡化建立文明标杆或文明霸权的努力。没有这一扬弃和淡化，"太平洋总统"和"太平洋主席"都会误入歧途，金帅、官帅和教帅都不可能迷途知返，将继续在繁荣与竞争的丛林里苦战，将继续在冷战思维的桎梏下煎熬。没有这一扬弃和淡化，哥本哈根的争吵只会明降暗升，金砖国之类的宣扬就会继续误导资本与技术的理想流动。现在，你们对"无六无三，只有差异"还有什么疑问吗？

智者： 晚辈有所领会，到北京见到黄叔的时候，一定转告。

老者： 在俑者看来，建立或完善文明标杆是 21 世纪第一位的东西，第一世界需要在反思过度自由的基础上完善它的文明标杆；第二世界需要在修复中国式断裂的基础上重建它的文明标杆；第四世界需要宗教改革和启蒙运动的补课，并在此基础上改造它的文明标杆。这当然也是一种思考路径，俑者依托其语言概念空间之概念树符号体系，对语言大脑采取了一种为迷宫立路标的描述方式，每一个概念关联式都给了老夫这种强烈的感觉。无论是语言脑还是俑者所说的图像脑或艺术脑等，本来就都是思维迷宫嘛，立路标的方式也许是一种康德式的高明吧。俑者试图以这种方式把化学和生命效应分离于思维活动之外，通过（HNC-m）实现其语言超人的宏伟梦想，这也许是探索大脑之谜的唯一形而上途径吧。西方学者对大脑之谜的探索几乎是清一色的形而下途径。老夫的直觉是：语言脑形而上探索的成功或胜利将意味着第三次哲学革命的开端，你们应该能看到这个开端吧，老夫的信心要比五年前强一些了。形而上探索必然是一种迷宫游戏，而迷宫游戏就必须具有苦中作乐的坚强意志。文明标杆毕竟只是俑者的副业，还是不要去干扰一位苦中作乐的思索者吧。

[3.4] 关于工业时代的柏拉图洞穴

智者：晚辈见到黄叔的时候会见机行事，语言脑、图像脑、艺术脑这些短语都非常传神，黄叔本人似乎还没有用过。但黄叔大约不会认同文明标杆是他的副业，否则他不会那么频繁地使用工业时代柏拉图洞穴这个短语。且不说该短语是不是一个伪命题，反正黄叔使用该短语时那种貌似举重若轻的方式是非常失策的，容易引起领域专家的反感。就算该短语不是一个伪命题，而是这个时代的一种实存，也不要去捅破这层窗户纸嘛！

立者：不同意学长的说法。请学长注意前辈的用词，对三个历史时代，前辈说"支持"；对工业时代柏拉图洞穴的隐喻，前辈说"不反对"。黄叔第一次使用柏拉图洞穴是针对语言学的[**3]，作了十分具体的说明。第一次使用"工业时代的柏拉图洞穴"这个短语远在后边，原文是："前文曾多次提及工业时代柏拉图洞穴，但并未具体论述，这里略加弥补。"[**4]其实，前文根本未曾提及过，这是一个笔误，学长是被该笔误误导了，于是产生了貌似举重若轻的错觉。工业时代柏拉图洞穴是现代化造成的严酷现实，是科技迷信造成的严酷现实，是需求外经造成的严酷现实，是关系到拯救人类家园的大课题。

老者：柏拉图听到这番话语该有多高兴啊！不过，俑者关于工业时代柏拉图洞穴基本景象的描述还是有参考价值的。

智者：晚辈注意到了黄叔关于第一世界六大崇拜的说法，但没有必要加上"工业时代柏拉图洞穴"的帽子，黄叔的论述存在着明显的武断，如下面的3个论断。

——**论断1**："信息&金融"产业的大发展是经济宇航的最后一级助推火箭，**没有也不需要新的助推火箭了**。

——**论断2**："爱因斯坦-普朗克-图灵"式的科学辉煌不太可能再次出现……互联网很可能是技术与工程奇迹的"珠峰"。

——**论断3**：第一世界创建的文明标杆不再是唯一的，第二世界和第四世界正在努力创建他们自己的文明标杆。

这三个论断都太武断了，而它们恰恰是工业时代柏拉图洞穴说的前提。

论断1是经济公理的推论，论断2是经济公理的前提，而经济公理是在"三迷信行为世界知识"的标题下论述的。三迷信是科技迷信的主体，科技迷信是三迷信和两无视的统称，三迷信又是两无视的罪魁祸首。所谓工业时代的柏拉图洞穴其实就是指科技迷信，就是说科技已走到了尽头，科技的效应已经是祸大于福，从而造成了时代性危机，这实在太离谱了。黄叔大约也感觉到了这一点，于是他把这个危机的源头完全推给第一世界，并说成是金帅的一个大阴谋，进而炮制了一个需求外经说，作为阴谋论的依据。经过这一系列铺垫后，最后推出论断3，于是，三种文明标杆说就正式登场了。

前辈的"无六无三，只有差异"是对三种文明标杆说的直接否定，也是对工业时代柏拉图洞穴说的间接否定。差异说的高明在于它会引向繁荣度国际公约的思考，而标杆说和洞穴说都根本做不到这一点。相反，标杆说只会引向冲突论，洞穴说只会引向启蒙论，而繁荣度国际公约最需要的思考不是冲突，而是协同；不是启蒙，而是回归。

立者：学长毕竟是学长，引向和回归之论确实精彩。繁荣度国际公约才是新时代新思维的核心概念，刚才头脑一发热，几乎把它撇在脑后了。

老者：信然"三人行，必有我师焉"，信然"后生可畏"。这次小沙龙的思辨色彩是否过了一点？我们转换一下话题吧。"中国贫富差距过大"的议论近年来很热闹，很想听一听你们的看法。

[3.5] 关于中国贫富差距的红线

智者：贫富差距红线尽管有权威的经济学标准，但不一定适用于中国。随意引用、类比与套用是中国学界近年形成的不良学风之一，如下面的三个例子。

例1：波士顿咨询公司在2007年5月发布的《2006全球财富报告》中曾提醒，0.4%的中国家庭占有70%的国民财富；而在日本、澳大利亚等成熟市场，一般是5%的家庭控制国家50%～60%的财富。

例2：中国的富人家庭已居世界第三，但只占所有中国家庭户数的0.2%左右。这一比例远远低于其他国家和地区，比如美国是4.1%、瑞士是8.4%，而香港则达到了8.8%。

例3：中国社科院发布的《2008年社会蓝皮书》显示，近年来劳动报酬收入所占国民收入比重逐年下降，基尼系数从1982年的0.249逐渐飙升至2008年的0.47。这就标志着中国的社会贫富差距已超越了国际公认的基尼系数为0.4的警戒线。

例子里那两个数字"0.4%与0.2%"流传甚广，具有骇人听闻的效应。这两个数字都来自权威机构，但权威机构只是标签，不是上帝。中国还基本保持着专政国家的保密传统，很难获得可靠的统计数据，就中国人口来说，公认的数据大约还有2亿的缩水，何况个人财富这类高级别的保密数据？更重要的问题还不在于这些数据本身，而在于它们被运用的方式。快速时代列车和豪华时代列车应该采用不同的标准吧，如果把前辈的豪华度概念推广到工业时代和农业时代，统称广义豪华度，那么就可以说："0.4%与0.2%"及基尼系数警戒线之类的概念都必须与广义豪华度挂钩，不能对发展中国家与发达国家作简单类比，像上面的例子那样。中国作为一个发展中国家的情况更为特殊，当今的贫富差距是变"一能"为"三能"之中国改革开放的必然效应，是"让一部分人先富起来"之基本国策的必然效应，这一效应的正面呈现就是官帅与金帅携手合作，造就出中国式经济奇迹；反面呈现就是中国特色的贪腐、压迫、掠夺与欺骗，可简称现代中国红线。黄叔所说的新老国际者对这一红线的评说都带有不同程度的浅薄，因为他们都只看一枚硬币的反面，而不看它的正面。前辈刚才说中国式快速发展还能持续大约十年之久，中国政府似乎已基于这一判断着手经济发展战略的调整。这判断和调整才是关键，红线是软道理，不是硬道理，正像前辈所说，世间本来就没有什么硬道理嘛！当然，对红线绝不能漫不经心，要采取对策和措施。有些学者喜爱把各种软道理都说成是硬道理，这不但成了一种官方八股，也成了一种民间八股。民间八股之一是：民主政治制度才是根除现代中国红线的唯一良方，那红线正愈演愈烈，必将引发大爆炸，而且已迫在眉睫。在现代中国红线问题上，确实充分印证了黄叔所说的中国式断裂，一些最不懂得中华文明根基的人，反而觉得自己最有资格充当中国的救世主；精英们仅把红线危机当作机遇而大捞一把，完全不顾后果；广大中产阶层则在伴随红线的经济奇迹浪潮中随波逐流，而且乐此不疲。对精英阶层不顾后果之蛮横的制约，对中产阶层随波逐流之盲从的医治才是中华文明伟大复兴的关键，正如前辈反复强调的：施行这一制约和医治不仅需要法治，更需要德治，德治才是根本。但是，德治的付诸实践恐怕是下一个世纪的事吧。

立者：中国学者还流行着"中国城市像欧洲，中国农村像非洲"的说法，这次晚辈们在湖北所见，似乎都不支持这个说法，更不用说江浙地区了。下面的行程将到西部地区去具体考察一下。

老者：要考察 21 世纪的中国，必须抓住下列六项基本态势。

第一项，中国将很快成为全球 GDP 第一的经济体，并将把这个全球第一的地位长期保持下去。但 GDP 第一不等于综合国力第一，综合国力第一的桂冠还是非美国莫属，而且美国一定会继续保持这个荣誉，甚至一直延续到综合国力这个概念演变成不是什么重要东西的时候。带着这两顶不同桂冠的巨人会发生诸多摩擦，但携手合作将是主流。这个携手是史无前例的奇异携手，是金帅与官帅之间的携手。在俑者生造的众多的词语者，老夫最欣赏的就是金帅和官帅这两个词语。应该看到：金帅在继续担当着老师的角色，而官帅还是学生。老夫最希望看到的是：美国和中国转变成"亦师亦生"的角色，老夫刚才不是说过 21 世纪全球棋局最精彩的看点吗？精彩在哪儿？就在这角色转换上。这个转换意味着金帅和官帅自身的面貌将发生巨大变化，但该变化本身必将充满着诡异性，俑者就这一诡异性写下了不少他个人的思考，你们对此多注意一点吧。

第二项，中国 22 个世纪之久的大一统传承是没有任何国家可以比拟的，所谓"金砖国"里的任何其他"金砖"都是无法比拟的。这个传承诚然曾是中国未能自行从农业时代迈向工业时代的重要阻碍因素之一，但这个传承里隐藏着中华文明长寿的秘密，西方人略知这个秘密的大约只有伏尔泰一人，拿破仑的"睡狮"名言很可能来于伏尔泰"略知"的启示。其实"睡狮"长寿的秘密就是仁政与王道，它是维系"22 个世纪大一统传承"的文化法宝，"大一统传承"本身则是一个政治法宝。当然，两法宝都曾多次失灵，最惨痛的失灵发生在工业时代的"殖民大扩张"晚期，新老国际者的先辈们据此而彻底否定文化法宝，把它描述得一无是处，不仅愚昧无知，而且劣迹斑斑，这是一种浪漫理性的尼采式描述。毛泽东先生和邓小平先生都只是对这种描述加以利用，并没有盲目认同，他们一直坚持按照中国的具体国情办事。老国际者对这两位伟人一直有"没有好好学习马克思主义"的责难，新国际者更有"封建帝王思想"的责怪，这些责难和责怪都有根有据，也似乎证据确凿，但可惜的是：取得那些根据和证据的观察手段依然是工业时代柏拉图洞穴里的那些已经变得陈旧的工具。当今的中国不仅拥有传统政治法宝，还拥有现代经济法宝，这两样法宝都已经变得相当皮实，不是当年"苏联集团"的那种"虚有其表"的东西了。这是当今全球文明棋局的要点，偏离这一要点的一切预测或忧虑都一定是误判。当然，至关重要的是文化法宝的修复，这项修复工程关乎人类家园的拯救，更关乎中国在文明价值观上的发言权，可惜，中国绝对权力政党的领导层至今在这个根本问题上还缺乏起码的醒悟。更严重的问题是：中国文化法宝的修复要在中国式断裂的基础上来进行，其难度之大连上帝都会感到头疼。那么，中华文化法宝的修复工程什么时候才能正式启动呢？还要等待。这一点，上次沙龙的时候老夫已经说过了。

第三项，伊斯兰世界是中国的天然盟友。因为伊斯兰世界与所谓的第一世界或所谓的第一文明标杆争斗了14个世纪之久，它绝不会接受西方世界的普世价值。别看小布什在伊拉克和阿富汗搞了两个样板，即使这两个样板在形式上接受了民主政治制度，但西方世界所梦想的那种示范效应将微乎其微。伊斯兰世界已经基本恢复了它千年来占有的地盘，于今在非洲依然保持着扩展的势头，其文明影响力与渗透力不是在削弱，而是在加强。对中国来说，这是一支力量巨大的统战对象，统战历来是绝对权力政党的绝招，中国一定会在这个战线上取得优势，虽然不能做到像第二次十月革命前夜那样精巧绝伦，但一定会做得相当出色。伊斯兰世界里目前不就有中国的铁杆盟友么！将来这样的盟友会有增无减。当然，伊斯兰国家不像当年中国的民主党派或人士那样单纯和力薄，但如今中国手中的筹码也非当年可比，这里面有戏。

第四项，中国可以为印环和南跨的经济发展作出强有力的贡献。中国的行动已经领先于任何国家，其后劲更是任何国家不可比拟。在这两大地区，中国政府的眼力比那些炒作金砖国的智库高明；中国政府的行动力比那些民主政府强劲，这里面有更大的戏。

第五项，第二世界的沿袭效应。这里的第二世界既沿用了冷战时期毛泽东先生的定义，也借用了俑者的定义。这就是说，它具有历史与现实的双重身份。

现实第二世界的国家数量很少，增加的可能性几乎为零，内部"四分五裂"，正式形成联盟的可能性也几乎为零。所以，第二世界的提法非常不明智，对于中国而言，只是一个包袱，只有负面效应，没有任何积极意义。问题不在于中国以外所谓第二世界的国家数量或人口数量，而在于那几个国家都拥有不可忽视的能量，朝鲜会搅动东北亚地区极度敏感的地缘政治形态，越南可能成为南中国海纷争中所有中国对手的"马首"，古巴对其周边地区的政治影响不容忽视。这三个国家过去都是美国的死敌，现在越南虽然不是了，另外两位依然是，因此在理论上，朝鲜和古巴必然要依靠中国，必然要在中美政治游戏中充当中国的王牌。

但这两个"必然"是打引号的必然。三国都是俄罗斯的老朋友，而且基本没有翻脸的旧账，但三国都曾经同中国翻过脸。对所谓的第二世界来说，其历来的基本态势是"季孙之忧，不在颛臾，而在萧墙之内"。俑者所说的老国际者似乎把这一点都彻底忘记了，这确实不应该。

考察21世纪的中国，必须综合这六项基本态势，并在这一综合的基础上去演绎，而绝不能只抓住一点甚至半点就去分析或解构。俑者在这方面还算清醒，你们见到他的时候代老夫致意。今天小沙龙的内容，哪些该说，哪些不该说，你们心里有数，老夫就不多话了。最后一班公交车开过来了，谢谢你们的来访，老夫要打道回陋室去了。

智者： 谢谢！再见！前辈保重！

立者：预祝前辈茶寿快乐！2015 年见！

注释

[**1] 见"广义作用反应基本侧面 7101t=a 的世界知识"小节（[121-0.1.1]）

[**2] 见"禀赋转移表现 7220ae5n 的世界知识"分节（[122-2.0-2]）

[**3] 见"期望行为 7301\21"子节的子节结束语（[123-0.1.2.1]）

[**4] 见"第一基本情感行为 7301\31*1 的世界知识"分节（[123-0.1.3.1-1]）

节 02
关于"pj1*"类概念（时代）

2.02-0 时代 pj1* 的概念延伸结构表示式

```
pj1*:(t=b;9:(c01, 3, ckm), a:(ckn, d2m), bc3n;)
   pj1*t=b              时代的三分描述
   pj1*9                农业时代
     pj1*9c01            前农业时代
     pj1*93              轴心时代
     pj1*9ckm            农业时代的过程描述
   pj1*a                工业时代
     pj1*ackn            工业时代的阶段性描述
     pj1*ad2m            工业时代的演变性描述
   pj1*b                后工业时代
     pj1*bc3n            后工业时代的阶段性描述
```

本节将不按惯例划分小节，也就是不依照三个历史时代的顺序论述各自的世界知识，而是以专业活动的 8 个领域为立足点展开论述，这样，总共划分为 9 个小节，2.02.0 小节相应于三个历史时代之世界知识总论。

2.02.0 时代 pj1*t=b 世界知识总论

本小节将对三个历史时代的世界知识作一次系统的粗描述。该描述将采取以概念关联式为主的 HNC 方式，这种方式读者必然很不习惯，然而，自然语言不是世界知识描述的高效方式，本节不得不如此。政治与经济活动在描述中被特殊照顾，分别给出了多组概念关联式。所有的概念关联式都进行编号，但无一特殊编号，即使某些表示式的汉语说明使用了未被认同的术语（如带引号的"仁治"、"法治"与"人治"和不带引号的文道等）。

下面，仅给出一组带汉语说明的概念关联式，若干表示式的要点说明放在随后的各小节里。

(pj1*9=(a109, a102, a10e26), s34, a1)——(pj1*9-01)
(在政治领域，农业时代
　强交式关联于王权社会制度、世袭政治体制和专制政治制度)
(pj1*˜9=(a10˜9, a10˜2, a10e25), s34, a1)——(pj1*˜9-01)
(在政治领域，工业和后工业时代
　　　　　　强交式关联于非王权社会制度、非世袭政治体制和民主政治制度)
(pj1*˜b≡(a13e26, a42), s34, a1)——(pj1*˜b-01)
(在政治领域，农业和工业时代强关联于暴力主义与战争)
(pj1*b≡(a13e25, a40e21), s34, a1)——(pj1*b-01)
(在政治领域，后工业时代强关联于和平主义与文道)
((za21i>za21β, l48, pj1*9), s34, a2)——(pj1*9-02a)
(在经济领域，农业时代的"农业"产值大于工业产值)
((za21i<za21β, l48, pj1*a), s34, a2)——(pj1*a-02a)
(在经济领域，工业时代的"农业"产值小于工业产值)
((zra20b\5>za21, l48, pj1*b), s34, a2)——(pj1*b-02a)
(在经济领域，后工业时代的金融业产值大于生产业产值)
pj1*9:=(341u1079c21, l45, GDP)——(pj1*9-02b)
(农业时代对应于GDP的慢增长)
pj1*a:=(341u1079c22, l45, GDP)——(pj1*a-02b)
(工业时代对应于GDP的快增长)
pj1*b:=(341u1079c21, l45, GDP)——(pj1*b-02b)
(后工业时代对应于GDP的慢增长)
(pj1*9:=3228\3e21, s34, a2)——(pj1*9-02c)
(在经济领域，农业时代对应于荒匮之灾)
(pj1*a:=3228\3e2m, s34, a2)——(pj1*a-02c)
(在经济领域，工业时代对应于荒溢之灾)
(pj1*b:=3228\3e22, s34, a2)——(pj1*b-02c)
(在经济领域，后工业时代对应于满溢之灾)
(pj1*9=(a30\11, a30\2*9, a30\3*i9), s34, a3)——(pj1*9-03)
(在文化领域，农业时代强交式关联于信仰文明、农业文明和神学文明)
(pj1*a=(a30\13, a30\2*a, a30\3*ia), s34, a3)——(pj1*a-03)
(在文化领域，工业时代强交式关联于理性文明、工业文明和人文文明)
(pj1*b=a30\2*b, s34, a3)——(pj1*b-03)
(在文化领域，后工业时代强交式关联于"后工业"文明)
(pj1*9:=a45a3c35, s34, a4)——(pj1*9-04)
(在军事领域，农业时代对应于冷兵器)
(pj1*a:=a45a3c36, s34, a4)——(pj1*a-04)
(在军事领域，工业时代对应于热兵器)
(pj1*b:=a45a3c37, s34, a4)——(pj1*b-04)
(在军事领域，后工业时代对应于核武器)
(pj1*9:=a51e212, s34, a5)——(pj1*9-05)
(在法律领域，农业时代对应于"人治")
(pj1*a:=a51e211, s34, a5)——(pj1*a-05)
(在法律领域，工业时代对应于"法治")
(pj1*b:=a51e210, s34, a5)——(pj1*b-05)

（在法律领域，后工业时代对应于"仁治"）
（pj1*9=（a609，a60a），s34，a6）——（pj1*9-06）
（在科技领域，农业时代强交式关联于哲理探索的本体论与认识论侧面）
（pj1*a=（a60a+a60b+a61+a62），s34，a6）——（pj1*a-06）
（在科技领域，工业时代
　　　　　　强交式关联于哲理探索的认识论进化论侧面、科学和广义技术）
（pj1*bc37=a6498\3，s34，a6）——（pj1*b-06）
（在科技领域，后工业时代的高级阶段将强交式关联于"第三"综合学科）
（pj1*9=（q82+d3），s34，a7）——（pj1*9-07）
（在教育领域，农业时代强交式关联于信念与观念）
（pj1*a=d2，s34，a7）——（pj1*a-07）
（在教育领域，工业时代强交式关联于理性）
（pj1*bc37=d1，s34，a7）——（pj1*b-07）
（在教育领域，后工业时代的高级阶段将强交式关联于理念）
（pj1*9=a80a，s34，a8）——（pj1*9-08）
（在卫保领域，农业时代强交式关联于生命世界）
（pj1*a=a809，s34，a8）——（pj1*a-08）
（在卫保领域，工业时代强交式关联于物质世界）
（pj1*b=a80α，s34，a8）——（pj1*b-08）
（在卫保领域，后工业时代强交式关联于自然与人）

2.02.1 政治领域 a1 的时代世界知识

政治领域时代性世界知识的描述使用了两组概念关联式，每组两个，对政治领域的时代性世界知识作两分描述。第一组描述农业时代相对于其后的工业时代和后工业时代的根本差异（政治第一差异），第二组描述后工业时代相对于其前的工业时代和农业时代的根本差异（政治第二差异）。请注意：第一差异使用的是强交式关联逻辑符号，第二差异使用的是强关联逻辑符号。这意味着：政治第一差异具有相对性，不是绝对的；而政治第二差异则具有绝对性，不是相对的。HNC 的这一政治观前文已有大量的形而上论述，这里，仅作三点形而下补充。

第一，政治差异属于时代性差异，适用于全球，并不区分六个世界。这里需要回顾一下中国式断裂这个术语，该断裂造成的许多奇特现象之一是：在许多中国文化人的话语里，在"几千年封建专制"和"几千年小农经济"的前面一定要加上"中国"二字，大家都对此习以为常。但是，这两个短语是中国的专利么？说者和写者大约没有想过这个问题。但是，这一"专利意识"确实存在于中国，而且仅存在于中国，这是一个十分奇特的存在。因为任何历史悠久的国家，都会经历"几千年封建专制"和"几千年小农经济"，这是整个农业时代的基本世界知识。上述"奇特的存在"是事实么？否！则不必反思"中国式断裂"；是！则该反思就应该从这里做起。对于该"奇特存在"的制造者，则应该学习第二次世界大战后的清醒欧洲人，学习他们对待海德格尔先生和尼采先生的态度。

第二，政治第一差异描述农业时代和非农业时代的政治形态差异。强交式关联逻辑符号意味着现代与古代的政治形态并非绝对不相容，大家都知道：古代社会曾经容纳过现代政治形态的非王权、非世袭和民主，那么，为什么现代社会就一定不能容纳一点古代的王权、世袭与专制呢？

这样的提问似乎十分愚蠢，其实不然。作为工业时代先驱的英国不是依然供养着那荣光无上的王室么？在第一世界里，凡是依然尊重王室的国家（包括加拿大和澳大利亚）不都是最令人羡慕的所谓福利国家吗？这绝非偶然现象，有人归之于第二国际的胜利，那只能算政治笑话。但一位在中国大名鼎鼎的无产阶级革命家的感慨却不能当作政治笑话，他参观英国以后说过：这个国家如果是共产党执政，那就是共产主义了。有人把这话简单地看作是"共产主义等于苏维埃加电气化"（列宁先生名言）的翻版，那似乎过于草率了，感叹者内心完全不存在共产党与英国王室之间的奇特联想么？天知道！

容纳态度不仅存在于第一世界，也存在于其他5个世界，第五世界尤其值得注意。那里存在两类国家，第一类比较容纳宗主国，第二类与宗主国决裂。许多学者注意到：总体说来，采取容纳态度之国家的状态要好于决裂者。

在人类从农业时代走向工业时代的大转变中，一直存在着容纳派和决裂派的激烈斗争。某些历史教科书把革命者与反动派之间的斗争描绘成历史的主线，那只是一家之言，主要来于马克思答案的启发。历史的真实面貌要比这个简化描述复杂得多，许多所谓的革命与反动之争实质上不过是决裂与容纳之争。容纳派的典型代表是英国光荣革命，决裂派的典型代表是法国大革命。后来，俄罗斯和中国分别举行的两次十月革命是决裂派的巅峰之作。决裂派从来以真理的化身自居，气冲牛斗。在这21世纪的头十年，在文明断裂特别严重的中国，特别需要重新认识容纳效应与决裂效应，容纳与决裂，谁是真理的化身呢？谁也不是！谁都只是真理硬币的一面。在政治领域，没有比这更重要的世界知识了。如果理解了这一世界知识，那就比较容易理解六个世界的存在性，也就比较容易理解所谓普世价值的非普世性。

第三，政治第二差异描述后工业时代和此前时代（即工业和农业时代）的政治形态差异。强关联逻辑符号意味着：战争曾经是政治的延续，但并非永远是。战争将终止于后工业时代的高级甚至中级阶段，中国先贤曾经描绘过的王道世界或大同世界终于要来临了。

后工业时代将是一个无战争的时代，将是罗斯福先生"免于恐惧的自由"梦想得以实现的年代。这个表述似乎与当今世界的现状格格不入，"恐惧"的阴影依然笼罩着这个世界的许多地区。半个世纪前，毛泽东和赫鲁晓夫之间曾为此发生过一次大争论，那场争论里的中国论点依然是当今中国主流军事专家的常用话语。所以，这里要引用一下前文的一项论断[*01]，原文如下：

> 02 爆发了两次世界大战，这大战却成功导演了第一部历史童话——战争的梦魇终于在第一世界内部永远消失；
>
> ……
>
> 2. 战争消失的历史童话会向各文明世界逐步推进。

这里需要补充说明的只是：论断里的"第一世界"改成"豪华时代列车"更准确一些。

当然，21世纪的00年代还处于后工业时代的初级阶段，全球人口的90%以上还乘坐在快速时代列车上，而中国是该列车上最特殊的一位乘客，因此，中国主流军事专家经常说一些奇怪的话语也就不奇怪了。不过，笔者还是希望这些专家尽早注意到政治第二差异所呈现的世界知识。

2.02.2 经济领域 a2 的时代世界知识

上面对政治领域之时代世界知识的描述仅采用了两分模式，这里对经济领域之时代世界知识的描述则采用三分模式。共计 9 个概念关联式，分为 3 组。第一组叙述产业结构在三个历史时代的巨大变化，第二组叙述 GDP 增速在三个历史时代的"奇异"状况，第三组叙述经济效应在三个历史时代的基本表现。

第二组概念关联式（pj1*t-2b）是经济公理的 HNC 表述方式，该公理曾名之人均 GDP 的"S"曲线和人均 GDP 增速的"辛克"曲线。

经济学界对三个历史时代的经济巨变有许多经典性的权威论述，但笔者最欣赏的是"民以食为天"这句古汉语，并据以仿造了"民以乐为天"、"民以钱为天"和"民以己为天"三句，用以描述三个历史时代经济状态的基本特征。第一"天"是农业时代的经济之天，对应于人类最低期望；第二"天"是工业时代的经济之天，对应于人类最高期望的享受（第一幸福）；第三"天"是后工业时代的经济之天，对应于人类最高期望的投资（第二幸福）；第四"天"是后工业时代的文明之天，是幸福的自然扩展，对应于人类最高期望的自由（第三幸福）。这些概念的相应 HNC 符号拷贝如下：

```
人类最低期望                  7121c01
食                            7121c01\11
人类最高期望（幸福）           7121d01
享受（第一幸福；乐）           7121d01\1
投资（第二幸福；钱）           7121d01\2
自由（第三幸福；己）           7121d01\3
```

这样一组概念不过是"期望 7121"这株概念树 4 组一级延伸概念里的两组，如果把其中的人类最高期望（幸福）过分抬高，那显然是不适当的。这类过分抬高的表演，过去的一个世纪实在是太多了。学者们的这种表演（如 20 世纪初弗洛伊德及其学派对潜意识和性的过度抬高和世纪末德里达等所谓后现代主义对解构思维模式的过度抬高）毕竟影响有限，但金帅和官帅的参与就非同小可了。列斯毛革命对阶级斗争和阶级专政的过度抬高也许是最有研究价值的案例，但不能光盯着这几位老官帅，也不能光盯着老官帅的传人——官帅。在过度抬高人类最高期望方面，金帅的贡献最大，而这方面的研究显然被忽视了，金帅的恶行被严重掩盖了。对现代化作出过历史性贡献的金帅使用恶行这个词合适吗？这是一个十分严肃的课题，但 HNC 的回答比较简明：那不过现代化这枚硬币的反面而已。该硬币大体对应于人类最高期望，而该期望具有辩证表现，其 HNC 符号表示是：

```
7121                    期望
    7121d01             最高期望（幸福）
        7121d01\k=m     最高期望基本类型
        7121d01\ke4n    最高期望的辩证表现
```

金帅一直在极力鼓吹并推行（7121d01\ke47，k=1-3），这难道不是恶行么！该恶行的相应汉语表述是：过度享受、过度投资和过度自由。这三项"过度"的危害性在工业时代还不那么彰显，但如今已昭然若揭，使人类家园面临着亟待拯救的危机。拯救人类家园的呼唤还不够响亮，本《全书》试图把它弄得更响亮一点，并曾为"从哪里做起"而长思，答案是要从"科技迷信"这一概念的阐释做起。该概念的 HNC 符号表示是：

  7102   对广义效应的心理反应
   7102a   科技反应
    7102ad01   科技迷信

在这些表示式里，概念树符号"7121"和"7102"，以及语言理解基因氨基酸符号"c01"、"d01"、"\k"、"e4n"和"a"等不仅是揭示语言脑之谜的钥匙，也是揭示相应世界知识的法宝。有志于探索大脑之谜或拯救人类家园的读者，都请对（HNC-1）的符号体系下点工夫吧，就语言脑的探索而言，该符号体系是把握后列 3 个 HNC 表示式

$$（HNC-m，m=2-4）$$

的基础。就拯救人类家园而言，该符号体系是开拓文明视野的有效工具。本小节仅与后者密切相关，故下面拷贝 7 段有关科技迷信和工业时代柏拉图洞穴的论述：

——段 1：

  科技活动对生产力发展的巨大推动作用已经超越了上帝的预期，更远远超越了经典社会主义大师们对共产主义社会物质文明水平的预期……科技迅猛发展的一个必然效应就是科技迷信的产生。"科技迷信"这个概念或术语必然会引起质疑，笔者也曾反复质疑自己。但是，在读了伏尔泰先生的《历史哲学》（即《风俗论》的导言）以后不再质疑了。原来，当代的科技迷信不过是远古时代自然迷信的翻版[*02]。

——段 2：

  "科技与经济"所造成的"祸"将大于它所造成的"福"，这一超越现象是经典文明世界当前面临的最大社会课题，下文将把这一超越现象称为"边疆终结效应"或"祸福逆转效应"……

  经典文明世界在进入后工业时代的半个世纪里取得了任何人都未曾预想到的巨大发展，……这一切，诚然是"过度享受、过度投资和过度自由"造就的辉煌，但这是一种必然伴随着空前危机的空前辉煌……这一空前危机叫作"幸福追求无止境"危机，是后工业时代的时代性危机。最近，经典文明世界出现了所谓金融危机，那不过是这一时代性危机的冰山一角而已。但是，由于形而上思维的衰落，人们只会从经济和法治层面去思考这场危机，不会从哲学和生活方式层面去作深层次思考。因而，应对这场史无前例危机的治标措施将会是及时的甚至是强有力的，但治本之策是不会出现的，专家们的高评宏论迄今为止连治本之见的踪影都没有见到[*03]。

——段 3：

  工业时代的柏拉图洞穴也有自己的"圣经"，该"圣经"的影响之大无疑已经超过了《圣经》和《古兰经》，它是人类历史上一部经文最短但威力最大的经，全经只有四个汉字：拉动内需或刺激内需，故也可叫"现代四字真经"或"四字真经"。但本《全书》将把它定名为需求外经，"外"者，超出了人均 GDP 上限之外也，超出了地球容纳限度之外也。需求外经是工业时代柏拉图洞穴的第一大经。当前，第一世界和第二世界天天都在念这"现代四字真经"……需求外经是一部毁灭第一平常心

的经,是一部破坏自然生态和毒化人文生态的经,是一部服务于过度幸福需求的经;而宗教经文和儒家经典却是加强第一平常心的经,是保护自然生态和优化人文生态的经,是服务于温饱需求和正常幸福需求的经……

温饱需求、正常幸福需求和过度幸福需求是三种截然不同的需求,三者的本质差异在于:温饱需求和正常幸福需求是不需要拉动或刺激的,需要拉动或刺激的只是过度幸福需求。这就是说,"拉动//刺激内需"这一词语所指的需求一定是过度幸福需求,而过度幸福需求本来是不应该去拉动或刺激的,拉动或刺激这种需求就是犯罪。因此,"拉动//刺激内需"这个短语把"过度幸福需求"简化成"内需"应该看作是一个巨大的语言错误,堪称自然语言发展史上最大的语言阴谋。当小布什先生或奥巴马先生甜言蜜语地劝中国人拉动//刺激内需的时候,当主流经济学家高谈阔论要调整经济结构的时候,笔者心里老是联想到这个语言阴谋,总觉得他们是在忽悠,他们都是在念需求外经,而不是在念需求内经,更不是在念温饱经。[*04]

——段4:

外因情感7132是政治家和企业家最感兴趣的情感,不过,政治家和企业家的关注点有所不同,也可以说有本质区别。政治家的调动内容是全面的,包括三类强烈外因情感和第一类强烈内因情感,但企业家的调动内容则集中于宠爱7132\1e519和狂热7132\2e51d01。市场边疆或消费边疆的本质就是扩张人类的宠爱与狂热。经济的豪华快速列车从来只奔向那名叫幸福(最高期望7121d01)的车站,从来不曾光顾过那名叫生存(最低期望7121c01)的车站,对此,第一世界的政治家和企业家都是心知肚明的。经济学家们喜欢谈论刺激需求或刺激内需,但是,这些谈论中的"需求"实质上只是"幸福、宠爱与狂热"的代名词,与"生存"的关系甚微。后工业时代已经形成了如此强大生产力,要解决人类的生存问题应该是易如反掌的,然而实际呈现出来的情况却恰如李白的"蜀道难"慨叹。这是后工业时代的第一号时代悖论,也是人类有史以来的第一号悖论。[*05]

——段5:

两"帅"都非常明白:强烈情感及其行为才是他们的**生命**,一切平常心行为都是他们的**天敌**,而自是行为和自欺行为则是他们**最忠诚的朋友**。两"帅"的这一共同心思,用文雅的汉语来说,叫作"心有灵犀"和"司马昭之心";用现代术语来说,可叫作意识形态的深层共相。所以,两"帅"都在天天大念需求外经,并从20世纪末开始联起手来,发动了一场"兴二灭二"(兴自是行为和自欺行为,灭自责行为和自省行为)为主题的文明大忽悠战役,其规模之大和影响之深肯定要远远超过历史上的任何文明战役,与这场文明大忽悠战役相比,秦始皇的焚书坑儒不过是小巫而已,奥马尔·哈里发对亚历山大城古典藏书的半年焚烧也不过是"小巫"而已,毛泽东的"思想改造运动"和"文化大革命"也依然不过是"小巫"而已……

文明大忽悠战役树起了两面战旗,分别书写着"现代化"和"全球化"的漂亮词语,两"帅"已成功做到把专业活动全部八大领域的精英都集合到这两面旗帜之下,掀起了一阵又一阵的"三迷信"(财富迷信、生产力迷信和消费迷信)浪潮,并借助高科技的东风,掀起了一浪高过一浪的"两无视"(无视自然和无视人文)浪潮。这大忽悠浪潮的基本景象可归纳成下列8点。

(1)造就了一批又一批的成功冲浪者,其顶尖人物富可敌国,誉满全球,追星无数;

(2)扩大了中产阶层的队伍,使他们的吃喝玩乐日日新,衣食住行又日新;

(3)改善了原弱势群体的境况,包括残疾人、贫民窟居民、土著民族或少数民族,也包括中国特有的农民工；

（4）造成了地球自然生态环境的急剧恶化；

（5）万般学术市场化，一切价值金钱化；

（6）理性归一于功利，理念趋向于虚无；

（7）创新奴婢于赚钱，奋斗服务于享受；

（8）学者告别了苦学生涯，修行者告别了苦修模式。

形式上，上列（1）～（3）是"三迷信"浪潮的直接积极效应，而（4）是"无视自然"浪潮的直接消极效应，（5）～（8）是"无视人文"浪潮的直接消极效应；实质上，（1）～（8）是一个整体，是文明大忽悠战役的基本效应。文明大忽悠战役就是"三迷信"与"两无视"之间的一场奇妙的婚姻，用 HNC 的术语来说，这婚姻构成了一个特殊形态的作用效应链，它超出了以往先贤的想象力，属于他们始料不及的范畴。因此，前文曾对这场婚姻定名了一系列术语，包括"后工业时代初级阶段的阵痛"、"后工业时代危机"、"人类历史的第一号悖论""中国悖论"等[*06]。

——段 6：

"生活观念行为 7323\k=2"本来只是一个被意识决定的存在，只是文明的表象，而不是文明的引擎。但进入后工业时代的初级阶段以后，"金帅"煞费苦心地对生活观念行为施行浓妆盛抹，把精神生活的观念行为 7323\1 全面物化到物质生活的观念行为 7323\2 之内，这物化"手术"做得非常成功，于是生活观念行为摇身一变，被改造成需求外经的奶妈了，"金帅"还雇佣了大批写手把这位奶妈进一步美化成文明的驱动引擎，代沟说因此而广为流行。这既反映了第一文明标杆的固有弱点或缺陷，也标志着"金帅"的阴谋确实取得了巨大成果……活观念行为被"金帅"改造成奶妈以后，那"科技反应行为 7301\02*a"的一对怪胎已横行天下，人们应该对这位奶妈和她哺育的两个怪胎保持高度警惕，绝不可顶礼膜拜[*07]。

——段 7：

鸽民主伟大历史功绩的呈现是全面性的，在专业活动的八大领域（政治、经济、文化、军事、法律、科技、教育和"卫保"）似乎都表现出无穷无尽的创新活力。但是，一个严酷的现实未引起足够的警惕，那就是金帅对专业活动领域的全面操控，这导致第一世界陷入了六大崇拜的泥潭而不知反思，这六大崇拜是：

（1）普选崇拜

（2）需求外经崇拜

（3）票房崇拜

（4）纯法治崇拜

（5）科技崇拜（即科技迷信）

（6）霸道崇拜

这六大崇拜就是工业时代柏拉图洞穴的基本景象。

为什么给出这么大段落的引文呢？因为就"经济领域的时代世界知识"这个话题来说，关键是如何认识这个时代的经济大态势。这认识当然离不开专业知识，但是，仅有专业知识是不够的，还需要世界知识，在战略性问题上，更需要世界知识。专家认识的专业水平可能很高，但世界知识水平就不一定了。如果连经济公理都不明白，怎能对世界经济发展的未来走向给出一个清晰的描述呢？怎能不闹出"日本经济将超过美国"的预言笑话？他们整天纠缠于"发达国家衰落"、"金砖国兴起"、"G20"之类的"大官子"性话题，而对老者所建议的"豪华度国际公约"[*08]之类的"大急"性话题却无动于衷。上面的引文原来分散在多株概念树里，这样集中一下，其"提供素材，促进思考"的作用也许可以略大一点吧。

最后，要为经济领域的时代世界知识增加两个特殊编号概念关联式，并略加说明。

```
((zra20b\5 >> za21, l48, pj1*b), s34, a2) —— (pj1*b-0-1)
(在经济领域，后工业时代的金融业产值远大于生产业产值)
```

该表示式里的">>"符号大有文章，第一世界的金融市场高度发达，但其"边疆终结效应"并未引起足够的重视。依笔者的愚见，2008 年的金融危机就是金融市场"边疆终结效应"的具体呈现，(pj1*b-0-2)里的那个">>"表示过度的意思，这就是说，过度投资已经十分严重了，从而惹出了波及全球的金融灾难。这涉及金融领域的"牛鼻子"课题，该课题密切联系于下面的概念关联式：

```
(7301\21d01\ke47=>3228\3e22, s31, pj1*b) —— (pj1*b-0-2)
(在后工业时代，过度幸福驱动行为强源式关联于满溢之灾)
```

但金融专家们对这个"牛鼻子"课题的探索似乎并不感兴趣，仅热衷于如何在"过度陷阱"中继续挣扎。现代经济学时髦着各种陷阱，这里就便对陷阱问题谈 3 点看法。

看法 01：许多陷阱固然有经济学的共性，但陷阱的六个世界个性呈现可能更为重要。因为，陷阱的表现烈度同时取决于一个经济体的内外条件，而不同世界、不同经济体陷阱的内外条件差异很大。这一点，似乎未引起陷阱研究者的足够重视。中国经济发展悲观预测者的屡测屡误，这是重要原因之一。

看法 02：著名的中等收入陷阱实质上不是陷阱，而是人均 GDP 增长率的"辛克"函数峰值呈现，即经济公理的呈现。

看法 03：最要命的陷阱是"过度陷阱"，即人均 GDP 增长率过大所造成的陷阱。有人对中国经济发展持过度乐观态度，应保持高度警惕。因为中国的"过度陷阱"可能演变成最强烈的经济"地震"。

2.02.3 文化领域 a3 的时代世界知识

上文说道：本节重点关注政治与经济两专业领域，故从本小节开始，仅作一些简易说明，以 2.02.2 小节里的概念关联式为基本依托。

本小节的相关概念关联式拷贝如下：

```
(pj1*9=(a30\11, a30\2*9, a30\3*i9), s34, a3) —— (pj1*9-3)
(在文化领域，农业时代强交式关联于信仰文明、农业文明和神学文明)
(pj1*a=(a30\13, a30\2*a, a30\3*ia), s34, a3) —— (pj1*a-3)
(在文化领域，工业时代强交式关联于理性文明、工业文明和人文文明)
(pj1*b=a30\2*b, s34, a3) —— (pj1*b-3)
```

(在文化领域，后工业时代强交式关联于"后工业"文明)

这 3 个概念关联式给读者的综合印象应该是下列 8 个字：杂乱无章，痴人说梦。前者的依据是：只出现了"a30\11"和"a30\13"，但未见"a30\12"；后者的依据是：制造了一个"后工业"文明的术语，谁也不明白是什么意思。

对于这一无可厚非的印象，这里只想说两句话。①在《对话》续 1 里，智者已经对"杂乱"问题进行了比较透彻的诠释；②HNC 是一个为语言概念空间进行全方位服务的理论体系，为自然语言空间的未来发展做点铺垫工作，是其分内的事。"后工业"文明不过一个示例而已，HNC 诚然并不能对它给出一个确切描述，但要点是清晰的。

本小节让文化进入了标题，似乎"文不对题"，因为上面的 3 个概念关联式仅涉及文明。然而，这只是专家知识的视野，而不是世界知识的视野。因为文化是文明的表象，文明是文化的本体。

2.02.4 军事领域 a4 的时代世界知识

仿照 2.02.3 小节，将相关概念关联式拷贝如下，后续各小节都照此办理。

(pj1*9:=a45a3c35, s34, a4)——(pj1*9-04)
(在军事领域，农业时代对应于冷兵器)
(pj1*a:=a45a3c36, s34, a4)——(pj1*a-04)
(在军事领域，工业时代对应于热兵器)
(pj1*b:=a45a3c37, s34, a4)——(pj1*b-04)
(在军事领域，后工业时代对应于核武器)

这组概念关联式，实质上概述了三个历史时代的基本标志，其中的(pj1*b-04)等于说：核武器的出现是后工业时代来临的第一丝曙光。在"空军 a41b 综述"分节[130-4.1.6-3]里曾有言：

> 在专业活动的 8 项殊相概念树中，是军事活动 a4 最先宣告后工业时代的到来，其标志就是原子弹和导弹的诞生。中国人习惯把这两个东西叫"纸老虎"，但也可以把她们叫杜鹃鸟，因为她们宣告了后工业时代的来临，这一宣告作用是与冷战紧密相关的。冷战与后工业时代伴生而来，但冷战之未转化成全面热战（第三次世界大战），就靠着这两只老虎或杜鹃鸟的制约力量。这个强大的制约力量半个世纪以来不仅主宰着大国的军事战略，也主宰着大国的政治战略，而且，还主宰着军事活动的战术思维。

"纸老虎"的概念是毛泽东先生发明的，所以，在第二世界依然占有一定市场。但该概念的信奉者应该想一想，曾一度风行于中国的"人定胜天""人有多大胆，地有多大产"[*09]等口号（信条）不都是"纸老虎"的儿孙么？但杜鹃鸟不会哺育出这样的后代。"纸老虎"后代的魔力不可小觑，它可以变成一位可怕的恶魔，那不是"战略藐视，战术重视"之著名原则可以制约的，我国近代最著名的科技专家之一就曾受到该恶魔的蛊惑。

除了"纸老虎"信奉者，没有人会设想第三次世界大战的前景，但局部战争完全是另一回事。从这个意义上说，军事活动 a4 又将是工业时代结束的最后宣告者，而经济活动 a2 却充当着工业时代结束的最先宣告者。

前文（指已经定稿的部分，包括将提前出版的《全书》的第一、第二和第五册）曾多次描述过工业时代柏拉图洞穴的景象，使用过洞内景象和洞外景象的词语，下文为叙述之便，将以洞内世界或洞内话语作为工业时代的简化描述，偶尔会以洞外世界或洞外话语作为后工业时代的简化描述。

在当下，局部战争强关联于下列 6 项争端：①太平洋总统、主席和总理的地位之争；②第二与第三世界极度复杂的内外地缘政治关系和历史纠结；③第四世界与第五世界之间的复杂地缘交织关系；④第一世界与北片第三世界之间的历史与文明纠结；⑤第四世界广大主体地盘内部的两大派别之争；⑥不同世界之间的突出部与飞地之争。这 6 项争端对 21 世纪的影响力或重要性依次递减。

这 6 项争端，前文都已有比较详细的叙述或论述，6 项之间又相互交织，前两项被列为 21 世纪国际棋局的最大看点，涉及"两环"课题（见《对话》续 1）的核心。这 6 项争端都有可能导致 6 种不同类型的局部战争，对这些潜在局部战争的考察，需要后工业时代的视野；对这些争端的描述，不能单使用洞内话语，更需要使用洞外话语。

遗憾的是，在当下的国内外主流媒体里，是清一色的洞内话语。第一世界的文明根底决定了它不可能具有洞外话语的文明基因，但第二世界是否有所不同？老祖宗留下的话语里，是否也是没有一点洞外话语的文明基因？仁义、仁政、君子与王道就那么糟粕么？"天人合一"、和而不同、万世太平也那么糟粕么？其实，王道就是国际关系的和平共处之道，也就是仁义的外交呈现，而仁政是仁义的内政呈现。万世太平来于张载名言的最后一句：为万世开太平。"天人合一"是现代儒佛道三家的概括，故加引号。仅从语言的意境来说，仁义与民主自由处于同一层次么？万世太平与"只有永远的利益"处于同一层次么？"天人合一"与环境保护处于同一层次么？

更令人遗憾的是，中国的主流精英依然把上列带有洞外特征的话语看作是封建糟粕，而且一说起这些糟粕来，还经常表现出一种居高临下、不屑一顾的激情。这一状态并不奇怪，内因是前文多次说到的传统文化断裂，外因是他们进入洞内世界不久，对洞内景象和洞内话语的新鲜感十分强烈。因此，他们运用洞内话语的能力甚至高于第一世界的精英，善于抓住第一世界的历史罪孽，攻势猛烈，其实不过是对"内-查描述"模式（参看"关于第一世界"[2.01.3-3.1]）的简单仿效而已。

2.02.5 法律领域 a5 的时代世界知识

  （pj1*9:=a51e212, s34, a5）——（pj1*9-05）
  （在法律领域，农业时代对应于"人治"）
  （pj1*a:=a51e211, s34, a5）——（pj1*a-05）
  （在法律领域，工业时代对应于"法治"）
  （pj1*b:=a51e210, s34, a5）——（pj1*b-05）
  （在法律领域，后工业时代对应于"仁治"）

本小节试图传达的基本信息是：第一世界的法治已经走到了"过度"和"迷信"的十字路口，由第一世界主宰制定的各种国际法也大体如此。这个路口是一段弯路的标志，那弯路类似于"卫保 a8"领域的"先污染，后治理"，可名之"不理德治，只讲法治"。

这一信息传达的难度，用得上李白的名句，"难于上青天"。所以，汉语说明里的人治、法治、仁治都加了引号。在 HNC 符号体系里，"仁治"、"法治"与"德治"不过就是第一类黑氏对偶在法律领域的呈现，一点也不神秘。所谓洞内景象与洞外景象，这是一个生动的示例，因为上述引号是为了迁就洞内话语而引入的，洞外话语完全可以拿掉这个负担。

在相当长的时期内，（pj1*b-05）只是一种憧憬，但它必将成为后工业时代的未来势态。

2.02.6 科技领域 a6 的时代世界知识

（pj1*9=（a609，a60a），s34，a6）——（pj1*9-06）
（在科技领域，农业时代强交式关联于哲理探索的本体论及认识论侧面）
（pj1*a=（a60a+a60b+a61+a62），s34，a6）——（pj1*a-06）
（在科技领域，工业时代强交式关联于哲理探索的认识论进化论侧面、科学和广义技术）
（pj1*bc37=a6498\3，s34，a6）——（pj1*b-06）
（在科技领域，后工业时代的高级阶段将强交式关联于"第三"综合学科）

本小节试图传达的基本信息是否也"难于上青天"？差不多，但可能更难一点。这一判断的基本依据是：两组概念关联式都很难得到洞内世界的认同，前两个也许还有那么一点希望，但第三个绝无可能。这就是说，（pj1*b-06）更难于（pj1*b-05）。

2.02.7 教育领域 a7 的时代世界知识

（pj1*9=（q82+d3），s34，a7）——（pj1*9-07）
（在教育领域，农业时代强交式关联于信念与观念）
（pj1*a=d2，s34，a7）——（pj1*a-07）
（在教育领域，工业时代强交式关联于理性）
（pj1*bc37=d1，s34，a7）——（pj1*b-07）
（在教育领域，后工业时代的高级阶段将强交式关联于理念）

形式上，这组概念关联式所传递的世界知识，似乎不难得到洞内世界的认同，其实不然。处于工业时代顶峰期的大陆中国，也许难度最大。

2.02.8 卫保领域 a8 的时代世界知识

（pj1*9=a80a，s34，a8）——（pj1*9-08）
（在卫保领域，农业时代强交式关联于生命世界）
（pj1*a=a809，s34，a8）——（pj1*a-08）
（在卫保领域，工业时代强交式关联于物质世界）
（pj1*b=a80α，s34，a8）——（pj1*b-08）
（在卫保领域，后工业时代强交式关联于自然与人）

上面，通过概念关联式（pj1*o-0m，o=（9;a;b），m=1-8）概述了三个历史时代的基本世界知识，这一概述是一种牵牛鼻子的描述方式，至于透彻性和齐备性问题，不予理睬可也。

注释

[*01] 见"三迷信行为 7301\02*ad01t=b 的世界知识"分节（[123-0.1.0.2.1-2]）。
[*02] 见"科技迷信 7102ad01 综述"分节（[121-0.2.1-2]）
[*03] 见"最高期望 7121d01 综述"小节（[121-2.1.3]）
[*04] 见"第一基本情感行为 7301\31*\1 的世界知识"分节（[123-0.1.3.1-1]）
[*05] 见"第二外因情感 7132\2 的世界知识"分节（[121-3.2-2]）
[*06] 见"第二内因情感行为 7301\33*\2"综述分节（[123-0.1.3.3-2]）
[*07] 见"生活观念行为 7323\k=2 的世界知识"小节（[123-2.3.4]），该引文里所说的两个怪胎，即本《全书》常说的"三迷信"（财富迷信、生产力迷信和消费迷信）和"两无视"（无视自然和无视人文）。
[*08] 见《对话》续 1。
[*09] 见"空军 a41b 综述"分节（[130-4.1.6-3]）。

节 03
关于 pj2* 类概念（国家与泛国）

引言

从本节开始的 4 节（节 03-节 06），都划分两小节。这个两分，可以同老子的"一生二"两分拉上关系，也可以同 HNC 的"e2o"两分拉上关系，但很难与黑格尔先生的"o"两分（对立统一两分）拉上关系。当决定给出对偶性描述的黑氏与非黑氏区分时，即语言理解基因符号的"o"与"eko"之分时，曾误以为那是一种"蓦然"，后来才明白，那不过是一种局部性"蓦然"，而不是全局性"蓦然"，而局部性"蓦然"，实质上是一种刚刚脱离"憔悴"母体的"蓦然"。这种体验，在思考节 03 到节 06 的小节划分及其符号表示时，又感受了一次。

以上话语的形而上味道太浓，但阅读下文以后，不难走向形而卡。

2.03.1 国家 pj2* 的世界知识

符号"pj2*"指明了国家的两项基本要素：人口和空间（地域）。本小节将赋予国家以下列封闭式概念延伸结构表示式：

```
pj2*:(e3m, i, 3, \k=6, -0|)
  pj2*e3m              现代国家 3 要素描述
  pj2*e31              人口占比
  pj2*e32              面积占比
```

```
pj2*e33                  海岸线占比
pj2*i                    GDP 占比
pj2*3                    综合国力系数
pj2*\k=6                 国家第二本体描述
pj2*-0|                  国家区划
```

此表示式表明，一个现代国家的世界知识描述，需要 6 个数字和一项包含性描述，其中的前 5 个数字可名之现代国家的基本指数。"基本指数+类型数字"构成现代国家世界知识的基本描述。

基本指数的前 4 个，地理学和经济学已给出详尽的原始数据，经过换算以后，不难得到相应的指数，但综合国力系数基本属于空白。为了展望 21 世纪或后工业时代的前景，对这个空白需要加以探索，HNC 基于对现代超级帝国的综合逻辑思考，曾对 3 个国家——美国、中国、印度——进行了一个初步（2100 年）预估，其结果是：（1.0, 0.6, 0.4）。这个预估必将遭到严厉谴责，但一个探索者不应该在乎这个，所以还是写出来了。

与"类型数字"有关的国家第二本体描述，前文给出过比较系统的论述，符号 pj2*\k 已落实到每一个国家。

但是，无论是基本指数，还是国家本体的子类型描述，都存在一些技术性课题，下面仅提出一些建议。

建议 01：人口占比、面积占比和 GDP 占比以每一世界的总量为分母。

建议 02：第三世界的 3 大片分野十分清晰，故类型数字应取"[3k]"形态。

建议 03：许多国家兼有国家与泛国的双重，应准备两套基本指数作区别性描述。例如第一世界的欧盟国家，第四世界的马来西亚和印度尼西亚。

国家第二本体呈现的基本概念关联式如下：

```
（pj2*\k≡pj01*\k, k=1-6）——（pj2-00）
（国家第二本体呈现强关联于六个世界）
```

最后说一下延伸概念 pj2*-0|，它是国家纵向管理 a12ae22 的地域呈现，以下列概念关联式表示：

```
pj2*-0|≡a12ae22——（pj2-01）
（国家区划强关联于国家纵向管理）
```

2.03.2 泛国 pj2*:的世界知识

仿照 2.03.1 小节，先给出"泛国 pj2*:"的封闭概念延伸结构表示式：

```
pj2*:（t=b, d3m）
    pj2*t=b              泛国之第一呈现
    pj2*9                政治泛国
            （蒙古各汗国，神圣罗马帝国，哈布斯堡王朝，社会主义阵营，苏联）
    pj2*a                经济泛国（跨国公司）
```

pj2*b	文化泛国（梵蒂冈）
pj2*d3n	泛国之第二呈现
pj2*d35	高级呈现（欧盟？）
pj2*d36	中级呈现
pj2*d37	低级呈现（东盟？阿盟？）

泛国 pj2*t=b 具有下列基本概念关联式：

pj2*9=(a1+a03b9)——(pj2*-01)
（政治泛国强交式关联于政治及其超组织）
pj2*a=(a2+a03ba)——(pj2*-02)
（经济泛国强交式关联于经济及其超组织）
pj2*b=(q821,a03bb)——(pj2*-03)
（文化泛国首先强交式关联于宗教，其次是文化超组织）
(pj2*9,jlv111,pj1*~b)——(pj2*-04)
（政治泛国存在于农业和工业时代）
(pj2*a,jlv111,pj1*~9)——(pj2*-05)
（经济泛国存在于工业和后工业时代）
(pj2*b,jlv00e22,pj1*t)——(pj2*-06)
（文化泛国无关于历史时代）
(pj2*d3~5,jlv111,pj1*bd26)——(pj2*-07)
（泛国之非高级呈现已存在于后工业时代初级阶段）
(pj2*d35,jlv111,pj1*bd25)——(pj2*-08)
（泛国之高级呈现将存在于后工业时代高级阶段）

上列 8 个概念关联式（pj2*-0m，m=1-8）表明：泛国这个概念，既是对"国家 pj2*"概念的必要补充，也是对"超组织 a03b"概念的必要补充。为什么取符号"pj2*:"？为什么不把 2.03.1 和 2.03.2 两小节的概念延伸结构表示式合并在一起？这基于两者不能简单合并的思考，于是就采取这种别出心裁的表示方式了。

每一个（pj2*-0m，m=1-8）都需要大段专业性说明，这里一概从略。

某些定义式的汉语说明必然会引起强烈质疑，如竟然把社会主义阵营和苏联与神圣罗马帝国等列为一类，都纳入政治泛国，这也一概不予回应。

本小节采取了 B 撰写方式，这句话是为了激活关于两种特殊撰写方式（A 与 B）的回忆，因为下面的 3 节将主要采用 A 撰写方式。

节 04
关于 wj 类概念（时域与地域）

> **引言**

本节两小节的符号分别取符号 wj1* 和 wj2*，对应的汉语命名为时域和地域。这似乎比节 03 的两分符号要自然得多，但实际情况并非如此简单。

oj 类概念属于概念范畴"语习 f"，wj 类的语习性尤为突出。以 wj2* 表示地域还算自然，以 wj1* 表示时域，就显得别扭了，因为时域常常以人名命名。不过，HNC 符号体系完全容纳这类别扭，下文有交代。

2.04.1 时域 wj1* 的世界知识

所谓时域，就是指对某一时间段的命名。如果选用符号 pj1* 表示时域，那就不存在上述别扭。但 pj1* 已经被历史时代占用了。考虑到历史时代的概念远比时域重要，时域只好退让。这一让，就顾不得别扭，只有 wj1* 可选。与此同时，必须给出下面的概念关联式：

$$(w, 152, wj1*) \% = (w;p) —— (wj1*-00)$$
（集合"wj1*"里的"w"包含"(w;p)"）
$$wj1* =: j12+f3 —— (wj1*-01)$$
（时域等同于"名称与称呼+时间间隔"）

这是两个灵巧型表示式，理应适用于各种自然语言，欢迎检验。

除 wj1* 之外，HNC 还约定了下列"wj1 类"概念[*01]：

```
wj10                        年
wj10-0                      月
wj10-00                     日

  wj11c4m                  季节四分
  wj11c41                   春
  wj11c42                   夏
  wj11c43                   秋
  wj11c44                   冬
  wj11c2m                  季节二分
  wj11c21                   旱季
  wj11c22                   雨季

pj10                        公元
  ^(pj10)                   公元前
pj11                        朝代
pj12                        世纪
```

```
pj12-0                        年代
pj11*c4m                      季度
  pj11*c4mc3m                 月度
pj11*\k=4                     年度
  pj11*\kc3m                  年度十二分
pj12*                         星期（周）
  pj12*\k=0-6                 星期七分
  pj12*\0                     星期天
  pj12*\1                     星期一
  pj12*\2                     星期二
  pj12*\3                     星期三
  pj12*\4                     星期四
  pj12*\5                     星期五
  pj12*\6                     星期六
```

各主要文明都有自己的"时域wj1*"命名方式，统一用公元纪年是工业时代中期以后的事。中华文明在20世纪初才开始使用公历，一些老"士人"很不习惯，难免说些怪话[*02]。不过，传统中华文明24节气的年度时域表示方式，绝对有资格列为wj1*的汉语直系捆绑词语，这项捆绑是否"独此一家，别无分店"？是否有资格成为最宝贵的文化遗产之一？

天干地支、十二生肖、星座之类，都不具备wj1*的直系资格，这是应该明确的。

2.04.2 地域wj2*的世界知识

对地域wj2*，如同对时域wj1*一样，HNC早就给出了一组基本定义式，也屡经周折。现将最终的基本约定列举在下面：

```
wj2-                          地球村（世界）
  wj2-e2m                     地球村两分描述
  wj2-e21                     东半球
  wj2-e22                     西半球
  wj2-0                       地域
  wj2-00                      地区
  wj2-000                     地点
wj2*m                         地域之基本描述（第一黑氏描述）
wj2*1                         陆地
  wj2*1\k=m                   陆地划分
  wj2*1\1                     亚洲
  wj2*1\2                     欧洲
  wj2*1\3                     非洲
  wj2*1\4                     大洋洲
  wj2*1\5                     美洲
    wj2*1\5e3m                美洲三分描述
    wj2*1\5e31                北美
    wj2*1\5e32                中美洲（加勒比地区）
```

wj2*1\5e33	南美
wj2*2	海洋
wj2*2\k=4	海洋划分
wj2*2\1	太平洋
wj2*2\2	印度洋
wj2*2\3	大西洋
wj2*2\3e2m	大西洋两分描述
wj2*2\3e21	北大西洋
wj2*2\3e22	南大西洋
wj2*2\4	北冰洋
wj2*0	空域

地域基本描述 wj2*m 具有唯一延伸概念概念 pj2*mi，其汉语直系捆绑词语如下：

pj2*1i	领土
pj2*2i	领海
pj2*0i	领空

pj2*mi 具有下列基本概念关联式：

pj2*1i=pj1*9——（wj2*-02）
（领土强交式关联于农业时代）
pj2*2i=pj1*a——（wj2*-03）
（领海强交式关联于工业时代）
pj2*0i=pj1*b——（wj2*-04）
（领空强交式关联于后工业时代）

上列概念及其概念关联式表明，wj2*具有与wj1*对应的基本概念关联式，转录如下：

（w，152，wj2*）%=（w;p）——（wj2*-00）
（集合"wj2*"里的"w"包含"（w;p）"）
wj2*=:wj2-0|+f3——（wj2*-01）
（地域等同于"名称与称呼+地区或地点"）

"地域 wj2*"的语习特征远大于"时域 wj1*"，对于汉语而言，是流寇 13（动态组合词识别）里的顽寇。上列两个概念关联式可为该顽寇的剿灭提供强有力的支持。

注释

[*01] 时域描述的这组约定曾反复多次，建议以此为准，但原约定符号已进入定稿者不必据此更正。月的上、中、下旬之分，日的白天、晚上，以及早晨与傍晚等区分，都可以纳入自延伸范畴，这里从略。

[*02] 一位叫叶德辉的著名"士人"，当年曾写了如下的趣味对联：

上联： 男女平权，公说公有理，婆说婆有理。
下联： 阴阳合历，你过你的年，我过我的年。

这位对联高手是王国维先生的至交，1927年年初在长沙写了一幅恶毒攻击湖南农民运动的对联，因而遭到镇压。这起事件与王先生的投昆明湖自尽可能有一定联系。但是，这种就事论事的考证并没有多少实质性意义。

节 05
关于 pwj2*类概念（城市与乡村）

引言

本节和下节不区分小节，仅介绍一对相互搭配的概念。

在全部"oj"概念中，符号"pwj2"所表达的概念最为传神，其汉语直系捆绑词语是"城市"。城市 pwj2 的出现，是人类文明正式诞生的标志。

与城市搭配的概念是乡村，曾长期以符号~（pwj2）表示。现正式约定，以符号"pwj2*"取代它，这样就需要配置下面的概念关联式：

```
pwj2*=:~（pwj2）——（pwj2-00）
```

对乡村，设置唯一延伸概念 pwj2*\k=2，其汉语说明如下：

```
pwj2*\k=m        乡村之第二本体描述
pwj2*\1          村庄
pwj2*\2          田野
```

对城市，暂时仅设置延伸概念 pwj2-0，其汉语直系捆绑词语是"街道"。

城市的结构与面貌应该主要由图像脑管辖，语言脑不宜过多参与。但城市的功能和类型描述则属于语言脑的管辖范畴，前者已在概念树"生产 a21"里作了比较集中的描述，后者则广泛散布于两大概念范畴：第二类劳动 a 和第二类精神生活（q7，q8）。描述的基本手段就是概念的复合，下面给出 4 个示例：

```
pwj2+a21β        工业城市
pwj2+a24         金融城市
pwj2+pj2         首都
pwj2+pj2-0       省会
```

节 06
关于 x 类概念（物性与"兽性"）

引言

物性与兽性的对应 HNC 符号分别是（xw;xow;xjw）和（xp;xjw62），下文简记为 xw 和 xp。前者与汉语的物性对应，后者与汉语的"兽性"对应。

本节又区分两小节。

2.06.1 物性 xw 的世界知识

物性 xw 属于语言脑与科技脑的强交织区，因此，HNC 对物性的描述只能采取量力而行的态度。在这个环节上，HNC 要老实承认，其描述能力可能在细节方面反而不如自然语言，在"兽性"xp 方面可能也是如此。笔者对"x 类概念"历来含糊其辞，基本原因就在于此。对机器翻译从各科技专业领域做起的主张表示强烈异议，也基于此。因为，任何科技专业领域都存在大量"物性 xw"概念，而那是 HNC 的短板。也正是基于这一思考，我对晋耀红教授的混合翻译策略主张，就历来采取静观其变态度。但对于所谓舆情分析之类的深层语言信息处理课题，我则断然否定当下的国际主流策略。因为，那里没有多少"物性 xw"和"'兽性' xp"概念，统计语言学（包括语法、语义和语用学）可以展现威力的场所，与语境分析相比，永远是小巫见大巫。这段话，属于预说，是《全书》第三卷（包括第五册和第六册）的预说。

符号（xw;xow;xjw）表明，有 3 种类型的物性，它们对应于 3 种基本类型的物：w、ow 和 jw。前文详细论述过后两种类型的物：ow 和 jw，却恰恰没有提及第一种类型的物 w，更不用说论及了。这第一种类型物 w，可名之直接挂靠物，其挂靠对象主要是主体基元概念或作用效应链。如果没有物之 3 种基本类型划分的认识或认识不透彻，那么，任何关于"唯物论"与"唯心论"相互对立的论述，就会存在立足点的沼泽地问题，就会出现康德先生所尖锐指出的"充满智慧著作中那种膨胀的虚饰"。所以，本《全书》基本不使用"唯物"和"唯心"这两个术语。

曾设想过对 3 类型物性依次作一个示例性说明，现决定放弃，以下面的文字替代。

物性 xw 的世界知识，形式上似乎属于空白，但实际上早已作出足够的铺垫。某些物性在主体基元概念里给出了直接描述，延伸概念"54i"就是最明显的示例，它被定义为"物质结构的物理化学特性"，其再延伸概念"54i\k=4"描述了 4 项物性：溶解性、传导性、可燃性和耐热性。这一描述显然不可能完备，例如弹性就不在其中。那么，弹性何在？答案是在"xw"里，与弹性对应的 HNC 符号是 xw54（e2m）。这就是说，弹性是"软硬结构 54e2m"非分别说的物性，另一方面，刚性是"硬结构 54e21"的物性，柔性是"软结构 54e22"的物性，于是有下面 HNC 符号系列：

　　　　xw54e21,　　　　　xw54e22,　　　xw54(e2m)
　　　　（刚）　　　　　　（柔）　　　　（弹性）

随后，出现了下面的问答。

问 01：《老子》里的"刚"与"柔"可不是这么简单，怎么办？
答 02：这不难，只需要把上面的前两个符号改成下面的形态：

　　　　xgw54e21,　　　　　xgw54e22,

问 02：那么，外交词语里的大棒、胡萝卜和弹性如何表达？
答 02：请看，下面的符号是否可行？

　　　　gw54e21,　　　　gw54e22,　　　xgw54(e2m)
　　　　（大棒）　　　　（胡萝卜）　　　（弹性）

问 03：总觉得缺了点什么，不是吗？
答 03：三者不限于外交 a14。对前两者添"+s20\2"（手段之刚与柔），对后者添"+s11e75"（高明谋略），不就不缺了么。

问 04：似乎是这样。但问题是谁来添加？
答 04："谁来添加"是第二步的问题，关键在第一步，要写出下面的概念关联式：

　　　　　　gw54e2m=(s20\2;s11)──(xw54-01)

2.06.2 "兽性"xp 的世界知识

在汉语里，兽性是一个贬义词，而这里的兽性是中性词，故加了引号。曾经设想过用生理性替换这里的"兽性"，但最终放弃了。为什么？因为生理脑是大脑的基础，也是语言脑的基础，而 HNC 有一条底线，一个概念如果处于语言脑与大脑其他功能区块相互交错的位置，那就宁可选取比较模糊的表达。

在第一类精神生活（7y，y=1-3）里，HNC 描述了大量的人性表现，其中包括词典所定义的兽性。因此可以说，这里的"兽性"xp 是对人性的生理性补充，就如同上面的物性 xw 是对已描述诸多物性的补充一样。

上小节，以主体基元概念里的一项延伸概念 54e2m 为参照，对物性 xw 进行了示范性说明。本小节将如法炮制，选用的参照概念是"肉食动物生存条件 jw627\2"。此概念前挂符号"x"形成的概念 xjw627\2 就是那著名的词语或成语"弱肉强食"，由此产生了一个著名的法则——丛林法则，其对应 HNC 符号如下：

　　　　xjw627\2+r8203c01

对此法则，应给出下列"贵宾"级概念关联式：

　　　　（xjw627\2+r8203c01, jlv11e21e21, pj1*˜b）──（xp-0-01）
　　　　（丛林法则适用于农业和工业时代）

　　　　（xjw627\2+r8203c01, jlv11e21e22, pj1*b）──（xp-0-02）
　　　　（丛林法则不适用于后工业时代）

这两位"贵宾"的标记符"-0-"应该改成"-0",考虑到世界知识匮乏症的现状,先这么着吧。

这是《全书》第二卷的最后一节,也是《全书》第四册的最后一段。在这个新旧交替的时间点上,这两个概念关联式,请读者当作一份纪念品吧。

术语索引

A

氨基酸, 551

B

白种人, 562
柏拉图洞穴, 73, 206, 226, 228, 328, 332, 347, 357, 399, 413, 421, 440, 442, 444, 451, 462, 576, 592, 595, 599, 607, 608, 612, 613, 622, 623, 624, 631, 634, 636
半导体, 527, 528
本能肢体语言, 381
比较, 94, 122, 123
比较判断, 122, 124, 126, 129, 130, 134, 141, 152, 192, 250, 337
比率, 59, 60, 61, 76
比喻语式, 342, 347, 348, 349
必要条件, 179, 183, 196, 434, 456, 466, 473, 558
标示语, 308, 312, 313, 314, 348
标题语, 308, 310, 311, 312
标准比较, 124, 129, 130, 134, 141, 220
标准模型, 539
病毒, 551
波粒二象性, 507, 514
玻色子, 537, 539
哺乳动物, 557, 559
步调, 215, 346, 347, 399, 400, 403, 404, 405, 406, 407, 412, 415, 416, 462, 614
部落, 410, 422, 579, 580, 587, 589, 590, 606

C

材料, 476, 482, 483, 488
策略, 398, 417, 418, 419, 420, 421, 422, 423, 645
插入语, 296, 297, 299, 300, 323, 398
超导材料, 483, 484
超导体, 527, 528
超声, 514, 515
陈述句式, 263, 326, 327, 329, 340
城市, 32, 206, 319, 347, 363, 578, 596, 624, 644
充分条件, 183, 196, 466, 473
宠物, 558
磁, 522, 524, 530
磁暴, 530, 531
磁场, 530, 531
次声, 514, 515

D

搭配, 296, 297, 365, 366, 368, 369, 370, 371, 373
大气层, 464, 543
大数据, 485, 490, 525
代指, 278, 281, 282, 292
导体, 527
岛屿, 13, 444, 546, 547
灯光, 480, 510
等效语, 380, 381, 382
低等动物, 557, 559
低等植物, 553, 555
地磁, 530, 531
地球村 24, 85, 88, 99, 108, 178, 183, 220, 228, 309, 331, 389, 414, 442, 444, 445, 452, 453, 460, 467, 474, 489, 502, 539, 584, 585, 597, 607, 609, 613, 642
地域, 14, 32, 301, 310, 362, 451, 462, 578, 585, 589, 590, 600, 639, 641, 642, 643
地缘力, 441, 446, 462
第二次世纪握手, 420, 443, 444
第二世界, 579, 586, 589, 593, 594, 601, 607, 621, 636
第六世界, 442, 451, 563, 579, 586–593, 606, 607
第三世界, 226, 442–447, 469, 579, 587–590, 594–602
第四世界, 422, 442, 469, 579, 586–594, 602–605
第五世界, 443, 451, 579, 587–590, 601, 605–606, 629

第一世界, 467, 481, 579, 581, 586, 588–606, 609
电, 482, 522, 526, 527, 528, 529
电池, 479, 527, 529
电磁, 488, 495, 501, 521, 522, 523, 524, 525, 535, 538, 553
电磁波, 488, 523, 525
电灯, 510
电动机, 527
电回路, 527, 528
电流, 527, 528
电压, 527, 528
电子, 538
电子对抗, 486, 490
电阻, 527, 528
调度, 399, 400, 403, 406, 407, 412, 415, 416, 422
东方世界, 579, 585, 586
动物, 37, 124, 381, 483, 484, 509, 516, 550, 554, 557, 558, 559, 560, 561, 562
动物构成, 555, 557, 559, 562
动物生存条件, 557, 561
动物效应, 557, 561
独立语, 296, 297, 307, 308, 309, 310, 313, 314, 316, 322, 323
度, 4, 81, 82, 90

F

发电机, 527
反委婉, 387, 388
反问, 334
泛工业时代, 477, 480, 484
泛国, 638, 639, 640
泛农业时代, 480
泛指, 103, 278, 280, 281, 317
范围, 4, 58, 64, 65, 423
方式与方法, 426, 430, 437
方言, 273, 344, 360, 362, 363
方言生态, 362, 363
非农业时代, 478, 510, 554, 558, 628
非人, 579, 580, 581
费米子, 537
风, 543, 571

否定句式, 326, 329, 334, 339, 340

G

概念人, 572
概念物, 566, 567, 570, 572, 573, 574, 575, 576
感叹语式, 342, 344, 345, 346, 349
工具, 18, 56, 163, 166, 394, 476, 486, 487, 518
工具标记, 165, 166, 219
工具声, 518, 519
工业时代, 331, 357, 362, 438–440, 442–447, 451, 461, 462, 626
工业时代列车, 422, 446, 487, 595, 597, 598, 600, 604, 608, 613
共相与殊相, 100, 127, 129, 227, 273, 471
古语, 296, 297, 351, 352, 353, 354, 369, 378
挂靠概念, 5, 13, 22, 23, 24, 25, 26, 29, 32, 59, 62, 70, 462, 545, 565, 571
官帅, 313, 406, 455, 584, 593, 594
观赏动物, 558
观赏植物, 554
灌木, 553, 554, 555
光, 43, 318, 495, 505–508, 512–514, 517–519, 525, 550, 536, 561
光子, 507
广义工具, 472, 475, 476, 481, 575
广义距离, 8, 19, 20
广义空间, 4, 7, 8, 13, 19, 235
国家, 32, 66, 223, 302, 319, 437–445, 466, 578, 586–591
国家区划, 639

H

豪华度, 61, 615, 616, 617, 621, 623
豪华度国际公约, 77, 434, 448, 611, 615, 616, 634
禾本植物, 553, 555
核磁共振仪, 530
黑种人, 562
宏观基本物, 34, 465, 495, 541, 542, 545, 546, 556
后工业时代, 89, 390, 432, 434, 438, 442–447, 461, 462, 466, 484, 487, 529, 538, 572, 589, 626

后工业时代列车, 446, 600
化工材料, 477, 483, 484
化工原料, 477
黄种人, 562

J

基本本体概念, 3, 4, 8, 22, 32, 46, 49, 90, 169, 184, 185, 193, 196, 461
基本概念, 1, 4, 15, 163, 169, 235, 259, 494, 571, 574
基本逻辑, 122, 258, 371, 394
基本逻辑概念, 94, 121, 122, 163, 204, 216, 339, 584
基本判断, 122, 131, 133, 134, 141, 258
基本物, 494, 495, 498, 506, 513, 523, 535, 542, 566, 571, 572
基本物概念, 493, 543
基本属性概念, 91, 100, 128, 197, 217, 471
基础挂靠物, 567, 569, 570, 571, 574, 575
基础逻辑, 369, 371
基础逻辑符号, 369, 371
基元概念, 52
激光, 510
集比较, 124
技术声, 518, 519
家庭, 579, 580
家族, 471, 579, 580
简化, 376, 377, 378
简化与省略, 296, 297, 360, 375, 380
简明挂靠物, 566, 567, 576, 577, 578
讲演, 361, 362
降序, 9, 10, 48, 233
交流电, 526
胶子, 538
教帅, 313, 409, 455, 474, 593, 594
阶级敌人, 579, 581, 583, 584
介子, 538
金帅, 313, 409, 439, 455, 474, 593, 594
近搭配, 366, 368, 369, 371, 372
经济公理, 226, 331, 405, 410, 413, 414, 422, 445, 447, 448, 468, 513, 599, 600, 607, 609, 613, 616, 622, 630, 634
局部性内容逻辑, 394

句略语, 308, 309, 310
句式, 150–152, 215, 263, 296, 297, 325, 326, 329, 330, 332, 342, 348–350, 378
句首语, 172, 300, 302, 303
绝缘体, 527

K

考虑, 274
科技迷信, 55, 84, 85, 105, 332, 481, 484, 513, 576, 593, 599, 607, 610, 622, 631, 634, 638
科技脑, 46, 47, 51, 52, 53, 237, 242, 244, 286, 494, 498, 501, 502, 507, 514, 519, 525, 534, 535, 538, 543, 550, 562, 563, 645
空间, 4, 13, 24, 31–35, 168, 184, 235, 306, 460, 639
空间条件, 168, 221, 460, 464
空气, 556, 561
口语, 125, 262, 306, 342, 360, 361, 362, 363
口语及方言, 296, 297, 359, 360, 363, 380
夸克, 538, 539
夸张, 384, 388
跨国公司, 640
块间基本语法逻辑, 159, 185, 186, 190, 212
块内集合逻辑, 144, 185, 231, 232, 266
矿藏, 465, 546
昆虫, 557, 559

L

类, 4, 70, 77
粒子, 128, 534, 537, 539
两栖动物, 557, 559
两无视, 105, 622, 633, 638
两无视行为, 593
量, 58, 61, 95, 126, 163
量子通讯, 486, 490
量变, 11, 54, 58, 82, 84, 85, 86, 87, 88, 126, 128, 150, 193
量与范围, 4, 57, 58, 59, 60, 61, 62, 68, 82, 128, 168, 169, 233, 279, 280, 281
量子计算, 486, 490
量子纠缠, 539, 574

量子力学, 507, 522, 534, 538, 539
灵长目, 550, 557, 559, 562, 563
六个世界, 85, 92, 108, 130, 220, 388, 441–446, 456, 467–470, 513, 576, 578–580, 586–592, 607, 610, 639
陆地, 34, 444, 545, 642
路线, 399–403, 407, 41
伦理属性, 49, 224, 228, 310, 336, 416, 421, 426
逻辑概念, ,94, 119, 122, 130, 134, 137, 139, 153, 163, 196, 240, 243, 244, 259
逻辑条件, 460, 472, 473

M

马克思答案, 127, 457, 573, 591, 608, 610, 629
民族, 70, 310, 319, 355, 381, 422, 443, 471, 594, 598, 602, 605
明喻, 348
命名与称呼, 296, 297, 323, 360, 380
模拟语式, 342, 343, 344, 349
谋略, 370,394,398,415–423,445,485,525,646

N

内容逻辑, 195, 207, 211, 212, 214, 246, 267, 269, 311, 321, 394, 412, 442, 460, 461, 528, 575, 594
内容逻辑符号, 584
能量,449, 498, 500–502, 507, 538
能源, 450, 476, 479, 481
拟人, 384, 390
鸟, 343, 557, 559
农业时代, 323, 356, 362, 437–440, 447, 451, 461, 472, 626–630

P

爬行动物, 557, 559
平原, 465, 545, 547

Q

祈使句式, 326, 338, 340, 378
气体, 543
前提条件, 168, 215, 220, 221, 222, 473
气体, 543
强调, 384, 386, 387
强调语式, 342, 346, 347, 349
情感脑, 32, 51, 72, 141, 237, 514, 560
情态判断, 134, 139, 140, 204, 248, 274, 329, 337
渠道, 165,426,448–457
全局性内容逻辑, 394
全指, 278, 280, 281

R

染色体, 551
让步, ,384, 390, 391
扰音, 515
人, 37, 86, 430, 494, 546, 550, 553, 554, 559, 561–563
人类, 70, 84, 124, 141, 318, 321, 381, 450, 516, 559, 562
人性, 150, 499, 562, 618, 646
人造物, 449, 494, 510, 566, 567, 570, 574, 575
肉食动物, 557, 558

S

三个历史时代, 28, 85, 130, 220, 222, 225, 356, 417, 421, 438, 461, 462, 482, 487, 572, 638
三迷信, 105, 622, 633, 638
三迷信行为, 226, 413, 448, 593, 638
三种文明标杆, 18, 187, 210, 220, 256, 514, 586, 588, 592, 594, 602, 604, 607, 608, 610, 611, 620, 621, 623
森林, 465, 546, 547
沙漠, 465, 546, 547
山河, 546, 547
山区, 465, 545, 547
社会, 10, 11, 13, 63, 85, 90, 128, 168, 225, 460, 579, 580
社会条件, 168, 460, 467, 468, 469
社会属性, 92, 111
神化动物, 558
神化植物, 554
升序, 9, 10, 233
生理脑, 237, 514, 560, 646

生命, 11, 85, 535, 546, 550–552
生命体, 10, 13, 483, 484, 495, 509, 546, 549, 550, 553, 572
声, 318, 495, 511–519, 525, 560, 561
省略, 176, 376, 378
时代, 14, 22, 319, 626
时间, 4, 12, 13, 21–30, 32, 48, 60, 168, 184, 235, 460
时间条件, 168, 221, 460, 461, 462
时域, 578, 641, 642, 643
实力, 165, 426, 436–441, 448, 471
世界, 10, 13, 14, 15, 18, 210, 223, 319, 451, 578–580
势态考虑, 274
势态判断, 134, 137, 138, 139, 204, 248, 274, 337
视觉脑, 560, 563
是否判断, 135, 136, 137, 337
手段, 18, 165, 190, 197, 215–219, 228, 337, 394, 398, 425–430, 437, 471
手段基本内涵, 217, 426, 427, 429
手语, 360, 382
首尾标记, 300, 304, 305
兽性, 578, 645, 646
书面语, 262, 303, 306, 342, 360, 361, 362, 363
数, 4, 11, 45–50, 55, 56, 58, 82, 163, 169, 185
数据挖掘, 485, 490
数空间, 46, 51, 52, 53, 54
水, 544, 547, 556, 561
水生植物, 553, 555
水域, 34, 486, 545, 547
顺序, 9, 10, 11, 76, 78, 151, 155, 184, 194, 210, 243, 261, 263, 321, 369, 370, 444, 461, 547, 604, 626
四字真经, 413, 608, 631
素食动物, 557, 558, 561
塑料, 483

T

态势考虑, 274
谈判筹码, 490
特指, 60, 103, 278, 279, 280
天机, 461, 462, 463
条件, 18, 163, 168–170, 185, 190, 221, 222, 228, 337, 394, 395, 459–461

听觉脑, 560, 563
同位语, 300, 304
同效与等效, 296, 360, 379, 382
同效语, 380, 381
土地, 465, 546
土壤, 476, 556

W

微工具, 486, 488
微观基本物, 495, 533, 534
微宇宙, 537, 538, 539, 547
委婉, 384, 387, 388
文明渠道, 449, 450, 451, 452, 453, 454, 455, 456, 457, 462
无茎植物, 553, 555
物性, 499, 578, 645, 646
物质, 186, 222, 449, 498–501, 507, 508, 514, 535
物质基元, 534, 536, 537

X

西方世界, 136, 211, 441, 579, 585, 586, 595, 596, 607, 614, 621, 625
细胞, 186, 551, 552
细菌, 551
弦论, 539
乡村, 578, 644
相互比较, 124, 125, 126, 250, 281
小综合逻辑, 144, 190, 266, 271, 272, 275
效应物, 317, 478, 508, 510, 513, 529, 530, 566, 567, 570, 571, 574, 575
信号语, 381, 382
信息, 49, 198, 313, 498, 501–503, 507, 567
信息材料, 483, 484, 485
信息脑, 560, 563
信息声, 518, 519
信息物, 567
形式逻辑, 212, 267, 394, 582
幸福指数, 61, 77
性质判断, 134, 135, 136, 137, 141, 337
修辞, 296, 297, 383, 384, 507

虚幻, 196, 384, 389, 390
需求外经, 84, 85, 109, 331, 405, 413, 576, 599, 608, 610, 613, 622, 623, 632, 633, 634
序, 4, 8, 9, 10, 11, 233

Y

颜色, 488, 508
液体, 544
遗传基因, 551, 552
疑问句式, 326, 329, 333, 334, 337, 340
艺术脑, 51, 53, 72, 172, 237, 350, 514, 550, 562, 563, 622
引导语, 300, 301, 302
引申, 100, 384, 385, 386
隐形技术, 488, 524
隐喻, 135, 348, 349, 401, 421, 584, 612, 616, 617, 622
有无判断, 135, 136, 137
有限与无限, 53, 54, 86, 128, 129, 233
鱼, 304, 317, 557, 559
宇宙, 10, 13, 46, 192, 222, 494, 506, 513, 514, 535, 538, 571
宇宙基本要素, 495, 498
宇宙三要素, 537, 552, 555, 556, 571
语段标记, 144, 161, 162, 163, 164, 165, 166, 167, 169, 176, 183, 184, 186, 219, 354, 448
语法逻辑, 73, 122, 144, 156, 159, 169, 176, 190, 191, 199, 201, 202, 204, 205, 210–213, 215, 219, 223, 233, 238, 240, 264, 272, 275, 282, 296, 297, 305, 308, 370, 371, 394, 403
语法逻辑概念, 143, 144, 145, 148, 150, 163, 167, 176, 185, 217, 238, 242, 275
语境基元概念, 259
语境条件, 168, 221, 460, 470, 471, 472
语块搭配标记, 144, 154, 176, 178, 181, 183, 187
语块基本语法逻辑, 190, 202, 205, 212, 232
语块组合逻辑, 144, 189, 190, 191, 204, 205, 212, 217
语气, 326, 342, 350
语声, 514, 515, 516, 517
语式, 296, 297, 341–343, 348–350
语习逻辑, 63, 122, 129, 136, 145, 172, 176, 201, 213, 263, 296, 300, 305, 311, 323, 360, 361, 370, 373, 386–388, 391, 394, 398
语习逻辑概念, 128, 295, 415, 507
语言柏拉图洞穴, 206, 228
语言脑, 26, 32, 36, 37, 42, 46, 47, 51, 53–55, 68, 72, 141, 172, 215, 237, 243, 244, 259, 348, 350, 360, 382, 403, 412, 435, 450, 485, 494, 498, 499, 501, 507, 512–514, 517, 519, 525, 534, 535, 538, 543, 550, 561, 563, 573, 574, 631, 644–646
语言脑知识, 502
元素, 186, 499, 534, 535, 536
原核生命, 551
原料, 476, 477, 478, 483
远搭配, 366, 369, 371, 372
乐音, 515, 612

Z

杂食动物, 557
噪音, 515
真核生命, 551
肢体语言, 381, 382
直流电, 526, 529
植物, 483, 484, 547, 550, 553, 556, 557, 559
植物构成, 553, 555
植物生存条件, 553, 556
植物效应, 553, 556, 561
植物组织, 555
指代搭配, 366, 373, 377
指代逻辑, 73, 144, 163, 190, 266, 277, 278, 316, 373
指南针, 522, 530
指数, 47, 49, 50, 52, 59, 61, 76, 77, 88, 96, 485, 639
质, 70, 74, 75, 95
质变, 11, 58, 63, 82, 84, 88, 89, 90, 124, 141, 150, 256, 258, 264
质与类, 4, 58, 60, 61, 69, 70, 71, 72, 73, 82, 168, 279, 280, 281
质子, 538
智慧, 73, 83, 99, 117, 212, 222, 275, 394, 399, 408–412, 416, 421, 471, 490
智力, 18, 217, 218, 272, 337, 394, 397–401, 405, 412, 415, 426
智力基本内涵, 166, 398, 399, 400, 402, 406, 407, 412,

415, 417, 438, 439
智能, 83, 98, 117, 212, 222, 286, 380, 391, 394, 399, 408, 410, 411, 412, 416, 419, 421, 422, 453, 454, 471, 490, 574, 601
中产阶层, 15, 580, 583, 584, 618, 624, 633
中子, 538
轴心时代, 572, 573, 626
主块标记, 144, 147, 148, 149, 150, 151, 153, 154, 157, 158, 159, 162, 164, 176, 186, 240, 328, 333, 334, 337, 344, 349, 353, 354
主块搭配标记, 144, 175, 176, 178, 187
主体基元概念, 169, 204, 212, 259, 260, 261, 426, 503, 508, 513, 515, 571, 575, 576, 645, 646

转基因生活材料, 483
追求, 399–401, 403, 405–407, 411, 412, 416, 422
自然光, 506, 508
自然属性, 86, 92–95, 101, 105, 108, 112, 248, 336, 361, 416, 432, 433, 456, 557
自身重复, 366, 367, 387
综合逻辑, 122, 163, 168, 169, 196, 223, 272, 394, 395, 398, 400, 401, 412, 426, 427, 432, 434, 462, 471, 474, 572
综合逻辑方向, 17, 18
综合逻辑概念, 165, 166, 183, 217, 393, 394, 403, 575
组织, 186, 551, 552

人名索引

A

阿登纳，619
（阿克顿）[①]，英国勋爵，420
阿奎那，托马斯·阿奎那，432
阿连德，608
艾地，608
爱迪生，476
爱因斯坦，54，152，159，192，226，332，382，476，538，622
岸信介，619
奥巴马，434，584，592，610，617，632
奥马尔，616，632
奥威尔，《一九八四》，448，597

B

白居易，184，381
柏拉图，《理想国》，73，206，226，228，266，328，332，347，357，399，411，413，421，440，442，444，451，461，462，576，592，595，599，607，608，611，612，613，620，622，623，624，631，634，636
班超，347
（班固），《汉书》[②]，356
本·拉登，616
彼得大帝，225，482，487，597
俾斯麦，619
毕达哥拉斯，191
波尔布特，608
伯纳斯-李，313
伯牙，358
布热津斯基，444

C

曹操，347，476
查韦斯，581，591，616
（陈寿），《隆中对》，575
成吉思汗，225，596
池毓焕，《变换》，96，333
触龙，385

D

达尔文，《进化论》，405
戴高乐，410，411
德里达，630
邓小平，407，435，445，457
（狄更斯），《双城记》，428，433
东条英机，410
杜甫，杜，357，358
杜维明，406

F

（弗里德曼），《世界是平的》，389
弗洛伊德，630
伏尔泰，《历史哲学》（《风俗论》导言），585，624，631
福山，446
傅立叶，382

G

伽达默尔，332
甘地，596
高斯，87，413，530
戈尔巴乔夫，598

[①] 括号中的人名表示其在正文叙述中并未出现，而只出现了有关观点或作品
[②] 有些作品和人名之间并非作者-著者关系，特此说明。

格瓦拉, 407
辜鸿铭, 457

H

哈维尔, 391, 595
哈耶克, 619, 621
海德格尔, 136, 628
韩愈，韩,《张中丞传后叙》, 347, 357, 358
赫拉克利特, 432, 528
赫鲁晓夫, 382, 454, 598, 614, 617, 629
黑格尔, 96, 98, 100, 125, 126, 136, 267, 405, 427, 432, 433, 538, 547, 599, 638
（亨廷顿),《文明的冲突与世界秩序的重建》, 97
胡塞尔, 332
胡适, 107, 585
华佗, 476
黄焯,《自叙》, 305, 306, 356, 358
黄侃，黄,《白文十三经》, 305, 306, 344, 358, 368
（黄石公),《素书》, 104, 105, 394
（黄曾阳)黄叔，俑者,《忆父亲》, 332, 356, 358, 611, 613, 615–625
（慧能),《坛经》, 137
霍梅尼, 423

J

江泽民, 251
蒋介石，蒋先生, 310, 457, 463, 585, 603, 619
金庸, 389
晋耀红, 645

K

卡尔文，威廉·卡尔文,《大脑如何思维》, 414
凯恩斯, 159, 619
凯末尔, 604
康德，康氏,《纯粹理性批判》《实践理性批判》、《判断力批判》, 4, 96, 101, 274, 275, 321, 451, 457, 489, 584, 598, 599, 610, 618, 620, 622, 645

康熙, 225, 482
（克劳塞维茨),《战争论》, 394
克伦威尔, 619
孔子，子，孔夫子,《大学》《中庸》《论语》, 15, 48, 82, 85, 100, 102, 103, 105, 303, 345, 378, 401, 407, 409, 414, 435, 439, 595, 596, 620

L

莱布尼茨, 87
老子，老聃,《老子》《道德经》, 102, 103, 105, 134, 137, 139, 191, 410, 428, 429, 638, 646
李敖，小乔, 581, 610
李白，李, 357, 358, 632, 637
李颖,《变换》, 96, 202, 264, 333
列宁, 434, 468, 482, 583, 600, 629
林杏光，林先生, 164
铃木,《禅学入门》, 446
刘邦, 438, 580
（刘向),《战国策》, 385, 394
柳宗元，柳, 357, 358
卢蒙巴, 608
卢梭, 618
鲁迅, 581, 584, 585
陆游, 345
吕后, 580
罗尔斯,《正义论》, 440
（罗贯中),《三国演义》, 438, 572
罗斯福, 411, 422, 603, 629
洛伦兹, 382
雒自清,《语块类型、构成及变换的分析与处理》, 253

M

马尔萨斯, 87, 96
（马基雅维里),《君王论》, 228, 394
（马建忠),《马氏文通》, 330
马克思, 126, 405, 406, 413, 432, 457, 472, 481, 573, 583, 591, 599, 608, 610, 619, 624, 629

麦金德,《地缘政治论》,441,451
麦克阿瑟,443
毛泽东,《论人民民主专政》《新民主主义论》、《论联合政府》,173,197,226,348,349,386,420,423,435,444,445,453,457,463,472,481,581,583,584,585,594,603,608,614,615,616,617,624,625,629,632,636
蒙博托,608
孟子,348
米洛舍维奇,595
苗传江,传江,164,243
明治天皇,597
墨索里尼,410
牟宗三,447
（穆罕默德）,《古兰经》,329,413,631
穆加贝,616

N

拿破仑,585,597,619,624
内贾德,354,422,591,613,616
南霁云,347
尼采,413,436,624,628
尼赫鲁,596
尼克松,441,444,454,457,463,617
牛顿,牛氏,158

P

培根,《工具论》,166
皮诺切克,608
普京,226
普朗克,50,226,332,622

Q

戚夫人,580
齐建国,《神经科学扩展》,414
乾隆,482
乔布斯,525
乔姆斯基,乔氏,乔姆,老乔,148,152,176,186,196,197,201,581,610

乔治·兰德斯,《增长的极限》、《2052——未来四十年的全球展望》,49,88,96
秦始皇,407,632
丘吉尔,410,411,603
全斗焕,619

R

阮次山,591

S

萨达姆,225,613
（施耐庵）,《水浒》,438
释迦牟尼,佛陀,《心经》、《金刚经》,154,172,329,410,502
叔本华,618
司马迁,司,《史记》,138,203,250,356,357,358,386,401,409,426,438,446,447,476,482,507,525,573,613,620,623,632,640
斯大林,583,594,597,598,603,608
苏格拉底,348
苏哈托,608
苏轼,苏,357,358
孙中山,中山先生,138,362,585,610
孙子,《孙子兵法》,138,394
索绪尔,358

T

汤因比,452
唐君毅,447
特斯拉,482,530
图灵,130,135,153,226,332,438,519,622
托尔斯泰,618

W

王国维,20,50,56,107,255,643
王侃,《变换》,333
王莽,184
旺楚克,77
韦向峰,291

维特根斯坦,《哲学研究》, 66, 201, 328, 370

魏征, 434

(吴承恩),《西游记》, 389

X

希格斯, 539

希特勒, 99, 225, 410, 597, 613

萧国政, 234

萧何, 426

小布什, 225, 593, 603, 625, 632

辛弃疾, 辛, 357, 358

邢福义, 216

徐复观, 447

徐志摩, 293

许嘉璐, 201

许慎, 许, 358

(许仲琳),《封神榜》, 389, 438, 514

Y

亚当·斯密, 斯密,《道德情操论》, 406, 407, 457, 481, 573

亚历山大, 596

耶稣,《马太福音》,《圣经》, 238, 329, 413, 506, 512, 517, 518, 631

叶德辉, 643

叶卡捷琳娜, 482, 597

叶利钦, 597, 598

伊藤博文, 619

雍正, 482

Z

曾国藩,《曾国藩家书》, 439, 487

张君劢, 447

张克亮,《转换》, 202, 206, 208, 330

张良, 250, 426, 438

张巡, 347

张载, 636

张之洞, 487

章太炎, 章, 358

赵太后, 385, 386

郑康成, 郑, 358

钟子期, 358

周公, 184

朱德熙, 201

朱熹, 407

朱元璋, 407

诸葛亮,《出师表》, 138, 438, 572

庄子,《庄子》, 128, 346, 348, 410

卓别林, 382

子路, 102

左丘明, 左,《左传》, 358

《HNC 理论全书》总目

第一卷　基元概念

第一册　论语言概念空间的主体概念基元及其基本呈现

第一编　主体基元概念（作用效应链）
第零章　作用 0
第一章　过程 1
第二章　转移 2
第三章　效应 3
第四章　关系 4
第五章　状态 5

第二编　第一类精神生活
第一篇　"心理"
第零章　心情 710
第一章　态度 711
第二章　愿望 712
第三章　情感 713
第四章　心态 714

第二篇　意志
第零章　意志基本内涵 720
第一章　能动性 721
第二章　禀赋 722

第三篇　行为
第零章　行为基本内涵 730
第一章　言与行 731
第二章　行为的形而上描述 732
第三章　行为的形而下描述 733

第二册　论语言概念空间的主体语境基元

第三编　第二类劳动
第零章　专业活动基本特性 a0
第一章　政治 a1
第二章　经济 a2
第三章　文化 a3
第四章　军事 a4
第五章　法律 a5
第六章　科技 a6
第七章　教育 a7
第八章　卫保 a8

附录
附录1　一位形而上老者与一位形而下智者的对话
附录2　语境表示式与记忆
附录3　把文字数据变成文字记忆
附录4　《汉字义境》欷言
附录5　概念关联性与两类延伸
附录6　诗词联小集

第三册　论语言概念空间的基础语境基元

第四编　思维与劳动
上篇　思维
第零章　思维活动基本内涵 80
第一章　认识与理解 81
第二章　探索与发现 82
第三章　策划与设计 83
第四章　评估与决策 84

下篇　第一类劳动
　　第零章　第一类劳动基本内涵 q60
　　第一章　基本劳作 q61
　　第二章　家务劳作 q62
　　第三章　专业劳作 q63
　　第四章　服务劳作 q64
第五编　第二类精神生活
　上篇　表层第二类精神生活
　　第零章　表层第二类精神生活
　　　　　　基本内涵 q70
　　第一章　交往 q71
　　第二章　娱乐 q72
　　第三章　比赛 q73
　　第四章　行旅 q74
　下篇　深层第二类精神生活
　　第零章　联想 q80
　　第一章　想象 q81
　　第二章　信念 q82
　　第三章　红喜事 q83
　　第四章　白喜事 q84
　　第五章　法术 q85
第六编　第三类精神生活
　上篇　表层第三类精神生活
　　第零章　追求 b0
　　第一章　改革 b1
　　第二章　继承 b2
　　第三章　竞争 b3
　　第四章　协同 b4
　下篇　深层第三类精神生活
　　第一章　理念 d1
　　第二章　理性 d2
　　第三章　观念 d3

第二卷　基本概念和逻辑概念

第四册　论语言概念空间的基础概念基元
　第一编　基本本体概念
　　第零章　序及广义空间 j0
　　第一章　时间 j1
　　第二章　空间 j2
　　第三章　数 j3
　　第四章　量与范围 j4
　　第五章　质与类 j5
　　第六章　度 j6
　第二编　基本属性概念
　　第一章　自然属性 j7
　　第二章　社会属性（伦理）j8
　第三编　基本逻辑概念
　　第零章　比较 jl0
　　第一章　基本判断 jl1
　第四编　语法逻辑概念
　　第零章　主块标记 l0
　　第一章　语段标记 l1
　　第二章　主块搭配标记 l2
　　第三章　语块搭配标记 l3
　　第四章　语块组合逻辑 l4
　　第五章　块内集合逻辑 l5
　　第六章　特征块殊相呈现 l6
　　第七章　语块交织性呈现 l7
　　第八章　小综合逻辑 l8
　　第九章　指代逻辑 l9
　　第十章　句内连接逻辑 la
　　第十一章　句间连接逻辑 lb
　第五编　语习逻辑概念
　　第一章　插入语 f1
　　第二章　独立语 f2
　　第三章　名称与称呼 f3
　　第四章　句式 f4
　　第五章　语式 f5
　　第六章　古语 f6
　　第七章　口语及方言 f7
　　第八章　搭配 f8
　　第九章　简化与省略 f9
　　第十章　同效与等效 fa

第十一章 修辞 fb
第六编 综合逻辑概念
第一章 智力 s1
第二章 手段 s2
第三章 条件 s3
第四章 广义工具 s4
第七编 基本物概念
第零章 宇宙的基本要素 jw0
第一章 光 jw1

第二章 声 jw2
第三章 电磁 jw3
第四章 微观基本物 jw4
第五章 宏观基本物 jw5
第六章 生命体 jw6
第八编 挂靠概念
第一章 基础挂靠物 fw
第二章 简明挂靠物 oj

第三卷 语言概念空间总论

第五册 论语言概念空间的总体结构
第一编 论概念基元
第一章 概念基元总论
第二章 五元组
第三章 概念树
第四章 概念延伸结构表示式
第五章 概念关联式
第六章 语言理解基因
第二编 论句类
第一章 语块与句类
第二章 广义作用句与格式
第三章 广义效应句与样式
第四章 句类知识与句类空间
第三编 论语境单元
第一章 语境、领域与语境单元
第二章 领域句类与语言理解基因
第三章 浅说领域认定与语境分析
第四章 浅说语境空间与领域知识
第四编 论记忆
第一章 记忆与领域
第二章 记忆与作用效应链 (ABS,XY)
第三章 记忆与对象内容(ABS,BC)

第四章 动态记忆 DM 与记忆接口(I/O)M 浅说
第五章 广义记忆(MEM)杂谈

第六册 论图灵脑技术实现之路
第五编 论机器翻译
第一章 句式转换
第二章 句类转换
第三章 语块构成变换
第四章 主辅变换与两调整
第五章 翻译过渡处理的基本前提与翻译自知之明的实现
第六编 微超论
第一章 微超就是微超
第二章 微超的科学价值
第三章 微超的技术价值
第七编 语超论
第一章 语超的科技价值
第二章 语超的文明价值
第八编 展望未来
第一章 科技展望
第二章 文明展望